小学パーフェクトコース

# はてな？に答える！ 小学 算数

Gakken

# はじめに

　みなさんが勉強する中で,わからないことがあったり,習ったことを忘れてしまったりすることがあるでしょう。テレビのニュースなどで知らない言葉に出合うこともあるはずです。そんなときはどうしていますか？『学校の先生や,おうちの人に聞いてみる』……もちろんそれもよいでしょう。でも,疑問を解決する方法は,それだけではありません。『自分で調べて考えてみる』という方法もあります。これが,とても大事なことなのです。

　自分で調べて身につけた知識は,なかなか忘れることがありません。何よりもたよりになる,あなたの味方となってくれます。

　また,これから歩んでいく人生の中で,「なんだろう？　なぜだろう？」と疑問をもって自ら問題を見つけ,そして「どのようにその問題を解決するか」を考える場面がとても多くなります。だれかに出された問題を解くのではなく,自分で問題を発見して,自分で解決への道を切り開いていく力が必要になってくるのです。その力を身につける方法は特別難しいものではありません。自分で調べて「わかった！」と感じること,そしてこの体験をくり返すことです。

　もし,みなさんがわからないことに出合ったら,この本を開いて,自分で答えを見つけ出してください。この本には,みなさんが自分で答えを導き出すためのヒントがたくさんつまっています。

　そして,新しい知識を次々と追い求める,「知ること」にどん欲な人になってください。「わからないことを,そのままにしない」という気持ちをもっている人は,将来どんな難しい問題につき当たっても,それを乗りこえていけることでしょう。

　この本をたくさん使って,学ぶ楽しさ,考える楽しさをどんどん追求し,魅力的な大人になってください。応えんしています。

花まる学習会代表　髙濱 正伸

# この本の特長と使い方

「解き方がわかる！参考書」と別冊「チカラをつける！問題集」の2冊構成です。

### 豊富な例題
教科書の基礎から中学入試対策まで，重要な例題を収録しています。

学校で学習する学年を表しています。
【入試】は，発展的な内容で中学入試の対策になります。
★は，問題の難しさを表します。
★☆☆基本，★★☆標準，★★★応用

### ステップ式の解き方
解き方をステップに分けて，説明しています。図解やイラストもたくさんあるので，自学自習にもぴったりです。

### 充実の「リンク」機能
「つまずいたら」は基礎の復習，「レベルアップ」はさらに難しい例題，知識の確認ができるものなど，関連する例題を示しています。

**例題ページ**

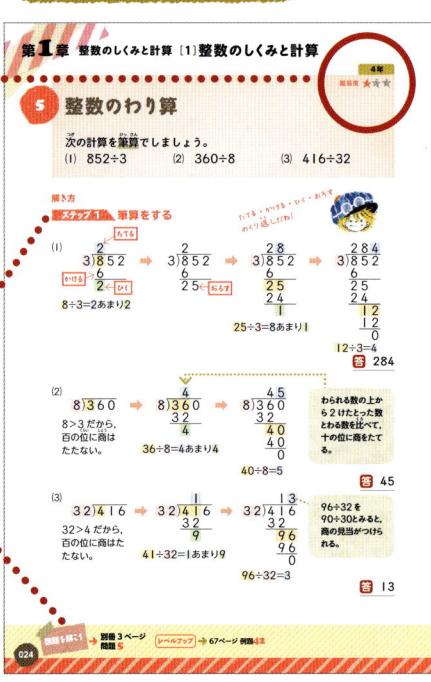

### ここのポイント

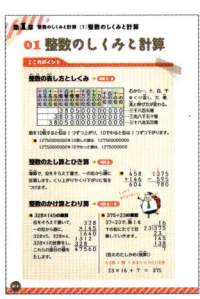

各項目のはじめに，重要なことをまとめました。テスト前の確認にも役立ちます。

### [巻末]算数用語さくいん

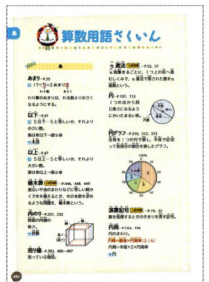

この本に出てくる算数の用語をまとめて，くわしく説明しています。

[巻末]例題さくいん

例題の名前・例題の問題文に出てくる言葉が並んでいます。わからない問題の言葉から，例題を調べることができます。

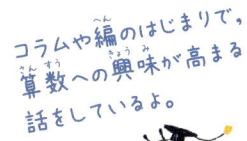

別冊

チカラをつける！ 問題集

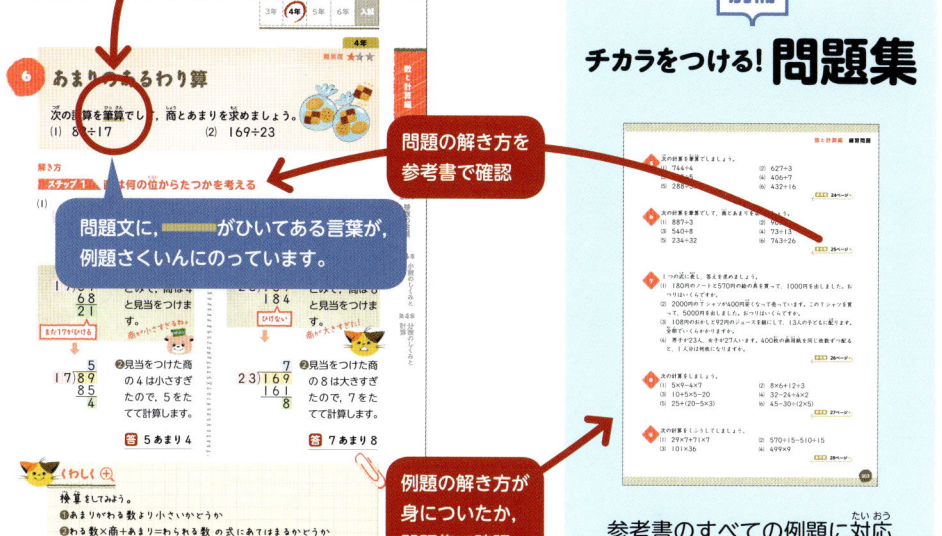

問題の解き方を参考書で確認

問題文に，——————がひいてある言葉が，例題さくいんにのっています。

例題の解き方が身についたか，問題集で確認

参考書のすべての例題に対応した問題を収録しています。くわしい解説つきです。

こんな風に使おう！

→ **学校や塾の勉強の予習をする場合は…**
もくじ（6-9ページ）から単元に合う「参考書」の例題を学習しよう。さらに，「問題集」で解き方が身についたかどうか確認しよう。

→ **教科書や別の問題集で解けない問題があった場合は…**
例題さくいん（470-479ページ）から，同じような内容の「参考書」の例題を調べて，学習しよう。

→ **解き方が身についているか試す場合は…**
「問題集」を解き，わからない問題は「参考書」の例題で確認しよう。

# もくじ

- はじめに …003
- この本の特長と使い方 …004
- 算数の学習内容一覧 …010
- 例題さくいん …470
- 算数用語さくいん …480

## 数と計算編

### 第1章 整数のしくみと計算

**01** 整数のしくみと計算 `3年` `4年` `入試` …018

### 第2章 整数の性質

**01** 整数の性質 `5年` `入試` …033

**02** がい数 `4年` …045

**03** 規則性と数列 `入試` …052

### 第3章 小数のしくみと計算

**01** 小数のしくみとたし算・ひき算 `4年` …059

**02** 小数のかけ算とわり算 `4年` `5年` `入試` …064

### 第4章 分数のしくみと計算

**01** 分数のしくみ `4年` `5年` …074

**02** 分数のたし算とひき算 `4年` `5年` …079

**03** 分数のかけ算とわり算 `5年` `6年` `入試` …087

## 図形編

### 第1章 平面図形

**01** 平面図形の性質 3年 4年 5年 …… 106

**02** 角の大きさ 4年 5年 入試 …… 114

### 第2章 量の単位

**01** 量の単位 3年 4年 5年 6年 …… 131

### 第3章 平面図形の長さと面積

**01** 三角形・四角形 4年 5年 入試 …… 138

**02** 円, およその面積 5年 6年 入試 …… 154

### 第4章 合同, 対称, 拡大と縮小

**01** 合同な図形 5年 …… 167

**02** 対称な図形 6年 …… 172

**03** 拡大図と縮図 6年 入試 …… 178

**04** 図形の移動 入試 …… 187

### 第5章 立体図形

**01** 立体図形の形と表し方 3年 4年 5年 入試 …… 196

**02** 立体図形の体積と表面積 5年 6年 入試 …… 212

**03** 容積 5年 入試 …… 231

# もくじ

## 📙 数量関係編

### 第1章 文字と式

**01** □を使った式 [3年] …… 244

**02** 文字を使った式 [6年] …… 247

### 第2章 量の比べ方

**01** 平均 [5年] …… 254

**02** 単位量あたりの大きさ [5年] [入試] …… 260

**03** 速さ [6年] [入試] …… 270

### 第3章 資料の表し方

**01** いろいろなグラフと表 [3年] [4年] …… 286

**02** 資料の調べ方 [6年] [入試] …… 292

### 第4章 割合とグラフ

**01** 割合 [5年] …… 301

**02** 帯グラフと円グラフ [5年] …… 310

### 第5章 比

**01** 比 [6年] [入試] …… 315

### 第6章 2つの量の変わり方

**01** 2つの量の変わり方 [4年] [5年] …… 330

**02** 比例と反比例 [5年] [6年] [入試] …… 335

### 第7章 場合の数

**01** 場合の数 [6年] [入試] …… 350

## 入試・文章題編  中学入試対策

### 第1章 和と差に関する問題 ……… 368

- 和差算 ……… 370
- つるかめ算 ……… 373
- 差集め算 ……… 379
- 過不足算 ……… 383
- 平均算 ……… 387
- 消去算 ……… 389

### 第2章 割合と比に関する問題 ……… 392

- 分配算 ……… 396
- 濃度算 ……… 398
- 損益算 ……… 404
- 相当算 ……… 409
- 倍数算 ……… 414
- 年令算 ……… 416
- 仕事算 ……… 419
- のべ算 ……… 425

### 第3章 速さに関する問題 ……… 428

- 旅人算 ……… 430
- 通過算 ……… 435
- 時計算 ……… 440
- 流水算 ……… 443

### 第4章 いろいろな問題 ……… 446

- 植木算 ……… 448
- 日暦算 ……… 450
- 方陣算 ……… 452
- 集合算 ……… 454
- ニュートン算 ……… 456
- 規則性の問題 ……… 459
- 推理 ……… 464

# 算数の学習内容一覧

いつ・何を学習するのか ひとめでわかる！

| | 数と計算編 | | | | 数量関係編 |
|---|---|---|---|---|---|
| 3年 | 第1章 01<br>整数のしくみと計算 | | | | 第1章 01<br>□を使った式 |
| 4年 | | 第2章 02<br>がい数 | 第3章 01<br>小数のしくみとたし算・ひき算<br><br>第3章 02<br>小数のかけ算とわり算 | 第4章 01<br>分数のしくみ<br><br>第4章 02<br>分数のたし算とひき算 | |
| 5年 | | 第2章 01<br>整数の性質 | | 第4章 03<br>分数のかけ算とわり算 | 第1章 02<br>文字を使った式 |
| 6年 | | | | | |

この本の章・項目です。

この本で扱っている内容を，学年ごとにまとめました。
前の学年の復習や，先取り学習をするときなどに活用してください。

※学校で習う内容を，学習指導要領に基づいて整理してありますので，中学入試特有の内容は載っていないことがあります。

| | | | | | |
|---|---|---|---|---|---|
| | **第3章**<br>01<br>いろいろな<br>グラフと表 | | | | |
| | | | | **第6章**<br>01<br>2つの量の<br>変わり方 | |
| **第2章**<br>01<br>平均 | | **第4章**<br>01<br>割合 | | | |
| **第2章**<br>02<br>単位量あたりの<br>大きさ | | **第4章**<br>02<br>帯グラフと<br>円グラフ | | **第6章**<br>02<br>比例と反比例 | |
| **第2章**<br>03<br>速さ | **第3章**<br>02<br>資料の調べ方 | | **第5章**<br>01<br>比 | | **第7章**<br>01<br>場合の数 |

いつ・何を学習するのか
ひとめでわかる！
# 算数の学習内容一覧

## 図形編

| 学年 | 第1章 平面図形の性質 | | 第1章02 角の大きさ | | 第2章01 量の単位 | |
|---|---|---|---|---|---|---|
| 3年 | 第1章01 平面図形の性質 | ●二等辺三角形<br>●正三角形<br>●円 | | | 第2章01 量の単位 | ●長さの単位と計算<br>●重さの単位と計算<br>●時間の単位と計算 |
| 4年 | | ●平行四辺形<br>●ひし形<br>●台形<br>●直線の垂直と平行 | 第1章02 角の大きさ | ●角の大きさ<br>●平行な直線と角 | | ●面積の単位と計算 |
| 5年 | | ●多角形や正多角形 | | ●三角形の角<br>●四角形の角<br>●多角形の角 | | ●体積の単位と計算 |
| 6年 | | | | | | ●量の単位のしくみ |

012

例題が多いから しっかりと学べるよ！

## 第5章 01 立体図形の形と表し方
- 球
- 直方体
- 立方体
- 見取図
- 展開図
- 面や辺の垂直と平行
- 位置の表し方

- 角柱
- 円柱
- 角柱や円柱の展開図

## 第3章 01 三角形・四角形
- 長方形の面積
- 正方形の面積

- 平行四辺形の面積
- 台形の面積
- ひし形の面積
- 三角形の面積

## 第4章 01
- 合同な図形

## 第3章 02 円・およその面積
- 円周の長さ

- 円の面積
- およその面積

## 第4章 02
- 対称な図形

## 第4章 03
- 拡大図と縮図

## 第5章 02 立体図形の体積と表面積
- 直方体や立方体の体積

## 第5章 03
- 容積

- 角柱や円柱の体積
- およその体積

013

## 参考書と問題集の外し方

1. まず，机などの平らな場所に置き，参考書と問題集の境目のところで，左右に開きます。「パキッ」と音がするまで開いてください。
2. 参考書をしっかりと持ち，のりから引きはがしてください。
3. 同じようにして，問題集をしっかりと持ち，引きはがしてください。

パキッ

参考書　問題集

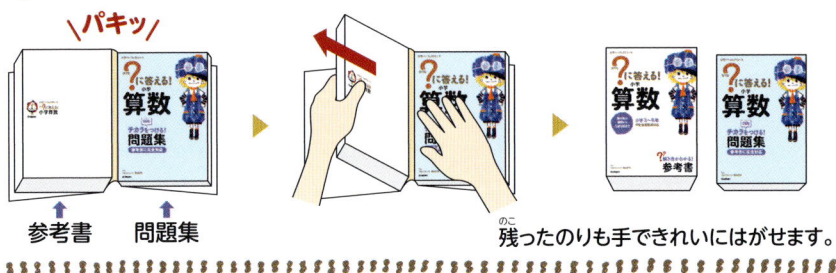

残ったのりも手できれいにはがせます。

## キャラクター紹介

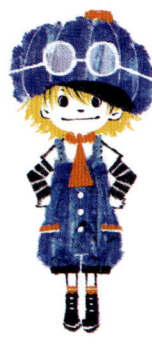

気になる言葉を調べてみよう。

**ルル**
好奇心旺盛な男の子。
気になったことには
何でも挑戦!

なんだろう。知りたいな。

**ニャンティ**
観察好きの知りたがり。
なんだろう…が口ぐせ。

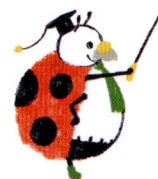

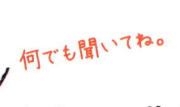

何でも聞いてね。

**ナナホシ先生**
世界中を飛び回り
何でも知っている
みんなの先生。

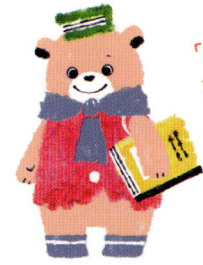

「?に答える!」は，知りたいことが何でものってるよ。

**モモ**
かしこくてしっかり者の
女の子。
本が大好き。

# 数と計算編

第1章 整数のしくみと計算 ………… 018
第2章 整数の性質 ………………… 033
第3章 小数のしくみと計算 ………… 059
第4章 分数のしくみと計算 ………… 074

**数と計算編** # 数字は不思

数字の世界は
とっても美しいって
知っているかな？
計算式を並べると…

1 =
11 × 11 =
111 × 111 =
1111 × 1111 =
11111 × 11111 =
111111 × 111111 =
1111111 × 1111111 =
11111111 × 11111111 =
111111111 × 111111111 =

# 議なアート

```
                1
               121
              12321
             1234321
            123454321
           12345654321
          1234567654321
         123456787654321
        12345678987654321
```

わあ！きれい…！

こんなに不思議で
美しい数の並びになるよ。
さあ、もっともっと
数と計算について
学んでみよう。

# 第1章 整数のしくみと計算 ［1］整数のしくみと計算

# 01 整数のしくみと計算

## ここのポイント

### 整数の表し方としくみ → 例題 1, 2

| 千兆の位 | 百兆の位 | 十兆の位 | 一兆の位 | 千億の位 | 百億の位 | 十億の位 | 一億の位 | 千万の位 | 百万の位 | 十万の位 | 一万の位 | 千の位 | 百の位 | 十の位 | 一の位 |
|---|---|---|---|---|---|---|---|---|---|---|---|---|---|---|---|
| | | | | 3 | 8 | 0 | 5 | 0 | 0 | 0 | 0 | 0 | 0 | 0 | 0 |
| | | | 3 | 8 | 0 | 5 | 0 | 0 | 0 | 0 | 0 | 0 | 0 | 0 | 0 |
| | | 3 | 8 | 0 | 5 | 0 | 0 | 0 | 0 | 0 | 0 | 0 | 0 | 0 | 0 |

右から一, 十, 百, 千をくり返し, 万, 億, 兆と呼び方が変わる。

…三千八百五億
…三兆八千五十億
…三十八兆五百億

数を10倍すると位は1つずつ上がり, 10でわると位は1つずつ下がります。

例 12750000000を10倍した数は, 127500000000
　　12750000000を10でわった数は, 1275000000

### 整数のたし算とひき算 → 例題 3

筆算で, 位をそろえて書き, 一の位から順に計算します。くり上がりやくり下がりに気をつけます。

例
```
   1 1
   4 5 8
 + 1 4 6
 ─────
   6 0 4
```

```
     ⁶1² 
   1 3 7 5
 -   5 9 5
 ─────
     7 8 0
```

### 整数のかけ算とわり算 → 例題 4〜6

例 328×145の筆算

位をそろえて書いて, 一の位から順に, 328×5, 328×4, 328×1の計算をし, これらの部分の積をたします。

```
      3 2 8
    ×1 4 5
    ─────
    1 6 4 0
    1 3 1 2
    3 2 8
    ─────
    4 7 5 6 0
```

例 375÷23の筆算

37÷23で, 商1を十の位にたてて計算していきます。

```
         1 6
     ────────
  23)3 7 5
       2 3
     ─────
       1 4 5
       1 3 8
     ─────
           7
```

〈答えのたしかめ(検算)〉

わる数 × 商 ＋ あまり ＝ わられる数
　　23 × 16 ＋ 7 ＝ 375

## 計算の順序 → 例題 7, 8

2つの式を，（ ）を使って1つの式に表すことができます。

例 170+180=350, 500−350=150 ➡ 500−(170+180)=150

> **計算の順序**
> ● ふつうは，左から順に計算する。
> ● ( )のある式は，( )の中を先に計算する。
> ● ×や÷は，＋や−より先に計算する。
>
> 例 75×(13−9)=300
> 28−3×5=13

## 計算のきまり → 例題 9, 10, 12

**計算のきまり**を使って，計算のしかたをくふうすることができます。

① □＋○＝○＋□　　　　　　　例 3+17=17+3
② (□＋○)＋△＝□＋(○＋△)　　例 (19+8)+2=19+(8+2)
③ □×○＝○×□　　　　　　　例 4×15=15×4
④ (□×○)×△＝□×(○×△)　　例 (38×25)×4=38×(25×4)
⑤ (□＋○)×△＝□×△＋○×△　例 (16+7)×5=16×5+7×5
⑥ (□−○)×△＝□×△−○×△　例 (50−3)×8=50×8−3×8
⑦ (□＋○)÷△＝□÷△＋○÷△　例 (9+12)÷3=9÷3+12÷3
⑧ (□−○)÷△＝□÷△−○÷△　例 (28−16)÷4=28÷4−16÷4

## 逆算って？ 入試対策 → 例題 11

もとの計算の順序の，逆の順に計算して，□にあう数を求めることです。

例 13×(□÷3−2)=26 ➡ □÷3−2=26÷13=2
➡ □÷3=2+2=4 ➡ □=4×3=12

逆にたどっていくよ！

## 演算記号って？ 入試対策 → 例題 13

数を処理するときのきまりを表す記号です。

例 A◎B=A×A+B×B とするときの◎のこと。3◎5=3×3+5×5=34

# 第1章 整数のしくみと計算 ［1］整数のしくみと計算

~3年 | 4年
難易度 ★★★

## 1 整数の表し方

次の数を数字で書きましょう。
(1) 八千三百五十億七百万
(2) 二十四兆六千九十億八千三万

## 解き方

### ステップ1 それぞれの位を確認する

表を使って，数字を書き入れます。

| | 千兆の位 | 百兆の位 | 十兆の位 | 一兆の位 | 千億の位 | 百億の位 | 十億の位 | 一億の位 | 千万の位 | 百万の位 | 十万の位 | 一万の位 | 千の位 | 百の位 | 十の位 | 一の位 |
|---|---|---|---|---|---|---|---|---|---|---|---|---|---|---|---|---|
| 1億 | | | | | | | | 1 | 0 | 0 | 0 | 0 | 0 | 0 | 0 | 0 |
| 1兆 | | | | 1 | 0 | 0 | 0 | 0 | 0 | 0 | 0 | 0 | 0 | 0 | 0 | 0 |
| (1) | | | | | 8 | 3 | 5 | 0 | 0 | 7 | 0 | 0 | 0 | 0 | 0 | 0 |
| (2) | | | 2 | 4 | 6 | 0 | 9 | 0 | 8 | 0 | 0 | 3 | 0 | 0 | 0 | 0 |

**参考** 右から4けたごとに，万，億，兆と呼び方が変わり，それぞれについて，一，十，百，千がくり返される。

一億円っ!!

**答** (1) 835007000000
(2) 24609080030000

## 別の解き方

兆，億，万のところで区切って考えるとわかりやすくなります。

(1) 八千三百五十 億 七百万
(2) 二十四兆六千 九十 億八千 三万

漢数字で表されていない位。
これらの位は数字で0と表します。

  億 万
8350|0700|0000

  兆 億 万
24|6090|8003|0000

類題を解こう → 別冊2ページ 問題1
レベルアップ → 21ページ 例題2

020

| 3年 | 4年 | 5年 | 6年 | 入試 |

4年

## 2 整数のしくみ

難易度 ★★★

次の数を10倍した数，10でわった数はそれぞれいくつですか。
(1) 2億8000万　　(2) 43兆

### 解き方

(1) **ステップ1** 位がどのように変わるか確認する

数は，位が1つ左へ進むごとに10倍になるしくみになっています。また，数を10倍すると位は1つずつ上がり，10でわると1つずつ下がります。

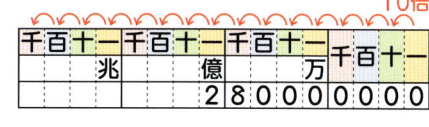

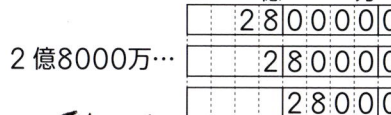

2億8000万…

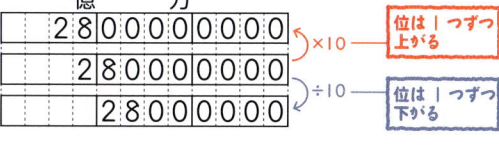

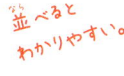
並べるとわかりやすい。

**答** 10倍した数……2800000000（28億）
　　10でわった数…28000000　（2800万）

(2) **ステップ1** 位がどのように変わるか確認する

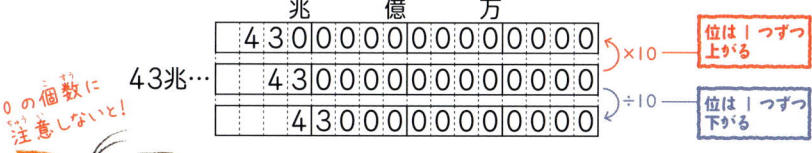

43兆…

0の個数に注意しないと！

**答** 10倍した数……430000000000000（430兆）
　　10でわった数…43000000000000（4兆3000億）

類題を解こう → 別冊2ページ 問題2　　つまずいたら → 20ページ 例題1

021

# 第1章 整数のしくみと計算 [1] 整数のしくみと計算

〜3年
難易度 ★☆☆

## 3 整数のたし算とひき算

次の計算を筆算でしましょう。
(1) 539+278
(2) 1280−756

### 解き方

**ステップ1** 位をそろえて書き、筆算をする

(1)
```
  539
 +278
```
❶位をそろえて書きます。

↓

```
   1
  539
 +278
 ─────
    7
```
❷9+8=17
十の位へ1くり上げます。

↓

```
  11
  539
 +278
 ─────
   17
```
❸1+3+7=11
百の位へ1くり上げます。

↓

```
  11
  539
 +278
 ─────
  817
```
❹1+5+2=8

**答** 817

**注意** くり上げた1をたすのを忘れずに!

(2)
```
  1280
 − 756
```
❶位をそろえて書きます。

↓

```
   7 10
  1280
 − 756
 ──────
     4
```
❷十の位から1くり下げて、
10−6=4

↓

```
     7
  1280
 − 756
 ──────
    24
```
❸7−5=2

**注意** くり下げた1をひくのを忘れずに!

↓

```
  1̶280
 − 756
 ──────
   524
```
❹千の位から1くり下げて、
12−7=5

**答** 524

位をそろえて、一の位から順に計算しよう!

類題を解こう → 別冊2ページ 問題3
レベルアップ → 62ページ 例題38, 63ページ 例題39

022

~3年 | 4年

難易度 ★★★

## ④ 整数のかけ算

次の計算を筆算でしましょう。
(1) 435×126
(2) 348×207

**解き方**

**ステップ1** 一の位から順に計算する

(1)
```
  4 3 5
× 1 2 6
```
❶位をそろえて書きます。

↓

```
  4 3 5
× 1 2 6
─────
2 6 1 0
```
❷435×6=2610

↓

```
  4 3 5
× 1 2 6
─────
2 6 1 0
  8 7 0
```
❸435×2=870
870を左へ1けたずらして書きます。

↓

```
  4 3 5
× 1 2 6
─────
2 6 1 0
  8 7 0
4 3 5
```
❹435×1=435
435を左へ1けたずらして書きます。

↓

```
    4 3 5
  × 1 2 6
  ─────
  2 6 1 0
    8 7 0
  4 3 5
  ─────
5 4 8 1 0
```
❺たし算をします。

**答** 54810

(2)
```
  3 4 8
× 2 0 7
```
❶位をそろえて書きます。

↓

```
  3 4 8
× 2 0 7
─────
2 4 3 6
```
❷348×7=2436

↓

```
  3 4 8
× 2 0 7
─────
2 4 3 6
0 0 0
```
❸348×0=0
この部分は省くことができます。

↓

```
    3 4 8
  × 2 0 7
  ─────
  2 4 3 6
6 9 6
```
❹348×2=696
696を左へ2けたずらして書きます。

↓

```
    3 4 8
  × 2 0 7
  ─────
  2 4 3 6
6 9 6
─────
7 2 0 3 6
```
❺たし算をします。

**答** 72036

一の位から計算！

# 第1章 整数のしくみと計算 ［1］整数のしくみと計算

**4年**

難易度 ★☆☆

## 5 整数のわり算

次の計算を筆算でしましょう。
(1) 852÷3　　(2) 360÷8　　(3) 416÷32

### 解き方
**ステップ1** 筆算をする

たてる・かける・ひく・おろす
のくり返しだね！

(1) 

8÷3=2あまり2

$$3)\overline{852} \Rightarrow 3)\overline{852} \atop {6 \atop 25}\leftarrow おろす \Rightarrow 3)\overline{\phantom{0}28\phantom{0} \atop 852} \atop {6 \atop 25 \atop 24 \atop 12} \Rightarrow 3)\overline{\phantom{0}284 \atop 852} \atop {6 \atop 25 \atop 24 \atop 12 \atop 12 \atop 0}$$

25÷3=8あまり1

12÷3=4

**答 284**

(2) 
8)360

8>3だから，
百の位に商は
たたない。

36÷8=4あまり4

40÷8=5

わられる数の上から2けたとった数とわる数を比べて，十の位に商をたてる。

**答 45**

(3)
32)416

32>4だから，
百の位に商はた
たない。

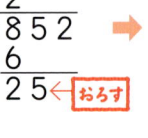

41÷32=1あまり9

96÷32=3

96÷32を
90÷30とみると,
商の見当がつけられる。

**答 13**

類題を解こう → 別冊3ページ 問題5　レベルアップ → 67ページ 例題42

## 6 あまりのあるわり算

難易度 ★★★

4年

次の計算を筆算でして、商とあまりを求めましょう。
(1) 89÷17
(2) 169÷23

### 解き方

**ステップ1　商は何の位からたつかを考える**

(1)
```
17)89
```
❶ 17>8 だから、十の位に商はたちません。

↓

```
    4
17)89
   68
   21
```
わる数17を20とみて、商は4と見当をつけます。

（また17がひける）（商が小さすぎるね。）

↓

```
    5
17)89
   85
    4
```
❷ 見当をつけた商の4は小さすぎたので、5をたてて計算します。

**答 5 あまり 4**

(2)
```
23)169
```
❶ 23>16 だから、十の位に商はたちません。

↓

```
    8
23)169
   184
```
（ひけない）（商が大きすぎた！）

わる数23を20とみて、商は8と見当をつけます。

↓

```
    7
23)169
   161
    8
```
❷ 見当をつけた商の8は大きすぎたので、7をたてて計算します。

**答 7 あまり 8**

### くわしく ⊕

検算をしてみよう。
❶ あまりがわる数より小さいかどうか
❷ わる数×商＋あまり＝わられる数 の式にあてはまるかどうか
(1) 17×5＋4＝89　← あてはまる
(2) 23×7＋8＝169　← あてはまる

類題を解こう　別冊3ページ 問題6　つまずいたら→24ページ 例題5　レベルアップ→69ページ 例題44

025

# 第1章 整数のしくみと計算 ［1］整数のしくみと計算

## 7 （ ）のある式

難易度 ★☆☆　4年

次の問題を，（ ）を使って1つの式に表し，答えを求めましょう。

(1) 160円のジュースと250円のチキンバーガーを買って，500円を出しました。おつりはいくらですか。

(2) 1本75円のえん筆と1個25円のキャップを組にして買います。600円では何組買えますか。

### 解き方

**ステップ1　代金の合計，1組の代金をひとまとまりとみる**

(1) ジュースとチキンバーガーの代金の合計は，
160+250（円）

(2) えん筆1本とキャップ1個の1組の代金は，
75+25（円）

**ステップ2　1つの式に表して求める**

(1) おつりを求めることばの式は，次のようになります。

出したお金 − 代金の合計 = おつり

ここで，代金の合計の式を（ ）を使ってくくると，1つの式に表すことができます。

500−(160+250)　←代金の合計
=500−410
=90（円）

**答 90円**

**注意** 500−(160+250)の計算をするときに，500−160+250=590（円）としたら，まちがい！

(2) 組の数を求めることばの式は，次のようになります。

持っているお金 ÷ 1組の代金 = 組の数

ここで，1組の代金の式を（ ）を使ってくくると，1つの式に表すことができます。

600÷(75+25)　←1組の代金
=600÷100
=6（組）

**答 6組**

（ ）を使うと，2つの式を1つの式に表せるね！

類題を解こう → 別冊3ページ 問題7　レベルアップ → 27ページ 例題8

# 8 計算の順序

次の計算をしましょう。
(1) 8×7−6×5
(2) 10−12÷3×2
(3) 9+(15−4×3)
(4) 10−12÷(3×2)

**解き方**

**ステップ1** かけ算やわり算の式をひとまとまりとみて，先に計算する

(1) 8×7−6×5＝56−30
　　　　　　　＝26 …**答**

←8×7と6×5は，それぞれひとまとまりの数とみて，先に計算。

(2) 10−12÷3×2＝10−4×2
　　　　　　　　＝10−8
　　　　　　　　＝2 …**答**

←12÷3×2は，左から順に計算。

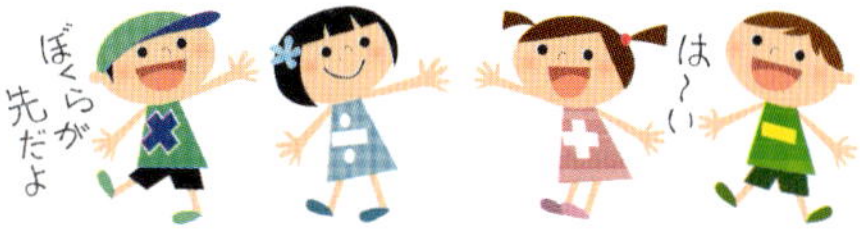

(3) 9+(15−4×3)＝9+(15−12)
　　　　　　　　＝9+3
　　　　　　　　＝12 …**答**

←( )のある式は，( )の中を先に計算。また，( )の中も，ひき算より先にかけ算をします。

(4) 10−12÷(3×2)＝10−12÷6
　　　　　　　　　＝10−2
　　　　　　　　　＝8 …**答**

←( )の中のかけ算を先に計算。

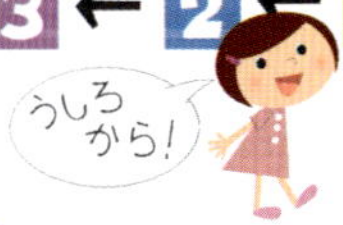

**注意** (2)と(4)は，同じような式に見えるけれども，(4)では(3×2)となっているので，計算の順序がちがい，答えもちがってくる。

うしろから！

**ポイント** たし算やひき算とかけ算やわり算のまじった式の計算の順序は，(　)の中 ➡ ×，÷ ➡ ＋，−

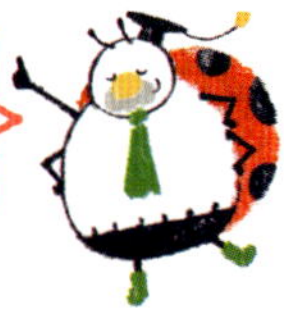

# 第1章 整数のしくみと計算 ［1］整数のしくみと計算

**4年**

難易度 ★★☆

## 9 計算のきまり

次の計算を，計算のきまりを使ってくふうしてしましょう。

(1) 42×8−17×8  
(2) 72÷6+108÷6  
(3) 102×15  
(4) 198×25

### 解き方

**ステップ1** 共通な数，きりのよい数に着目する

(1) 42×8−17×8＝(42−17)×8　←□×△−○×△＝(□−○)×△  
　　　　　　　　＝25×8　　　　を使って，42−17の計算を先にします。  
　　　　　　　　＝200 …**答**

(2) 72÷6+108÷6＝(72+108)÷6　←□÷△+○÷△＝(□+○)÷△  
　　　　　　　　＝180÷6  
　　　　　　　　＝30 …**答**

(3) 102×15＝(100+2)×15　←(□+○)×△＝□×△+○×△  
　　↑　　＝100×15+2×15  
　102は，　＝1500+30  
　100+2　＝1530 …**答**  
　と考える

(4) 198×25＝(200−2)×25　←(□−○)×△＝□×△−○×△  
　　↑　　＝200×25−2×25  
　198は，　＝5000−50  
　200−2　＝4950 …**答**  
　と考える

右の式と左の式を入れ変えてもよい。

### ポイント

**計算のきまりを覚えよう！**

(□+○)×△＝□×△+○×△　　(□−○)×△＝□×△−○×△  
(□+○)÷△＝□÷△+○÷△　　(□−○)÷△＝□÷△−○÷△

類題を解こう → 別冊3ページ 問題9　つまずいたら → 27ページ 例題8　レベルアップ → 71ページ 例題46, 97ページ 例題68

# 10 たし算・かけ算の計算のきまり

次の計算を，計算のきまりを使ってくふうしてしましょう。
(1) 49+17+13
(2) 16×4×25
(3) 58+65+42
(4) 125×9×8

## 解き方

**ステップ1** どの計算のきまりを使えば，きりのよい数になるかを考える

(1) 49+17+13 = 49+(17+13)　←(□+○)+△=□+(○+△)
　　　　　　　　　　　　　　　　を使って，17+13
　和の一の位が　 = 49+30　　　　の計算を先にします。
　0になる　　　 = 79 …**答**

(2) 16×4×25 = 16×(4×25)　←(□×○)×△=□×(○×△)
　かけると，　= 16×100
　100になる　 = 1600 …**答**

(3) 58+65+42 = 58+42+65　←□+○=○+□
　あわせると，= 100+65
　100になる　 = 165 …**答**

(4) 125×9×8 = 125×8×9　←□×○=○×□
　かけると，　= 1000×9
　1000になる　= 9000 …**答**

一の位が0になる数ができると計算ラク！

**参考** 25×4=100, 25×8=200
75×4=300, 125×8=1000
このようなきりのよい数を覚えておくと便利。

## ポイント

たし算・かけ算の計算のきまりを覚えよう！

□+○=○+□　　　　　　□×○=○×□
(□+○)+△=□+(○+△)　(□×○)×△=□×(○×△)

類題を解こう → 別冊4ページ 問題10
レベルアップ → 71ページ 例題46，97ページ 例題68

# 第1章 整数のしくみと計算　[1] 整数のしくみと計算

## 11　□にあてはまる数を求める（逆算）

難易度 ★★☆　入試

次の□にあてはまる数を求めましょう。
(1)　{(63+□)÷5−15}×6=12　〈山脇学園中〉
(2)　12×11+8×11−□÷2=160　〈聖望学園中〉

### 解き方

(1) **ステップ1** 計算の順序を確認する

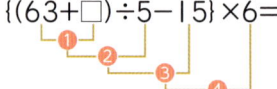

←計算の順の❹で6をかけて12になったのだから、その前は、(63+□)÷5−15=2 と考えられます。

**ステップ2** 逆の順に計算する

(63+□)÷5−15=12÷6=2 ……❹
(63+□)÷5=2+15=17 ……❸
63+□=17×5=85 ……❷
□=85−63=22 ……❶

**参考** もとの計算の順序の逆の順に計算することを**逆算**という。

**答 22**

(2) **ステップ1** 計算できる部分は先に計算し、式を簡単にしておく

12×11+8×11−□÷2=160
　↓(12+8)×11=20×11=220
220−□÷2=160

←12×11+8×11は、11が共通だから、( )を使ってくくれます。
□×△+○×△=(□+○)×△

**ステップ2** 計算の順序を確認し、その逆の順に計算する

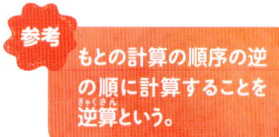

計算の順序を逆にして計算すると、
220=160+□÷2 ……❷
220−160=□÷2
60=□÷2
□÷2=60
□=60×2=120 ……❶

□÷2をひとまとまりの数とみよう。

**答 120**

入試

難易度 ★★★

# 12 計算のくふう

次の計算をしましょう。

(1) 16×8+16×6−32×2 〈大妻嵐山中〉

(2) 66×66−55×55−11×11 〈桜美林中〉

**解き方**

(1) **ステップ 1 共通な数を見つける**

2 つの式で16が共通です。32=16×2 だから，32×2=16×2×2 とすると，**3 つの式で16が共通**になります。

16×8+16×6−32×2=16×8+16×6−16×2×2

**ステップ 2 計算のきまりを利用する**

16×8+16×6−32×2
=16×8+16×6−16×4
=16×(8+6−4)
=16×10=160 …答

←32×2=16×2×2=16×4 と変形。
$a \times b + a \times c - a \times d = a \times (b+c-d)$
を利用します。

(2) **ステップ 1 共通な数を見つける**

66=6×11，55=5×11 だから，
66×66=(6×11)×(6×11)=6×6×11×11=36×(11×11)
55×55=(5×11)×(5×11)=5×5×11×11=25×(11×11)
よって，11×11が共通な数だとわかります。

**ステップ 2 計算のきまりを利用する**

66×66−55×55−11×11
=36×(11×11)−25×(11×11)−(11×11)
=(36−25−1)×(11×11)
=10×(11×11)=10×121=1210 …答

1×(11×11)と考える

11×11 をひとまとまりの数とみよう！

類題を解こう → 別冊4ページ 問題12　つまずいたら → 28ページ 例題9

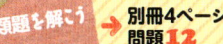

# 第1章 整数のしくみと計算 ［1］整数のしくみと計算

## 13 特別なきまりにしたがう計算（演算記号）

難易度 ★★★　入試

(1) 記号◎は，記号の前の数を記号の後ろの数でわったときのあまりを表します。たとえば，5◎2=1，18◎5=3 となります。
(89◎13)×(11◎4) を計算しましょう。　〈法政大学第二中〉

(2) 〈A，B，C〉=A×B−2×B+C とします。
たとえば，〈5，2，3〉=5×2−2×2+3=9 となります。
〈3，$x$，7〉=10 のとき，$x$の値を求めましょう。
〈東京女学館中〉

### 解き方

(1) **ステップ1** 演算記号のきまりを確認し，計算する

89◎13は，89を13でわったときの**あまりを表す**から，
89÷13=6あまり11 より，89◎13=11
11◎4は，同様にして，
11÷4=2あまり3 より，11◎4=3
(89◎13)×(11◎4)=11×3=33 …**答**

**参考** ＋，−，×，÷の記号のように，数を処理するときのきまりを表す記号を演算記号という。

(2) **ステップ1** 演算記号のきまりにあてはめる

〈A，B，C〉=A×B−2×B+C だから，
〈3，$x$，7〉=3×$x$−2×$x$+7　←演算記号のきまりにしたがって表します。
〈A　B　C〉=A×B−2×B+C
　　　　　=(3−2)×$x$+7　　$a×c−b×c=(a−b)×c$
　　　　　=$x$+7

**ステップ2** $x$の値を求める

〈3，$x$，7〉=10　　〈3，$x$，7〉=$x$+7
$x$+7=10
$x$=10−7=3　　**答** $x$=3

記号のきまりにあてはめるだけ！

類題を解こう　別冊4ページ 問題13　計算のきまり→28ページ 例題9　$x$の値の求め方→250ページ 例題5

# 第2章 整数の性質

# 01 整数の性質

## ここのポイント

### 偶数と奇数 → 例題 14

偶数…2でわりきれる整数。　例 0, 2, 4, 6, 8, 10, 12, …100, 102, …
　　　※0は偶数とします。
奇数…2でわりきれない整数。　例 1, 3, 5, 7, 9, 11, 13, …101, 103, …

### 倍数と公倍数 → 例題 15

倍数…ある整数に整数をかけてできる数。　例 3の倍数　3, 6, 9, 12, …
　　　0は倍数に入れません。　　　　　　　3×16=48, 48は3の倍数です。
公倍数…2つ以上の数に共通な倍数。
　例 3と4の公倍数は、12, 24, 36, 48, …
　　3の倍数　3, 6, 9, ⑫, 15, 18, 21, ㉔, …, ㊱, …, ㊽, …
　　4の倍数　4,　8,　⑫,　　16, 20,　㉔, …, ㊱, …, ㊽, …
最小公倍数…公倍数のうちで、いちばん小さい公倍数。
　例 3と4の最小公倍数は12

倍数はどこまでもつづく！

### 約数と公約数 → 例題 17, 18

約数…ある整数をわりきることができる整数。　例 6の約数　1, 2, 3, 6
　　　1とその数自身は約数に入れます。
素数…1とその数自身しか約数がない数。　例 2, 3, 5, 7, 11, 13, 17, 19, …
公約数…2つ以上の数に共通な約数。
　例 12と18の公約数は、1, 2, 3, 6
　　12の約数　①, ②, ③, 4, ⑥, 12
　　18の約数　①, ②, ③,   ⑥, 9, 18
最大公約数…公約数のうちで、もっとも大きい公約数。
　例 12と18の最大公約数は6

公約数は、最大公約数の約数だね。

# 第2章 整数の性質 [1]整数の性質

5年
難易度 ★★★

## 14 偶数と奇数

次の整数を，偶数と奇数に分けましょう。
3, 8, 25, 90, 137, 634

### 解き方

**ステップ1** 2でわって，わりきれるかどうかを調べる

偶数は2でわりきれる整数，奇数は2でわりきれない整数。

3÷2=1 あまり1 ………… わりきれない ➡ 3は奇数
8÷2=4 ………………… わりきれる ➡ 8は偶数
25÷2=12 あまり1 ……… わりきれない ➡ 25は奇数
90÷2=45 ………………… わりきれる ➡ 90は偶数
137÷2=68 あまり1 …… わりきれない ➡ 137は奇数
634÷2=317 ……………… わりきれる ➡ 634は偶数

注意
0は偶数とする。

偶数くん

### くわしく⊕

それぞれの整数は，2×商+あまり=わられる数より，
3=2×1+1
25=2×12+1    2×□+1 の形
137=2×68+1

8=2×4
90=2×45      2×□ の形
634=2×317

このように，偶数は2×□，奇数は2×□+1の形の式で表すことができます。

奇数ちゃん

**答** 偶数… 8, 90, 634   奇数… 3, 25, 137

### 別の解き方

整数は，0～9の10個の数字で表されるので，偶数と奇数を見分けるには，一の位の数字に注目します。一の位の数字が偶数（0, 2, 4, 6, 8）ならば，その数は偶数，一の位の数字が奇数（1, 3, 5, 7, 9）ならば，その数は奇数であると見分けられます。

類題を解こう
別冊5ページ
問題14

# 15 倍数と公倍数

5年
難易度 ★★★

(1) 7の倍数を，小さいほうから順に5つ答えましょう。
(2) 6と8の公倍数を小さいほうから順に3つ答えましょう。また，6と8の最小公倍数を答えましょう。

## 解き方

(1) **ステップ1** 7に，1，2，3，4，5をかけて，倍数を求める

7に**整数をかけてできる数**が7の倍数だから，整数を小さいほうから順にかけて求めます。

7×1=7　　7×2=14　　7×3=21
7×4=28　　7×5=35

**注意** 7×0=0であるが，0は倍数とは考えない。倍数に0は入れない。

**答** 7，14，21，28，35

(2) **ステップ1** 8の倍数のうち，6でわりきれる数を見つける

8の倍数は，8，16，24，32，40，48，56，64，72，…。これらの中で6でわりきれる数が6と8の公倍数です。

| 8の倍数 | 8 | 16 | 24 | 32 | 40 | 48 | 56 | 64 | 72 | … |
|---|---|---|---|---|---|---|---|---|---|---|
| 6でわりきれる | × | × | ○ | × | × | ○ | × | × | ○ | |

24÷6=4　　48÷6=8　　72÷6=12

**確認** 公倍数のうちで，いちばん小さい数が最小公倍数。公倍数は，最小公倍数の倍数ともいえる。

したがって，6と8の公倍数は，24，48，72 … **答**
6と8の最小公倍数は，24 … **答**

### 別の解き方

6と8の倍数をそれぞれ求めて，共通な倍数を見つけます。

| 6の倍数 | 6 | 12 | 18 | 24 | 30 | 36 | 42 | 48 | 54 | 60 | 66 | 72 | … |
|---|---|---|---|---|---|---|---|---|---|---|---|---|---|
| 8の倍数 | 8 | 16 | | 24 | 32 | 40 | | 48 | 56 | 64 | | 72 | … |

最小公倍数は24
公倍数は，24，48，72

# 第2章 整数の性質 ［1］整数の性質

## 16 公倍数の利用

5年　難易度 ★☆☆

(1) 縦10cm，横12cmの色紙を同じ向きに並べて，できるだけ小さい正方形をつくります。いちばん小さい正方形の1辺の長さは何cmになりますか。

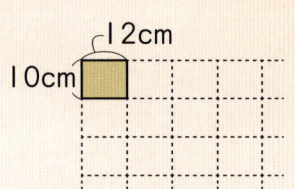

(2) ある駅から12分おき，16分おきに発車する2路線のバスがあります。午前9時に2台のバスが同時に出発しました。次に2台のバスが同時に発車するのは，午前何時何分ですか。

### 解き方

(1) **ステップ1** 縦と横の長さを表す数の最小公倍数を見つける

大きいほうの12の倍数は，12，24，36，48，60，72，…
この中で，10でわりきれる数は60
➡ 10と12の最小公倍数は60
したがって，いちばん小さい正方形の1辺の長さは60cmになります。

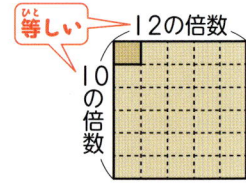

**答 60cm**

(2) **ステップ1** 2台のバスの発車間かくを表す数の最小公倍数を見つける

大きいほうの16の倍数は，16，32，48，64，…
この中で，12でわりきれる数は48
➡ 12と16の最小公倍数は48
したがって，2台のバスが午前9時に同時に出発したあと，次に同時に発車する時こくは，午前9時48分になります。

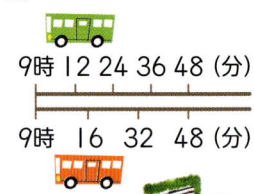

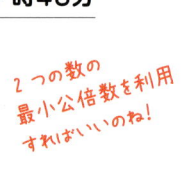

**答 午前9時48分**

2つの数の最小公倍数を利用すればいいのね！

類題を解こう　別冊5ページ 問題16　つまずいたら→35ページ 例題15

# 17 約数と素数

5年
難易度 ★★☆

(1) 8の約数を全部答えましょう。
(2) 1から30までの整数で、1とその数のほかに約数を持たない数(素数)は全部でいくつありますか。

## 解き方

(1) **ステップ1** 8を、1, 2, 3, …と順にわっていく

8を**わりきる**整数が8の約数。

8÷1=8　→　1は8の約数　　8÷2=4　→　2は8の約数
8÷3=2 あまり 2　　　　　　8÷4=2　→　4は8の約数
8÷5=1 あまり 3　　　　　　8÷6=1 あまり 2
8÷7=1 あまり 1　　　　　　8÷8=1　→　8は8の約数

**答** 1, 2, 4, 8

**別の解き方**
積が8になる2つの整数を考えて、約数を求めます。
8=1×8, 8=2×4　よって、8の約数は、1, 2, 4, 8

(2) **ステップ1** 1から30までの整数を順に消していく

1から30までの整数を並べ、次の順に消していきます。

❶ 1は素数ではないから消す。
❷ 2に○をつけ、それより大きい2の倍数を消す。
❸ 3に○をつけ、それより大きい3の倍数を消す。
❹ 5に○をつけ、それより大きい5の倍数を消す。

**参考** 1とその数自身しか約数がない数を素数という。1は素数としない。

~~1~~ ②③ ~~4~~ ⑤ ~~6~~ 7 ~~8~~ ~~9~~ ~~10~~
11 ~~12~~ 13 ~~14~~ ~~15~~ ~~16~~ 17 ~~18~~ 19 ~~20~~
~~21~~ ~~22~~ 23 ~~24~~ ~~25~~ ~~26~~ ~~27~~ ~~28~~ 29 ~~30~~

残った整数は、2, 3, 5, 7, 11, 13, 17, 19, 23, 29で、これらの数は1とその数自身しか約数がありません。よって求める答えは**10個**。…**答**

# 第2章 整数の性質 [1]整数の性質

**5年**

難易度 ★★★

## 18 公約数

8と20と36の公約数を全部答えましょう。また，最大公約数を答えましょう。

### 解き方

**ステップ1** 最小の8の約数のうち，20と36をわりきれる数を見つける

8の約数は，1, 2, 4, 8。この約数の大きいほうから，20と36をわりきれるかどうか調べます。

| | |
|---|---|
| 20÷8=2 あまり 4 | 36÷8=4 あまり 4 |
| 20÷4=5 | 36÷4=9 |
| 20÷2=10 | 36÷2=18 |
| 20÷1=20 | 36÷1=36 |

4, 2, 1は，8と20の公約数

4, 2, 1は，8と36の公約数

**参考** 36と20の約数より，8の約数のほうが，少ないから，調べるのが簡単になる。

したがって，8の約数の1, 2, 4は，20と36の共通な約数なので，8と20と36の公約数は，1, 2, 4。もっとも大きい公約数は4。

**答** 公約数…1, 2, 4　最大公約数…4

### 別の解き方

右のように，すべての数の公約数で，8, 20, 36をともにわっていき，1以外でわれなくなるまでわり算を続けます。(この方法を**連除法**といいます。)このときのわる数をすべてかけあわせた2×2=4が最大公約数，4の約数1, 2, 4が公約数です。

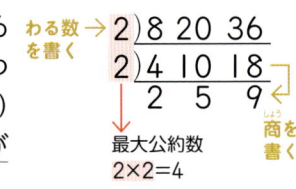

```
わる数 → 2) 8  20  36
を書く   2) 4  10  18
            2   5   9
         最大公約数    商を
         2×2=4        書く
```

**参考** 連除法を使った最小公倍数の求め方
連除法の「わる数」と最後に残った商をすべてかけあわせる。
右の連除法で2×2×2×5×9=360が，8, 20, 36の最小公倍数である。

```
2) 8  20  36
2) 4  10  18
   2   5   9
```

類題を解こう　別冊5ページ 問題18　つまずいたら→37ページ 例題17

# 19 公約数の利用

難易度 ★★★

縦24cm，横40cmの長方形の紙から，同じ大きさの正方形を，あまりが出ないように切り取ります。次の問いに答えましょう。

(1) 1辺の長さが何cmの正方形に分けられますか。1辺の長さは整数とし，1辺が1cmの正方形はのぞくものとして，全部答えましょう。

(2) できるだけ大きな正方形に分けるには，正方形の1辺の長さを何cmにすればよいですか。また，その正方形の紙は何枚できますか。

## 解き方

(1) **ステップ1** 縦と横の長さを表す数の公約数を見つける

24の約数は，1，2，3，4，6，8，12，24で，この中で40をわりきる数は，1，2，4，8。
　　　　　　24と40の公約数

1辺が1cmの正方形はのぞくので，長方形の紙をあまりが出ないように分けられる正方形の1辺の長さは，2cm，4cm，8cmになります。

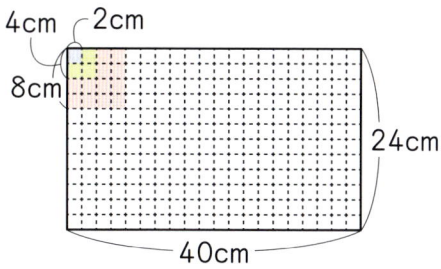

**答** 1辺が2cm，4cm，8cmの正方形

(2) **ステップ1** 最大公約数を利用して求める

24と40の最大公約数は8だから，いちばん大きな正方形の1辺の長さは8cm。
できる正方形の紙の枚数は，
縦は，24÷8＝3(枚)，横は，40÷8＝5(枚)より，
3×5＝15(枚)

**答** 正方形の1辺の長さは8cmで15枚できる。

最大公約数でわって，あまりなしだね！

# 第2章 整数の性質 [1] 整数の性質

## 20 倍数の個数

難易度 ★★☆ 入試

1から200までの整数のうち，3でわりきれるが，4ではわりきれない整数はいくつありますか。　〈江戸川学園取手中〉

### 解き方

**ステップ1** 3の倍数，3と4の公倍数の個数をそれぞれ求める

3でわりきれるが，4ではわりきれない整数は，3の倍数の個数から，3と4の公倍数の個数をひいた数です。

1から200までの整数のうち，3でわりきれる数（3の倍数）は，

200÷3=66あまり2

だから，<u>66個</u>あります。
　　　└ 3の倍数の個数

3と4の最小公倍数を調べてみると，

| 3の倍数 | 3 | 6 | 9 | 12 | 15 | 18 | …… |
|---|---|---|---|---|---|---|---|
| 4でわりきれる | × | × | × | ○ | × | × | …… |

最小公倍数は12

1から200までの整数のうち，3と4の公倍数（＝12の倍数）は，

200÷12=16あまり8 だから，<u>16個</u>あります。
　　　　　　　　　　　　└ 3と4の公倍数

**ステップ2** 3の倍数の中で，4でわりきれない整数の個数を求める

3の倍数であるが4の倍数ではない数は，

<u>66</u>－<u>16</u>=50（個）
3の倍数　3と4の公倍数

したがって，3でわりきれるが，4でわりきれない整数は**50個**あります。

**答 50個**

# 21 わる数とあまりから整数を求める

難易度 ★★★　　入試

(1) 7でわれば5あまり，5でわれば3あまる数のうち，100にもっとも近い整数を求めましょう。　〈国府台女子学院中学部〉

(2) 5でわれば3あまり，8でわれば1あまる数のうち，500にもっとも近い整数を求めましょう。

## 解き方

(1) **ステップ1** わる数とあまりの数に共通点がないか考える

7でわると5あまる…12÷7=1あまり5 ➡ 2を加えるとわりきれる
5でわると3あまる… 8÷5=1あまり3 ➡ 2を加えるとわりきれる

わる数とあまりの差が2で共通

**ステップ2** 5と7の公倍数から，わる数とあまりの差をひいた数を調べる

求める整数は，**5と7の公倍数から2をひいた数**になります。
このような整数を小さい順に求めると，

35×1－2=33　　←5と7の公倍数は，最小公倍数35の倍数
35×2－2=68　 ）+35
35×3－2=103　）+35

したがって，100にもっとも近い整数は103です。　**答 103**

(2) **ステップ1** それぞれあてはまる数を書き出して見つける

わる数とあまりの差に共通するところがないので，
実際に書き出して見つけます。

| 5でわると3あまる数 | 3 | 8 | 13 | 18 | 23 | 28 | 33 | 38 | 43 | 48 | … |
|---|---|---|---|---|---|---|---|---|---|---|---|
| 8でわると1あまる数 | 1 | 9 | 17 | 25 | 33 | 41 | 49 | 57 | 65 | … | |

書き出して調べよう！

両方に共通で，いちばん小さい数は33。その後は，5と8の最小公倍数40を次つぎに加えた数になります。

　(500－33)÷40=11あまり27
　33+40×11=473　　33+40×(11+1)=513

よって，500にもっとも近い数は，513　…**答**

# 第2章 整数の性質 [1]整数の性質

**入試**
難易度 ★★★

## 22 わる数を求める

(1) ある整数で，165をわると13あまり，112をわると17あまります。ある整数を求めましょう。 〈鷗友学園女子中〉

(2) 134をわっても，302をわっても，344をわっても8あまる整数でもっとも小さい整数はいくつですか。 〈共立女子第二中〉

### 解き方

(1) **ステップ1** わられる数−あまり＝わる数の倍数 から求める

165をわると13あまるから，あまる分の13をひいた数はわりきれるということがわかります。

165−13=152 ←ある整数でわりきれる

また，同じように，112−17=95 ←ある整数でわりきれる

よって，求める数は，**152と95の公約数**であることがわかります。

95の約数は1，5，19，95。このうち，152をわりきる数は1と19。求める数は，**あまりの17より大きい数**だから，19になります。

**答 19**

(2) **ステップ1** （わられる数−あまり）の公約数を考えて求める

134，302，344をわると，どれも8あまるから，
134−8=126，302−8=294，344−8=336 より，
126，294，336をわると，どれもわりきる整数が求める数になります。
よって，求める数は，**126と294と336の公約数**。

連除法で，この3つの数の最大公約数は，
　2×3×7=42

42の約数は，1，2，3，6，7，14，21，42で，この3つの数の公約数です。

この公約数のうち，**あまりの8より大きい**数は，14，21，42。

よって，求める数はこの中でもっとも小さい整数で，14

```
2 ) 126  294  336
3 )  63  147  168
7 )  21   49   56
      3    7    8
```
→最大公約数は 2×3×7

あまりをひいた数の公約数を考えよう！

**答 14**

## 23 最大公約数と最小公倍数からある数を求める

難易度 ★★★ 入試

(1) 60とある数の最大公約数は12で、最小公倍数は180です。ある数はいくつですか。

(2) 最大公約数が9で、積が567になる2つの整数はいくつですか。

〈日本女子大学附属中〉

### 解き方

(1) **ステップ1** 2数を公約数でわって最小公倍数を求める方法を利用する

ある整数をAとすると、60とAの最大公約数が12、最小公倍数が180だから、

$12 \times 5 \times \square = 180$ ➡ $\square = 180 \div (12 \times 5) = 3$
（60÷12）（A÷12）

したがって、ある数Aは、$12 \times \square = 12 \times 3 = 36$

```
12 ) 60   A
      5   □
```
↓
60とAの最小公倍数
$12 \times 5 \times \square$

**答** 36

(2) **ステップ1** 2数を公約数でわった商の積を、2数の積より求める

求める2つの整数をA、B（AはBより小さい）とし、A、Bを最大公約数の9でわった商をそれぞれ$a$、$b$とします。

$A = 9 \times a$、$B = 9 \times b$と表され、AとBの積が567だから、

$A \times B = (9 \times a) \times (9 \times b) = 81 \times a \times b = 567$

よって、$a \times b = 567 \div 81 = 7$

```
最大公約数… 9 ) A   B
             a   b
```
↓
AとBの最小公倍数
$9 \times a \times b$

**参考** 2数A、Bの積は、最大公約数と最小公倍数の積に等しい。

**ステップ2** 積が7になる$a$、$b$の値の組み合わせを考えて求める

**積が7になる2数**は1と7、7と1ですが、A＜Bとすると、$a＜b$だから、$a=1$、$b=7$の場合を考えて、2数A、Bを求めます。

$A = 9 \times a = 9 \times 1 = 9$
$B = 9 \times b = 9 \times 7 = 63$

9×63 =567だね。たしかめもばっちり！

**答** 9と63

類題を解こう ➡ 別冊6ページ 問題23　つまずいたら ➡ 35ページ 例題15、38ページ 例題18

# 第2章 整数の性質 [1] 整数の性質

**入試**
難易度 ★★★

## 24 公倍数の応用(除夜の鐘)

元旦の午前0時0分0秒から，A寺，B寺，C寺がいっせいに除夜の鐘を鳴らし始めました。A寺は40秒ごとに，B寺は60秒ごとに，C寺は90秒ごとに108回ずつ鐘を鳴らし，同時に鳴った鐘は1回に聞こえるものとします。次の問いに答えましょう。

(1) 最初から数えて鐘が12回目に聞こえるのは，どの寺が午前0時何分何秒に鳴らしたものですか。
(2) 最初から数えて鐘が108回目に聞こえるのは午前0時何分ですか。

〈関東学院中〉

### 解き方

(1) **ステップ1** 3つの寺が鳴らすようすを図に表す

A寺，B寺，C寺が鳴らす鐘は，次のように表せます。

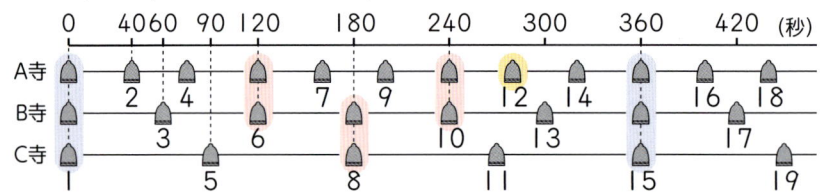

同時になった鐘は1回とするので，12回目に聞こえる鐘の音はA寺で，鳴らし始めてからA寺だけでいうと8回目になります。聞こえた時こくは，
40×7=280　280秒=4分40秒より，午前0時4分40秒。

**答** A寺が午前0時4分40秒に鳴らした

(2) **ステップ1** 同時に鳴る間かくと鳴る回数から求める

3つの寺が鐘を鳴らし始めてから，次に3つの寺の鐘が同時に鳴るまで360秒で，それまでに鐘が14回鳴ります。108÷14=7あまり10より，同じくり返しが7回あり，あと10回目が108回目。10回目までの時間は上の図より240秒だから，360×7+240=2760，2760秒=46分

**答** 午前0時46分

# 02 がい数

## ここのポイント

### がい数の表し方は？ → 例題 25

**がい数**…およその数のこと。およそ1500人を，約1500人といいます。
2000と3000の間の数を「約何千」とがい数で表すには，
百の位の数字が，0，1，2，3，4のときは，切り捨てて約2000，
　　　　　　　5，6，7，8，9のときは，切り上げて約3000
とします。このような方法を**四捨五入**といいます。

> **例** 四捨五入して一万の位までのがい数にするには，千の位で四捨五入します。
> 　　14736 → 10000　　18572 → 20000
> 　　(0000)　　　　　　　(10000)

### がい数の表すはんい → 例題 26

四捨五入して，百の位までのがい数にしたとき，500になる整数のはんいは，450から549までで，このはんいを，「450以上549以下」または，「450以上550未満」といいます。

```
400    450    500    550    600
 |------|------|------|------|
400になる  500になるはんい  600になる
```

### 和や差の見積もり → 例題 27, 28

和や差を，ある位までのがい数で求めるときは，それぞれの数を求めたい位までのがい数にしてから計算します。

> まず，がい数にしてからなのか！

### 積や商の見積もり → 例題 29, 30

積や商を，がい数で求めるときは，それぞれの数をがい数にしてから計算します。

> がい数についての計算をがい算というよ。

# 第2章 整数の性質 [2] がい数

**4年**

難易度 ★☆☆

## 25 がい数

(1) 次の数を四捨五入して、千の位までのがい数にしましょう。
① 34782
② 268315

(2) 次の数を四捨五入して、上から2けたのがい数にしましょう。
① 52436
② 197328

### 解き方

(1) **ステップ1** 何の位で四捨五入するかを考える

千の位までのがい数にするには、**百の位で四捨五入**します。

① 34782 → 35000（1000）
百の位の数字が7だから、782を切り上げて1000として、千の位を5にする。

**確認** 1つの数を、四捨五入してある位までのがい数で表すには、そのすぐ下の位の数字が 0, 1, 2, 3, 4 のときは切り捨て、5, 6, 7, 8, 9 のときは切り上げる。

② 268315 → 268000（000）
百の位の数字が3だから、315を切り捨てて0とする。

千の位の… 268315 ↑すぐ下に注目!!

**答** ① 35000 ② 268000

(2) **ステップ1** 何の位で四捨五入するかを考える

上から2けたのがい数にするには、**上から3けた目の位で四捨五入**します。

① 52436 → 52000（000）
上から2けた、上から3けた目の数字が4だから、436を切り捨てる。

**確認** 上から2けたのがい数にするときは、がい数にしたい位の1つ下の位に目をつけて、四捨五入する。

② 197328 → 200000（10000）
上から2けた、上から3けた目の数字は7だから、7328を10000として、190000+10000=200000

上から3けた目を四捨五入するよ！

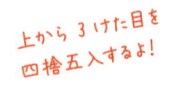

**答** ① 52000 ② 200000

類題を解こう　別冊7ページ 問題25　レベルアップ → 47ページ 例題26

# 26 がい数の表すはんい

難易度 ★★★
4年

(1) 四捨五入して、百の位までのがい数にしたとき、1500になる整数のはんいは、いくつからいくつまでですか。
(2) 四捨五入して、十の位までのがい数にしたとき、280になる整数のはんいを、以上、未満、以下を使って表しましょう。

## 解き方

(1) **ステップ1** 1500になるいちばん小さい数、いちばん大きい数を見つける

### くわしく ⊕

1400から1600までの数で、十の位の数字が4と5の数を調べます。

1440, 1441, ……1449 ➡ どれも1400になる。
十の位の数字が4だから、下から2けた（十の位と一の位）を切り捨てる。

1450, 1451, ……1459 ➡ どれも**1500**になる。
十の位の数字が5だから、下から2けたを切り上げて100とする。

1540, 1541, ……1549 ➡ どれも**1500**になる。
十の位の数字が4だから、下から2けたを切り捨てる。

1550, 1551, ……1559 ➡ どれも1600になる。
十の位の数字が5だから、下から2けたを切り上げて100とする。

百の位までのがい数にしたとき、1500になるいちばん小さい整数は1450で、いちばん大きい整数は1549です。

**答** 1450から1549まで

(2) **ステップ1** 以上、未満、以下の意味を確認して使う

十の位までのがい数にしたとき、280になる整数のはんいは、275から284まで。このはんいを以上、未満、以下を使って表すと、

275以上285未満 …**答**
↑ 285は入らない

275以上284以下 …**答**
↑ 284は入る

**注意**
・275以上…275と等しいか、それより大きい数
・275未満…275より小さい数（275は入らない）
・275以下…275と等しいか、それより小さい数

類題を解こう → 別冊7ページ 問題26
つまずいたら → 46ページ 例題25

# 第2章 整数の性質 [2] がい数

4年
難易度 ★★☆

## 27 和の見積もり

(1) 右の表は、あるサッカー場の2日間の入場者数を調べたものです。2日間の入場者数の合計は、約何万何千人になりますか。

(2) 右の3種類のやさいを買うと、代金の合計は約何百円になりますか。

あるサッカー場の入場者数

| 5月10日(土) | 39246人 |
|---|---|
| 5月11日(日) | 45817人 |

じゃがいも 185円　たまねぎ 214円　にんじん 98円

## 解き方

(1) **ステップ1　千の位までのがい数にする**

「約何万何千人になりますか。」と問われているので、**千の位までのがい数**にしてから計算します。

39246と45817を、千の位までのがい数にすると、→百の位で四捨五入する

39246 → 39000　　45817 → 46000
　↳切り捨て　　　　　↳切り上げて1000

**参考** がい数についての計算をがい算という。

**ステップ2　和を求める**

2つの数の和を、千の位までのがい数で見積もると、
39000+46000=85000(人)

**答　約85000人**

(2) **ステップ1　百の位までのがい数にする**

「約何百円になりますか。」と問われているので、**百の位までのがい数**にしてから計算します。

3つの数を百の位までのがい数にすると、

185 → 200　　214 → 200　　98 → 100
↳切り上げて100　↳切り捨て　　↳切り上げて100

**ステップ2　和を求める**

3つの数の和を、百の位までのがい数で見積もると、
200+200+100=500(円)　**答　約500円**

がい数にしてから計算すると簡単♪

類題を解こう　別冊7ページ 問題27　　つまずいたら→46ページ 例題25

## 28 差の見積もり

(1) 北町の人口は12374人，南町の人口は9638人です。2つの町の人口のちがいは，約何千何百人ですか。

(2) あゆみさんの家では，毎月1万円を積み立てて，家族4人で春にドライブ，秋に旅行をします。去年は春のドライブに25430円，秋の旅行に82796円の費用がかかりました。去年の1年間の積み立て金の残高は，約何万何千円ですか。

### 解き方

(1) **ステップ1　百の位までのがい数にする**

「約何千何百人ですか。」と問われているので，**百の位までのがい数**にしてから計算します。

12374 → 12400　　9638 → 9600
　　↳切り上げて100　　　↳切り捨て

**ステップ2　差を求める**

2つの数の差を，百の位までのがい数で見積もると，
12400－9600＝2800（人）

**答　約2800人**

(2) **ステップ1　千の位までのがい数にする**

「約何万何千円ですか。」と問われているので，**千の位までのがい数**にしてから計算します。

25430と82796を，千の位までのがい数にすると，

25430 → 25000　　82796 → 83000
　↳切り捨て　　　　　　↳切り上げて1000

**ステップ2　差を求める**

去年1年間の積み立てた金額は12万円だから，→ 1年間は12か月だから，1(万円)×12＝12(万円)

120000－(25000＋83000)＝12000（円）
積み立てた金額　ドライブの費用　旅行の費用

**答　約12000円**

# 第2章 整数の性質 [2] がい数

4年

難易度 ★★☆

## 29 積の見積もり

(1) 子ども会の29人でハイキングに行きます。電車で行くのに、1人分の電車代は420円です。電車代の合計は、およそいくらになりますか。上から1けたのがい数にして、見積もりましょう。

(2) 池のまわりに1周580mのコースがあります。このコースを32周走ると、走った道のりは、およそ何mになりますか。上から1けたのがい数にして、見積もりましょう。

### 解き方

(1) **ステップ1** それぞれの数を上から1けたのがい数にする

420と29を上から1けたのがい数にすると、

4<u>2</u>0 ⟶ 400
↑
切り捨て

<u>2</u>9 ⟶ 30
↑
切り上げて10

> 上から2けた目を四捨五入するんだね!

**ステップ2** 積を求める

2つの数の積を、上から1けたのがい数で見積もると、

400 × 30 = 12000 (円)
電車代　子どもの人数

**答** 約12000円

(2) **ステップ1** それぞれの数を上から1けたのがい数にする

580と32を上から1けたのがい数にすると、

5<u>8</u>0 ⟶ 600
↑
切り上げて100

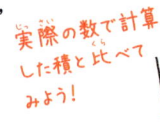

<u>3</u>2 ⟶ 30
↑
切り捨て

> 実際の数で計算した積と比べてみよう!

**ステップ2** 積を求める

積を見積もると、600 × 30 = 18000 (m)
1周の道のり　周回数

**答** 約18000m

類題を解こう → 別冊8ページ 問題29　つまずいたら → 46ページ 例題25

# 30 商の見積もり

(1) 小学生187人が遠足に行きました。そのとき、かかった費用は全部で294780円でした。1人分の費用は、およそいくらになりますか。上から1けたのがい数にして、見積もりましょう。

(2) 北海道の面積は83456km²、東京都の面積は約2187km²です。北海道の面積は東京都の面積のおよそいくつ分ですか。上から1けたのがい数にして、見積もりましょう。

## 解き方

(1) **ステップ1** それぞれの数を上から1けたのがい数にする

294780と187を上から1けたのがい数にすると、

294780 → 300000　　187 → 200
切り上げて100000　　切り上げて100

上から2けた目を四捨五入するよ！

**ステップ2** 商を求める

2つの数の商を、上から1けたのがい数で見積もると、

300000÷200
全部の費用　人数　　わる数とわられる数を100でわる。

3000÷2=1500（円）

**答 約1500円**

(2) **ステップ1** それぞれの数を上から1けたのがい数にする

83456と2187を上から1けたのがい数にすると、

83456 → 80000　　2187 → 2000
切り捨て　　　　　切り捨て

実際の数で計算した商と比べてみよう！

**ステップ2** 商を求める

商を見積もると、

80000÷2000=40（個）
北海道　　東京都
の面積　　の面積

**答 約40個分**

類題を解こう → 別冊8ページ 問題30　　つまずいたら → 46ページ 例題25

第2章 整数の性質 [3]規則性と数列

# 03 規則性と数列

入試対策

## ここのポイント

### 規則性をどのようにして見つけるの？ → 例題 31, 32

**くり返しを見つける**

2を何回かかけてできた数の一の位の数字を調べると，
2，2×2=4，2×2×2=8，2×2×2×2=16，2×2×2×2×2=32，…
(2, 4, 8, 6) の4個の数字がくり返していることを見つけられます。

> 例 2を14回かけてできる数の一の位の数字は，14÷4=3あまり2より，
> (2, 4, 8, 6) を3回くり返したあとの2番目の数字だから，4です。

**となりあう数の関係を調べる**

ある規則にしたがって並んでいる数の列を**数列**といいます。数の並び方の規則性は，となりあう2数の関係を調べて見つけます。

> 例 数列 1, 4, 16, 64, 256, …は，次の数が，1×4=4，4×4=16，
> 16×4=64，64×4=256，…と前の数の4倍になっていることがわかります。
> (このような数列を**等比数列**といいます。)

### 等差数列って → 例題 33

**等差数列**…となりあう2数の差が一定である数列。

> 例 数列 1, 5, 9, 13, 17, …は，となりあう2数の差は4で一定だから，
> 10番目の数は，1+4×(10−1)=37 になります。
> └となりあう2数の差の個数

### n進法って → 例題 35

**n進法**…n個集まるごとに，1つ上の位へ進むしくみで，n進法で表された数を **n進数**といいます。

> 例 5つのマスが，左から順に1，2，4，…と，1つ前の数を2倍した数になるとき，マスに○を入れて25を表すと，4番目，5番目のマスは8，16を表すから，右のようになります。

×2
| 1 | 2 | 4 | | |

| ○ | | ○ | ○ | ○ |
→25を表す

| 3年 | 4年 | 5年 | 6年 | 入試 |

入試

難易度 ★★★

# 31 くり返しを利用する問題

3×3×……×3のように，3を2011回かけると一の位はいくつですか。
〈かえつ有明中〉

**解き方**

**ステップ1** 3を何回かかけた数の一の位の数の規則性を見つける

3を2回，3回，4回，…かけたときの，その積の一の位の数字にくり返しがあるかどうか調べます。

1回… 3
2回… 3×3=9
3回… 3×3×3=27
4回… 3×3×3×3=81
5回… 3×3×3×3×3=243
6回… 3×3×3×3×3×3=729
7回… 3×3×3×3×3×3×3=2187
　︙

1回から4回までかけた数の一の位の数字は，順に3，9，7，1

5回から7回までかけた数の一の位の数字は，3，9，7

3を8回，9回かけた数の一の位の数字は，
　8回…（3を7回かけた数）×3=6561
　9回…（3を8回かけた数）×3=19683
したがって，3を次つぎとかけてできる数の一の位の数字は，(3，9，7，1)がくり返されていることがわかります。

3，9，7，1，3，9，7，1，…となっているね。

**ステップ2** 一の位の数字の規則性から求める

一の位の数字は，(3，9，7，1)の4個の数字がくり返されるから，
2011÷4=502あまり3
よって，(3，9，7，1)を502回くり返したあとの3番目の数だから，7になります。

**答** 7

類題を解こう → 別冊8ページ 問題31

# 第2章 整数の性質 [3] 規則性と数列

**入試**
難易度 ★★☆

## 32 いろいろな数列

次のように、ある規則にしたがって数が並んでいます。□にあてはまる数を求めましょう。

(1) 2, 3, 5, □, 12, 17
(2) 1, 4, 10, 19, 31, □
(3) 1, 3, 9, 27, □, 243

### 解き方

**(1) ステップ1　となりの数との差を調べて、並び方の規則性を見つける**

となりあう2つの数の差を調べると、

2, 3, 5, □, 12, 17 ➡ 前の数との差が、1, 2, ○, △, 5
差 1　2　○　△　5

となりの数との差は、1, 2, 3, 4, 5と、**差が1ずつ増えていく**とわかるから、5と□との差は、**前の差の2より1大きい3**です。

　　□=5+3=8　　　　　　　　　　　　**答 8**

**(2) ステップ1　となりの数との差を調べて、並び方の規則性を見つける**

1, 4, 10, 19, 31, □ ➡ 前の数との差が、3, 6, 9, 12, ○
差 3　6　9　12　○
　　　　　　　　　　　　　　　　　　×2　×3　×4

となりの数との差は、**3の倍数の小さい順になっている**から、31と□との差は、3×5=**15**です。

　　□=31+**15**=46　　　　　　　　　　**答 46**

**(3) ステップ1　となりの数との比を調べて、並び方の規則性を見つける**

1, 3, 9, 27, □, 243 ➡ 前の数との比は、3倍, 3倍, 3倍, ○, △
3倍 3倍 3倍 ○ △

**それぞれ1つ前の数の3倍になっている**から、

　　□=27×3=81　　　　　　　　　　　　**答 81**

規則性…発見！

類題を解こう ➡ 別冊8ページ 問題32　レベルアップ ➡ 55ページ 例題33

## 33 等差数列とその和

難易度 ★★★  入試

(1) ある規則にしたがって、数が「1, 4, 7, 10, 13, …」と並んでいるとき、15番目の数はいくつですか。〈聖学院中〉

(2) 数がある規則にしたがって、「6, 11, 16, …, 126, 131, 136」のように並んでいます。並んでいるすべての数の和を求めましょう。〈明星中〉

**解き方**

(1) **ステップ1** となりあう2数の差と、差の個数を使って求める

この数列は、1, 4, 7, 10, 13, …と、
差 3  3  3  3

**となりあう2数の差は3で一定です。**

1番目から15番目の数まで、となりあう2数の差は(15−1)個あるから、

15番目の数は、1+3×(15−1)=43
　　　　　　　　　一定の差　差の個数

**参考** となりの数との差が一定の数列を等差数列という。

**注意** 1番目から$n$番目までの差の個数は、($n-1$)個

**答** 43

(2) **ステップ1** 並んでいる数の個数を求めて、数列の和を考える

6, 11, 16, …, 126, 131, 136
差5  5　　　　5　　5

**となりあう2数の差は5で一定です。**

並んでいる数の個数は、136を$n$番目の数とすると、

　6+5×($n-1$)=136 より、
　　　　　差の個数
　$n$=27

したがって、並んでいる数は27個。
この数列の6から136までの和は、
　(6+136)×27÷2=1917
　はじめの数　$n$番目　$n$個
　　　　　　　の数

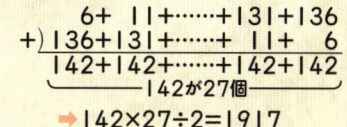

**参考** 等差数列の和

$$\begin{array}{r} 6+11+\cdots+131+136 \\ +)\ 136+131+\cdots+11+6 \\ \hline 142+142+\cdots+142+142 \end{array}$$

142が27個

→ 142×27÷2=1917

**答** 1917

# 第2章 整数の性質 [3] 規則性と数列

## 34 分数の数列

難易度 ★★★ 入試

ある規則にしたがい，分数が下のように並んでいます。

$$\frac{1}{2}, \frac{1}{4}, \frac{3}{4}, \frac{1}{6}, \frac{3}{6}, \frac{5}{6}, \frac{1}{8}, \frac{3}{8}, \cdots\cdots$$

(1) $\frac{5}{12}$ は何番目に並ぶことになりますか。

(2) 100番目に並ぶ分数を求めましょう。

〈開明中〉

### 解き方

(1) **ステップ1** 分数の分母と分子の数の並び方の規則性を見つける

並んでいる分数は，分母が2，4，6，8，…と**偶数の小さい順**になっていて，分子は，同じ分母のとき1，3，5，…と，**奇数の小さい順**になっています。

$$\frac{1}{2}, \underbrace{\frac{1}{4}, \frac{3}{4}}_{2個}, \underbrace{\frac{1}{6}, \frac{3}{6}, \frac{5}{6}}_{3個}, \underbrace{\frac{1}{8}, \frac{3}{8}, \frac{5}{8}, \frac{7}{8}}_{4個}, \frac{1}{10}$$
(1個)

→ 分母が同じ分数を組にすると，1組にふくまれる分数の個数が1つずつ増えていることがわかります。

分母が10までの分数は，1+2+3+4+5=**15**(個)

$\frac{5}{12}$ は**分母が12の組の中で，左から3番目**だから，

$\frac{1}{2}$ から数えて，15+**3**=18(番目)

**答** 18番目

(2) **ステップ1** 「100番目」が何組目になるかを考える

(1)と同じように，分母が同じ分数を組にして，数列の分数の**個数**を調べます。

1+2+3+……と，たしていって100個に近くなるまで調べると，

1+2+3+……+11+12+<u>13</u>=91  91+<u>9</u>=100

13組目の次の，14組目の9番目が最初から数えて100番目の数です。

したがって，分母は2×14=28で，

分子は1+2×(9-1)=17になるから，$\frac{17}{28}$

奇数の数列のn番目の数=1+2×(n-1)

**答** $\frac{17}{28}$

# 35 n進法

難易度 ★★★

8個のマス目に○を入れて、整数を次のような図で表します。

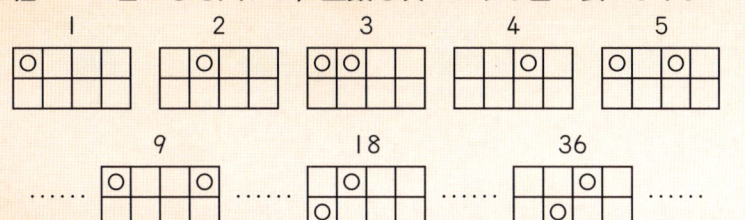

1　2　3　4　5

9　18　36

このとき、次の問いに答えましょう。
(1) 右の図が表す整数を求めましょう。
(2) 150を表す図をかきましょう。

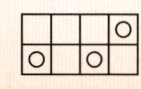

〈成城学園中〉

## 解き方

(1) **ステップ1　マス目が表す整数を考える**

9の図より、上の段の右はしのマス目は、9−1で**8**を表します。
18の図より、下の段の左はしのマス目は、18−2で**16**を表します。
36の図より、下の段の左から2番目のマス目は、36−4で**32**を表します。

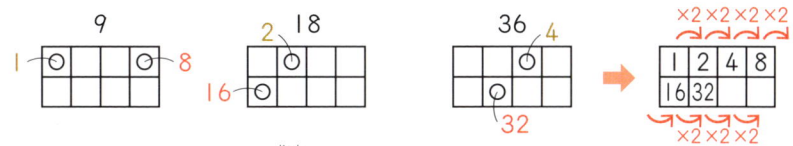

上の段を見ると、左から順に、**前のマスの整数を2倍した数**になっているとわかります。したがって、下の段の左から3番目は、32×2=**64**、4番目は、64×2=**128**を表します。
問題の図は、8と16と64を表しているから、8+16+64=**88** …答

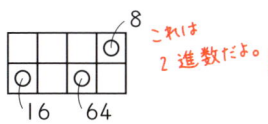

これは2進数だよ。

(2) **ステップ1　150になるマス目の組み合わせを考えて図をかく**

150−128=22、22−16=6、6=2+4 より、
2、4、16、128のマス目に○を入れて表します。　…答

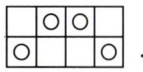

## COLUMN
### こんなとこにも！便利な算数

# おつりのコインを少なくしたい…！

> ニャンティはおもちゃ屋さんで，前からほしかったミニカーを買おうとしています。

「おサイフずっしり…」

「…」

🐱「934円だから，1000円札でおつりをもらおう。」

🐤「ちょっと待った。おつりで，サイフがもっと重くなるよ。」

🐱「ええっ，どうしたらいいの？」

🐻「わたし，わかるわ！ 1000円と，34円をたして出せばいいのよ。」

🐱「どうして？」

🐻「1034−934＝100（円）でしょ。おつりは，百円玉1枚だけよ。」

🐤「34円を出すときも，十円玉3枚と一円玉4枚でなく，十円玉2枚，五円玉1枚，一円玉9枚にすれば，12枚もコインを出せるぞ。」

〜ニャンティのおサイフの中身〜

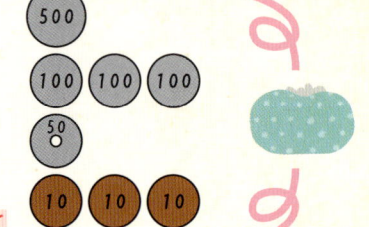

1000　1000
千円

500

100　100　100

50

10　10　10

五円

1 1 1 1 1 1 1 1 1

くふうしてはらうとかっこいい！

🐱「でも，どうして？ ぼく，損してないかな？」

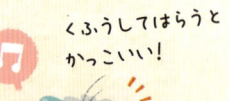

🐻「そんなことないよ。1000円出したときのおつり66円に34円たして100円になるよね。34円をお店にいったんわたして，100円にして返してもらうのと同じだね。」

🐱「なるほど。頭いい！ ミニカーも買って，コインも少なくなって…ぼく，ハッピー♪」

# 第3章 小数のしくみと計算

## 01 小数のしくみとたし算・ひき算

### ここのポイント

#### 小数の表し方 → 例題36

小数点から右の位を順に，$\frac{1}{10}$の位，$\frac{1}{100}$の位，$\frac{1}{1000}$の位といいます。また，それぞれ小数第一位，小数第二位，小数第三位ともいいます。

例 1.236mは，1mと0.2mと0.03mと0.006mをあわせた長さです。

1mの$\frac{1}{10}$は0.1m → 0.1mの$\frac{1}{10}$は0.01m → 0.01mの$\frac{1}{10}$は0.001m

#### 小数はどんなしくみ？ → 例題37

小数も整数と同じように，10倍すると，位は1けたずつ上がり，$\frac{1}{10}$にすると，位は1けたずつ下がります。

例 0.39を10倍した数は3.9
　 0.39を10でわった数は0.039

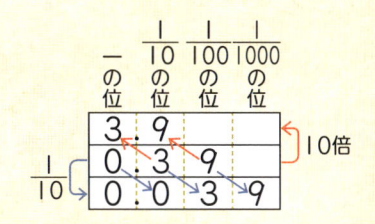

#### 小数のたし算とひき算 → 例題38, 39

筆算では，位をそろえて書き，整数のたし算やひき算と同じように計算します。和や差の小数点は上の小数点にそろえてうちます。

例 4.32+1.85の筆算

```
  4.32         4.32
 +1.85   →   +1.85
              6.17
```

例 7.28−2.674の筆算

```
  7.28         7.28 0
 -2.674  →   -2.674
              4.606
```

7.28は7.280と考えよう！

# 第3章 小数のしくみと計算 ［1］小数のしくみとたし算・ひき算

**4年**

## 36 小数の表し方

難易度 ★☆☆

(1) 下の数直線で，ア，イのめもりが表す長さは何mですか。また，3.15mを表すめもりに↑をかきましょう。

```
 3        3.1       3.2  (m)
 |―|―|―|―|―|―|―|―|―|―|―|―|―|―|―|―|―|―|―|―|
       ↑              ↑
       ア             イ
```

(2) 627gをkgの単位で表しましょう。

---

**解き方**

(1) **ステップ1** 数直線の1めもりが表す大きさをよみとる

上の数直線は，0.1mを10等分しているので，
**1めもりは0.01m** を表しています。

　ア…3から右へ <u>4 めもり</u> で，3.<u>04</u>m
　　　　　　　　0.04
　イ…3.1から右へ <u>8 めもり</u> で，3.<u>18</u>m
　　　　　　　　　0.08

3.15mは，3.1から右へ5めもりのところ。

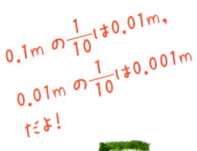

> 0.1mの 1/10 は0.01m，
> 0.01mの 1/10 は0.001m
> だよ！

**答** ア…3.04m　イ…3.18m

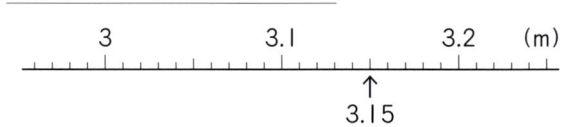

```
 3        3.1       3.2  (m)
 |―|―|―|―|―|―|―|―|―|―|―|―|―|―|―|―|―|―|―|―|
                      ↑
                     3.15
```

(2) **ステップ1** 100g，10g，1gは，それぞれ何kgかを考える

100gは1kg（1000g）の $\frac{1}{10}$ ，10gは100gの $\frac{1}{10}$ ，1gは10gの $\frac{1}{10}$

| | |
|---|---|
| 100g…1kgの $\frac{1}{10}$ …**0.1**kg | 600g…0.6　kg |
| 10g…0.1kgの $\frac{1}{10}$ …**0.01**kg | 20g…0.02　kg |
| 1g…0.01kgの $\frac{1}{10}$ …**0.001**kg | 7g…0.007kg |
| | 627g…**0.627kg** …**答** |

類題を解こう → 別冊10ページ　問題36

# 37 小数のしくみ

4年　難易度 ★★★

(1) 2.358は，0.001を何個集めた数ですか。
(2) 0.46を10倍した数，10でわった数はそれぞれいくつですか。

### 解き方

(1) **ステップ1** 2, 0.3, 0.05, 0.008は，0.001の何個分か考える

0.001が10個で0.01，0.01が10個で0.1，
0.1が10個で1になります。

| 2 | ……… | 0.001を | 2000個 |
| 0.3 | ……… | 0.001を | 300個 |
| 0.05 | …… | 0.001を | 50個 |
| 0.008 | … | 0.001を | 8個 |
| 2.358 | … | 0.001を | 2358個集めた数 |

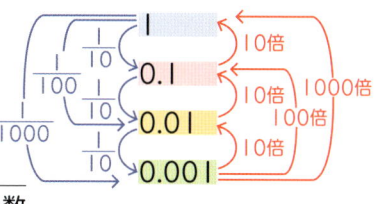

**答 2358個**

(2) **ステップ1** 位がどのように変わるか確認する

小数も整数と同じように，10倍すると位が1けたずつ上がります。
また，10でわると位が1けたずつ下がります。

0.46を10倍すると，位は1けたずつ
上がるので，小数点は右へ1けたう
つります。

0.46 →10倍→ 4.6

0.46を10でわると，位は1けた
ずつ下がるので，小数点は左へ
1けたうつります。

0.46 →10でわる→ 0.046

小数点の位置に気をつけよう！

**答 10倍した数…4.6　10でわった数…0.046**

# 第3章 小数のしくみと計算 ［1］小数のしくみとたし算・ひき算

4年
難易度 ★★★

## 38 小数のたし算

次の計算を筆算でしましょう。
(1) 3.41+2.86
(2) 0.453+0.597

### 解き方

(1) **ステップ1** 位をそろえて書き，筆算をする

```
  3.41        3.41        3.41        3.41
+ 2.86      + 2.86      + 2.86      + 2.86
              ─── 7       ── 27       6.27
```

位をそろえて書きます。

1+6=7

4+8=12
一の位へ1くり上げます。

1+3+2=6

**注意** 上の小数点にそろえて，和の小数点をうつ。

(2) **ステップ1** 位をそろえて書き，筆算をする

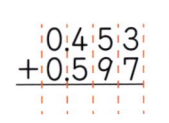

```
  0.453       0.453       0.453       0.453
+ 0.597     + 0.597     + 0.597     + 0.597
              ──── 0      ─── 50      1.050
```

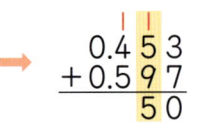

位をそろえて書きます。

3+7=10
$\frac{1}{100}$の位へ1くり上げます。

1+5+9=15
$\frac{1}{10}$の位へ1くり上げます。

1+4+5=10
一の位へ1くり上げます。

**注意** 小数点より右にある終わりの0を消す。

1.050は，1.05だね！

**答** (1) 6.27  (2) 1.05

# 39 小数のひき算

次の計算を筆算でしましょう。
(1) 6.29−3.84
(2) 3.5−2.863

**解き方**

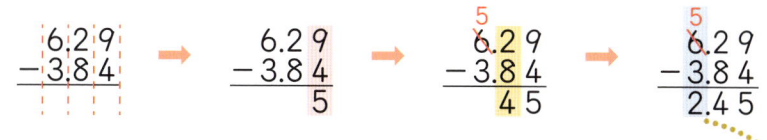

(1) **ステップ1** 位をそろえて書き，筆算をする

```
  6.29         6.29         5              5
− 3.84       − 3.84         6.29           6.29
               ─── 　     − 3.8 4        − 3.8 4
                 5          ─────          ─────
                             4 5            2.4 5
```

位をそろえて　　9−4=5　　　一の位から1くり　　5−3=2
書きます。　　　　　　　　　下げて，
　　　　　　　　　　　　　　12−8=4

**参考** 上の小数点にそろえて，差の小数点をうつ。

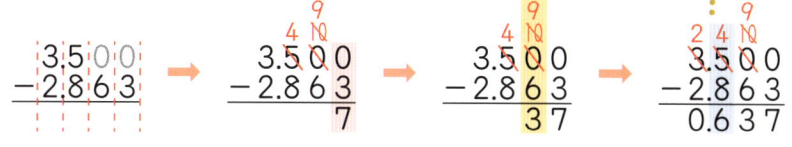

(2) **ステップ1** 位をそろえて書き，筆算をする

```
                              9              9
                4 10           4 10          2 4 10
  3.500         3.500         3.500         3.500
− 2.863       − 2.863       − 2.863       − 2.863
                              ─────         ─────
                   7            3 7          0.6 3 7
```

位をそろえて　　1/10，1/100の位から　　9−6=3　　　一の位から
書きます。　　　順に1くり下げて，　　　　　　　　　1くり下げて，
3.5を3.500　　　10−3=7　　　　　　　　　　　　　　　14−8=6
と考えます。　　　　　　　　　　　　　　　　　　　　一の位の計算は，
　　　　　　　　　　　　　　　　　　　　　　　　　　2−2=0

**注意** 一の位の0を書き忘れないこと!

くり下げに気をつけよう!

**答** (1) 2.45　(2) 0.637

第3章 小数のしくみと計算 ［2］小数のかけ算とわり算

# 02 小数のかけ算とわり算

## ここのポイント

### 小数×整数, 小数÷整数の筆算 → 例題 40, 42

小数点を考えないで、整数のかけ算やわり算と同じように計算します。
**積の小数点はかけられる数にそろえてうち，商の小数点はわられる数にそろえてうちます。**

例
```
    1 5.7
  ×   1 6
    9 4 2
  1 5 7
  2 5 1.2
```
右にそろえて書く。

```
        4.2
  1 3 ) 5 4.6
        5 2
          2 6
          2 6
            0
```

### 小数×小数の筆算 → 例題 41

小数点がないものとして整数と同じように計算します。積の小数点は，かけられる数とかける数の小数点の**右にあるけた数の和**だけ，右から数えてうちます。

例
```
    3.1 8  …右へ 2 けたうつる
  ×   2.3  …右へ 1 けたうつる
    9 5 4
  6 3 6
  7.3 1 4  …左へ 3 けたうつる
```
小数点の位置
2+1

### 小数÷小数の筆算 → 例題 43, 44

わる数とわられる数の小数点を同じけた数だけ右にうつし，**わる数を整数にして**計算します。
**商の小数点は，わられる数の右にうつした小数点にそろえて**うちます。
あまりを出すとき，あまりの小数点は，わられる数のもとの小数点にそろえてうちます。

```
          3.7
  1.6 ) 5.9.2
        4 8
        1 1 2
        1 1 2
            0
```

```
          4
  2.3 ) 9.5
        9 2
        0.3
```

あまりは わる数より 小さいよ！

わられる数のもとの小数点にそろえてうち，一の位の0を書く。

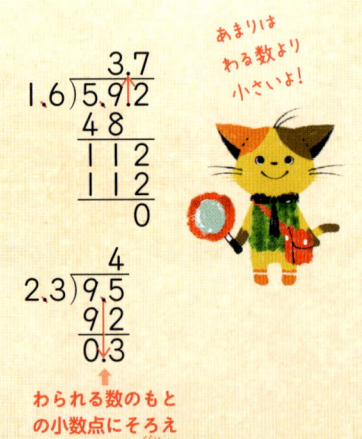

〈9.5÷2.3=4 あまり0.3 の検算〉
2.3×4+0.3=9.5
わる数 商 あまり わられる数

# 40 小数×整数

難易度 ★★★

次の計算を筆算でしましょう。
(1) 18.3×14
(2) 0.464×375

## 解き方

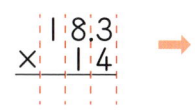

(1) **ステップ1** 右にそろえて書き，筆算をする

```
  18.3        18.3         18.3
×   14      ×  14        ×  14
              732          732
                          183
                         256.2
```

小数点を考えないで，右にそろえて書きます。

**注意** 位をそろえるのではなく，右にそろえる。

整数のかけ算と同じように計算。

かけられる数にそろえて，積の小数点をうちます。

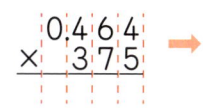

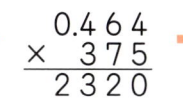

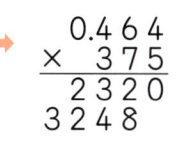

> 18.3を10倍して，整数の計算をしたから，
> → その積も10倍になっている。
> → 2562を10でわって，256.2

(2) **ステップ1** 右にそろえて書き，筆算をする

```
   0.464       0.464        0.464         0.464
×    375     ×  375       ×  375        ×  375
              2320         2320          2320
                           3248          3248
                                         1392
                                       174.000
```

右にそろえて書きます。

かけられる数にそろえて，積の小数点をうちます。
小数点の右にある0を3つ消します。

### くわしく

```
   0.464  ─1000倍→   464
×   375            × 375
  [    ]          174000
     ↑───1000────┘
```

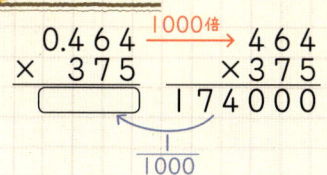

0.464×375の積は，0.464を1000倍して464×375の計算をし，その積174000を1000でわれば求められます。

**答** (1) 256.2 (2) 174

# 第3章 小数のしくみと計算 [2] 小数のかけ算とわり算

5年
難易度 ★★★

## 41 小数×小数

次の計算を筆算でしましょう。
(1) 3.14×2.6
(2) 12.5×3.08

### 解き方

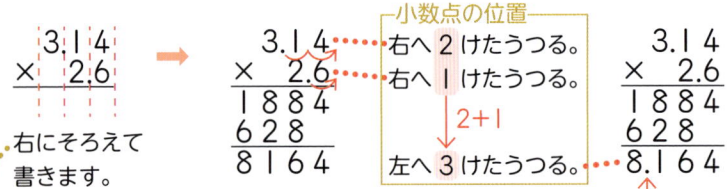

(1) **ステップ1** 小数点を考えないで計算して、積の小数点の位置を決める

```
  3.14
×  2.6
```
右にそろえて書きます。

**注意** 小数点をそろえて書いてはダメ！

```
  3.14
×  2.6
  1884
  628
  8164
```
小数点がないものとして、整数のかけ算と同じように計算。

――小数点の位置――
右へ2けたうつる。
右へ1けたうつる。
↓
2+1
↓
左へ3けたうつる。

```
  3.14
×  2.6
  1884
  628
  8.164
```
積の小数点は、かけられる数とかける数の**小数点の右にあるけた数の和**だけ、右から数えてうちます。

**くわしく⊕**
3.14×2.6の積は、(3.14×100)×(2.6×10)=314×26 の計算をして、その積を1000でわれば求められます。
3.14×2.6=314×26÷1000=8.164

(2) **ステップ1** 小数点を考えないで計算して、積の小数点の位置を決める

```
  125
× 308
```
右にそろえて書きます。

積の見当をつけておくといいよ！
13×3=39

```
  12.5
× 3.08
  1000
  375
  38500
```
小数点がないものとして、整数のかけ算と同じように計算。

――小数点の位置――
右へ1けたうつる。
右へ2けたうつる。
↓
1+2
↓
左へ3けたうつる。

```
  12.5
× 3.08
  1000
  375
  38.500
```
積の小数点をうちます。 **0を消す**

**答** (1) 8.164 (2) 38.5

# 42 小数÷整数

次の計算を筆算でしましょう。
(1) 38.4÷12   (2) 5.32÷19   (3) 0.936÷234

**解き方**

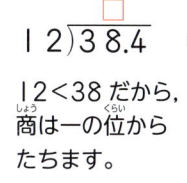

(1) **ステップ1** 筆算をする

```
     □              3.            3.2
12)38.4  →  12)38.4  →  12)38.4
                  36           36
                   2           24
                              24
                               0
```

12<38 だから、商は一の位からたちます。

わられる数にそろえて、商の小数点をうちます。

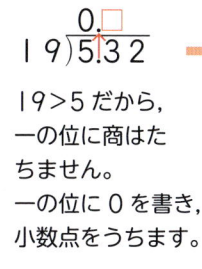

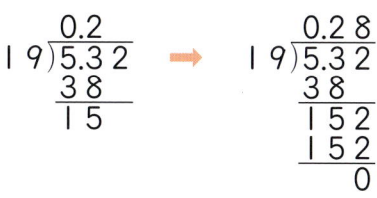

商の小数点を忘れずに!

(2) **ステップ1** 筆算をする

```
     0.□            0.2           0.28
19)5.32  →  19)5.32  →  19)5.32
                  38           38
                  15          152
                              152
                                0
```

19>5 だから、一の位に商はたちません。
一の位に 0 を書き、小数点をうちます。

(3) **ステップ1** 筆算をする

```
        0.00□                0.004
234)0.936  →  234)0.936
                          936
                            0
```

234>93 だから、商は $\frac{1}{1000}$ の位にたちます。
一の位に 0 を書き、小数点をうちます。
$\frac{1}{10}$, $\frac{1}{100}$ の位に 0 を書きます。

整数のわり算と同じように計算していいね!

**注意** 商の小数点はわられる数にそろえてうつ。

**答** (1) 3.2   (2) 0.28   (3) 0.004

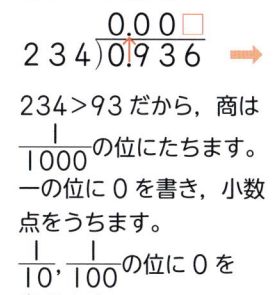

# 第3章 小数のしくみと計算 [2] 小数のかけ算とわり算

**5年**

難易度 ★★★

## 43 小数÷小数

次の計算を筆算でしましょう。
(1) 2.47÷1.9　　(2) 10.5÷0.6　　(3) 64.5÷2.58

### 解き方

(1) **ステップ1** わる数を整数になおして計算し、商の小数点をうつ

1.9)2.47 ➡ 1.9)2.4.7 ➡ 1.9)2.4.7　商は1.3
　　　　　　　　　　　　　　　　　19
10倍 10倍　　　　　　　　　　　　57
　　　　　　　　　　　　　　　　　57
　　　　　　　　　　　　　　　　　　0

わる数を整数にするには、わる数を10倍し、わられる数も10倍します。

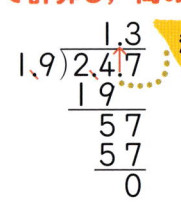

**注意** 商の小数点は、わられる数のうつした小数点にそろえてうつ。

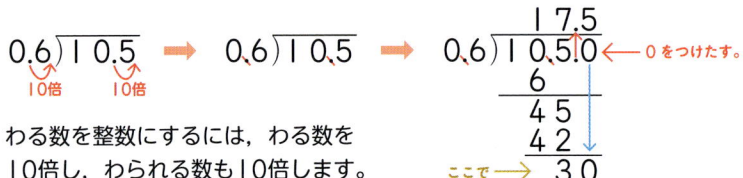

(2) **ステップ1** わる数を整数になおして計算し、商の小数点をうつ

0.6)10.5 ➡ 0.6)10.5 ➡ 0.6)10.5.0　商は17.5　←0をつけたす。
　　　　　　　　　　　　　　　　6
10倍 10倍　　　　　　　　　　　45
　　　　　　　　　　　　　　　42
　　　　　　　　　　　ここで→　30
　　　　　　　　　　　やめないで　30
　　　　　　　　　　　わり進む　　0

わる数を整数にするには、わる数を10倍し、わられる数も10倍します。

(3) **ステップ1** わる数を整数になおして計算し、商の小数点をうつ

2.58)64.50 ➡ 2.58)64.50 ➡ 2.58)64.50　商は25
　　　　　　　　　　　　　　　　　516
100倍 100倍　　　　　　　　　　1290
　　　　　　　　　　　　　　　 1290
　　　　　　　　　　　　　　　　　　0

わる数を整数にするために、わる数とわられる数の小数点を同じけた数だけ右にうつします。

**確認**

0.8)1.4.0　1.7　0をつけたして
　　　　8
　　　　60
　　　　56
　　　　4　わり進もう！

**答** (1) 1.3　(2) 17.5　(3) 25

類題を解こう → 別冊11ページ 問題43　つまずいたら → 67ページ 例題42

# 44 あまりのある小数のわり算

難易度 ★★★

商は一の位まで求めて、あまりも出しましょう。
(1) 5.3÷0.6
(2) 8.26÷2.4

## 解き方

(1) **ステップ1** 一の位まで商を求めて、あまりの小数点をうつ

$$0.6)\overline{5.3}$$
10倍 10倍

→ 

$$0.6)\overline{5.3}\phantom{0}\\ \phantom{00}48\\ \phantom{000}5$$
商は 8

→

$$0.6)\overline{5.3}\phantom{0}\\ \phantom{00}48\\ \phantom{00}0.5$$

わる数を整数にして計算。

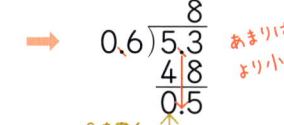

0を書く

わられる数の**もとの小数点にそろえて**、あまりの小数点をうちます。

あまりは、わる数より小さくなるよ！

**答 8 あまり 0.5**

### くわしく⊕
わり算の検算をしましょう。
$0.6 × 8 + 0.5 = 5.3$
わる数 商 あまり わられる数

→ 商が8、あまりが0.5は正しい。

(2) **ステップ1** 一の位まで商を求めて、あまりの小数点をうつ

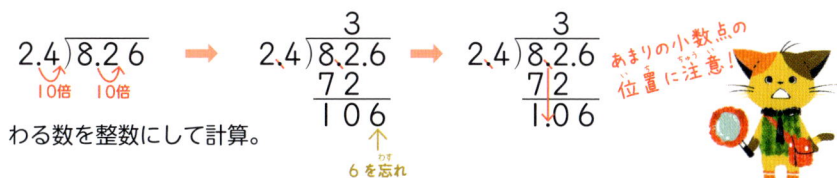

$$2.4)\overline{8.26}$$
10倍 10倍

→

$$2.4)\overline{8.2.6}\phantom{0}\\ \phantom{00}72\\ \phantom{0}106$$

→

$$2.4)\overline{8.2.6}\phantom{0}\\ \phantom{00}72\\ \phantom{0}1.06$$

わる数を整数にして計算。

6を忘れずに書く

あまりの小数点の位置に注意！

**答 3 あまり 1.06**

### くわしく⊕
わり算の検算をしよう！
$2.4 × 3 + 1.06 = 8.26$
わる数 商 あまり わられる数

→ 商が3で、あまりが1.06は正しい。

# 第3章 小数のしくみと計算 [2]小数のかけ算とわり算

難易度 ★★☆
5年

## 45 商をがい数で求めるわり算

(1) サラダ油が0.7Lあります。重さをはかったら，0.61kgありました。このサラダ油1Lの重さは何kgですか。四捨五入して，上から2けたのがい数で求めましょう。

(2) 面積が9m²になるように，長方形の形の花だんをつくります。横の長さは2.6mまでしかとれません。横の長さを2.6mにするとき，縦の長さはおよそ何mにすればよいでしょうか。四捨五入して，$\frac{1}{10}$の位までのがい数で求めましょう。

## 解き方

(1) **ステップ1** 上から何けた目まで計算すればよいか考えて求める

サラダ油1Lの重さは，**全体の重さ÷サラダ油の量**で求めます。

式は，0.61÷0.7

上から2けたのがい数を求めるには，0.7)0.61 ➡ 0.7)0.6100

上から3けた目を四捨五入するから，

0.61÷0.7＝0.871…
　　　　　　　　↑切り捨て

**注意** 0.871…の上から1けた目は0でなく，8

答 約0.87kg

```
    0.871
0.7)0.6100
    56
    ‾‾
    50
    49
    ‾‾
     10
      7
     ‾‾
      3
```

(2) **ステップ1** 何の位まで計算すればよいか考えて求める

長方形の形をした花だんの縦の長さは，**面積÷横の長さ**で求めます。

式は，9÷2.6

$\frac{1}{10}$の位までのがい数を求めるには，2.6)9.0 ➡ 2.6)9.000

$\frac{1}{100}$の位で四捨五入するから，

9÷2.6＝3.46…（5）
　　　　　　↑切り上げ

```
    3.46
2.6)9.000
    78
    ‾‾‾
    120
    104
    ‾‾‾
    160
    156
    ‾‾‾
      4
```

小数のわり算でもがい数が使われるよ。

答 約3.5m

別冊12ページ 問題45　つまずいたら➡46ページ 例題25，68ページ 例題43

## 46 計算のきまりを使う小数の計算

次の計算を，くふうして計算しましょう。
(1) 4.7+2.8+3.2
(2) 3.14×4×2.5
(3) 7.6×1.3+24×0.13
(4) 9.5×1.6

### 解き方

**ステップ 1** 計算のきまりを使って計算する

(1) 4.7+2.8+3.2=4.7+(2.8+3.2)
　　　　　　　　=4.7+6
　　　　　　　　=10.7 …答

← (□+○)+△=□+(○+△) を使って，2.8+3.2 の計算を先にします。

きりのよい数になる

(2) 3.14×4×2.5=3.14×(4×2.5)
　　　　　　　=3.14×10
　　　　　　　=31.4 …答

← (□×○)×△=□×(○×△)

4×2.5=10 に目をつける

(3) 7.6×1.3+24×0.13=7.6×1.3+(24÷10)×(0.13×10)
　　　　　　　　　=7.6×1.3+2.4×1.3
　　　　　　　　　=(7.6+2.4)×1.3
　　　　　　　　　=10×1.3=13 …答

10倍すると1.3になる
共通
24×0.13の積と等しい
← □×△+○×△=(□+○)×△

(4) 9.5×1.6=(10−0.5)×1.6
　　　　　=10×1.6−0.5×1.6
　　　　　=16−0.8
　　　　　=15.2 …答

← (□−○)×△=□×△−○×△

9.5を10−0.5と考える

### ポイント　計算のきまりを覚えて使おう！

(□+○)×△=□×△+○×△　　(□−○)×△=□×△−○×△
(□+○)+△=□+(○+△)　　(□×○)×△=□×(○×△)

## 第3章 小数のしくみと計算 [2]小数のかけ算とわり算

**入試** 難易度 ★★★

### 47 循環小数の小数第n位の数

(1) $\frac{2}{99}$ を小数第50位まで書くと，2は何回出てきますか。

〈ノートルダム女学院中〉

(2) $\frac{5}{7}$ を小数で表したとき小数第2011位の数は何ですか。

〈江戸川学園取手中〉

### 解き方

(1) **ステップ1** 分数を小数に表して，数字の並び方の規則性から求める

$\frac{2}{99}$ を小数に表すと，$2 \div 99 = 0.0202020\cdots$

小数第1位から **0，2の2個の数字が同じ順にくり返されていく**から，小数第50位までにくり返す回数は，

$50 \div 2 = 25$（回）

よって，小数第50位までに2が25回出てきます。

**参考** 分数を小数で表したとき，わりきれずにいくつかの数が同じ順序でくり返される小数を循環小数という。

**答 25回**

(2) **ステップ1** 分数を小数に表して，数字の並びの規則性から求める

$\frac{5}{7}$ を小数で表すと，$5 \div 7 = 0.71428571\cdots$

小数第1位から第6位まで，7，1，4，2，8，5 の6個の数字が並び，第7位から，7，1，…と，**7，1，4，2，8，5の6個の数字が同じ順序でくり返されていきます**。

したがって，小数第2011位までにくり返す回数は，

$2011 \div 6 = 335$ あまり1　より，335回。

7，1，4，2，8，5 … 7，1，4，2，8，5，7
　└── 335回くり返す ──┘　　　└あまり1┘

よって，小数第2011位の数は，6個の数字を335回くり返したあとの1番目の数字で，7。

**答 7**

## COLUMN こんなとこにも！便利な算数

# 2060年の日本の人口は何人？

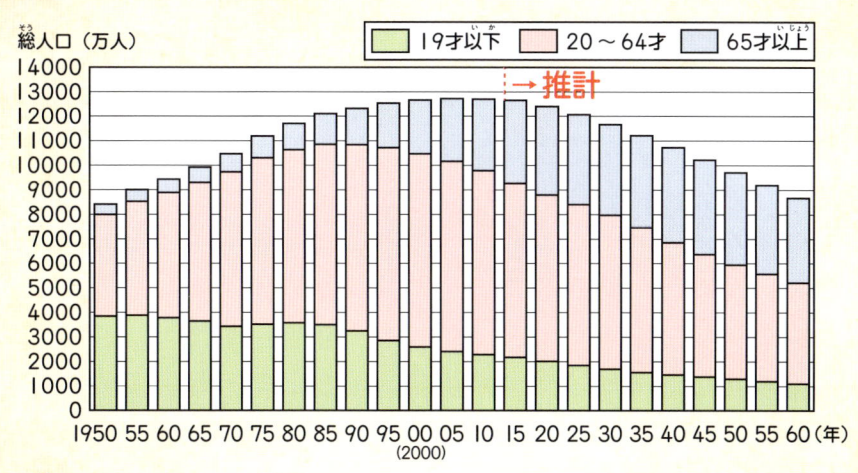

凡例：19才以下／20〜64才／65才以上

（グラフ：総人口（万人）、1950年〜2060年、2015年以降は推計）

👦「2015年から2060年までは推計って書いてあるから予想した数だね。」

🐞「そのとおり。国のある研究機関が発表したものだけど，それによると，みんなが50才をこえるころの2060年には，日本の人口は，約8700万人になっているそうだよ。」

🐱「2010年と比べると，4000万人くらい少なくなっているね。でも，グラフの青いところは増えているね。」

🐞「今もそうだけど，若い人が減って，お年寄りの割合が増えているということだね。下の〈人口ピラミッド〉とよばれるグラフを見ると，そのことがよくわかるね。」

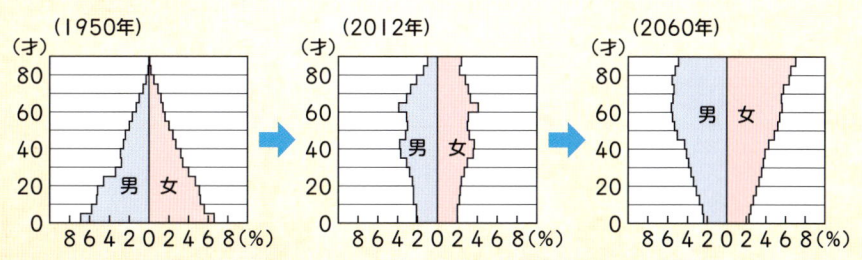

（人口ピラミッド：1950年／2012年／2060年　男／女）

グラフすべて：2012年までは総務省統計局「国勢調査報告」，2015年以降は国立社会保障・人口問題研究所の資料（出生率死亡率中位推計）による。

073

第4章 分数のしくみと計算 [1] 分数のしくみ

# 01 分数のしくみ

## ここのポイント

### 仮分数と帯分数 → 例題48

真分数…分子が分母より小さい分数。
仮分数…分子と分母が等しいか，分子が分母より大きい分数。
帯分数…整数と真分数の和の形で表されている分数。

例 真分数…$\frac{1}{2}, \frac{2}{3}, \frac{3}{5}$　　仮分数…$\frac{4}{3}, \frac{7}{5}, \frac{8}{8}$　　帯分数…$1\frac{5}{6}, 5\frac{3}{4}$

〈仮分数を帯分数になおす方法〉　　〈帯分数を仮分数になおす方法〉

$\frac{9}{5} \longrightarrow 1\frac{4}{5}$　　　　　　$2\frac{3}{5} \longrightarrow \frac{13}{5}$

9÷5=1 あまり 4　　　　　　5×2+3=13

$2=\frac{10}{5}$だね。

### 大きさの等しい分数 → 例題49

$\frac{1}{3} = \frac{2}{6} = \frac{3}{9}$のように，表し方はちがっても，大きさの等しい分数はたくさんあります。

例 $\frac{3}{4} = \frac{6}{8} = \frac{9}{12}, \frac{2}{5} = \frac{4}{10} = \frac{6}{15}$

### わり算と分数 → 例題50

整数どうしのわり算の商は分数で表すことができます。
何倍かを表すときにも，分数を使うことがあります。

□÷○=$\frac{□}{○}$

例 3Lのかさをもとにすると，2Lは，2÷3=$\frac{2}{3}$(倍)

### 分数と小数・整数の関係 → 例題51

分数を小数になおすには，分子を分母でわります。

例 $\frac{8}{5}=1.6$
　　8÷5=1.6

小数は，10，100などを分母とする分数に，整数は，1などを分母とする分数になおすことができます。

例 $0.13=\frac{13}{100}$　　$7=\frac{7}{1}$

## 48 仮分数と帯分数

(1) 右の数直線で，↑のめもりが表す数を，仮分数と帯分数で書きましょう。

(2) 右の分数の大小を，不等号を使って表しましょう。　$\frac{14}{9}$，$1\frac{4}{9}$

### 解き方

(1) **ステップ1** 1めもりの大きさをよみとり，そのいくつ分を分数で表す

数直線の1めもりは，1を6等分した1つ分だから，$\frac{1}{6}$ を表します。
矢印のめもりは，0から右へ11めもりのところにあるから，
$\frac{1}{6}$ が11個分で，$\frac{11}{6}$ …仮分数
また，1から右に5めもりのところにあるから，
1と $\frac{5}{6}$ をあわせた数で，$1\frac{5}{6}$ …帯分数

**答** 仮分数…$\frac{11}{6}$　帯分数…$1\frac{5}{6}$

(2) **ステップ1** 仮分数どうし，帯分数どうしで大小を比べる

帯分数 $1\frac{4}{9}$ を仮分数になおして比べるか，仮分数 $\frac{14}{9}$ を帯分数になおして比べます。

和を分子に，分母はそのままにする

$1\frac{4}{9}$ を仮分数になおす　➡　$9×1+4=13$　➡　$1\frac{4}{9}=\frac{13}{9}$

$\frac{14}{9}$ を帯分数になおす　➡　$14÷9=1$ あまり $5$　➡　$\frac{14}{9}=1\frac{5}{9}$

商を整数部分，あまりを分子として，分母はそのままにする。

仮分数どうしで比べると，$1\frac{4}{9}=\frac{13}{9}$ だから，$\frac{14}{9}>\frac{13}{9}$

帯分数どうしで比べると，$\frac{14}{9}=1\frac{5}{9}$ だから，$1\frac{5}{9}>1\frac{4}{9}$

**答** $\frac{14}{9}>1\frac{4}{9}$

# 第4章 分数のしくみと計算 ［1］分数のしくみ

**49 大きさの等しい分数**　　4年　難易度 ★☆☆

(1) 右の数直線を見て，次の□にあてはまる数を答えましょう。

① $\dfrac{1}{2} = \dfrac{\boxed{ア}}{4} = \dfrac{3}{\boxed{イ}}$

② $\dfrac{\boxed{ウ}}{3} = \dfrac{2}{6} = \dfrac{\boxed{エ}}{9}$

(2) 次の分数を大きい順に書きましょう。

$\dfrac{2}{6}$　$\dfrac{2}{5}$　$\dfrac{2}{3}$　$\dfrac{2}{4}$

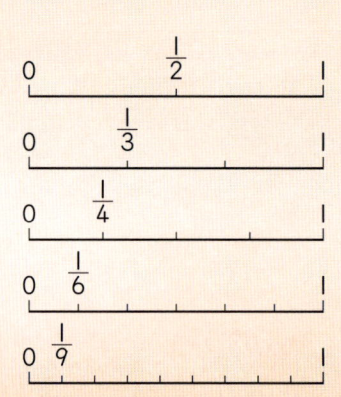

## 解き方

(1) **ステップ1** 数直線を縦に見て，同じ位置にある分数を見つける

① 数直線の 0 から $\dfrac{1}{2}$ までの長さと等しいめもりの分数を見つけると，

$\dfrac{1}{2} = \dfrac{2}{4} = \dfrac{3}{6}$

② 数直線の 0 から $\dfrac{2}{6}$ までの長さと等しいめもりの分数を見つけると，

$\dfrac{2}{6} = \dfrac{1}{3} = \dfrac{3}{9}$

**答** ア…2　イ…6　ウ…1　エ…3

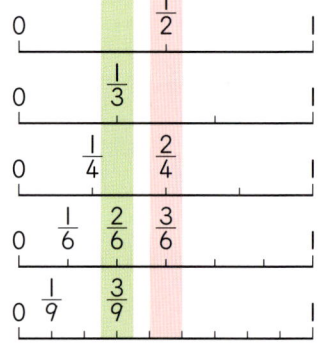

(2) **ステップ1** 分子が同じ分数のとき，分母で大小を比べる

分数の分母は，もとになる1を何等分したかを表しています。分子が同じとき，分母が大きいほど小さくなります。

$\dfrac{2}{3} > \dfrac{2}{4} > \dfrac{2}{5} > \dfrac{2}{6}$

分母が小さいほど大きい。

**答** $\dfrac{2}{3}, \dfrac{2}{4}, \dfrac{2}{5}, \dfrac{2}{6}$

類題を解こう → 別冊13ページ 問題49　レベルアップ → 80ページ 例題52

# 50 わり算と分数

(1) 2Lのりんごジュースを9人で等分すると、1人分は何Lになりますか。

(2) 赤のテープの長さは4mで、青のテープの長さは7mです。赤のテープの長さは、青のテープの長さの何倍ですか。

難易度 ★★★

## 解き方

(1) **ステップ1** わりきれないときは、商を分数で表す

2Lのりんごジュースを9等分するので、式は、2÷9
2は9でわりきれないので、商を分数で表して求めます。1人分のジュースは、

$2 \div 9 = \frac{2}{9}$ (L)

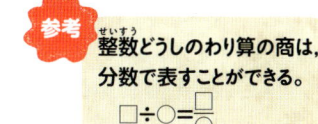

**答** $\frac{2}{9}$ L

**参考** 整数どうしのわり算の商は、分数で表すことができる。
$\Box \div \bigcirc = \frac{\Box}{\bigcirc}$

**くわしく**
1Lを9等分した1つ分は$\frac{1}{9}$Lだから、
2Lを9等分した1つ分は、
$\frac{1}{9} + \frac{1}{9} = \frac{2}{9}$ (L)

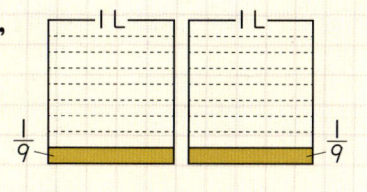

(2) **ステップ1** 分数で何倍かを表す

赤のテープの長さが、青のテープの長さの何倍かを求めるので、赤のテープの長さを、もとにする青のテープの長さでわります。

$\underset{\text{赤のテープの長さ}}{4} \div \underset{\text{青のテープの長さ}}{7} = \frac{4}{7}$ (倍)

**答** $\frac{4}{7}$ 倍

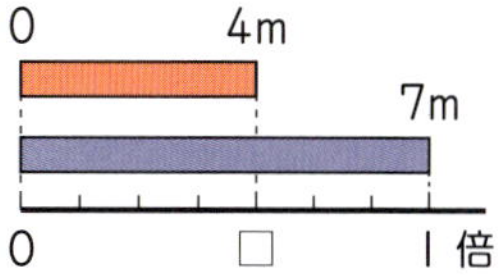

青のテープの長さを1とみると、赤のテープの長さは…

**問題を解こう** → 別冊13ページ 問題50

# 第4章 分数のしくみと計算 [1]分数のしくみ

5年

難易度 ★★★

## 51 分数と小数・整数の関係

(1) 次の分数を小数や整数になおしましょう。小数で正確に表せないときは、四捨五入して $\frac{1}{100}$ の位までの小数で表しましょう。

① $\frac{4}{5}$  ② $\frac{5}{9}$  ③ $\frac{9}{4}$  ④ $\frac{75}{25}$

(2) 次の小数や整数を分数になおしましょう。

① 0.9  ② 0.41  ③ 2.3  ④ 5

(3) $\frac{3}{8}$ と0.4では、どちらが大きいでしょうか。

## 解き方

(1) **ステップ1** 分子を分母でわって、分数を小数や整数になおす

分数は、**わり算の商とみる**ことができるので、小数や整数になおすには、分子を分母でわります。

① $\frac{4}{5} = 4 \div 5 = 0.8$　　② $\frac{5}{9} = 5 \div 9 = 0.555\overset{6}{\cdots}$

③ $\frac{9}{4} = 9 \div 4 = 2.25$　　④ $\frac{75}{25} = 75 \div 25 = 3$

**答** ① 0.8　② 約0.56　③ 2.25　④ 3

(2) **ステップ1** $0.1 = \frac{1}{10}$, $0.01 = \frac{1}{100}$ をもとにして、小数を分数になおす

小数は、10, 100などを**分母とする分数**になおすことができます。

① $0.9 = \frac{9}{10}$
$0.9 = 9 \div 10$

② $0.41 = \frac{41}{100}$
$0.41 = 41 \div 100$

**参考** 0.41は、0.01の41個分だから、$\frac{1}{100}$ の41個分

③ $2.3 = \frac{23}{10}$
$2.3 = 2 + 0.3 = 2 + \frac{3}{10}$
$= 2\frac{3}{10}$ でもよい

④ $5 = 5 \div 1$
$= \frac{5}{1}$

**答** ① $\frac{9}{10}$　② $\frac{41}{100}$　③ $\frac{23}{10}\left(2\frac{3}{10}\right)$　④ $\frac{5}{1}$

(3) **ステップ1** 分数を小数になおして、小数どうしで大小を比べる

$\frac{3}{8} = 3 \div 8 = 0.375$ だから、$0.375 < 0.4$

**答** 0.4

類題を解こう　別冊14ページ 問題51　小数の表し方 → 60ページ 例題36

# 02 分数のたし算とひき算

## ここのポイント

### 約分と通分って？ → 例題 52, 53

**約分**…分母と分子を，それらの公約数でわって，**分母の小さい分数にする**こと。

例 $\dfrac{\cancel{9}^{3}}{\cancel{12}_{4}} = \dfrac{3}{4}$, $\dfrac{\cancel{24}^{4}}{\cancel{42}_{7}} = \dfrac{4}{7}$

**通分**…いくつかの分母がちがう分数を，それぞれの大きさを変えないで，**共通な分母の分数になおす**こと。通分することで，分数の大小を比べることや分数のたし算とひき算ができます。

例 $\dfrac{2}{3}, \dfrac{5}{7} \rightarrow \dfrac{14}{21}, \dfrac{15}{21}$

3 と 7 の公倍数

### 分数のたし算とひき算 → 例題 54～57

**分母が同じ分数のたし算やひき算**
分母はそのままにして，分子だけをたしたり，ひいたりします。

例 $\dfrac{2}{7} + \dfrac{4}{7} = \dfrac{6}{7}$, $\dfrac{8}{9} - \dfrac{3}{9} = \dfrac{5}{9}$

**分母がちがう分数のたし算やひき算**
通分して計算します。

例 $\dfrac{1}{2} + \dfrac{2}{5} = \dfrac{5}{10} + \dfrac{4}{10} = \dfrac{9}{10}$

$\dfrac{2}{3} - \dfrac{1}{4} = \dfrac{8}{12} - \dfrac{3}{12} = \dfrac{5}{12}$

**帯分数のたし算やひき算**
整数部分と分数部分に分けて計算します。
または，帯分数を仮分数になおして計算することもできます。

例 $1\dfrac{2}{3} + 1\dfrac{1}{2} = 1\dfrac{4}{6} + 1\dfrac{3}{6} = (1+1) + \left(\dfrac{4}{6} + \dfrac{3}{6}\right) = 2 + \dfrac{7}{6} = 3\dfrac{1}{6}$

$2\dfrac{1}{4} - 1\dfrac{5}{6} = \dfrac{9}{4} - \dfrac{11}{6} = \dfrac{27}{12} - \dfrac{22}{12} = \dfrac{5}{12}$

分母が同じ分数で計算するよ！

### 分数と小数のまじった計算 → 例題 58

分数か小数のどちらかにそろえて計算します。
分数を小数になおせないときは，分数にそろえて計算します。

例 $0.7 - \dfrac{1}{3} = \dfrac{7}{10} - \dfrac{1}{3}$
$= \dfrac{21}{30} - \dfrac{10}{30} = \dfrac{11}{30}$

# 第4章 分数のしくみと計算 [2] 分数のたし算とひき算

5年

難易度 ★☆☆

## 52 約分と通分

(1) 次の分数を約分しましょう。
  ① $\dfrac{9}{15}$　　② $\dfrac{24}{32}$

(2) $\dfrac{5}{4}, \dfrac{7}{6}$ を通分しましょう。

---

**解き方**

(1) **ステップ1** 分母と分子を，公約数でわっていく

① 分母の15と分子の9を，公約数の 3 で わります。　最大公約数

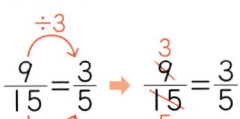

$$\dfrac{9}{15} = \dfrac{3}{5} \Rightarrow \dfrac{\overset{3}{\cancel{9}}}{\underset{5}{\cancel{15}}} = \dfrac{3}{5}$$
($\div 3$)

**確認** 分母と分子を同じ数でわっても，分数の大きさは変わらない。
$\dfrac{\bigcirc}{\square} = \dfrac{\bigcirc \div \triangle}{\square \div \triangle}$

② 分母の32と分子の24を，公約数の 8 で わります。

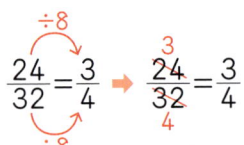

$$\dfrac{24}{32} = \dfrac{3}{4} \Rightarrow \dfrac{\overset{3}{\cancel{24}}}{\underset{4}{\cancel{32}}} = \dfrac{3}{4}$$
($\div 8$)

分母が小さいほうがわかりやすいね！

**参考** 約分するときは，できるだけ分母を小さくする。最大公約数でわると，1回で約分できる。

**答** ① $\dfrac{3}{5}$　② $\dfrac{3}{4}$

(2) **ステップ1** 分母の最小公倍数を共通な分母にする

分母の 4 と 6 の最小公倍数 12 が共通の分母になるように通分します。

$$\dfrac{5}{4} = \dfrac{5 \times 3}{4 \times 3} = \dfrac{15}{12} \qquad \dfrac{7}{6} = \dfrac{7 \times 2}{6 \times 2} = \dfrac{14}{12}$$

**注意** 通分するときは，できるだけ分母が小さくなるようにする。

**確認** 分母と分子に同じ数をかけても，分数の大きさは変わらない。
$\dfrac{\bigcirc}{\square} = \dfrac{\bigcirc \times \triangle}{\square \times \triangle}$

**答** $\dfrac{15}{12}, \dfrac{14}{12}$

---

類題を解こう → 別冊14ページ 問題52　　つまずいたら → 35ページ 例題15，38ページ 例題18

## 53 分数の大小

(1) 次の□にあてはまる等号や不等号を書きましょう。

① $\dfrac{35}{28} \square \dfrac{9}{7}$　　② $\dfrac{9}{8} \square \dfrac{7}{6}$　　③ $2\dfrac{2}{3} \square 2\dfrac{3}{5}$

(2) 3つの分数 $\dfrac{13}{15}$, $\dfrac{4}{3}$, $\dfrac{5}{6}$ を，小さい順に書きましょう。

**解き方**

(1) **ステップ1　通分してから，分子を比べる**

2つの分数の分母の**最小公倍数**を求めて，**共通の分母**にします。

① 分母の28と7の最小公倍数は28

$\dfrac{9}{7} = \dfrac{9 \times 4}{7 \times 4} = \dfrac{36}{28}$　したがって，$\dfrac{35}{28} < \dfrac{36}{28}$

② 分母の8と6の最小公倍数は24

$\dfrac{9}{8} = \dfrac{9 \times 3}{8 \times 3} = \dfrac{27}{24}$, $\dfrac{7}{6} = \dfrac{7 \times 4}{6 \times 4} = \dfrac{28}{24}$

分母は24で等しいから，分子を比べて，$\dfrac{27}{24} < \dfrac{28}{24}$

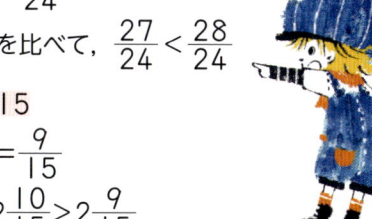

③ 分母の3と5の最小公倍数は15

$\dfrac{2}{3} = \dfrac{2 \times 5}{3 \times 5} = \dfrac{10}{15}$, $\dfrac{3}{5} = \dfrac{3 \times 3}{5 \times 3} = \dfrac{9}{15}$

整数部分は2で等しいから，$2\dfrac{10}{15} > 2\dfrac{9}{15}$

**答** ① <　② <　③ >

(2) **ステップ1　通分してから，分子を比べる**

分母の15, 3, 6の最小公倍数は30

$\dfrac{13}{15} = \dfrac{13 \times 2}{15 \times 2} = \dfrac{26}{30}$, $\dfrac{4}{3} = \dfrac{4 \times 10}{3 \times 10} = \dfrac{40}{30}$, $\dfrac{5}{6} = \dfrac{5 \times 5}{6 \times 5} = \dfrac{25}{30}$

したがって，$\dfrac{25}{30} < \dfrac{26}{30} < \dfrac{40}{30}$　すなわち，$\dfrac{5}{6} < \dfrac{13}{15} < \dfrac{4}{3}$

**答** $\dfrac{5}{6}$, $\dfrac{13}{15}$, $\dfrac{4}{3}$

最小公倍数はとっても便利。

# 第4章 分数のしくみと計算 [2] 分数のたし算とひき算

**4年**

難易度 ★☆☆

## 54 分母が同じ分数のたし算・ひき算

次の計算をしましょう。

(1) $\dfrac{3}{5} + \dfrac{4}{5}$

(2) $\dfrac{6}{7} - \dfrac{2}{7}$

### 解き方

(1) **ステップ1** $\dfrac{1}{5}$ の何個分になるかを考えて求める

分子をたす

$$\dfrac{3}{5} + \dfrac{4}{5} = \dfrac{7}{5} \left(1\dfrac{2}{5}\right) \cdots 答$$

分母はそのまま

**参考** $\dfrac{7}{5}$ を帯分数になおすと、$1\dfrac{2}{5}$ 答えが仮分数になったときには帯分数になおしてもよい

**参考** 分子が1の分数を単位分数という。

**くわしく** ⊕ $\dfrac{3}{5}$ は、$\dfrac{1}{5}$ の3個分、$\dfrac{4}{5}$ は、$\dfrac{1}{5}$ の4個分だから、和は、$\dfrac{1}{5}$ の(3+4)個で7個分になります。

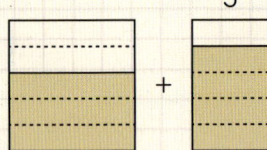

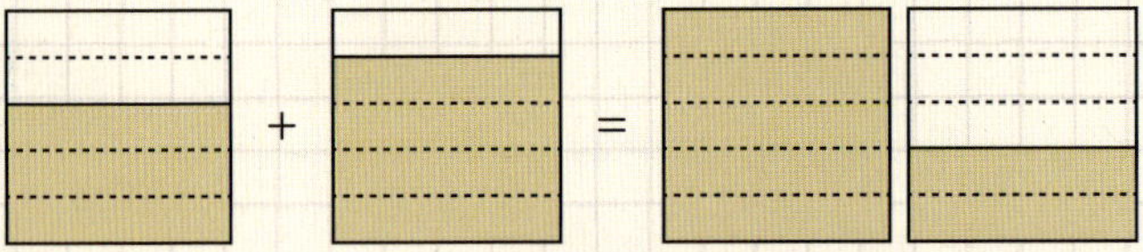

(2) **ステップ1** $\dfrac{1}{7}$ の何個分になるかを考えて求める

分子をひく

$$\dfrac{6}{7} - \dfrac{2}{7} = \dfrac{4}{7} \cdots 答$$

分母はそのまま

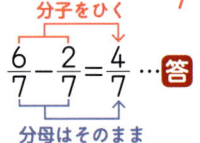

**確認** 分母が同じ分数のたし算とひき算は、分子だけをたしたり、ひいたりして計算できる。

**くわしく** ⊕ $\dfrac{6}{7}$ は、$\dfrac{1}{7}$ の6個分、$\dfrac{2}{7}$ は、$\dfrac{1}{7}$ の2個分だから、差は、$\dfrac{1}{7}$ の(6-2)個で4個分になります。

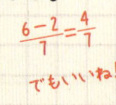

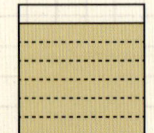

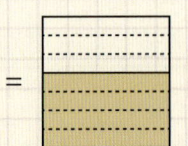

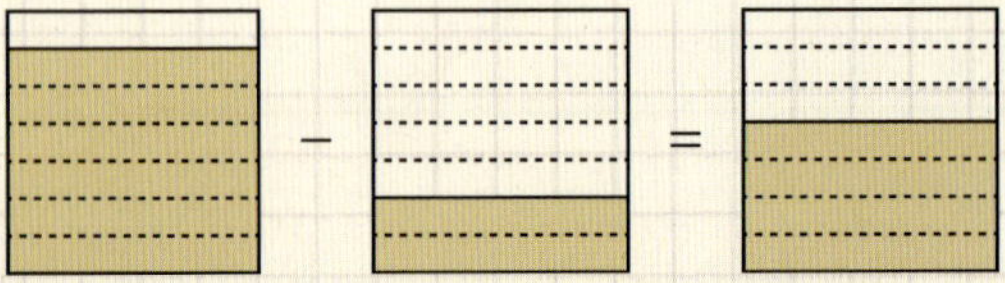

$\dfrac{6-2}{7} = \dfrac{4}{7}$ でもいいね!

類題を解こう 別冊14ページ 問題54

## 55 分母がちがう分数のたし算・ひき算

次の計算をしましょう。

(1) $\dfrac{3}{4}+\dfrac{1}{6}$

(2) $\dfrac{7}{15}-\dfrac{3}{10}$

**解き方**

(1) **ステップ1 通分してから計算する**

分母がちがうから，そのままでは計算できないので，**通分して同じ分母になおします。**

4と6の最小公倍数は12だから，分母が12の分数になおしてから計算します。

$\dfrac{3}{4}$ と $\dfrac{1}{6}$ を通分すると，

$\dfrac{3}{4}=\dfrac{3\times3}{4\times3}=\dfrac{9}{12}$

$\dfrac{1}{6}=\dfrac{1\times2}{6\times2}=\dfrac{2}{12}$

→ $\dfrac{3}{4}+\dfrac{1}{6}=\dfrac{9}{12}+\dfrac{2}{12}=\dfrac{11}{12}$ …答

（分子をたす／分母はそのまま）

分母が同じなら計算できるよ！

(2) **ステップ1 通分してから計算する**

分母がちがうので，通分して同じ分母になおします。

15と10の最小公倍数は30だから，分母が30の分数になおしてから計算します。

$\dfrac{7}{15}$ と $\dfrac{3}{10}$ を通分すると，

$\dfrac{7}{15}=\dfrac{7\times2}{15\times2}=\dfrac{14}{30}$

$\dfrac{3}{10}=\dfrac{3\times3}{10\times3}=\dfrac{9}{30}$

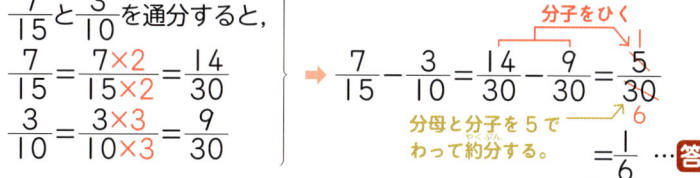

→ $\dfrac{7}{15}-\dfrac{3}{10}=\dfrac{14}{30}-\dfrac{9}{30}=\dfrac{5}{30}=\dfrac{1}{6}$ …答

（分子をひく／分母と分子を5でわって約分する。）

**注意** 答えが約分できるときは，約分して答えよう！

できるだけ分母の小さい分数にしよう！

# 第4章 分数のしくみと計算 [2] 分数のたし算とひき算

4年 5年
難易度 ★★☆

## 56 帯分数のたし算

次の計算をしましょう。

(1) $1\dfrac{5}{8} + \dfrac{7}{8}$

(2) $2\dfrac{5}{18} + 1\dfrac{2}{9}$

### 解き方

(1) **ステップ1** 分数部分どうしをたし，仮分数は整数部分にくり上げる

分数部分は，分母が同じだから，分母はそのままにして，分子だけをたします。

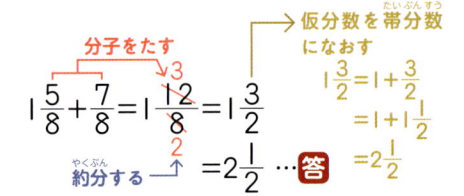

$$1\dfrac{5}{8} + \dfrac{7}{8} = 1\dfrac{12}{8} = 1\dfrac{3}{2} = 2\dfrac{1}{2} \cdots 答$$

（分子をたす → 3，仮分数を帯分数になおす，約分する → 2）

$1\dfrac{3}{2} = 1 + \dfrac{3}{2} = 1 + 1\dfrac{1}{2} = 2\dfrac{1}{2}$

**別の解き方**

帯分数を仮分数になおして計算します。

$$1\dfrac{5}{8} + \dfrac{7}{8} = \dfrac{13}{8} + \dfrac{7}{8} = \dfrac{20}{8} = \dfrac{5}{2}\left(2\dfrac{1}{2}\right)$$

(2) **ステップ1** 整数部分どうし，分数部分どうしをたす

整数部分どうし，分数部分どうしをたして，その和を求めます。
分数部分は，**分母がちがうので，通分して**から計算します。

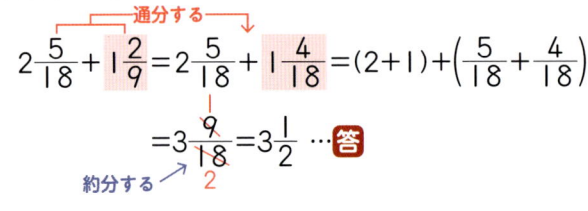

（分母を同じにして計算！）

$$2\dfrac{5}{18} + 1\dfrac{2}{9} = 2\dfrac{5}{18} + 1\dfrac{4}{18} = (2+1) + \left(\dfrac{5}{18} + \dfrac{4}{18}\right)$$
$$= 3\dfrac{9}{18} = 3\dfrac{1}{2} \cdots 答$$

（通分する，約分する → 2）

**別の解き方**

帯分数を仮分数になおして計算します。

$$2\dfrac{5}{18} + 1\dfrac{2}{9} = \dfrac{41}{18} + \dfrac{11}{9} = \dfrac{41}{18} + \dfrac{22}{18} = \dfrac{63}{18} = \dfrac{7}{2}\left(3\dfrac{1}{2}\right)$$

（通分する，約分する）

約分を忘れないこと！

類題を解こう → 別冊15ページ 問題56
つまずいたら → 80ページ 例題52，83ページ 例題55

# 57 帯分数のひき算

難易度 ★★☆

次の計算をしましょう。

(1) $2\dfrac{2}{9} - \dfrac{7}{9}$

(2) $5\dfrac{1}{3} - 2\dfrac{3}{4}$

## 解き方

**(1) ステップ1　分数部分どうしでひけるように，整数部分からくり下げる**

分数部分は，分母が同じだが，そのままでは分子をひけないので，整数部分から1くり下げて，**分数部分を仮分数にして**ひき算をします。

$$2\dfrac{2}{9} - \dfrac{7}{9} = 1\dfrac{11}{9} - \dfrac{7}{9} = 1\dfrac{4}{9} \cdots 答$$

整数部分から1くり下げて，分数部分を仮分数にします
$2\dfrac{2}{9} = 1 + 1\dfrac{2}{9} = 1 + \dfrac{11}{9} = 1\dfrac{11}{9}$

### 別の解き方

帯分数を仮分数になおして計算します。

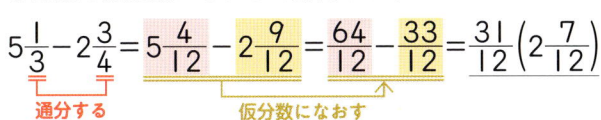

$$2\dfrac{2}{9} - \dfrac{7}{9} = \dfrac{20}{9} - \dfrac{7}{9} = \dfrac{13}{9}\left(1\dfrac{4}{9}\right)$$

**(2) ステップ1　整数部分どうし，分数部分どうしをひく**

整数部分どうし，分数部分どうしをひいて，その和を求めます。
分数部分は，分母がちがうので，通分してから計算します。

$$5\dfrac{1}{3} - 2\dfrac{3}{4} = 5\dfrac{4}{12} - 2\dfrac{9}{12} = 4\dfrac{16}{12} - 2\dfrac{9}{12} = (4-2) + \left(\dfrac{16}{12} - \dfrac{9}{12}\right) = 2\dfrac{7}{12} \cdots 答$$

整数部分から1くり下げて，分数部分を仮分数にします
$5\dfrac{4}{12} = 4 + 1\dfrac{4}{12} = 4 + \dfrac{16}{12} = 4\dfrac{16}{12}$

### 別の解き方

帯分数を仮分数になおして計算します。

$$5\dfrac{1}{3} - 2\dfrac{3}{4} = 5\dfrac{4}{12} - 2\dfrac{9}{12} = \dfrac{64}{12} - \dfrac{33}{12} = \dfrac{31}{12}\left(2\dfrac{7}{12}\right)$$

どちらでも答えは同じ。

# 第4章 分数のしくみと計算 ［2］分数のたし算とひき算

5年

難易度 ★★☆

## 58 分数と小数のたし算・ひき算

次の計算をしましょう。

(1) $\dfrac{2}{5}+0.5$　　(2) $0.75-\dfrac{2}{3}$　　(3) $\dfrac{10}{7}-1.25$

### 解き方

(1) **ステップ1** 分数と小数のどちらにそろえればよいかを考える

小数を分数になおして計算すると，

$$\dfrac{2}{5}+0.5=\dfrac{2}{5}+\dfrac{5}{10}=\dfrac{4}{10}+\dfrac{5}{10}=\dfrac{9}{10}$$

（分数になおす／通分する）

**別の解き方**

分数を小数になおして計算すると，

$$\dfrac{2}{5}+0.5=0.4+0.5=0.9$$

小数になおす　2÷5=0.4

**参考** どんな小数でも分数になおすことができるから，分数と小数のまじった計算は，分数にそろえれば，いつでも計算できる。

簡単なほうがいいかな…。

**答** $\dfrac{9}{10}$ または 0.9

(2) **ステップ1** 分数と小数のどちらにそろえればよいかを考える

$\dfrac{2}{3}=0.666…$で，正確な小数で表せないので，**分数にそろえて**計算します。

$$0.75-\dfrac{2}{3}=\dfrac{75}{100}-\dfrac{2}{3}=\dfrac{3}{4}-\dfrac{2}{3}=\dfrac{9}{12}-\dfrac{8}{12}=\dfrac{1}{12} \cdots 答$$

（分数になおす／約分する／通分する）

(3) **ステップ1** 分数と小数のどちらにそろえればよいかを考える

$\dfrac{10}{7}=1.4285…$で，正確な小数で表せないので，分数にそろえて計算します。

$$\dfrac{10}{7}-1.25=\dfrac{10}{7}-\dfrac{125}{100}=\dfrac{10}{7}-\dfrac{5}{4}=\dfrac{40}{28}-\dfrac{35}{28}=\dfrac{5}{28} \cdots 答$$

（分数になおす／約分する／通分する）

類題を解こう → 別冊15ページ 問題58　　つまずいたら → 78ページ 例題51

# 03 分数のかけ算とわり算

## ここのポイント

### 分数のかけ算 → 例題 59, 60

分数に整数をかける計算は，分母はそのままにして，分子にその整数をかけます。

分数に分数をかける計算は，**分母どうし，分子どうし**をかけます。

例 $\dfrac{4}{9} \times 2 = \dfrac{4 \times 2}{9} = \dfrac{8}{9}$

例 $\dfrac{2}{3} \times \dfrac{4}{5} = \dfrac{2 \times 4}{3 \times 5} = \dfrac{8}{15}$

### 逆数 → 例題 61

2つの数の積が1になるとき，一方の数をもう一方の数の**逆数**といいます。

$\dfrac{b}{a}$ は $\dfrac{a}{b}$ の逆数, $\dfrac{a}{b}$ は $\dfrac{b}{a}$ の逆数

分母と分子を入れかえた数だね。

### 分数のわり算 → 例題 62, 63

分数を整数でわる計算は，分子はそのままにして，分母にその整数をかけます。

分数を分数でわる計算は，**わる数の逆数をかける計算になおします**。

例 $\dfrac{3}{4} \div 2 = \dfrac{3}{4 \times 2} = \dfrac{3}{8}$

例 $\dfrac{4}{7} \div \dfrac{3}{5} = \dfrac{4}{7} \times \dfrac{5}{3} = \dfrac{20}{21}$

わり算はかけ算になおして計算しよう!

### 帯分数のかけ算とわり算 → 例題 64, 65

帯分数を仮分数になおして，分数×分数や分数÷分数の計算をします。

例 $1\dfrac{1}{3} \times \dfrac{2}{5} = \dfrac{4}{3} \times \dfrac{2}{5} = \dfrac{8}{15}$　　$\dfrac{6}{7} \div 1\dfrac{2}{3} = \dfrac{6}{7} \div \dfrac{5}{3} = \dfrac{6}{7} \times \dfrac{3}{5} = \dfrac{18}{35}$

### 分数と小数のまじったかけ算とわり算 → 例題 67, 69

小数は分数になおして，分数×分数や分数÷分数の計算をします。

# 第4章 分数のしくみと計算 [3] 分数のかけ算とわり算

**5年**

## 59 分数×整数

難易度 ★☆☆

次の計算をしましょう。

(1) $\dfrac{2}{7} \times 3$

(2) $\dfrac{7}{8} \times 4$

### 解き方

(1) **ステップ1** 分子に整数をかけて求める

くわしく ➕ $\dfrac{2}{7}$ は $\dfrac{1}{7}$ の 2 個分だから、$\dfrac{2}{7} \times 3$ は $\dfrac{1}{7}$ の (2×3) 個分。

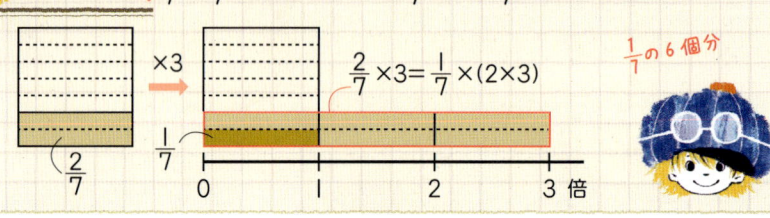

$\dfrac{2}{7} \times 3 = \dfrac{1}{7} \times (2 \times 3)$

$\dfrac{1}{7}$ の 6 個分

$$\dfrac{2}{7} \times 3 = \dfrac{2 \times 3}{7} = \dfrac{6}{7} \cdots 答$$

**確認** 分数に整数をかける計算は、分母はそのままにして、分子にその整数をかける。

$$\dfrac{\bigcirc}{\square} \times \triangle = \dfrac{\bigcirc \times \triangle}{\square}$$

(2) **ステップ1** 分子に整数をかけて求める

くわしく ➕ $\dfrac{7}{8}$ は $\dfrac{1}{8}$ の 7 個分だから、$\dfrac{7}{8} \times 4$ は $\dfrac{1}{8}$ の (7×4) 個分。

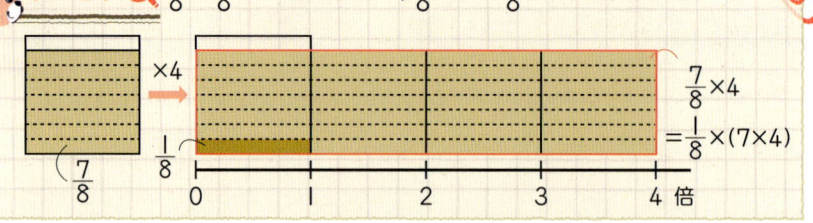

$\dfrac{7}{8} \times 4 = \dfrac{1}{8} \times (7 \times 4)$

$$\dfrac{7}{8} \times 4 = \dfrac{7 \times \overset{1}{4}}{\underset{2}{8}} = \dfrac{7}{2} \left(3\dfrac{1}{2}\right) \cdots 答$$

式のとちゅうで約分できるときは、約分しておく

類題を解こう ➡ 別冊15ページ 問題59

## 60 分数×分数

6年 難易度 ★★☆

次の計算をしましょう。

(1) $\dfrac{3}{5} \times \dfrac{3}{4}$

(2) $\dfrac{7}{9} \times \dfrac{15}{14}$

### 解き方

(1) **ステップ 1** 分数をかけることの意味と計算のしかたを考える

**くわしく** ⊕

$\dfrac{3}{5} \times \dfrac{1}{4}$ は，$\dfrac{3}{5}$ を4等分した1個分だから，

$\dfrac{3}{5} \div 4 = \dfrac{3}{5 \times 4} = \dfrac{3}{20}$

$\dfrac{3}{4}$ は $\dfrac{1}{4}$ の3個分だから，

$\dfrac{3}{5} \times \dfrac{3}{4} = \left(\dfrac{3}{5} \div 4\right) \times 3 = \dfrac{3}{5 \times 4} \times 3 = \dfrac{3 \times 3}{5 \times 4} = \dfrac{9}{20}$

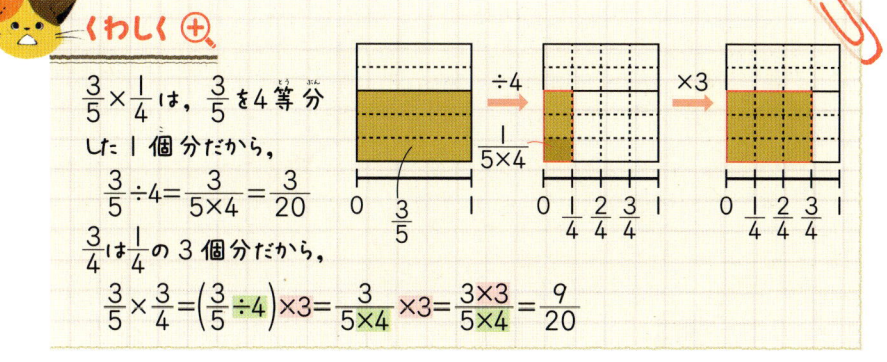

分数に分数をかける計算は，**分母どうし，分子どうしをかけます。**

$\dfrac{3}{5} \times \dfrac{3}{4} = \dfrac{3 \times 3}{5 \times 4} = \dfrac{9}{20}$ …**答**

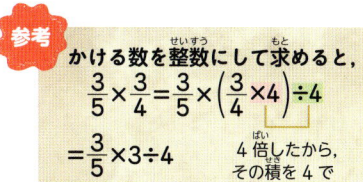

$\dfrac{分子 \times 分子}{分母 \times 分母}$

子どもどうし　お母さんどうし

**参考** かける数を整数にして求めると，

$\dfrac{3}{5} \times \dfrac{3}{4} = \dfrac{3}{5} \times \left(\dfrac{3}{4} \times 4\right) \div 4$

$= \dfrac{3}{5} \times 3 \div 4$

$= \dfrac{3 \times 3}{5 \times 4} = \dfrac{9}{20}$

4倍したから，その積を4でわる。

(2) **ステップ 1** 分母どうし，分子どうしをかけて求める

$\dfrac{7}{9} \times \dfrac{15}{14} = \dfrac{\overset{1}{7} \times \overset{5}{15}}{\underset{3}{9} \times \underset{2}{14}} = \dfrac{5}{6}$ …**答**

仮分数でも計算のしかたは同じ

約分できるときは，式のと中で約分しておく

**確認** 分数×分数の計算

$\dfrac{b}{a} \times \dfrac{d}{c} = \dfrac{b \times d}{a \times c}$

# 第4章 分数のしくみと計算 [3] 分数のかけ算とわり算

**6年**

難易度 ★★★

## 61 逆数

(1) $\frac{4}{5} \times \square = 1$ の □ にあてはまる分数を求めましょう。

(2) 次の数の逆数を求めましょう。

① $\frac{3}{7}$　　② $1\frac{2}{3}$　　③ 8　　④ 0.5

---

### 解き方

(1) **ステップ1** 2つの分数を約分すると1になる分数を考える

2数の分母と分子を約分したとき，どちらも1になる分数は，分母の5，分子の4が約分するときの最大公約数だから，かける分数の分母が4で，分子が5であるとき。

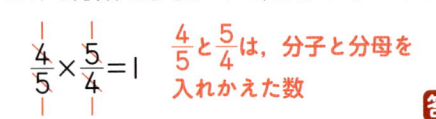

$$\frac{4}{5} \times \frac{5}{4} = 1$$

$\frac{4}{5}$と$\frac{5}{4}$は，分子と分母を入れかえた数

**答** $\frac{5}{4}$

> **参考**　2つの数の積が1になるとき，一方の数をもう一方の逆数という。

(2) **ステップ1** 真分数や仮分数の分子と分母を入れかえる

① $\frac{3}{7} \times \frac{7}{3} = 1$ だから，$\frac{3}{7}$の逆数は$\frac{7}{3}$

② $1\frac{2}{3} = \frac{5}{3}$ で，$\frac{5}{3} \times \frac{3}{5} = 1$ だから，
（仮分数になおす）　$1\frac{2}{3}$の逆数は$\frac{3}{5}$

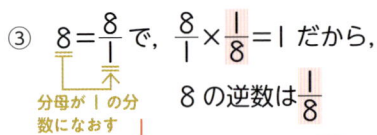

③ $8 = \frac{8}{1}$ で，$\frac{8}{1} \times \frac{1}{8} = 1$ だから，
（分母が1の分数になおす）　8の逆数は$\frac{1}{8}$

④ $0.5 = \frac{5}{10} = \frac{1}{2}$ で，$\frac{1}{2} \times \frac{2}{1} = 1$ だから，
（小数を分数になおす）　0.5の逆数は2

> **参考**　真分数や仮分数の逆数は，分子と分母を入れかえた数になる。
> 
> $\frac{b}{a}$　$\frac{a}{b}$
> 
> たがいに逆数

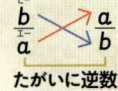

さかさにした数だね。

**答** ① $\frac{7}{3}$　② $\frac{3}{5}$　③ $\frac{1}{8}$　④ 2

類題を解こう → 別冊16ページ 問題61

## 62 分数÷整数

次の計算をしましょう。

(1) $\dfrac{6}{7} \div 3$

(2) $\dfrac{3}{5} \div 2$

### 解き方

**(1) ステップ1　分母に整数をかけて求める**

くわしく　$\dfrac{6}{7}$ は $\dfrac{1}{7}$ の 6 個分だから、$\dfrac{6}{7} \div 3$ は $\dfrac{1}{7}$ の $(6 \div 3)$ 個分。

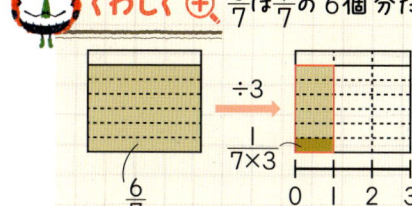

分数の分母と分子に同じ数をかけても、分数の大きさは変わらないから、

$$\dfrac{6}{7} \div 3 = \dfrac{6 \times 3}{7 \times 3} \div 3 = \dfrac{6 \times 3 \div 3}{7 \times 3} = \dfrac{6}{7 \times 3} = \dfrac{2}{7}$$

$$\dfrac{6}{7} \div 3 = \dfrac{\overset{2}{6}}{\underset{1}{7 \times 3}} = \dfrac{2}{7} \cdots \text{答}$$

式のとちゅうで、約分できるときは、約分しておく。

**参考**　分数を整数でわる計算は、分子はそのままにして、分母にその整数をかける。

$$\dfrac{\bigcirc}{\square} \div \triangle = \dfrac{\bigcirc}{\square \times \triangle}$$

**(2) ステップ1　分母に整数をかけて求める**

くわしく　$\dfrac{3}{5} = \dfrac{3 \times 2}{5 \times 2} = \dfrac{6}{10}$ だから、$\dfrac{6}{10} \div 2$ は $\dfrac{1}{10}$ の $(6 \div 2)$ 個分。

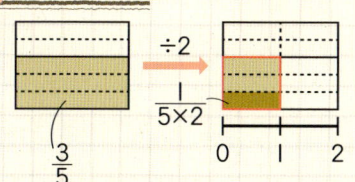

分数の分母と分子に同じ数をかけても、分数の大きさは変わらないから、

$$\dfrac{3}{5} \div 2 = \dfrac{3 \times 2}{5 \times 2} \div 2 = \dfrac{3 \times 2 \div 2}{5 \times 2} = \dfrac{3}{5 \times 2} = \dfrac{3}{10}$$

$$\dfrac{3}{5} \div 2 = \dfrac{3}{5 \times 2} = \dfrac{3}{10} \cdots \text{答}$$

$\dfrac{1}{5} \div 2 = \dfrac{1}{5 \times 2} = \dfrac{1}{10}$ だね。

# 第4章 分数のしくみと計算 ［3］分数のかけ算とわり算

6年
難易度 ★★☆

## 63 分数÷分数

次の計算をしましょう。

(1) $\dfrac{3}{5} \div \dfrac{2}{3}$

(2) $6 \div \dfrac{9}{8}$

### 解き方

(1) **ステップ1** わる数の逆数をかける計算になおして求める

**くわしく** $\dfrac{3}{5}$ の $\dfrac{1}{2}$ の大きさを求め，それを3倍すればよい。

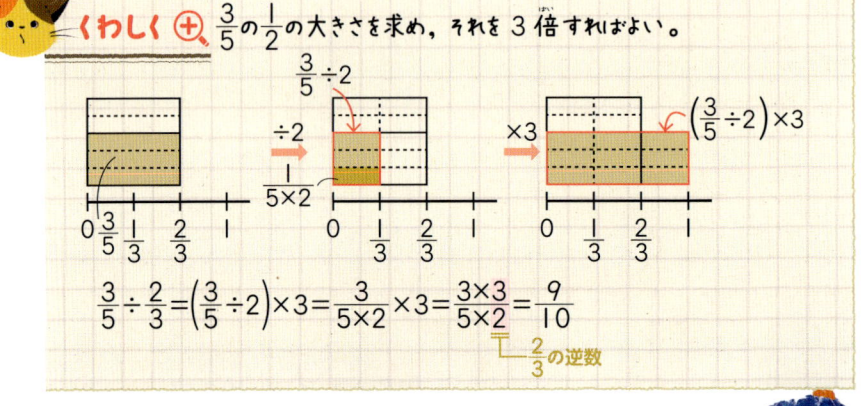

$$\dfrac{3}{5} \div \dfrac{2}{3} = \left(\dfrac{3}{5} \div 2\right) \times 3 = \dfrac{3}{5 \times 2} \times 3 = \dfrac{3 \times 3}{5 \times 2} = \dfrac{9}{10}$$

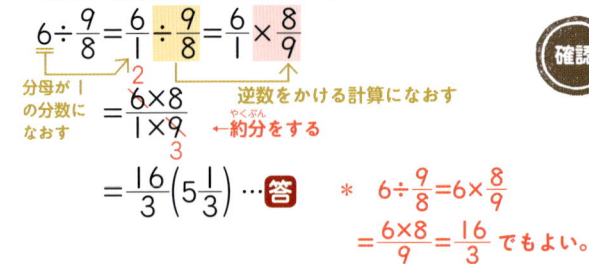

↑ $\dfrac{2}{3}$ の逆数

分数でわる計算は，**わる数の逆数をかけます。**

$$\dfrac{3}{5} \div \dfrac{2}{3} = \dfrac{3}{5} \times \dfrac{3}{2} = \dfrac{3 \times 3}{5 \times 2} = \dfrac{9}{10} \cdots 答$$

↑逆数をかける計算になおす

逆数を使って，わり算をかけ算になおすよ！

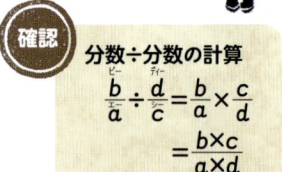

(2) **ステップ1** わる数の逆数をかける計算になおして求める

$$6 \div \dfrac{9}{8} = \dfrac{6}{1} \div \dfrac{9}{8} = \dfrac{6}{1} \times \dfrac{8}{9}$$

↑分母が1の分数になおす　　↑逆数をかける計算になおす

$$= \dfrac{\overset{2}{6} \times 8}{1 \times \underset{3}{9}} \;\; \leftarrow 約分をする$$

$$= \dfrac{16}{3} \left(5\dfrac{1}{3}\right) \cdots 答$$

\* $6 \div \dfrac{9}{8} = 6 \times \dfrac{8}{9} = \dfrac{6 \times 8}{9} = \dfrac{16}{3}$ でもよい。

**確認** 分数÷分数の計算

$$\dfrac{b}{a} \div \dfrac{d}{c} = \dfrac{b}{a} \times \dfrac{c}{d} = \dfrac{b \times c}{a \times d}$$

類題を解こう　別冊16ページ 問題63　　逆数→90ページ 例題61　　つまずいたら→91ページ 例題62

# 64 帯分数のかけ算

難易度 ★★☆

次の計算をしましょう。

(1) $1\frac{2}{5} \times \frac{9}{14}$

(2) $3\frac{3}{4} \times 1\frac{1}{9}$

## 解き方

(1) **ステップ1** 帯分数を仮分数になおして，分数×分数の計算をする

帯分数のかけ算は，**帯分数を仮分数になおして**，真分数・仮分数のかけ算と同じように，分母どうし，分子どうしをかけます。

$$1\frac{2}{5} \times \frac{9}{14} = \frac{7}{5} \times \frac{9}{14}$$

（仮分数になおす）　分母どうし，分子どうしをかける

$$= \frac{7 \times 9}{5 \times 14} = \frac{9}{10} \cdots \text{答}$$

**別の解き方**

$$1\frac{2}{5} \times \frac{9}{14} = \left(1 + \frac{2}{5}\right) \times \frac{9}{14}$$
$$= 1 \times \frac{9}{14} + \frac{2}{5} \times \frac{9}{14} = \frac{9}{14} + \frac{9}{35}$$
$$= \frac{45}{70} + \frac{18}{70} = \frac{63}{70} = \frac{9}{10}$$

(2) **ステップ1** 帯分数を仮分数になおして，分数×分数の計算をする

帯分数を仮分数になおして，真分数・仮分数のかけ算と同じように，分母どうし，分子どうしをかける。

$$3\frac{3}{4} \times 1\frac{1}{9} = \frac{15}{4} \times \frac{10}{9}$$

それぞれ仮分数になおす　分母どうし，分子どうしをかける

$$= \frac{15 \times 10}{4 \times 9} = \frac{25}{6} \left(4\frac{1}{6}\right) \cdots \text{答}$$

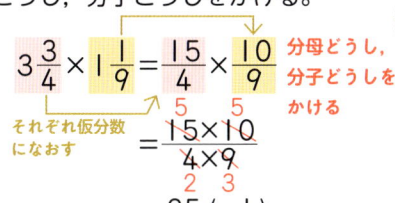

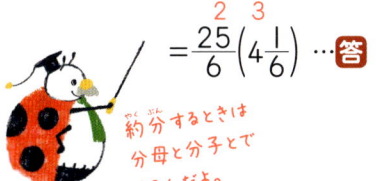

約分するときは分母と分子とでするんだよ。

**確認** 帯分数を仮分数になおすしかた
帯分数の分母×整数+分子が仮分数の分子になる。

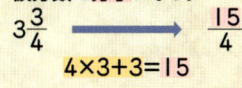

$$3\frac{3}{4} \longrightarrow \frac{15}{4}$$

$4 \times 3 + 3 = 15$

**注意** 帯分数を仮分数になおすのを，まちがえないように！

# 第4章 分数のしくみと計算 [3] 分数のかけ算とわり算

**6年**

難易度 ★★☆

## 65 帯分数のわり算

次の計算をしましょう。

(1) $\dfrac{3}{4} \div 1\dfrac{1}{5}$

(2) $1\dfrac{2}{5} \div 2\dfrac{5}{8}$

### 解き方

(1) **ステップ1** 帯分数を仮分数になおして，計算をする

帯分数のわり算は，**帯分数を仮分数になおし**，真分数・仮分数のわり算と同じように，わる数の逆数をかける計算にします。

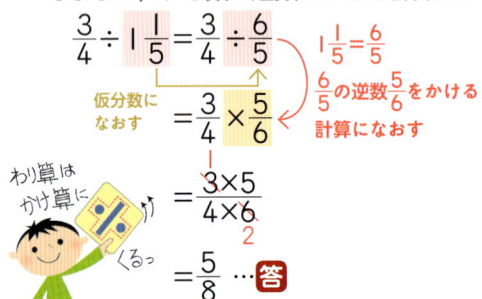

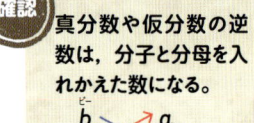

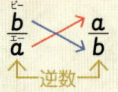

$$\dfrac{3}{4} \div 1\dfrac{1}{5} = \dfrac{3}{4} \div \dfrac{6}{5}$$

（仮分数になおす）  $1\dfrac{1}{5} = \dfrac{6}{5}$

$\dfrac{6}{5}$ の逆数 $\dfrac{5}{6}$ をかける計算になおす

$$= \dfrac{3}{4} \times \dfrac{5}{6}$$

$$= \dfrac{3 \times 5}{4 \times 6_2}$$

$$= \dfrac{5}{8} \quad \cdots\text{答}$$

わり算はかけ算にくるっ

**確認** 真分数や仮分数の逆数は，分子と分母を入れかえた数になる。

$\dfrac{b}{a} \rightarrow \dfrac{a}{b}$ 逆数

逆数は，分母と分子を入れかえた数だよ！

(2) **ステップ1** 帯分数を仮分数になおして，計算をする

帯分数を仮分数になおして，真分数・仮分数のわり算と同じように，わる数の逆数をかける計算にします。

$$1\dfrac{2}{5} \div 2\dfrac{5}{8} = \dfrac{7}{5} \div \dfrac{21}{8}$$

（それぞれ仮分数になおす）  $2\dfrac{5}{8} = \dfrac{21}{8}$

$\dfrac{21}{8}$ の逆数 $\dfrac{8}{21}$ をかける計算になおす

$$= \dfrac{7}{5} \times \dfrac{8}{21}$$

$$= \dfrac{7 \times 8}{5 \times 21_3}$$

$$= \dfrac{8}{15} \quad \cdots\text{答}$$

**確認** 分数÷分数の計算
$$\dfrac{b}{a} \div \dfrac{d}{c} = \dfrac{b}{a} \times \dfrac{c}{d}$$

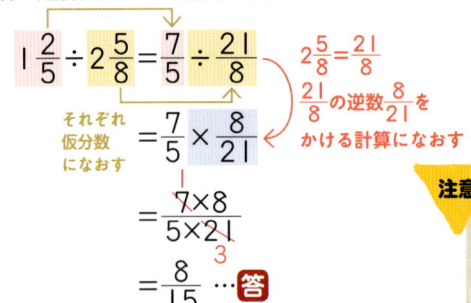

**注意** $2\dfrac{5}{8}$ の逆数を
$$\dfrac{1}{2} + \dfrac{8}{5} = \dfrac{5}{10} + \dfrac{16}{10} = \dfrac{21}{10}$$
としてはいけない！

類題を解こう → 別冊16ページ 問題65　　逆数 → 90ページ 例題61　　つまずいたら → 92ページ 例題63

# 66 3つの分数の計算

6年
難易度 ★★☆

次の計算をしましょう。

(1) $\dfrac{2}{3} \div \dfrac{4}{5} \times \dfrac{9}{10}$

(2) $\dfrac{8}{7} \div 3 \div \dfrac{16}{21}$

## 解き方

### (1) ステップ1 わる数の逆数をかける計算になおす

分数のかけ算とわり算のまじった式は，わり算をかけ算になおして，**かけ算だけの式にして計算します。**

$$\dfrac{2}{3} \div \dfrac{4}{5} \times \dfrac{9}{10} = \dfrac{2}{3} \times \dfrac{5}{4} \times \dfrac{9}{10}$$

↑ わる数の逆数をかける計算になおす

$$= \dfrac{2 \times 5 \times 9}{3 \times 4 \times 10}$$

約分が3回あるので，すべて約分する

$$= \dfrac{3}{4} \cdots 答$$

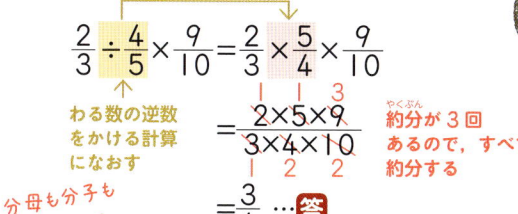

分母も分子も3つあるからよく見て！

**確認** わり算は，わる数の逆数をかける計算になおすことができる。
$\dfrac{4}{5}$ の逆数は $\dfrac{5}{4}$ だから，
$\div \dfrac{4}{5} \Rightarrow \times \dfrac{5}{4}$

### (2) ステップ1 わる数の逆数をかける計算になおす

3つの数のわり算も，わり算をかけ算になおして，かけ算だけの式にして計算します。

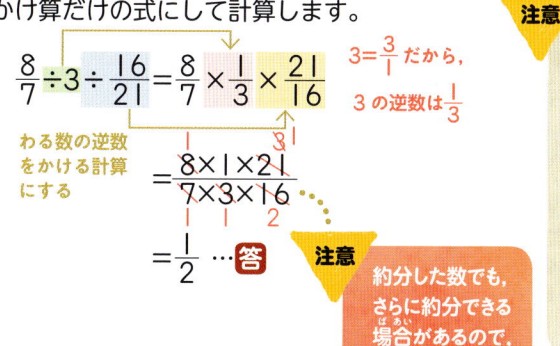

$$\dfrac{8}{7} \div 3 \div \dfrac{16}{21} = \dfrac{8}{7} \times \dfrac{1}{3} \times \dfrac{21}{16}$$

わる数の逆数をかける計算にする

$3 = \dfrac{3}{1}$ だから，3の逆数は $\dfrac{1}{3}$

$$= \dfrac{8 \times 1 \times 21}{7 \times 3 \times 16}$$

$$= \dfrac{1}{2} \cdots 答$$

**注意** 約分した数でも，さらに約分できる場合があるので，注意する。

**注意** 次のように，いきなり1つの分数の式にすると，ミスしやすい。
$$\dfrac{8}{7} \div 3 \div \dfrac{16}{21}$$
$$= \dfrac{8 \times 1 \times 16}{7 \times 3 \times 21}$$
← そのままかけたミス

すべてかけ算の式になおしてから計算するようにしよう！

# 第4章 分数のしくみと計算 [3]分数のかけ算とわり算

**6年**

難易度 ★★☆

## 67 分数と小数のかけ算・わり算

次の計算をしましょう。

(1) $\dfrac{2}{3} \div 0.3 \times \dfrac{9}{5}$

(2) $1\dfrac{7}{20} \div 0.9 \div 1.25$

### 解き方

(1) **ステップ1** 小数は分数になおして計算する

$\dfrac{2}{3}$ は小数で正確に表されないので、**0.3を分数になおして**計算します。

$$\dfrac{2}{3} \div 0.3 \times \dfrac{9}{5} = \dfrac{2}{3} \div \dfrac{3}{10} \times \dfrac{9}{5}$$

（0.3を分数になおす）

$\dfrac{3}{10}$ の逆数は $\dfrac{10}{3}$
わる数の逆数をかける計算になおす

$$= \dfrac{2}{3} \times \dfrac{10}{3} \times \dfrac{9}{5}$$

$$= \dfrac{2 \times \overset{2}{\cancel{10}} \times \overset{3}{\cancel{9}}}{\cancel{3} \times 3 \times \cancel{5}}$$

約分できるものは、すべて約分する

$$= 4 \cdots \boxed{答}$$

整数がまじっても同じようにできるね！

(2) **ステップ1** 小数を分数になおし、帯分数は仮分数になおして計算する

帯分数を仮分数に、小数を分数になおし、わり算はかけ算になおして計算します。

$$1\dfrac{7}{20} \div 0.9 \div 1.25 = \dfrac{27}{20} \div \dfrac{9}{10} \div \dfrac{125}{100}$$

$\dfrac{9}{10}$ の逆数は $\dfrac{10}{9}$ だから、$\dfrac{10}{9}$ をかける計算になおす

わり算はかけ算になおせばいいね。

$$= \dfrac{27}{20} \times \dfrac{10}{9} \times \dfrac{100}{125}$$

$$= \dfrac{\overset{3}{\cancel{27}} \times \overset{1}{\cancel{10}} \times \overset{4}{\cancel{100}}}{\underset{1}{\cancel{20}} \times \underset{1}{\cancel{9}} \times \underset{5}{\cancel{125}}}$$

$$= \dfrac{6}{5} \left(1\dfrac{1}{5}\right) \cdots \boxed{答}$$

**参考** $\dfrac{125}{100} = \dfrac{5}{4}$ として、$\dfrac{5}{4}$ の逆数 $\dfrac{4}{5}$ をかける計算になおすと、あとの約分が簡単になる。

類題を解こう → 別冊16ページ 問題67
つまずいたら → 95ページ 例題66

## 68 計算のきまりを使う分数の計算

6年　難易度 ★★★

くふうして計算しましょう。

(1) $\dfrac{5}{7} \times \dfrac{8}{9} \times \dfrac{7}{10}$

(2) $\left(\dfrac{3}{4} + \dfrac{2}{3}\right) \div \dfrac{5}{12}$

(3) $\left(1\dfrac{1}{6} - \dfrac{3}{4}\right) \times 2.4$

(4) $\dfrac{3}{8} \times 1\dfrac{2}{5} + \dfrac{3}{8} \times 2\dfrac{3}{5}$

### 解き方

**ステップ1** 計算のきまりを使って計算する

(1) $\dfrac{5}{7} \times \dfrac{8}{9} \times \dfrac{7}{10} = \dfrac{5}{7} \times \dfrac{7}{10} \times \dfrac{8}{9}$ 　　(□×○)×△=(□×△)×○

この2数の積は約分できて、簡単になる

$= \dfrac{1}{2} \times \dfrac{8}{9} = \dfrac{4}{9}$ …**答**

計算のきまりは、分数でも使えるよ!

(2) $\left(\dfrac{3}{4} + \dfrac{2}{3}\right) \div \dfrac{5}{12} = \left(\dfrac{3}{4} + \dfrac{2}{3}\right) \times \dfrac{12}{5}$ 　　(□+○)×△=□×△+○×△

わり算をかけ算になおす

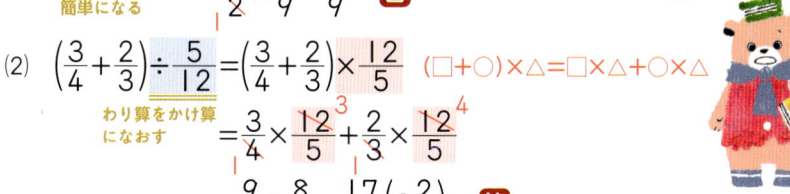

$= \dfrac{3}{4} \times \dfrac{12}{5} + \dfrac{2}{3} \times \dfrac{12}{5}$

$= \dfrac{9}{5} + \dfrac{8}{5} = \dfrac{17}{5} \left(3\dfrac{2}{5}\right)$ …**答**

(3) $\left(1\dfrac{1}{6} - \dfrac{3}{4}\right) \times 2.4 = \left(\dfrac{7}{6} - \dfrac{3}{4}\right) \times \dfrac{24}{10}$ 　　(□−○)×△=□×△−○×△

仮分数になおす　小数を分数になおす

$= \dfrac{7}{6} \times \dfrac{24}{10} - \dfrac{3}{4} \times \dfrac{24}{10}$

$= \dfrac{28}{10} - \dfrac{18}{10} = \dfrac{10}{10} = 1$ …**答**

(4) $\dfrac{3}{8} \times 1\dfrac{2}{5} + \dfrac{3}{8} \times 2\dfrac{3}{5} = \dfrac{3}{8} \times \left(1\dfrac{2}{5} + 2\dfrac{3}{5}\right)$ 　　△×□+△×○=△×(□+○)

共通な数をくくりだす

$= \dfrac{3}{8} \times 4$

$= \dfrac{3}{2} \left(1\dfrac{1}{2}\right)$ …**答**

類題を解こう → 別冊17ページ 問題68
計算のきまり → 28ページ 例題 9, 29ページ 例題 10

# 第4章 分数のしくみと計算 [3] 分数のかけ算とわり算

## 69 いろいろな計算

**入試** 難易度 ★★☆

次の計算をしましょう。

(1) $5 \times \left( \dfrac{9}{10} - 0.125 \div \dfrac{5}{32} \right)$ 〈鎌倉女学院中〉

(2) $\dfrac{1}{3} + 2 \times \left( \dfrac{1}{9} + \dfrac{1}{5} \right) + 3 \times \left( \dfrac{1}{5} + \dfrac{1}{7} \right) + 4 \times \left( \dfrac{1}{7} + \dfrac{1}{9} \right)$ 〈実践女子学園中〉

(3) $6.25 \times (50 - 37) - (100 - 61) \div 2\dfrac{2}{5}$ 〈聖セシリア女子中〉

### 解き方

(1) **ステップ1** 計算の順序を確認してから計算する

$5 \times \left( \dfrac{9}{10} - 0.125 \div \dfrac{5}{32} \right) = 5 \times \left( \dfrac{9}{10} - \dfrac{1}{8} \div \dfrac{5}{32} \right)$ ←小数を分数になおす

$= 5 \times \left( \dfrac{9}{10} - \dfrac{4}{5} \right) = 5 \times \left( \dfrac{9}{10} - \dfrac{8}{10} \right)$

$= 5 \times \dfrac{1}{10} = 0.5 \left( \dfrac{1}{2} \right)$

**答** $0.5 \left( \dfrac{1}{2} \right)$

(2) **ステップ1** 分母が同じ分数に着目して計算する

$\dfrac{1}{3} + 2 \times \left( \dfrac{1}{9} + \dfrac{1}{5} \right) + 3 \times \left( \dfrac{1}{5} + \dfrac{1}{7} \right) + 4 \times \left( \dfrac{1}{7} + \dfrac{1}{9} \right)$

$= \dfrac{1}{3} + 2 \times \dfrac{1}{9} + 2 \times \dfrac{1}{5} + 3 \times \dfrac{1}{5} + 3 \times \dfrac{1}{7} + 4 \times \dfrac{1}{7} + 4 \times \dfrac{1}{9}$

$= \dfrac{1}{3} + 2 \times \dfrac{1}{5} + 3 \times \dfrac{1}{5} + 3 \times \dfrac{1}{7} + 4 \times \dfrac{1}{7} + 2 \times \dfrac{1}{9} + 4 \times \dfrac{1}{9}$

$= \dfrac{1}{3} + (2+3) \times \dfrac{1}{5} + (3+4) \times \dfrac{1}{7} + (2+4) \times \dfrac{1}{9}$

$= \dfrac{1}{3} + 1 + 1 + \dfrac{2}{3} = 3$

$(\square + \bigcirc) \times \triangle = \square \times \triangle + \bigcirc \times \triangle$

$\square \times \triangle + \bigcirc \times \triangle = (\square + \bigcirc) \times \triangle$

**答** 3

(3) **ステップ1** 2つの式に共通な数があれば、計算のきまりを使ってくくり出す

$6.25 \times (50 - 37) - (100 - 61) \div 2\dfrac{2}{5}$

$= 6\dfrac{1}{4} \times 13 - 39 \div \dfrac{12}{5} = \dfrac{25}{4} \times 13 - 13 \times 3 \times \dfrac{5}{12}$

$= \left( \dfrac{25}{4} - 3 \times \dfrac{5}{12} \right) \times 13 = \left( \dfrac{25}{4} - \dfrac{5}{4} \right) \times 13 = \dfrac{20}{4} \times 13$

$= 5 \times 13 = 65$

$a \times c - c \times b = (a - b) \times c$

**答** 65

類題を解こう → 別冊17ページ 問題69　つまずいたら → 27～29ページ 例題 8～10

# 70 2つの分数の間にある分数

難易度 ★★★

入試

次の□にあてはまる整数を求めましょう。

(1) $\frac{\square}{23}$ は $\frac{1}{6}$ と $\frac{1}{5}$ の間にある分数です。　〈香蘭女学校中〉

(2) $\frac{99}{\square}$ は $\frac{9}{10}$ より大きく，$\frac{11}{12}$ より小さい分数です。

〈昭和女子大学附属昭和中〉

**解き方**

(1) **ステップ1** 3つの分数の分母をそろえてから，大小関係を考える

不等号を使って3つの分数の大小を表すと，$\frac{1}{6} < \frac{\square}{23} < \frac{1}{5}$

分母がちがうので，分数の大きさが比べられないから，**分母を23にそろえた分数に表して**みます。

$\frac{1}{6} = \frac{○}{23}$ ➡ ○=23÷6=3.83…

$\frac{1}{5} = \frac{△}{23}$ ➡ △=23÷5=4.6

$\frac{1}{6}$ を $\frac{3.83…}{23}$，$\frac{1}{5}$ を $\frac{4.6}{23}$ として比べます。

$\frac{1}{6} < \frac{\square}{23} < \frac{1}{5}$ ➡ $\frac{3.83…}{23} < \frac{\square}{23} < \frac{4.6}{23}$

よって，□にあてはまる整数は4

**答 4**

分子が小数でも大きさが比べられるね。

(2) **ステップ1** 99=9×11 より，分子をそろえて大小関係を考える

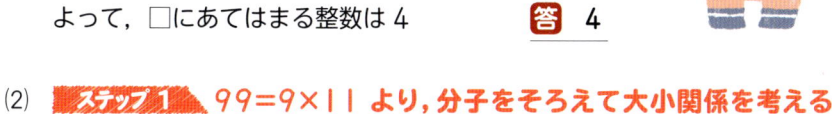

3つの分数の大小関係は，$\frac{9}{10} < \frac{99}{\square} < \frac{11}{12}$

**分子を99にそろえた分数に表して**みます。

$\frac{9}{10}$ ➡ $\frac{9×11}{10×11} = \frac{99}{110}$，$\frac{11}{12}$ ➡ $\frac{11×9}{12×9} = \frac{99}{108}$

したがって，$\frac{9}{10} < \frac{99}{\square} < \frac{11}{12}$ ➡ $\frac{99}{110} < \frac{99}{\square} < \frac{99}{108}$

よって，□にあてはまる整数は109

**答 109**

分母が大きいほど分数は小さいよ！

類題を解こう　別冊17ページ 問題70　つまずいたら ➡ 81ページ 例題53

# 第4章 分数のしくみと計算 ［3］分数のかけ算とわり算

**入試** 難易度 ★★★

## 71 単位分数の和

(1) 次の あ, い にあてはまる数を求めましょう。ただし，同じ文字は同じ数を表します。 〈東京女学館中〉

$$\frac{2}{3} = \frac{1}{\text{あ}} + \frac{1}{\text{い}}, \quad \frac{1}{3} = \frac{1}{\text{あ}} - \frac{1}{\text{い}}$$

(2) 次の□にあてはまる数を答えましょう。 〈樟蔭中〉

$$\frac{17}{20} = \frac{1}{\text{ア}} + \frac{1}{\text{イ}} + \frac{1}{\text{ウ}}$$

### 解き方

(1) **ステップ1** もとの分数から，単位分数をひいて求める

$\frac{2}{3}$ と $\frac{1}{2}$ の大小関係を表すと，$\frac{2}{3} > \frac{1}{2}$ だから，

$\frac{2}{3}$ から $\frac{1}{2}$ をひいてみると，← ひく単位分数は大きいものから考える

$$\frac{2}{3} - \frac{1}{2} = \frac{4}{6} - \frac{3}{6} = \frac{1}{6}$$

差が $\frac{1}{6}$ になったので，$\frac{2}{3}$ は $\frac{1}{2}$ と $\frac{1}{6}$ と単位分数の和で表すことができます。$\frac{2}{3} = \frac{1}{2} + \frac{1}{6}$

また，$\frac{1}{2} - \frac{1}{6} = \frac{3}{6} - \frac{1}{6} = \frac{1}{3}$ になります。

**参考** 分子が1の分数を単位分数という。
例 $\frac{1}{2}, \frac{1}{3}, \frac{1}{4}, \cdots$

等分したときの単位になる分数だね。

**答** あ…2　い…6

(2) **ステップ1** もとの分数から，単位分数をひくのをくり返す

$\frac{17}{20} > \frac{1}{2}$ だから，$\frac{17}{20} - \frac{1}{2} = \frac{17}{20} - \frac{10}{20} = \frac{7}{20}$

次に，$\frac{7}{20} > \frac{1}{3}$ だから，$\frac{7}{20} - \frac{1}{3} = \frac{21}{60} - \frac{20}{60} = \frac{1}{60}$

よって，$\frac{17}{20} = \frac{1}{2} + \frac{1}{3} + \frac{1}{60}$

**答** ア…2　イ…3　ウ…60

$\frac{17}{20} = \frac{10}{20} + \frac{5}{20} + \frac{2}{20}$
$= \frac{1}{2} + \frac{1}{4} + \frac{1}{10}$ より，
ア…2　イ…4　ウ…10でもよい。

類題を解こう　別冊17ページ　問題71

# 72 計算の単純化

**入試** 難易度 ★★★

次の計算をしましょう。

(1) $\dfrac{1}{1\times 2}+\dfrac{1}{2\times 3}+\dfrac{1}{3\times 4}+\dfrac{1}{4\times 5}$ 〈桐蔭学園中〉

(2) $\left(\dfrac{1}{3}-\dfrac{1}{5}\right)+\dfrac{2}{35}+\dfrac{2}{63}+\dfrac{2}{99}$ 〈高槻中〉

**解き方**

(1) **ステップ1** $\dfrac{1}{1\times 2}=1-\dfrac{1}{2}$ になることを利用して,分数を分解する

$\dfrac{1}{1\times 2}=\dfrac{1}{2}$ だから,$\dfrac{1}{1\times 2}=1-\dfrac{1}{2}$ と表すことができます。

同じようにして,$\dfrac{1}{2\times 3}=\dfrac{1}{2}-\dfrac{1}{3}$,$\dfrac{1}{3\times 4}=\dfrac{1}{3}-\dfrac{1}{4}$,$\dfrac{1}{4\times 5}=\dfrac{1}{4}-\dfrac{1}{5}$

と表すことができるから,

$\dfrac{1}{1\times 2}+\dfrac{1}{2\times 3}+\dfrac{1}{3\times 4}+\dfrac{1}{4\times 5}$

$=1-\dfrac{1}{2}+\dfrac{1}{2}-\dfrac{1}{3}+\dfrac{1}{3}-\dfrac{1}{4}+\dfrac{1}{4}-\dfrac{1}{5}=1-\dfrac{1}{5}=\dfrac{4}{5}$

**参考** $\dfrac{1}{a\times(a+1)}=\dfrac{1}{a}-\dfrac{1}{a+1}$

**答** $\dfrac{4}{5}$

(2) **ステップ1** $\dfrac{2}{a\times(a+2)}=\dfrac{1}{a}-\dfrac{1}{a+2}$ を利用して,分数を分解する

$\dfrac{2}{35}=\dfrac{2}{5\times 7}$,$\dfrac{2}{63}=\dfrac{2}{7\times 9}$,$\dfrac{2}{99}=\dfrac{2}{9\times 11}$ と考えると,

$\dfrac{2}{35}=\dfrac{7}{35}-\dfrac{5}{35}=\dfrac{1}{5}-\dfrac{1}{7}$ だから,$\dfrac{2}{5\times 7}=\dfrac{1}{5}-\dfrac{1}{7}$ と表すことができます。

同じようにして,$\dfrac{2}{7\times 9}=\dfrac{1}{7}-\dfrac{1}{9}$,$\dfrac{2}{9\times 11}=\dfrac{1}{9}-\dfrac{1}{11}$ と表されます。

$\left(\dfrac{1}{3}-\dfrac{1}{5}\right)+\dfrac{2}{35}+\dfrac{2}{63}+\dfrac{2}{99}$

$=\dfrac{1}{3}-\dfrac{1}{5}+\dfrac{1}{5}-\dfrac{1}{7}+\dfrac{1}{7}-\dfrac{1}{9}+\dfrac{1}{9}-\dfrac{1}{11}$

$=\dfrac{1}{3}-\dfrac{1}{11}=\dfrac{8}{33}$

**参考** $\dfrac{2}{a\times(a+2)}=\dfrac{1}{a}-\dfrac{1}{a+2}$

**答** $\dfrac{8}{33}$

最初と最後の分数のひき算になるね。

類題を解こう → 別冊17ページ 問題72

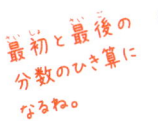

**COLUMN こんなとこにも！便利な算数**

# マンホールのふたはなぜまるい？

おさんぽ中のニャンティがマンホールをじーっと見つめています。

なんでだろう？

　身の回りでよく見かけるマンホールのふた。四角いものもあるけど，ほとんどが円形です。どうしてか，考えたことがありますか。

　マンホールは，地下にある下水管や上水管などに通じている穴です。点検や修理のときに使います。人（英語でマンという）が入る穴（英語でホールという）だからマンホールといいますが，ふたが円形だとどんないいことがあるか考えてみましょう。

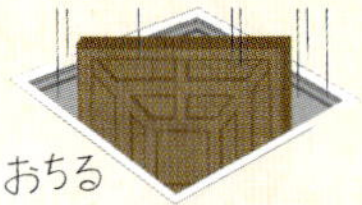

- ふたをはずしたとき，穴の中に落ちない。
- どの向きでも，円だとすぐにふたができる。
- 40〜50kgと重くても，ころがして動かせる。

おちる

おちない

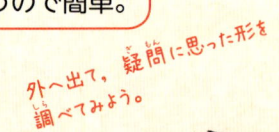

また，マンホールが円柱形なのにも理由があるようです。

- 地面にうめられたとき，強度が高い。
- 人の体の断面も円に近く，入りやすい。
- 穴をほるのが簡単。
- 円柱どうしをつなぐのは，どの向きでも合うので簡単。

などが考えられます。

　身の回りのものの形には，意味があるということがよくわかりますね。

外へ出て，疑問に思った形を調べてみよう。

# 図形編

第 **1** 章　平面図形 ……………………… 106
第 **2** 章　量の単位 ……………………… 131
第 **3** 章　平面図形の長さと面積 ……… 138
第 **4** 章　合同，対称，拡大と縮小 …… 167
第 **5** 章　立体図形 ……………………… 196

※円周率は 3.14 とします。

**図形編**

# 円周率はど

## 3.14

円周率は
3.14と覚えたかな？

159 2653589793238462643383

104

# こまでも続く

実は、こーんなに長く続いているんだよ。

どこまでもぐるぐるぐるぐる…
終わりがないんだ。

図形のひみつはまだまだいっぱい！
この先の問題を解いてみよう。

# 第1章 平面図形 [1]平面図形の性質

## 01 平面図形の性質

### ここのポイント

#### 垂直と平行って？ → 例題1

**垂直**…直角に交わる2本の直線は，**垂直**であるといいます。

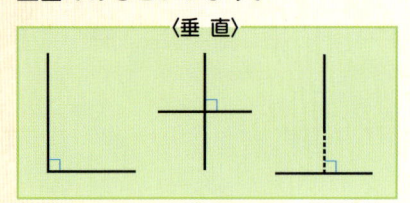

**平行**…1本の直線に垂直な2本の直線は，**平行**であるといいます。

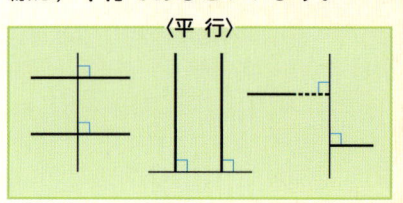

〈垂直〉

〈平行〉

#### いろいろな三角形 → 例題2

**二等辺三角形**…2つの辺の長さが等しい三角形。

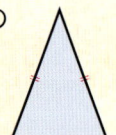

**正三角形**…3つの辺の長さが等しい三角形。

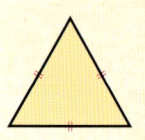

**直角三角形**…直角のある三角形。

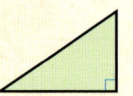

**直角二等辺三角形**…直角のある二等辺三角形。

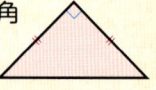

#### 二等辺三角形のかき方 → 例題2

正三角形も同じかき方！

二等辺三角形は，コンパスを利用してかきます。

**例** 辺の長さが2cm，3cm，3cmの二等辺三角形

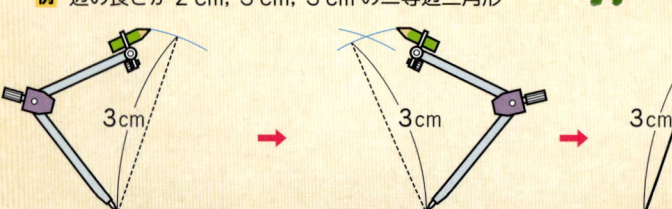

## いろいろな四角形 → 例題 4

**台形**…向かい合った1組の辺が平行な四角形。

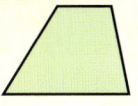

**平行四辺形**…向かい合った2組の辺が平行な四角形。

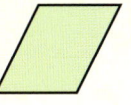

**ひし形**…4つの辺の長さがみんな等しい四角形。

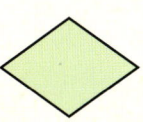

**平行四辺形の性質** → 例題 3

平行四辺形では，向かい合った辺の長さは等しく，向かい合った角の大きさも等しくなっています。

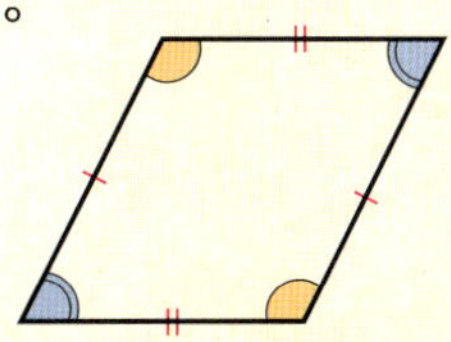

## 四角形の対角線の特ちょう → 例題 4

|  | 正方形 | 長方形 | 台形 | 平行四辺形 | ひし形 |
|---|---|---|---|---|---|
| 垂直に交わる | ○ | × | × | × | ○ |
| 長さが等しい | ○ | ○ | × | × | × |
| それぞれのまん中の点で交わる | ○ | ○ | × | ○ | ○ |

## 多角形って？ → 例題 5

**多角形**…三角形や四角形などのように，直線で囲まれた図形。
**正多角形**…辺の長さがみんな等しく，角の大きさもみんな等しい多角形。

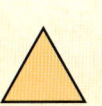

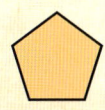

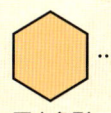

正三角形　正方形　正五角形　正六角形　…

## 円の直径と半径 → 例題 6

**直径と半径の関係**…1つの円では，直径の長さは半径の長さの2倍。

　直径＝半径×2

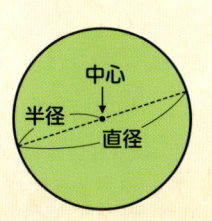

基本だね。

# 第1章 平面図形 [1]平面図形の性質

**4年**

難易度 ★☆☆

## 1 垂直, 平行な直線のひき方

右の図に, 次の直線をかきましょう。
(1) 点Aを通り, 直線㋐に**垂直**な直線
(2) 点Bを通り, 直線㋐に**平行**な直線

### 解き方

(1) **ステップ1** 三角定規の直角を利用してかく

下の図のように, 1つの三角定規を直線㋐に合わせ, もう1つの三角定規を点Aに合わせて直線をひきます。

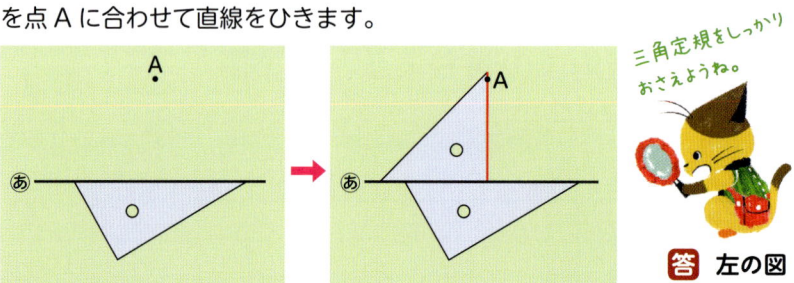

三角定規をしっかりおさえようね。

**答** 左の図

(2) **ステップ1** 1本の直線に垂直な2本の直線は平行であることを利用してかく

下の図のように, 1つの三角定規を直線㋐に合わせ, もう1つの三角定規で直角をつくります。そして, 直線㋐に合わせた三角定規を点Bまでずらし, 直線をひきます。

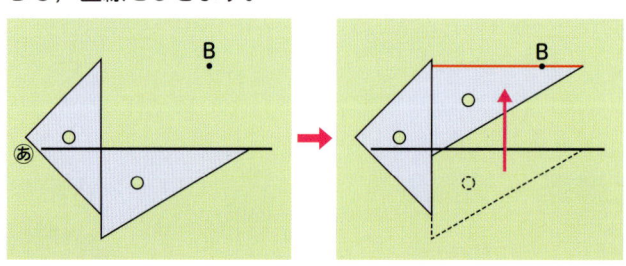

**答** 左の図

類題を解こう　別冊18ページ 問題1　レベルアップ→118ページ 例題9

## 2 三角形のかき方と名前

難易度 ★★★

3年

次の三角形をかき，できた三角形の名前を答えましょう。
(1) 右の三角形 ABC
(2) 3つの辺の長さがどれも 4 cm の三角形

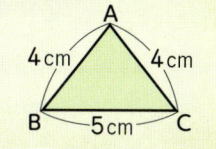

### 解き方

(1) **ステップ1** 辺BC→辺AB→辺ACの順にかく

❶ 5 cm の辺 BC をかく。
❷ 点Bを中心にして，半径 4 cm の円の一部をかく。
❸ 点Cを中心にして，半径 4 cm の円の一部をかき，交わった点を A とする。
❹ 点Bと点A，点Cと点Aを直線で結ぶ。

できた三角形は，2つの辺の長さが等しいから，**二等辺三角形**。

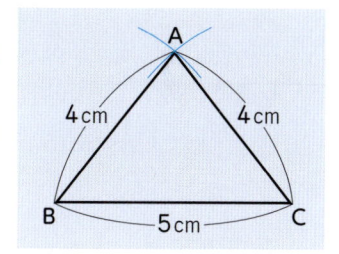

**答** 上の図，二等辺三角形

(2) **ステップ1** 二等辺三角形のかき方と同じようにしてかく

4 cmの下の辺をかき，あとは(1)の二等辺三角形と同じようにしてかく。

できた三角形は，3つの辺の長さが等しいから，**正三角形**。

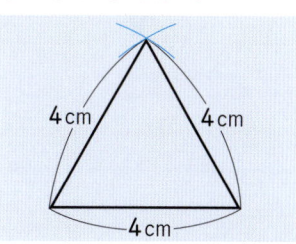

**答** 右の図，正三角形

### ポイント

2つの辺の長さが等しい三角形 ➡ **二等辺三角形**

3つの辺の長さが等しい三角形 ➡ **正三角形**

# 第1章 平面図形 ［1］平面図形の性質

4年

難易度 ★★★

## 3 平行四辺形

右の平行四辺形 ABCD について，次の問いに答えましょう。
(1) 角Aの大きさは何度ですか。
(2) まわりの長さは何cmですか。

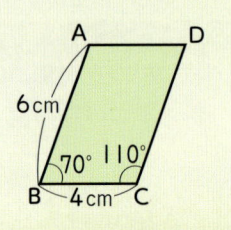

**解き方**

(1) **ステップ1** 角Aと向かい合う角に目をつける

平行四辺形の**向かい合う角の大きさは等しくなっています**。角Aと向かい合うのは角Cだから，角Aの大きさは角Cの大きさと等しく110°

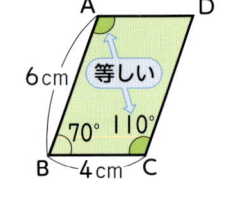

**答** 110°

(2) **ステップ1** 辺DC，辺ADの長さを考える

平行四辺形の**向かい合う辺の長さは等しくなっています**。辺DCと向かい合うのは辺AB，辺ADと向かい合うのは辺BCだから，辺DCの長さは6cm，辺ADの長さは4cm

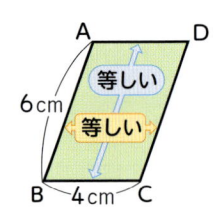

**ステップ2** まわりの長さを求める

まわりの長さは，となり合う2つの辺の長さの和の2倍になるから，
(6+4)×2=20(cm)

**答** 20cm

**ポイント**

平行四辺形では，
　向かい合った角の大きさは等しい。
　向かい合った辺の長さは等しい。

類題を解こう　別冊18ページ　問題3　レベルアップ → 121ページ 例題 12

# 4 四角形と対角線

下の四角形について、次の(1)、(2)にあてはまるものをすべて選んで、記号で答えましょう。

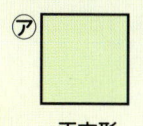

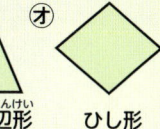

㋐ 正方形　㋑ 長方形　㋒ 台形　㋓ 平行四辺形　㋔ ひし形

(1) 向かい合う2組の辺が平行
(2) 2本の対角線が垂直に交わる

## 解き方

(1) **ステップ1** 四角形の特ちょうから考える

正方形と長方形は、4つの角がどれも直角だから、向かい合う2組の辺は平行といえます。平行四辺形は2組の辺が平行な四角形であり、ひし形は平行四辺形の4つの辺の長さが等しい四角形です。

**注意** 台形は、向かい合う1組の辺が平行な四角形。

**答** ㋐, ㋑, ㋓, ㋔

(2) **ステップ1** 対角線をかいて確かめる

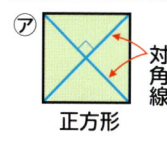

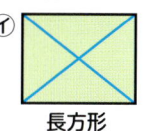

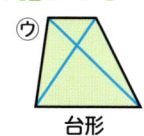

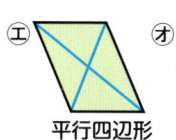

㋐ 正方形　㋑ 長方形　㋒ 台形　㋓ 平行四辺形　㋔ ひし形

**答** ㋐, ㋔

### 参考 対角線の特ちょう

|  | 正方形 | 長方形 | 台形 | 平行四辺形 | ひし形 |
|---|---|---|---|---|---|
| 垂直に交わる | ○ | × | × | × | ○ |
| 長さが等しい | ○ | ○ | × | × | × |
| それぞれのまん中の点で交わる | ○ | ○ | × | ○ | ○ |

# 第1章 平面図形 [1]平面図形の性質

**5年**
難易度 ★★★

## 5 正多角形

右の図のように，半径4cmの円をもとにして，正六角形をかきました。
(1) ㋐の角の大きさは何度ですか。
(2) この正六角形のまわりの長さは何cmですか。

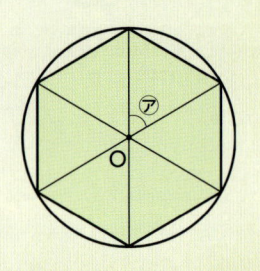

### 解き方

(1) **ステップ1** 円の中心のまわりを何等分してかいたかを考える

正六角形は，円の中心のまわりを6等分してかくことができます。円の中心のまわりの角は360°なので，㋐の角の大きさは，
　360°÷6=60°

**答 60°**

(2) **ステップ1** 1つの三角形がどのような三角形かを考える

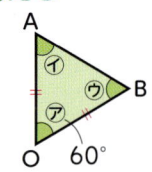

右の図で，OAとOBはどちらも半径で等しいから，二等辺三角形と考えられます。
㋑と㋒の角の大きさは等しいから，1つの角の大きさは，
　(180°−60°)÷2=60°
よって，3つの角の大きさが等しいから，**正三角形**とわかります。

**ステップ2** 正六角形の1辺の長さを求める

1つの三角形は正三角形で，1辺の長さは半径の4cmと等しくなります。
したがって，正六角形の1辺の長さも4cm

**ステップ3** 正六角形のまわりの長さを求める

正六角形は6つの辺の長さがみんな等しいから，まわりの長さは，
　4×6=24(cm)

**答 24cm**

問題を解こう　別冊19ページ 問題5　正三角形の確認 → 109ページ 例題2　レベルアップ → 122ページ 例題13

## 6 円の直径と半径

難易度 ★★★

右の図のように，1辺が12cmの正方形の中に，点アを中心とする大きい円と，点イ，点ウを中心とする同じ大きさの小さい円がぴったり入っています。

(1) 大きい円の半径は何cmですか。
(2) 小さい円の半径は何cmですか。

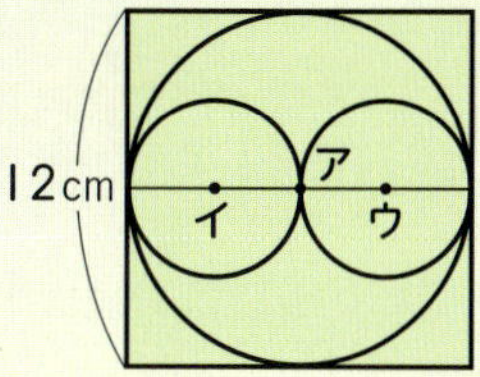

### 解き方

(1) **ステップ1** 大きい円の直径の長さを考える

正方形の中にぴったり入る円の直径は，正方形の1辺の長さに等しいから，大きい円の直径は12cm

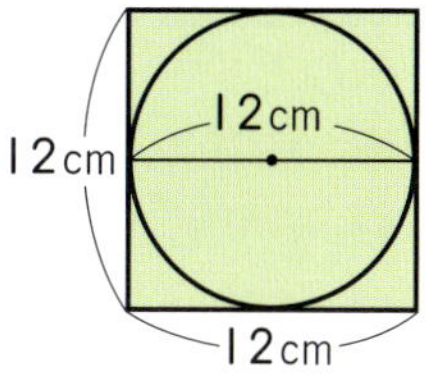

**ステップ2** 大きい円の半径の長さを求める

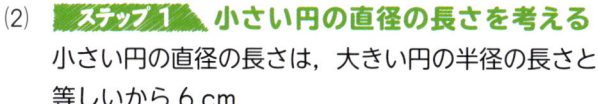

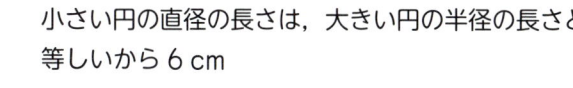

円の半径の長さは**直径の長さの半分**だから，半径は，
12÷2＝6（cm）

**答 6cm**

(2) **ステップ1** 小さい円の直径の長さを考える

小さい円の直径の長さは，大きい円の半径の長さと等しいから6cm

**ステップ2** 小さい円の半径の長さを求める

円の半径の長さは**直径の長さの半分**だから，半径は，
6÷2＝3（cm）

**答 3cm**

直径がわかれば，半径がわかるね。

### ポイント

1つの円では，

**直径＝半径×2**
**半径＝直径÷2**

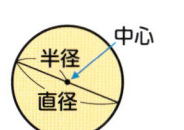

# 第1章 平面図形 [2] 角の大きさ

# 02 角の大きさ

## ここのポイント

### 回転の角の大きさ → 例題8

半回転(一直線)の角の大きさ…180°　　　1回転の角の大きさ…360°

### 角の大きさのはかり方 → 例題7

角の大きさは，分度器を使って次のようにしてはかります。
1. 角の頂点に分度器の中心を合わせる。
2. 0°の線を，角の1つの辺に合わせる。
3. もう1つの辺と重なっている分度器の目もりを読む。

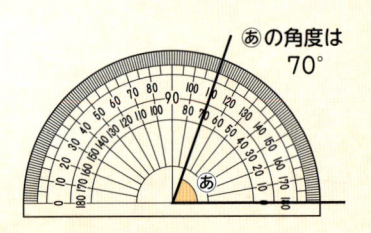

あの角度は70°

### 平行な直線と角 → 例題9

平行な直線は，ほかの直線と**等しい角度**で交わります。

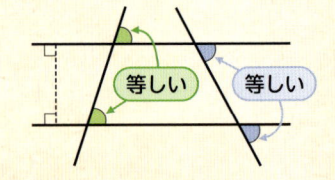

等しい　等しい

### 三角形の角 → 例題10

**二等辺三角形の角**…2つの角の大きさが等しくなっています。

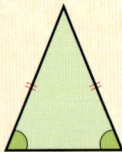

**正三角形の角**…3つの角の大きさがどれも60°で等しくなっています。

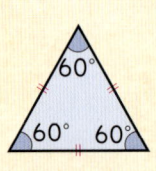

三角形の3つの角の大きさの和

**重要** 三角形の3つの角の大きさの和は，180°

## 多角形の角 → 例題 12, 13

多角形の角の大きさの和は、1つの頂点から対角線をひいてできる三角形の数から求められます。

| | 三角形 | 四角形 | 五角形 | 六角形 |
|---|---|---|---|---|
| 対角線で分けられる三角形の数 | | 2 | 3 | 4 |
| 角の大きさの和 | 180° | 360° | 540° | 720° |
| | | ↑ | ↑ | ↑ |
| | | 180°×2 | 180°×3 | 180°×4 |

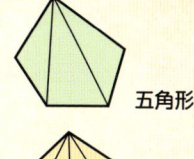

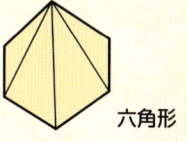

五角形

六角形

## 三角定規の角 → 例題 14

1組の三角定規の角の大きさは、右の図のように決まっています。

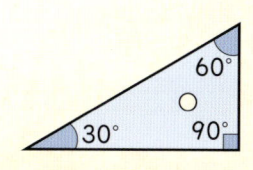

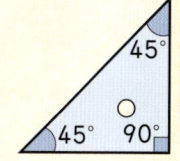

60°, 30°, 90°
45°, 45°, 90°

## 三角形の内角と外角の関係　入試対策 → 例題 15

**内角と外角**…多角形の内側の角を**内角**、外側の角を**外角**といいます。

三角形の外角の大きさは、それととなり合わない2つの内角の和に等しくなります。

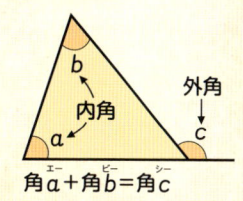

角$a$ + 角$b$ = 角$c$

## 対頂角, 同位角, 錯角って？　入試対策 → 例題 18

**対頂角**…2つの直線が交わってできる角のうち、向かい合う角。

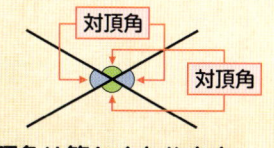

**同位角**…右の角$a$と角$c$のような位置の角。

**錯角**…右の角$b$と角$d$のような位置の角。

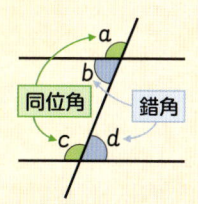

対頂角は等しくなります。

2つの直線が平行ならば、同位角は等しく、錯角は等しくなります。

# 第1章 平面図形 [2] 角の大きさ

4年

## 7 角の大きさ

難易度 ★☆☆

次の㋐，㋑の角の大きさをはかりましょう。
(1)　　　　　　　　　　(2)

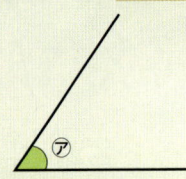

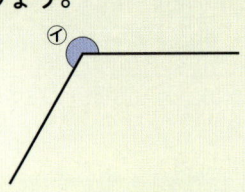

## 解き方

(1) **ステップ1　分度器を使ってはかる**
　❶ 角の頂点に分度器の中心を合わせる。
　❷ 0°の線を，角の1つの辺に合わせる。
　❸ もう1つの辺と重なっている分度器の目もりを読む。

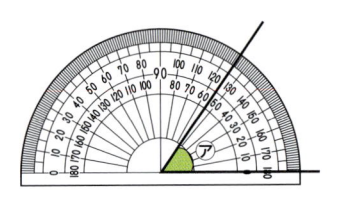

　**答 55°**

(2) **ステップ1　180°の角をつくる**
　右の図のように，角の1つの辺をのばして**180°の角をつくる**。

　**ステップ2　㋒の角の大きさをはかる**
　㋒の角の大きさを分度器ではかると，60°

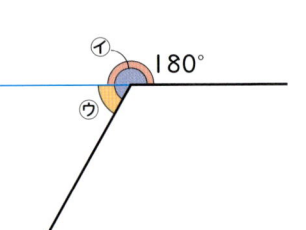

　**ステップ3　㋑の角の大きさを求める**
　㋑の角の大きさは，180°と㋒の角の大きさの和だから，
　　180°+60°=240°

　**答 240°**

### 別の解き方
右の図の㋓の角の大きさをはかると，120°
1回転の角の大きさは360°だから，㋑の角の大きさは，
　360°-120°=240°

類題を解こう　別冊19ページ 問題7　レベルアップ→120ページ 例題11

# 8 直線の交わりと角

難易度 ★★★

右の図のように，2本の直線が交わっています。㋐，㋑，㋒の角の大きさは，それぞれ何度ですか。

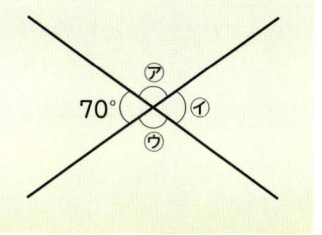

## 解き方

**ステップ1** 一直線の角の大きさは180°であることを利用して求める

㋐…70°＋㋐＝180°だから，
㋐の角の大きさは，
180°－70°＝110°

㋑…㋐＋㋑＝180°だから，
㋑の角の大きさは，
180°－110°＝70°

㋒…㋑＋㋒＝180°だから，
㋒の角の大きさは，
180°－70°＝110°

一直線の角=180°はよく使うよ。

**答** ㋐ 110°　㋑ 70°　㋒ 110°

### 入試対策　対頂角

2本の直線が交わってできる4つの角のうち，向かい合っている角を **対頂角** という。
上の問題からわかるように，対頂角は等しい。

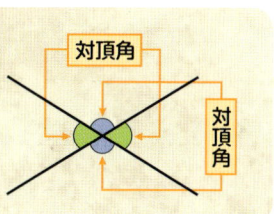

類題を解こう → 別冊19ページ 問題8
レベルアップ → 120ページ 例題11

# 第1章 平面図形 [2] 角の大きさ

4年
難易度 ★★★

## 9 平行な直線と角

右の図で，㋐と㋑の直線は平行です。
(1) ㋐の角の大きさは何度ですか。
(2) ㋑の角の大きさは何度ですか。

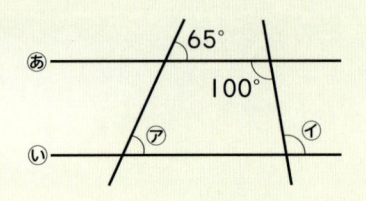

### 解き方

(1) **ステップ1** ㋐の角と等しい大きさの角を見つける

平行な直線は，**ほかの直線と等しい角度で交わる**から，㋐の角の大きさは65°

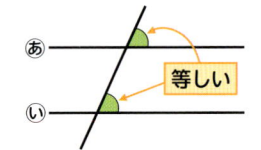

**答** 65°

(2) **ステップ1** 100°の角の右側の角，向かい合う角を順に求める

右の図で，㋒の角の大きさは，
　180°−100°=80°
㋓の角の大きさは，
　180°−80°=100°

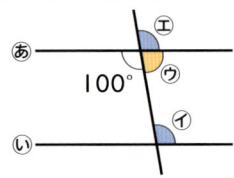

**ステップ2** ㋑の角と等しい大きさの角を見つける

平行な直線は，**ほかの直線と等しい角度で交わる**から，㋑の角の大きさは㋓の角の大きさと等しく，100°

**答** 100°

### 入試対策 同位角，錯角

右の図のように，2本の直線に1本の直線が交わってできる角のうち，㋐と㋒のような位置にある角を **同位角**，㋑と㋓のような位置にある角を **錯角** という。2本の直線が平行ならば，同位角は等しく，錯角は等しい。

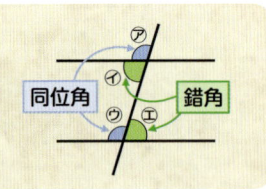

類題を解こう　別冊20ページ 問題9　平行の確認 → 108ページ 例題1　レベルアップ → 127ページ 例題18

118

# 10 三角形の角

5年

難易度 ★★★

下の図で，㋐，㋑の角の大きさを求めましょう。

(1) 55°, 75°, ㋐
(2) 50°, ㋑

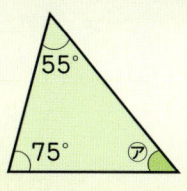

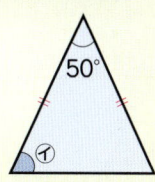

## 解き方

(1) **ステップ1** 180°から，残りの2つの角の大きさの和をひく

三角形の3つの角の大きさの和は180°だから，
㋐の角の大きさは，
$180° - (75° + 55°) = 50°$

答 50°

(2) **ステップ1** ㋑の角ともう1つの角の大きさの和を求める

三角形の3つの角の大きさの和は180°だから，
右の図で，㋑と㋒の角の大きさの和は，
$180° - 50° = 130°$

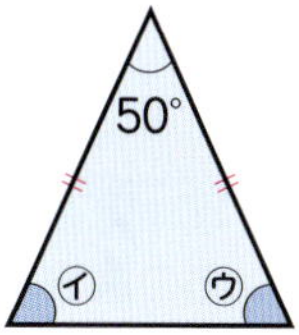

**ステップ2** ㋑の角の大きさを求める

二等辺三角形だから，㋑と㋒の角の大きさは等しくなります。
よって，㋑の角の大きさは，
$130° ÷ 2 = 65°$

答 65°

**ポイント** 三角形の3つの角の大きさの和は，180°を覚えよう！

類題を解こう → 別冊20ページ 問題10 ｜ 二等辺三角形の確認 → 109ページ 例題2 ｜ レベルアップ → 125ページ 例題16

# 第1章 平面図形 [2]角の大きさ

5年

難易度 ★★★

## 11 三角形の外側の角

下の図で，㋐，㋑の角の大きさを求めましょう。

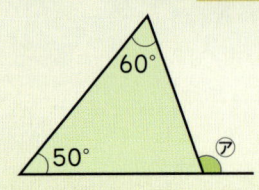

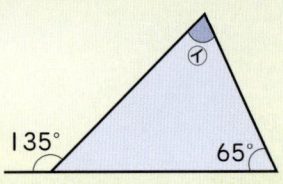

(1) 60°, 50°, ㋐

(2) 135°, 65°, ㋑

### 解き方

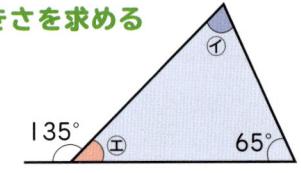

(1) **ステップ1** 三角形の内側の残りの角の大きさを求める

三角形の3つの角の大きさの和は180°だから，
右の図の㋒の角の大きさは，
　180°−(50°+60°)=70°

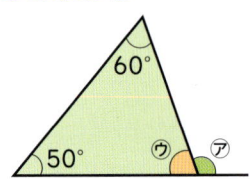

**ステップ2** ㋐の角の大きさを求める

㋒+㋐=180°だから，㋐の角の大きさは，
　180°−70°=110°

**答 110°**

(2) **ステップ1** 135°ととなり合う角の大きさを求める

右の図で，135°+㋓=180°だから，
㋓の角の大きさは，
　180°−135°=45°

**ステップ2** ㋑の角の大きさを求める

三角形の3つの角の大きさの和は180°
だから，㋑の角の大きさは，
　180°−(45°+65°)=70°

**答 70°**

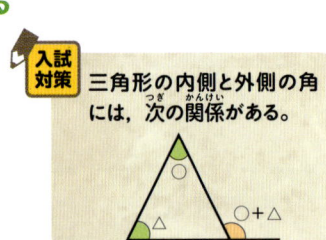

**入試対策** 三角形の内側と外側の角には，次の関係がある。

○+△

類題を解こう　別冊20ページ 問題11　つまずいたら→117ページ 例題8　レベルアップ→124ページ 例題15

## 12 四角形の角

難易度 ★☆☆

下の図で，㋐，㋑の角の大きさを求めましょう。

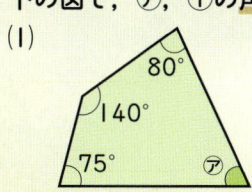

(1) 80°, 140°, 75°, ㋐

(2) 平行四辺形　50°, ㋑

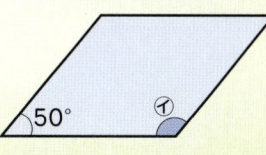

### 解き方

(1) **ステップ1** 360°から，残りの3つの角の大きさの和をひく

四角形の4つの角の大きさの和は360°だから，㋐の角の大きさは，
360°−(75°+140°+80°)=65°

**答** 65°

(2) **ステップ1** 平行四辺形の角の性質を確かめる

平行四辺形の**向かい合う角の大きさは等しい**から，右の図で，㋒の角の大きさは50°で，㋑と㋓の角の大きさは等しくなります。

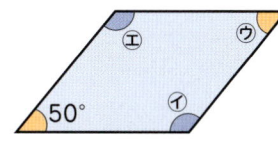

**ステップ2** ㋑と㋓の角の大きさの和を求める

四角形の4つの角の大きさの和は360°だから，㋑と㋓の角の大きさの和は，
360°−50°×2=260°

**ステップ3** ㋑の角の大きさを求める

㋑の角の大きさは，260°の半分だから，
260°÷2=130°

**答** 130°

180°×2だ。

### ポイント

四角形の4つの角の大きさの和は，**360°**を覚えよう！

類題を解こう → 別冊20ページ 問題12　平行四辺形の確認 → 110ページ 例題3　レベルアップ → 123ページ 例題14

# 第1章 平面図形 [2] 角の大きさ

**5年**

難易度 ★★☆

## 13 多角形の角

次の多角形の角の大きさについて答えましょう。
(1) 五角形の5つの角の大きさの和は何度ですか。
(2) 右の図のような正八角形の1つの角の大きさは何度ですか。

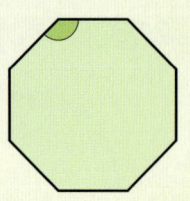

### 解き方

(1) **ステップ1** いくつの三角形に分けられるかを考える

五角形は，1つの頂点から**対角線をひく**と，右の図のように3つの三角形に分けられます。

**ステップ2** 5つの角の大きさの和を求める

五角形の5つの角の大きさの和は，1つの三角形の角の大きさの和180°**の3つ分**になるから，
  180°×3=540°

**答 540°**

(2) **ステップ1** いくつの三角形に分けられるかを考える

八角形は，1つの頂点から**対角線をひく**と，右の図のように6つの三角形に分けられます。

**ステップ2** 8つの角の大きさの和を求める

八角形は6つの三角形に分けられるから，8つの角の大きさの和は，
  180°×6=1080°

三角形の6つ分。

**ステップ3** 1つの角の大きさを求める

正八角形は，**8つの角の大きさがみんな等しい**から，1つの角の大きさは，
  1080°÷8=135°

**答 135°**

類題を解こう → 別冊21ページ 問題13　正多角形の確認 → 112ページ 例題5　レベルアップ → 126ページ 例題17

## 14 三角定規のつくる角

難易度 ★★★

1組の三角定規を次のように重ねたとき、㋐，㋑の角の大きさはそれぞれ何度ですか。

(1)　(2)

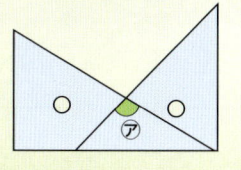

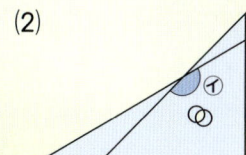

### 解き方

**ステップ1** 三角定規のそれぞれの角の大きさを確かめる

三角定規の角の大きさは，右のようになっています。

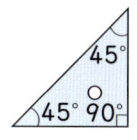

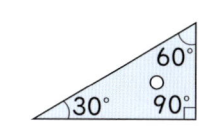

**ステップ2** 図に，三角定規の角の大きさを書き入れる

(1) 下の図の三角形 ABC に目をつけて，角の大きさを書き入れる。

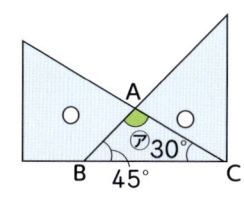

(2) 下の図の四角形 DEFG に目をつけて，角の大きさを書き入れる。

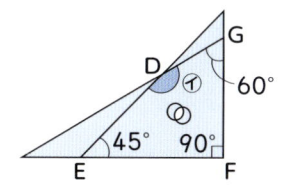

**ステップ3** 角の大きさを求める

(1) 三角形 ABC で，3つの角の大きさの和は180°だから，㋐の角の大きさは，
$$180° - (45° + 30°) = 105°$$
**答** 105°

(2) 四角形 DEFG で，4つの角の大きさの和は360°だから，㋑の角の大きさは，
$$360° - (45° + 90° + 60°) = 165°$$
**答** 165°

類題を解こう → 別冊21ページ 問題14
三角形の角の確認 → 119ページ 例題10
四角形の角の確認 → 121ページ 例題12

# 第1章 平面図形 [2] 角の大きさ

**入試**

## 15 三角形の外角の利用

難易度 ★★☆

右の図で，⑦の角の大きさは何度ですか。〈日本大学豊山女子中〉

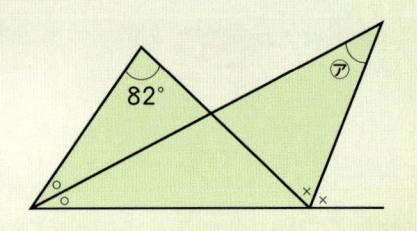

### 解き方

**ステップ1** 内角と外角の関係に目をつける

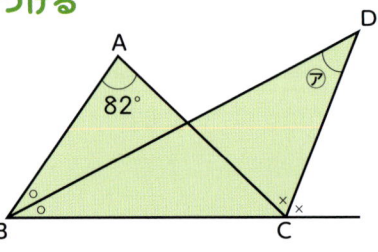

右の図の三角形 ABC で，**内角と外角の関係**から，

82°＋○○＝×× より，

××－○○＝82° …①

また，三角形 DBC で，**内角と外角の関係**から，

⑦＋○＝× より，×－○＝⑦ …②

**ステップ2** ①と②の式の関係を考える

①と②の式の×と○の個数の関係から，①の式を2でわれば，②の式になるとわかります。

××－○○＝82° …①  
×－○＝⑦ …②  ÷2

**ステップ3** ⑦の角の大きさを求める

⑦の角の大きさは，82°÷2＝41°

**答** 41°

### ポイント

1つの外角は，それととなり合わない2つの内角の和に等しい。

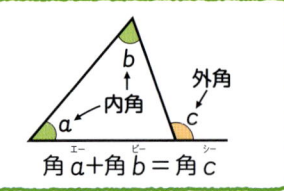

角 $a$ ＋角 $b$ ＝角 $c$

類題を解こう → 別冊21ページ 問題15　つまずいたら → 120ページ 例題11

# 16 角の二等分線がつくる角

**入試** 難易度 ★★★

右の図の $x$ の部分の角度は何度ですか。
〈足立学園中〉

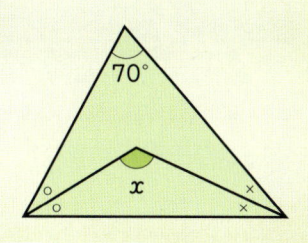

## 解き方

### ステップ1 三角形の内角の和に目をつけて，角の関係を考える

右の三角形 ABC で，3つの内角の和は 180°だから，

$70° + ○○ + ×× = 180°$ …①

また，三角形 DBC で，3つの内角の和は180°だから，

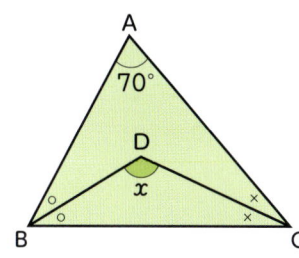

$x + ○ + × = 180°$ …②

### ステップ2 ①と②の式の関係を考える

②の式で，○＋×の角度がわかれば，$x$ の部分の角度が求められるから，①の式から○＋×の角度を求めます。

$70° + ○○ + ×× = 180°$
$(○ + ×) × 2 = 180° - 70°$
$○ + × = 110° ÷ 2$
$○ + × = 55°$

### ステップ3 $x$ の部分の角度を求める

②の式の ○＋× に55°をあてはめて，
$x + 55° = 180°$
$x = 180° - 55° = 125°$

**答** 125°

**参考** ○と×のそれぞれの角度がわからなくても，○＋×の角度がわかれば，$x$ の部分の角度が求められる。

類題を解こう → 別冊21ページ 問題16
つまずいたら → 119ページ 例題10

# 第1章 平面図形 [2] 角の大きさ

**入試** 難易度 ★★☆

## 17 多角形の角の利用

図の六角形 ABCDEF は正六角形です。
〈日本大学豊山女子中〉

(1) ⑦の角の大きさは何度ですか。
(2) ⑦の角の大きさは何度ですか。

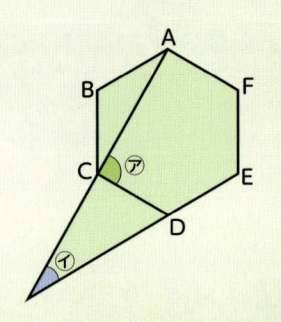

### 解き方

(1) **ステップ1** 正六角形の1つの内角の大きさを求める

正六角形の1つの内角の大きさは，
$180° × (6−2) ÷ 6 = 120°$
（6つの内角の和）

**確認** 正六角形は，6つの角の大きさがみんな等しく，6つの辺の長さもみんな等しい。

**ステップ2** 角BCAの大きさを求める

三角形 BCA は**二等辺三角形**だから，**角BCA**の大きさは，
$(180° − 120°) ÷ 2 = 30°$

角は3つの点の記号を使い，頂点の記号をまん中にして表す。

**ステップ3** ⑦の角の大きさを求める

⑦の角の大きさは，角BCD−角BCA より，$120° − 30° = 90°$ **答 90°**

(2) **ステップ1** 角CDGの大きさを求める

右の図で，角CDE は120°だから，角CDG の大きさは，$180° − 120° = 60°$

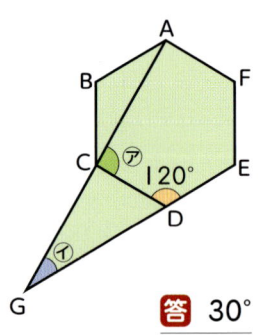

**ステップ2** ⑦の角の大きさを求める

三角形 CGD で，**内角と外角の関係**から，⑦の角の大きさは，$90° − 60° = 30°$

⑦＋角CDG＝⑦
⑦＝⑦−角CDG

**答 30°**

# 18 平行線と角

右の図の角アの大きさを求めましょう。
〈大阪産業大学附属中〉

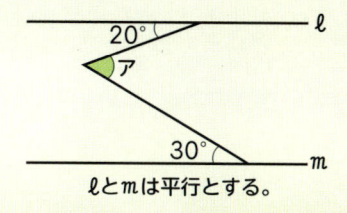

$\ell$ と $m$ は平行とする。

## 解き方

### ステップ 1　平行な直線の性質が使えるように，平行な直線をひく

右の図のように，直線 $\ell$，直線 $m$ に**平行な直線 AB をひいて**，平行な直線の性質が使えるようにします。

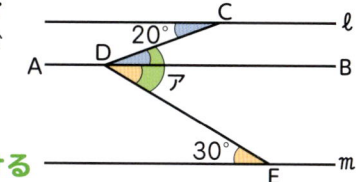

### ステップ 2　大きさの等しい角を見つける

平行な直線の**錯角は等しい**から，
　角 CDB＝20°　　角 BDE＝30°

### ステップ 3　角アの大きさを求める

角アの大きさは，角 CDB と角 BDE の和だから，
　20°＋30°＝50°

**答　50°**

## 別の解き方

右の図のように，直線 DC をのばすと，平行な直線の**錯角は等しい**から，
　角 BAC＝30°
三角形 ABC で，内角と外角の関係から，角アの大きさは，
　30°＋20°＝50°

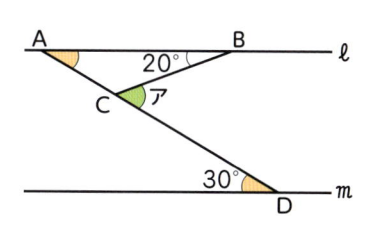

補助線がポイントね！

# 第1章 平面図形 [2] 角の大きさ

難易度 ★★☆
入試

## 19 長方形の折り返し

長方形 ABCD を右の図のように対角線 BD で折り曲げました。角あは何度ですか。

〈國學院大學久我山中〉

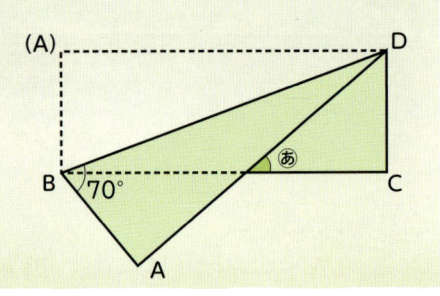

## 解き方

**ステップ1 角ADBの大きさを求める**

四角形 ABCD は長方形だから，角 BAD は90°
三角形の3つの内角の和は180°だから，角 ADB の大きさは，
180°−(70°+90°)=20°

**ステップ2 角(A)DBの大きさを考える**

折り曲げているので，角(A)DB の大きさは，角 ADB の大きさと等しく，20°

> 折り曲げた角の大きさは等しい。

**ステップ3 角ADCの大きさを求める**

角(A)DCは直角だから，角 ADC の大きさは，90°−20°×2=50°

**ステップ4 角あの大きさを求める**

右上の図で，三角形 DEC の3つの内角の和は180°だから，角あの大きさは，
180°−(50°+90°)=40°

長方形の1つの角は90°！

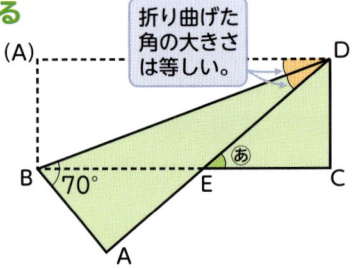

**答** 40°

### 別の解き方

角(A)DB と角 ADB はどちらも20°だから，角(A)DA の大きさは，20°×2=40°
辺(A)D と辺 BC は平行で錯角は等しいから，角あの大きさは角(A)DA と等しく，40°

類題を解こう　別冊22ページ 問題19　三角形の角の確認 → 119ページ 例題10

## 20 星形の角

(1) 右の図の角 $x$ の大きさを求めましょう。

(2) 右の図の角 $y$ の大きさを求めましょう。

〈城北埼玉中〉

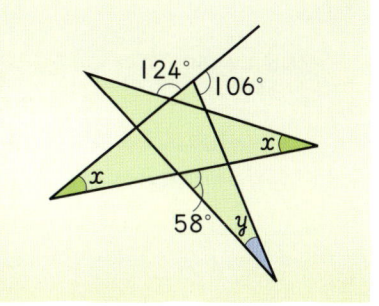

### 解き方

(1) **ステップ1** 三角形ABCに目をつける

右の図で、三角形 ABC は、2 つの角が $x$ で等しいから、二等辺三角形。

**ステップ2** 角DACの大きさを求める

角 DAC の大きさは、
$180° - 124° = 56°$

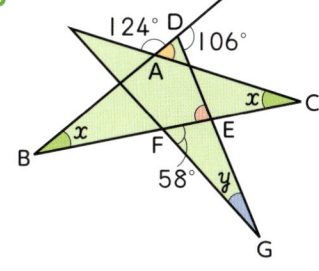

**ステップ3** 角 $x$ の大きさを求める

三角形 ABC で、**内角と外角の関係**から、角 $x$ の大きさは、
$56° ÷ 2 = 28°$

答 28°

$x × 2 = 56°$ だから、$x = 56° ÷ 2$

(2) **ステップ1** 角DEBの大きさを求める

三角形 DBE で、**内角と外角の関係**から、角 DEB の大きさは、
$106° - 28° = 78°$

**ステップ2** 角 $y$ の大きさを求める

三角形 EFG で、**内角と外角の関係**から、角 $y$ の大きさは、
$78° - 58° = 20°$

答 20°

内角と外角の関係がよく使われるね。

# 第1章 平面図形 [2] 角の大きさ

**入試**
難易度 ★★★

## 21 多角形を組み合わせた角

右の図で，AB=EC です。
〈ラ・サール中〉

(1) あの角の大きさを求めましょう。
(2) いの角の大きさを求めましょう。

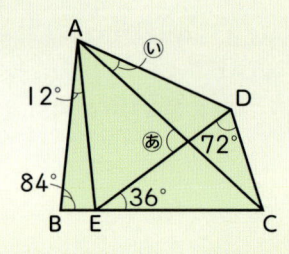

### 解き方

(1) **ステップ1** 角AEBの大きさを求めてみる

角 AEB の大きさは，$180°-(12°+84°)=84°$
より，三角形 ABE と三角形 AEC は**二等辺三角形**。

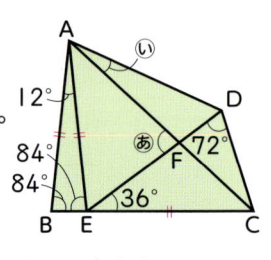

**ステップ2** 順にあの角の大きさを求める

角 AEF の大きさは，$180°-(84°+36°)=60°$
角 AEC の大きさは，$60°+36°=96°$ だから，角 ECA の大きさは，
$(180°-96°)÷2=42°$
三角形 FEC で，**内角と外角の関係**から，角あの大きさは，
$36°+42°=78°$

**答 78°**

(2) **ステップ1** 求められる角を順に求めてみる

角 AFD の大きさは，$180°-78°=102°$
角 FCD の大きさは，$102°-72°=30°$
角 ECD の大きさは，$42°+30°=72°$ だから，
三角形 ECD は**二等辺三角形**で，ED=EC=AE

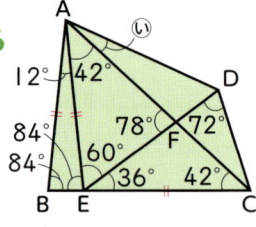

**ステップ2** いの角の大きさを求める

三角形 AED は**正三角形**といえるから，
いの角の大きさは，$60°-42°=18°$ **答 18°**

> 三角形 AED は二等辺三角形で，角 EDA の大きさは，
> $(180°-60°)÷2=60°$
> だから，三角形 AED は正三角形といえる。

類題を解こう 別冊22ページ 問題21　三角形の角の確認 → 119ページ 例題10

130

# 第2章 量の単位

## 01 量の単位

### ここのポイント

#### 長さの単位の関係 → 例題22

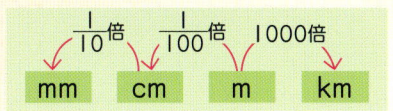

mm →(1/10倍)→ cm →(1/100倍)→ m →(1000倍)→ km

#### 重さの単位の関係 → 例題23

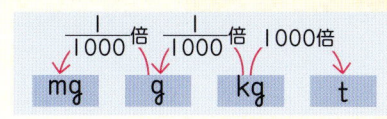

mg →(1/1000倍)→ g →(1/1000倍)→ kg →(1000倍)→ t

#### 面積の単位の関係 → 例題24

| 正方形の1辺の長さ | 1cm | 1m | 10m | 100m | 1km |
|---|---|---|---|---|---|
| 正方形の面積 | 1cm² | 1m² | 1a (100m²) | 1ha (10000m²) | 1km² |

#### 体積の単位の関係 → 例題25

| 立方体の1辺の長さ | 1cm | | 10cm | 1m |
|---|---|---|---|---|
| 立方体の体積 | 1cm³<br>1mL | 100cm³<br>1dL | 1000cm³<br>1L | 1m³<br>1kL |

#### 水の体積と重さの関係

| 水の体積 | 1mL<br>1cm³ | 1dL<br>100cm³ | 1L<br>1000cm³ | 1kL<br>1m³ |
|---|---|---|---|---|
| 水の重さ | 1g | 100g | 1kg | 1t |

#### 時間の単位の関係 → 例題26

1日=24時間　　1時間=60分　　1分=60秒

例 0.8時間を分で表すと，60分×0.8=48分

10倍や100倍じゃないね。

# 第2章 量の単位 [1]量の単位

3年
難易度 ★☆☆

## 22 長さの単位と計算

次の□にあてはまる数を求めましょう。
(1) 0.05km=□m=□cm
(2) 0.07km+400cm−12m+500mm=□m

### 解き方

(1) **ステップ1** 長さの単位の関係を確かめる

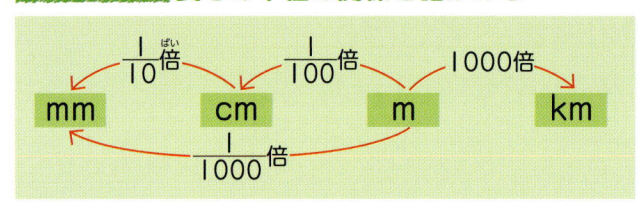

mm ← $\frac{1}{10}$倍 ― cm ← $\frac{1}{100}$倍 ― m ← 1000倍 → km

$\frac{1}{1000}$倍

1m=1000mm

**ステップ2** □にあてはまる数を求める

0.05km=50m=5000cm
　　　 1000倍　100倍

**答** 50, 5000

(2) **ステップ1** それぞれの長さを、求める単位の m にそろえる

0.07km+400cm−12m+500mm
  ↓1000倍　↓$\frac{1}{100}$倍　　　↓$\frac{1}{1000}$倍
  70m  +  4m  −12m+ 0.5m

単位の関係がポイントになるね。

**ステップ2** 計算をする

70m+4m−12m+0.5m=62.5m

**答** 62.5

類題を解こう → 別冊23ページ 問題22　小数のしくみの確認 → 61ページ 例題37

## 23 重さの単位と計算

次の □ にあてはまる数を求めましょう。
(1) 0.04t= □ kg= □ g
(2) 0.08t−1500g+9.7kg−600000mg
　= □ kg

### 解き方

(1) **ステップ1** 重さの単位の関係を確かめる

mg ← $\frac{1}{1000}$倍 ― g ← $\frac{1}{1000}$倍 ― kg ← 1000倍 ― t

mg ← $\left(\frac{1}{1000} \times \frac{1}{1000}\right)$倍 ― kg

1kgは百万mgだ！

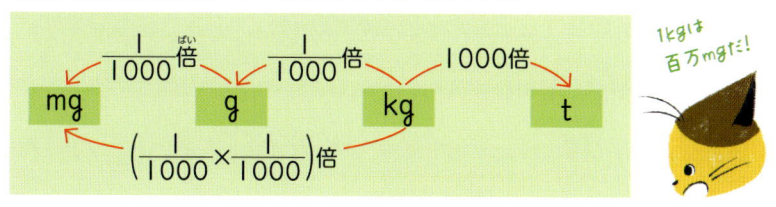

重さの単位は，1000倍や $\frac{1}{1000}$ 倍の関係になっています。

**ステップ2** □ にあてはまる数を求める

0.04t=40kg=40000g
　　　1000倍　1000倍

**答** 40, 40000

(2) **ステップ1** それぞれの重さを，求める単位のkgにそろえる

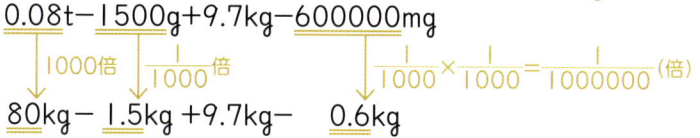

0.08t−1500g+9.7kg−600000mg
　1000倍　$\frac{1}{1000}$倍　　　$\frac{1}{1000} \times \frac{1}{1000} = \frac{1}{1000000}$(倍)

80kg− 1.5kg +9.7kg−　0.6kg

**ステップ2** 計算をする

80kg−1.5kg+9.7kg−0.6kg=87.6kg

**答** 87.6

# 第2章 量の単位 [1] 量の単位

4年
難易度 ★☆☆

## 24 面積の単位と計算

次の □ にあてはまる数を求めましょう。
(1) $0.03km^2 = \square ha = \square a = \square m^2$
(2) $0.09km^2 + 50a - 1.6ha + 7000m^2 = \square ha$

### 解き方

(1) **ステップ1** 面積の単位の関係を確かめる

正方形の1辺の長さと正方形の面積の関係は、次のようになります。

| 正方形の1辺の長さ | 1cm | 1m | 10m | 100m | 1km |
|---|---|---|---|---|---|
| 正方形の面積 | $1cm^2$ | $1m^2$ | $1a$ ($100m^2$) | $1ha$ ($10000m^2$) | $1km^2$ |

1辺の長さが10倍になると、面積は、10×10=100 で100倍になります。

**ステップ2** □ にあてはまる数を求める

$0.03km^2 = 3ha = 300a = 30000m^2$
　　　　　↑100倍 ↑100倍 ↑100倍

**答** 3, 300, 30000

(2) **ステップ1** それぞれの面積を、求める単位のhaにそろえる

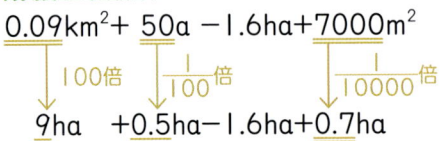

$0.09km^2 + 50a - 1.6ha + 7000m^2$
　↓100倍　↓$\frac{1}{100}$倍　　　　↓$\frac{1}{10000}$倍
　9ha　+0.5ha　-1.6ha +0.7ha

**くわしく**

1mは100mの $\frac{1}{100}$ 倍
だから、$1m^2$ は 1ha の
$\frac{1}{100} \times \frac{1}{100} = \frac{1}{10000}$ (倍)
$1m^2 = \frac{1}{10000}$ ha

**ステップ2** 計算をする

$9ha + 0.5ha - 1.6ha + 0.7ha = 8.6ha$

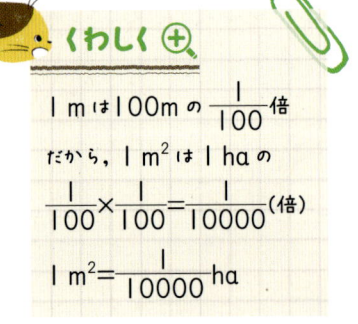

**答** 8.6

類題を解こう → 別冊23ページ 問題24　小数のしくみの確認 → 61ページ 例題37　面積の求め方 → 140ページ 例題28

## 25 体積の単位と計算

次の □ にあてはまる数を求めましょう。
(1) $0.5m^3 = \square L = \square dL = \square cm^3$
(2) $0.08kL - 15L - 58dL + 900cm^3 = \square L$

### 解き方

(1) **ステップ1** 体積の単位の関係を確かめる

立方体の1辺の長さと立方体の体積の関係は、次のようになります。

| 立方体の1辺の長さ | 1cm | | 10cm | 1m |
|---|---|---|---|---|
| 立方体の体積 | $1cm^3$ 1mL | $100cm^3$ 1dL | $1000cm^3$ 1L | $1m^3$ 1kL |

1辺の長さが10倍になると、体積は、10×10×10=1000で1000倍になります。

**ステップ2** □ にあてはまる数を求める

$0.5m^3 = 500L = 5000dL = 500000cm^3$

1000倍　10倍　100倍

**答** 500, 5000, 500000

(2) **ステップ1** それぞれの体積を、求める単位のLにそろえる

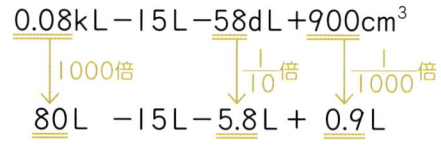

$0.08kL - 15L - 58dL + 900cm^3$

1000倍　$\frac{1}{10}$倍　$\frac{1}{1000}$倍

$80L \quad -15L \quad -5.8L \quad +0.9L$

$1cm^3 = 1mL$
$1m^3 = 1kL$ なんだ！

**ステップ2** 計算をする

$80L - 15L - 5.8L + 0.9L = 60.1L$

**答** 60.1

# 第2章 量の単位 ［1］量の単位

**3年**

難易度 ★☆☆

## 26 時間の単位と計算

次の□にあてはまる数を求めましょう。
(1) 0.4時間＝□分＝□秒
(2) 1時間30分50秒＋45分30秒＝□時間□分□秒
(3) 1時間45分×1.9＝□時間□分□秒

**解き方**

(1) **ステップ1** 時間の単位の関係を確かめる

| 1日＝24時間 | 1時間＝60分 | 1分＝60秒 |

0.1時間＝60分×0.1＝6分

**ステップ2** □にあてはまる数を求める

0.4時間＝24分＝1440秒
　　　　　↑　　　↑
　　　60分×0.4　60秒×24

**答** 24, 1440

(2) **ステップ1** 同じ単位どうしでたし算をする

1時間30分50秒＋45分30秒＝1時間75分80秒

**ステップ2** 秒の単位から順にくり上げる

1時間75分80秒＝1時間76分20秒＝2時間16分20秒

**答** 2, 16, 20

筆算で計算してもいいね。

(3) **ステップ1** 分の単位になおしてかけ算をする

1時間45分×1.9＝105分×1.9＝199.5分

**ステップ2** 整数部分と小数部分に分けて，時間を求める

199分＝3時間19分　　　→3時間19分30秒
0.5分＝60秒×0.5＝30秒

**答** 3, 19, 30

類題を解こう　別冊23ページ 問題26　小数のかけ算の確認 → 65ページ 例題40, 66ページ 例題41

# 27 量の単位のしくみ

難易度 ★☆☆

6年

下の表の ア～キ にあてはまる単位を答えましょう。

| 大きさを表すことば | m(ミリ) | c(センチ) | d(デシ) |  | h(ヘクト) | k(キロ) |
|---|---|---|---|---|---|---|
| 意味 | $\frac{1}{1000}$倍 | $\frac{1}{100}$倍 | $\frac{1}{10}$倍 | 1 | 100倍 | 1000倍 |
| 長 さ | mm | ア |  | m |  | イ |
| 面 積 |  |  |  | a | ウ |  |
| 体 積 | エ | cL | オ | L |  | kL |
| 重 さ | カ |  |  | g |  | キ |

## 解き方

### ステップ1　単位の表し方を考える

わたしたちが使っている**メートル法**では，もとにする単位の前に，100倍や $\frac{1}{100}$ 倍などを意味することばをつけて単位がつくられています。例えば，長さのもとになる単位 m(メートル)の $\frac{1}{1000}$ 倍の長さは，これに $\frac{1}{1000}$ 倍を表す m(ミリ)をつけて，mm と表します。

### ステップ2　ア～キ にあてはまる単位を考える

ア…もとになる長さの単位 m の前に c(センチ)をつけて，cm
イ…もとになる長さの単位 m の前に k(キロ)をつけて，km
ウ…もとになる面積の単位 a の前に h(ヘクト)をつけて，ha
エ…もとになる体積の単位 L の前に m(ミリ)をつけて，mL
オ…もとになる体積の単位 L の前に d(デシ)をつけて，dL
カ…もとになる重さの単位 g の前に m(ミリ)をつけて，mg
キ…もとになる重さの単位 g の前に k(キロ)をつけて，kg

**答** ア…cm，イ…km，ウ…ha，エ…mL，オ…dL，カ…mg，キ…kg

# 第3章 平面図形の長さと面積 ［1］三角形・四角形

## 01 三角形・四角形

### ここのポイント

#### 長方形の面積 → 例題 28

**重要** 長方形の面積＝縦×横

例 右の長方形の面積は，6×8＝48(cm²)

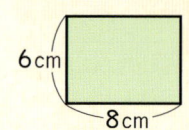

#### 正方形の面積 → 例題 28

**重要** 正方形の面積＝1辺×1辺

例 右の正方形の面積は，9×9＝81(cm²)

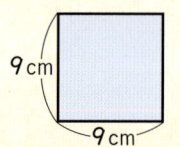

#### 平行四辺形の面積 → 例題 29

底辺と高さ…平行四辺形の1つの辺を底辺としたとき，その底辺とこれに平行な辺とのはばが高さ。

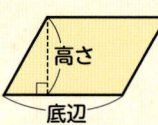

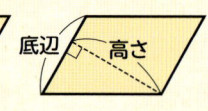

**重要** 平行四辺形の面積＝底辺×高さ

例 右の平行四辺形の面積は，5×3＝15(cm²)

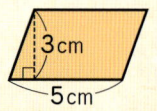

#### 台形の面積 → 例題 30

上底・下底と高さ…台形の平行な2つの辺が上底と下底で，その間のはばが高さ。

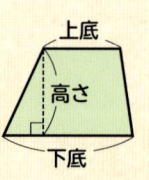

**重要** 台形の面積＝(上底＋下底)×高さ÷2

例 右の台形の面積は，(3＋5)×4÷2＝16(cm²)

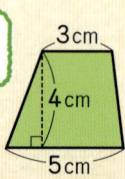

## ひし形の面積 → 例題31

**重要** ひし形の面積＝対角線×対角線÷2

例 右のひし形の面積は，6×9÷2＝27(cm²)

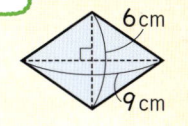

## ひし形の面積の公式の利用 → 例題31, 34

対角線の長さがわかっている正方形やたこ形の面積は，ひし形の面積の公式を利用して求めることができます。

例 右の正方形の面積は，
8×8÷2
＝32(cm²)

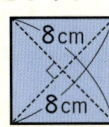

例 右のたこ形の面積は，
4×6÷2
＝12(cm²)

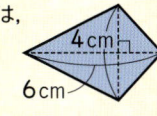

## 三角形の面積 → 例題32, 37

**底辺と高さ**…三角形の１つの辺を**底辺**としたとき，それに垂直な直線で，底辺から向かい合った頂点までの長さが**高さ**。

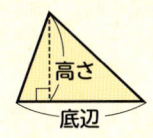

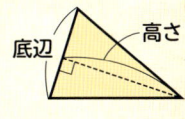

**重要** 三角形の面積＝底辺×高さ÷2

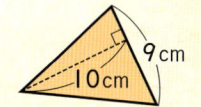

例 右の三角形の面積は，9×10÷2＝45(cm²)

**面積の等しい三角形**…底辺と高さが等しい三角形の面積は，等しいといえます。

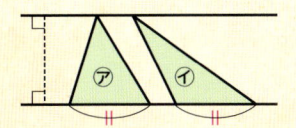

例 右の⑦と④の三角形の面積は等しい。

## 高さが等しい三角形の面積の比　入試対策 → 例題40

高さが等しい三角形の面積の比は，**底辺の比**と等しくなります。

例 右の⑦と④の三角形の面積の比は，3：4

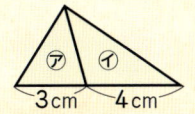

# 第3章 平面図形の長さと面積 ［1］三角形・四角形

難易度 ★☆☆ 　4年

## 28 長方形，正方形の面積

次の正方形と長方形の面積を求めましょう。
(1) 右の図の正方形の面積
(2) まわりの長さが40cmで，縦の長さが6cm の長方形の面積

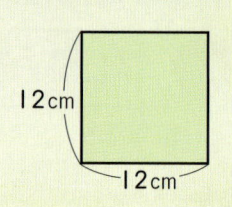

（図：1辺12cmの正方形）

### 解き方

(1) **ステップ1** 正方形の面積の公式を使って面積を求める

**正方形の面積＝1辺×1辺** で，1辺が12cmだから，面積は，
12×12＝144（cm²）

**答 144cm²**

(2) **ステップ1** 長方形の横の長さを求める

長方形の向かい合う辺の長さは等しいから，長方形のまわりの長さ＝(縦＋横)×2 で求められます。

横の長さを□cmとすると，

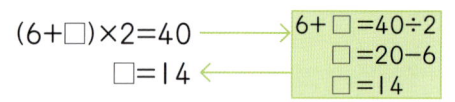

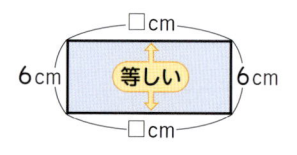

(6＋□)×2＝40 　　→　　 6＋□＝40÷2
　　　□＝14 　　　　　　　　　□＝20－6
　　　　　　　　　　　　　　　　　□＝14

（　）を1つの数と見て…。

横の長さは14cmと求められます。

**ステップ2** 長方形の面積の公式を使って面積を求める

**長方形の面積＝縦×横** で，縦が6cm，横が14cmだから，面積は，
6×14＝84（cm²）

**答 84cm²**

### ポイント

**長方形の面積＝縦×横，正方形の面積＝1辺×1辺**

類題を解こう → 別冊24ページ 問題28　　□を使った式の確認 → 246ページ 例題2

## 29 平行四辺形の面積

次の平行四辺形の面積を求めましょう。

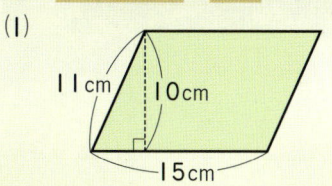

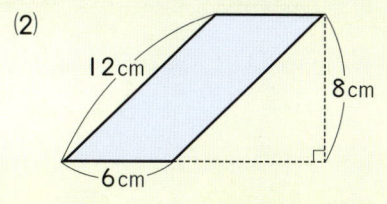

(1) 11cm、10cm、15cm の平行四辺形
(2) 12cm、8cm、6cm の平行四辺形

### 解き方

**ステップ1 底辺と高さを確認する**

平行四辺形の1つの辺を**底辺**としたとき、その底辺とこれに平行な辺とのはばを**高さ**といいます。つまり、底辺に垂直な直線の長さが高さです。

(1) 底辺を15cmの辺としたとき、高さは、これに垂直な直線の長さだから10cmとわかります。

(2) 底辺を6cmの辺としたとき、高さは、これに垂直な直線の長さだから8cmとわかります。このように、高さが平行四辺形の外側にある場合もあります。

**ステップ2 平行四辺形の面積の公式を使って面積を求める**

**平行四辺形の面積＝底辺×高さ** だから、面積は、

(1) $15 \times 10 = 150 (cm^2)$

答 $150 cm^2$

(2) $6 \times 8 = 48 (cm^2)$

答 $48 cm^2$

**ポイント** 平行四辺形の面積＝底辺×高さ だね。

# 第3章 平面図形の長さと面積 ［1］三角形・四角形

5年

## 30 台形の面積

難易度 ★★★

次の台形の面積を求めましょう。

(1) 上辺5cm、左辺8cm、高さ6cm、下底12cmの台形

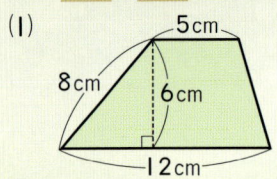

(2) 左辺10cm、右辺6cm、下底8cmの台形

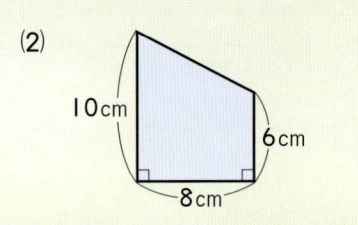

### 解き方

**ステップ1** 上底，下底，高さを確認する

台形の平行な2つの辺を**上底**，**下底**といい，その間のはばを**高さ**といいます。つまり，台形の上底と下底に垂直な直線の長さが高さです。

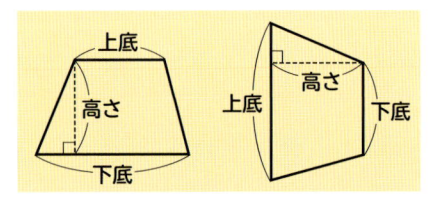

(1) 上下の辺が平行だから，上底は5cm，下底は12cmで，高さはこれらに垂直な直線の長さだから6cmとわかります。

(2) 左右の辺が平行だから，上底は10cm，下底は6cm（上底と下底は逆でもよい）で，高さはこれらに垂直な直線の長さだから8cmとわかります。

**ステップ2** 台形の面積の公式を使って面積を求める

台形の面積＝(上底＋下底)×高さ÷2 だから，面積は，

(1) $(5+12) \times 6 \div 2 = 51 \,(\text{cm}^2)$

答 $51 \text{cm}^2$

(2) $(10+6) \times 8 \div 2 = 64 \,(\text{cm}^2)$

答 $64 \text{cm}^2$

### ポイント

台形の面積＝(上底＋下底)×高さ÷2

しっかり覚えよう！

類題を解こう → 別冊24ページ 問題30
つまずいたら → 140ページ 例題28

## 31 ひし形の面積

難易度 ★★☆

次のひし形と正方形の面積を求めましょう。

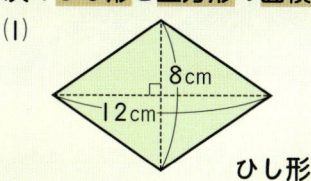

(1) ひし形（8cm、12cm）
(2) 正方形（14cm、14cm）

### 解き方

**ステップ1　2本の対角線の長さを確認する**

(1) 2本の対角線の長さは，8cmと12cm

(2) 正方形の2本の対角線の長さはどちらも等しく，14cm

**ステップ2　ひし形の面積の公式を使って面積を求める**

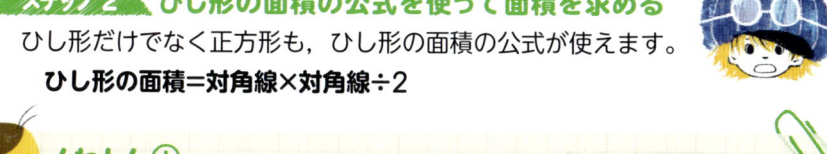

ひし形だけでなく正方形も，ひし形の面積の公式が使えます。

**ひし形の面積＝対角線×対角線÷2**

### くわしく

右の図のように，正方形の対角線を1辺とする大きい正方形を考えると，もとの正方形の面積は，大きい正方形の面積の半分です。このことから，ひし形の面積の公式が使えます。

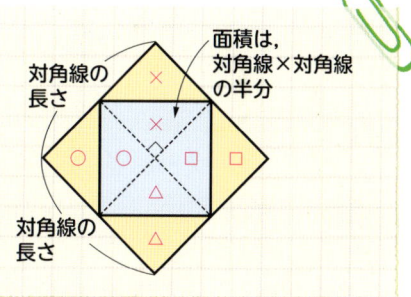

面積は，対角線×対角線の半分
対角線の長さ
対角線の長さ

(1) 8×12÷2＝48（cm²）　　答 48cm²

(2) 14×14÷2＝98（cm²）　　答 98cm²

### ポイント

**ひし形の面積＝対角線×対角線÷2**

類題を解こう → 別冊25ページ 問題31
つまずいたら → 140ページ 例題28
レベルアップ → 146ページ 例題34

# 第3章 平面図形の長さと面積 [1]三角形・四角形

5年
難易度 ★☆☆

## 32 三角形の面積

次の三角形の面積を求めましょう。

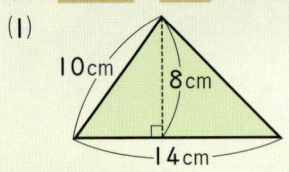

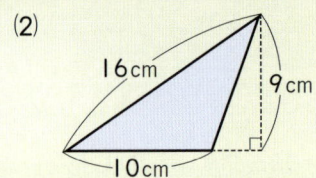

(1) 10cm、8cm、14cm の三角形

(2) 16cm、9cm、10cm の三角形

### 解き方

**ステップ1　底辺と高さを確認する**

三角形の1つの辺を**底辺**としたとき，底辺に垂直な直線で，底辺から向かい合った頂点までの長さが，三角形の**高さ**です。

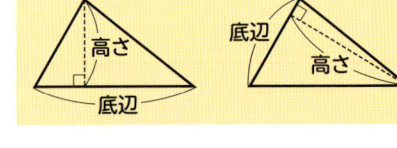

(1) 底辺を14cmの辺としたとき，高さは，これに垂直な直線の長さだから8cmとわかります。

(2) 底辺を10cmの辺としたとき，高さは，これに垂直な直線の長さだから9cmとわかります。このように，高さが三角形の外側にある場合もあります。

**ステップ2　三角形の面積の公式を使って面積を求める**

三角形の面積＝底辺×高さ÷2 だから，面積は，

(1) 14×8÷2＝56（cm²）

**答 56cm²**

(2) 10×9÷2＝45（cm²）

**答 45cm²**

### ポイント

**三角形の面積＝底辺×高さ÷2**

÷2 だよ。

類題を解こう → 別冊25ページ 問題32　つまずいたら → 140ページ 例題28　レベルアップ → 149ページ 例題37

# 33 方眼上の図形の面積

難易度 ★★★

次の図形の面積を求めましょう。

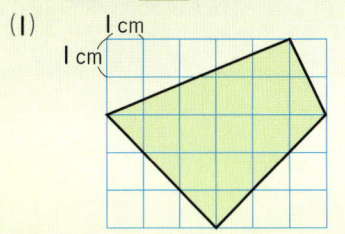

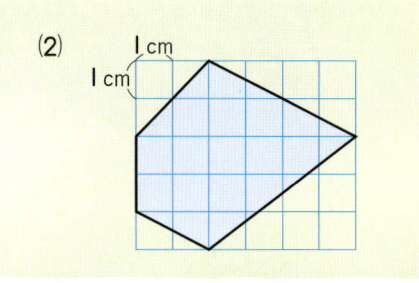

(1) 1cm

(2) 1cm

## 解き方

### ステップ1　面積の求め方がわかっている形に分ける

底辺や高さなどがわかるように，次のように2つの形に分けます。

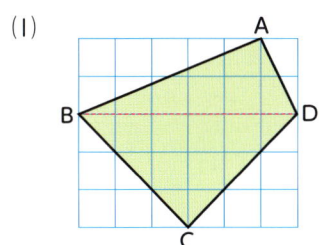

(1) 三角形 ABD と三角形 BCD

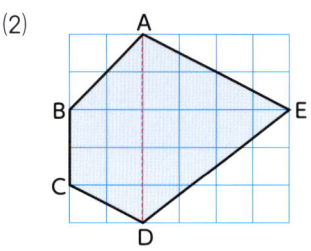

(2) 台形 ABCD と三角形 ADE

### ステップ2　面積を求める

(1) 三角形 ABD の面積は，
　　6×2÷2＝6(cm²)
　三角形 BCD の面積は，
　　6×3÷2＝9(cm²)
　全体の面積は，
　　6+9＝15(cm²)

答　15cm²

(2) 台形 ABCD の面積は，
　　(2+5)×2÷2＝7(cm²)
　三角形 ADE の面積は，
　　5×4÷2＝10(cm²)
　全体の面積は，
　　7+10＝17(cm²)

答　17cm²

# 第3章 平面図形の長さと面積 ［1］三角形・四角形

5年

難易度 ★☆☆

## 34 いろいろな形の面積

次の図形の**面積**を求めましょう。

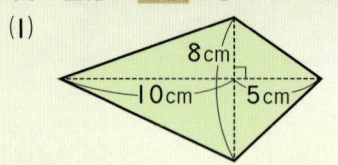

(1) 8cm, 10cm, 5cm の図形

(2) 5cm, 4cm, 10cm, 6cm の図形

### 解き方

(1) **ステップ1** いくつかの形の面積の和や差を考える

下の図のように分け，三角形 ABC と三角形 ACD の面積の和と考えます。

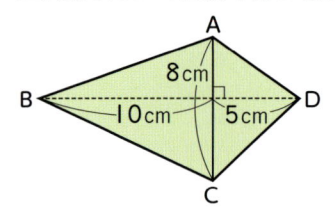

**ステップ2** 面積を求める

$8×10÷2+8×5÷2=60(cm^2)$
　　三角形 ABC の面積　　三角形 ACD の面積

**答 60cm²**

#### 別の解き方

2本の対角線を縦，横とする長方形の面積の半分と考える。

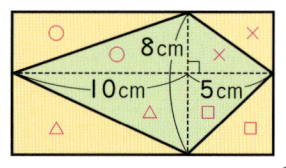

$8×(10+5)÷2=60(cm^2)$
　　　対角線×対角線

＊対角線が垂直に交わる四角形の面積…対角線×対角線÷2

(2) **ステップ1** いくつかの形の面積の和や差を考える

右の図で，三角形 ABC と三角形 DBC の面積の差と考えます。

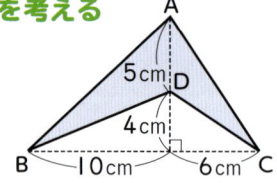

**ステップ2** 面積を求める

$(10+6)×(5+4)÷2-(10+6)×4÷2=40(cm^2)$
　　　三角形 ABC の面積　　　　三角形 DBC の面積

**答 40cm²**

---

類題を解こう → 別冊25ページ 問題 34　　つまずいたら → 143ページ 例題 31，144ページ 例題 32

# 35 面積の求め方のくふう

難易度 ★★☆

右の図のように、縦15m、横20mの長方形の形をした土地に、はばが一定の2本の道があります。道を除いた土地の面積は、何m²ですか。

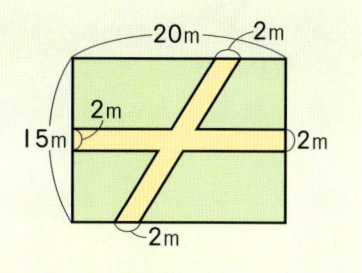

## 解き方

### ステップ1　道をはしに寄せて1つの長方形を考える

平行四辺形は、**底辺を横、高さを縦とする長方形に変えても面積は等しい**から、下の図のように2本の道をはしに寄せても、道を除いた土地の面積は変わりません。

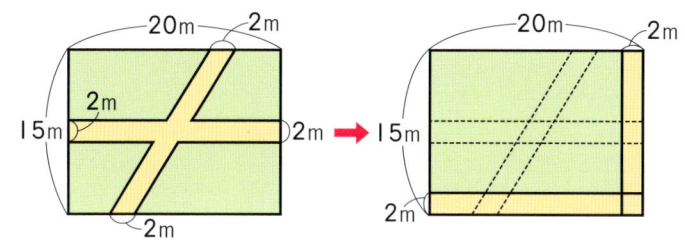

### ステップ2　道を除いた長方形の土地の縦と横の長さを求める

縦の長さは、15−2=13(m)
横の長さは、20−2=18(m)

### ステップ3　道を除いた長方形の土地の面積を求める

**長方形の面積=縦×横** より、面積は、
　13×18=234(m²)

**答** 234m²

# 第3章 平面図形の長さと面積 ［1］三角形・四角形

**入試** 難易度 ★★☆

## 36 三角形の面積の利用

右の図のしゃ線部分の面積は何 $cm^2$ ですか。　〈共立女子中〉

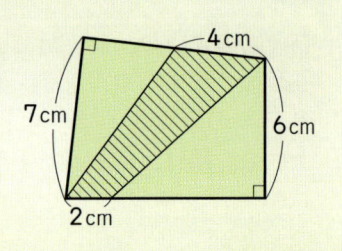

## 解き方

**ステップ1　面積の公式が使えるように，2つの三角形に分ける**

右の図のように，直線 BD で2つの三角形に分けると，それぞれの三角形の底辺と高さが決まるので，面積の公式が使えるようになります。

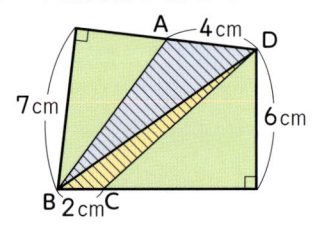

**ステップ2　三角形 ABD の面積を求める**

三角形 ABD は，底辺が 4 cm，高さが 7 cm なので，面積は，

　$4 \times 7 \div 2 = 14 (cm^2)$

**ステップ3　三角形 DBC の面積を求める**

三角形 DBC は，底辺が 2 cm，高さが 6 cm なので，面積は，

　$2 \times 6 \div 2 = 6 (cm^2)$

三角形に分ければカンタン！

**ステップ4　しゃ線部分の面積を求める**

しゃ線部分の面積は，分けた2つの三角形の面積の和だから，

　$14 + 6 = 20 (cm^2)$

**答　$20 cm^2$**

類題を解こう　別冊26ページ 問題36　つまずいたら　145ページ 例題33

# 37 面積の等しい三角形

右の図のような長方形があります。
しゃ線部分の面積は何 cm² ですか。
〈佼成学園中〉

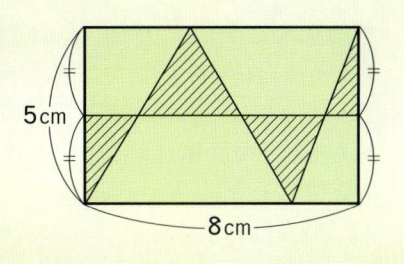

## 解き方

### ステップ1　面積が求められる形に変える

三角形の**底辺と高さが同じであれば面積は同じ**であることを利用して，しゃ線部分の三角形を下のように形を変えます。

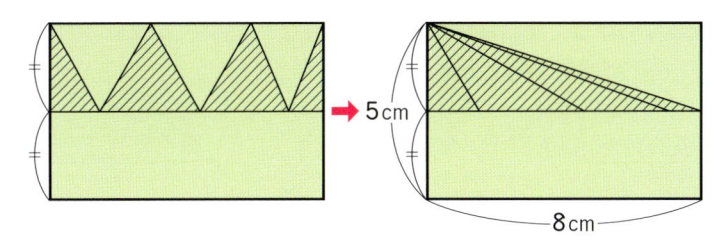

### ステップ2　しゃ線部分の面積を求める

しゃ線部分は１つの三角形になり，底辺は８cm，
高さは，5÷2＝2.5（cm）だから，面積は，
　8×2.5÷2＝10（cm²）

答　10cm²

# 第3章 平面図形の長さと面積 ［1］三角形・四角形

**入試**

難易度 ★★★

## 38 底辺や高さがわからない三角形

右の図のように、辺BCと辺CDの長さが等しい台形ABCDがあります。ADとDEの長さが等しく、三角形ABEの面積は78cm²、三角形BEDの面積は48cm²です。次の問いに答えましょう。 〈甲南女子中〉

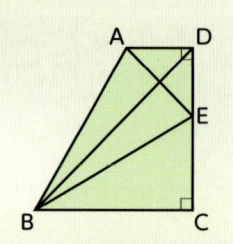

(1) 辺ADの長さは何cmですか。
(2) 台形ABCDの面積は何cm²ですか。

### 解き方

(1) **ステップ1** 三角形AEDの面積を求める

三角形BEDと三角形BADは、**底辺と高さがそれぞれ等しいから、面積は等しく**、48cm²
よって、四角形ABEDの面積は、
　48×2＝96(cm²)
三角形AEDの面積は、96−78＝18(cm²)

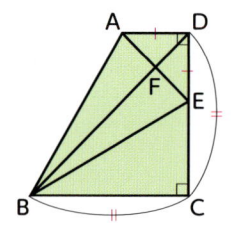

**ステップ2** 辺ADの長さを求める

三角形AEDで、辺ADを$x$cmとすると、辺EDも$x$cmだから、
　$x×x÷2＝18$、$x×x＝36$
　6×6＝36より、辺ADの長さは6cm

**答** 6cm

(2) **ステップ1** 辺BC（辺CD）の長さを求める

三角形BEDの面積は48cm²、底辺は6cmだから、高さBCは、
　6×BC÷2＝48より、BC＝48×2÷6＝16(cm)

**ステップ2** 台形ABCDの面積を求める

辺BC、辺CDは16cmなので、台形ABCDの面積は、
　(6+16)×16÷2＝176(cm²)

**答** 176cm²

類題を解こう　別冊26ページ　問題38
三角形の面積の確認 → 144ページ 例題32
台形の面積の確認 → 142ページ 例題30

## 39 面積の等しい長方形と平行四辺形

**入試** 難易度 ★★★

右の図で，四角形 ABCD は AB＝12cm，BC＝8cm の長方形です。E，F は BC の延長線上にあり，AE と DF は平行です。また，AE と CD の交点を G とします。台形 EFDG の面積が 64cm² のとき，次の問いに答えましょう。〈日本大学第一中〉

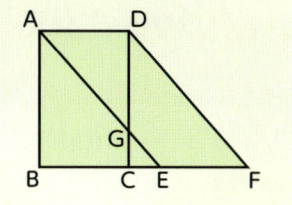

(1) 三角形 AGD の面積は何 cm² ですか。
(2) 三角形 GCE の面積は何 cm² ですか。

### 解き方

(1) **ステップ1　四角形AEFDの面積を考える**

四角形 AEFD は，向かい合う2組の辺が平行なので平行四辺形で，底辺を AD とすると，高さは長方形の AB と等しいので，**平行四辺形の面積は長方形の面積と等しい**といえます。

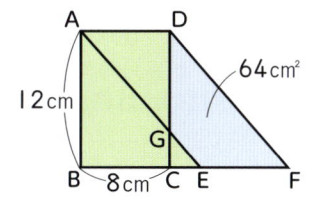

**ステップ2　三角形AGDの面積を求める**

長方形 ABCD の面積は，12×8＝96（cm²）で，平行四辺形 AEFD の面積も同じだから，三角形 AGD の面積は，96－64＝32（cm²）　**答 32cm²**

(2) **ステップ1　DGの長さを求める**

三角形 AGD の面積は 32cm² で，底辺は 8cm だから，高さ DG は，
8×DG÷2＝32 より，DG＝32×2÷8＝8（cm）

**ステップ2　三角形GCEの面積を求める**

三角形 AGD は直角二等辺三角形で，三角形 GCE も，角 GAD＝角 GEC（錯角），角 DGA＝角 EGC（対頂角）だから，**直角二等辺三角形**。
GC＝12－8＝4（cm）より，面積は，4×4÷2＝8（cm²）　**答 8cm²**

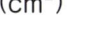

# 第3章 平面図形の長さと面積 [1] 三角形・四角形

入試
難易度 ★★☆

## 40 高さが等しい三角形の面積の比

三角形ABCの辺BCのまん中の点をD、辺ACのまん中の点をEとします。EF：FD＝1：2のとき、三角形ABDの面積は三角形CEFの面積の何倍ですか。　〈頴明館中〉

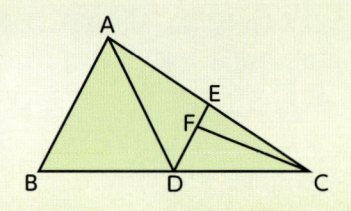

### 解き方

**ステップ1　三角形ABDと三角形ADCの面積の比を考える**

三角形ABDと三角形ADCは、底辺と高さが等しいから、三角形ABDの面積を1とすると、三角形ADCの面積も1にあたる。

**ステップ2　三角形ADCと三角形CEDの面積の比を考える**

三角形ADCと三角形CEDで、底辺をAC、CEとすると、高さは等しいから、**面積の比は底辺の比と等しく、**

　三角形ADC：三角形CED＝$1：\dfrac{1}{2}$

**ステップ3　三角形CEDと三角形CEFの面積の比を考える**

三角形CEDと三角形CEFで、底辺をED、EFとすると、高さは等しいから、三角形CEFの面積は、三角形CEDの面積の比$\dfrac{1}{2}$の$\dfrac{1}{1+2}$倍にあたるから、

　三角形CED：三角形CEF＝$\dfrac{1}{2}：\left(\dfrac{1}{2}×\dfrac{1}{1+2}\right)＝\dfrac{1}{2}：\dfrac{1}{6}$

**ステップ4　三角形ABDと三角形CEFの面積の比を考える**

三角形ABDの面積は1、三角形CEFの面積は、その$\dfrac{1}{6}$にあたるから、

　三角形ABD：三角形CEF＝$1：\dfrac{1}{6}＝6：1$で、面積は6倍。

**答　6倍**

## 41 1つの角が等しい三角形の面積の比

難易度 ★★★ 入試

右の図のような三角形ABCがあります。辺AB上にAD：DB＝3：5となるように点Dをとり，辺AC上にAE：EC＝2：3となるように点Eをとります。三角形ADEの面積と三角形ABCの面積の比を最も簡単な整数の比で答えましょう。

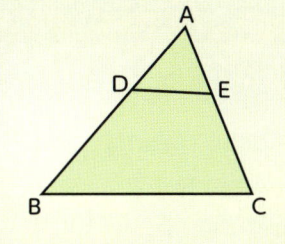

〈同志社香里中〉

### 解き方

**ステップ1  三角形ADEと三角形ABEの面積の比を考える**

三角形ADEと三角形ABEで，底辺をAD，ABとすると，高さは等しいから，**面積の比は底辺の比と等しく**，

　　三角形ADE：三角形ABE＝③：(③＋⑤)
　　　　　　　　　　　　　＝③：⑧

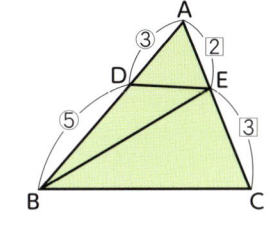

**ステップ2  三角形ABEと三角形ABCの面積の比を考える**

三角形ABEと三角形ABCで，底辺をAE，ACとすると，高さは等しいから，**面積の比は底辺の比と等しく**，

　　三角形ABE：三角形ABC＝2：(2＋3)＝2：5

**ステップ3  三角形ADEと三角形ABCの面積の比を求める**

　　三角形ADE：三角形ABE　　　　＝③：⑧
　　　　　　　三角形ABE：三角形ABC＝　2：5

だから，三角形ABEの面積の比を⑧にそろえると，

　　　　　　　三角形ABE：三角形ABC＝(2×4)：(5×4)＝⑧：⑳

よって，三角形ADEと三角形ABCの面積の比は，3：20

**答 3：20**

# 第3章 平面図形の長さと面積 ［2］円，およその面積

## 02 円，およその面積

### ここのポイント

#### 円周率って？

**円周率**…円周の長さが直径の何倍になっているかを表す数。
円周率は，3.141592…とどこまでも続く数ですが，特にことわりがないときは，3.14を使います。

> 円周率＝円周÷直径

円周率は3.14！

#### 円周の長さ → 例題 42

**重要** 円周＝直径×円周率（3.14）

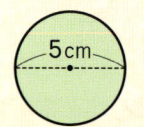

例 右の円の円周の長さは，5×3.14＝15.7(cm)

半径がわかっているときの円周の長さは，右の式で求められます。

> 円周＝半径×2×円周率

#### 円の面積 → 例題 44

**重要** 円の面積＝半径×半径×円周率（3.14）

例 半径が4cmの円の面積は，4×4×3.14＝50.24(cm²)

#### 円を半径で区切った図形の面積 → 例題 45

右の図のような形の面積は，同じ半径の円の何分の一になっているかを考えて求めます。

例 右の半円の面積は，
2×2×3.14÷2＝6.28(cm²)

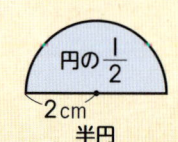

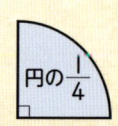

円の1/2　半円
円の1/4

## およその面積 → 例題 47

きちんとした形をしていないものの面積は，面積の公式が使える形と見て，およその面積を求めることができます。

例 右の図のような形をした土地のおよその面積は，およそ三角形と見て，12×6÷2=36(m²)

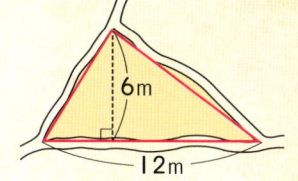

## おうぎ形って？ 入試対策

**おうぎ形**…右の図のような，2本の半径で分けられた円の一部分の形。
おうぎ形で，2つの半径のつくる角を**中心角**，曲線になっている円周の部分を**弧**といいます。

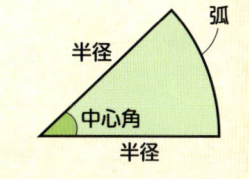

## おうぎ形の弧の長さと面積 入試対策 → 例題 48, 50

おうぎ形の弧の長さや面積は，おうぎ形の中心角が円の中心のまわりの角度360°のどれだけにあたるかをもとにして求めます。

**重要**
$$\text{おうぎ形の弧の長さ} = \underbrace{\text{半径}\times 2 \times \text{円周率}}_{\text{円周の長さ}} \times \frac{\text{中心角}}{360}$$

例 半径3cmで，中心角が60°のおうぎ形の弧の長さは，
$$3\times 2\times 3.14\times \frac{60}{360}=3.14\text{(cm)}$$

**おうぎ形の周の長さ**
$$\text{周の長さ} = \text{弧の長さ} + \text{半径}\times 2$$

**重要**
$$\text{おうぎ形の面積} = \underbrace{\text{半径}\times \text{半径}\times \text{円周率}}_{\text{円の面積}} \times \frac{\text{中心角}}{360}$$

例 半径が5cmで，中心角が72°のおうぎ形の面積は，
$$5\times 5\times 3.14\times \frac{72}{360}=15.7\text{(cm}^2\text{)}$$

# 第3章 平面図形の長さと面積 ［2］円，およその面積

5年

## 42 円周の長さと直径

難易度 ★★★

次の長さを求めましょう。
(1) 右の図の円の円周
(2) 円周の長さが25.12cmの円の半径

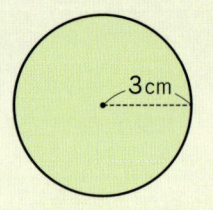

（図：半径3cmの円）

**解き方**

(1) **ステップ1** 直径を求める

**直径＝半径×2** だから，直径は，
　3×2＝6（cm）

**ステップ2** 円周の長さを求める公式を使って円周の長さを求める

**円周＝直径×円周率（3.14）** だから，
円周の長さは，
　6×3.14＝18.84（cm）

**答 18.84cm**

**参考** 半径がわかっているときは，
円周＝半径×2×円周率
　　　　‾‾‾‾‾‾
　　　　　直径
で計算してもよい。

(2) **ステップ1** 直径を求める

**円周＝直径×円周率（3.14）** より，直径を□cmとすると，
　□×3.14＝25.12 ⟶ □＝25.12÷3.14
　　　　　　　　　　□＝8 ⟶ 直径は8cm

**ステップ2** 半径を求める

**半径＝直径÷2** だから，半径は，
　8÷2＝4（cm）

**答 4cm**

覚えないとね。

**ポイント** 円周＝直径×円周率（3.14）

類題を解こう　別冊27ページ 問題42　□を使った式の確認 ➡ 246ページ 例題2　レベルアップ ➡ 162ページ 例題48

| 3年 | 4年 | 5年 | 6年 | 入試 |

5年

難易度 ★★☆

## 43 半円を組み合わせた図形の周の長さ

右の図は，大小2つの半円でできている図形です。この図形のまわりの長さを求めましょう。

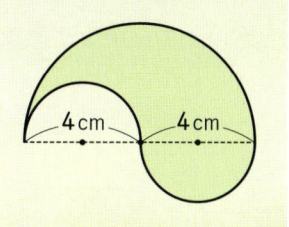

### 解き方

**ステップ1** 大きい半円と直径が等しい円の円周の長さを求める

円の直径は，4×2＝8(cm)

**円周＝直径×円周率(3.14)** より，円周の長さは，
　8×3.14＝25.12(cm)

直径8cmの円の円周の長さの半分

**ステップ2** 大きい半円の曲線部分の長さを求める

半円の曲線部分の長さは，これと直径が等しい円の円周の長さの半分だから，曲線部分の長さは，
　25.12÷2＝12.56(cm)

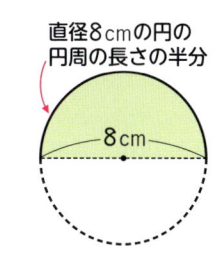

**ステップ3** 小さい2つの半円の曲線部分の長さの和を求める

小さい2つの半円の直径は等しいから，曲線部分を合わせると，直径4cmの円の円周と等しくなります。よって，2つの半円の曲線部分の長さの和は，
　4×3.14＝12.56(cm)

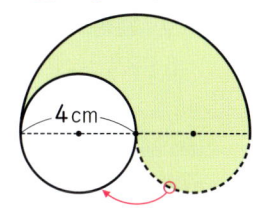

**ステップ4** 図形のまわりの長さを求める

図形のまわりの長さは，大きい半円と，小さい2つの半円の曲線部分の長さの和だから，
　12.56＋12.56＝25.12(cm)

**答** 25.12cm

類題を解こう　別冊27ページ　問題43　つまずいたら→156ページ　例題42　レベルアップ→163ページ　例題49

# 第3章 平面図形の長さと面積 ［2］円，およその面積

**6年**

難易度 ★★★

## 44 円の面積

次の円の面積を求めましょう。
(1) 右の図の円
(2) 円周の長さが18.84cmの円

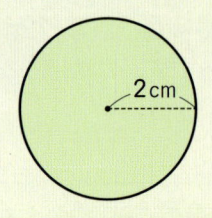

**解き方**

(1) **ステップ1** 円の面積の公式を使って面積を求める
円の面積＝半径×半径×円周率(3.14) だから，面積は，
　2×2×3.14＝12.56(cm²)

**答** 12.56cm²

(2) **ステップ1** 円の直径を求める
円周＝直径×円周率(3.14) より，直径を□cmとすると，
　□×3.14＝18.84 → □＝18.84÷3.14
　　　　　　　　　□＝6 → 直径は6cm

面積は半径だね。

**ステップ2** 半径を求める
半径＝直径÷2 だから，半径は，
　6÷2＝3(cm)

**ステップ3** 円の面積の公式を使って面積を求める
円の面積＝半径×半径×円周率(3.14) だから，面積は，
　3×3×3.14＝28.26(cm²)

**答** 28.26cm²

円周の公式とまちがえないで！

**ポイント** 円の面積＝半径×半径×円周率(3.14)

類題を解こう　別冊28ページ 問題44　□を使った式の確認 → 246ページ 例題2　レベルアップ → 159ページ 例題45

158

## 45 円を半径で区切った図形の面積

難易度 ★★★

次の図は，円を2つの半径で区切ってできる図形です。それぞれの面積を求めましょう。

(1) 4cm

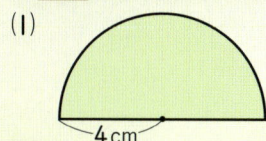

(2) 6cm, 6cm

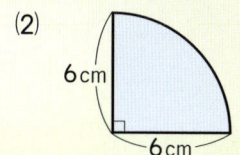

### 解き方

**ステップ1** 半径が等しい円の何分の一の形かを考える

(1) 半径が4cmの円の $\frac{1}{2}$ の形

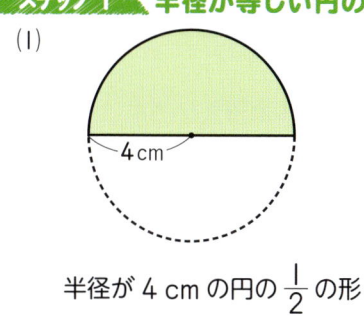

(2) 半径が6cmの円の $\frac{1}{4}$ の形

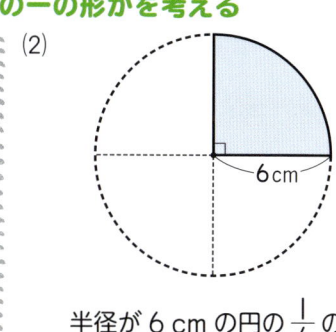

**ステップ2** 面積を求める

(1) 半径4cmの円の面積の $\frac{1}{2}$ にあたるから，

$$4 \times 4 \times 3.14 \div 2$$
（円の面積）
$$= 25.12 (cm^2)$$

**答 25.12cm²**

(2) 半径6cmの円の面積の $\frac{1}{4}$ にあたるから，

$$6 \times 6 \times 3.14 \div 4$$
（円の面積）
$$= 28.26 (cm^2)$$

**答 28.26cm²**

**入試対策** 上の図のように，円を2つの半径で区切ってできる図形を，**おうぎ形**という。そして，(1)のようなおうぎ形を，特に**半円**という。

# 第3章 平面図形の長さと面積 [2] 円、およその面積

6年
難易度 ★★☆

## 46 レンズ形の面積

右の図の青い色のついた部分の面積を求めましょう。

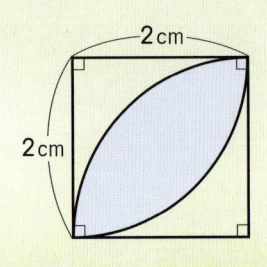

2cm
2cm

### 解き方

**ステップ1　面積の求め方を考える**

円の $\frac{1}{4}$ の形と正方形の面積は、公式を使って求められます。そこで、下の図のように、**円の $\frac{1}{4}$ の形2つ分の面積から正方形の面積をひけば**、色のついた部分が残り、面積が求められると考えられます。

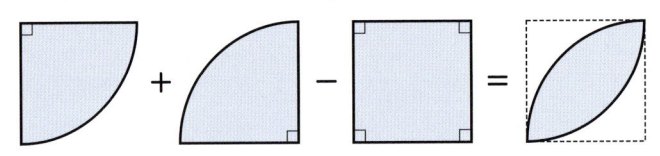

□ + ◁ − □ = ◊

**ステップ2　円の $\frac{1}{4}$ の形の2つ分の面積を求める**

円の $\frac{1}{4}$ の形の面積は、半径2cmの円の面積の $\frac{1}{4}$ だから、2つ分の面積は、
$2 \times 2 \times 3.14 \div 4 \times 2 = 6.28 \, (\text{cm}^2)$

**ステップ3　色のついた部分の面積を求める**

円の $\frac{1}{4}$ の形の2つ分の面積から、正方形の面積をひいて、
$6.28 - 2 \times 2 = 2.28 \, (\text{cm}^2)$

答 2.28cm²

とつレンズだね。

# 47 およその面積

難易度 ★★☆

下の図のような形をした池の面積は，およそ何 $m^2$ ですか。求めた値が小数になった場合は，四捨五入して整数で答えましょう。

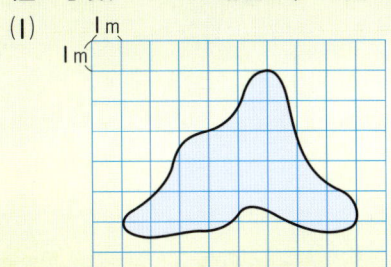

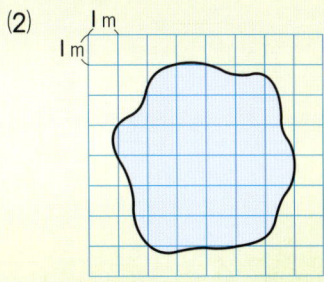

(1) 1m

(2) 1m

## 解き方

### ステップ1　およその形を考える

直線で囲まれた形や円と考えて図にかきこむと，およそ次のような形と考えられます。

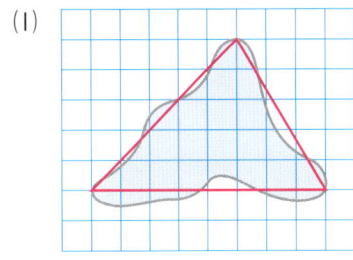

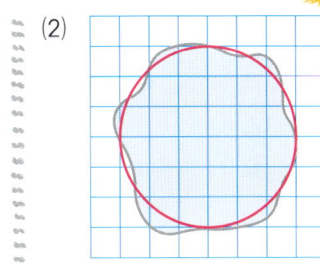

(1)

(2)

### ステップ2　およその面積を求める

(1) 底辺が8m，高さが5mの三角形と考えて，
　　$8×5÷2=20(m^2)$

(2) 半径が3mの円と考えて，
　　$3×3×3.14=28.26(m^2)$
　　四捨五入して，$28m^2$

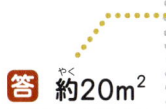

**注意**　「およその面積」なので，「約」をつける。

答　約20$m^2$

答　約28$m^2$

類題を解こう　別冊28ページ　問題47
三角形の面積の確認 → 144ページ　例題32
円の面積の確認 → 158ページ　例題44

# 第3章 平面図形の長さと面積 [2] 円，およその面積

**入試** 難易度 ★★★

## 48 おうぎ形の周の長さ

下の図のようなおうぎ形の周の長さを求めましょう。

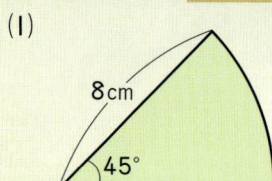

(1) 8cm, 45°

(2) 9cm, 120°

〈女子聖学院中〉

### 解き方

**ステップ1** おうぎ形の中心角が円のどれだけにあたるか求める

中心角が円の中心のまわりの角360°のどれだけにあたるか求めます。

(1) 中心角は45°だから，
$$\frac{45}{360}=\frac{1}{8}$$

(2) 中心角は120°だから，
$$\frac{120}{360}=\frac{1}{3}$$

**ステップ2** 弧の長さを求める

(1) 半径8cmの円の円周の長さの$\frac{1}{8}$だから，
$$8 \times 2 \times 3.14 \times \frac{1}{8} = 6.28 \text{(cm)}$$

(2) 半径9cmの円の円周の長さの$\frac{1}{3}$だから，
$$9 \times 2 \times 3.14 \times \frac{1}{3} = 18.84 \text{(cm)}$$

**ステップ3** 周の長さを求める

周の長さは，弧の長さと直線部分（半径の2倍）の長さの和になります。

(1) 6.28+8×2=22.28(cm)

(2) 18.84+9×2=36.84(cm)

**答** 22.28cm

**答** 36.84cm

**ポイント** 覚えて！

おうぎ形の弧の長さ ＝ 半径×2×円周率×$\frac{中心角}{360}$

類題を解こう → 別冊29ページ 問題48　つまずいたら → 157ページ 例題43

# 49 円を組み合わせた図形の周の長さ

難易度 ★★☆

〈入試〉

右の図のように，半径2cmの円が4個くっついています。太線部分の長さは何cmですか。　〈樟蔭中〉

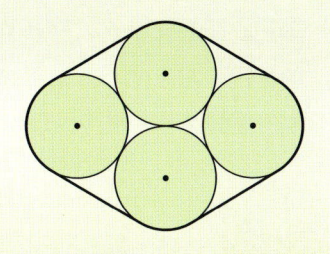

## 解き方

### ステップ1　太線部分の表す長さを考える

太線部分は右の図のように，4つの**直線部分とおうぎ形の弧の部分**に分けられます。

### ステップ2　直線部分の長さの和を求める

1つの直線部分の長さは，半径の2つ分，つまり直径だから，直線部分の長さは，
　2×2×4＝16(cm)

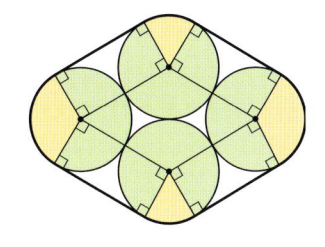

### ステップ3　おうぎ形の弧の部分の長さの和を求める

4つのおうぎ形を合わせると，**1つの円になる**から，おうぎ形の弧の部分の長さの和は，半径2cmの円の円周の長さと等しいので，
　2×2×3.14＝12.56(cm)

### ステップ4　太線部分の長さを求める

太線部分の長さは，直線部分とおうぎ形の弧の部分の長さの和を合わせて，
　16＋12.56＝28.56(cm)

**答 28.56cm**

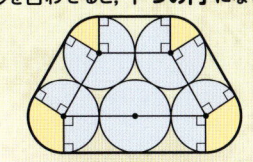

参考：円を何個くっつけても，できるおうぎ形を合わせると，1つの円になる。

類題を解こう → 別冊29ページ　問題49
つまずいたら → 156ページ　例題42

# 第3章 平面図形の長さと面積 [2] 円, およその面積

**入試**
難易度 ★★☆

## 50 おうぎ形と半円を組み合わせた図形の面積

図は半径10cmの $\frac{1}{4}$ の円に, 直径10cmの半円を組み合わせたものです。しゃ線部分の面積を求めましょう。

〈日本大学藤沢中〉

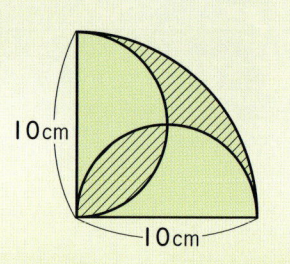

### 解き方

#### ステップ1 面積が求めやすい形に変えられないか考える

右の図のようにレンズ形の部分を移しても, しゃ線部分の面積は変わりません。そして, しゃ線部分の面積は, **おうぎ形の面積から三角形の面積をひけば求められます。**

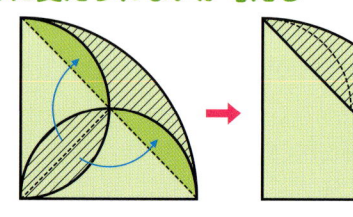

#### ステップ2 おうぎ形の面積を求める

おうぎ形は, 半径10cmの円の $\frac{1}{4}$ だから, 面積は,
10×10×3.14÷4＝78.5(cm$^2$)

#### ステップ3 三角形の面積を求める

底辺と高さがどちらも10cmだから, 面積は,
10×10÷2＝50(cm$^2$)

#### ステップ4 しゃ線部分の面積を求める

おうぎ形の面積から三角形の面積をひいて,
78.5－50＝28.5(cm$^2$)

面積を移せばカンタン！

**答** 28.5cm$^2$

類題を解こう → 別冊29ページ 問題50　つまずいたら → 159ページ 例題45

## 51 半径の長さがわからない円の面積

難易度 ★★★ 〈入試〉

図は円と2つの正方形を組み合わせたものです。小さいほうの正方形の面積は10cm²です。
〈城北埼玉中〉

(1) 大きいほうの正方形の面積を求めましょう。
(2) 円の面積を求めましょう。

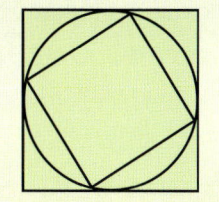

**解き方**

(1) **ステップ1** 小さい正方形の対角線の長さと面積について考える

正方形の面積は，ひし形の面積の公式を使って，

**正方形の面積＝対角線×対角線÷2** …①

で求められます。この対角線の長さは，円の直径であり，大きい正方形の1辺の長さでもあります。

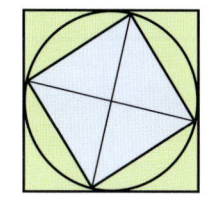

**ステップ2** 大きい正方形の面積を求める

小さい正方形の面積は10cm²で，対角線の長さは**大きい正方形の1辺の長さ**なので，①の式を使って，

1辺×1辺÷2＝10 → 1辺×1辺＝10×2＝20(cm²)　**答** 20cm²

(2) **ステップ1** 半径×半径の値を求める

小さい正方形の対角線の長さは**円の直径の長さ**なので，①の式から，直径×直径＝20 と表せます。そして，半径×半径は右の図のように，直径×直径の $\frac{1}{4}$ なので，

半径×半径＝20÷4＝5

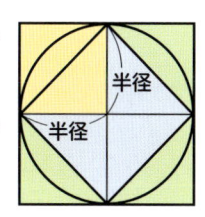

**ステップ2** 円の面積を求める

円の**半径×半径**の値が5なので，円の面積は，

5×3.14＝15.7(cm²)　**答** 15.7cm²

類題を解こう → 別冊29ページ 問題51
正方形の面積の確認 → 143ページ 例題31
円の面積の確認 → 158ページ 例題44

# 第3章 平面図形の長さと面積 [2] 円，およその面積

**入試**
難易度 ★★★

## 52 半円を組み合わせた図形の面積

右の図は半径2cmの半円を2つ重ねたものです。しゃ線部分の面積は何cm²ですか。

〈世田谷学園中〉

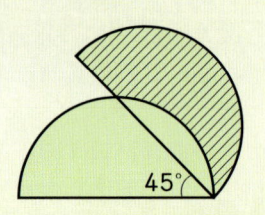

### 解き方

**ステップ1** しゃ線部分に入りこんでいる部分の面積の求め方を考える

右の図のように**半径をひくと**，㋐の部分の面積は，半径が2cmで中心角が90°の**おうぎ形の面積から直角二等辺三角形の面積をひいて**求められます。

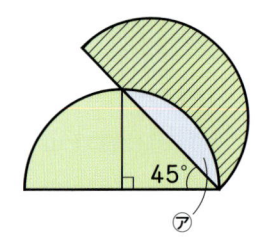

**ステップ2** ㋐の部分の面積を求める

おうぎ形の面積は，

$2 \times 2 \times 3.14 \times \dfrac{90}{360} = 3.14 (cm^2)$ ……**確認**

直角二等辺三角形の面積は，

$2 \times 2 \div 2 = 2 (cm^2)$

㋐の部分の面積は，

$3.14 - 2 = 1.14 (cm^2)$

> **確認**
> おうぎ形の面積
> =半径×半径×円周率×$\dfrac{中心角}{360}$

**ステップ3** 半円の面積を求める

半円の面積は，

$2 \times 2 \times 3.14 \div 2 = 6.28 (cm^2)$

**ステップ4** しゃ線部分の面積を求める

半円の面積から㋐の部分の面積をひいて，

$6.28 - 1.14 = 5.14 (cm^2)$

半円は円の半分！

**答** 5.14cm²

類題を解こう → 別冊29ページ 問題52　つまずいたら → 159ページ 例題45

# 第4章 合同, 対称, 拡大と縮小

## 01 合同な図形

### ここのポイント

#### 合同って？ → 例題53

**合同**…形も大きさも同じで，ぴったり重ね合わすことのできる2つの図形は，**合同**であるといいます。

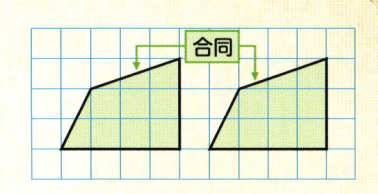

#### 合同な図形の性質 → 例題54

合同な図形では，**対応する辺の長さは等しく，対応する角の大きさも等しくなります**。

**例** 右の2つの四角形が合同のとき，
辺HGの長さは9cm，角Fの大きさは70°

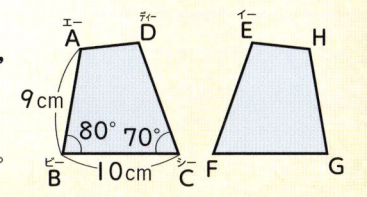

#### 合同な三角形のかき方 → 例題55

次の❶～❸のどれかがわかれば，合同な三角形をかくことができます。

❶ 3つの辺の長さ
❷ 2つの辺の長さとその間の角の大きさ
❸ 1つの辺の長さとその両はしの角の大きさ

どれでもOKなんだ。

#### 四角形の対角線と合同 → 例題56

1本の対角線で切ったとき，合同な三角形ができるもの…正方形，長方形，平行四辺形，ひし形

2本の対角線で切ったとき，
 4つの合同な三角形ができるもの…正方形，ひし形
 合同な三角形が2つずつ2組できるもの
  …長方形，平行四辺形

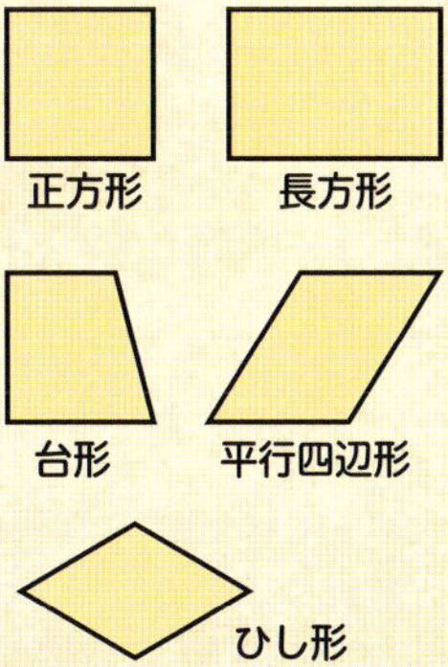

正方形　長方形
台形　平行四辺形
ひし形

# 第4章 合同，対称，拡大と縮小 ［1］合同な図形

**5年**
難易度 ★★★

## 53 合同な図形

下の図で，⑦の四角形と合同な四角形をすべて見つけて，記号で答えましょう。

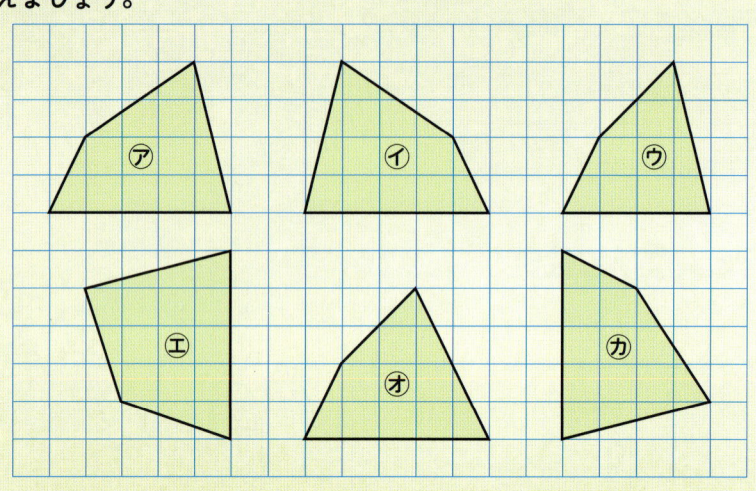

### 解き方

**ステップ1** 辺の長さやかたむきが⑦と同じかどうか調べていく

辺の長さやかたむきは，方眼のマス目の数を利用して調べます。例えば⑦の四角形で，右の図の辺ABのかたむきは，点Aから点Bへ「右へ1マス，上へ2マス」です。対応しそうな辺について，同じように調べていきます。このとき，方向はちがっても同じ割合になっていれば，辺の長さやかたむきは同じです。

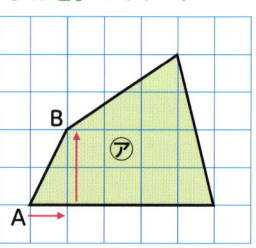

**ステップ2** 合同な図形を見つける

①は，裏返しにすると⑦とぴったり重なるので，⑦と合同です。
⑪は，回転すると⑦とぴったり重なるので，⑦と合同です。

**答** ①，⑪

## 54 合同な図形の対応する頂点，辺，角

5年　難易度 ★★☆

右の2つの四角形は合同です。
(1) 辺EFの長さは何cmですか。
(2) 角Fの大きさは何度ですか。

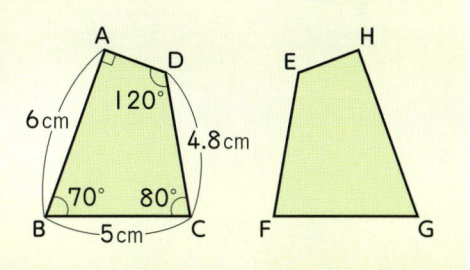

### 解き方

(1) **ステップ1** 辺EFと対応する辺を見つける

四角形EFGHを裏返しにして四角形ABCDに重ねると，ぴったり重なります。このとき，頂点Eは頂点Dと，頂点Fは頂点Cと重なり合うから，辺EFに対応する辺は，辺DCとわかります。

**参考** 対応する辺は，対応する頂点の順に書く。
辺EF
↓↓
辺DCと書く。

**ステップ2** 辺EFの長さを考える

合同な図形では，**対応する辺の長さは等しい**から，辺EFの長さは辺DCの長さと等しく，4.8cm

**答** 4.8cm

(2) **ステップ1** 角Fと対応する角を見つける

角Fは角Cと重なり合うから，角Fに対応する角は，角Cとわかります。

**ステップ2** 角Fの大きさを考える

合同な図形では，**対応する角の大きさは等しい**から，角Fの大きさは角Cの大きさと等しく，80°

**答** 80°

### ポイント

合同な図形では，対応する辺の長さは等しく，対応する角の大きさも等しい。

類題を解こう → 別冊30ページ 問題54　つまずいたら → 168ページ 例題53　レベルアップ → 180ページ 例題62

# 第4章 合同, 対称, 拡大と縮小 [1] 合同な図形

5年

難易度 ★☆☆

## 55 合同な三角形のかき方

右の三角形ABCと合同な三角形をかきましょう。

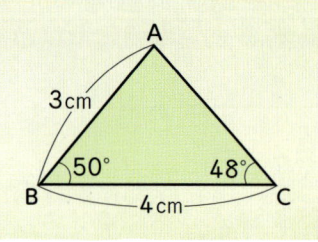

### 解き方

**ステップ1** 辺BC ➡ 50°の角 ➡ 辺AB ➡ 辺ACの順にかく

2つの辺の長さとその間の角の大きさを使って、次のようにかけます。

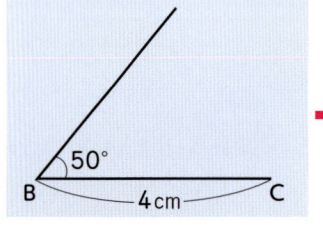

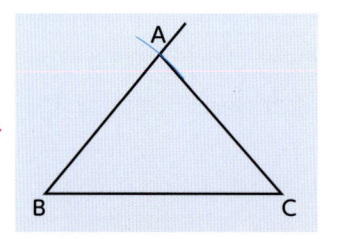

❶ 4cmの辺BCをかく。
❷ 50°の角Bをかく。
❸ 頂点Bから3cmの点をAとして、AとCを直線で結ぶ。

**答** 左の図

### 別の解き方

1つの辺の長さとその両はしの角の大きさを使って、次のようにかけます。

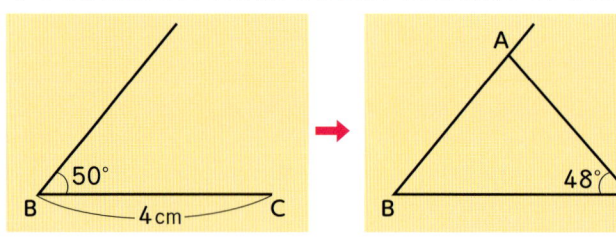

❶ 4cmの辺BCをかく。
❷ 50°の角Bをかく。
❸ 48°の角Cをかき、❷と交わった点をAとする。

類題を解こう → 別冊30ページ 問題55　つまずいたら → 109ページ 例題2　レベルアップ → 181ページ 例題63

## 56 四角形を対角線で切った形

難易度 ★★☆

下の四角形について,次の(1), (2)にあてはまるものをすべて選んで,記号で答えましょう。

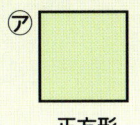

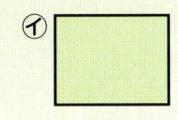

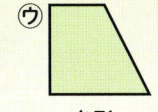

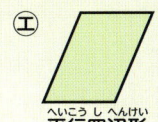

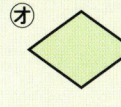

ア 正方形　イ 長方形　ウ 台形　エ 平行四辺形　オ ひし形

(1) 1本の対角線で切ったとき,分けられる2つの三角形が合同になるもの
(2) 2本の対角線で切ったとき,分けられる4つの三角形がすべて合同になるもの

### 解き方

(1) **ステップ1** 四角形の特ちょうから考える

正方形とひし形は,対角線で2つに折ると,両側がぴったり重なります。
長方形と平行四辺形からできる2つの三角形は,一方を回転させて重ねると,ぴったり重なります。

**答 ア, イ, エ, オ**

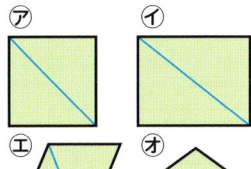

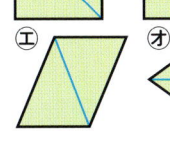

(2) **ステップ1** 四角形の特ちょうや対角線の特ちょうから考える

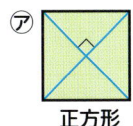

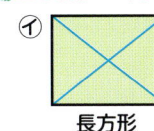

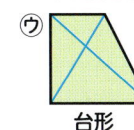

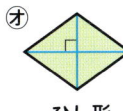

正方形とひし形は,4つの辺の長さが等しく,2本の対角線はそれぞれのまん中の点で垂直に交わるから,分けてできる4つの三角形は,どれも3つの辺の長さ,3つの角の大きさがそれぞれ等しくなります。

**答 ア, オ**

第4章 合同, 対称, 拡大と縮小 [2]対称な図形

# 02 対称な図形

## ここのポイント

### 線対称な図形って？

**線対称な図形**…1本の直線を折り目にして2つに折ったとき, その両側の部分がぴったり重なる図形。

### 線対称な図形の性質 → 例題 57

線対称な図形では, 対応する点を結ぶ直線は**対称の軸**と**垂直**に交わり, 交わる点から対応する2点までの長さは等しくなっています。

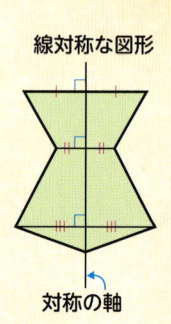

### 点対称な図形って？

**点対称な図形**…1つの点のまわりに180°回転させたとき, もとの図形とぴったり重なる図形。

### 点対称な図形の性質 → 例題 59

点対称な図形では, 対応する点を結ぶ直線は**対称の中心**を通り, 対称の中心から対応する2点までの長さは等しくなっています。

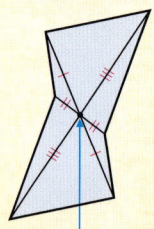

### 多角形と対称 → 例題 61

○…対称である, ×…対称でない

| | 正三角形 | 正方形 | 平行四辺形 | ひし形 | 正五角形 | 正六角形 |
|---|---|---|---|---|---|---|
| 線対称 | ○ | ○ | × | ○ | ○ | ○ |
| 軸の数 | 3本 | 4本 | | 2本 | 5本 | 6本 |
| 点対称 | × | ○ | ○ | ○ | × | ○ |

## 57 線対称な図形の性質

右の図は，直線アイを対称の軸とする線対称な図形です。
(1) 辺BCに対応する辺はどれですか。
(2) 直線CIの長さは何cmですか。
(3) 点Oに対応する点Pを図にかき入れましょう。

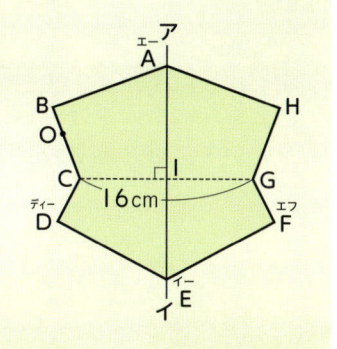

### 解き方

(1) **ステップ1** 2つに折って重なる辺を見つける

対称の軸アイで2つに折ったとき，辺BCは辺HGと重なり合うから，辺BCに対応する辺は，辺HG

**答 辺HG**

(2) **ステップ1** CIとGIの長さの関係から求める

点Iから，点Cと，対応する点Gまでの長さは等しいから，直線CIの長さは，$16 \div 2 = 8$（cm）

**答 8cm**

(3) **ステップ1** 線対称な図形の性質を考えてかく

対応する点を結ぶ直線は対称の軸と垂直に交わるから，**点Oから対称の軸に垂直な直線をひき**，辺GHと交わった点が点Pとなります。

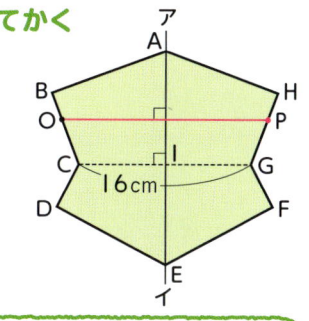

**答 右の図**

### ポイント

線対称な図形では，対応する点を結ぶ直線は対称の軸と垂直に交わり，交わった点から対応する2点までの長さは等しい。

第**4**章 合同，対称，拡大と縮小 ［2］対称な図形

6年

難易度 ★☆☆

## 58 線対称な図形のかき方

右の図は，直線アイを対称の軸とした線対称な図形の半分です。残りの半分をかいて，線対称な図形を完成させましょう。

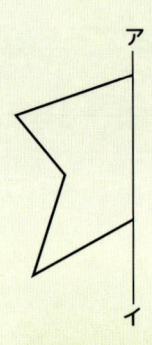

### 解き方

**ステップ1** 線対称な図形の性質を利用してかく

線対称な図形では，**対応する点を結ぶ直線は対称の軸と垂直に交わり，交わる点から対応する2点までの長さは等しい。**この性質を利用して，次のようにしてかきます。

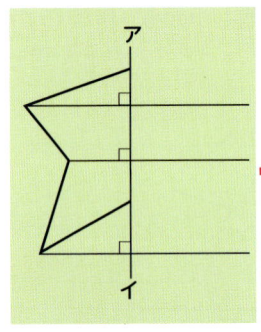

❶ 各頂点から，対称の軸に垂直な直線をひく。

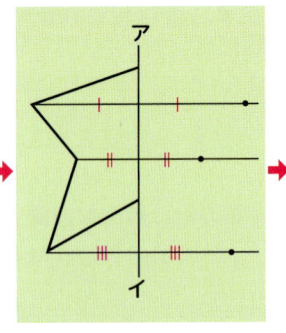

❷ 対称の軸からの長さが等しくなるように，対応する点をとる。

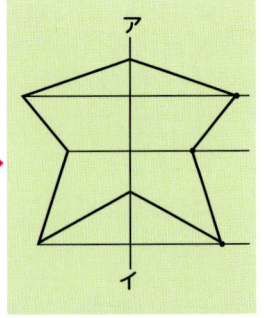

❸ 各頂点を直線で順につなぐ。

等しい長さはコンパスでとるよ。

**答** 上の図

類題を解こう → 別冊31ページ 問題58
つまずいたら → 173ページ 例題57

## 59 点対称な図形の性質

難易度 ★★★

右の図は，点Oを対称の中心とする点対称な図形です。
(1) 辺ABに対応する辺はどれですか。
(2) 直線BEの長さは何cmですか。
(3) 点Pに対応する点Qを図にかき入れましょう。

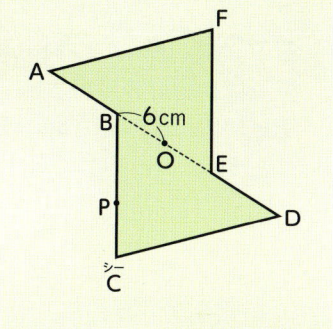

### 解き方

(1) **ステップ1** 180°回転させたときに重なる辺を見つける

点Oを中心に180°回転させると，辺ABは辺DEと重なり合うから，辺ABに対応する辺は，辺DE

**答 辺DE**

(2) **ステップ1** BOとEOの長さの関係から求める

対称の中心Oから，対応する点B，点Eまでの長さは等しいから，直線BEの長さは，6×2＝12(cm)

**答 12cm**

(3) **ステップ1** 点対称な図形の性質を考えてかく

対応する点を結ぶ直線は対称の中心を通るから，点Pから対称の中心Oを通る直線をひき，辺EFと交わった点が点Qとなります。

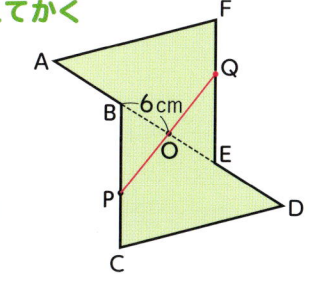

すごく大切だよ。

**答 右の図**

### ポイント
点対称な図形では，対応する点を結ぶ直線は対称の中心を通り，対称の中心から対応する2点までの長さは等しい。

類題を解こう → 別冊31ページ 問題59
レベルアップ → 176ページ 例題60

# 第4章 合同，対称，拡大と縮小 [2] 対称な図形

**6年**

難易度 ★☆☆

## 60 点対称な図形のかき方

右の図は，点O（オー）を対称の中心とする点対称な図形の半分です。残りの半分をかいて，点対称な図形を完成させましょう。

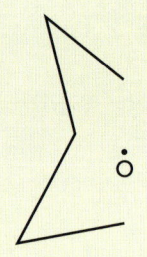

### 解き方

**ステップ1** 点対称な図形の性質を利用してかく

点対称な図形では，**対応する点を結ぶ直線は対称の中心を通り，対称の中心から対応する2点までの長さは等しい。**この性質を利用して，次のようにしてかきます。

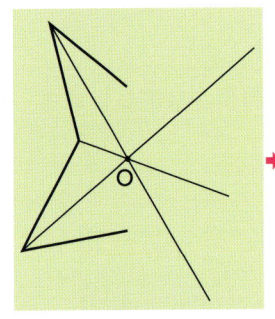

① 各頂点から，対称の中心Oを通る直線をひく。

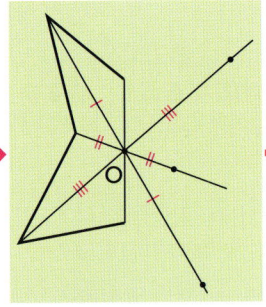

② 対称の中心Oからの長さが等しくなるように，対応する点をとる。

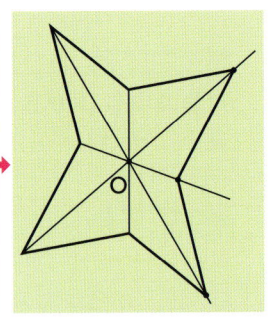

③ 各頂点を直線で順につなぐ。

**答** 上の図

線対称な図形とまちがえないように。

類題を解こう → 別冊32ページ 問題60
つまずいたら → 175ページ 例題59

# 61 多角形と対称

難易度 ★★★

下の⑦～㋺の図形について、次の問いに答えましょう。

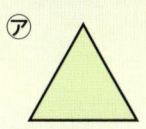

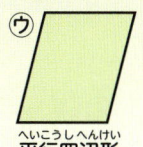

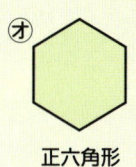

⑦ 正三角形　⑦ 正方形　⑨ 平行四辺形　㋑ 正五角形　㋺ 正六角形

(1) 線対称な図形をすべて選んで、記号で答えましょう。また、その図形には対称の軸は何本ありますか。
(2) 点対称な図形をすべて選んで、記号で答えましょう。

## 解き方

(1) **ステップ1** それぞれの図形の特ちょうから考える

**正多角形はみんな線対称な図形**だから、⑦、⑦、㋑、㋺はどれも線対称な図形。

**ステップ2** 対称の軸をかき入れる

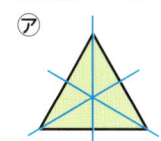

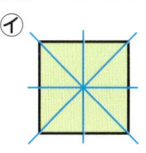

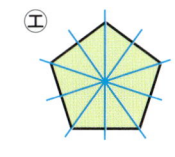

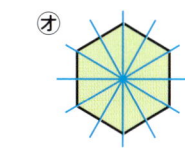

**答** ⑦…3本、⑦…4本、㋑…5本、㋺…6本

(2) **ステップ1** 180°回転させた形を考える

180°回転させると、それぞれ次のようになります。

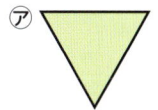

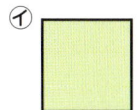

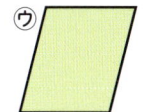

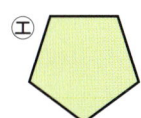

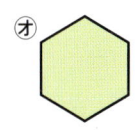

もとの図形とぴったり重なる⑦、⑨、㋺は点対称な図形。　**答** ⑦、⑨、㋺

類題を解こう → 別冊32ページ 問題61
つまずいたら → 173ページ 例題57、175ページ 例題59

第4章 合同，対称，拡大と縮小 ［3］拡大図と縮図

# 03 拡大図と縮図

## ここのポイント

### 拡大図・縮図って？

拡大図・縮図…もとの図を，形を変えずに大きくした図が**拡大図**，形を変えずに小さくした図が**縮図**。

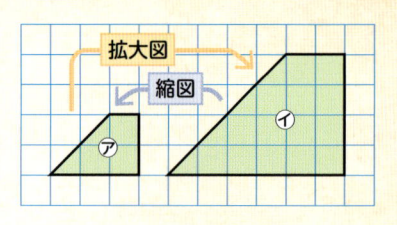

**例** 右の図で，㋑の四角形は㋐の四角形の2倍の拡大図で，㋐の四角形は㋑の四角形の $\frac{1}{2}$ の縮図。

### 拡大図・縮図の性質 → 例題62

もとの図と拡大図・縮図では，対応する辺の長さの比はどれも等しく，対応する角の大きさはそれぞれ等しくなっています。

**例** 右の図で，
辺AB：辺DE＝1：2
辺BC：辺EF＝1：2，辺CA：辺FD＝1：2
角A＝角D，角B＝角E，角C＝角F

### 拡大図・縮図のかき方 → 例題63

三角形の拡大図や縮図をかくときは，対応する辺の長さを求めてから，次の合同な三角形のかき方のどれか1つを使ってかきます。

① 3つの辺の長さ
② 2つの辺の長さとその間の角の大きさ
③ 1つの辺の長さとその両はしの角の大きさ

角の大きさは変わらないよね。

## 縮尺って？ → 例題 64

**縮尺**…実際の長さを縮めた割合のこと。

> **重要** 縮尺＝縮図（地図）上の長さ÷実際の長さ

**例** 実際の長さが20m ある橋を，1cm に縮めてかいた地図の縮尺は，

20m=2000cm だから，$1 \div 2000 = \dfrac{1}{2000}$

比で表すと，1：2000

地図は縮図なんだ。

## 相似と相似比って？ 入試対策

**相似**…1つの図形を，形を変えずに同じ割合で拡大，または縮小したとき，これらの図形はもとの図形と**相似**であるといいます。

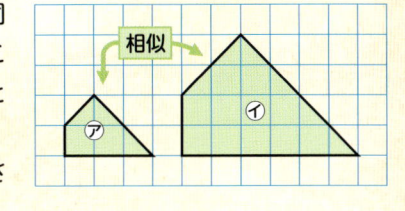

**相似比**…相似な図形の対応する辺の長さの比のこと。

**例** 右上の図の㋐と㋑の四角形の相似比は，1：2

相似な図形では，拡大図や縮図の性質と同じく，**対応する辺の長さの比（相似比）は等しく，対応する角の大きさはそれぞれ等しい**という性質があります。

## 相似な三角形と相似比 入試対策 → 例題 66〜68

2つの三角形で，2組の角がそれぞれ等しければ，この2つの三角形は**相似**といえます。

右のような図から，相似比を使って辺の長さを求める場合がよくあります。
右の図で，三角形 ABC と三角形 DBE は相似だから，辺の長さの比は，

$a : d = b : e = c : f$

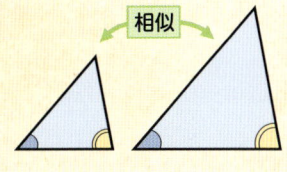

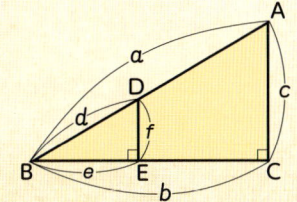

# 第4章 合同,対称,拡大と縮小 ［3］拡大図と縮図

6年

## 62 拡大図,縮図

難易度 ★☆☆

右の図で,四角形 EFGH は四角形 ABCD の拡大図です。
(1) 角 G の大きさは何度ですか。
(2) 辺 GH の長さは何 cm ですか。

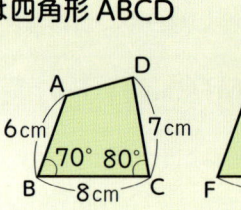

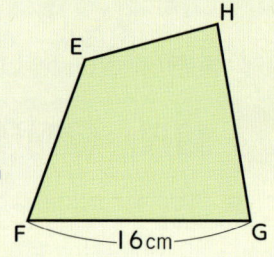

### 解き方

(1) **ステップ1** 角Gと対応する角を見つける

角 G と同じ位置関係にあるのは角 C だから,角 G と対応する角は,角 C

**ステップ2** 角Gの大きさを考える

拡大図や縮図では,**対応する角の大きさは等しい**から,角 G の大きさは角 C の大きさと等しく,80°

**答** 80°

(2) **ステップ1** 何倍の拡大図かを調べる

辺 BC と対応する辺は辺 FG で,長さの比は,8:16＝1:2
よって,四角形 EFGH は四角形 ABCD の **2 倍の拡大図**とわかります。

**ステップ2** 辺GHの長さを求める

拡大図や縮図では,**対応する辺の長さの比はすべて等しい**から,辺 GH の長さも辺 CD の長さの 2 倍といえます。よって,辺 GH の長さは,
7×2＝14(cm)

**答** 14cm

### ポイント

拡大図や縮図では,対応する辺の長さの比はすべて等しく,対応する角の大きさはすべて等しい。

# 63 拡大図, 縮図のかき方

難易度 ★★★

右の三角形 ABC を $\frac{1}{2}$ に縮小した三角形 DEF をかきましょう。

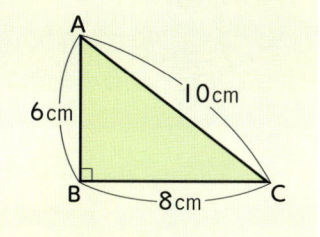

## 解き方

### ステップ1　対応する辺の長さを求める

辺 DE の長さは，$6 \times \frac{1}{2} = 3$ (cm)　　辺 EF の長さは，$8 \times \frac{1}{2} = 4$ (cm)

### ステップ2　縮図をかく

辺 DE，辺 EF の長さとその間の角の大きさを使って，合同な三角形をかくときと同じようにしてかきます。

1. 4 cm の辺 EF をかく。
2. 90°の角 E をかく。
3. 点 E から 3 cm の点を D として，D と F を直線で結ぶ。

**答** 右の図

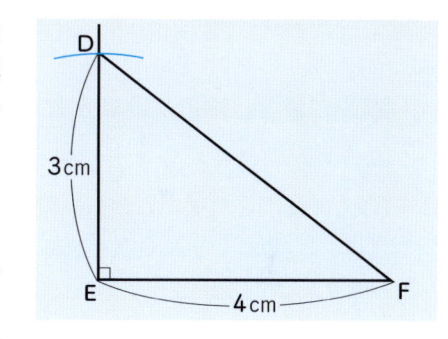

### 別の解き方

**対応する3つの辺の長さ**を求めてかくこともできます。

辺 FD の長さは，$10 \times \frac{1}{2} = 5$ (cm)

だから，辺の長さが 3 cm，4 cm，5 cm の三角形をかく。

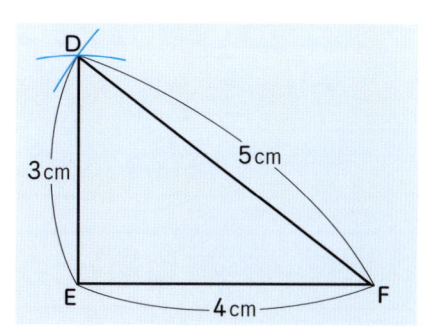

# 第4章 合同，対称，拡大と縮小 ［3］拡大図と縮図

難易度 ★☆☆　6年

## 64 縮図と縮尺

(1) 実際の長さが400mある道路を，8cmに縮めてかいた地図があります。この地図で，3.4cmで表されている橋の実際の長さは何mですか。

(2) 縮尺 $\dfrac{1}{25000}$ の地図では，2kmあるトンネルの長さは何cmで表されていますか。

### 解き方

(1) **ステップ1** 縮尺を求める

400m(40000cm)を8cmに縮小して表してあるから，縮尺は，

$8 \div 40000 = \dfrac{8}{40000} = \dfrac{1}{5000}$

**参考** 縮尺には次のような表し方がある。
㋐ $\dfrac{1}{5000}$
㋑ 1：5000
㋒ 0　50　100　150m
50mを1cmで表している。

**ステップ2** 橋の実際の長さを求める

橋の実際の長さが $\dfrac{1}{5000}$ に縮小され，3.4cmで表されているから，実際の長さは，3.4cmを5000倍すれば求められます。

$3.4 \times 5000 = 17000 (\text{cm})$，　17000cm = 170m

**答** 170m

(2) **ステップ1** 実際の長さの $\dfrac{1}{25000}$ の長さを求める

地図上の長さは，2km(200000cm)の $\dfrac{1}{25000}$ だから，

$200000 \times \dfrac{1}{25000} = 8 (\text{cm})$

**答** 8cm

単位に注意！

### ポイント
縮尺＝縮図（地図）上の長さ÷実際の長さ

## 65 縮図の利用

右の図のように，木から10mはなれたところに立って，木を見上げた角度をはかったら，30°でした。目の高さは1.3mです。このとき，木の高さはおよそ何mですか。

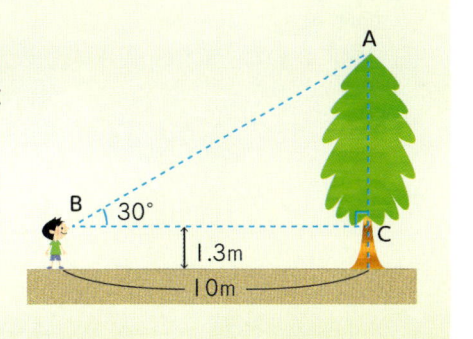

### 解き方

**ステップ1　三角形ABCの縮図をかく**

縮尺を$\frac{1}{200}$と決めて縮図をかくと，辺BCの長さは，

$1000 \times \frac{1}{200} = 5$ (cm)

となり，縮図は右の図のようになります。

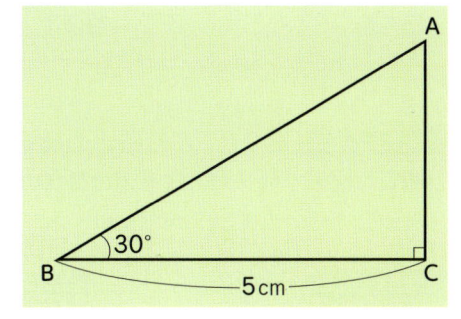

**ステップ2　縮図の辺ACの長さをはかる**

縮図の辺ACの長さをはかると，2.9cm

**ステップ3　縮図の辺ACの実際の長さを求める**

縮尺$\frac{1}{200}$で，縮図上の長さが2.9cmだから，辺ACの実際の長さは，

$2.9 \times 200 = 580$ (cm)，　580cm＝5.8m

**注意** 目の高さをたし忘れないように注意!

**ステップ4　木の高さを求める**

木の高さは，辺ACの実際の長さに目の高さをたして，

$5.8 + 1.3 = 7.1$ (m)

**答　約7.1m**

# 第4章 合同，対称，拡大と縮小 ［3］拡大図と縮図

**入試**
難易度 ★★☆

## 66 重なった直角三角形

右の図において，CDの長さは何cmですか。
〈森村学園中等部〉

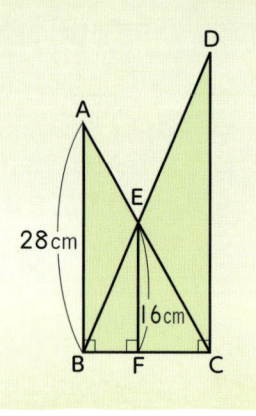

### 解き方

**ステップ1** 三角形ABCと三角形EFCの相似比を求める

三角形ABCと三角形EFCは**相似**で，相似比は，
AB：EF ＝ 28：16 ＝ 7：4

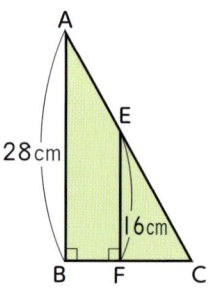

**ステップ2** BCとFCの長さの比を考える

相似な図形では，**対応する辺の長さの比は等しい**から，
BC：FC ＝ AB：EF ＝ 7：4

**ステップ3** 三角形BCDと三角形BFEの相似比を考える

右の図で，三角形BCDと三角形BFEは**相似**で，相似比は，
BC：BF ＝ 7：(7−4) ＝ 7：3

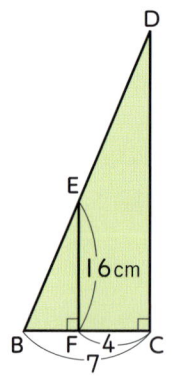

**ステップ4** CDの長さを求める

7：3 ＝ CD：16

CD ＝ 7×16÷3 ＝ $\frac{112}{3}$ (cm)

> $a：b＝c：d$ ならば，
> $a×d＝b×c$ だから，
> 7×16＝3×CD
> CD＝7×16÷3

**答** $\frac{112}{3}$ cm

---

類題を解こう　別冊33ページ　問題66
拡大図・縮図の確認 → 180ページ 例題62
比の確認 → 320ページ 例題65

# 67 街灯によるかげの長さ

難易度 ★★☆

図のように高さ3mの街灯があります。このとき，次の問いに答えましょう。

〈神奈川学園中〉

(1) 図のように地点Aに1mの棒を立てると，かげが0.8mでした。
次に地点Bにりえさんが立ったところかげが136cmでした。りえさんの身長を求めましょう。

(2) 街灯から2.1mはなれた地点Cにさやかさんが立ったところ，地点Cから90cmはなれたかべにうつったかげの長さが1mでした。さやかさんの身長を求めましょう。

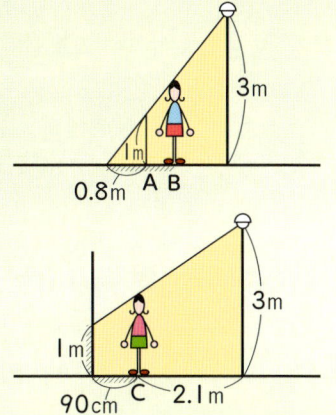

## 解き方

(1) **ステップ1 相似比は等しいことから求める**

右の図で，三角形CADと三角形CBEは**相似**で，**対応する辺の長さの比は等しい**から，

80：136＝100：EB ← CA：CB＝DA：EB
EB＝136×100÷80＝170(cm)

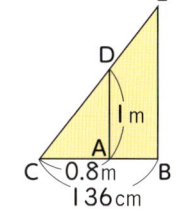

**答 170cm**

(2) **ステップ1 右の図で，GHの長さを求める**

右の図で，三角形AHGと三角形AEFは**相似**だから，

90：(90＋210)＝GH：(300−100)
GH＝90×200÷300＝60(cm)  AH：AE＝GH：FE

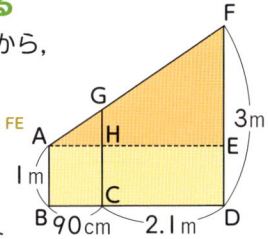

**ステップ2 さやかさんの身長を求める**

さやかさんの身長は，右の図のGCの長さだから，
GH＋HC＝60＋100＝160(cm)

**答 160cm**

類題を解こう → 別冊33ページ 問題67
拡大図・縮図の確認 → 180ページ 例題62
比の確認 → 320ページ 例題65

# 第4章 合同, 対称, 拡大と縮小 ［3］拡大図と縮図

**入試**

## 68 へいのかげの長さと面積

難易度 ★★★

右の図のように, 高さ 5 m の街灯と高さ 3 m で横はばが 4 m のへいがまっすぐに立っています。ただし, へいの厚さは考えないものとします。〈大阪女学院中〉

(1) あの長さは何 m ですか。
(2) 地面にできるかげいの面積は何 m² ですか。

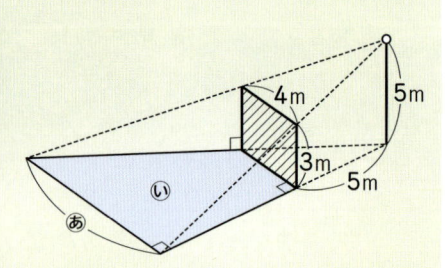

## 解き方

(1) **ステップ 1** BQ の長さを求める

右の図で, 三角形 PAF と三角形 PBQ は**相似**だから, ← PF : PQ = AF : BQ

(5−3) : 5 = 5 : BQ
BQ = 5×5÷2 = 12.5 (m)

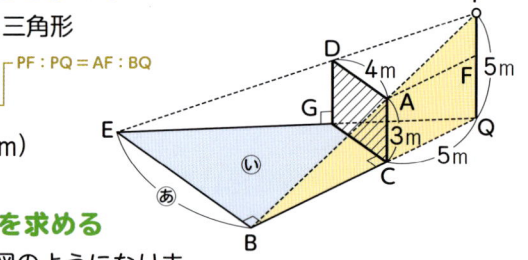

**ステップ 2** あの長さを求める

真上から見ると, 右下の図のようになります。この図で, 三角形 QGC と三角形 QEB は**相似**だから,

5 : 12.5 = 4 : あ ← QC : QB = GC : EB
あ = 12.5×4÷5 = 10 (m)  **答** 10m

(2) **ステップ 1** いの台形の面積を求める

いの台形は, 上底が 4 m, 下底が 10 m, 高さが, 12.5−5 = 7.5 (m) だから, 面積は,
(4+10)×7.5÷2 = 52.5 (m²)

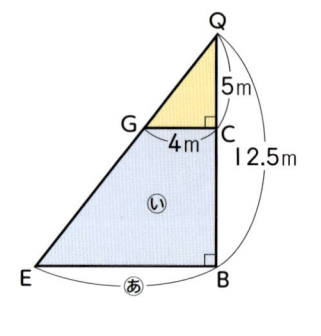

**答** 52.5m²

# 04 図形の移動

## ここのポイント

### 図形の平行移動 → 例題 69

**平行移動**…一定の方向に一定の長さだけずらす移動。
平行移動により図形が重なるときは，重なりの部分の形の変化を考えます。

例 長方形と直角三角形の重なりの部分の形の変化

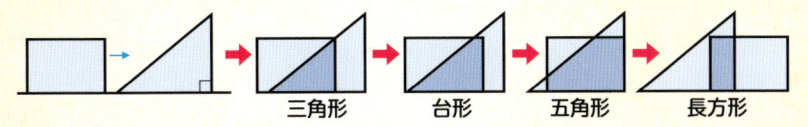

三角形 → 台形 → 五角形 → 長方形

### 図形の回転移動 → 例題 70

**回転移動**…1つの点を中心として，一定の角度だけ回転させる移動。
三角形の回転移動で辺が動いたあとは，おうぎ形やおうぎ形を組み合わせた形になります。

例 右の図で赤い部分の面積を求めるときは，しゃ線部分を移して，2つのおうぎ形の面積の差として求めることができる。

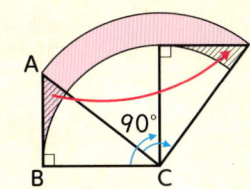

### 図形のころがり移動 → 例題 71, 72

**ころがり移動**…図形がある線にそって，すべらずにころがる移動。
右の図のように，円が多角形のまわりをころがり移動で1周するとき，赤いおうぎ形の部分を合わせると，1つの円になります。

**円の中心が動いた長さ**…多角形の周の長さと半径が $a$ cm の円の円周の長さの和。

**円が通った部分の面積**…長方形の部分の面積と半径が $(a \times 2)$ cm の円の面積の和。

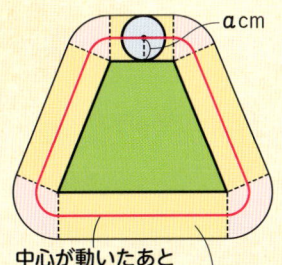

# 第4章 合同, 対称, 拡大と縮小 ［4］図形の移動

**入試** 難易度 ★★☆

## 69 図形の平行移動

図のように直線上に長方形Aと直角三角形Bがあります。Aは図の位置から矢印の向きに毎秒1cmの速さで動きます。〈帝京大学中〉

(1) A, Bが重なっているのは何秒間ですか。
(2) A, Bの重なる部分の面積が初めて6cm²になるのは, Aが動き始めてから何秒後ですか。

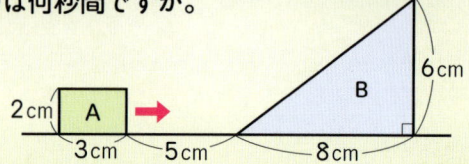

### 解き方

(1) **ステップ1** 重なり始めと終わりの位置を考える

右の図の㋐が重なり始め, ㋑が重なり終わりの位置。

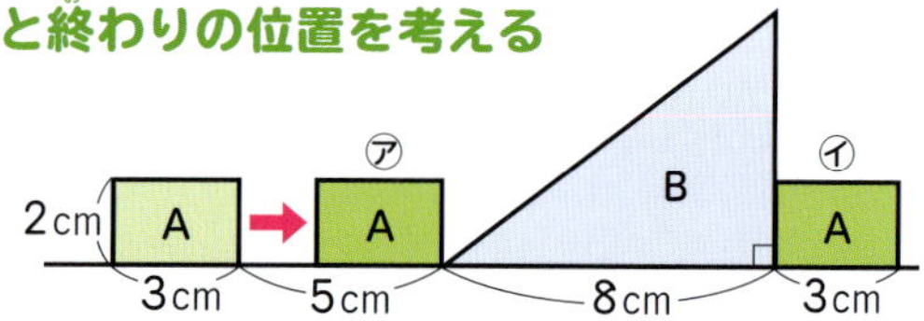

**ステップ2** 動いた長さから時間を求める

㋐から㋑の位置まで, Aの右はしの動いた長さは, 8+3=11(cm)だから, 重なっていた時間は, 11÷1=11(秒間)

**答 11秒間**

(2) **ステップ1** 重なる部分が初めて6cm²になる位置を考える

長方形Aの面積は, 2×3=6(cm²)だから, 右の図の㋒の位置にきたとき。

**ステップ2** 動いた長さから時間を求める

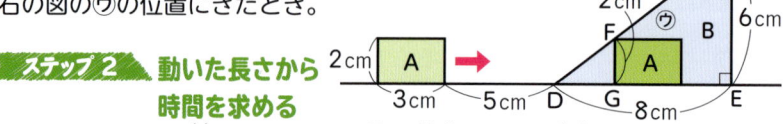

右の図で三角形DECと三角形DGFは**相似**だから, DGの長さは,

$8:DG = 6:2 \rightarrow DG = 8 \times 2 \div 6 = \frac{8}{3}$(cm)

Aの右はしの動いた長さは, $5 + \frac{8}{3} + 3 = 10\frac{2}{3}$(cm) だから,

Aが動き始めてからの時間は, $10\frac{2}{3} \div 1 = 10\frac{2}{3}$(秒)

**答 $10\frac{2}{3}$秒後**

類題を解こう → 別冊34ページ 問題69
相似の確認 → 184ページ 例題66
通過算の確認 → 436ページ 例題61

# 70 図形の回転移動

難易度 ★★★
入試

右の図の三角形 DEC は，3辺の長さが 5cm，12cm，13cm の直角三角形 ABC を，頂点 C を中心にして 90°回転したものです。
〈ラ・サール中〉

(1) しゃ線部分の周の長さを求めましょう。
(2) しゃ線部分の面積を求めましょう。

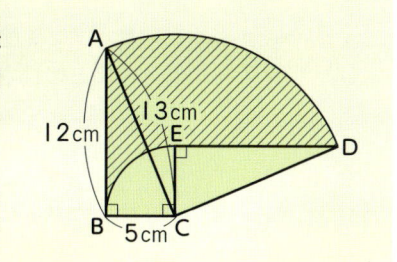

## 解き方

(1) **ステップ1** 周はどんな長さの和になるか確かめる

周は，半径13cm で中心角が90°のおうぎ形の弧の長さと，半径5cm で中心角が90°のおうぎ形の弧の長さと，12cm の直線2つ分の長さの和。

**ステップ2** 弧の長さの和を求める

$$13 \times 2 \times 3.14 \times \frac{90}{360} + 5 \times 2 \times 3.14 \times \frac{90}{360} = 28.26 \text{(cm)}$$

**ステップ3** 周の長さを求める

$28.26 + \underline{12 \times 2} = 52.26 \text{(cm)}$
　　　　直線部分

**答 52.26cm**

**注意** 直線部分の長さをたし忘れないように注意する。

(2) **ステップ1** 面積が求めやすい形にできないか考える

右の図のように移動すると，しゃ線部分の面積は **2つのおうぎ形の面積の差**になります。

**ステップ2** しゃ線部分の面積を求める

$13 \times 13 \times 3.14 \times \frac{90}{360} - 5 \times 5 \times 3.14 \times \frac{90}{360}$
$= 113.04 \text{(cm}^2)$

**答 113.04cm²**

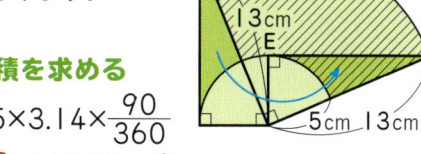

類題を解こう → 別冊34ページ 問題70　つまずいたら → 159ページ 例題45

# 第4章 合同，対称，拡大と縮小 ［4］図形の移動

## 71 正三角形のころがり移動

入試　難易度 ★★☆

1辺6cmの正三角形ABCを直線上ですべらないように1回転させました。頂点Bが通ったあとの長さは何cmですか。

〈大阪女学院中〉

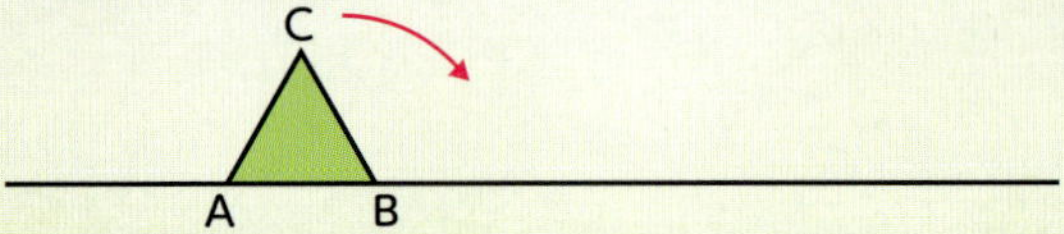

### 解き方

**ステップ1** 頂点Bが通ったあとはどのような形になるか考える

正三角形ABCを1回転させると，頂点Bが通ったあとは下の図のように**2つのおうぎ形の弧**になります。

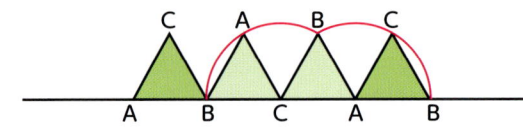

おうぎ形になるんだね。

**ステップ2** おうぎ形の半径と中心角を考える

おうぎ形はどちらも，半径6cmで，正三角形の1つの内角は60°だから，中心角は，180°−60°＝120°

**ステップ3** 頂点Bが通ったあとの長さを求める

$6 \times 2 \times 3.14 \times \frac{120}{360} \times 2 = 25.12$（cm）

**答 25.12cm**

---

**参考** 中心角が90°のおうぎ形を右の図のようにころがすと，おうぎ形の中心Aが通ったあとは，おうぎ形の弧の部分だけでなく，直線になる部分もある。

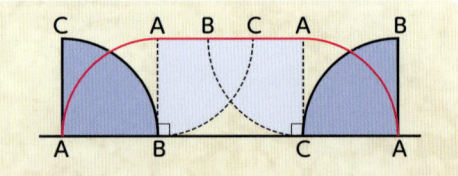

類題を解こう → 別冊35ページ 問題71　つまずいたら → 162ページ 例題48

## 72 円のころがり移動

難易度 ★★☆

右の図のように、半径4cmの円を1辺の長さ10cmの正三角形PQRの外側を接しながら、すべらないようにころがして1周させるとき、円Aの中心Oが動いてできる線の長さを求めましょう。
〈江戸川学園取手中〉

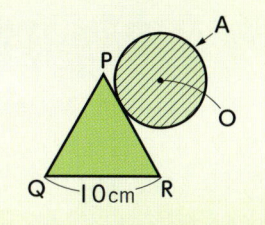

### 解き方

**ステップ1　中心Oが動いたあとはどのような形になるか考える**

中心Oが動いたあとは、右の図のように、3つの**直線部分とおうぎ形の弧の部分**ができます。

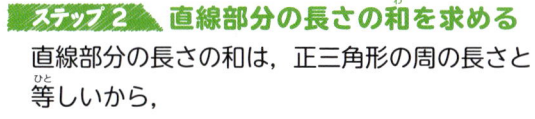

**ステップ2　直線部分の長さの和を求める**

直線部分の長さの和は、正三角形の周の長さと等しいから、
　　10×3=30(cm)

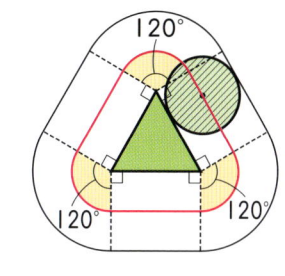

**ステップ3　おうぎ形の弧の部分の長さの和を求める**

3つのおうぎ形を合わせると、**1つの円になる**から、おうぎ形の弧の部分の長さの和は、半径4cmの円の円周の長さで、
　　4×2×3.14=25.12(cm)

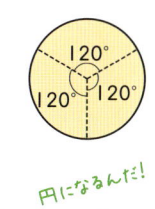

**ステップ4　中心Oが動いてできる線の長さを求める**

中心Oが動いてできる線の長さは、直線部分とおうぎ形の弧の部分の長さの和を合わせて、
　　30+25.12=55.12(cm)

答　55.12cm

# 第4章 合同，対称，拡大と縮小 ［4］図形の移動

## 73 図形にまいたロープが動いたあと

難易度 ★★★
入試

1辺の長さが3mの正三角形を底面とする三角柱の建物があります。図のAに6mのロープで羊をつなぎます。羊が建物の外で動くことができる部分の面積は建物の底面の面積より何m²広いですか。 〈早稲田中〉

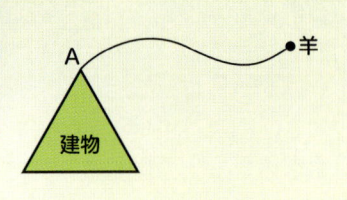

### 解き方

**ステップ1　羊が動くことができる部分の形を考える**

羊が動くことができる部分は，右の図のように，半径6mで中心角が300°のおうぎ形と，半径3mで中心角が120°のおうぎ形2つ分になります。

**ステップ2　建物の底面の面積との差を考える**

建物の底面の面積との差を求めることを考えると，右下の図の㋐の**部分が建物の底面と等しくなる**ので，求める面積の差は，大きいおうぎ形の面積と，半径3mで中心角が60°のおうぎ形2つ分の面積の和になります。

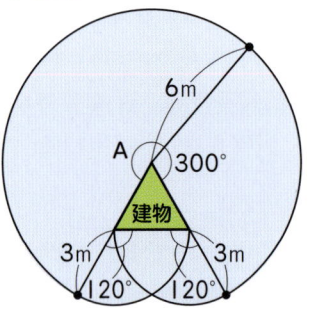

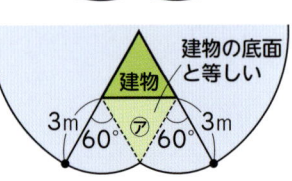

**ステップ3　面積の差を求める**

羊が動くことができる部分の面積と建物の底面の面積との差は，大小3つのおうぎ形の面積の和になるから，

$$6 \times 6 \times 3.14 \times \frac{300}{360} + 3 \times 3 \times 3.14 \times \frac{60}{360} \times 2 = 103.62 \, (\text{m}^2)$$

**答 103.62m²**

# 74 1点の移動

難易度 ★★☆

下の図のような台形 ABCD があり，点 P が頂点 C を出発して一定の速さで，C→D→A→B の順に辺上を頂点 B まで動きます。下のグラフは点 P が頂点 C を出発してからの時間と三角形 PBC の面積の関係を表したものです。このとき，次の問いに答えましょう。

〈近畿大学附属中〉

(1) 点 P の速さは毎秒何 cm ですか。
(2) 辺 BC の長さは何 cm ですか。

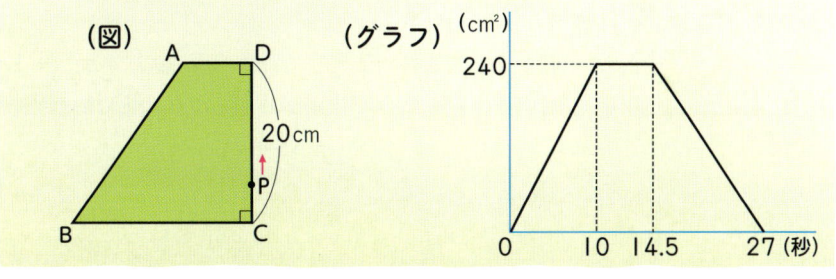

(図) / (グラフ)

## 解き方

(1) **ステップ1** 点Pの位置を考える

図の点 P の位置をグラフにあてはめると，右のようになります。

**ステップ2** グラフから，動いた長さと時間を読み取る

点 P は CD 間の 20cm を，グラフから 10 秒で動いているから，速さは毎秒，
$20 \div 10 = 2$ (cm)

**答** 毎秒 2 cm

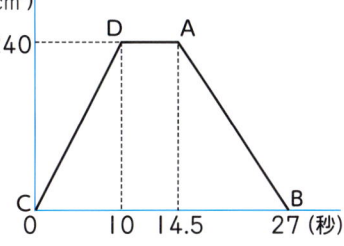

(2) **ステップ1** 三角形 PBC の高さと面積を読み取って求める

点 P が辺 AD 上にあるとき，三角形 PBC の高さは 20cm，面積は 240cm² だから，底辺 BC の長さは，
BC×20÷2=240 → BC=240×2÷20=24 (cm)

**答** 24cm

類題を解こう：別冊35ページ 問題74
速さの確認 → 271ページ 例題23
三角形の面積の確認 → 144ページ 例題32

# 第4章 合同, 対称, 拡大と縮小 [4] 図形の移動

**入試**
難易度 ★★★

## 75 2点の移動①

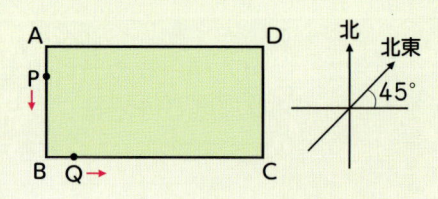

右の図のように, AB=30cm, BC=60cm の長方形 ABCD があります。点 P と点 Q はそれぞれ A, B を同時に出発し, P は秒速 2cm, Q は秒速 1cm の速さで長方形の周上を時計と反対まわりに進みます。点 B からみて点 A を北, 点 C を東の方向とします。このとき, 次の問いに答えましょう。

〈東邦大学付属東邦中〉

(1) P が Q を最初に追いこすのは, 出発してから何秒後ですか。
(2) Q からみて, 最初に P がちょうど北東の方向となるのは, 出発してから何秒後ですか。

---

**解き方**

(1) **ステップ1** 2点間の長さと速さの差を考えて求める

P と Q は出発するとき 30cm はなれていて, 1秒間に, (2−1)cm ずつ縮まるから, 追いつくまでの時間は,
　30÷(2−1)=30(秒)

**答 30秒後**

(2) **ステップ1** P が Q の北東の方向になる位置を考える

最初に P が Q の北東になるのは, P が CD 上, Q が BC 上にあり, QC と CP の長さが**等しくなるとき**。

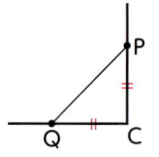

**ステップ2** P が Q の北東になる時間を求める

P が C まで進む時間は, (30+60)÷2=45(秒)
このとき, QC 間の長さは, 60−45=15(cm)
このあと, QC=CP となる時間は,
　15÷(2+1)=5(秒) ←
よって, 出発してからの時間は, 45+5=50(秒)

QC=CP となる時間は, P と Q が出会う時間と同じ。 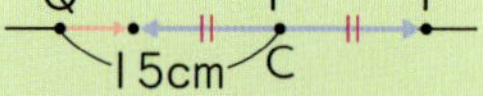
出会うと, QC=CP′

**答 50秒後**

(1)も(2)も旅人算だね。

## 76 2点の移動②

難易度 ★★★  入試

右の図のような平行四辺形ADCBがあります。点Pは点Aから点Bまで毎秒1cmの速さで移動し，点Qは点Bから点Cまで毎秒$1\frac{1}{4}$cmの速さで移動します。ただし，2点P，Qは同時に出発するものとします。

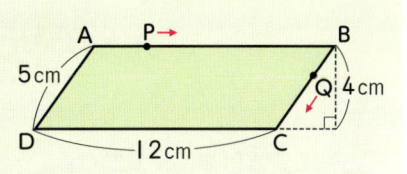

〈芝浦工業大学柏中〉

(1) 2点が出発してから2秒後の三角形APDの面積は，平行四辺形ADCBの面積の何倍ですか。

(2) 三角形BQDの面積が16cm²となるのは2点が出発してから何秒後ですか。

**解き方**

(1) **ステップ1** 三角形APDの面積は，底辺APの長さを考えて求める

出発してから2秒後のAPの長さは，1×2＝2(cm)だから，

(2×4÷2)÷(12×4)＝$\frac{1}{12}$(倍)

**答** $\frac{1}{12}$倍

(2) **ステップ1** 三角形BQDの面積が16cm²のときの三角形QCDの面積と高さを求める

← 高さのわかる三角形QCDに目をつける。

三角形QCDの面積は，12×4÷2－16＝8(cm²)

このときの高さを$x$cmとすると，12×$x$÷2＝8 → $x=\frac{4}{3}$(cm)

**ステップ2** 1秒ごとの高さの変化を求める

点Qが点Bから点Cまで進むのにかかる時間は，5÷$1\frac{1}{4}$＝4(秒)だから，高さは1秒ごとに，4÷4＝1(cm)ずつ低くなります。

**ステップ3** 三角形QCDの高さが$\frac{4}{3}$cmになる時間を求める

$\left(4-\frac{4}{3}\right)\div 1=\frac{8}{3}$(秒)

**答** $\frac{8}{3}$秒後

第5章 立体図形 ［1］立体図形の形と表し方

# 01 立体図形の形と表し方

## ここのポイント

### 直方体と立方体って？

**直方体**…長方形や，長方形と正方形で囲まれた立体。
**立方体**…正方形だけで囲まれた立体。

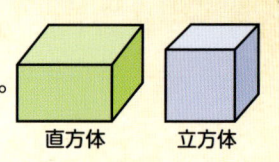

### 見取図と展開図って？ → 例題 77, 78

**見取図**…立体の全体の形がわかるようにかいた図。

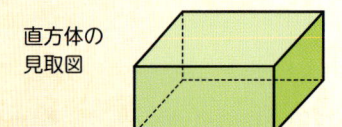

直方体の見取図

**展開図**…立体を切り開いて，平面の上に広げた図。

立方体の展開図

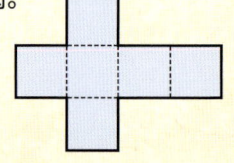

### 直方体の面や辺の垂直と平行 → 例題 79

**辺と辺の垂直**…となり合う2つの辺は垂直。
**辺と辺の平行**…向かい合う2つの辺は平行。
**面と面の垂直**…となり合う2つの面は垂直。
**面と面の平行**…向かい合う2つの面は平行。
**面と辺の垂直**…1つの面と垂直な辺は4つ。
**面と辺の平行**…1つの面と平行な辺は4つ。

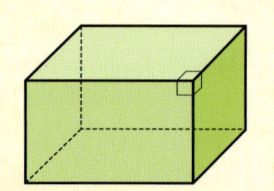

### 角柱って？ → 例題 80

**角柱**…右の図のような立体。
角柱は，底面の形によって，**三角柱**，**四角柱**，**五角柱**，…のようにいいます。

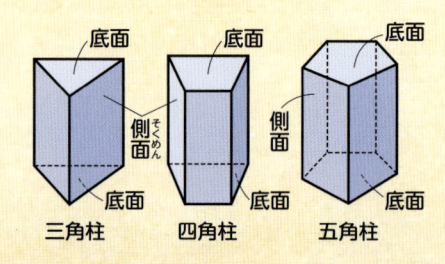

三角柱　四角柱　五角柱
底面／側面

## 円柱って？ → 例題 81

**円柱**…右の図のような立体。
円柱の展開図で，側面の長方形の横の長さは，**底面の円周の長さと等しく**なります。

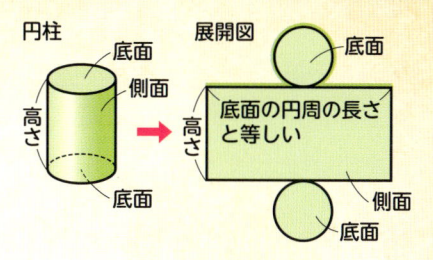

## 球って？ → 例題 82

**球**…どこから見ても円に見える立体。
**直径と半径の関係**…1つの球では，**直径の長さは半径の長さの2倍**。

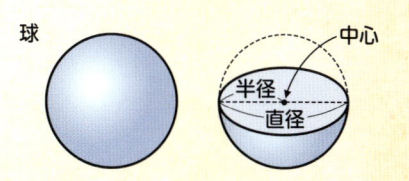

## 角すいって？ 入試対策 → 例題 84

**角すい**…右の図のような立体。
角すいは，底面の形によって，**三角すい，四角すい，五角すい**，…のようにいいます。

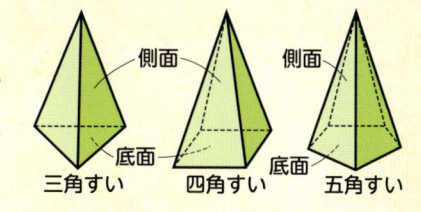

## 円すいって？ 入試対策 → 例題 85

**円すい**…右の図のような立体。
円すいの展開図で，側面のおうぎ形の弧の長さは，**底面の円周の長さと等しく**なります。

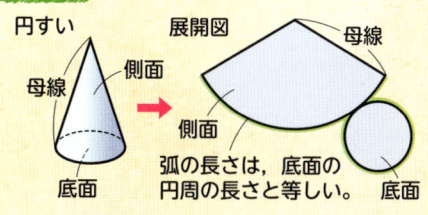

## 投影図って？ 入試対策 → 例題 86

**投影図**…立体を真正面と真上から見た図を組み合わせて表した図。

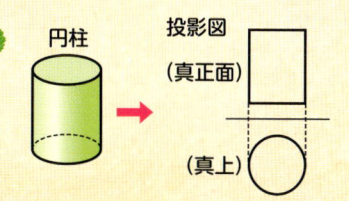

# 第5章 立体図形 ［1］立体図形の形と表し方

**4年**

難易度 ★☆☆

## 77 見取図

下の右の図は，左の直方体の見取図をとちゅうまでかいたものです。続けてかいて，見取図を完成させましょう。

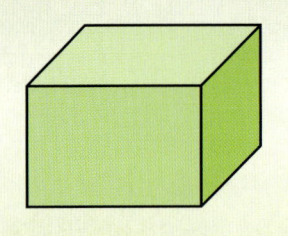

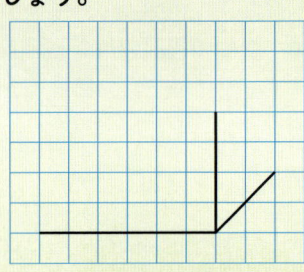

### 解き方

**ステップ1** 正面の形→となり合う面→見えない辺の順にかく

見取図では，長さの等しい辺は等しい長さに，平行な辺は平行に，**見えない辺は点線**でかきます。

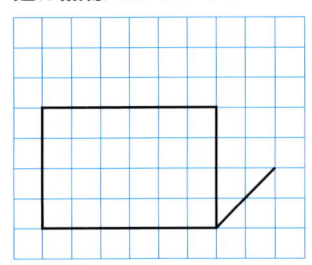

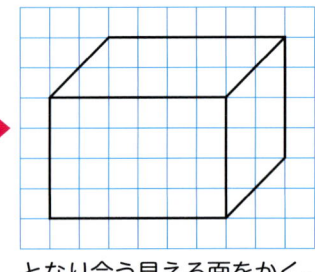

正面の長方形をかく。 → となり合う見える面をかく。

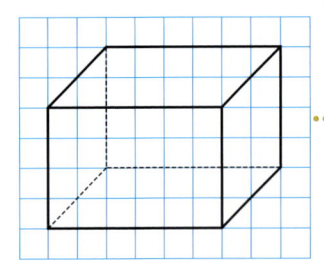

向かい合う面は同じ形ね。

見えない辺を点線でかく。

**参考** 直方体の
面の数は 6つ
辺の数は 12
頂点の数は 8つ

類題を解こう　別冊37ページ 問題77　平行の確認 ➡ 108ページ 例題1　レベルアップ ➡ 200ページ 例題79

# 78 展開図

難易度 ★★★

下の図は，直方体とその展開図です。

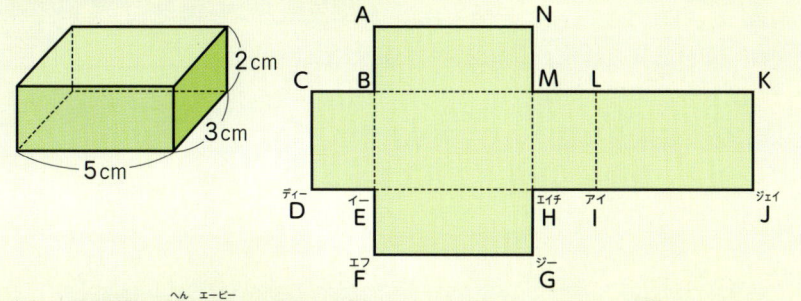

(1) 展開図の辺 AB の長さは何 cm ですか。
(2) 展開図の直線 CK の長さは何 cm ですか。

## 解き方

(1) **ステップ 1** 展開図を組み立てたようすを考える

展開図を組み立てたようすを考えると，辺 AB は直方体の**高さ**にあたるから，2 cm とわかります。

**答 2 cm**

(2) **ステップ 1** 直線CKの長さは，どの面のまわりの長さと等しいか考える

展開図を組み立てると，辺 CB は辺 AB と，辺 ML は辺 MN と，辺 LK は辺 NA と重なります。したがって，直線 CK の長さは，**長方形 ABMN のまわりの長さと等しい**といえます。

**ステップ 2** 長方形ABMNのまわりの長さを求める

長方形 ABMN は，右の図のように，縦 2 cm，横 5 cm だから，まわりの長さは，

　(2+5)×2＝14(cm)

よって，直線 CK の長さも 14cm と求められます。

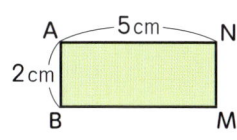

**答 14cm**

# 第5章 立体図形 ［1］立体図形の形と表し方

4年
難易度 ★★★

## 79 辺や面の垂直と平行

右の直方体について，次の問いに答えましょう。

(1) 辺DCに平行な辺をすべて答えましょう。
(2) 面㋒に垂直な面はいくつありますか。
(3) 面㋐に垂直な辺をすべて答えましょう。

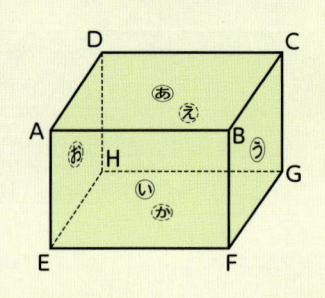

### 解き方

(1) **ステップ1** 辺DCをふくむ長方形の面から考える

長方形の**向かい合う辺は平行**だから，面㋐で考えると辺AB，面㋓で考えると辺HGは平行です。また，右の図のように，面DEFCも長方形になるから，辺EFも平行です。

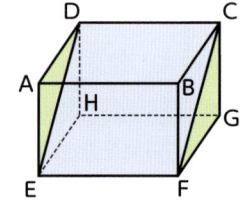

**答** 辺AB，辺EF，辺HG

(2) **ステップ1** 面㋒ととなり合う面を見つける

直方体では，**となり合う面はすべて垂直**です。面㋒ととなり合う面は，面㋐，面㋑，面㋕，面㋓で，1つの面にとなり合う面はどれも4つあります。

**答** 4つ

(3) **ステップ1** 長方形の角はどれも直角であることから考える

長方形の角はどれも直角だから，**面㋐と交わる辺はすべて垂直**です。面㋐と交わる辺は，辺AE，辺BF，辺CG，辺DHの4つ。

**答** 辺AE，辺BF，辺CG，辺DH

面が長方形！これがポイントなんだ。

## 80 角柱の展開図

右の図は、ある角柱の展開図です。
(1) 何という角柱の展開図ですか。
(2) 組み立ててできる角柱の高さは何cmですか。

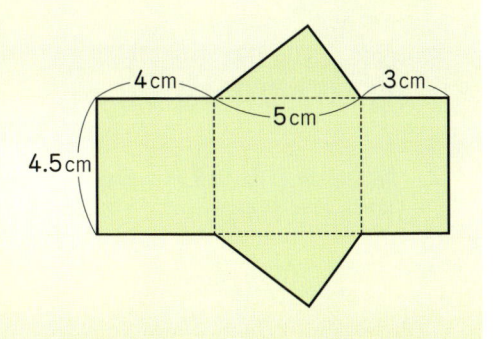

### 解き方

(1) **ステップ1** 展開図を組み立ててできる立体を考える

展開図を組み立てると、右の図のような角柱ができます。

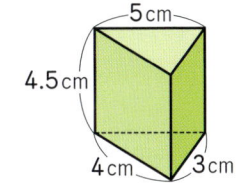

**ステップ2** 底面を見つける

角柱の底面は、向かい合う合同な多角形だから、上下の三角形の面が底面。

**ステップ3** 角柱の名前を考える

底面が三角形の角柱だから、三角柱。

**答 三角柱**

> **確認**
> 底面が三角形、四角形、五角形、…の角柱を、それぞれ、三角柱、四角柱、五角柱、…という。

(2) **ステップ1** 2つの底面に垂直な直線の長さを見つける

角柱の高さは、2つの底面に垂直な直線の長さだから、4.5cmとわかります。

**答 4.5cm**

> **参考**
> 角柱の特ちょう
> ・2つの底面は平行で、合同な多角形。
> ・側面は長方形か正方形で、底面に垂直。

直方体は四角柱だ。

# 第5章 立体図形 [1] 立体図形の形と表し方

5年

難易度 ★☆☆

## 81 円柱の展開図

右の図は、ある立体の展開図です。
(1) 何という立体の展開図ですか。
(2) 側面の長方形の辺ABの長さは何cmですか。

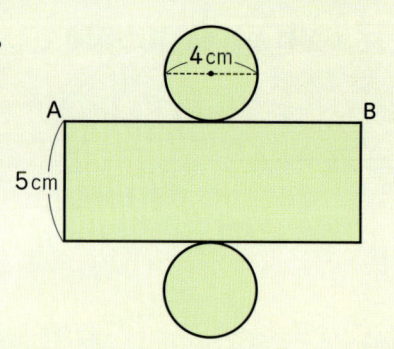

### 解き方

(1) **ステップ1** 展開図を組み立ててできる立体を考える
展開図を組み立てると、右の図のような立体ができます。

**ステップ2** 底面を見つける
向かい合う2つの合同な面が底面だから、上下の円の面が底面。

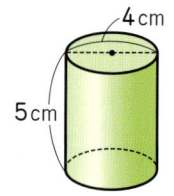

**ステップ3** 立体の名前を考える
底面が円の柱のような形だから、円柱。

**答** 円柱

(2) **ステップ1** 組み立てたとき、辺ABはどこと重なるかを考える
組み立てたとき、辺ABは底面の円の円周と重なります。

**ステップ2** 辺ABの長さを求める
辺ABの長さは、**底面の円の円周の長さと等しい**から、円周=直径×円周率(3.14)より、
4×3.14=12.56(cm)

**答** 12.56cm

**参考** 円柱の特ちょう
・2つの底面は平行で、合同な円。
・側面は曲面。

## 82 球

右の図のように,同じ大きさの6個のボールが箱にすき間なくきちんと入っています。

(1) ボールの半径は何cmですか。
(2) 箱の㋐の長さは何cmですか。

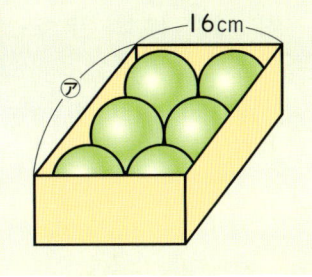

難易度 ★★★ 　3年

### 解き方

(1) **ステップ1** ボールの直径の長さを求める

ボールの直径の2つ分の長さが16cmだから,ボールの直径は,
　　16÷2=8(cm)

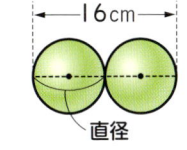

**ステップ2** ボールの半径の長さを求める

ボール(球)の半径の長さは**直径の長さの半分**だから,半径は,
　　8÷2=4(cm)

**答 4cm**

(2) **ステップ1** ㋐の長さはボールの直径のいくつ分かを考える

㋐の長さは,ボールの直径の3つ分の長さだから,
　　8×3=24(cm)

**答 24cm**

### ポイント

1つの球では,

**直径=半径×2**
**半径=直径÷2**

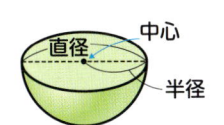

# 第5章 立体図形 [1] 立体図形の形と表し方

**難易度 ★☆☆**　4年

## 83 空間にある点の位置の表し方

右の直方体で，頂点Eをもとにすると，頂点Bの位置は，(横6cm，縦0cm，高さ4cm)と表すことができます。

(1) 頂点Eをもとにしたとき，(横6cm，縦5cm，高さ4cm)の位置にある頂点はどれですか。

(2) 頂点Dの位置を，同じようにして，頂点Eをもとにして表しましょう。

### 解き方

(1) **ステップ1** 頂点Eから，横→縦→高さの順に進んでいく

頂点Eから，
横の方向に6cm進み（頂点F），
縦の方向に5cm進み（頂点G），
高さの方向に4cm進んだ位置だから，頂点Cとわかります。

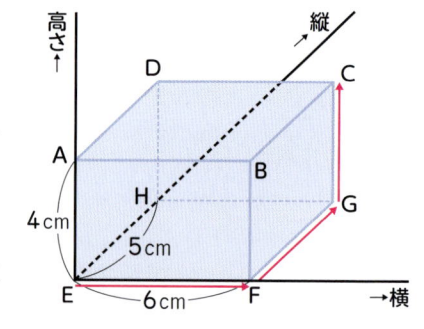

**答** 頂点C

(2) **ステップ1** 横→縦→高さの順に長さを見ていく

頂点Dの位置は，頂点Eをもとにして，横の方向へ0cm，縦の方向へ5cm，高さの方向へ4cm進んだところにあるので，(横0cm，縦5cm，高さ4cm)と表せる。

**答** (横0cm，縦5cm，高さ4cm)

**注意** 横，縦，高さの方向に進まないときは，0cmと表す。

類題を解こう → 別冊38ページ 問題83

# 84 角すい

**難易度 ★☆☆**  入試

下の角すいはそれぞれ何といいますか。また，それぞれの辺の数，面の数，側面の数を答えましょう。

(1)　(2)

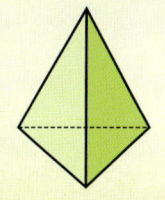

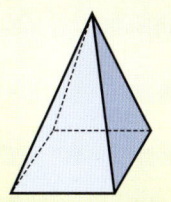

## 解き方

### ステップ1　名前は底面の形から考える

(1) 底面が三角形の角すいだから，三角すい。

(2) 底面が四角形の角すいだから，四角すい。

### ステップ2　それぞれの数は，底面の辺の数から考えるとよい

(1) 辺／側面／辺／底面

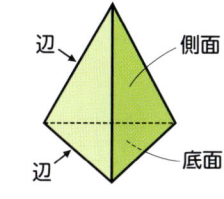

辺の数……6
面の数……4
側面の数…3

**参考**
底面の辺の数が$n$の$n$角すいでは，
辺の数…$n×2$
面の数…$n+1$
側面の数…$n$

(2) 辺／側面／底面／辺

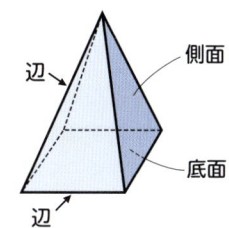

辺の数……8
面の数……5
側面の数…4

**答** 名前…三角すい
　　　辺…6，面…4，側面…3

**答** 名前…四角すい
　　　辺…8，面…5，側面…4

類題を解こう → 別冊39ページ 問題84　　角柱の確認 → 201ページ 例題80

# 第5章 立体図形 [1] 立体図形の形と表し方

**入試**
難易度 ★★☆

## 85 円すいの展開図

右の図は，ある立体の展開図です。次の問いに答えましょう。 〈足立学園中〉

(1) この立体を何といいますか。
(2) この立体の底面の半径は何 cm ですか。

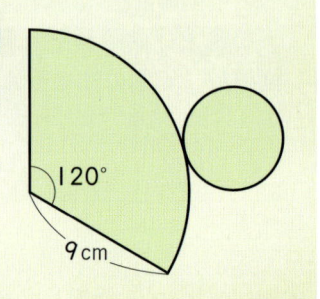

### 解き方

(1) **ステップ1** 組み立てると，どのような立体ができるか考える

組み立てると，底面が円の右の図のような立体になるので，円すい。

**答** 円すい

(2) **ステップ1** 半径の求め方を考える

側面のおうぎ形の弧の長さと底面の円の円周の長さは等しいから，弧の長さを求めれば，底面の円周の長さがわかり，半径が求められます。

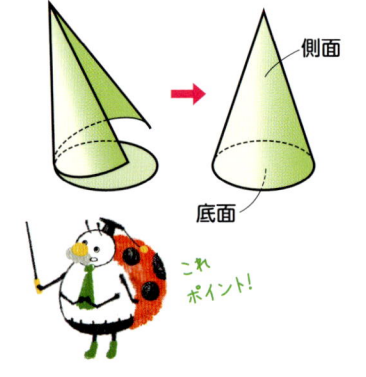

これポイント！

**ステップ2** 側面のおうぎ形の弧の長さを求める

おうぎ形の半径は 9 cm，中心角は 120° だから，弧の長さは，

$9 \times 2 \times 3.14 \times \dfrac{120}{360} = 18.84 \text{(cm)}$

**確認** おうぎ形の弧の長さ＝半径×2×円周率×$\dfrac{中心角}{360}$

**ステップ3** 底面の半径を求める

底面の円周の長さは 18.84cm だから，半径は，
18.84÷3.14÷2＝3(cm)

**答** 3cm

類題を解こう　別冊39ページ 問題85　おうぎ形の周の確認 → 162ページ 例題48

# 86 投影図

難易度 ★★★

下の図は、ある立体を真正面と真上から見た投影図です。それぞれ何という立体か答えましょう。

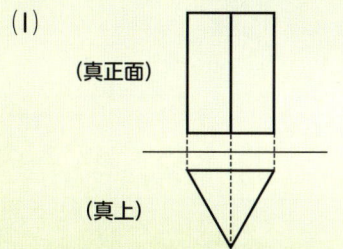

(1) （真正面）（真上）

(2) （真正面）（真上）

## 解き方

### ステップ1　真正面から見た形から立体を考える

(1) 真正面から見た形が長方形だから、この立体は角柱か円柱と考えられます。

(2) 真正面から見た形が三角形だから、この立体は角すいか円すいと考えられます。

### ステップ2　真上から見た形から底面の形を考える

(1) 真上から見た形が三角形だから、この立体の底面は三角形。

(2) 真上から見た形が円だから、この立体の底面は円。

### ステップ3　両方の図から立体を考える

(1) 底面が三角形の角柱だから、三角柱。

(2) 底面が円の右の図のような立体だから、円すい。

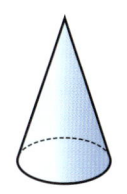

クイズみたいだね。

答　三角柱

答　円すい

類題を解こう　別冊39ページ　問題86　　角柱の確認 → 201ページ 例題80　　円すいの確認 → 206ページ 例題85

# 第5章 立体図形 [1] 立体図形の形と表し方

**入試**

難易度 ★★☆

## 87 立方体の展開図

図1は向かい合う面の和が等しい立方体です。図2，図3はこの立方体の展開図です。このとき，図2のアからエにあてはまる数を求めましょう。ただし，数字の向きは考えないものとします。

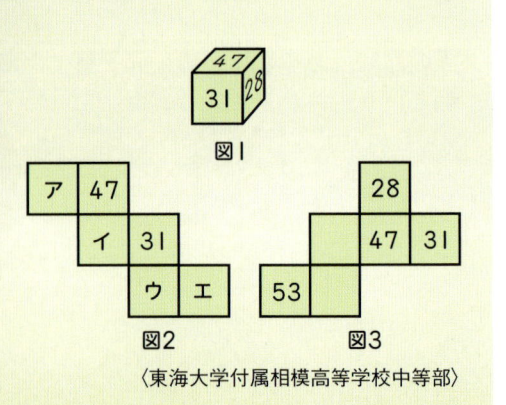

〈東海大学付属相模高等学校中等部〉

### 解き方

**ステップ1　図3から向かい合う面の和を求める**

図3の展開図を組み立てた立方体を考えると，53と47の面が向かい合うので，向かい合う面の和は，
　53+47=100

**ステップ2　47と31の面と向かい合う面を考える**

図2の展開図を組み立てた立方体を考えると，47の面はウの面と，31の面はアの面と向かい合うから，
　ウ…53　　　ア…100-31=69

**ステップ3　28の面がイとエのどちらの面か考えて，2つの面の数を求める**

展開図を組み立てて図1の向きに置いたようすを考えると，28の面はエの面だから，イの面は，
　イ…100-28=72

頭の中で組み立てて…。

**答**　ア…69，イ…72，ウ…53，エ…28

類題を解こう　別冊39ページ　問題87　　展開図の確認 → 199ページ 例題78

## 88 立方体の切断と展開図

難易度 ★★☆

図1のように、立方体 ABCD−EFGH があります。この立方体の辺 AD, DC, AE を2等分する点をそれぞれ P, Q, R とします。3点 P, Q, R を通る平面でこの立方体を切ったとき、次の問いに答えましょう。　〈巣鴨中〉

(1) 切り口の図形の名前は何ですか。
(2) 図2のような展開図に、切り口の一部の線——がかかれています。残りの切り口の線をすべて図2の展開図にかき入れましょう。

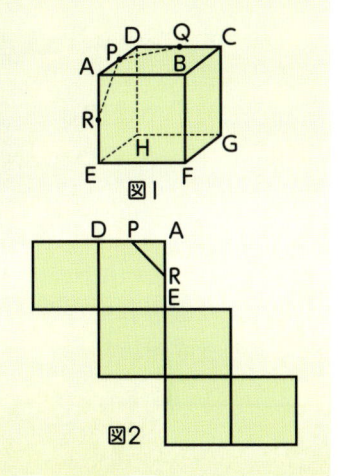

### 解き方

(1) **ステップ1** 切り口はどの辺のどこを通るか考える

切り口は、辺 EF, FG, GC を2等分する点を通るから、右の図のように正六角形になります。**答 正六角形**

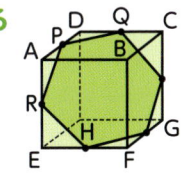

(2) **ステップ1** 頂点の記号を展開図に書き入れる

組み立てたとき、どの頂点とどの頂点が重なるかを考えて記号を書き入れると、右の図のようになります。

**ステップ2** 面ごとに考えて、切り口の線をかき入れる

例えば ABCD の面では、辺 AD と辺 CD のそれぞれを2等分する点を通る直線になります。このように、面ごとにどの辺を通るかを考えて線をかき入れると、上の図のようになります。　**答 上の図**

# 第5章 立体図形 ［1］立体図形の形と表し方

**入試**
難易度 ★★☆

## 89 色のぬられた立方体

1辺が6cmの立方体があります。この表面すべてに青色のペンキをぬりました。そして、各辺を1cmずつに切り、1辺が1cmの立方体を作りました。このとき、次の問いに答えましょう。

〈東海大学付属浦安高等学校中等部〉

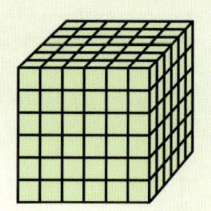

(1) 切り取られた立方体で、3つの面に色がぬられているのは何個ありますか。
(2) 切り取られた立方体で、2つの面に色がぬられているのは何個ありますか。

### 解き方

(1) **ステップ1** 3つの面に色がぬられている立方体を見つける

3つの面に色がぬられている立方体は、右の図のように、もとの立方体の頂点のところです。

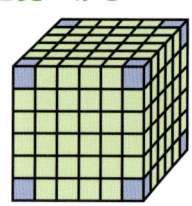

**ステップ2** 立方体の頂点の数から求める

立方体の**頂点の数は8つ**なので、3つの面に色がぬられている立方体は8個。

**答 8個**

(2) **ステップ1** 2つの面に色がぬられている立方体を見つける

2つの面に色がぬられている立方体は、右の図のように、もとの立方体のそれぞれの辺に4個ずつあります。

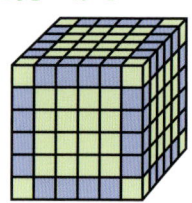

**ステップ2** 立方体の辺の数から求める

もとの立方体の1辺に4個ずつあり、立方体の**辺の数は12**あるので、2つの面に色がぬられている立方体の個数は、
4×12＝48（個）

**答 48個**

類題を解こう　別冊40ページ 問題89　直方体の確認 → 198ページ 例題77

## 90 円すいの表面上の最短の長さ

難易度 ★★★

底面の直径ABが2cm，母線OAの長さが4cmの円すいが図のように置いてあります。この円すいの側面上を通りAからAにもどる最短の線をひきます。側面上でこの線より下にある部分の面積を求めましょう。

〈獨協中〉

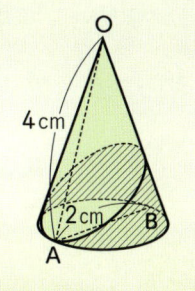

### 解き方

**ステップ1** 展開図をかくため，側面のおうぎ形の中心角を求める

側面のおうぎ形の弧の長さ（底面の円周の長さ）が半径4cmの円のどれだけにあたるかを求めると，$2×3.14÷(4×2×3.14)=\frac{1}{4}$

**おうぎ形の弧の長さは中心角に比例する**から，中心角は，$360°×\frac{1}{4}=90°$

**ステップ2** 展開図から，AからAにもどる最短の線を考える

円すいの展開図は右の図のようで，AからAにもどる最短の線は，AとA'を結ぶ**直線**になります。そして，求める面積は色をつけた部分です。

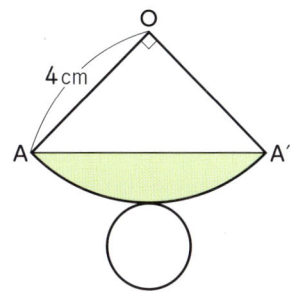

**ステップ3** 面積の求め方を考える

色をつけた部分の面積は，半径4cm，中心角90°のおうぎ形の面積から，底辺と高さが4cmの直角二等辺三角形の面積をひけば求められます。

**ステップ4** 面積を求める

$4×4×3.14×\frac{90}{360}-4×4÷2=4.56$ (cm²)

直線になるんだ！

**答** 4.56cm²

類題を解こう　別冊40ページ　問題90
円すいの確認 → 206ページ 例題85
おうぎ形の確認 → 162ページ 例題48

# 第5章 立体図形 [2] 立体図形の体積と表面積

## 02 立体図形の体積と表面積

### ここのポイント

#### 直方体・立方体の体積 → 例題91

**重要** 直方体の体積＝縦×横×高さ

例 右の直方体の体積は，5×4×3＝60(cm³)

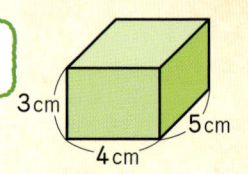

**重要** 立方体の体積＝１辺×１辺×１辺

#### 角柱，円柱の体積 → 例題93

**重要** 角柱・円柱の体積＝底面積×高さ

例 右の円柱の体積は，2×2×3.14×5＝62.8(cm³)

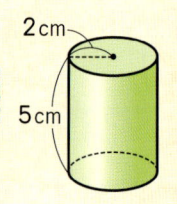

#### およその体積 → 例題94

きちんとした形をしていないものの体積は，体積の公式が使える形と見て，およその体積を求めることができます。

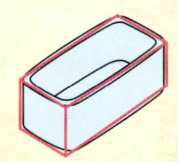

#### 直方体・立方体の表面積 入試対策 → 例題95

表面積…立体の底面積と側面積(側面全体の面積)を合わせた，立体のすべての面の面積の和。

直方体の表面積…大きさのちがう３つの面の面積の２倍。

例 右の直方体の表面積は，
(6×5＋3×5＋3×6)×2＝126(cm²)

立方体の表面積…１つの正方形の面の面積の６倍。

例 １辺が３cmの立方体の表面積は，3×3×6＝54(cm²)

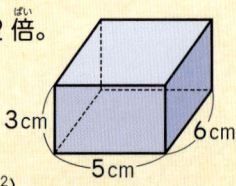

## 角柱・円柱の表面積　入試対策 → 例題 96, 97

**重要　角柱・円柱の表面積＝側面積＋底面積×2**

角柱も円柱も，展開図では側面は長方形になるから，

**角柱・円柱の側面積＝高さ×底面の周の長さ**

**例** 右の円柱の表面積は，
側面積…5×2×2×3.14＝62.8(cm²)
底面積…2×2×3.14＝12.56(cm²)
表面積…62.8＋12.56×2＝87.92(cm²)

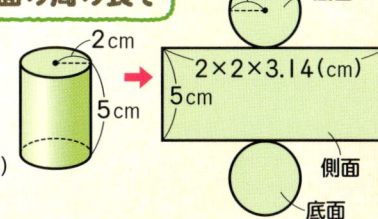

## 角すい・円すいの体積　入試対策 → 例題 98, 99

**重要　角すい・円すいの体積＝底面積×高さ×$\frac{1}{3}$**

## 角すい・円すいの表面積　入試対策 → 例題 98, 99

**重要　角すい・円すいの表面積＝側面積＋底面積**

**例** 右の円すいの表面積は，
側面積…8×8×3.14×$\frac{90}{360}$＝50.24(cm²)
底面積…2×2×3.14＝12.56(cm²)
表面積…50.24＋12.56＝62.8(cm²)

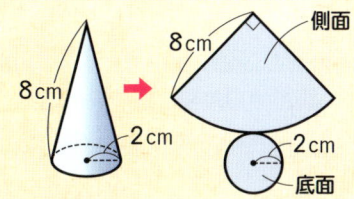

## 回転させてできる立体(回転体)　入試対策 → 例題 104, 105

1つの直線を軸として平面図形を1回転させると，円柱や円すい，それらを組み合わせた立体ができます。

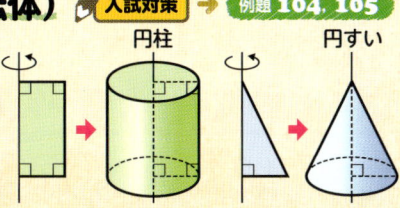

# 第5章 立体図形 [2] 立体図形の体積と表面積

5年
難易度 ★☆☆

## 91 直方体や立方体の体積

次の直方体や立方体の体積は何 $cm^3$ ですか。

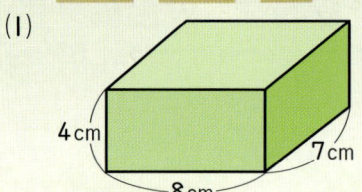

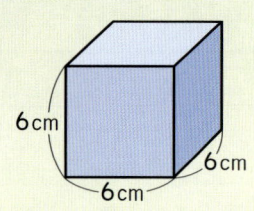

(1) 4cm, 8cm, 7cm の直方体

(2) 1辺 6cm の立方体

(3) 縦40cm, 横1.2m, 高さ50cm の直方体

### 解き方

(1) **ステップ1** 直方体の体積の公式を使って体積を求める

縦7cm, 横8cm, 高さ4cm だから, **直方体の体積=縦×横×高さ** より,

$7×8×4=224(cm^3)$

**答 $224cm^3$**

(2) **ステップ1** 立方体の体積の公式を使って体積を求める

1辺が6cm だから, **立方体の体積=1辺×1辺×1辺** より,

$6×6×6=216(cm^3)$

**答 $216cm^3$**

(3) **ステップ1** 辺の長さの単位をcmにそろえる

1.2m=120cm だから, 縦40cm, 横120cm, 高さ50cm

**ステップ2** 直方体の体積の公式を使って体積を求める

**直方体の体積=縦×横×高さ** より,

$40×120×50=240000(cm^3)$

**答 $240000cm^3$**

### ポイント

**直方体の体積=縦×横×高さ**
**立方体の体積=1辺×1辺×1辺**

しっかり覚えて!

類題を解こう → 別冊41ページ 問題91
レベルアップ → 215ページ 例題92

## 92 直方体を組み合わせた立体の体積

難易度 ★★☆

5年

右の直方体を組み合わせた立体の体積を求めましょう。

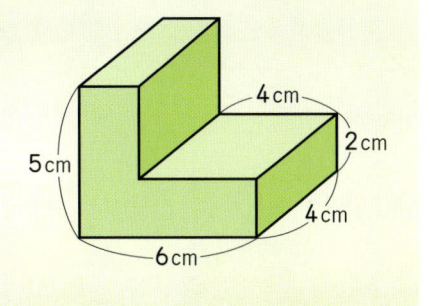

（図：5cm、4cm、2cm、4cm、6cm）

### 解き方

**ステップ1　体積の求め方を考える**

この立体の体積は、右の図のように、㋐と㋑の**直方体の体積の和**として求めることができます。

**ステップ2　㋐と㋑の直方体の体積を求める**

**直方体の体積＝縦×横×高さ** より、
㋐の直方体の体積は、4×(6−4)×5＝40(cm³)
㋑の直方体の体積は、4×4×2＝32(cm³)

**ステップ3　立体の体積を求める**

立体の体積＝㋐の直方体の体積＋㋑の直方体の体積　だから、
40＋32＝72(cm³)

**答　72cm³**

上下に分けてもいいね。

### 別の解き方

右の図のように、**大きい直方体の体積と欠けた㋒の直方体の体積の差**として求めることもできます。
大きい直方体の体積は、4×6×5＝120(cm³)
㋒の直方体の体積は、4×4×(5−2)＝48(cm³)
よって、立体の体積は、120−48＝72(cm³)

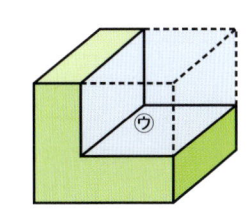

類題を解こう → 別冊41ページ 問題92　　つまずいたら → 214ページ 例題91　　レベルアップ → 216ページ 例題93

# 第5章 立体図形 [2] 立体図形の体積と表面積

6年

難易度 ★★★

## 93 角柱，円柱の体積

次の角柱や円柱の体積を求めましょう。

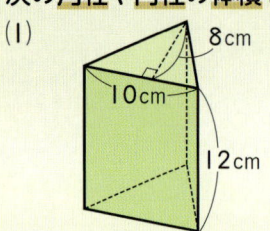

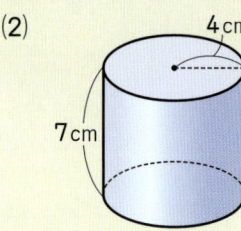

(1) 三角柱（底辺10cm，高さ8cm，奥行12cm）

(2) 円柱（半径4cm，高さ7cm）

### 解き方

**ステップ1　底面の形と高さを確認する**

(1) 底面は，底辺が10cmで高さが8cmの三角形。
高さは，12cm

(2) 底面は，半径が4cmの円。
高さは，7cm

**ステップ2　底面積を求める**

(1) **三角形の面積＝底辺×高さ÷2**
より，底面積は，
$10 \times 8 \div 2 = 40 \,(\text{cm}^2)$

(2) **円の面積＝半径×半径×円周率（3.14）**
より，底面積は，
$4 \times 4 \times 3.14 = 50.24 \,(\text{cm}^2)$

**ステップ3　角柱・円柱の体積の公式を使って体積を求める**

(1) **角柱の体積＝底面積×高さ**より，
体積は，
$40 \times 12 = 480 \,(\text{cm}^3)$

答　480cm³

(2) **円柱の体積＝底面積×高さ**より，
体積は，
$50.24 \times 7 = 351.68 \,(\text{cm}^3)$

答　351.68cm³

### ポイント

**角柱・円柱の体積＝底面積×高さ**

覚えよう！

類題を解こう　別冊41ページ 問題93　　つまずいたら→214ページ 例題91　　レベルアップ→224ページ 例題101

## 94 およその体積

難易度 ★★☆

下の図のような形をした石けんと調味料の容器の体積は、およそ何 cm³ですか。求めた値が小数になった場合は、四捨五入して整数で答えましょう。

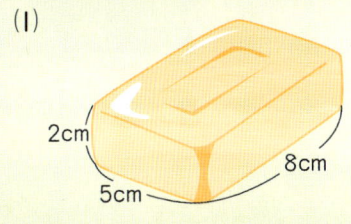

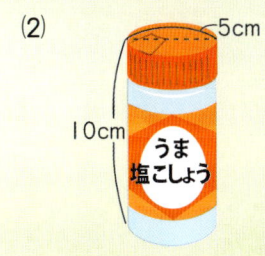

(1) 2cm, 5cm, 8cm の石けん

(2) 直径5cm、高さ10cmの「うま塩こしょう」の容器

### 解き方

**ステップ1　およその形を考える**

(1) 下の図のように、縦8cm、横5cm、高さ2cmの**直方体**と見ることができます。

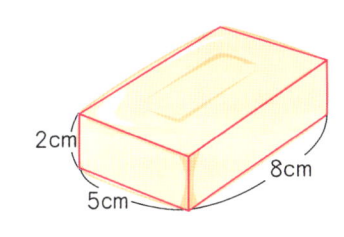

(2) 下の図のように、底面の直径が5cmで、高さが10cmの**円柱**と見ることができます。

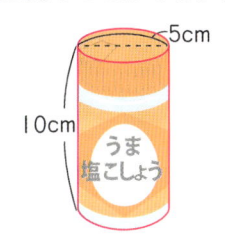

**ステップ2　およその体積を求める**

(1) 直方体と見て、
$8 \times 5 \times 2 = 80 (cm^3)$

**答　約80cm³**

注意：「およその体積」なので「約」をつける。

(2) 円柱と見て、
$2.5 \times 2.5 \times 3.14 \times 10 = 196.25 (cm^3)$
四捨五入して、196cm³

**答　約196cm³**

類題を解こう → 別冊41ページ 問題94
直方体の体積の確認 → 214ページ 例題91
円柱の体積の確認 → 216ページ 例題93

# 第5章 立体図形 [2] 立体図形の体積と表面積

**入試**
難易度 ★★☆

## 95 直方体と立方体の表面積

次の直方体と立方体の表面積を求めましょう。

(1) 3cm, 6cm, 4cm の直方体

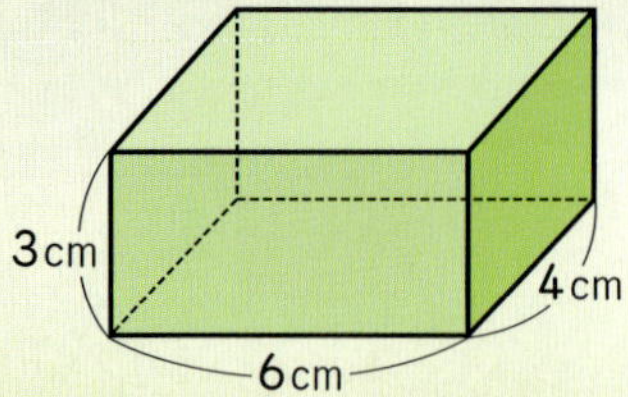

(2) 5cm, 5cm, 5cm の立方体

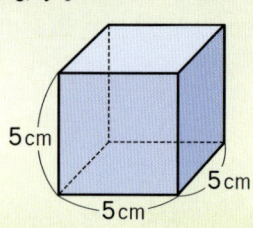

### 解き方

(1) **ステップ1** 大きさのちがう3つの面の面積を求める

右の図で，大きさのちがう㋐，㋑，㋒の面の面積は，
㋐…3×6=18(cm²) 　　㋑…4×6=24(cm²)
㋒…3×4=12(cm²)

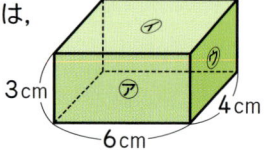

**ステップ2** 合同な長方形が2つずつあることから求める

㋐～㋒と合同な長方形がそれぞれ**2つずつある**から，表面積は，
(18+24+12)×2=108(cm²)

**答 108cm²**

### 別の解き方

側面の縦は3cm，横は20cmだから，
側面積は，3×20=60(cm²)
底面積は，4×6=24(cm²)
**角柱の表面積=側面積+底面積×2** より，
60+24×2=108(cm²)

〔展開図〕

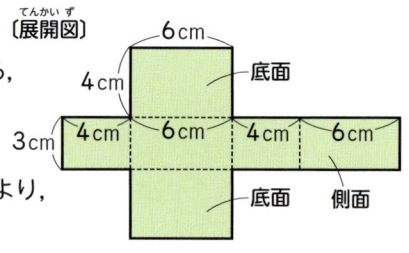

(2) **ステップ1** 1つの面の面積の6倍と考えて求める

立方体の6つの面は，**すべて合同な正方形**だから，表面積は，
5×5×6=150(cm²)

**答 150cm²**

類題を解こう → 別冊42ページ 問題95 ／ 直方体の展開図の確認 → 199ページ 例題78

218

## 96 四角柱の表面積

難易度 ★★☆

右の図のように、底面が台形の四角柱があります。〈聖学院中〉

(1) この四角柱の辺の長さを全部たすと何cmですか。

(2) この四角柱の表面積は何cm²ですか。

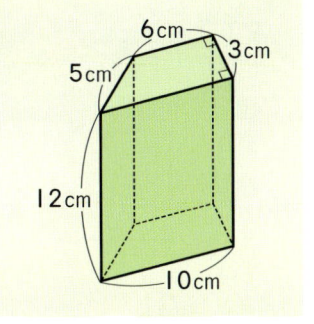

### 解き方

(1) **ステップ1** 底面の周の長さを求める

底面の周の長さは、5+10+3+6=24(cm)

**ステップ2** 2つの底面は合同であることを利用して求める

辺の長さの和は、底面の周の長さの2倍に高さ12cmの4つ分をたして、
24×2+12×4=96(cm)

**答 96cm**

(2) **ステップ1** 側面積を求める

側面積は、高さに底面の周の長さをかけて、
12×24=288(cm²)

**ステップ2** 底面積を求める

底面は台形だから、底面積は
(6+10)×3÷2=24(cm²)

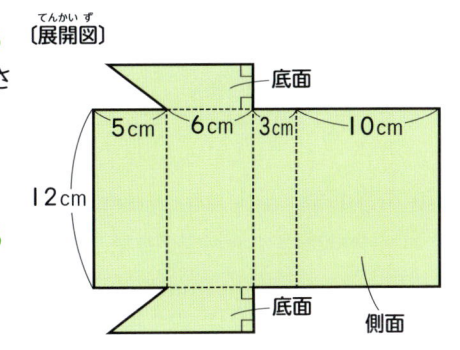

**ステップ3** 表面積を求める

角柱の表面積=側面積+底面積×2 より、
288+24×2=336(cm²)

**答 336cm²**

類題を解こう → 別冊42ページ 問題96
台形の面積の確認 → 142ページ 例題30

# 第5章 立体図形 ［2］立体図形の体積と表面積

**入試**

難易度 ★★★

## 97 円柱の表面積

次の展開図で表される立体の表面積を求めましょう。

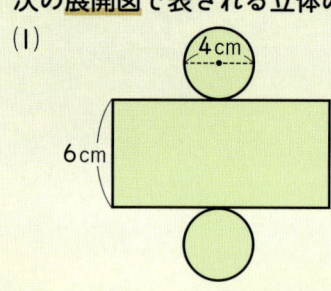

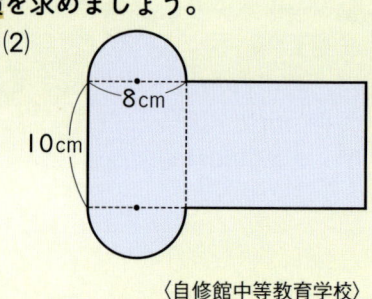

(1) 4cm / 6cm

(2) 8cm / 10cm

〈自修館中等教育学校〉

### 解き方

**ステップ1** 組み立てると、どのような立体ができるか考える

(1) 円柱

(2) 円柱を半分に切った立体

**ステップ2** 側面積を求める

(1) 側面の横の長さは、底面の円周の長さと等しいから、
 $4 \times 3.14 = 12.56$(cm)
 よって、側面積は、
 $6 \times 12.56 = 75.36$(cm²)

(2) 側面の8cmより右側の長さは、底面の半円の弧の長さと等しいから、$8 \times 3.14 \div 2 = 12.56$(cm)
 よって、側面積は、
 $10 \times (8 + 12.56) = 205.6$(cm²)

**ステップ3** 底面積を求める

(1) $2 \times 2 \times 3.14 = 12.56$(cm²)

(2) $4 \times 4 \times 3.14 \div 2 = 25.12$(cm²)

**ステップ4** 表面積を求める

円柱の表面積＝側面積＋底面積×2 より、

(1) $75.36 + 12.56 \times 2 = 100.48$(cm²)
 **答** 100.48cm²

(2) $205.6 + 25.12 \times 2 = 255.84$(cm²)
 **答** 255.84cm²

類題を解こう ➡ 別冊42ページ 問題97

半円の弧の長さの確認 ➡ 157ページ 例題43

円柱の展開図の確認 ➡ 202ページ 例題81

# 98 四角すいの表面積と体積

難易度 ★★☆

入試

次の四角すいの，(1)は表面積を，(2)は体積を求めましょう。

(1) 7cm，4cm，4cm

(2) 6cm，5cm，5cm

## 解き方

**(1) ステップ1　側面積を求める**

1つの側面は，底辺が4cm，高さが7cmの三角形で，これと合同な三角形が4つあるから，側面積は，

$4 \times 7 \div 2 \times 4 = 56 (cm^2)$
　　└─ 1つの側面の面積

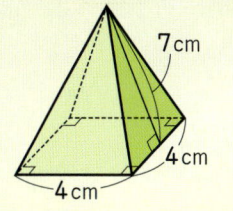

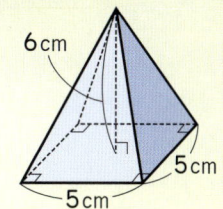

〔展開図〕

**ステップ2　底面積を求める**

1辺が4cmの正方形だから，$4 \times 4 = 16 (cm^2)$

**ステップ3　表面積を求める**

**角すいの表面積＝側面積＋底面積** より，

$56 + 16 = 72 (cm^2)$

**答 $72cm^2$**

**(2) ステップ1　底面積を求める**

1辺が5cmの正方形だから，$5 \times 5 = 25 (cm^2)$

**ステップ2　体積を求める**

高さは6cmだから，**角すいの体積＝底面積×高さ×$\frac{1}{3}$** より，

$25 \times 6 \times \frac{1}{3} = 50 (cm^3)$

**答 $50cm^3$**

角柱の体積の$\frac{1}{3}$ね。

類題を解こう → 別冊42ページ 問題98　　角すいの確認 → 205ページ 例題84

# 第5章 立体図形 [2] 立体図形の体積と表面積

**入試**
難易度 ★★☆

## 99 円すいの表面積と体積

右の図は，高さが12cmの円すいの展開図です。

〈埼玉栄中・改〉

(1) この円すいの表面積を求めましょう。
(2) この円すいの体積を求めましょう。

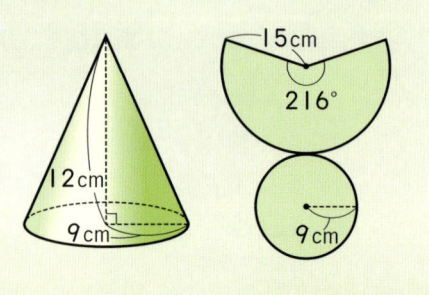

### 解き方

(1) **ステップ1** 側面積を求める

側面は，半径15cm，中心角216°のおうぎ形だから，側面積は，
$15 \times 15 \times 3.14 \times \dfrac{216}{360} = 423.9 \ (cm^2)$

**ステップ2** 底面積を求める

底面は半径9cmの円だから，底面積は，
$9 \times 9 \times 3.14 = 254.34 \ (cm^2)$

**ステップ3** 表面積を求める

**円すいの表面積＝側面積＋底面積** より，
$423.9 + 254.34 = 678.24 \ (cm^2)$

**答 678.24cm²**

(2) **ステップ1** 底面積と高さから体積を求める

この円すいの底面積は254.34cm²で，高さは12cmだから，

**円すいの体積＝底面積×高さ×$\dfrac{1}{3}$** より，

$254.34 \times 12 \times \dfrac{1}{3} = 1017.36 \ (cm^3)$

**答 1017.36cm³**

類題を解こう　別冊43ページ 問題99　円すいの確認 → 206ページ 例題85

## 100 積み重ねた立方体の体積と表面積

難易度 ★★☆

右の図の立体は，1辺が1cmの立方体を，上から1段目には1個，2段目には4個，3段目には9個，4段目には16個となるように，積み重ねたものです。次の問いに答えましょう。〈女子聖学院中〉

(1) この立体全体の体積を求めましょう。
(2) この立体全体の表面積を求めましょう。

### 解き方

(1) **ステップ1** 立方体の全体の個数から求める

立方体の全体の個数は，1+4+9+16=30(個)
1辺が1cmの立方体の体積は1cm$^3$だから，この立方体30個分の体積は，30cm$^3$

**答** 30cm$^3$

(2) **ステップ1** 上や下から見える面の数を調べる

上から見える面の数は，右の図のように，4×4=16
下から見ても同じ数だけ見えるから，上下合わせて見える面の数は，16×2=32

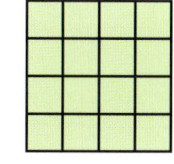

**ステップ2** 4方向から見える面の数を調べる

正面から見える面の数は，右の図のように10で，後ろ，左側，右側のどの方向から見ても同じ数ずつ見えるから，4方向から見える面の数は，10×4=40

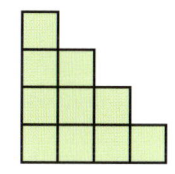

**ステップ3** 面の数から表面積を求める

見える面の数は全部で，32+40=72
1辺が1cmの正方形の面積は1cm$^2$だから，この正方形72個分の面積は，72cm$^2$

**答** 72cm$^2$

# 第5章 立体図形 [2]立体図形の体積と表面積

## 101 いろいろな立体の体積

難易度 ★★★  入試

図1の立体は底面の円の半径が4cm, 高さが10cmの円柱から一部分を切り取って作ったものです。また, 図2はこの立体を上から見た図です。次の問いに答えましょう。ただし, しゃ線の面はすべて底面と平行であるものとします。

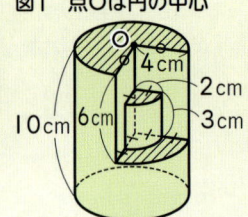

図1 点Oは円の中心
図2 点Oは円の中心
○, |のマークが入った線はそれぞれ同じ長さ

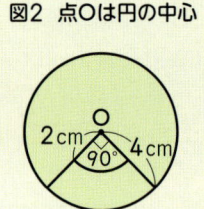

〈湘南学園中〉

(1) しゃ線部分の面積の合計を求めましょう。
(2) この立体の体積を求めましょう。

### 解き方

(1) **ステップ1** 3つの面を合わせた形を考えて求める

3つのしゃ線部分を合わせると, **半径4cmの円になる**から, 面積は,
$4 \times 4 \times 3.14 = 50.24 \, (cm^2)$

**答 50.24 cm²**

(2) **ステップ1** 体積の求め方を考える

この立体の体積は, 右の図の **全体の円柱の体積－へこんでいる㋐の体積＋㋑の体積** で求められます。

**ステップ2** 体積を求める

円柱の体積… $4 \times 4 \times 3.14 \times 10 = 502.4 \, (cm^3)$

㋐の体積…… $4 \times 4 \times 3.14 \times \dfrac{90}{360} \times 6 = 75.36 \, (cm^3)$

㋑の体積…… $2 \times 2 \times 3.14 \times \dfrac{90}{360} \times 3 = 9.42 \, (cm^3)$

よって, 立体の体積は,
$502.4 - 75.36 + 9.42 = 436.46 \, (cm^3)$

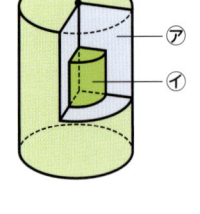

**答 436.46 cm³**

類題を解こう 別冊43ページ 問題101  つまずいたら→ 215ページ 例題92, 216ページ 例題93

# 102 くりぬいた立体の体積と表面積

**入試** 難易度 ★★☆

図は，1辺の長さが10cmの立方体から，底面が1辺の長さ6cmの正方形で高さ10cmの四角柱をくりぬいた立体です。次の問いに答えましょう。 〈東京電機大学中〉

(1) この立体の体積は何 $cm^3$ ですか。
(2) この立体の表面積は何 $cm^2$ ですか。

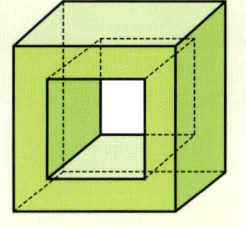

## 解き方

(1) **ステップ1 底面積を求める**

右の図の青色の面を底面と考えると，底面積は，
10×10−6×6=64($cm^2$)

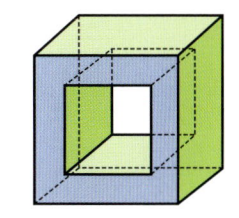

**ステップ2 体積を求める**

体積は，**底面積×高さ** より，
64×10=640($cm^3$)

**答 640$cm^3$**

(2) **ステップ1 側面積を求める**

底面の周の長さは，10×4=40(cm)だから，外側の側面積は，
40×10=400($cm^2$)
くりぬいた四角柱の底面の周の長さは，6×4=24(cm)
だから，内側の側面積は，
24×10=240($cm^2$)
側面積は全部で，400+240=640($cm^2$)

**注意** 側面は内側にもあることに注意する。

**ステップ2 表面積を求める**

底面積は64$cm^2$だから，表面積は，**側面積+底面積×2** より，
640+64×2=768($cm^2$)

**答 768$cm^2$**

類題を解こう 別冊43ページ 問題102
角柱の体積の確認 → 216ページ 例題93
角柱の表面積の確認 → 219ページ 例題96

# 第5章 立体図形 [2] 立体図形の体積と表面積

入試
難易度 ★★☆

## 103 円柱を切断した立体の体積

右の図は、ある立体の展開図です。この立体の体積を求めましょう。　〈茗溪学園中〉

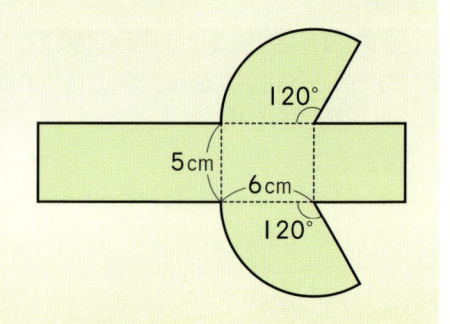

### 解き方

**ステップ1　組み立てると、どのような立体ができるか考える**

組み立てると、右の図のように、円柱を切断したような底面がおうぎ形の立体ができます。

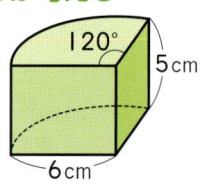

**ステップ2　底面積を求める**

底面は、半径6cm、中心角120°のおうぎ形だから、底面積は、

$$6 \times 6 \times 3.14 \times \frac{120}{360} = 37.68 \, (\text{cm}^2)$$

**ステップ3　体積を求める**

高さは5cmだから、体積は、**底面積×高さ**より、

$$37.68 \times 5 = 188.4 \, (\text{cm}^3)$$

答　188.4cm³

**参考**　角柱や円柱、上の図や右の図のような立体を、まとめて柱体という。柱体の体積は、次の式で求められる。

　　柱体の体積＝底面積×高さ

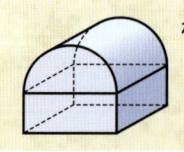

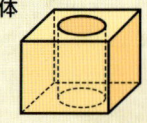

類題を解こう　別冊44ページ 問題103　　円柱の体積の確認 → 216ページ 例題93

## 104 1回転させてできる立体の体積①

**入試**　難易度 ★★☆

下の図のような図形を，直線 $\ell$ を軸として1回転させてできる立体の体積を求めましょう。

(1) 8cm、4cm の長方形

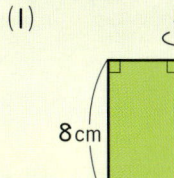

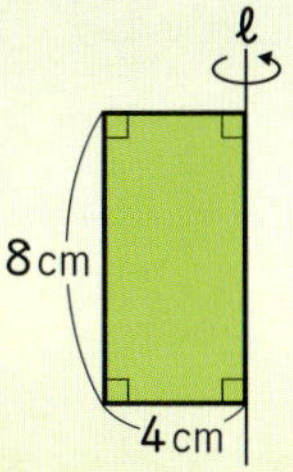

(2) 5cm（斜辺側）、3cm（底辺）の直角三角形

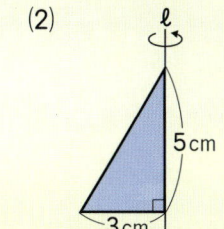

### 解き方

**ステップ1　どのような立体になるか考える**

(1) 1回転させると，右の図のような円柱になります。（4cm、8cm）

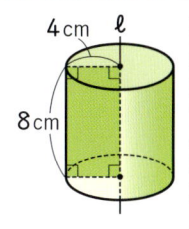

(2) 1回転させると，右の図のような円すいになります。（5cm、3cm）

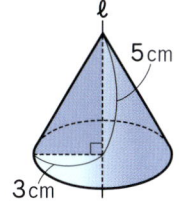

**ステップ2　底面積を求める**

(1) 底面は半径4cmの円だから，底面積は，
4×4×3.14＝50.24（cm²）

(2) 底面は半径3cmの円だから，底面積は，
3×3×3.14＝28.26（cm²）

**ステップ3　体積を求める**

(1) 円柱の体積＝底面積×高さ より，
50.24×8＝401.92（cm³）

**答　401.92cm³**

(2) 円すいの体積＝底面積×高さ×$\frac{1}{3}$ より，
28.26×5×$\frac{1}{3}$＝47.1（cm³）

**答　47.1cm³**

類題を解こう　別冊44ページ　問題104
円柱の体積の確認 → 216ページ　例題93
円すいの体積の確認 → 222ページ　例題99

# 第5章 立体図形 [2] 立体図形の体積と表面積

## 105 1回転させてできる立体の体積②

**難易度** ★★☆　　入試

右の図のような長方形から直角二等辺三角形を切り取った台形を、直線 $\ell$ のまわりに1回転してできる立体の体積は何 $cm^3$ ですか。

〈西武学園文理中〉

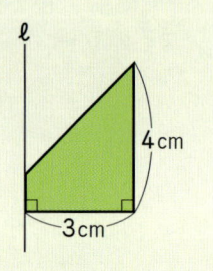

### 解き方

**ステップ1　どのような立体になるか考える**

1回転させると、右の図のように、円柱から円すいを切り取ったような立体になります。

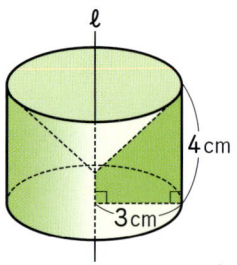

**ステップ2　円柱の体積を求める**

底面の半径は3cm、高さは4cmだから、
**円柱の体積＝底面積×高さ** より、
　　3×3×3.14×4＝113.04（$cm^3$）

**ステップ3　円すいの体積を求める**

円すいの底面の半径と高さは、長方形から直角二等辺三角形を切り取ったことから、どちらも3cmとわかります。
よって、**円すいの体積＝底面積×高さ×$\frac{1}{3}$** より、
　　3×3×3.14×3×$\frac{1}{3}$＝28.26（$cm^3$）

**ステップ4　回転してできる立体の体積を求める**

円柱の体積から円すいの体積をひいて、
　　113.04－28.26＝84.78（$cm^3$）

見取図をかこう！

**答** 84.78$cm^3$

類題を解こう → 別冊44ページ 問題105　　つまずいたら → 227ページ 例題104

## 106 円柱をななめに切断したときの体積

難易度 ★★★

図1の立体は，底面が直径4cm，高さ10cmの円柱に，縦6cm，横10cmの直方体をななめに通したものです。また図2は図1を真横から見た図です。

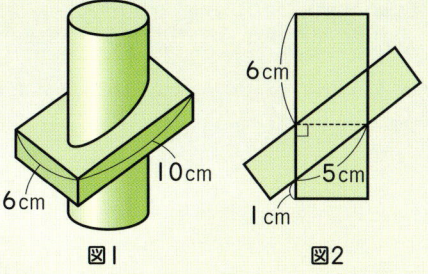

〈青山学院中等部〉

(1) 直方体の高さは何cmですか。
(2) 立体の体積は何cm³ですか。

### 解き方

(1) **ステップ1** 三角形の面積をもとにして求める

右の図の三角形ABCで，ABは3cm，ACは4cmだから，面積は，$3×4÷2=6(cm^2)$
**辺BCを底辺としたときの高さが，この直方体の高さ**だから，高さを $x$ cmとして，
$5×x÷2=6 → x=2.4$

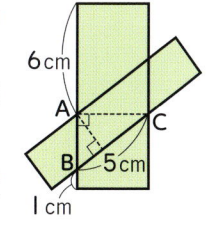

**答 2.4cm**

(2) **ステップ1** 円柱部分の体積を求める

直方体の上下の部分を合わせると，右の図のように，直径が4cm，高さが7cmの円柱になるから，体積は，
$2×2×3.14×7=87.92(cm^3)$

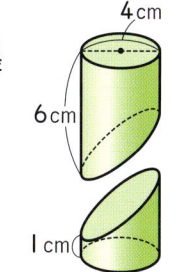

**ステップ2** 直方体の体積を求める

高さは2.4cmだから，$10×6×2.4=144(cm^3)$

**ステップ3** 立体の体積を求める

円柱と直方体の体積をたして，$87.92+144=231.92(cm^3)$

**答 231.92cm³**

# 第5章 立体図形 [2] 立体図形の体積と表面積

入試
難易度 ★★★

## 107 立方体を切断したときの体積

右の図は1辺の長さが6cmの立方体ABCD-EFGHを，3つの頂点B，D，Eを通る平面で切り取った残りの立体の見取図です。このとき，次の問いに答えましょう。

〈日本大学藤沢中〉

(1) 切り取った立体の名前を書きましょう。
(2) 残った立体の体積を求めましょう。

### 解き方

(1) **ステップ1 切り取った立体はどのような形か考える**

切り取った立体は，右の図のように，底面が三角形の角すいだから，三角すい。

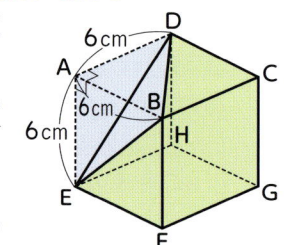

**答 三角すい**

(2) **ステップ1 体積の求め方を考える**

残った立体の体積は，**もとの立方体の体積から三角すいの体積をひけば**求められます。

**ステップ2 三角すいの体積を求める**

三角すいの底面の辺も高さもみんな6cmだから，体積は，

$6×6÷2×6×\dfrac{1}{3}=36(cm^3)$
　底面積

**ステップ3 立方体の体積を求める**

立方体の1辺は6cmだから，体積は，$6×6×6=216(cm^3)$

**ステップ4 残った立体の体積を求める**

立方体の体積から三角すいの体積をひいて，$216-36=180(cm^3)$

**答 180cm³**

三角すいだ！

類題を解こう → 別冊44ページ 問題107　角すいの体積の確認 → 221ページ 例題98

# 03 容積

## ここのポイント

### 直方体の容器の容積 → 例題108

容積…容器にいっぱいに入る水などの体積を，その容器の容積といいます。
内のり…容器の内側の長さ。

**重要** 直方体の容器の容積＝(内のりの)縦×横×高さ

### 石などの体積 → 例題109

石などを完全に水にしずめたとき，石などの体積は，それが
おしのけた水の体積(増えた水の体積)と等しくなります。

石の体積が求められるね。

### 容器と水の深さ 入試対策 → 例題110

**重要** 柱体の容器中の水の体積＝底面積×水の深さ

上の式から，水の深さは次の式で求めることができます。

水の深さ＝水の体積÷底面積

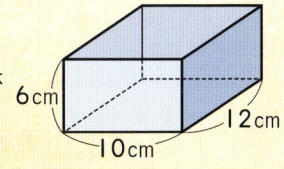

例 $600cm^3$ の水を，内のりが右の図のような直方体
の容器に入れたときの水の深さは，
600÷(12×10)＝5(cm)

### しずまないときの水の深さ 入試対策 → 例題112

ものを水に入れて，右の図のように水面から出るときの
水の深さは，次の式で求められます。

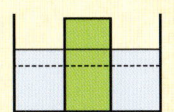

水の深さ＝水の体積÷(容器の底面積－ものの底面積)

# 第5章 立体図形 [3] 容積

## 108 直方体の容器の容積

5年
難易度 ★★★

厚さ1cmの板でつくった，右の図のような直方体の容器があります。この容器の容積は何Lですか。

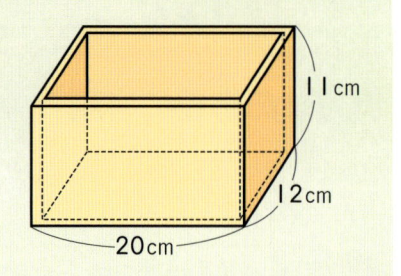

（図：11cm、12cm、20cm）

### 解き方

**ステップ1　容器の内のりを求める**

内のりの縦，横，深さは，外側の長さから**板の厚さをひいて**求めます。

縦……12cm から板2枚分の厚さをひいて，
　　　12−2=10(cm)

横……20cm から板2枚分の厚さをひいて，
　　　20−2=18(cm)

深さ…11cm から板1枚分の厚さをひいて，
　　　11−1=10(cm)

深さに注意だね。

**ステップ2　容積をcm³の単位で求める**

容積は，容器に入る水などの体積で，右の図のような直方体になるから，

**直方体の体積=縦×横×高さ** より，
　　10×18×10=1800(cm³)

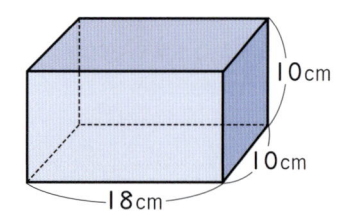

（図：10cm、18cm、10cm）

**ステップ3　容積をLの単位になおす**

1000cm³=1L だから，
1800cm³=1.8L

**答** 1.8L

注意　Lの単位になおすことを忘れないように。

類題を解こう　別冊45ページ　問題108　　つまずいたら → 214ページ　例題91　　レベルアップ → 234ページ　例題110

# 109 石の体積

難易度 ★★☆

内のりの縦が12cm，横が15cmの直方体の水そうに，深さ8cmまで水が入っています。この中に石をしずめたら，水の深さは11cmになりました。この石の体積は何cm³ですか。

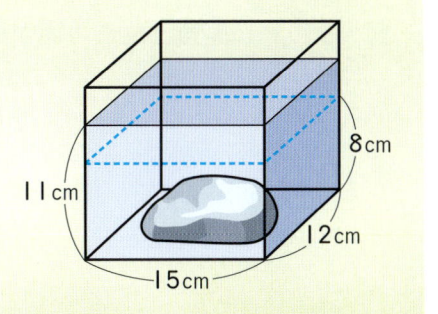

## 解き方

### ステップ1　石の体積の求め方を考える

石の体積は，**増えた分の水の体積と等しい**から，この体積を求めれば，石の体積が求められます。

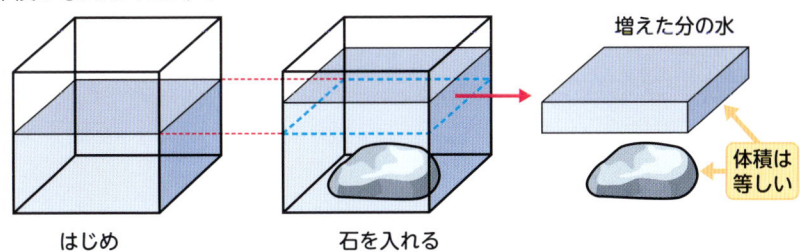

はじめ　／　石を入れる　／　増えた分の水　　体積は等しい

### ステップ2　増えた深さを求める

深さは，はじめ8cmで，石を入れたあと11cmになったから，増えた深さは，
11－8＝3（cm）

### ステップ3　石の体積を求める

石の体積は，増えた分の縦12cm，横15cm，高さ3cmの直方体の形をした水の体積と等しいから，
12×15×3＝540（cm³）

**答　540cm³**

# 第5章 立体図形 [3] 容積

## 110 容器と水の深さ

難易度 ★★★  入試

図のように，直角三角形の面が2枚と長方形の面が3枚からなる容器に，底から8cmの深さまで水が入っています。これを，三角形ABCが底面になるように置きなおすと，水の深さは何cmになりますか。 〈開智中〉

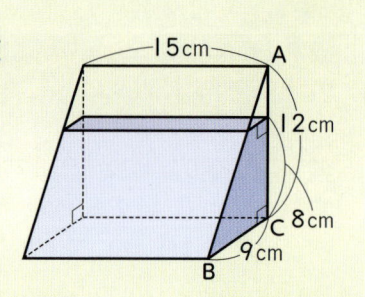

### 解き方

#### ステップ1　底面の台形の上底の長さを求める

水の体積を，底面が台形の四角柱と考えて求めるため，右の図のDEの長さを求めます。

三角形ADEと三角形ABCは**相似**だから，

4：12＝DE：9　← AE：AC＝DE：BC

DE＝4×9÷12＝3（cm）

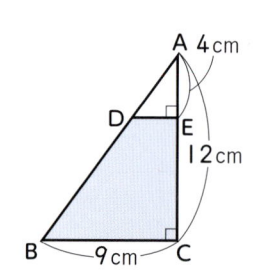

#### ステップ2　水の体積を求める

水の体積は，底面の台形の面積に高さ15cmをかけて，

(3＋9)×8÷2×15＝720（cm³）

#### ステップ3　新しい底面積を求める

三角形ABCが底面になるように置きなおすので，底面積は，

9×12÷2＝54（cm²）

#### ステップ4　置きなおしたときの水の深さを求める

**水の体積＝底面積×水の深さ**　だから，

**水の深さ＝水の体積÷底面積**　で求められます。

720÷54＝13 $\frac{1}{3}$（cm）　　答　13 $\frac{1}{3}$ cm

底面積がポイント！

容器の水を，別の容器に入れかえると考えるとわかりやすい。

類題を解こう → 別冊45ページ　問題110
相似の確認 → 184ページ　例題66
角柱の体積の確認 → 216ページ　例題93

| | 3年 | 4年 | 5年 | 6年 | 入試 |

入試

難易度 ★★☆

## 111 容器をかたむけて残った水の体積

縦70cm，横100cm，高さ30cmの直方体の水そうにいっぱいの水が入っています。水そうを45°かたむけると水がこぼれました。もとの位置にもどしたとき，水の高さは何cmになっていますか。

〈同志社中〉

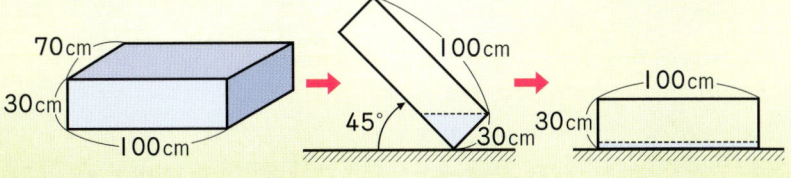

### 解き方

**ステップ1** かたむけて残った水の形を考える

45°にかたむけたので，残った水は右の図のように，底面が**直角二等辺三角形**で高さが70cmの三角柱になります。

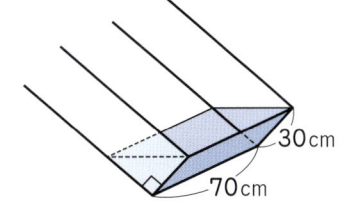

**ステップ2** 残った水の体積を求める

残った水の体積は，**底面積×高さ** より，

30×30÷2×70＝31500（cm³）
底面の三角形の面積

**ステップ3** 水そうの底面積を求める

水そうの底面の縦は70cm，横は100cmなので，底面積は，

70×100＝7000（cm²）

**ステップ4** もとの位置にもどしたときの水の高さを求める

水の体積は31500cm³，底面積は7000cm²なので，

**水の高さ（深さ）＝水の体積÷底面積** より，

31500÷7000＝4.5（cm）

答 4.5cm

# 第5章 立体図形 [3] 容積

## 112 棒を水に入れたときの水の深さ

入試　難易度 ★★★

図1のように，底面積が210cm²の直方体の容器に，水が12cmの高さまで入っています。
図2のように，底面積が30cm²の棒をまっすぐに入れました。次の問いに答えましょう。

〈山脇学園中〉

(1) 水の深さは何cmになりますか。
(2) 次に，棒を5cmだけ真上に持ち上げました。このとき，水の深さは何cmになりますか。

## 解き方

(1) **ステップ1　水の体積を求める**

水の体積は，**底面積×高さ** より，$210×12=2520(cm^3)$

**ステップ2　水の深さを求める**

棒を入れたときの容器の底面積は，$210-30=180(cm^2)$
だから，**水の深さ＝水の体積÷底面積** より，
$2520÷180=14(cm)$

> 棒の底面積の分だけ底面積が小さくなる。

**答 14cm**

(2) **ステップ1　水の高さが5cm低くなったと考えて水の体積を求める**

水の高さが，$12-5=7(cm)$ の容器に棒を入れたと考えると，水の体積は，$210×7=1470(cm^3)$

**ステップ2　水の深さを求める**

上のときの水の深さは，$1470÷180=8\frac{1}{6}(cm)$
だから，全体の水の深さは，$5+8\frac{1}{6}=13\frac{1}{6}(cm)$

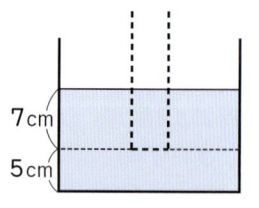

**答 $13\frac{1}{6}$cm**

# 113 底面積と高さの比

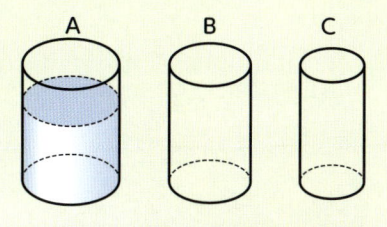

**入試**　難易度 ★★★

図のような円柱の形をした容器A，B，Cがあります。3つの容器の深さはすべて120cmで，底面の円の面積は，BがAの$\frac{4}{5}$倍，CがBの$\frac{3}{4}$倍です。Aの容器には84cmの深さまで水が入っていて，BとCは空になっています。このとき，次の問いに答えましょう。

〈星野学園中〉

(1) Aに入っているすべての水をBに移すと，水の深さは何cmになりますか。

(2) Aに入っているすべての水をBとCに同じ量ずつ分けて入れると，BとCの水の深さの差は何cmになりますか。

## 解き方

(1) **ステップ1** 水の体積＝底面積の比×高さ と考えて求める

Aの底面積を1とすると，Bの底面積は$\frac{4}{5}$

Aの水の体積は，1×84＝84 だから，Bに入れたときの水の深さは，**水の体積÷底面積の比** より，

$84 \div \frac{4}{5} = 105$(cm)

> 底面積の比をそのまま底面積と考えるとよい。

**答 105cm**

(2) **ステップ1** AとCの底面積の比を考える

Aの底面積を1とすると，Cの底面積は，$\frac{4}{5} \times \frac{3}{4} = \frac{3}{5}$

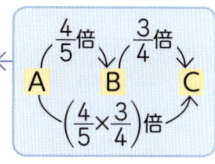

A　$\xrightarrow{\frac{4}{5}倍}$　B　$\xrightarrow{\frac{3}{4}倍}$　C
A $\xrightarrow{\left(\frac{4}{5} \times \frac{3}{4}\right)倍}$ C

**ステップ2** 水の深さの差を求める

それぞれに入れる水の体積は，84÷2＝42 だから，(1)と同じように考えて，

$42 \div \frac{3}{5} - 42 \div \frac{4}{5} = 17.5$(cm)

**答 17.5cm**

# 第5章 立体図形 [3] 容積

## 114 底面積が変わる水そう

入試
難易度 ★★★

次の図のような直方体から直方体を切り取った容器に、毎分同じ量の水を満水になるまで入れました。時間と水の深さの関係が、次のグラフのようになったとき、後の問いに答えましょう。

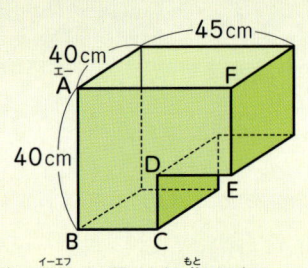

〈東海大学付属相模高等学校中等部〉

(1) EF の長さを求めましょう。
(2) BC の長さを求めましょう。

### 解き方

(1) **ステップ1** グラフから読み取る

グラフのかたむきが変わったということは、**底面積が変わった**ということだから、CD の長さは15cm、EF の長さは、40−15=25(cm) **答** 25cm

(2) **ステップ1** 毎分入る水の体積を求める

13分から52分までの39分間に、深さが25cm 増えているから、毎分入る水の体積は、$40 \times 45 \times 25 \div 39 = \frac{45000}{39}$ (cm³)
(39分間で入る水の体積)

**ステップ2** Dの深さまでの13分間に入る水の体積を求める

$\frac{45000}{39} \times 13 = 15000$ (cm³)

**ステップ3** BCの長さを求める

$40 \times BC \times 15 = 15000$ → $BC = 15000 \div 600 = 25$ (cm) **答** 25cm

グラフがポイントだね。

# 115 しきりのある容器

難易度 ★★★

右の図1のような黒い不透明なしきりのある水そうに2つの水道から同じ量の水を一定の割合で入れます。図1の矢印のほうから見た水の深さを測ったところ、時間と水の深さの関係は図2のグラフのようになりました。ただし、しきりの厚さは考えないものとします。次の問いに答えましょう。〈自修館中等教育学校〉

(1) 1つの水道からは、毎分何Lの水を入れているか答えましょう。
(2) ⑦の長さを答えましょう。

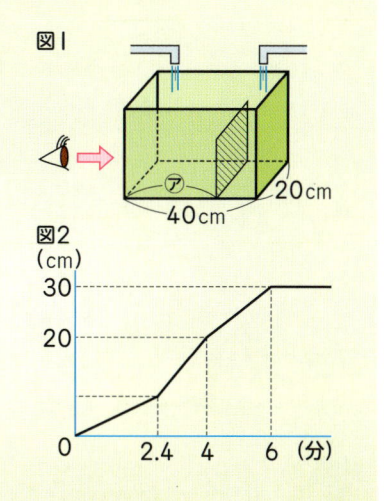

## 解き方

(1) **ステップ1** しきりの上の部分にたまる水の体積と時間から求める

水のたまる場所とグラフの関係は右の図のようになります。グラフの③の部分から、2分間で深さが10cm増えているから、
20×40×10÷2÷2=2000(cm³)
   2つの水道で毎分入る水の体積

**答 毎分2L**

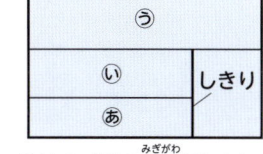

⑥は、しきりの右側があふれて、2つの水道から水が入る。

(2) **ステップ1** 4分間で入る水の体積を求める

右のグラフの⑧は1つの水道、⑥は2つの水道から水が入るから、しきりの左側に4分間で入る水の体積は、
2000×2.4+2000×2×(4-2.4)
=11200(cm³)

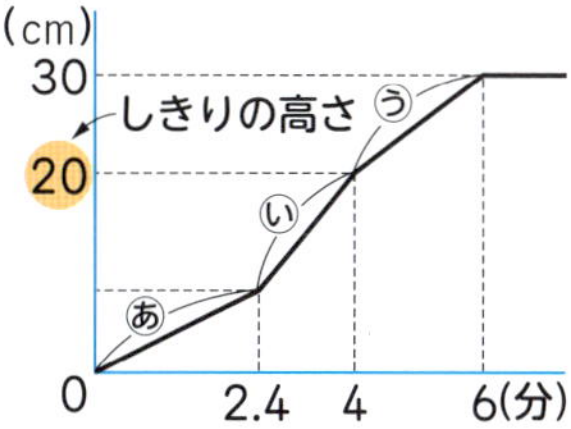

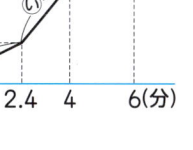

**ステップ2** ⑦の長さを求める

20×⑦×20=11200 → ⑦=11200÷400=28(cm)　**答 28cm**

類題を解こう → 別冊47ページ 問題115
直方体の容積の確認 → 232ページ 例題108

# COLUMN こんなとこにも！便利な算数

## あなたの住んでいる県のマークは，線対称？点対称？

日本には，47の都道府県があります。そして，それぞれの都道府県にはマークが決められています。

まず，あなたの住んでいる都道府県のマークをさがしてみましょう。

そのマークは，線対称ですか？点対称ですか？ 両方ですか？ どれにも当てはまりませんか？

自分の住んでいる都道府県が終わったら，ほかの都道府県のマークでも調べてみましょう。

さがしてみてね。

**答え**
〈線対称なマーク〉北海道，岩手県，千葉県，東京都，神奈川県，福井県，山梨県，長野県，京都府，大阪府，奈良県，岡山県，山口県，高知県，佐賀県，大分県，宮崎県，沖縄県
〈点対称なマーク〉岩手県，埼玉県，京都府，兵庫県，島根県
※それ以外は，どちらでもありません。
※県によってマークがいくつかある場合もあります。

# 数量関係編

- 第1章 文字と式 ……………………… 244
- 第2章 量の比べ方 …………………… 254
- 第3章 資料の表し方 ………………… 286
- 第4章 割合とグラフ ………………… 301
- 第5章 比 ……………………………… 315
- 第6章 2つの量の変わり方 ………… 330
- 第7章 場合の数 ……………………… 350

**数量関係編** 月までどれく

地球から月までは,なんと384400km。
たどり着くのにどれだけかかるんだろう。
きょり÷速さを計算すれば,わかるよ。

ジェット機
時速**900**km

チーター
時速**110**km

# らいかかるかな

ロケット
時速 **40000km**

地球から月までのきょり
# 384400km

さぁ,これから数量関係の勉強を始めよう。

# 第1章 文字と式 [1] □を使った式

## 01 □を使った式

### ここのポイント

#### □を使った式の表し方

ことばの式を使い，わからない数を□として式に表します。

**例** 色紙を25枚持っています。今日，何枚か買ったので，全部で40枚になりました。

これを，買った数を□枚として，式に表すと，

ことばの式 ➡ はじめの数 ＋ 買った数 ＝ 全部の数

□を使った式 ➡ 25 ＋ □ ＝ 40

> 図に表すと，数の関係がわかりやすくなるね。

#### □にあてはまる数の求め方

□を使った式の□にあてはまる数の求め方は，図に表して考えることができます。

**□を使ったたし算・ひき算の式 ➡ 例題1**

**例** 25＋□＝40

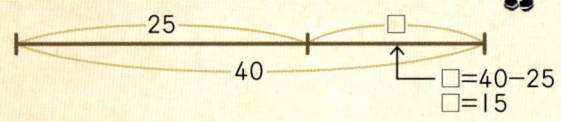

□＝40−25
□＝15

**例** 32−□＝10

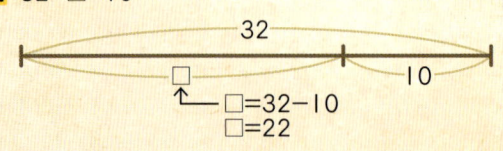

□＝32−10
□＝22

**□を使ったかけ算の式 ➡ 例題2**

**例** □×5＝35

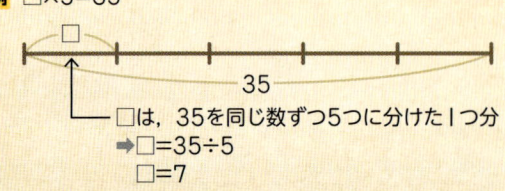

□は，35を同じ数ずつ5つに分けた1つ分
➡ □＝35÷5
□＝7

# 1 □を使ったたし算・ひき算の式

難易度 ★★★

次の問題を、□を使った式に表して解きましょう。

(1) 公園に子どもが16人います。後から何人か来たので、子どもは全部で23人になりました。後から来た子どもは何人ですか。

(2) えん筆が20本あります。弟に何本かあげたので、残りが12本になりました。弟にあげたのは何本ですか。

## 解き方

### ステップ1　わからない数を見つける

(1) ❶はじめに16人いて（はじめの人数）
　　❷何人か来たら（来た人数）← わからない数
　　❸全部で23人になった（全部の人数）

(2) ❶はじめに20本あって（はじめの本数）
　　❷何本かあげたら（あげた本数）← わからない数
　　❸残りが12本になった（残りの本数）

### ステップ2　わからない数を□として式に表す

ステップ1を**ことばの式**にして、それに□や数をあてはめると、

(1) ❶はじめの人数 ＋ ❷来た人数 ＝ ❸全部の人数
　　　16 ＋ □ ＝ 23

(2) ❶はじめの本数 － ❷あげた本数 ＝ ❸残りの本数
　　　20 － □ ＝ 12

### ステップ3　□にあてはまる数を求める

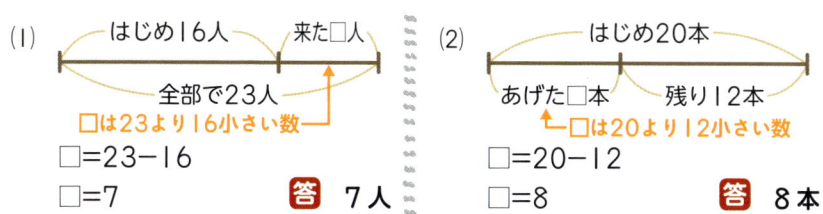

(1) はじめ16人｜来た□人
　　全部で23人
　　□は23より16小さい数
　　□＝23－16
　　□＝7
　　**答 7人**

(2) はじめ20本
　　あげた□本｜残り12本
　　□は20より12小さい数
　　□＝20－12
　　□＝8
　　**答 8本**

類題を解こう：別冊48ページ 問題1
レベルアップ → 248ページ 例題3、251ページ 例題6

# 第1章 文字と式 ［1］□を使った式

**3年**
難易度 ★☆☆

## 2　□を使ったかけ算の式

次の問題を，□を使ったかけ算の式に表して解きましょう。

(1) 色紙を6枚買ったら，代金は48円でした。色紙1枚の値段は何円ですか。

(2) あめを4個ずつ何人かの子どもに配るのに，20個いります。子どもは何人いますか。

### 解き方

**ステップ1　わからない数を見つける**

(1) 
❶ <u>1枚何円か</u>の色紙を  （1枚の値段）← わからない数
❷ <u>6枚買ったら</u>  （枚数）
❸ <u>代金が48円だった</u>  （代金）

(2)
❶ あめを <u>4個ずつ</u>  （1人分の数）
❷ <u>何人か</u>に配るのに  （人数）← わからない数
❸ <u>20個いる</u>  （全部の数）

**ステップ2　わからない数を□として式に表す**

ステップ1 を**ことばの式**にして，それに□や数をあてはめると，

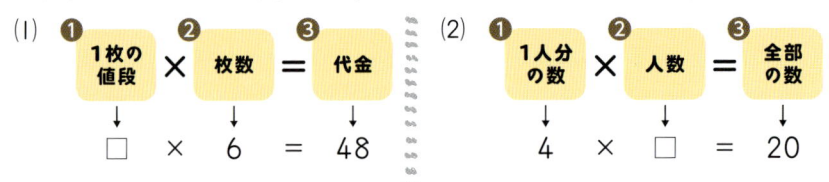

(1)
| ❶1枚の値段 | × | ❷枚数 | = | ❸代金 |
| □ | × | 6 | = | 48 |

(2)
| ❶1人分の数 | × | ❷人数 | = | ❸全部の数 |
| 4 | × | □ | = | 20 |

**ステップ3　□にあてはまる数を求める**

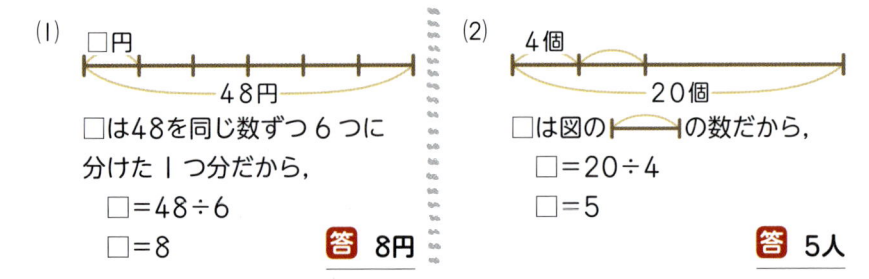

(1) □円 ／ 48円
□は48を同じ数ずつ6つに分けた1つ分だから，
□=48÷6
□=8
**答** 8円

(2) 4個 ／ 20個
□は図の ├──┤ の数だから，
□=20÷4
□=5
**答** 5人

類題を解こう　別冊48ページ 問題2　レベルアップ → 248ページ 例題3，252ページ 例題7

246

# 02 文字を使った式

## ここのポイント

### 文字を使った式 → 例題3

いろいろと変わる数量を，$x$ などの文字を使って式に表すことができます。

**例** 縦の長さが 4 cm，横の長さが $x$ cm の長方形の面積を求める式は，
**長方形の面積＝縦×横**より，$4 \times x \,(\text{cm}^2)$

### 2つの数量の関係を表す式 → 例題4

2つの数量の関係を，$x$ や $y$ などの文字を使って式に表すことができます。

**例** 1個20円のあめを $x$ 個買ったら，代金は $y$ 円でした。これを式に表すと，
**1個の値段×個数＝代金**より，$20 \times x = y$

### $x$ の値の求め方 → 例題5

たし算とひき算，かけ算とわり算がそれぞれ逆の関係にあることを使って求めます。

**例** ① $x+8=12$ ← たし算の逆はひき算
　　$x=12-8$
　　$x=4$

② $x \times 7 = 42$ ← かけ算の逆はわり算
　　$x=42 \div 7$
　　$x=6$

### 文字と式の利用 → 例題6〜8

求める数量を $x$ として式に表し，$x$ の表す数を求めて問題を解くことができます。

**例** 何本かのえん筆を 4 人で等分したら，1 人分が 6 本になりました。えん筆は，はじめに何本ありましたか。➡ はじめの本数を $x$ 本とすると，
**はじめの本数÷人数＝1人分の本数**より，$x \div 4 = 6$
　　$x = 6 \times 4$
　　$x = 24 \to 24$本

# 第1章 文字と式 [2] 文字を使った式

**6年**

難易度 ★☆☆

## 3 文字を使った式

次のことがらを，文字を使った式で表しましょう。
(1) 1個60円のトマトを $x$ 個買ったときの代金
(2) 底辺が $a$ cm で，高さが 7 cm の三角形の面積

### 解き方

(1) **ステップ1** ことばの式を考える

代金は，1個の値段×個数で求められます。

**ステップ2** ことばの式に文字や数をあてはめる

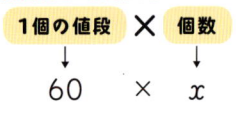

| 1個の値段 | × | 個数 |
|---|---|---|
| ↓ | | ↓ |
| 60 | × | $x$ |

**答** $60 \times x$ (円)

**注意** 答えに単位をつけるのを忘れないように！

### くわしく ⊕

個数が 1 個，2 個，…のときの代金を求める式を書くと，

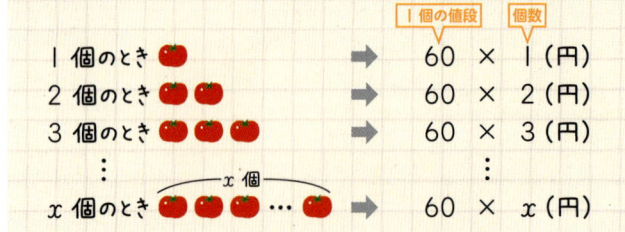

|  | 1個の値段 | | 個数 |  |
|---|---|---|---|---|
| 1個のとき 🍅 → | 60 | × | 1 | (円) |
| 2個のとき 🍅🍅 → | 60 | × | 2 | (円) |
| 3個のとき 🍅🍅🍅 → | 60 | × | 3 | (円) |
| ⋮ | | | ⋮ | |
| $x$個のとき 🍅🍅…🍅 → | 60 | × | $x$ | (円) |

(2) **ステップ1** 公式を考える

三角形の面積は，底辺×高さ÷2で求められます。

**ステップ2** 公式に文字や数をあてはめる

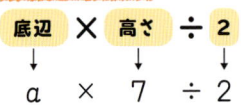

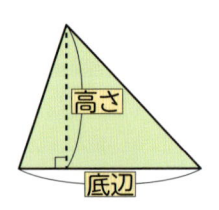

| 底辺 | × | 高さ | ÷ | 2 |
|---|---|---|---|---|
| ↓ | | ↓ | | ↓ |
| $a$ | × | 7 | ÷ | 2 |

**答** $a \times 7 \div 2$ (cm²)

**類題を解こう** → 別冊48ページ 問題3　**レベルアップ** → 249ページ 例題4

# 4 2つの数量の関係を表す式

難易度 ★★☆

$x$ 円の品物を買って100円出したら，おつりが $y$ 円でした。
(1) $x$ と $y$ の関係を式に表しましょう。
(2) $x$ の値が32のときの $y$ の値を求めましょう。

**解き方**

(1) **ステップ1** ことばの式を考える

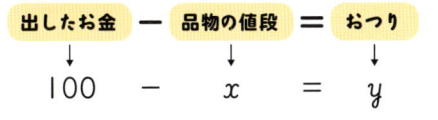

出したお金－品物の値段＝おつり

**ステップ2** ことばの式に文字や数をあてはめる

| 出したお金 | － | 品物の値段 | ＝ | おつり |
|---|---|---|---|---|
| ↓ | | ↓ | | ↓ |
| 100 | － | $x$ | ＝ | $y$ |

**答** $100-x=y$

おつりをもらうのを忘れちゃった〜！

### くわしく ⊕

品物の値段が10円，15円，…のときの値段とおつりの関係を式に表すと，

| | 出したお金 | | 品物の値段 | | おつり |
|---|---|---|---|---|---|
| 10円のとき ➡ | 100 | － | 10 | ＝ | 90 |
| 15円のとき ➡ | 100 | － | 15 | ＝ | 85 |
| 20円のとき ➡ | 100 | － | 20 | ＝ | 80 |
| ⋮ | | | ⋮ | | |
| $x$ 円のとき ➡ | 100 | － | $x$ | | $y$ |

(2) **ステップ1** (1)の式の $x$ に数をあてはめる

$100-x=y$ の式の $x$ に32をあてはめます。

**ステップ2** 計算して $y$ の値を求める

$x=32$ のとき，$100-\underset{x}{32}=\underset{y}{68}$  $y=68$

**答** 68

**参考** $100-x=y$ の式で，$x$ にあてはめた数32を「$x$ の値」といい，そのときの $y$ の表す数68を「$y$ の値」という。

問題を解こう ➡ 別冊49ページ 問題4

# 第1章 文字と式 [2] 文字を使った式

**6年**

難易度 ★★☆

## 5 $x$ の値の求め方

次の式で，$x$ の表す数を求めましょう。
(1) $x+16=50$
(2) $x-8=39$
(3) $x\times 3=42$
(4) $x\div 7=18$

### 解き方

(1)(2) **ステップ1** たし算とひき算の関係を確認する

たし算とひき算は，逆の関係になっています。

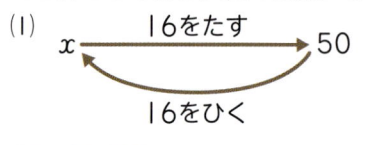

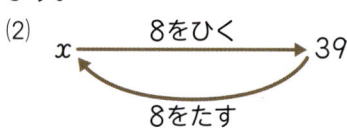

(1) $x$ →16をたす→ 50 ／ ←16をひく←

(2) $x$ →8をひく→ 39 ／ ←8をたす←

**ステップ2** $x$ の表す数を求める

(1) $x+16=50$
 $x=50-16$
 $x=34$

（たし算の逆はひき算）

↑＝を縦にそろえておくとわかりやすい。

(2) $x-8=39$
 $x=39+8$
 $x=47$

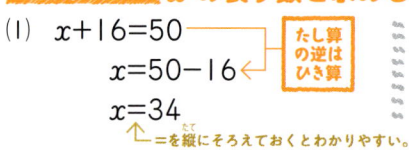

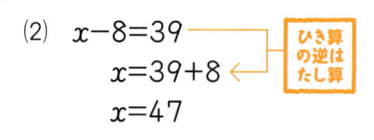

（ひき算の逆はたし算）

(3)(4) **ステップ1** かけ算とわり算の関係を確認する

かけ算とわり算は，逆の関係になっています。

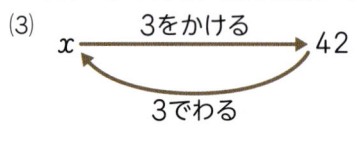

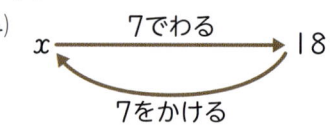

(3) $x$ →3をかける→ 42 ／ ←3でわる←

(4) $x$ →7でわる→ 18 ／ ←7をかける←

**ステップ2** $x$ の表す数を求める

(3) $x\times 3=42$
 $x=42\div 3$
 $x=14$

（かけ算の逆はわり算）

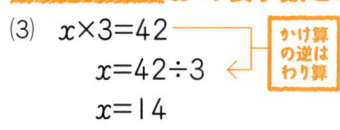

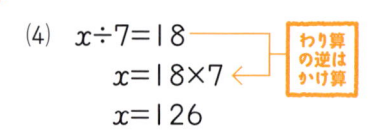

(4) $x\div 7=18$
 $x=18\times 7$
 $x=126$

（わり算の逆はかけ算）

**答** (1) 34  (2) 47  (3) 14  (4) 126

類題を解こう → 別冊49ページ 問題5  つまずいたら → 245ページ 例題1，246ページ 例題2

## 6 文字と式の利用（たし算・ひき算）

難易度 ★★☆

求める数を $x$ として式に表し，答えを求めましょう。
(1) 130円のノートと，下じきを買ったら，代金は380円でした。下じきの値段はいくらですか。
(2) ジュースを3dL飲んだら，残りの量が12dLになりました。ジュースは，はじめに何dLありましたか。

### 解き方

(1) **ステップ1** ことばの式に文字や数をあてはめる

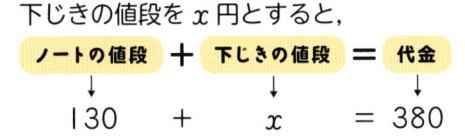

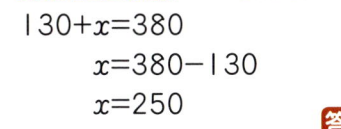

下じきの値段を $x$ 円とすると，

ノートの値段 ＋ 下じきの値段 ＝ 代金
　　130　　＋　　 $x$ 　　＝　380

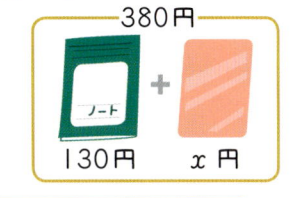

**ステップ2** $x$ の表す数を求める

$130+x=380$
$x=380-130$
$x=250$

下のような図に表して考えてもよい

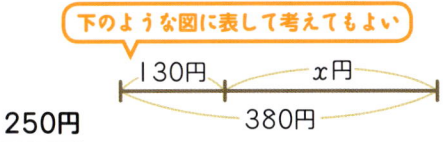

**答** 250円

(2) **ステップ1** ことばの式に文字や数をあてはめる

はじめのジュースの量を $x$ dL とすると，

はじめの量 － 飲んだ量 ＝ 残りの量
　　$x$　　 －　　3　　＝　　12

**ステップ2** $x$ の表す数を求める

$x-3=12$
$x=12+3$
$x=15$

**答** 15dL

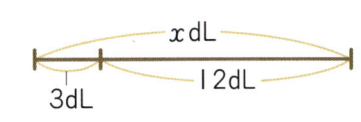

# 第1章 文字と式 [2]文字を使った式

**6年**

## 7 文字と式の利用（かけ算・わり算）

難易度 ★★☆

求める数を $x$ として式に表し，答えを求めましょう。
(1) 底辺が8cmで面積が36cm$^2$の平行四辺形の高さは何cmですか。
(2) リボンを5人で等分したら，1人分の長さが2.4mになりました。リボン全体の長さは何mですか。

### 解き方

(1) **ステップ1** 公式に文字や数をあてはめる

高さを $x$ cm とすると，

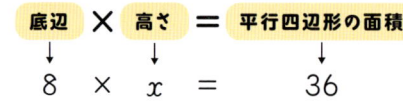

| 底辺 | × | 高さ | = | 平行四辺形の面積 |
|---|---|---|---|---|
| 8 | × | $x$ | = | 36 |

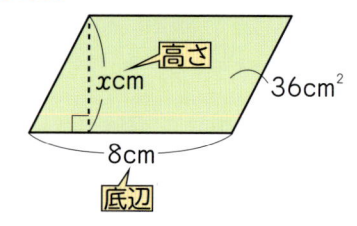

**ステップ2** $x$ の表す数を求める

$8 \times x = 36$
$x = 36 \div 8$ ← かけ算の逆のわり算で $x$ を求める
$x = 4.5$

**答** 4.5cm

(2) **ステップ1** ことばの式に文字や数をあてはめる

リボン全体の長さを $x$ m とすると，

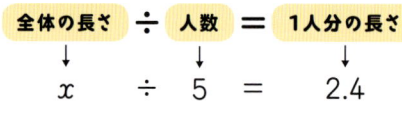

| 全体の長さ | ÷ | 人数 | = | 1人分の長さ |
|---|---|---|---|---|
| $x$ | ÷ | 5 | = | 2.4 |

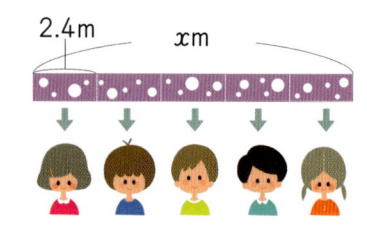

**ステップ2** $x$ の表す数を求める

$x \div 5 = 2.4$
$x = 2.4 \times 5$ ← わり算の逆のかけ算で $x$ を求める
$x = 12$

**答** 12m

類題を解こう → 別冊49ページ 問題7　　つまずいたら → 246ページ 例題2

## 8 文字と式の利用（かけ算とたし算）

難易度 ★★☆

6年

1本40円のきゅうりを6本と，きゃべつを1個買ったら，代金は全部で360円でした。
きゃべつはいくらでしたか。

1本 40円　　1個 ?円

### 解き方

**ステップ1** 求める数を $x$ として式に表す

求めるのはきゃべつの値段だから，きゃべつ1個の値段を $x$ 円として，全部の代金を求める式に表すと，

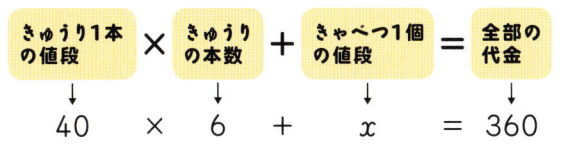

| きゅうり1本の値段 | × | きゅうりの本数 | + | きゃべつ1個の値段 | = | 全部の代金 |
|---|---|---|---|---|---|---|
| 40 | × | 6 | + | $x$ | = | 360 |

全部の代金360円
40円　きゅうりの代金　きゃべつの代金$x$円

**ステップ2** $x$ の表す数を求める

$40 \times 6 + x = 360$　←きゅうりの代金をひとまとまりとみて先に計算する

$240 + x = 360$　←たし算の逆のひき算で $x$ を求める

$x = 360 - 240$

$x = 120$

**答** 120円

# 第2章 量の比べ方 [1] 平均

## 01 平均

### ここのポイント

#### 平均って？

平均…いくつかの数量を，等しい大きさになるようにならしたものです。

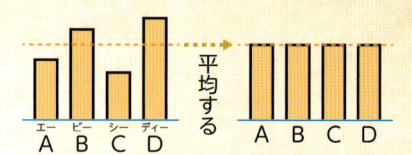

#### 平均を求める式

**重要** 平均＝合計÷個数 → 例題 9

例 4個のたまごの重さが54g，52g，58g，56gのとき，
たまご1個の重さの平均は，(54+52+58+56)÷4=55(g)

たまごは，目玉焼きがいいな。

#### 平均から合計や個数を求める式

合計＝平均×個数 → 例題 10

例 1個平均58gのたまご5個分の重さは，58×5=290(g)

個数＝合計÷平均 → 例題 11

例 1個平均54gのたまごが何個かあり，全体の重さが972gのとき，
たまごの個数は，972÷54=18(個)

#### 歩はばと長さ → 例題 13

歩はばの平均を求めれば，歩はばと歩数からおよその長さが求められます。

長さ＝歩はば×歩数

例 学校のまわりを歩はばではかったら，790歩ありました。
歩はばの平均が約0.65mのとき，学校のまわりの長さは，
0.65×790=513.5(m) → 約510m ← 歩はばが上から2けたのがい数だから，まわりの長さも上から2けたのがい数で表す。

## 9 平均の求め方

難易度 ★☆☆

5年

4個のオレンジをしぼって、とれたジュースの量を調べたら、それぞれ右のようになりました。とれたジュースの量は、1個平均何 mL ですか。

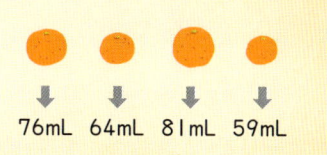

76mL　64mL　81mL　59mL

### 解き方

**ステップ1　平均の意味を確認する**

**平均**とは、いくつかの数量を、**等しい大きさになるようにならしたもの**です。

**ステップ2　平均の求め方を考える**

とれたジュースの量の平均は、**ジュースの量の合計をオレンジの個数でわれば**求められます。

**ステップ3　平均を求める**

(76+64+81+59)÷4＝70 (mL)
　　合計　　　　　個数　　平均

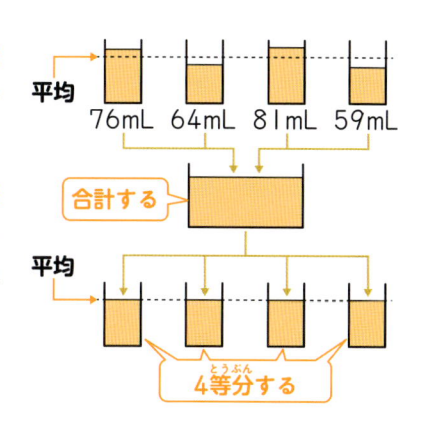

**答 70mL**

### ポイント

**平均＝合計÷個数** を覚えよう！

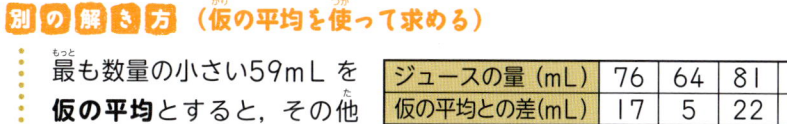

### 別の解き方 (仮の平均を使って求める)

最も数量の小さい59mL を**仮の平均**とすると、その他の数量との差は右の表のようになります。

| ジュースの量 (mL) | 76 | 64 | 81 | 59 |
|---|---|---|---|---|
| 仮の平均との差 (mL) | 17 | 5 | 22 | 0 |

仮の平均との差の平均を求めると、(17+5+22+0)÷4＝11 (mL)

これを仮の平均にたすと、正しい平均は、59+11＝70 (mL)
　　　　　　　　　　　　　　　　　　　　　仮の平均

# 第2章 量の比べ方 [1]平均

**5年**

難易度 ★★☆

## 10 平均を使った全体の量の求め方

みかん1個の重さを平均105gとすると、みかん20個の重さは、およそ何kgと考えられますか。

### 解き方

**ステップ1 平均と個数を確認する**

みかん1個の重さの平均 ➡ 105g、みかんの個数 ➡ 20個

**ステップ2 合計を求める**

平均と個数を使うと、全体の重さ(合計)が予想できます。

### くわしく ⊕

1個の重さが105gのみかんの個数と全体の重さの関係を考えてみよう。

| | 1個の重さ(平均) | 個数 | 全体の重さ(合計) |
|---|---|---|---|
| 1個 | 105 × | 1 | =105(g) |
| 2個 | 105 × | 2 | =210(g) |
| ⋮ | | | |
| 19個 | 105 × | 19 | =1995(g) |
| 20個 | 105 × | 20 | =2100(g) |

みかん20個分の重さは、
105 × 20 = 2100(g)
(平均) (個数) (合計)
2100g = 2.1kg

**答** 約2.1kg

**注意** 「およそ」と問われているので、答えるときに「約」をつける。

**ポイント** 合計=平均×個数 を覚えよう!

---

類題を解こう ➡ 別冊50ページ 問題10 | 整数のかけ算の確認 ➡ 23ページ 例題4 | レベルアップ ➡ 258ページ 例題12

## 11 平均を使った個数の求め方

難易度 ★★☆

箱の中に入っているりんご全体の重さは，9.6kg でした。
りんご1個の重さの平均を320gとすると，りんごはおよそ何個入っていると考えられますか。

### 解き方

**ステップ1** 平均と合計を確認する

りんご1個の重さの平均 ➡ 320g，全体の重さ（合計）➡ 9.6kg

**ステップ2** 個数を求める

平均と合計を使うと，個数が予想できます。

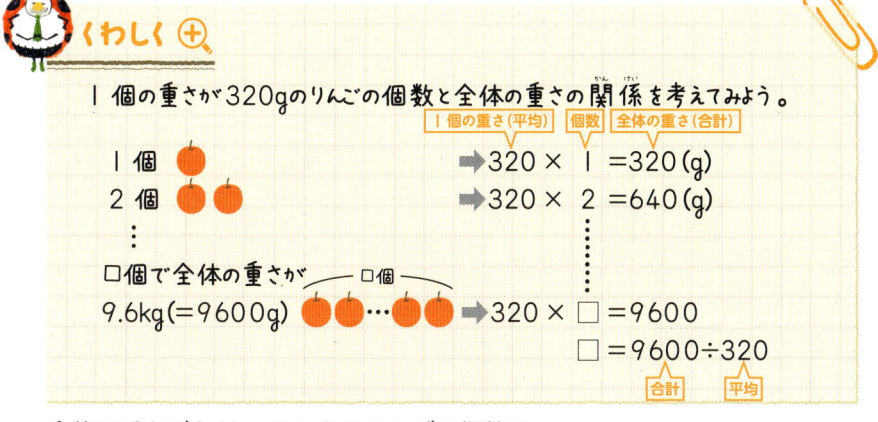

### くわしく

1個の重さが320gのりんごの個数と全体の重さの関係を考えてみよう。

|   | 1個の重さ（平均） | 個数 | 全体の重さ（合計） |
|---|---|---|---|
| 1個 | ➡ 320 × | 1 | =320(g) |
| 2個 | ➡ 320 × | 2 | =640(g) |
| ⋮ |  |  |  |
| □個で全体の重さが 9.6kg(=9600g) | ➡ 320 × | □ | =9600 |
|  |  | □ | =9600÷320 |
|  |  | 合計 | 平均 |

全体の重さが9.6kgのときのりんごの個数は，
9.6kg=9600g　　9600÷320=30（個）
　　　　　　　　合計　平均　個数

**答** 約30個

### ポイント

**個数＝合計÷平均** を覚えよう！

類題を解こう ➡ 別冊50ページ 問題11
つまずいたら ➡ 246ページ 例題2

257

# 第2章 量の比べ方 [1] 平均

5年
難易度 ★★★

## 12 部分の平均から全体の平均を求める

右の表は，あるグループの男子と女子の人数と計算テストの点数の平均をまとめたものです。このグループ全体の点数の平均は何点ですか。

**計算テストの点数**

|  | 人数(人) | 点数の平均(点) |
|---|---|---|
| 男子 | 6 | 74 |
| 女子 | 4 | 78 |

### 解き方

**ステップ1　全体の点数の平均の求め方を確認する**

グループ全体の点数の平均は，

**グループ全体の点数の合計÷グループ全体の人数**で求められます。

**ステップ2　全体の点数の合計と人数を求める**

グループ全体の点数の合計は，

男子の点数の合計＋女子の点数の合計で求められるから，

$$74 \times 6 + 78 \times 4 = 444 + 312 = 756 (点)$$

(男子の平均 男子の人数 女子の平均 女子の人数 男子の合計 女子の合計 全体の合計)

グループ全体の人数は，男子の人数＋女子の人数で求められるから，

$$6 + 4 = 10 (人)$$

(全体の人数)

> 点数の合計は74×6(点)　点数の合計は78×4(点)
> 
> 人数の合計は6+4(人)

**ステップ3　全体の点数の平均を求める**

グループ全体の点数の平均は，

$$756 \div 10 = 75.6 (点)$$

(合計 人数 平均)

**答 75.6点**

類題を解こう → 別冊50ページ 問題12　つまずいたら → 255ページ 例題9，256ページ 例題10

# 13 歩はばから道のりを求める問題

難易度 ★★☆

5年

みどりさんが10歩歩いた長さを3回はかったら，6m42cm，6m35cm，6m37cmでした。

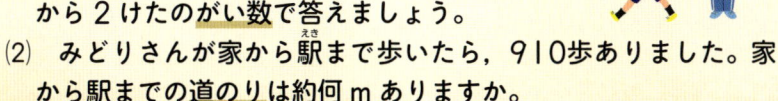

(1) みどりさんの歩はばは，約何cmですか。上から2けたのがい数で答えましょう。

(2) みどりさんが家から駅まで歩いたら，910歩ありました。家から駅までの道のりは約何mありますか。

## 解き方

(1) **ステップ1　10歩分の長さの平均を求める**

平均は，**10歩歩いた長さの合計÷はかった回数**で求められるから，

(642+635+637)÷3=638(cm)
　長さの合計　　　回数　平均

**ステップ2　歩はばを求める**

歩はばの平均は，

638÷10=63.8(cm)
　　　　　　　↑4
上から3けためを四捨五入

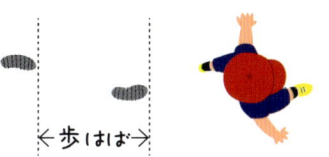

**答　約64cm**

(2) **ステップ1　道のりを求める**

道のりは，**歩はば×歩数**で求められるから，

64×910=58240(cm)
歩はば　歩数　　道のり

**ステップ2　道のりをがい数で表す**

(1)より，歩はばの64cmは上から2けたのがい数なので，道のりも**上から2けたのがい数**で表すと，

58240cm➡58000cm
58000cm=580m

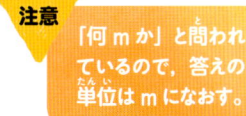

**注意**　「何mか」と問われているので，答えの単位はmになおす。

**答　約580m**

類題を解こう　別冊50ページ　問題13　　つまずいたら→255ページ　例題9　　四捨五入の確認→46ページ　例題25

第2章 量の比べ方 [2] 単位量あたりの大きさ

# 02 単位量あたりの大きさ

## ここのポイント

### こみぐあいの比べ方　→ 例題 14

こみぐあいは，1m² あたりの人数（個数）や1人（1個）あたりの面積などを比べます。このようにして表した大きさを，**単位量あたりの大きさ**といいます。

> 例　10m² の砂場Aに子どもが13人，12m² の砂場Bに子どもが15人いるとき，
> 　1m² あたりの人数は，
> 　A…13÷10=1.3（人）
> 　B…15÷12=1.25（人）　→　1m² あたりの人数が多い砂場Aのほうがこんでいる。

### 人口密度って？　→ 例題 15

**人口密度**…1km² あたりの人口のことです。

　　　　　**人口密度＝人口÷面積（km²）**

> 例　人口65000人，面積36km² の市の人口密度を上から2けたのがい数で表すと，
> 　65000÷36=1805.5…　→　約1800人

### 単位量あたりの大きさの利用

作物のとれぐあいや品物の値段なども単位量あたりの大きさで比べます。　→ 例題 16, 17
単位量あたりの大きさから全体の量などを求めることがあります。　→ 例題 18, 19

> 例　1Lあたり2.8m² の板をぬれるペンキが2.5Lあるとき，ぬれる板の面積は，
> 　2.8×2.5=7（m²）

### 密度って？　入試対策　→ 例題 20

**密度**…物の1cm³ あたりの重さのことです。

　　　　　**密度＝重さ÷体積（cm³）**

> 例　銀の密度は約10.5gです。体積6cm³ の銀の重さは，
> 　10.5×6=63（g）　→　約63g

## 14 こみぐあいの比べ方

右の表は、1組と2組の学級園の面積と花の本数を表したものです。1組と2組では、どちらの学級園がこんでいますか。

**学級園の面積と花の本数**

|  | 面積($m^2$) | 本数(本) |
|---|---|---|
| 1組 | 15 | 108 |
| 2組 | 12 | 96 |

### 解き方

**ステップ1　こみぐあいの比べ方を考える**

面積が同じなら、**花の本数の多いほうがこんでいる** ➡ 同じ面積あたりの本数で比べます。

（単位量あたりの大きさ）

**ステップ2　1$m^2$ あたりの本数を求める**

学級園 1$m^2$ あたりの花の本数は、**本数÷面積($m^2$)** で求められるから、

1組…108÷15＝7.2(本)
　　　本数　面積　1$m^2$あたりの本数

2組…96÷12＝8(本)
　　　本数　面積　1$m^2$あたりの本数

**ステップ3　こみぐあいを比べる**

1$m^2$ あたりの花の本数は、1組が7.2本、2組が8本で、2組の学級園のほうが多い ➡ 2組の学級園のほうがこんでいます。

**答　2組の学級園**

### 別の解き方

花1本あたりの面積で比べます。

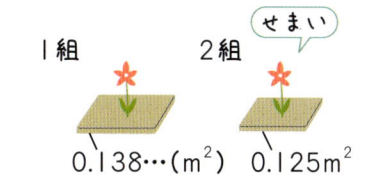

1組…15÷108＝0.138…($m^2$)
　　　面積　本数　1本あたりの面積

2組…12÷96＝0.125($m^2$)
　　　面積　本数　1本あたりの面積

1組　2組（せまい）
0.138…($m^2$)　0.125$m^2$

1本あたりの面積のせまい2組の学級園のほうがこんでいます。

類題を解こう ➡ 別冊51ページ 問題14

# 第2章 量の比べ方 [2] 単位量あたりの大きさ

5年

難易度 ★★★

## 15 人口密度

右の表は、桜市と緑市の面積と人口を表したものです。どちらの市のほうがこんでいますか。

桜市と緑市の面積と人口

|  | 面積(km²) | 人口(万人) |
|---|---|---|
| 桜市 | 195 | 37 |
| 緑市 | 326 | 56 |

### 解き方

**ステップ1　こみぐあいの比べ方を確認する**

こみぐあいは、**同じ面積あたりの人口**で、比べられます。

**ステップ2　1km²あたりの人口を求める**

1km²あたりの人口を**人口密度**といいます。人口密度は、**人口÷面積(km²)** で求められます。人口密度はがい数で表すことが多いので、桜市と緑市の人口密度を、たとえば四捨五入して上から2けたのがい数で求めると、

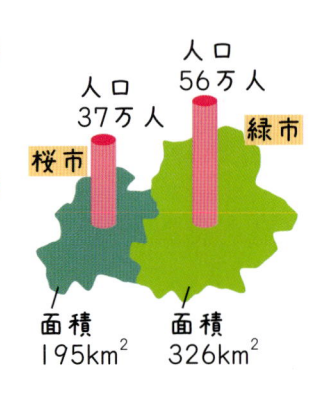

上から3けためを四捨五入

桜市……370000÷195=1897.4…→約1900人
　　　　　人口　　面積　　人口密度

緑市……560000÷326=1717.7…→約1700人
　　　　　人口　　面積　　人口密度

**ステップ3　人口密度を比べる**

人口密度は、桜市が約1900人、緑市が約1700人だから、こんでいるのは桜市。

**答** 桜市

**ポイント**　**人口密度＝人口÷面積(km²)** を覚えよう!

類題を解こう　別冊51ページ 問題15　つまずいたら 261ページ 例題14　面をがい数で求める 70ページ 例題45

# 16 とれぐあいを比べる問題

難易度 ★★☆

5年

右の表は，A，Bの畑の面積ととれただいこんの重さを表したものです。どちらの畑のほうが，よくとれたといえますか。

**畑の面積ととれただいこんの重さ**

|   | 面積(a) | とれた重さ(kg) |
|---|---|---|
| A | 4 | 1400 |
| B | 5 | 1720 |

## 解き方

### ステップ1　何を使って比べるかを確認する

とれた重さだけを比べても，畑の面積がちがうので，どちらがよくとれたかはわからない ➡ 1aあたりのとれ高（とれた重さ）で比べます。

### ステップ2　1aあたりのとれ高を求める

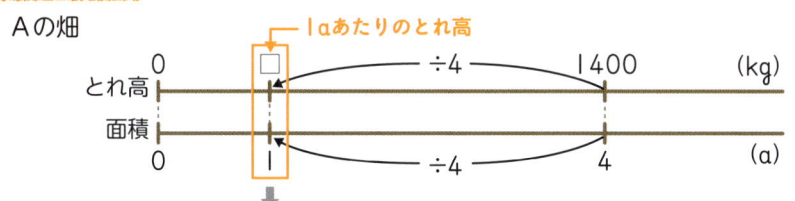

Aの畑

1aあたりのとれ高は，1400÷4＝350(kg)

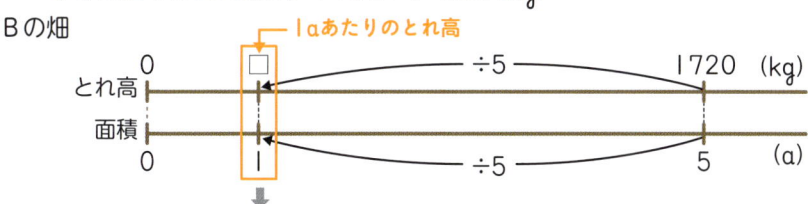

Bの畑

1aあたりのとれ高は，1720÷5＝344(kg)

### ステップ3　1aあたりのとれ高を比べる

1aあたりのとれ高は，Aの畑が350kg，Bの畑が344kgだから，Aの畑のほうがよくとれたといえます。

**答　Aの畑**

# 第2章 量の比べ方 [2] 単位量あたりの大きさ

5年
難易度 ★★☆

## 17 1本あたりの値段

8本で400円のえん筆Aと6本で330円のえん筆Bでは、1本あたりの値段はどちらが安いですか。

### 解き方

**ステップ1** 1本あたりの値段の求め方を確認する

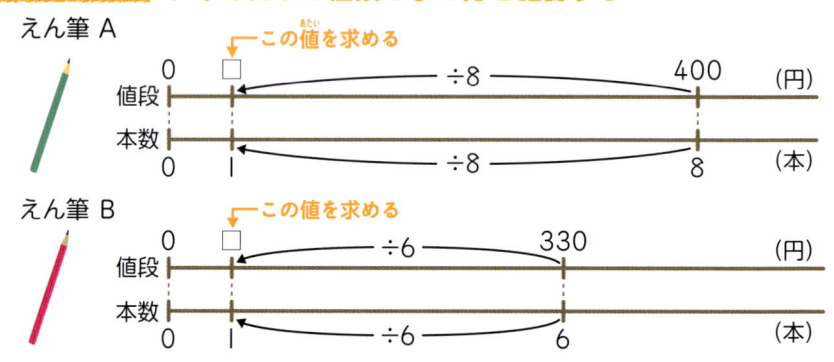

えん筆A: 値段 0→□→400(円)、本数 0→1→8(本)、÷8

えん筆B: 値段 0→□→330(円)、本数 0→1→6(本)、÷6

**ステップ2** 1本あたりの値段を求める

えん筆Aの1本あたりの値段は、
400÷8=50(円)

えん筆Bの1本あたりの値段は、
330÷6=55(円)

表に表して考えることもできる

| えん筆A | 値段(円) | □ | 400 |
|---|---|---|---|
| | 本数(本) | 1 | 8 |

÷8

| えん筆B | 値段(円) | □ | 330 |
|---|---|---|---|
| | 本数(本) | 1 | 6 |

÷6

**ステップ3** 1本あたりの値段を比べる

1本あたりの値段は、えん筆Aが50円、えん筆Bが55円だから、安いのはえん筆A。

**答** えん筆A

類題を解こう → 別冊51ページ 問題17　つまずいたら → 263ページ 例題16

## 18 1Lあたりに走る道のり

難易度 ★★☆

12Lのガソリンで180km走る自動車があります。
(1) この自動車は、ガソリン1Lあたりで何km走りますか。
(2) この自動車は、20Lのガソリンで何km走りますか。

### 解き方

(1) **ステップ1** わかっていることと求めることを確認する
- わかっていること ➡ 12Lのガソリンで走る道のりは180km
- 求めること ➡ ガソリン1Lあたりに走る道のり

**ステップ2** ガソリン1Lあたりに走る道のりを求める

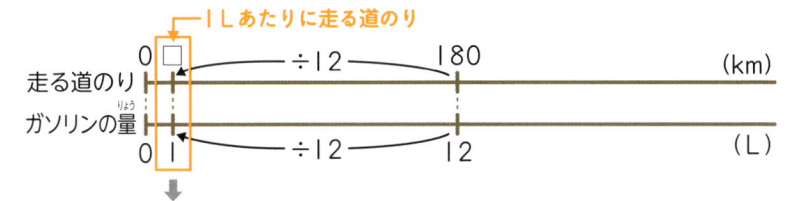

```
            ┌1Lあたりに走る道のり
         0 □    ÷12    180
走る道のり ├─┼──────────┤         (km)
ガソリンの量├─┼──────────┤         (L)
         0 1    ÷12    12
```

ガソリン1Lあたりに走る道のりは、180÷12=15(km)  **答 15km**

(2) **ステップ1** わかっていることと求めることを確認する
- わかっていること ➡ ガソリン1Lあたりに走る道のりは15km
- 求めること ➡ 20Lのガソリンで走る道のり

**ステップ2** 20Lのガソリンで走る道のりを求める

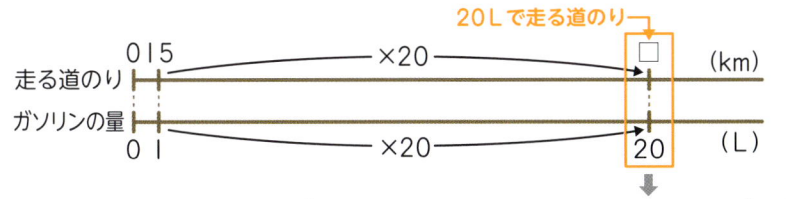

```
                              ┌20Lで走る道のり
         0 15      ×20         □
走る道のり ├─┼──────────────┼─┤   (km)
ガソリンの量├─┼──────────────┼─┤   (L)
         0 1       ×20         20
```

20Lのガソリンで走る道のりは、15×20=300(km)  **答 300km**

問題を解こう ➡ 別冊51ページ 問題18

# 第2章 量の比べ方 [2] 単位量あたりの大きさ

**19 単位量あたりの大きさの利用** 　5年　難易度 ★★☆

1mあたりの重さが25gの針金があります。
(1) この針金8mの重さは何gですか。
(2) この針金350gの長さは何mですか。

## 解き方

(1) **ステップ1** わかっていることと求めることを確認する

- わかっていること ➡ 針金1mあたりの重さは25g
- 求めること ➡ 針金8mの重さ

**ステップ2** 針金8mの重さを求める

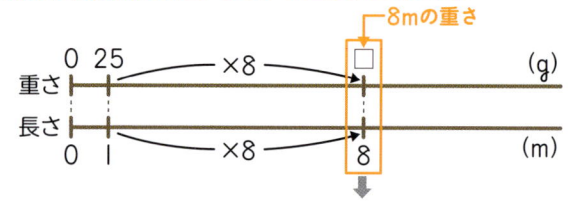

```
        0  25    ×8      □      (g)
 重さ ├──┼─────────────┤
                        ↑8mの重さ
 長さ ├──┼─────────────┤
        0  1    ×8      8       (m)
```

針金8mの重さは，25×8=200(g)

**答 200g**

(2) **ステップ1** わかっていることと求めることを確認する

- わかっていること ➡ 針金1mあたりの重さは25g
- 求めること ➡ 針金350gの長さ

**ステップ2** 針金350gの長さを求める

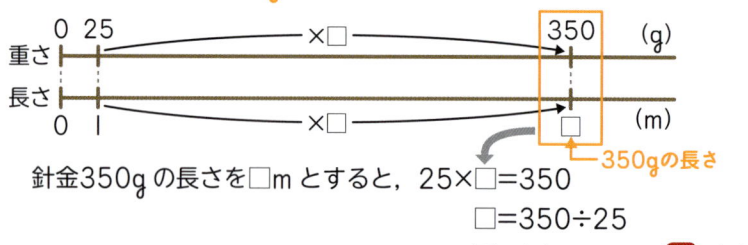

```
        0  25       ×□          350    (g)
 重さ ├──┼─────────────────────┤
 長さ ├──┼─────────────────────┤
        0  1        ×□           □     (m)
                                 └350gの長さ
```

針金350gの長さを□mとすると，25×□=350
　　　　　　　　　　　　　　　　□=350÷25
　　　　　　　　　　　　　　　　□=14

**答 14m**

類題を解こう ➡ 別冊51ページ 問題19　　レベルアップ ➡ 268ページ 例題21

## 20 密度

(1) ある鉄球47cm³の重さをはかったら、370gでした。この鉄球の密度（1cm³あたりの重さ）を小数第一位までのがい数で求めましょう。

(2) 金の密度は約19.3gです。体積4cm³の金の重さは約何gですか。

**解き方**

(1) **ステップ1　わかっていることと求めることを確認する**
- わかっていること➡47cm³の鉄球の重さは370g
- 求めること➡鉄球1cm³あたりの重さ

**ステップ2　鉄球1cm³あたりの重さを求める**

鉄球1cm³あたりの重さを鉄球の**密度**といいます。
密度は、**重さ÷体積(cm³)** で求められるから、

$370 \div 47 = 7.87\cdots$ (g)
　重さ　体積

**答 約7.9g**

**参考**　密度は、中学の理科でくわしく学習し、密度の単位には g/cm³ を使う。

(2) **ステップ1　わかっていることと求めることを確認する**
- わかっていること➡金1cm³あたりの重さは約19.3g
- 求めること➡4cm³の金の重さ

**ステップ2　4cm³の金の重さを求める**

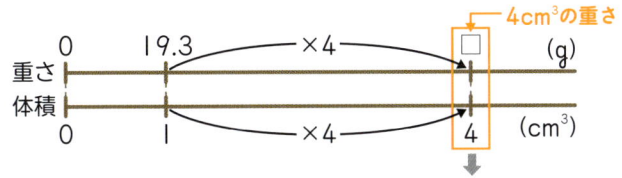

重さ： 0 ── 19.3 ──×4── □ (g) ← 4cm³の重さ
体積： 0 ── 1 ──×4── 4 (cm³)

4cm³の金の重さは、$19.3 \times 4 = 77.2$ (g)

**答 約77.2g**

# 第2章 量の比べ方 [2] 単位量あたりの大きさ

**入試**
難易度 ★★★

## 21 ガソリン代を求める問題

ガソリン1Lで17.5km走る自動車があります。ガソリン代が1Lあたり150円とすると、この自動車で420km走るために必要なガソリン代はいくらになりますか。

### 解き方

**ステップ1　ガソリン代の求め方を考える**

420km走ったときのガソリンの使用量がわかれば、ガソリン代は、
**1Lあたりの値段×ガソリンの使用量** で求められます。

**ステップ2　ガソリンの使用量を求める**

図を使って考えると、

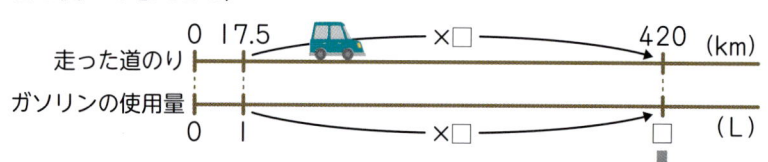

```
                0  17.5      ×□        420
走った道のり    ├──┼─────────────────────┤ (km)
ガソリンの使用量├──┼─────────────────────┤ (L)
                0   1        ×□         □
```

420km走ったときのガソリンの使用量を□Lとすると、
　17.5×□=420
　　　　□=420÷17.5
　　　　□=24

※かけ算の逆はわり算!

**ステップ3　ガソリン代を求める**

420km走ったときのガソリン代は、
　150 × 24 = 3600(円)
　 │      │
1Lあた　ガソリン
りの値段　の使用量

**答 3600円**

## 22 通貨の換算

難易度 ★★★ 入試

ある日の相場で、アメリカの通貨である1ドルが102円、イギリスの通貨である1ポンドが170円でした。
このとき、510ポンドは何ドルですか。

### 解き方

**ステップ1　答えの求め方を考える**

❶ 1ポンドが170円であることから、510ポンドを円の単位になおします。
❷ 1ドルが102円であることから、❶で求めた値をドルの単位になおします。

**ステップ2　ポンドを円になおす**

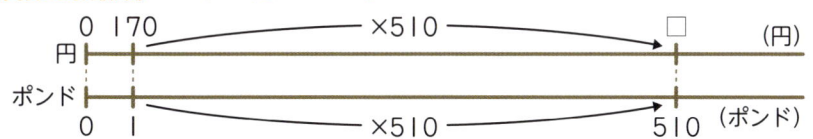

510ポンドを円の単位になおすと、170×510＝86700（円）

**ステップ3　円をドルになおす**

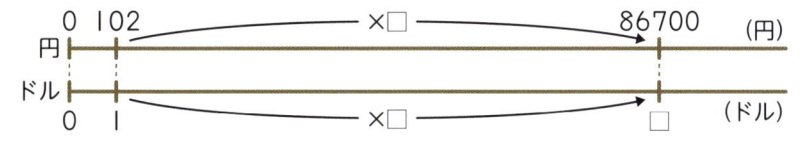

86700円をドルの単位になおしたときの値を□ドルとすると、
　102×□＝86700
　　　　□＝86700÷102
　　　　□＝850

**答 850ドル**

第2章 量の比べ方 [3] 速さ

# 03 速さ

## ここのポイント

### 速さを求める式

**重要** 速さ＝道のり÷時間 → 例題 23

- 時速…1時間に進む道のりで表した速さ
- 分速…1分間に進む道のりで表した速さ
- 秒速…1秒間に進む道のりで表した速さ

例 210kmの道のりを3時間で走る電車の時速は，
210÷3＝70(km) → 時速70km

くしゃみの速さは時速300km以上だって！

時速・分速・秒速は，右のような関係になっています。

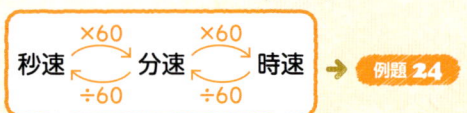

秒速 ⇄(×60/÷60) 分速 ⇄(×60/÷60) 時速 → 例題 24

### 道のり・時間を求める式

道のり＝速さ×時間 → 例題 25

例 分速70mで歩く人が5分間で進む道のりは，
70×5＝350(m)

ぼくも速く走れるよ！

時間＝道のり÷速さ → 例題 26

例 秒速28mで走るチーターが140m進むのにかかる時間は，
140÷28＝5(秒間)

### 仕事の速さ → 例題 28

単位時間にできる仕事の量で，仕事の速さを比べることができます。

例 1分間に70枚印刷できる印刷機Aと5分間に320枚印刷できる印刷機Bでは，
1分間に印刷できる枚数は，Aが70枚，Bが320÷5＝64(枚)だから，
印刷機Aのほうが仕事が速いといえます。

## 23 速さの求め方

**6年** 難易度 ★★★

次の速さを求めましょう。

(1) 300kmの道のりを4時間で進む自動車の時速

(2) 960mの道のりを12分間で歩く人の分速

(3) 100mの道のりを25秒間で進む自転車の秒速

### 解き方

**ステップ1　速さの求め方を確認する**

速さは、**単位時間に進む道のり**で表します。

単位量あたりの大きさの考え方だね。

(1) **時速**　1時間あたりに進む道のりで表した速さ　1時間で□km

(2) **分速**　1分間あたりに進む道のりで表した速さ　1分間で□m

(3) **秒速**　1秒間あたりに進む道のりで表した速さ　1秒間で□m

**ステップ2　速さを求める**

速さは、**道のり÷時間**で求められます。

(1) 自動車の時速は、
$300 \div 4$
（道のり）（時間）
$= 75$ (km)
**答** 時速75km

(2) 歩く人の分速は、
$960 \div 12$
（道のり）（時間）
$= 80$ (m)
**答** 分速80m

(3) 自転車の秒速は、
$100 \div 25$
（道のり）（時間）
$= 4$ (m)
**答** 秒速4m

### ポイント

**速さ＝道のり÷時間** を覚えよう！

## 第2章 量の比べ方 [3] 速さ

6年

### 24 時速・分速・秒速の関係

難易度 ★☆☆

分速750mで走っているバスがあります。
(1) このバスの速さは、時速何kmですか。
(2) このバスの速さは、秒速何mですか。

**解き方**

(1) **ステップ1** 時速と分速の関係を確認する

分速 ➡ 1分間に進む道のりで表した速さ

時速は分速の60倍

時速 ➡ 1時間＝60分間に進む道のりで表した速さ

**ステップ2** 分速を時速になおす

**時速は分速の60倍**だから、分速750mのバスの時速は、
　750×60＝45000(m)
　45000m＝45km

**答** 時速45km

(2) **ステップ1** 分速と秒速の関係を確認する

秒速 ➡ 1秒間に進む道のりで表した速さ

分速は秒速の60倍

分速 ➡ 1分間＝60秒間に進む道のりで表した速さ

**ステップ2** 分速を秒速になおす

**分速は秒速の60倍**だから、分速を秒速になおすには60でわります。
分速750mのバスの秒速は、
　750÷60＝12.5(m)

**答** 秒速12.5m

**ポイント**

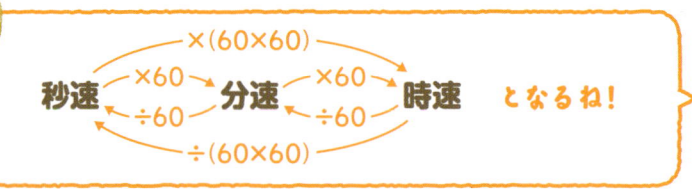

秒速 ─×60→ 分速 ─×60→ 時速
　　←÷60─　　　←÷60─
　　×(60×60)→
　　←÷(60×60)─

となるね！

類題を解こう ➡ 別冊52ページ 問題24　　つまずいたら ➡ 271ページ 例題23

## 25 道のりの求め方

難易度 ★★☆

時速80kmで進む電車があります。この電車が4時間走り続けると，何km進みますか。

### 解き方

**ステップ1　速さと時間を確認する**

電車の速さ ➡ 時速80km
電車の走る時間 ➡ 4時間

1時間で80km進むんだね。

**ステップ2　道のりを求める**

速さと時間から，電車が進んだ道のりを求めることができます。

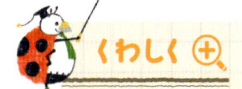

### くわしく

時速80kmの電車が走る時間と進む道のりの関係を考えてみよう。

| 1時間で進む道のり(速さ) | 時間 | 進む道のり |

1時間で進む道のり ➡ 80×1＝80(km)
2時間で進む道のり ➡ 80×2＝160(km)
3時間で進む道のり ➡ 80×3＝240(km)
4時間で進む道のり ➡ 80×4＝320(km)

時速80kmの電車が4時間走って進む道のりは，
80 × 4 ＝ 320 (km)
速さ　時間　道のり

**答** 320km

### ポイント

**道のり＝速さ×時間** を覚えよう！

類題を解こう ➡ 別冊52ページ 問題25

# 第2章 量の比べ方 [3] 速さ

**26 時間の求め方**

6年
難易度 ★★☆

分速15kmで飛ぶ飛行機があります。この飛行機が270km進むのに何分かかりますか。

## 解き方

### ステップ1 速さと道のりを確認する

飛行機の速さ ➡ 分速15km
飛行機が進んだ道のり ➡ 270km

*1分間で15km進むよ。*

### ステップ2 時間を求める

速さと道のりから、飛行機が飛んだ時間を求めることができます。

### くわしく

分速15kmの飛行機が飛ぶ時間と進む道のりの関係を考えてみよう。

| 1分間で進む道のり(速さ) | 時間 | 進む道のり |

1 分間で進む道のり ➡ $15 \times 1 = 15$ (km)
2 分間で進む道のり ➡ $15 \times 2 = 30$ (km)
⋮
$x$ 分間で270km進む ➡ $15 \times x = 270$
$x = 270 \div 15$
(道のり) (速さ)

分速15kmで270km進むのにかかる時間は、
$270 \div 15 = 18$ (分)
(道のり) (速さ) (時間)

**答** 18分

### 確認

速さについての3つの公式は、下の図で覚えておこう!

道のり
÷  ÷
速さ × 時間

### ポイント

**時間＝道のり÷速さ** を覚えよう!

類題を解こう ➡ 別冊53ページ 問題26

## 27 時間の単位をそろえて求める問題

難易度 ★★☆

(1) 秒速3mで走る自転車が4分間に進む道のりは何mですか。
(2) 分速800mで走るオートバイが96km走るのに何時間かかりますか。

### 解き方

(1) **ステップ1　秒速を分速になおす**

「秒速3m」と「4分間」では単位がちがうので，秒速3mを分速になおすと，3×60=180(m)

**ステップ2　道のりを求める**

**道のり=速さ×時間**より，
180×4=720(m)
　速さ　時間　道のり

**答　720m**

**別の解き方**（秒の単位にそろえる）

4分間を秒の単位になおすと，60×4=240(秒)
求める道のりは，3×240=720(m)

(2) **ステップ1　分速を時速になおす**

「分速800m」と「何時間かかるか」では単位がちがうので，分速800mを時速になおすと，800×60=48000(m)
48000m=48km

**ステップ2　時間を求める**

**時間=道のり÷速さ**より，
96÷48=2(時間)
　道のり　速さ　時間

**答　2時間**

**別の解き方**（まず，何分かかるのかを求める）

96km=96000mだから，求める時間は，
96000÷800=120(分)，120分=2時間

類題を解こう　別冊53ページ　問題27

# 第2章 量の比べ方 [3] 速さ

**6年**

難易度 ★★☆

## 28 仕事の速さ

3時間に2190枚印刷できるAのプリンターと、4時間に3120枚印刷できるBのプリンターがあります。
速く印刷できるのはどちらのプリンターですか。

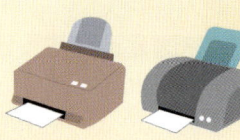

### 解き方

**ステップ1　何を使って比べるかを確認する**

印刷した枚数だけを比べても、印刷した時間がちがうので、どちらが速く印刷できるかはわからない ➡ 1時間あたりに印刷できる枚数を比べます。

**ステップ2　1時間あたりに印刷できる枚数を求める**

Aのプリンター

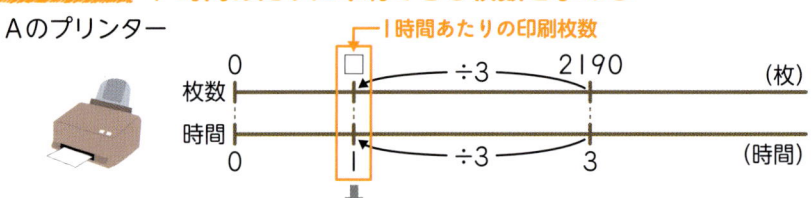

1時間あたりに印刷できる枚数は、2190÷3=730(枚)

Bのプリンター

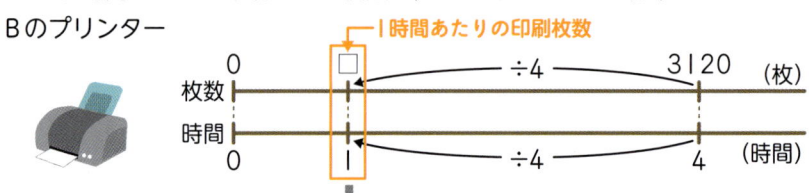

1時間あたりに印刷できる枚数は、3120÷4=780(枚)

**ステップ3　1時間あたりに印刷できる枚数を比べる**

1時間あたりに印刷できる枚数は、Aのプリンターが730枚、Bのプリンターが780枚だから、Bのほうが多い ➡ 速く印刷できるのはB。

**答　Bのプリンター**

> **参考**　仕事の速さも、単位時間にどれだけの仕事をするかで表せる。

類題を解こう ➡ 別冊53ページ 問題28　　つまずいたら ➡ 271ページ 例題23

## 29 速さの3公式の利用（とちゅうで立ち寄る）

難易度 ★★☆

**入試**

えいたさんは午前9時45分に家を出て，分速60mの一定の速さで歩き，家から1.5kmはなれた駅に向かいました。とちゅうで銀行に寄り，駅に着いたのは午前10時15分でした。銀行に寄っていたのは何分間ですか。

### 解き方

#### ステップ1　銀行に寄らない場合にかかる時間を求める

- 歩く速さ ➡ 分速60m
- 家から駅までの道のり ➡ 1.5km＝1500m

だから，銀行に寄らない場合，家を出てから駅に着くまでの時間（右の図の $a$ 分）は，

**時間＝道のり÷速さ**より，

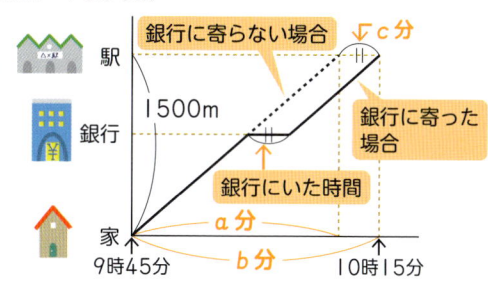

$\underline{1500}÷\underline{60}＝\underline{25}$（分）…①
　道のり　速さ　　時間

#### ステップ2　実際にかかった時間を求める

家を出てから駅に着くまでに実際にかかった時間（上の図の $b$ 分）は，

10時15分－9時45分＝30分…②

#### ステップ3　実際にかかった時間との差を求める

実際にかかった時間との差は，上の図の $c$ 分にあたるので，

②－①より，30分－25分＝5分

したがって，銀行にいた時間は5分間。

**答　5分間**

# 第2章 量の比べ方 [3]速さ

**入試**
難易度 ★★☆

## 30 速さの3公式の利用（速さが変わる）

みほさんが家を出て図書館まで行くのに，家から700mまでの道のりは分速50mで歩き，残りは分速120mで走ったら，家から図書館まで19分かかりました。
分速120mで走った道のりは何mですか。

### 解き方

**ステップ1　700mまで歩いた時間を求める**

家から700mまでの道のりは，分速50mで歩いているので，歩いた時間は，**時間＝道のり÷速さ**より，

　　700 ÷ 50 ＝ 14（分）
　　道のり　速さ　　時間

**ステップ2　分速120mで走った時間を求める**

問題文とステップ1で求めたことを簡単なグラフに表すと，右のようになります。
分速120mで走った時間は，
**家から図書館までの時間
－家から700mまでの時間**
で求められるから，
　　19分－14分＝5分

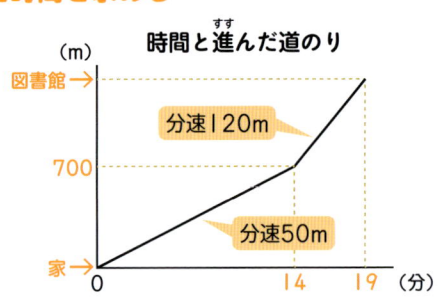

時間と進んだ道のり

図書館→
700
分速120m
分速50m
家→
0　　　　14　　19（分）

**ステップ3　分速120mで走った道のりを求める**

分速120mで走った時間は5分だから，
走った道のりは，**道のり＝速さ×時間**より，

　　120 × 5 ＝ 600（m）
　　速さ　時間　道のり

**答 600m**

問題を解こう　別冊53ページ 問題30　　つまずいたら→ 273ページ 例題25，274ページ 例題26

# 31 往復するときの平均の速さ

難易度 ★★☆

さとしさんは、12kmの道のりを往復するのに、行きは時速4kmで歩き、帰りは時速6kmで走りました。
往復の平均の速さは、時速何kmですか。

## 解き方

### ステップ1　行きと帰りにかかった時間をそれぞれ求める

かかった時間は、**道のり÷速さ**で求められます。

- 行きにかかった時間
  → 12kmの道のりを時速4kmで歩いているから、12÷4＝3（時間）…①
  （道のり　速さ　時間）

- 帰りにかかった時間
  → 12kmの道のりを時速6kmで走っているから、12÷6＝2（時間）…②
  （道のり　速さ　時間）

### ステップ2　往復の平均の速さを求める

往復の平均の速さは、**往復の道のり÷往復にかかった時間**で求められます。

- 往復の道のり
  → 12kmの道のりの2倍だから、12×2＝24（km）

- 往復にかかった時間
  → **行きにかかった時間＋帰りにかかった時間**だから、
  ①＋②より、3＋2＝5（時間）

- 往復の平均の速さ
  → 24÷5＝4.8（km）
  （道のり　時間　速さ）

**注意**
（行きの速さ＋帰りの速さ）÷2では求められない。
(4＋6)÷2＝5（km）
→時速5km　✗

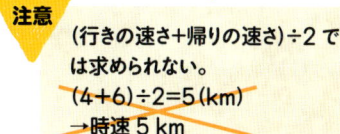

**答** 時速4.8km

# 第2章 量の比べ方 [3] 速さ

**入試**

難易度 ★★★

## 32 100m競走のスタートの位置

兄と妹が100m競走をしたら，兄がゴールインしたとき，妹は25m後ろにいました。
2人が同時にゴールインするには，兄はもとの位置より何m後ろからスタートすればよいですか。

### 解き方

**ステップ1　同じ時間に走る道のりの比を求める**

兄が100m走る間に，妹は(100−25)m走るから，兄と妹が同じ時間に走る道のりの比は，

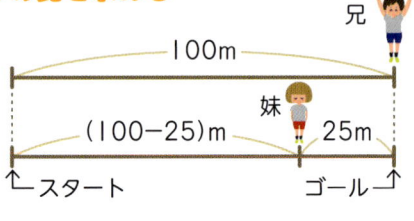

$100:(100-25)=100:75$
$\phantom{100:(100-25)}=4:3$

**ステップ2　妹が100m走る間に，兄が走る道のりを求める**

妹が100m走る間に兄が走る道のりを $x$ m とすると，

$4:3=x:100 \Rightarrow x\times 3=4\times 100=400$
$\phantom{4:3=x:100\Rightarrow}x=400\div 3=\dfrac{400}{3}=133\dfrac{1}{3}$

比例式の性質を使っているね。

**ステップ3　兄のスタートの位置を求める**

兄が $133\dfrac{1}{3}$ m走れば，妹と同時にゴールインできるので，兄のスタート位置は，もとの位置より，

$133\dfrac{1}{3}-100=33\dfrac{1}{3}$ (m)後ろにすればよいです。

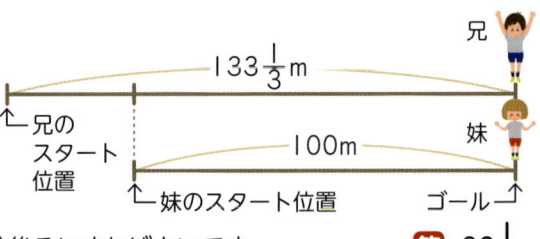

**答** $33\dfrac{1}{3}$ m

類題を解こう　別冊54ページ　問題32　比例式の性質の確認 → 324ページ 例題69

## 33 速さの比と時間の比

難易度 ★★★　入試

池のまわりを走って1周するのに、ゆうじさんは1分30秒、まりさんは1分15秒かかります。
ゆうじさんとまりさんの走る速さの比を、最も簡単な整数の比で表しましょう。

### 解き方

**ステップ1　2人がかかった時間の比を求める**

池のまわりを1周するのにかかった時間は、
- ゆうじさん ➡ 1分30秒＝90秒
- まりさん ➡ 1分15秒＝75秒

ゆうじさんとまりさんが、池のまわりを1周するのにかかった時間の比は、
90：75＝**6：5**

1分＝60秒だったね！

**ステップ2　2人の速さの比を求める**

池のまわりを1周するのだから、2人が走る道のりは同じです。
このとき、ゆうじさんとまりさんの走る速さの比は、かかった時間の逆比に等しいので、

$$\frac{1}{6} : \frac{1}{5} = 5 : 6$$

↑ 6：5 の逆比

答　**5：6**

> 道のり＝速さ×時間だから、道のりが一定のとき、速さは時間に反比例する。
> ↓
> 速さの比は時間の逆比に等しい。

逆数の比で逆比だね。

### ポイント

道のりが一定のとき、
**速さの比と時間の比は逆比** になる！

# 第2章 量の比べ方 [3]速さ

## 34 速さの比と道のりの比

**入試** 難易度 ★★★

2地点P，Qがあり，AさんはPからQに向けて分速50mで，BさんはQからPに向けて分速75mで同時に出発しました。2人はP，Q間の真ん中より200mはなれた地点で出会いました。P，Q間の道のりは何kmですか。

### 解き方

**ステップ1 2人の速さの比を求める**

Aさんは分速50m，Bさんは分速75mだから，
Aさんと Bさんの速さの比は，50：75＝<u>2：3</u>

**ステップ2 2人が進んだ道のりの差を求める**

同じ時間に進む道のりの比は，速さの比に等しいので，2人が出会うまでに進んだ道のりの比は，<u>2：3</u>

また，右の図より，2人が進んだ道のりの差は，
　200×2＝400(m)

Aさんの進んだ道のりを<u>2</u>，Bさんの進んだ道のりを<u>3</u>とすると，400mは，3－2＝1にあたります。

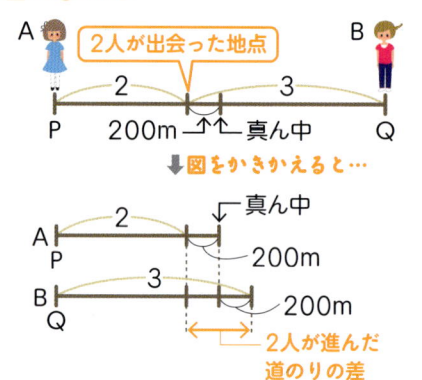

**ステップ3 P，Q間の道のりを求める**

400mを1とみると，P，Q間の道のりは2＋3＝5にあたるから，

P，Q間の道のりは，400×5＝2000(m)
2000m＝2km

**答 2km**

# 35 歩はばと歩数

兄が3歩で進む道のりを，弟は4歩で進みます。また，兄が5歩進む間に，弟は6歩進みます。
兄が15分間に歩く道のりを弟が歩くと，何分何秒かかりますか。

## 解き方

### ステップ1　2人の歩はばの比を求める

兄が3歩で進む道のりと弟が4歩で進む道のりは等しいので，**兄と弟の歩はばの比は，歩数の逆比に等しくなります。**

したがって，兄と弟の歩はばの比は，

$$\frac{1}{3} : \frac{1}{4} = 4 : 3$$

↑ 3:4の逆比

> 道のり＝歩はば×歩数
> だから，道のりが一定のとき，歩はばは歩数に反比例する。
> ↓
> 歩はばの比は，歩数の逆比に等しい。

### ステップ2　2人の速さの比を求める

**兄と弟の速さの比は，同じ時間に進んだ道のりの比に等しくなります。**
兄が5歩進む時間と弟が6歩進む時間は等しいので，
**道のり＝歩はば×歩数**より，兄と弟の速さの比は，

$$(4 \times 5) : (3 \times 6) = 20 : 18 = 10 : 9$$

（歩はば　歩数　歩はば　歩数）

### ステップ3　弟が歩く時間を求める

兄が15分間に歩く道のりと同じ道のりを弟が歩いたときの時間を $x$ 分とすると，**道のり＝速さ×時間**より，$10 \times 15 = 9 \times x$
（速さ　時間　速さ　時間）

$9 \times x = 150$

$x = 150 \div 9$

$x = \dfrac{50}{3} = 16\dfrac{2}{3}$　　$16\dfrac{2}{3}$ 分 ＝ 16分40秒

（$60 \times \dfrac{2}{3} = 40$）

**答　16分40秒**

# 第2章 量の比べ方 [3] 速さ

## 36 速さのグラフ

難易度 ★★☆ 入試

妹が家を出発して、徒歩で1200mはなれた図書館に向かいました。その4分後に、姉が家を出発して、自転車で図書館に向かいました。右のグラフは、家を出てからの時間と家からの道のりとの関係を表したものです。

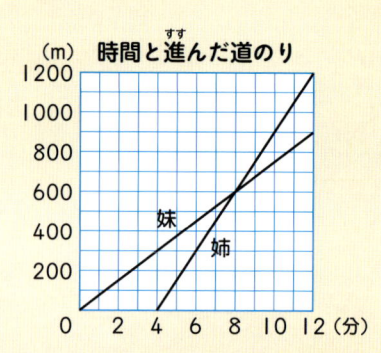

(1) 姉の速さは、分速何mですか。
(2) 姉が妹に追いついたのは、家から何mはなれたところですか。

### 解き方

(1) **ステップ1** 時間と道のりをグラフから読み取る

グラフより、姉は、12−4=8(分間)で、1200m進んでいます。

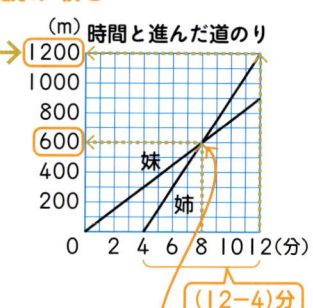

**ステップ2** 姉の速さを求める

**速さ=道のり÷時間**より、姉の速さは、
1200÷8=150(m)
（道のり）（時間）（速さ）

**答** 分速150m

(12−4)分
この交わったところで、姉が妹に追いついた。

(2) **ステップ1** グラフのどこを読むかを確認する

姉が妹に追いついたのは、**姉と妹のグラフが交わったところ**です。

**ステップ2** グラフの交わった点のめもりを読む

姉と妹のグラフが交わった点の**縦軸のめもりは600m**だから、家から600mはなれたところで姉が妹に追いつきました。

**答** 600m

類題を解こう → 別冊54ページ 問題36  つまずいたら → 271ページ 例題23、291ページ 例題41  レベルアップ → 433ページ 例題58

**COLUMN　こんなとこにも！便利な算数**

# かみなりはどこにいる？

「ピカッと光ってから 10 秒後にゴロゴロって聞こえたよ。今かみなりは，ここから何 km のところにあるかわかるかな？」

「そんなこと，わからないわ。」

「音が空気中を伝わる速さを，秒速 0.34km として計算してごらん。」

「きょり（道のり）＝速さ×時間だから，0.34×10＝3.4　3.4km だわ。」

「今度は 5 秒後に鳴ったぞ。0.34×5＝1.7(km) のところだ。ずいぶん近づいてきたね。」

「そうだね。正確には気温が 0℃のときの秒速が 331m で，気温が 1℃上がるごとに，秒速は 0.6m ずつ速くなるんだ。今の気温は 15℃だから，今の音の速さは 0.6×15＝9　331＋9＝340(m) つまり，0.34km になるんだ。」

「30℃もある夏だったら，0.6×30＝18　331＋18＝349(m) だ。暑いほうが音は速く伝わるんだね。」

「そうだね。もし気温が 30℃の夜に花火大会があって，花火が光ってから 5 秒後にドーンと聞こえたら，音の速さは，秒速 349m＝0.349km だから 0.349×5＝1.745(km) はなれていることになるね。」

# 第3章 資料の表し方 ［1］いろいろなグラフと表

## 01 いろいろなグラフと表

### ここのポイント

#### 2つのことを整理した表 → 例題37

右の表のように整理すると，2つのことがらを1つの表にまとめることができます。

けがの種類とけがをした場所 （人）

| 種類＼場所 | 校庭 | 体育館 | 教室 | 合計 |
|---|---|---|---|---|
| すりきず | 6 | 3 | 2 | 11 |
| 切りきず | 4 | 1 | 3 | 8 |
| 打ぼく | 2 | 4 | 1 | 7 |
| ねんざ | 3 | 1 | 1 | 5 |
| 合計 | 15 | 9 | 7 | 31 |

- 校庭で打ぼくした人の数 → 2
- 校庭でけがをした人の数 → 15
- すりきずをした人の数 → 11
- けがをした人数の合計 → 31

#### 棒グラフ → 例題39

数を棒の長さで表した右のようなグラフを**棒グラフ**といい，大きさを比べるのに便利です。

例 好きなくだもの

| 種類 | 人数（人） |
|---|---|
| いちご | 9 |
| もも | 6 |
| メロン | 4 |
| その他 | 5 |

棒グラフに表す。

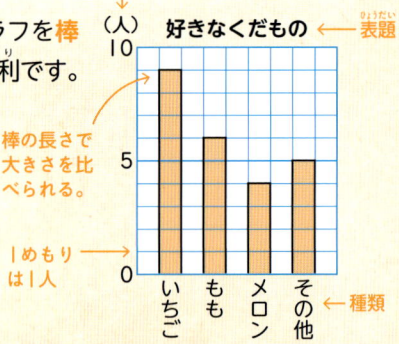

- 棒の長さで大きさを比べられる。
- 1めもりは1人
- 単位
- 表題：好きなくだもの
- 種類

#### 折れ線グラフ → 例題40

右のようなグラフを**折れ線グラフ**といい，変化のようすを見るのに便利です。

例 1日の気温の変わり方

| 時刻（時） | 午前8 | 10 | 午後0 | 2 | 4 |
|---|---|---|---|---|---|
| 気温（度） | 17 | 21 | 23 | 24 | 22 |

折れ線グラフに表す。

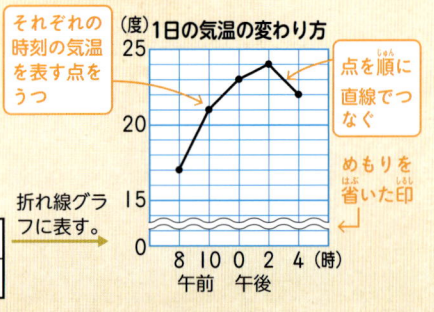

- それぞれの時刻の気温を表す点をうつ
- 点を順に直線でつなぐ
- めもりを省いた印

# 37 2つのことを整理した表

3年 4年　難易度 ★★★

右の表は、けがの種類と人数を月ごとにまとめたものです。

(1) 表を完成させましょう。
(2) 次の人数を答えましょう。
　㋐ 5月に切りきずをした人
　㋑ 6月にけがをした人

**けが調べ（4月～6月）（人）**

| 種類＼月 | 4月 | 5月 | 6月 | 合計 |
|---|---|---|---|---|
| すりきず | 正下 | 正 | 正丅 | |
| 切りきず | 正 | 正一 | 下 | |
| 打ぼく | 丅 | 正 | 下 | |
| その他 | 下 | 正 | 丅 | |
| 合　計 | | | | |

## 解き方

(1) **ステップ1** 「正」の字を数字になおす

　一…1，丅…2，下…3，正…4，正…5　として、数字になおします。

**ステップ2** 合計のらんに数を書く

縦、横のらんの数をそれぞれたして、その和を合計らんに書きます。

合計では、すりきずの人がいちばん多いね。

**けが調べ（4月～6月）（人）**

| 種類＼月 | 4月 | 5月 | 6月 | 合計 | |
|---|---|---|---|---|---|
| すりきず | 正下 8 | 正 5 | 正丅 7 | 20 | ←8+5+7 |
| 切りきず | 正 4 | 正一 6 | 下 3 | 13 | ←4+6+3 |
| 打ぼく | 丅 2 | 正 4 | 下 3 | 9 | ←2+4+3 |
| その他 | 下 3 | 正 5 | 丅 2 | 10 | ←3+5+2 |
| 合　計 | 17 | 20 | 15 | 52 | ←17+20+15 (20+13+9+10) |

　　　　　　↑8+4+2+3　↑5+6+4+5　↑7+3+3+2

(2) **ステップ1** どのらんを見るかを考える

　㋐ 5月と切りきずの交わったらん
　㋑ 6月と合計の交わったらん

| 種類＼月 | 4月 | 5月 | 6月 |
|---|---|---|---|
| すりきず | | | |
| 切りきず | | 6 | |
| 打ぼく | | | |
| その他 | | | |
| 合　計 | | | 15 |

**ステップ2** あてはまるらんの数を読む

表より、㋐ 5月に切りきずをした人は6人，㋑ 6月にけがをした人は15人であることがわかります。

**答** (1) 上の表　(2) ㋐ 6人　㋑ 15人

類題を解こう → 別冊55ページ 問題37

# 第3章 資料の表し方 [1] いろいろなグラフと表

**4年**

## 38 4つのなかまに分けて整理した表

難易度 ★☆☆

25人の子どもについて，男女のきょうだいがいるかいないかを調べました。㋐〜㋒の結果から，右の表をつくりましょう。

㋐ 男きょうだいがいる人…12人
㋑ 女きょうだいがいる人…11人
㋒ 男きょうだいも女きょうだいもいる人…4人

きょうだい調べ　（人）

|  | 女 | | 合計 |
|---|---|---|---|
|  | いる | いない |  |
| 男 いる |  |  |  |
| 　 いない |  |  |  |
| 合計 |  |  |  |

### 解き方

**ステップ1　わかっている人数を表に書く**

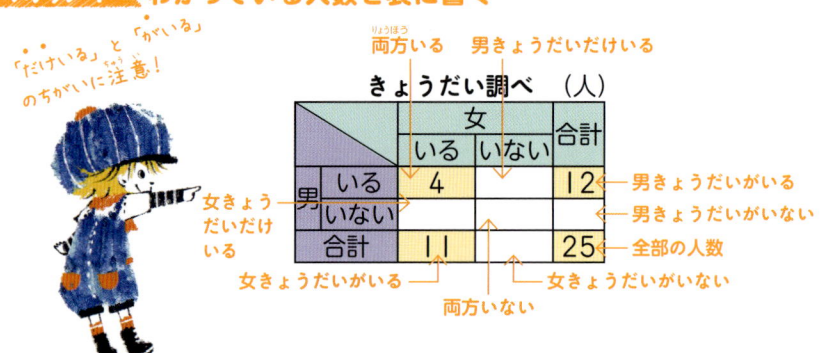

「だけいる」と「がいる」のちがいに注意！

きょうだい調べ　（人）

|  | 女 | | 合計 |
|---|---|---|---|
|  | いる | いない |  |
| 男 いる | 4 |  | 12 |
| 　 いない |  |  |  |
| 合計 | 11 |  | 25 |

- 両方いる → 4
- 男きょうだいだけいる
- 女きょうだいだけいる
- 男きょうだいがいる → 12
- 男きょうだいがいない
- 女きょうだいがいる → 11
- 女きょうだいがいない
- 両方いない
- 全部の人数 → 25

**ステップ2　残りのらんの人数を求める**

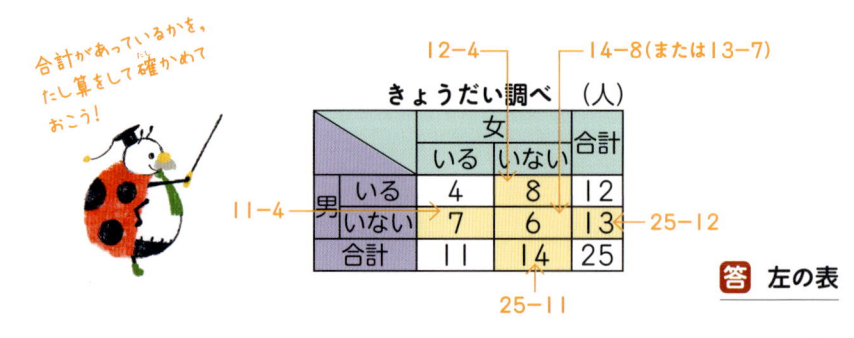

合計があっているかを，たし算をして確かめておこう！

きょうだい調べ　（人）

|  | 女 | | 合計 |
|---|---|---|---|
|  | いる | いない |  |
| 男 いる | 4 | 8 | 12 |
| 　 いない | 7 | 6 | 13 |
| 合計 | 11 | 14 | 25 |

- 11−4 → 7
- 12−4 → 8
- 14−8（または13−7）
- 25−11 → 14
- 25−12 → 13

**答** 左の表

類題を解こう → 別冊55ページ　問題38

## 39 棒グラフ

3年 / 難易度 ★☆☆

右の表は、休み時間に、学校の前を通った乗り物の種類と台数を調べたものです。
(1) 台数の多い順に、**棒グラフ**に表しましょう。
(2) 乗用車はトラックより何台多いですか。

**乗り物調べ**

| 種類 | 台数(台) |
|---|---|
| 乗用車 | 13 |
| バス | 4 |
| トラック | 8 |
| その他 | 6 |

### 解き方

(1) **ステップ1** めもりをどのようにとるかを考える

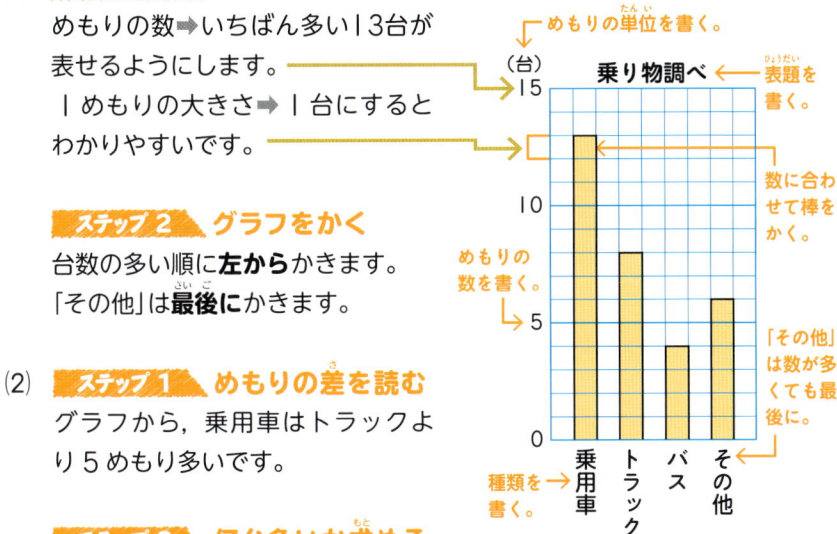

めもりの数 ➡ いちばん多い13台が表せるようにします。
1めもりの大きさ ➡ 1台にするとわかりやすいです。

（グラフ：乗り物調べ、単位（台）、乗用車13・トラック8・バス4・その他6）
- めもりの単位を書く。
- 表題を書く。
- 数に合わせて棒をかく。
- めもりの数を書く。
- 「その他」は数が多くても最後に。
- 種類を書く。

**ステップ2** グラフをかく

台数の多い順に**左から**かきます。
「その他」は**最後に**かきます。

(2) **ステップ1** めもりの差を読む

グラフから、乗用車はトラックより5めもり多いです。

**ステップ2** 何台多いか求める

グラフの1めもりは1台で、乗用車とトラックの台数の差は5めもり
➡ 乗用車はトラックより5台多いです。
また、表から、乗用車は13台、トラックは8台だから、乗用車はトラックより、13−8=5(台)多いと求めることもできます。

**答** (1) 上のグラフ　(2) 5台

類題を解こう　別冊56ページ　問題39

# 第3章 資料の表し方 ［1］いろいろなグラフと表

4年
難易度 ★☆☆

## 40 折れ線グラフ

下の表は，つばささんが病気をしたときの体温の変わり方を表したものです。これを，体温の変わり方がよくわかるようにくふうした折れ線グラフに表しましょう。

**体温の変わり方**

| はかった時刻（時） | 午前6 | 8 | 10 | 午後0 | 2 | 4 | 6 | 8 |
|---|---|---|---|---|---|---|---|---|
| 体温　　　　（度） | 37.2 | 37.4 | 37.9 | 37.9 | 38.2 | 37.6 | 37.3 | 36.8 |

### 解き方

**ステップ 1　めもりのつけ方をくふうする**

いちばん低い体温は36.8度だから，〰〰の印で36.5度以下のめもりを省くと，体温の変わり方がわかりやすくなります。

**ステップ 2　めもりをつける**

横軸➡「時刻」のめもりをつけます。
縦軸➡いちばん高い38.2度が表せるように，「体温」のめもりをつけます（1めもりは0.1度）。

**ステップ 3　折れ線をかく**

それぞれの時刻の体温を表すところに点をうちます。
↓
点を順に直線でつなぎます。

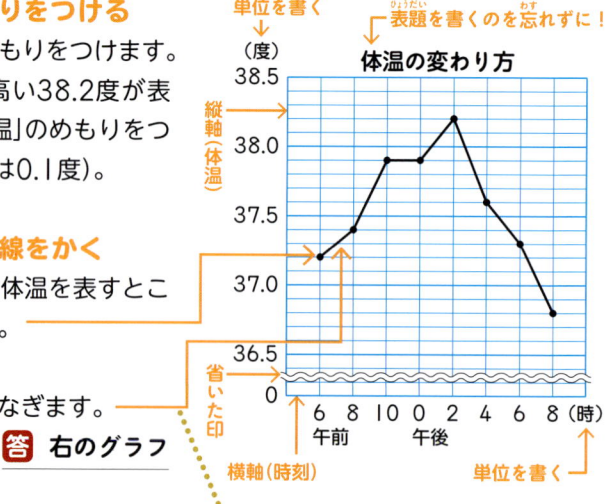

**答　右のグラフ**

単位を書く
（度）
表題を書くのを忘れずに！
体温の変わり方
縦軸（体温）
省いた印
横軸（時刻）
午前　午後
単位を書く

### 参考

折れ線グラフでは，線のかたむきで，変わり方がわかる。線のかたむきが急なほど，変わり方が大きい。

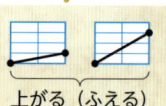

上がる（ふえる）　　変わらない　　下がる（へる）

類題を解こう ➡ 別冊56ページ 問題40　　レベルアップ ➡ 291ページ 例題41

# 41 2つの折れ線グラフ

難易度 ★★☆

右のグラフは、ある1日の気温と地面の温度の変化を表したものです。

(1) 気温と地面の温度が同じになったのは何時で、そのときの温度は何度ですか。

(2) 温度の差がいちばん大きかったのは何時ですか。

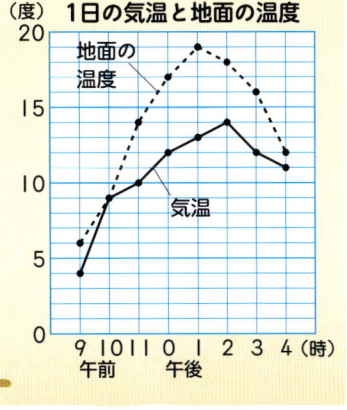

## 解き方

(1) **ステップ1** グラフのどこを読むかを考える

2つのグラフの交わっているところで、温度が同じになっています。

**ステップ2** グラフのめもりを読む

2つのグラフの交わった点のめもりを読むと、午前10時で、温度は9度であることがわかります。

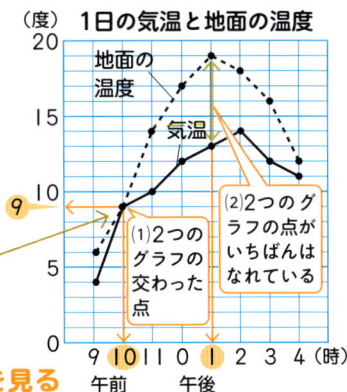

(2) **ステップ1** グラフのはなれぐあいを見る

2つのグラフのいちばんはなれているところが、温度の差がいちばん大きいです。

**ステップ2** グラフのめもりを読む

2つのグラフがいちばんはなれているのは、午後1時。

**答** (1) 午前10時で、温度は9度  (2) 午後1時

類題を解こう → 別冊57ページ 問題41
つまずいたら → 290ページ 例題40

# 第3章 資料の表し方 ［2］資料の調べ方

# 02 資料の調べ方

## ここのポイント

### 平均と記録の比べ方 → 例題 42

集団の記録を比べるのに，**平均**を使うことがあります。

**例** 右の表で，A班とB班の人が1か月間に読んだ本の冊数の平均を求めると，
A班…(6+4+8+2)÷4＝5(冊)
B班…(5+9+6+3+4)÷5＝5.4(冊)
➡ B班のほうが本を多く読んでいる。

**読んだ本の冊数** (冊)

| A班 | 6 | 4 | 8 | 2 | / |
|---|---|---|---|---|---|
| B班 | 5 | 9 | 6 | 3 | 4 |

### 度数分布表って？ → 例題 43

資料をいくつかの区間に分けて表した右のような表を**度数分布表**といい，ちらばりのようすを見るのに便利です。

**例** 右の表は，6年1組男子の体重を5kgごとに区切って表した度数分布表です。

体重30kgの人は「30〜35」の区間に入るよ。

**体重の記録**

| 体重(kg) 以上　未満 | 人数(人) |
|---|---|
| 25〜30 | 2 |
| 30〜35 | 5 |
| 35〜40 | 7 |
| 40〜45 | 3 |
| 45〜50 | 1 |
| 合　計 | 18 |

### 柱状グラフって？ → 例題 44, 45

度数分布表を右のように表したグラフを**柱状グラフ**(ヒストグラム)といいます。
柱状グラフに表すと，ちらばりのようすが見やすくなります。

柱状グラフの長方形はくっつけるんだね。

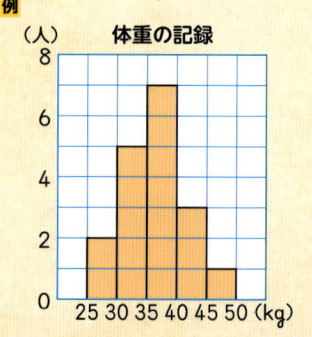

**例** 柱状グラフに表す。

体重の記録

## 42 平均と記録の比べ方

難易度 ★★★

6年

下の表は，A班とB班の走りはばとびの記録です。記録がよいといえるのはどちらの班ですか。

走りはばとびの記録　(m)

| | ① | ② | ③ | ④ | ⑤ | ⑥ | ⑦ | ⑧ | ⑨ | ⑩ |
|---|---|---|---|---|---|---|---|---|---|---|
| A班 | 2.9 | 1.6 | 3.4 | 2.5 | 2.1 | 1.8 | 2.6 | 3.2 | 2.6 | 2.3 |
| B班 | 2.7 | 3.1 | 2.1 | 2.4 | 2.8 | 3.2 | 1.8 | 2.7 | | |

### 解き方

**ステップ1　それぞれの班の記録の平均を求める**

**平均＝合計÷個数**だから，それぞれの班の記録の平均は，

A班 → (2.9＋1.6＋3.4＋2.5＋2.1＋1.8＋2.6＋3.2＋2.6＋2.3)÷10
　　　＝25÷10＝2.5(m)

B班 → (2.7＋3.1＋2.1＋2.4＋2.8＋3.2＋1.8＋2.7)÷8
　　　＝20.8÷8＝2.6(m)

**ポイント**　記録を比べるときは，平均を使うことがある。

**ステップ2　平均を比べる**

記録の平均を比べると，
A班…2.5m，B班…2.6m　だから，
B班のほうが記録がよいといえます。

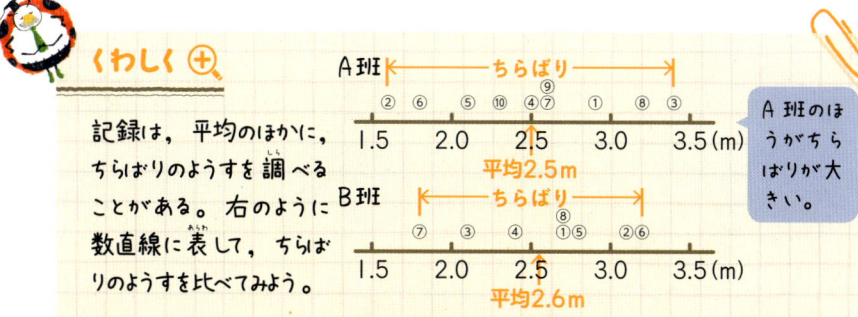

**答　B班**

### くわしく

記録は，平均のほかに，ちらばりのようすを調べることがある。右のように数直線に表して，ちらばりのようすを比べてみよう。

A班のほうがちらばりが大きい。

# 第3章 資料の表し方 [2]資料の調べ方

6年
難易度 ★★☆

## 43 度数分布表

右の表は、けんたさんの組の男子16人の握力の記録です。

(1) 記録を5kgずつに区切って、度数分布表に表しましょう。
(2) 20kg未満の人は何人いますか。

**握力の記録 (kg)**

| ① 20 | ⑤ 27 | ⑨ 16 | ⑬ 22 |
|---|---|---|---|
| ② 19 | ⑥ 14 | ⑩ 21 | ⑭ 18 |
| ③ 15 | ⑦ 17 | ⑪ 13 | ⑮ 25 |
| ④ 21 | ⑧ 18 | ⑫ 24 | ⑯ 16 |

### 解き方

(1) **ステップ1 区間を決める**

最小値は⑪の13kg、最大値は⑤の27kgだから、

区切りのよい10kgから30kgまでを、**5kgずつ4つの区間**に分けます。

**ステップ2 各区間に入る人数を調べて表に書きこむ**

「正」の字を使って調べると、

10kg以上15kg未満…T ➡ 2人
15kg以上20kg未満…正T ➡ 7人
20kg以上25kg未満…正 ➡ 5人
25kg以上30kg未満…T ➡ 2人

以上はその数をふくむ　未満はその数をふくまない

- 25kg以上⇒25kgと等しいか25kgより大きい。
- 30kg未満⇒30kgより小さい。

**握力の記録**

| 握力 (kg) | 人数 (人) |
|---|---|
| 以上　未満 | |
| 10〜15 | 2 |
| 15〜20 | 7 |
| 20〜25 | 5 |
| 25〜30 | 2 |
| 合計 | 16 |

わたしの握力はヒミツ！

(2) **ステップ1 どの区間に入っている人かを考える**

20kg未満だから、表の「10kg以上15kg未満」と「15kg以上20kg未満」の人の合計になります。

**ステップ2 20kg未満の人数を求める**

20kg未満の人数は、2+7=9(人)
　　　　　　　↑10kg以上15kg未満　↑15kg以上20kg未満

**答** (1) 上の表　(2) 9人

類題を解こう　別冊57ページ 問題43　以上・未満の確認 ➡ 47ページ 例題26

# 44 柱状グラフのかき方

難易度 ★★☆

6年

右の表は、えりさんの組の女子の50m走の記録です。
これを、柱状グラフに表しましょう。

**50m走の記録**

| 時間（秒）以上 未満 | 人数（人） |
|---|---|
| 7〜8 | 2 |
| 8〜9 | 5 |
| 9〜10 | 8 |
| 10〜11 | 3 |

## 解き方

### ステップ1　めもりをつける

横軸 ➡ 「時間」をとり、1秒ごとのめもりをつけます。

縦軸 ➡ 「人数」をとり、いちばん多い8人が表せるように、10人までのめもりをつけます。

### ステップ2　人数を表す長方形をかく

「時間」の区間を横、「人数」を縦とする長方形をかきます。

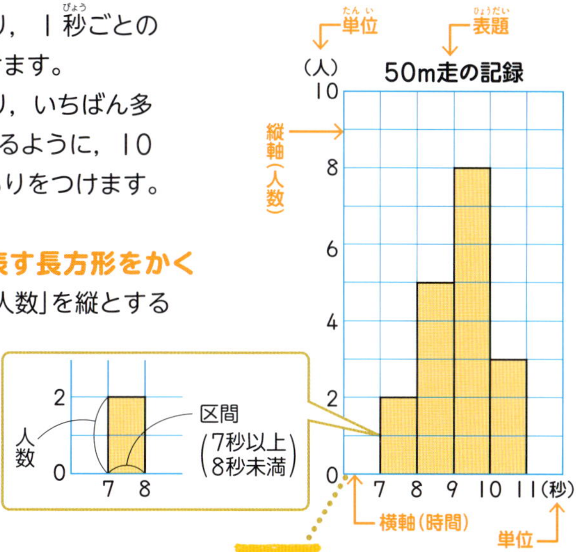

区間（7秒以上 8秒未満）

**答** 右のグラフ

**50m走の記録**（表題）
単位（人）
縦軸（人数）
横軸（時間）
単位（秒）

**注意** 長方形と長方形のすきまはあけない。
棒グラフとはちがうね。

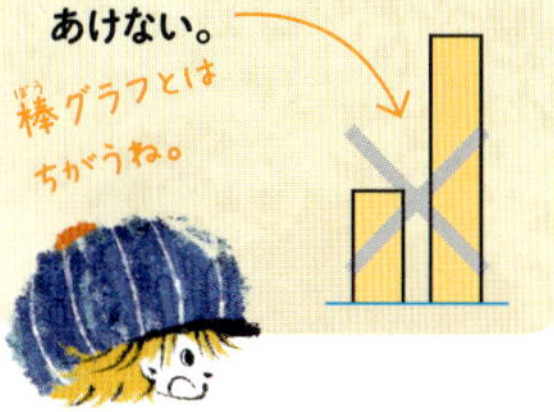

**ポイント**　柱状グラフは **ちらばりのようす** を見るのに便利。

問題を解こう　別冊58ページ　問題44
棒グラフの確認 ➡ 289ページ 例題39

# 第3章 資料の表し方 [2] 資料の調べ方

6年
難易度 ★★☆

## 45 柱状グラフの読み方

右のグラフは、もときさんの組の男子の体重の記録を表したものです。

(1) 人数がいちばん多いのは何kg以上何kg未満の区間で、全体の何%ですか。

(2) 体重の重いほうから5番めの人は、何kg以上何kg未満の区間に入っていますか。

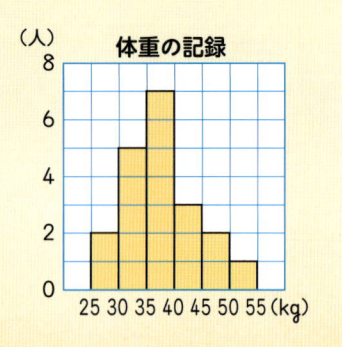

### 解き方

(1) **ステップ1** 人数がいちばん多い区間を探す

人数がいちばん多いのは、**長方形の縦の長さが最も長い区間**だから、35kg以上40kg未満で、7人。

**ステップ2** 男子全体の人数を求める

男子全体の人数は、各区間の人数の合計だから、2+5+7+3+2+1=20(人)

**ステップ3** 何%かを求める

もとにする量が20人、比べられる量が7人だから、割合は、7÷20=0.35→35%

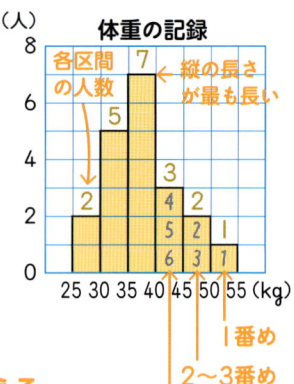

（7が比べられる量、20がもとにする量）

(2) **ステップ1** 体重の重いほうから順に数える

重いほうから5番めの人は、(1)のグラフの**4〜6番めの区間**に入っています。

**ステップ2** あてはまる区間を答える

4〜6番めの人が入っている区間は、40kg以上45kg未満。

**答** (1) 35kg以上40kg未満、35%  (2) 40kg以上45kg未満

類題を解こう → 別冊58ページ 問題45

## 46 人口統計のグラフ

難易度 ★★☆

右のグラフは、2011年の東京都の男女別、年令別の人口の割合を表したものです。

(1) 人数がいちばん多いのは、何才から何才までの区間ですか。
(2) 19才までの人口は、総人口の何%ですか。

**男女別、年令別人口の割合（2011年）**

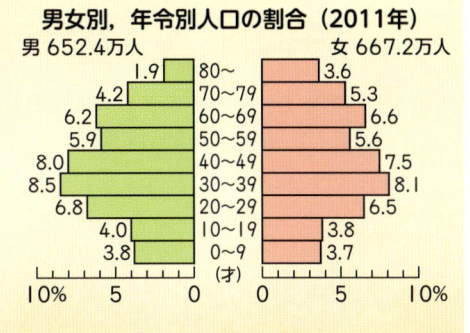

男 652.4万人　　女 667.2万人

| 男 | 年令 | 女 |
|---|---|---|
| 1.9 | 80〜 | 3.6 |
| 4.2 | 70〜79 | 5.3 |
| 6.2 | 60〜69 | 6.6 |
| 5.9 | 50〜59 | 5.6 |
| 8.0 | 40〜49 | 7.5 |
| 8.5 | 30〜39 | 8.1 |
| 6.8 | 20〜29 | 6.5 |
| 4.0 | 10〜19 | 3.8 |
| 3.8 | 0〜9 | 3.7 |

（才）

### 解き方

(1) **ステップ1　人数がどこで表されているかを考える**

**長方形の横の長さ**で、人数の割合が表されています。

**ステップ2　横の長さの最も長い長方形を探す**

人数がいちばん多いのは、長方形の横の長さが最も長い区間だから、グラフより、男女とも30才から39才までの区間になります。

(2) **ステップ1　あてはまる区間の人数の割合を読む**

男 ➡ 0才から9才まで…3.8%、10才から19才まで…4.0%
女 ➡ 0才から9才まで…3.7%、10才から19才まで…3.8%

**ステップ2　合計を求める**

19才までの男女の人口の割合の合計を求めると、

$3.8 + 4.0 + 3.7 + 3.8 = 15.3$（%）

男の0才から9才　男の10才から19才　女の0才から9才　女の10才から19才

**答** (1) 30才から39才まで　(2) 15.3%

グラフから少子化がわかるわ〜。

# 第3章 資料の表し方 [2] 資料の調べ方

**入試**

難易度 ★★☆

## 47 ダイヤグラム

右のグラフは，A町とB町の間を走るバスの運行のようすを表したものです。

(1) バスは，B町で何分間停車していますか。

(2) 7時と7時30分にA町を出発したバスは，何時何分にすれちがいますか。

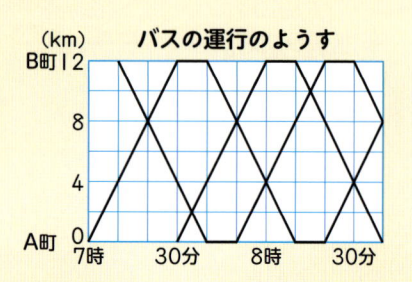

### 解き方

(1) **ステップ1** 停車しているときのグラフのようすを考える

停車しているときは，**グラフが平ら**になっています。

**ステップ2** 横軸のめもりを読む

B町のところで，グラフが平らになっているところは1めもり分
➡ 1めもりは10分だから，停車時間は10分間。

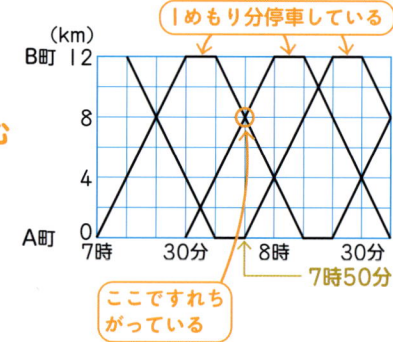

(2) **ステップ1** グラフのどこを読むかを考える

**2つのグラフの交わっているところ**で，2台のバスはすれちがっています。

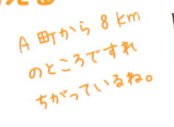

A町から8kmのところですれちがっているね。

**ステップ2** 交わった点のめもりを読む

7時と7時30分にA町を出発したバスのグラフが交わった点の横軸のめもりを読むと，7時50分 ➡ 2台のバスは7時50分にすれちがっています。

**答** (1) 10分間　　(2) 7時50分

類題を解こう ➡ 別冊59ページ　問題47

# 48 階段グラフ

難易度 ★★☆ 入試

右のグラフは，ある運送会社の荷物の配達料金を表したものです。

(1) 1.5kg，6kgの荷物の配達料金は，それぞれ何円ですか。
(2) 料金が1000円のとき，荷物の重さは，何kgより重くて何kgまでだと考えられますか。

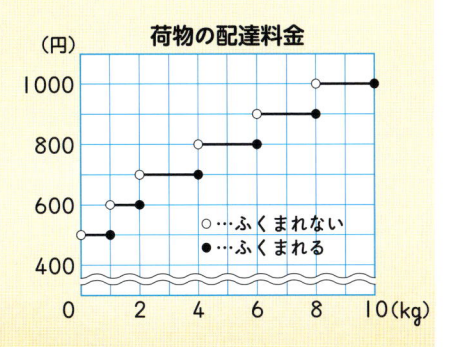

## 解き方

(1) **ステップ1 どのめもりを読むかを考える**
横軸の1.5kg，6kgのところのグラフ上の縦軸のめもりを読みます。

**ステップ2 縦軸のめもりを読む**
- 1.5kg ➡ グラフ上の縦軸のめもりは600円。
- 6kg ➡ グラフ上の縦軸のめもりは800円。

**注意** ○はその点がふくまれないので，900円ではなく，800円になる。

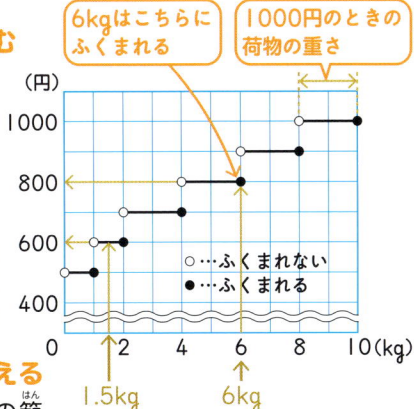

(2) **ステップ1 どこを読むかを考える**
縦軸の1000円のところのグラフの範囲にあたる横軸のめもりを読みます。

**ステップ2 横軸のめもりを読む**
グラフより，8kgはふくまれないので，8kgより重くて10kgまで。

**答** (1) 1.5kg…600円 6kg…800円　(2) 8kgより重くて10kgまで

類題を解こう ➡ 別冊59ページ 問題48

# 第3章 資料の表し方 [2] 資料の調べ方

入試
難易度 ★★★

## 49 相関表

40人のクラスで，5点満点の算数と国語のテストを行いました。右の表は，その点数と人数の関係を表したものです。たとえば，算数が2点で国語が3点の人は7人います。
算数と国語の合計点の平均は何点ですか。

|    |    | 1点 | 2点 | 3点 | 4点 | 5点 |
|----|----|----|----|----|----|----|
| 算数 | 5点 |    |    |    | 2  | 1  |
|    | 4点 |    |    |    | 3  | 1  |
|    | 3点 |    |    | 9  | 8  |    |
|    | 2点 | 1  | 6  | 7  |    |    |
|    | 1点 | 2  |    |    |    |    |

国語

〈和洋国府台女子中〉

### 解き方

**ステップ1　各教科の合計点の求め方を考える**

それぞれの点数×その点をとった人数 ……… たとえば算数の5点では，
の積を1点から5点まで求めて，それを合計　　　5×(2+1)=5×3
すれば，各教科の合計点が求められます。　　　　　　　　＝15(点)

**ステップ2　算数と国語それぞれの合計点を求める**

算数の合計点は，1×2+2×14+3×17+4×4+5×3=112(点)
　　　　　　　　　　　　1+6+7　9+8　3+1　2+1

国語の合計点は，1×3+2×15+3×15+4×5+5×2=108(点)
　　　　　　　　　　　1+2　9+6　8+7　2+3　1+1

国語の点数　1×3　2×15　3×15　4×5　5×2

|    |    | 1点 | 2点 | 3点 | 4点 | 5点 |    |
|----|----|----|----|----|----|----|-----|
| 算数 | 5点 |    |    |    | 2  | 1  | ←5×3 |
|    | 4点 |    |    |    | 3  | 1  | ←4×4 |
|    | 3点 |    |    | 9  | 8  |    | ←3×17 |
|    | 2点 | 1  | 6  | 7  |    |    | ←2×14 |
|    | 1点 | 2  |    |    |    |    | ←1×2 |

国語　　　　　　　　　　　　　算数の点数

**参考**　2つのちらばりを表した表を「相関表」という。

キミが得意なのは算数？国語？

**ステップ3　算数と国語の合計点の平均を求める**

平均=合計÷人数だから，(112+108)÷40=5.5(点)
　　　　　　　　　　　　　算数と国語の合計　人数

**答** 5.5点

類題を解こう → 別冊59ページ 問題49　　平均の求め方の確認 → 255ページ 例題9

# 第4章 割合とグラフ

## 01 割合

### ここのポイント

#### 割合って？ → 例題 50

**割合**…比べられる量がもとにする量のどれだけ（何倍）にあたるかを表した数で，次の式を使って求められます。

> **重要** 割合＝比べられる量÷もとにする量

例 20Lをもとにしたときの4Lの割合は，4÷20＝0.2

#### 百分率と歩合って？ → 例題 51, 52

| 小数 | | 百分率 |
|---|---|---|
| 1 | ⟷ | 100% |
| 0.1 | ⟷ | 10% |
| 0.01 | ⟷ | 1% |

**百分率**…パーセントで表した割合のことで，割合を表す0.01を1**パーセント**といい，1％と書きます。

例 割合の0.65を百分率で表すと，0.65×100＝65(％)です。

**歩合**…割合を表す小数を次のように表した割合のことです。

0.1 → 1割，0.01 → 1分，0.001 → 1厘

例 割合の0.65を歩合で表すと，6割5分です。

#### 比べられる量の求め方 → 例題 54

> **重要** 比べられる量＝もとにする量×割合

例 40mの25％の長さは，40×0.25＝10(m)

#### もとにする量の求め方 → 例題 55

もとにする量を□として，比べられる量を求める式にあてはめて求めます。

例 20m²が40％にあたる土地の面積は何m²ですか。
→求める面積を□m²とすると，□m²の40％の面積が20m²だから，
　□×0.4＝20
　　□＝20÷0.4＝50 → 50m²

# 第4章 割合とグラフ ［1］割合

5年

## 50 割合の求め方

難易度 ★★★

赤いリボンが50cm，青いリボンが30cm，緑のリボンが45cmあります。次の割合を小数で表しましょう。

(1) 赤いリボンの長さをもとにしたときの，青いリボンの長さの割合

(2) 青いリボンの長さをもとにしたときの，緑のリボンの長さの割合

### 解き方

**ステップ1　問題の内容を整理する**

(1) もとにする量…50cm（赤いリボンの長さ）
　　比べられる量…30cm（青いリボンの長さ）

(2) もとにする量…30cm（青いリボンの長さ）
　　比べられる量…45cm（緑のリボンの長さ）

**ステップ2　割合を求める**

割合は，比べられる量がもとにする量の何倍にあたるかを表す数だから，**比べられる量÷もとにする量**で求められます。
この式にあてはめてそれぞれの割合を求めると，

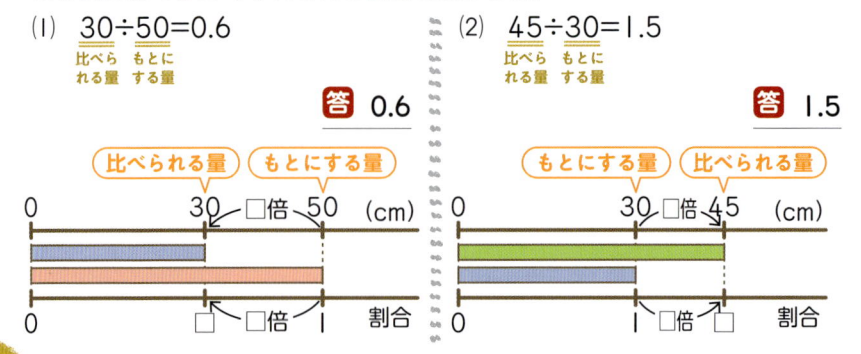

(1) 30÷50＝0.6
　　（比べられる量）（もとにする量）

　　**答 0.6**

(2) 45÷30＝1.5
　　（比べられる量）（もとにする量）

　　**答 1.5**

### ポイント

**割合＝比べられる量÷もとにする量**
を覚えよう！

類題を解こう → 別冊60ページ 問題50

## 51 小数と百分率

難易度 ★★★

(1) 次の小数で表した割合を，百分率で表しましょう。
① 0.48　　② 1.2　　③ 0.093

(2) 次の百分率で表した割合を，小数で表しましょう。
① 30%　　② 7%　　③ 506%

### 解き方

(1) **ステップ1** 何倍すればよいかを確認する

百分率は，もとにする量を100とみた割合の表し方
➡ 小数で表した割合を**100倍**します。

| 小数 | | 百分率 |
|---|---|---|
| 0.01 | ×100→ | 1% |
| 0.1 | ×100→ | 10% |
| 1 | ×100→ | 100% |

**ステップ2** 百分率で表す

それぞれの割合を100倍すればよいから，

① 0.48×100
＝48(%)
**答** 48%

② 1.2×100
＝120(%)
**答** 120%

③ 0.093×100
＝9.3(%)
**答** 9.3%

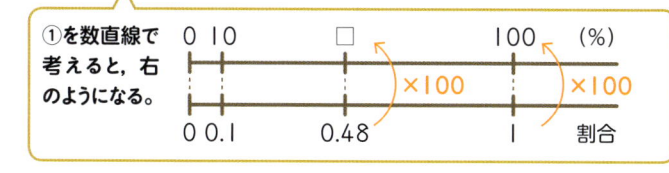

①を数直線で考えると，右のようになる。

```
 0 10      □       100    (%)
 |─|───────|────────|──────
              ×100    ×100
 0 0.1    0.48       1    割合
```

(2) **ステップ1** いくつでわればよいかを確認する

小数で表した割合を100倍すれば百分率になるから，百分率で表した割合を**100でわります**。

| 百分率 | | 小数 |
|---|---|---|
| 1% | ÷100→ | 0.01 |
| 10% | ÷100→ | 0.1 |
| 100% | ÷100→ | 1 |

**ステップ2** 小数で表す

それぞれの割合を100でわればよいから，

① 30÷100＝0.3
**答** 0.3

② 7÷100＝0.07
**答** 0.07

③ 506÷100＝5.06
**答** 5.06

問題を解こう ➡ 別冊60ページ 問題51

# 第4章 割合とグラフ [1] 割合

5年
難易度 ★★★

## 52 小数と歩合

次の小数で表した割合を歩合で，歩合で表した割合を小数で表しましょう。 
(1) 0.579
(2) 3割2分8厘

### 解き方

(1) **ステップ1　小数と歩合の関係を確認する**

割合を表す小数を歩合で表すと，次のようになります。

割合の0.1→1割，0.01→1分，0.001→1厘

**ステップ2　小数を位ごとに分ける**

0.579を各位の数のたし算の式で表すと，
0.579＝0.5＋0.07＋0.009

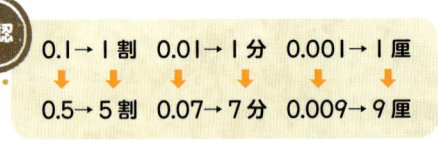

**ステップ3　歩合で表す**

0.5＋0.07＋0.009
5割7分9厘

確認
| 0.1→1割 | 0.01→1分 | 0.001→1厘 |
| ↓ | ↓ | ↓ |
| 0.5→5割 | 0.07→7分 | 0.009→9厘 |

**答** 5割7分9厘

(2) **ステップ1　割・分・厘のそれぞれを小数になおす**

3割2分8厘
- 3割→0.3　〈1割は0.1〉
- 2分→0.02　〈1分は0.01〉
- 8厘→0.008　〈1厘は0.001〉

めざせ！
3割バッター！

**ステップ2　小数で表す**

0.3＋0.02＋0.008＝0.328
　3割　2分　　8厘

**答** 0.328

類題を解こう　別冊60ページ　問題52

## 53 百分率や歩合の求め方

難易度 ★★☆

(1) 定員50人のバスに20人乗っています。乗客数は、定員の何％ですか。

(2) サッカーの試合を20回して、13回勝ちました。勝った試合数の割合を歩合で求めましょう。

### 解き方

**ステップ1** もとにする量と比べられる量を確認する

(1) 「■は、●の何％ですか」では、■が比べられる量で、●がもとにする量だから、

「乗客数は、定員の何％ですか」
　　　20人　　　　50人
　　↑比べられる量　↑もとにする量

(2) 試合数をもとにしたときの勝った試合数の割合を求めるのだから、
・もとにする量 ➡ 試合数（20回）
・比べられる量 ➡ 勝った試合数（13回）

**ステップ2** 割合を求めて百分率や歩合で表す

割合は、**比べられる量÷もとにする量**で求められます。

(1) 割合を表す小数を100倍すると、百分率で表せるから、

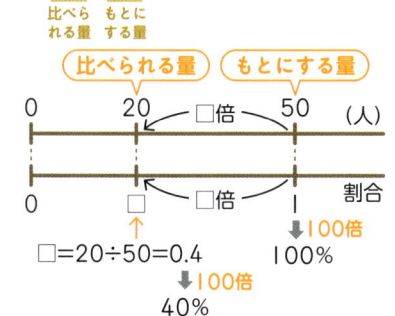

$20 \div 50 \times 100 = 40$（％）
　比べら　もとに
　れる量　する量

□ = 20 ÷ 50 = 0.4
　　　↓100倍
　　　40%

**答** 40％

(2) 割合を求めると、

$13 \div 20 = 0.65$
　比べら　もとに
　れる量　する量

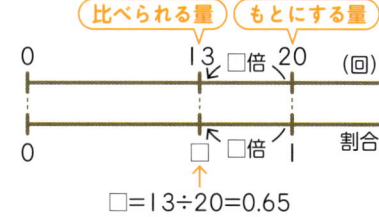

□ = 13 ÷ 20 = 0.65

0.65を歩合で表すと、
0.65 = 0.6 + 0.05 → 6割5分
　　　6割　5分

**答** 6割5分

# 第4章 割合とグラフ ［1］割合

5年
難易度 ★★★

## 54 比べられる量の求め方

(1) 定員20人の体操クラブに，定員の70%の希望者がありました。希望者は何人でしたか。

(2) 定員25人の器楽クラブに，定員の140%の希望者がありました。希望者は何人でしたか。

### 解き方

**ステップ1　問題の内容を整理する**

(1) 定員20人の〔もとにする量〕
　　70%が〔割合〕
　　希望者数□人〔比べられる量〕

(2) 定員25人の〔もとにする量〕
　　140%が〔割合〕
　　希望者数□人〔比べられる量〕

**ステップ2　割合を小数で表す**

(1) 70%を小数で表すと，
　　70÷100=0.7

(2) 140%を小数で表すと，
　　140÷100=1.4

**ステップ3　希望者数を求める**

(1) 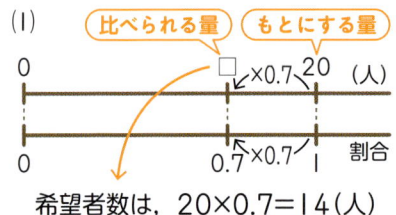 
希望者数は，20×0.7=14(人)
　　　　　　もとに　割合　比べ
　　　　　　する量　　　　られる量

**答** 14人

(2) 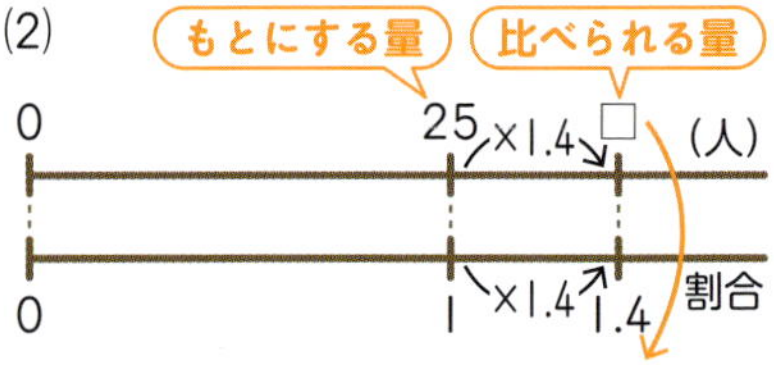
希望者数は，25×1.4=35(人)
　　　　　　もとに　割合　比べら
　　　　　　する量　　　　れる量

**答** 35人

### ポイント

**比べられる量＝もとにする量×割合**
を覚えよう！

類題を解こう → 別冊60ページ 問題54　　レベルアップ → 308ページ 例題56

## 55 もとにする量の求め方

難易度 ★★☆

まいさんは、物語の本を72ページまで読みました。これは、本全体の60%にあたります。物語の本は、全部で何ページありますか。

### 解き方

**ステップ1　問題の内容を整理する**

全体のページ数□ページの〈もとにする量〉
60%が〈割合〉
読んだページ数72ページ〈比べられる量〉

**ステップ2　割合を小数で表す**

60%を小数で表すと、60÷100=0.6

**ステップ3　比べられる量を求める式にあてはめる**

全体のページ数を□ページとして、比べられる量を求める式にあてはめると、
**もとにする量×割合＝比べられる量**より、

□×0.6＝72
（もとにする量）（割合）（比べられる量）

```
          比べられる量   もとにする量
 0           72   ×0.6    □      （ページ）
 ├────────────┼─────────┤
 0           0.6  ×0.6    1      割合
```

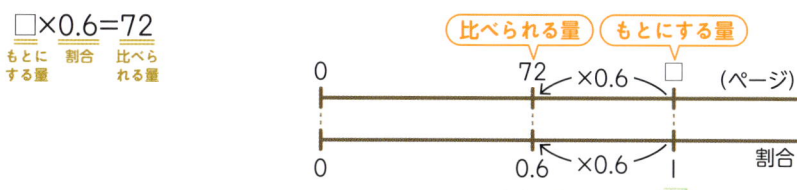

**ステップ4　□にあてはまる数を求める**

□×0.6＝72
　　□＝72÷0.6　←かけ算の逆はわり算
　　□＝120

**答　120ページ**

参考
もとにする量
＝比べられる量÷割合
の式を使って、はじめから
72÷0.6＝120（ページ）
と求めることもできる。

類題を解こう → 別冊61ページ 問題55
レベルアップ → 309ページ 例題57

# 第4章 割合とグラフ [1] 割合

5年

難易度 ★★☆

## 56 百分率の利用（割引きの問題）

定価3000円のセーターを，定価の25%引きで買いました。
代金は何円ですか。

### 解き方

**ステップ1　25%引きの意味を考える**

定価の25%引き ➡ 定価の(100−25)%
百分率を小数で表すと，100%→1，25%→0.25 だから，
定価の(1−0.25)倍

**ステップ2　代金を求める**

定価3000円の〈もとにする量〉
(1−0.25)倍が〈割合〉
代金□円〈比べられる量〉
比べられる量を求める式にあてはめると，
$3000×(1−0.25)=3000×0.75$
　もとにする量　　割合
　　　　　　　　$=2250$(円)
　　　　　　　　　比べられる量

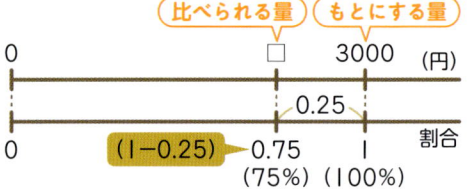

代金は定価の75%だったのね。

**答　2250円**

### 別の解き方

割引きの額を求めて，定価からひきます。
割引きの額は定価の25%(0.25)だから，
　$3000×0.25=750$(円)
代金は，$3000−750=2250$(円)
　　　　　定価　割引きの額

「何割引き」の場合も考え方は同じ！

問題を解こう　別冊61ページ　問題56　　つまずいたら→306ページ 例題54　　レベルアップ→406ページ 例題33

## 57 百分率の利用（増量の問題）

難易度 ★★☆

5年

中身が20%増量されて78gになったおかしがあります。
増量される前は何gでしたか。

### 解き方

**ステップ1　20%増量の意味を考える**

20%増量 ➡ もとの量の(100+20)%
百分率を小数で表すと，
100%→1，20%→0.2 だから，
もとの量の(1+0.2)倍

**ステップ2　比べられる量を求める式にあてはめる**

もとの量□g の
1+0.2=1.2(倍)が　　割合
増量された後の量78g　比べられる量
もとの量を□g として，
比べられる量を求める式
にあてはめると，
　□×1.2=78
　もとに　割合　比べら
　する量　　　　れる量

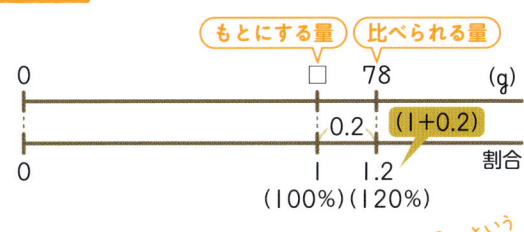

**ステップ3　□にあてはまる数を求める**

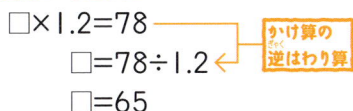

□×1.2=78
□=78÷1.2　　かけ算の逆はわり算
□=65

「2割増量」という書き方もよく見るわね。

**答** 65g

# 第4章 割合とグラフ [2] 帯グラフと円グラフ

## 02 帯グラフと円グラフ

### ここのポイント

#### 帯グラフって？ → 例題 58

**帯グラフ**…全体を長方形で表し，各部分の割合にしたがって区切ったグラフです。

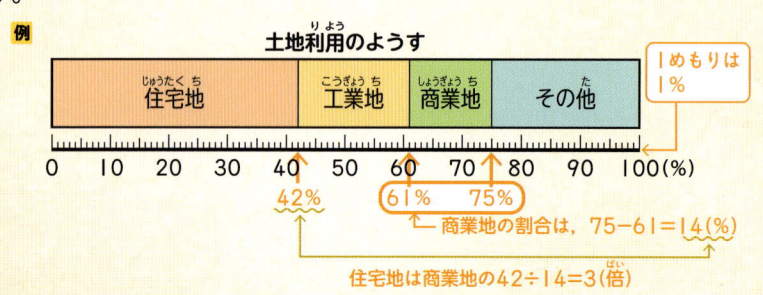

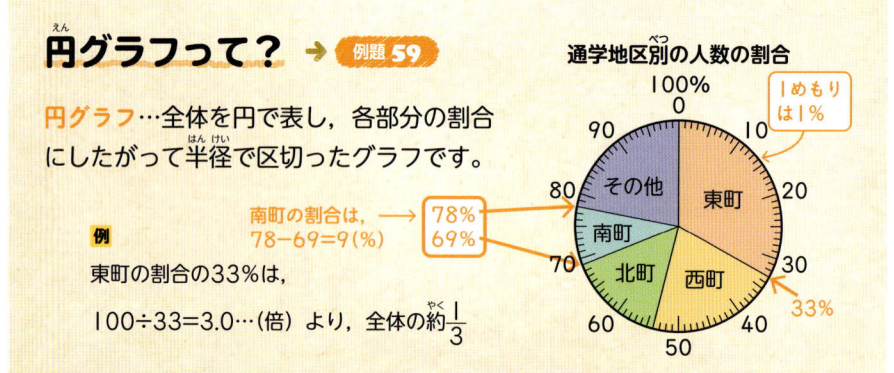

例　土地利用のようす

| 住宅地 | 工業地 | 商業地 | その他 |

1めもりは1％

42％　61％　75％
商業地の割合は，75－61＝14（％）
住宅地は商業地の42÷14＝3（倍）

#### 円グラフって？ → 例題 59

**円グラフ**…全体を円で表し，各部分の割合にしたがって半径で区切ったグラフです。

通学地区別の人数の割合

南町の割合は，78－69＝9（％）

例　東町の割合の33％は，
100÷33＝3.0…（倍）より，全体の約 $\frac{1}{3}$

1めもりは1％

### 帯グラフや円グラフのかき方 → 例題 60

次の❶，❷のようにして，グラフをかきます。
❶各部分の割合を百分率で求める。合計が100％にならないときは，いちばん大きい部分か「その他」で調整する。
❷割合の大きい順に，帯グラフは**左から右へ**，円グラフは**真上から右まわり**に区切っていく。「その他」は最後にする。

# 58 帯グラフの読み方

下のグラフは、みつるさんの学校の図書室の本を種類別に調べて、冊数の割合を表したものです。

**本の種類調べ**

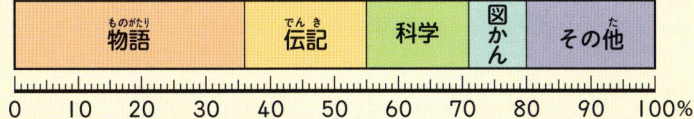

| 物語 | 伝記 | 科学 | 図かん | その他 |

0　10　20　30　40　50　60　70　80　90　100%

(1) 伝記の本の冊数の割合は、全体の何%ですか。
(2) 物語の本の冊数は、図かんの冊数の何倍ですか。

## 解き方

(1) **ステップ1　両はしのめもりを読む**

グラフの伝記の部分の、区切りの線のめもりを読むと、左はし ➡ 36%、右はし ➡ 55%

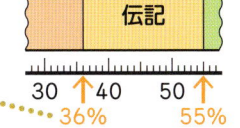

**ステップ2　伝記の本の割合を求める**

伝記の本の冊数の割合は、**両はしのめもりの差**になるから、
　55−36=19(%)

**答 19%**

(2) **ステップ1　物語と図かんの割合を求める**

グラフから、
物語の本の冊数の割合は36%
図かんの冊数の割合は、両はしのめもりが71%と80%だから、80−71=9(%)

**ステップ2　何倍かを求める**

36%が9%の何倍かを求めればよいから、
　36÷9=4(倍)
　物語の　図かん
　割合　　の割合

**答 4倍**

ボクが好きなのは、図かん!

類題を解こう ➡ 別冊61ページ 問題58

# 第4章 割合とグラフ ［2］帯グラフと円グラフ

5年
難易度 ★★★

## 59 円グラフの読み方

右のグラフは，ある学校で1月にけがをした人をけがの種類別に調べて，人数の割合を表したものです。

(1) 切りきずの割合は，全体の何分の一ですか。

(2) 1月にけがをした人は，全部で50人でした。ねんざをした人は何人ですか。

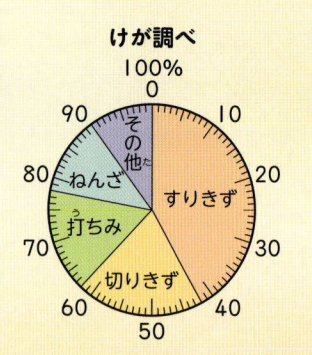

### 解き方

(1) **ステップ1　両はしのめもりを読む**

グラフの切りきずの部分の，区切りの線のめもりを読むと，42％と62％

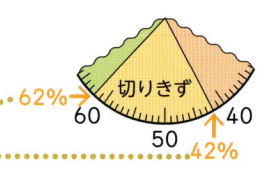

**ステップ2　全体の何分の一かを求める**

切りきずの割合は，**両はしのめもりの差**になるから，62−42＝20（％）

$100 \div 20 = 5$（倍）より，20％は全体の $\frac{1}{5}$

全体（100％）　切りきず（20％）

答　$\frac{1}{5}$

(2) **ステップ1　ねんざをした人の割合を求める**

グラフのねんざの部分の，区切りの線のめもりを読むと，78％と90％

ねんざをした人の割合は，90−78＝12（％）

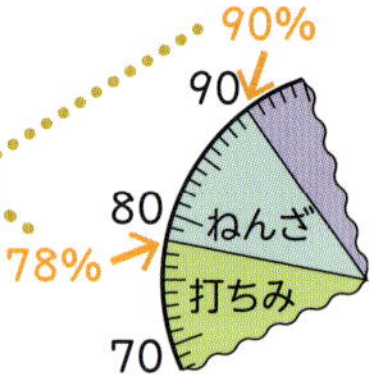

**ステップ2　ねんざをした人の数を求める**

ねんざをした人は，全体（50人）の12％（0.12）だから，

　　　　　　　　比べられる量　もとにする量　　割合

**比べられる量＝もとにする量×割合**より，50×0.12＝6（人）

答　6人

類題を解こう → 別冊62ページ　問題59

# 60 帯グラフや円グラフのかき方

5年　難易度 ★☆☆

右の表は、都道府県別のもものしゅうかく量を表したものです。
これを、帯グラフと円グラフに表しましょう。

**もものしゅうかく量**（2013年）

| 都道府県 | しゅうかく量（千t） | 割合(%) |
|---|---|---|
| 山梨 | 39 | |
| 福島 | 29 | |
| 長野 | 15 | |
| 和歌山 | 10 | |
| その他 | 32 | |
| 合計 | 125 | |

## 解き方

### ステップ1　割合を求めて表に整理する

それぞれの都道府県の割合を求めると、（小数第3位を四捨五入）

- 山梨県 ➡ 39÷125＝0.312 → 31%
- 福島県 ➡ 29÷125＝0.232 → 23%
- 長野県 ➡ 15÷125＝0.12 → 12%
- 和歌山県 ➡ 10÷125＝0.08 → 8%
- その他 ➡ 32÷125＝0.256 → 26%
- 合計 → 100%

**もものしゅうかく量**（2013年）

| 都道府県 | しゅうかく量（千t） | 割合(%) |
|---|---|---|
| 山梨 | 39 | 31 |
| 福島 | 29 | 23 |
| 長野 | 15 | 12 |
| 和歌山 | 10 | 8 |
| その他 | 32 | 26 |
| 合計 | 125 | 100 |

> 合計が100%にならないときは、いちばん大きい部分か、「その他」で調整する。

### ステップ2　グラフに表す

割合の大きい順に、帯グラフは左から、円グラフは真上から右まわりに区切ります。

「その他」は最後

**答　もものしゅうかく量**（2013年）

帯グラフ：山梨｜福島｜長野｜和歌山｜その他（0〜100%）

円グラフ：山梨、福島、長野、和歌山、その他

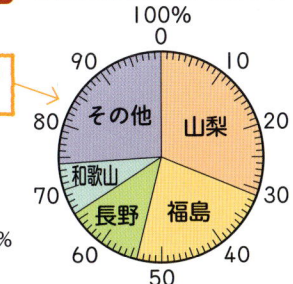

## COLUMN こんなとこにも！便利な算数

# 紙は全部で何枚？

同じコピー用紙がたくさんあります。1枚ずつ数えないで，およそ何枚あるか調べるにはどうしたらいいでしょう。

同じコピー用紙の100枚の重さが，400gであることがわかっています。

モモとルルがそれぞれ考えています。あなたは，どの方法で数えますか。

「わたしは，まず100枚だけ数えるの。そして，あとはその高さと同じ高さの紙の山をつくっていくの。……すると，100枚くらいの山が36と，はしたの枚数が42枚になったから，36×100+42=3642（枚）よ。」

「ぼくはこのはかりを使おうっと。数えるコピー用紙を全部のせると，14.6kg。
100枚で400gだから1枚あたりの重さは，400÷100=4（g）だね。
だから，14.6÷4=3.65（枚）
……あれ？ そんなわけないよね。おかしいなあ。」

「単位をどちらかにそろえて計算しなきゃだめだよ。」

「そっか。gにそろえると，14.6kg=14600gだから，14600÷4=3650（枚）」

「正解‼ モモの枚数ともだいたいあっているね。1枚ずつ数える時間がないときは，モモとルルの調べ方が便利だね。」

# 第5章 比

## 01 比

### ここのポイント

#### 比と比の値って？

**比**…2つの数量の割合を，記号「：」を使って表したものです。 → 例題61

> 例 男子が3人，女子が4人いるときの男子と女子の人数の割合を
> 比で表すと，3：4

**比の値**…$a：b$で，$a$が$b$の何倍かを表した数です。 → 例題62
$a：b$の比の値は，$a÷b$の商で求められます。

> 例 $6：9$の比の値は，$6÷9=\dfrac{6}{9}=\dfrac{2}{3}$

#### 等しい比の性質

比の値が等しいとき，それらの**比は等しい**といいます。
$a：b$の$a$と$b$に同じ数をかけたり，$a$と$b$を同じ数でわったりしてできる比は，$a：b$と等しくなります。 → 例題63

> 例 $3：4=6：8$ （×2）　$12：6=4：2$ （÷3）

比を，それと等しい比で，できるだけ小さい整数の比になおすことを，**比を簡単にする**といいます。 → 例題64

> 例 $16：20$を簡単にすると，$16：20=(16÷4)：(20÷4)=4：5$
> 16と24の最大公約数4でわる

#### 比を使った問題の解き方

**比の一方の数量を求める問題**…次の2つの解き方があります。 → 例題66
❶比の一方の値がもう一方の値の何倍になっているかを考えて解く。
❷求める数量を$x$として，等しい比の式に表し，$x$の表す数を求める。
**全体を比で分ける問題**…部分と全体の数量の比を求め，上の❶または❷の解き方を使って解きます。 → 例題67

# 第5章 比 [1] 比

**6年**

## 61 比の表し方

難易度 ★☆☆

すを40mL，サラダ油を60mL混ぜて，ドレッシングをつくります。
(1) すの量を40とみたときの，すとサラダ油の量の割合を比を使って表しましょう。
(2) すの量を2とみたときの，すとサラダ油の量の割合を比を使って表しましょう。

### 解き方

(1) **ステップ1** サラダ油の量をいくつとみるかを考える

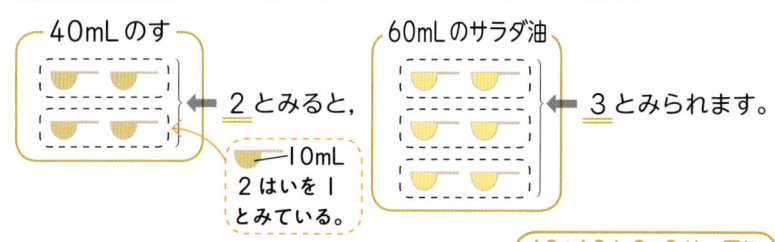

40mLのす → 40とみるとき，
60mLのサラダ油 → 60とみられます。

**ステップ2** 割合を比を使って表す

すとサラダ油の量の割合が40と60のとき，
比の記号「：」を使って，40：60と表せます。
↑「四十対六十」と読む。

すとサラダ油はよ〜くかき混ぜよう。

**答 40：60**

(2) **ステップ1** サラダ油の量をいくつとみるかを考える

40mLのす ← 2とみると，
60mLのサラダ油 ← 3とみられます。

10mL
2はいを1とみている。

**ステップ2** 割合を比を使って表す

すとサラダ油の量の割合が2と3のとき，
比の記号「：」を使って，2：3と表せます。

40：60と2：3は，同じ割合を表している。

**答 2：3**

**ポイント** $a$と$b$の割合 ⇒ 比の記号「：」を使って$a:b$と表せるよ。

類題を解こう → 別冊63ページ 問題61
割合の確認 → 302ページ 例題50

## 62 比の値

難易度 ★★☆

次の比の値を求めましょう。
(1) 6 : 14
(2) 2.7 : 1.5
(3) 2.4 : 0.4
(4) $\frac{2}{3} : \frac{4}{5}$

### 解き方

**ステップ1　比の値の求め方を確認する**

$a:b$ で，$a$ が $b$ の何倍か（$b$ をもとにしたときの $a$ の割合）を表した数が**比の値**。

→ $a:b$ の比の値は，$a \div b$ で求められます。

$a \div b = \frac{a}{b}$ ね。

**ステップ2　比の値を求める**

比の前の数を後ろの数でわった商が比の値だから，

(1) 6 : 14 の比の値は，

$$6 \div 14 = \frac{6}{14} = \frac{3}{7} \cdots 答$$

約分を忘れずに！

(2) 2.7 : 1.5 の比の値は，

$$2.7 \div 1.5 = 27 \div 15 = \frac{27}{15} = \frac{9}{5} \cdots 答$$

（10倍，10倍）

$\frac{9}{5} = 1.8$ だから，比の値は小数で1.8とも表せる。

(3) 2.4 : 0.4 の比の値は，

$$2.4 \div 0.4 = 24 \div 4 = 6 \cdots 答$$

（10倍，10倍）

(4) $\frac{2}{3} : \frac{4}{5}$ の比の値は，

$$\frac{2}{3} \div \frac{4}{5} = \frac{2}{3} \times \frac{5}{4} = \frac{2 \times 5}{3 \times 4}$$

$$= \frac{5}{6} \cdots 答$$

### ポイント

$a : b$ の比の値 ⇒ $a \div b$ の商

# 第5章 比 [1] 比

6年
難易度 ★★☆

## 63 等しい比の性質

(1) ㋐〜㋒のうち，等しい比はどれとどれですか。
㋐ 4:5　　㋑ 15:20　　㋒ 1.6:2

(2) 2:6と等しい比を2つ答えましょう。

### 解き方

(1) **ステップ1**　「比が等しい」の意味を確認する

比の値が等しいとき，それらの「比は等しい」といいます。

**ステップ2**　比の値を求めて比べる

$a:b$ の比の値は，$a \div b$ の商で求められるので，それぞれの比の値を求めると，

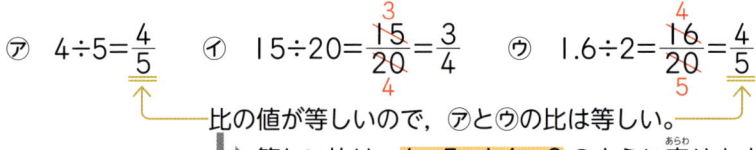

㋐ $4 \div 5 = \dfrac{4}{5}$　　㋑ $15 \div 20 = \dfrac{15}{20} = \dfrac{3}{4}$　　㋒ $1.6 \div 2 = \dfrac{16}{20} = \dfrac{4}{5}$

比の値が等しいので，㋐と㋒の比は等しい。

↳ 等しい比は，**4:5＝1.6:2** のように表せます。

(2) **ステップ1**　等しい比の性質を確認する

$a:b$ の $a$ と $b$ { に同じ数をかける / を同じ数でわる } ➡ できた比は $a:b$ に等しいです。

**ステップ2**　等しい比をつくる

等しい比の性質を使えば，2:6と等しい比をつくることができます。

**例1**　2:6の2と6に2をかけると，2:6＝4:12　（×2）

**例2**　2:6の2と6を2でわると，2:6＝1:3　（÷2）

**答** (1) ㋐と㋒　　(2) **例** 4:12，1:3

# 64 比を簡単にする

難易度 ★★☆

6年

次の比を簡単にしましょう。

(1) 18 : 24　　(2) 5.6 : 1.6　　(3) $\dfrac{3}{5} : \dfrac{6}{7}$

## 解き方

**(1)** 　**ステップ1**　比の両方の数の最大公約数を求める

比を簡単にするには、比の両方の数を、それらの**最大公約数**でわります。
18と24の最大公約数は 6 です。

> **参考**　比を、それと等しい比で、できるだけ小さい整数の比にすることを、「比を簡単にする」という。

　**ステップ2**　比の両方の数を最大公約数でわる

18と24を 6 でわると、18 : 24 =(18÷6) : (24÷6)= 3 : 4 …**答**

**(2)** 　**ステップ1**　整数の比になおす

5.6と1.6を**10倍**すると、5.6 : 1.6 =(5.6×10) : (1.6×10)= 56 : 16

　**ステップ2**　比の両方の数を最大公約数でわる

56と16の最大公約数は 8 だから、
56 : 16 =(56÷8) : (16÷8)= 7 : 2 …**答**

> **別の解き方**
> 56 : 16 の比の値は、
> $56 \div 16 = \dfrac{7}{2}$ だから、
> 比は、7 : 2

**(3)** 　**ステップ1**　整数の比になおす

分母の 5 と 7 の最小公倍数35を比の両方の数にかけると、
$\dfrac{3}{5} : \dfrac{6}{7} = \left(\dfrac{3}{5} \times 35\right) : \left(\dfrac{6}{7} \times 35\right) = 21 : 30$

　**ステップ2**　比の両方の数を最大公約数でわる

21と30の最大公約数は 3 だから、
21 : 30 =(21÷3) : (30÷3)= 7 : 10 …**答**

> **別の解き方**
> 通分してから、整数の比になおします。
> $\dfrac{3}{5} : \dfrac{6}{7} = \dfrac{21}{35} : \dfrac{30}{35}$
> 　　　= 21 : 30 ←分子の比

**問題を解こう**　別冊63ページ　問題64
**最大公約数の確認**　→ 38ページ　例題18

# 第5章 比 [1] 比

6年
難易度 ★★☆

## 65 比の一方の数を求める

次の式で，$x$の表す数を求めましょう。

(1) $5:8=x:32$　　　(2) $60:24=5:x$

### 解き方

(1) **ステップ1** 何の性質を使って求めるかを確認する

等しい比の性質を利用して求めます。

> $a:b$の$a$と$b$に同じ数をかけたり，$a$と$b$を同じ数でわったりしてできる比は，$a:b$と等しい。

**ステップ2** 比のわかっているほうの数の関係を調べる

$5:8=x:32$　後ろの数の関係は，8に**4**をかけると32

（×6.4　$5:8=x:32$　ではないよ！）

**ステップ3** 前の数にも，同じ数をかける

$5:8=x:32$　前の数の5にも，**4**をかける

→ $x=5×4$
　$x=20$

**答 20**

(2) **ステップ1** 比のわかっているほうの数の関係を調べる

$60:24=5:x$　前の数の関係は，60を**12**でわると5

**ステップ2** 後ろの数も，同じ数でわる

$60:24=5:x$　後ろの数の24も，**12**でわる

→ $x=24÷12$
　$x=2$

**答 2**

類題を解こう　別冊63ページ 問題65　　つまずいたら → 318ページ 例題63　　レベルアップ → 324ページ 例題69

# 66 比の一方の数量を求める問題

難易度 ★★☆

6年

縦と横の長さの比が 4:7 の長方形の旗をつくります。
縦の長さを28cm とするとき，横の長さは何 cm になりますか。

## 解き方

### ステップ1　横の長さが縦の長さの何倍になるかを考える

縦と横の長さの比が 4:7 だから，

横の長さは縦の長さの $7\div 4=\dfrac{7}{4}$ (倍)…①

> 縦の長さを1とみたとき，横の長さは $\dfrac{7}{4}$ にあたる。

### ステップ2　横の長さを求める

縦の長さは28cmだから，

①より，横の長さは，$\underline{28}\times\dfrac{7}{4}=49$ (cm)
　　　　　　　　　 縦の長さ

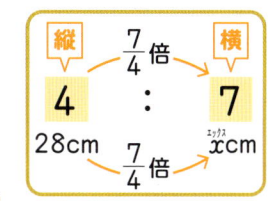

**答 49cm**

```
縦  ―7/4倍→  横
 4    :     7
28cm ―7/4倍→ xcm
```

## 別の解き方

横の長さを $x$ cm として，等しい比の式に表すと，

$4:7=28:x$

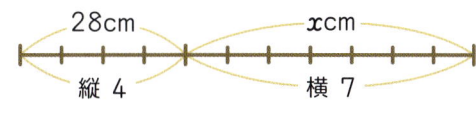

等しい比の性質を使って，$x$ の表す数を求めると，

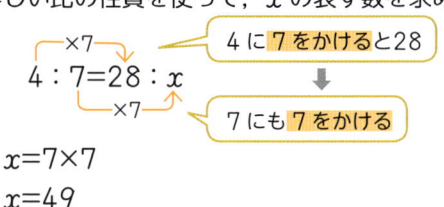

$4:7=28:x$ （×7, ×7）

4に**7**をかけると28
→ 7にも**7**をかける

$x=7\times 7$
$x=\underline{49}$

> 4:7=エ:28 としないように!

類題を解こう → 別冊63ページ 問題66
つまずいたら → 320ページ 例題65

# 第5章 比 [1] 比

6年
難易度 ★★☆

## 67 全体を比で分ける問題

長さが120cmのリボンを，姉と妹で長さの比が5：3になるように分けます。
姉の分の長さは何cmになりますか。

### 解き方

**ステップ1** 姉の分と全体の長さの比を考える

右の図からわかるように，姉の分の長さと全体の長さの比は，5：8です。

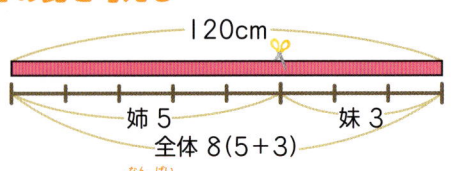

120cm
姉5　妹3
全体 8(5+3)

**ステップ2** 姉の分の長さが全体の長さの何倍かを考える

姉の分の長さは，全体の長さの $5 \div 8 = \dfrac{5}{8}$ (倍)…①

**ステップ3** 姉の分の長さを求める

全体の長さは120cmだから，
①より，姉の分の長さは，$120 \times \dfrac{5}{8} = 75$ (cm)
　　　　　　　　　　　　全体の長さ

**答** 75cm

姉　$\dfrac{5}{8}$倍　全体
5 ： 8
$x$cm　$\dfrac{5}{8}$倍　120cm

### くわしく ⊕

妹の分の長さは，全体の長さの
$3 \div 8 = \dfrac{3}{8}$ (倍)だから，
　$120 \times \dfrac{3}{8} = 45$ (cm)
または，全体から姉の分をひいて，
　$120 - 75 = 45$ (cm)

### 別の解き方

姉の分の長さを$x$cmとして，等しい比の式に表すと，

$$5 : 8 = x : 120$$
　　×15

$x = 5 \times 15$
$x = \underline{75}$

類題を解こう　別冊64ページ 問題67　レベルアップ ➡ 323ページ 例題68

## 68 3つの数の比

難易度 ★★★　入試

3日間行われた展示会の入場者数の合計は3670人でした。1日めと2日めと3日めのそれぞれの入場者数の比は2:3:5でした。このとき、2日めの入場者数は何人ですか。

〈女子聖学院中〉

### 解き方

**ステップ1　2日めと合計の入場者数の比を考える**

入場者数の比を図に表すと、右のようになります。この図からわかるように、

3670人
1日め 2　2日め 3　3日め 5
3日間の合計 10(2+3+5)

2日めの入場者数と3日間合計の入場者数の比は、3:10です。

**ステップ2　2日めの入場者数が合計の何倍かを考える**

2日めの入場者数は、3日間合計の入場者数の、

$3 \div 10 = \dfrac{3}{10}$(倍)…①

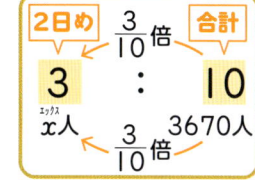

2日め　$\dfrac{3}{10}$倍　合計
3 : 10
$x$人　$\dfrac{3}{10}$倍　3670人

**ステップ3　2日めの入場者数を求める**

①より、2日めの入場者数は、$\underbrace{3670}_{\text{合計の入場者数}} \times \dfrac{3}{10} = 1101$(人)

**答 1101人**

### 別の解き方

2日めの入場者数を$x$人とすると、

$3 : 10 = x : 3670$　　$x = 3 \times 367$
（×367）　　　　　　　　$x = 1101$

展示会にはボクも行ってきたよ〜。

# 第5章 比 [1] 比

## 69 比例式の□を求める問題

**入試**　難易度 ★★★

次の□にあてはまる数を答えましょう。

(1) $18:□=\dfrac{2}{5}:3$ 〈関東学院六浦中〉

(2) $(12-□):6=\dfrac{1}{2}:\dfrac{1}{3}$ 〈東京家政学院中〉

### 解き方

**ステップ1　比例式の性質を確認する**

A：B＝C：Dでは，外側の2つの数の積と内側の2つの数の積が等しいという性質があります。

A：B＝C：D ➡ A×D＝B×C

**参考**　A：B＝C：Dのように，等しい比を等号で結んだ式を「比例式」という。

**ステップ2　比例式をかけ算の式になおす**

(1) $18:□=\dfrac{2}{5}:3$

➡ $□×\dfrac{2}{5}=18×3$ …①

(2) $(12-□):6=\dfrac{1}{2}:\dfrac{1}{3}$

➡ $(12-□)×\dfrac{1}{3}=6×\dfrac{1}{2}$ …②

**ステップ3　□にあてはまる数を求める**

(1) ①の式の右側を計算して，

$□×\dfrac{2}{5}=54$

$□=54÷\dfrac{2}{5}$　←かけ算の逆はわり算

$□=54×\dfrac{5}{2}$

$□=135$

**答 135**

(2) ②の式の右側を計算して，

$(12-□)×\dfrac{1}{3}=3$

$12-□=3÷\dfrac{1}{3}$　←かけ算の逆はわり算

$12-□=3×\dfrac{3}{1}$

$12-□=9$

$□=12-9$

$□=3$

**答 3**

この比例式の性質を覚えておくと便利そう！

類題を解こう → 別冊64ページ 問題69

## 70 単位のちがう比

難易度 ★★★　入試

次の比を，最も簡単な整数の比で答えましょう。
(1)　1.25日：2000分
(2)　1.44L：72cm³

〈香蘭女学校中等科〉　　〈甲南中〉

### 解き方

(1) **ステップ1**　単位を分にそろえる

1日は(60×24)分だから，
（1時間＝60分　1日＝24時間）

1.25日は，(60×24)×1.25＝1800(分)
1.25日：2000分 → 1800分：2000分
↓　　↓
1800　：　2000 ─単位をはずす

※ 60×24×1.25 こっちを先に計算したほうが，簡単だよ！

**ステップ2**　最も簡単な整数の比になおす

1800：2000＝(1800÷100)：(2000÷100)
　　　　　＝18：20
　　　　　＝(18÷2)：(20÷2)
　　　　　＝9：10 …答

（18と20を，それらの最大公約数の2でわる）

(2) **ステップ1**　単位をcm³にそろえる

1L＝1000cm³ だから，
1.44L は，1.44×1000＝1440(cm³)
1.44L：72cm³ → 1440cm³：72cm³
↓　　↓
1440　：　72 ─単位をはずす

【確認】1辺が10cmの立方体の体積が1Lだから，
1L＝10×10×10
　＝1000(cm³)

**ステップ2**　最も簡単な整数の比になおす

1440：72＝(1440÷72)：(72÷72)
　　　　＝20：1 …答

（1440と72を，それらの最大公約数の72でわる）

類題を解こう → 別冊64ページ 問題70
時間の単位の確認 → 136ページ 例題26
体積の単位の確認 → 135ページ 例題25

# 第5章 比 [1] 比

**入試**

**難易度 ★★☆**

## 71 逆比

Aの$\frac{4}{5}$倍とBの6倍が等しいとき、A:Bをできるだけ簡単な整数の比で表しましょう。

### 解き方

**ステップ1　逆比の考え方を確認する**

$A \times a = B \times b$ のとき、A:Bは$a$と$b$の逆数の比(**逆比**という)になるので、

（積が一定）

$$A : B = \frac{1}{a} : \frac{1}{b}$$

↑$a$の逆数　↑$b$の逆数

#### くわしく

$A \times a = B \times b = 1$として、A:Bがどうなるかを考えてみよう。

$A \times a = 1$ だから、$A = 1 \div a = \frac{1}{a}$ （$a$の逆数）

$B \times b = 1$ だから、$B = 1 \div b = \frac{1}{b}$ （$b$の逆数）

$\Rightarrow A : B = \frac{1}{a} : \frac{1}{b}$

**ステップ2　A:Bを整数の比で表す**

$A \times \frac{4}{5} = B \times 6$ のとき、

$$A : B = \frac{5}{4} : \frac{1}{6}$$

↑$\frac{4}{5}$の逆数　↑6の逆数

分母の4と6の最小公倍数12を比の両方の数にかける

$$= \left(\frac{5}{4} \times 12\right) : \left(\frac{1}{6} \times 12\right)$$

$$= 15 : 2$$

**答** 15:2

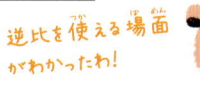

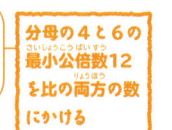

逆比を使える場面がわかったわ！

#### 参考

逆比は2つの数量の積が一定(反比例の関係)のときに利用できる。

**例**
- 同じ道のりを進むときの速さの比とかかる時間の比
  → 281ページ 例題 **33**
- かみ合う2つの歯車の歯数の比と回転数の比
  → 349ページ 例題 **92**

---

**類題を解こう** 別冊64ページ 問題 **71** ｜ **逆数の確認** → 90ページ 例題 **61** ｜ **つまずいたら** → 319ページ 例題 **64**

## 72 連比

3つの数 A, B, C があり,値の比が A:B=1:2, B:C=3:4 となります。
A の値が 5 であるとき,C の値はいくつですか。 〈西武学園文理中〉

### 解き方

**ステップ1** 2つの比に共通な B を縦に並べる

右のように,B が縦に並ぶように 2 つの比を書きます。

```
A : B : C
1 : 2
    3 : 4
```

**ステップ2** B の値をそろえる

B の値を 2 と 3 の最小公倍数 6 にそろえて書きます。

```
        6
A : B : C
1 : 2       ×2
×3  ×3  ×2
3 : 6 : 8   ×2
```

**ステップ3** A:B:C の比をつくる

B を 6 としたときの A:B と B:C は,

A:B=1:2=3:6 (×3, ×3)

B:C=3:4=6:8 (×2, ×2)

**A:B:C=3:6:8**

参考 3:6:8 のように,3つ以上並べて表した比を「連比」という。

**ステップ4** C の値を求める

A:C=3:8 だから,C の値は,

A の値の $8 \div 3 = \frac{8}{3}$(倍)

A の値は 5 だから,C の値は,

$5 \times \frac{8}{3} = \frac{40}{3}$

**答** $\frac{40}{3} \left( 13\frac{1}{3} \right)$

### 別の解き方

C の値を □ とすると,

5:□=3:8

□×3=5×8

□×3=40

□=40÷3

□=$\frac{40}{3}$

# 第5章 比 [1] 比

## 73 比の差の利用

**入試** 難易度 ★★★

リボンA, B, Cがあります。AとCの長さの差は56cmで、AとBの長さの比は3：2、BとCの長さの比は5：4です。Bの長さは何cmですか。
〈立教池袋中〉

### 解き方

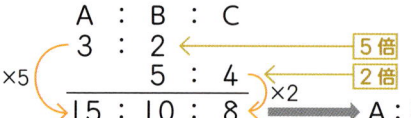

**ステップ1** A：B：Cの比をつくる

```
  A : B : C
  3 : 2           ←5倍
×5    5 : 4       ←2倍
  15 : 10 : 8   ×2
```
→ A：B：C＝15：10：8

Bを2と5の最小公倍数の10にそろえる

まず、連比をつくるんだ。

**ステップ2** Cと、AとCの長さの差との比を求める

右の図からわかるように、Cの長さと、AとCの長さの差との比は、8：7…①

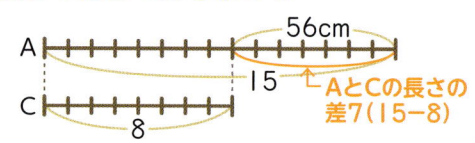

（図：A は15目盛り、C は8目盛り、差は56cm、AとCの長さの差7（15－8））

**ステップ3** Cの長さを求める

①より、Cの長さは、AとCの長さの差56cmの $8÷7=\frac{8}{7}$（倍）だから、

Cの長さは、$56×\frac{8}{7}=64$（cm）

**別の解き方**

Cの長さを□cmとして、
8：7＝□：56 と表し、
□にあてはまる数を求めます。

Bの長さを□cmとして、
5：4＝□：64 と表し、
□にあてはまる数を求めます。

**ステップ4** Bの長さを求める

BとCの長さの比は5：4だから、
Bの長さは、Cの長さ64cmの $5÷4=\frac{5}{4}$（倍）となるので、
Bの長さは、$64×\frac{5}{4}=80$（cm）

**答** 80cm

類題を解こう → 別冊64ページ 問題73　　つまずいたら → 327ページ 例題72

## 74 比のかけ算・わり算でつくる比

難易度 ★★★　入試

1円玉，5円玉，10円玉が合わせて108枚あります。それぞれの合計金額の比が 1：3：2 のとき，1円玉は何枚ありますか。

〈東京都市大学等々力中〉

### 解き方

**ステップ1　枚数の比を求める**

枚数の比は，**(合計金額÷1枚の金額)** の比になるので，

1円玉と5円玉と10円玉の枚数の比は，

$(1÷1)：(3÷5)：(2÷10) = 1：\dfrac{3}{5}：\dfrac{1}{5}$ …①

**ステップ2　①の比を最も簡単な整数の比になおす**

5を①の比の3つの数にかけると，

$(1×5)：\left(\dfrac{3}{5}×5\right)：\left(\dfrac{1}{5}×5\right) = 5：3：1$

108枚も入れたらおさいふが重いよ～！

**ステップ3　1円玉の枚数を求める**

1円玉の枚数と合計枚数の比は，右の図からわかるように，5：9

```
            108枚
├─┬─┬─┬─┬─┬─┬─┬─┬─┤
  1円玉 5      5円玉 3
  合計枚数 9(5+3+1)    10円玉 1
```

1円玉の枚数は，合計枚数108枚の $\dfrac{5}{9}$ 倍だから，$108×\dfrac{5}{9} = 60$（枚）

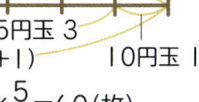

**答　60枚**

### 別の解き方

1円玉の枚数を□枚とすると，右のような比例式に表すことができます。

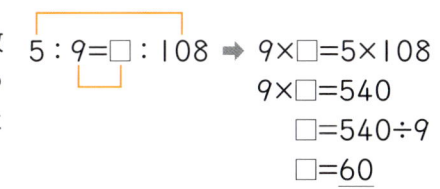

$5：9 = □：108$ ➡ $9×□ = 5×108$
　　　　　　　　　$9×□ = 540$
　　　　　　　　　$□ = 540÷9$
　　　　　　　　　$□ = \underline{60}$

類題を解こう → 別冊64ページ 問題74

# 01 2つの量の変わり方

第6章 2つの量の変わり方 [1] 2つの量の変わり方

## ここのポイント

### 変わり方調べ

ともなって変わる2つの量の関係は、表に表して調べることができます。
また、□と○を使って、2つの量の関係を式に表すことができます。

### 2つの量のいろいろな変わり方

**和が一定になる関係 ➡ 例題 75**

例 20枚の折り紙を姉と妹で分けたときの2人の折り紙の枚数の関係

表に表すと ➡

| 姉(枚) | 1 | 2 | 3 | 4 | 5 | 6 |
|---|---|---|---|---|---|---|
| 妹(枚) | 19 | 18 | 17 | 16 | 15 | 14 |

姉の枚数と妹の枚数の和はすべて20

式に表すと ➡ 姉の枚数を□枚、妹の枚数を○枚とすると、
**姉の枚数+妹の枚数=20** だから、**□+○=20**

**一定の数をたす関係 ➡ 例題 76**

例 1本のひもを切ったときの切る回数とできたひもの数の関係

表に表すと ➡

| 切る回数(回) | 1 | 2 | 3 | 4 | 5 |
|---|---|---|---|---|---|
| ひもの数(本) | 2 | 3 | 4 | 5 | 6 |

+1

ひもの数は、すべて切る回数に1をたしたものになっている

式に表すと ➡ 切る回数を□回、ひもの数を○本とすると、
**切る回数+1=ひもの数** だから、**□+1=○**

**一定の数をかける関係 ➡ 例題 77**

例 正三角形の1辺の長さとまわりの長さの関係

表に表すと ➡

| 1辺の長さ (cm) | 1 | 2 | 3 | 4 | 5 |
|---|---|---|---|---|---|
| まわりの長さ(cm) | 3 | 6 | 9 | 12 | 15 |

×3

まわりの長さは、すべて1辺の長さの3倍

式に表すと ➡ 1辺の長さを□cm、まわりの長さを○cmとすると、
**1辺の長さ×3=まわりの長さ** だから、**□×3=○**

## 75 長方形の縦と横の長さ

まわりの長さが20cmの長方形をかきます。
(1) 縦と横の長さの関係をまとめます。下の表にあてはまる数を書きましょう。

| 縦の長さ(cm) | 1 | 2 | 3 | 4 | 5 |
|---|---|---|---|---|---|
| 横の長さ(cm) | | | | | |

(2) 縦の長さを□cm，横の長さを○cmとして，□と○の関係を式に表しましょう。

### 解き方

(1) **ステップ1** 縦と横の長さの和が何cmになるかを考える

縦と横の長さの和は，**まわりの長さの半分**
だから，20÷2＝10(cm)

> 注意 縦と横の長さの和は，まわりの長さではない。

**ステップ2** 表にあてはまる数を求める

横の長さは，10－縦の長さ で求められます。

| 縦の長さ(cm) | 1 | 2 | 3 | 4 | 5 |
|---|---|---|---|---|---|
| 横の長さ(cm) | 9 | 8 | 7 | 6 | 5 |

↑ ↑ ↑ ↑ ↑
10－1 10－2 10－3 10－4 10－5

**答** 左の表

(2) **ステップ1** 縦と横の長さの関係をことばを使った式に表す

縦と横の長さの和が10cmで一定だから，
**縦の長さ＋横の長さ＝10**…①

> 参考 表を横に見ると，下のようになっている。
> 1ずつふえる
> | 1 | 2 | 3 | 4 | 5 |
> | 9 | 8 | 7 | 6 | 5 |
> 1ずつへる

**ステップ2** □と○を式にあてはめる

縦の長さを□cm，横の長さを○cmとすると，
①の式は，□＋○＝10

**答** □＋○＝10 ← 10－□＝○，10－○＝□とも表せる。

# 第6章 2つの量の変わり方 [1] 2つの量の変わり方

4年 5年
難易度 ★★☆

## 76 兄弟の年令

けんさんには、たん生日が同じで 4 才年上の兄がいます。

(1) けんさんと兄の年令の関係をまとめます。下の表にあてはまる数を書きましょう。

| けんの年令(才) | 1 | 2 | 3 | 4 | 5 |
|---|---|---|---|---|---|
| 兄の年令 (才) |   |   |   |   |   |

(2) けんさんの年令を□才、兄の年令を○才として、□と○の関係を式に表しましょう。

### 解き方

(1) **ステップ1** わかっていることを確認する

たん生日が同じなので、兄はけんさんよりいつも **4才年上**。

**ステップ2** 表にあてはまる数を求める

兄の年令は、**けんの年令+4**で求められます。

| けんの年令(才) | 1 | 2 | 3 | 4 | 5 |
|---|---|---|---|---|---|
| 兄の年令 (才) | 5 | 6 | 7 | 8 | 9 |
|  | ↑1+4 | ↑2+4 | ↑3+4 | ↑4+4 | ↑5+4 |

2人の年令差は一定ね。

**答** 左の表

(2) **ステップ1** 2人の年令の関係をことばを使った式に表す

けんの年令+4=兄の年令…①

**ステップ2** □と○を式にあてはめる

けんさんの年令を□才、兄の年令を○才とすると、①の式は、□+4=○

**答** □+4=○ ← ○-□=4、○-4=□とも表せる。

**参考** 表を横に見ると、下のようになっている。

1ずつふえる

| 1 | 2 | 3 | 4 | 5 |
|---|---|---|---|---|
| 5 | 6 | 7 | 8 | 9 |

1ずつふえる

類題を解こう → 別冊65ページ 問題76

## 77 段の数とまわりの長さ

難易度 ★★☆

右の図のように、1辺が1cmの正方形を並べて階段の形をつくっていきます。

(1) 段の数を□段、まわりの長さを○cmとして、□と○の関係を式に表しましょう。

(2) 段の数が15段のとき、まわりの長さは何cmになりますか。

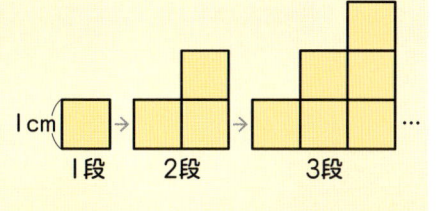

### 解き方

(1) **ステップ1** 表にまとめてきまりを見つける

段の数とまわりの長さの関係を表にまとめると、下のようになります。

| 段の数　　　　（段） | 1 | 2 | 3 | 4 |
|---|---|---|---|---|
| まわりの長さ(cm) | 4 | 8 | 12 | 16 |

↑ ↑ ↑ ↑
1×4　2×4　3×4　4×4

4倍

表を縦に見ると、**まわりの長さは段の数の4倍**です。

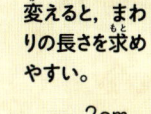

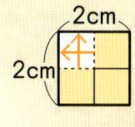

**参考** 下のように形を変えると、まわりの長さを求めやすい。

**ステップ2** □と○の関係を式に表す

段の数を□段、まわりの長さを○cmとすると、
**段の数×4＝まわりの長さ**より、□×4＝○

○÷4＝□, ○÷□＝4 とも表せる。

**答** □×4＝○

(2) **ステップ1** (1)の式の利用を考える

□×4＝○の□に15をあてはめて、○にあたる数を求めます。（段の数）

**参考** 表を横に見ると、下のようになっている。
1ずつふえる

| 1 | 2 | 3 | 4 |
|---|---|---|---|
| 4 | 8 | 12 | 16 |

4ずつふえる

**ステップ2** まわりの長さを求める

15×4＝○より、○＝60

**答** 60cm

類題を解こう → 別冊65ページ 問題77　レベルアップ → 336ページ 例題79

# 第6章 2つの量の変わり方 [1] 2つの量の変わり方

4年 5年
難易度 ★★☆

## 78 きまりを見つける問題

マッチ棒を右の図のように並べて，正三角形をつくっていきます。 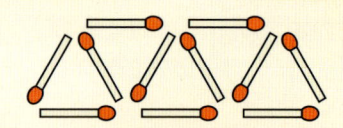
正三角形を20個つくるとき，マッチ棒は何本いりますか。

### 解き方

**ステップ1** 表に書いてマッチ棒の増え方のきまりを見つける

| 正三角形の数(個) | 1 | 2 | 3 | 4 |
|---|---|---|---|---|
| マッチ棒の数(本) | 3 | 5 | 7 | 9 |

+2 +2 +2

正三角形の数が1個増えるごとに，マッチ棒の数は2本ずつ増えています。

**ステップ2** 正三角形の数が20個のときのマッチ棒の数を求める

正三角形の数の1個めから順に考えて，マッチ棒の数の求め方を調べると，

1個め → 3本
2個め → 3+2×1=5(本)　（2-1）
3個め  → 3+2×2=7(本)　（3-1）
4個め  → 3+2×3=9(本)　（4-1）
⋮
20個め → 3+2×19=41(本)　（20-1）

2本増える回数

**参考** 正三角形の数を□個，マッチ棒の数を○本として式に表すと，
3+2×(□-1)=○

**答** 41本

### 別の解き方

下の図のように，マッチ棒が左はしに1本あり，2本ずつ増えていると考えて求めることができます。

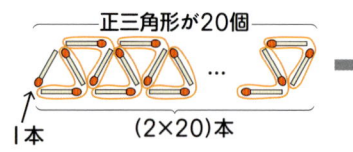

正三角形が20個のときのマッチ棒の数は，
　　1+2×20=41(本)

類題を解こう → 別冊66ページ 問題78　レベルアップ → 462ページ 例題85

# 02 比例と反比例

## ここのポイント

### 比例の関係って？ → 例題 79, 80

2つの量 $x$ と $y$ があって，$x$ の値が2倍，3倍，…になると，$y$ の値も2倍，3倍，…になるとき，**$y$ は $x$ に比例する**といいます。

### 比例の式 → 例題 79, 81

**重要** $y =$ 決まった数 $\times x$

$y$ が $x$ に比例するとき，$y \div x$ の商は決まった数になる。

### 比例のグラフ → 例題 83, 84

比例のグラフは，**0の点を通る直線**になります。

**例** 1mの値段が50円のリボンを $x$ m買ったときの代金 $y$ 円の関係をグラフに表すと，右のようになります。

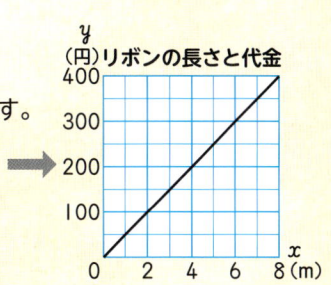

### 反比例の関係って？ → 例題 87

2つの量 $x$ と $y$ があって，$x$ の値が2倍，3倍，…になると，$y$ の値が $\frac{1}{2}$ 倍，$\frac{1}{3}$ 倍，…になるとき，**$y$ は $x$ に反比例する**といいます。

### 反比例の式 → 例題 87, 88

**重要** $y =$ 決まった数 $\div x$

$y$ が $x$ に反比例するとき，$x \times y$ の積は決まった数になる。

### 反比例のグラフ → 例題 90

比例のグラフとちがって，**直線にはならず，0の点を通りません**。

# 第6章 2つの量の変わり方 [2] 比例と反比例

5年 | 6年

難易度 ★☆☆

## 79 比例の関係と式

右の表は、同じ針金の長さ $x$ m と重さ $y$ g の関係を表したものです。

| 長さ $x$ (m) | 1 | 2 | 3 | 4 | 5 |
|---|---|---|---|---|---|
| 重さ $y$ (g) | 12 | 24 | 36 | 48 | 60 |

(1) $y$ は $x$ に比例していますか。
(2) $x$ と $y$ の関係を式に表しましょう。

**解き方**

(1) **ステップ1** $x$ の値が2倍、3倍のところを見つける

右の表では、⌒のところで $x$ の値が2倍、3倍になっています。

| 長さ $x$ (m) | 1 | 2 | 3 | 4 | 5 |
|---|---|---|---|---|---|
| 重さ $y$ (g) | 12 | 24 | 36 | 48 | 60 |

(上)3倍、2倍、2倍
(下)2倍、3倍、2倍

**ステップ2** $y$ の値の変わり方を調べる

右上の表の⌒のように、$x$ の値が2倍、3倍、…になると、$y$ の値も2倍、3倍、…になっているので、$y$ は $x$ に比例しています。…**答**

(2) **ステップ1** $y \div x$ の商を求める

$y$ の値を、対応する $x$ の値でわると、**商はどれも12になっ**ています。

$12 \div 1 = 12$
$24 \div 2 = 12$
$36 \div 3 = 12$
$48 \div 4 = 12$
$60 \div 5 = 12$

| 長さ $x$ (m) | 1 | 2 | 3 | 4 | 5 |
|---|---|---|---|---|---|
| 重さ $y$ (g) | 12 | 24 | 36 | 48 | 60 |

**ステップ2** $y$ を $x$ の式で表す

$y \div x = 12$ であるから、$y = 12 \times x$ …**答**
（決まった数）

**参考** 決まった数の12は、針金1mあたりの重さが12gであることを表している。

**ポイント** 比例の式 $y = $ 決まった数 $\times x$

類題を解こう → 別冊66ページ 問題79

# 80 比例の性質

**6年**
難易度 ★☆☆

下の表は、縦の長さが6cmの長方形の横の長さ $x$ cm と面積 $y$ cm² の関係を表したもので、$y$ は $x$ に比例します。
次の文で、㋐、㋑の□にあてはまる数を答えましょう。

| 横の長さ $x$(cm) | 1 | 2 | 3 | 4 | 5 | 6 |
|---|---|---|---|---|---|---|
| 面積 $y$(cm²) | 6 | 12 | 18 | 24 | 30 | 36 |

$x$ の値が2.5倍になると $y$ の値は ㋐ 倍になり、$x$ の値が $\frac{1}{3}$ 倍になると $y$ の値は ㋑ 倍になります。

## 解き方

### ステップ1 $x$ の値が2.5倍、$\frac{1}{3}$ 倍のところを見つける

右の表では、
$5 \div 2 = 2.5$(倍)…①
$2 \div 6 = \frac{1}{3}$(倍)…②
になっています。

| 横の長さ $x$(cm) | 1 | 2 | 3 | 4 | 5 | 6 |
|---|---|---|---|---|---|---|
| 面積 $y$(cm²) | 6 | 12 | 18 | 24 | 30 | 36 |

### ステップ2 $y$ の値が何倍になっているか求める

①に対応する $y$ の値の変わり方は、
$30 \div 12 = 2.5$(倍)
②に対応する $y$ の値の変わり方は、
$12 \div 36 = \frac{1}{3}$(倍)

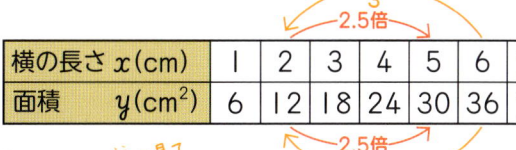

表を横に見ているよ。

**答** ㋐ 2.5　㋑ $\frac{1}{3}$

### ポイント

$y$ が $x$ に比例しているとき、
$x$ の値が○倍になると、$y$ の値も○倍になる。

# 第6章 2つの量の変わり方 [2]比例と反比例

6年

難易度 ★★☆

## 81 比例の見分け方

次のうち，$y$ が $x$ に比例するものを選び，記号で答えましょう。
- ㋐ 正方形の1辺の長さ $x$cm と面積 $y$cm²
- ㋑ 1本60円のえん筆を買うときの買う本数 $x$ 本と代金 $y$ 円
- ㋒ 8枚の色紙を姉妹で分けるときの姉の分 $x$ 枚と妹の分 $y$ 枚

### 解き方

**ステップ1** $y=\sim$ の式に表す

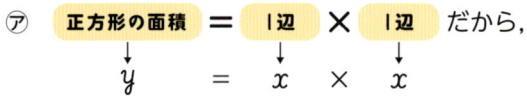

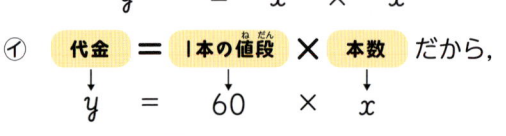

㋐ 正方形の面積 ＝ 1辺 × 1辺 だから，
　　$y$ ＝ $x$ × $x$

㋑ 代金 ＝ 1本の値段 × 本数 だから，
　　$y$ ＝ 60 × $x$

㋒ 妹の分の枚数 ＝ はじめの枚数 − 姉の分の枚数 だから，
　　$y$ ＝ 8 − $x$

まず，ことばの式を考えるよ。

**ステップ2** 式から比例の関係であるか調べる

㋐〜㋒のうち，比例の式 $y=$決まった数$\times x$ になっているのは，
㋑の $y=60\times x$ だけ ➡ $y$ が $x$ に比例しているのは，㋑。

**答** ㋑

### 別の解き方

$x$ の値が 2倍，3倍，…になると，$y$ の値も 2倍，3倍，…になるかで調べると，$y$ が $x$ に比例しているのは㋑であることがわかります。

㋐

| 1辺 $x$(cm) | 1 | 2 | 3 |
|---|---|---|---|
| 面積 $y$(cm²) | 1 | 4 | 9 |

（2倍→4倍，3倍→9倍）

㋑

| 本数 $x$(本) | 1 | 2 | 3 |
|---|---|---|---|
| 代金 $y$(円) | 60 | 120 | 180 |

（2倍→2倍，3倍→3倍）

㋒

| 姉 $x$(枚) | 1 | 2 | 3 |
|---|---|---|---|
| 妹 $y$(枚) | 7 | 6 | 5 |

（2倍→6/7倍，3倍→5/7倍）

類題を解こう → 別冊66ページ 問題81
つまずいたら → 336ページ 例題79

## 82 比例の表

難易度 ★★☆

右の表は、一定の速さで $x$ 分歩いたときに進む道のり $y$ m の関係を表したものです。
$y$ は $x$ に比例するとみて、㋐、㋑にあてはまる数を求めましょう。

| 時間 $x$(分) | 2 | 8 | ㋑ |
|---|---|---|---|
| 道のり $y$(m) | 120 | ㋐ | 780 |

### 解き方

**ステップ1　比例の式に表す**

$y$ が $x$ に比例するとき、$y \div x$ の商は決まった数になるから、決まった数は、

$$y \div x = 120 \div 2 = 60$$

（表を縦に見ている）

比例の式は、$y = $ 決まった数 $\times x$ より、$y = 60 \times x$ …①
　　　　　　　　　　　　　　　　決まった数

**参考**　決まった数の60は、分速60mで歩いていることを表している。

**ステップ2　比例の式に $x$ や $y$ の値をあてはめる**

㋐…①の式の $x$ に 8 をあてはめて、$y = 60 \times 8$
　　　　　　　　　　　　　　　　　　$y = 480$

㋑…①の式の $y$ に 780 をあてはめて、$780 = 60 \times x$
　　　　　　　　　　　　　　　　　　　　$x = 780 \div 60$
　　　　　　　　　　　　　　　　　　　　$x = 13$

**答**　㋐ 480　　㋑ 13

### 別の解き方

表を横に見て、時間や道のりが何倍になっているかを調べます。

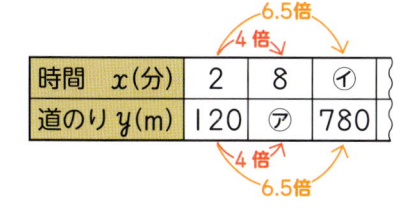

| 時間 $x$(分) | 2 | 8 | ㋑ |
|---|---|---|---|
| 道のり $y$(m) | 120 | ㋐ | 780 |

（4倍、6.5倍）

㋐…$8 \div 2 = 4$(倍)だから、
　　$120 \times 4 = \underline{480}$

㋑…$780 \div 120 = 6.5$(倍)だから、
　　$2 \times 6.5 = \underline{13}$

# 第6章 2つの量の変わり方 [2] 比例と反比例

6年

難易度 ★★☆

## 83 比例のグラフのかき方

1mあたりの重さが2kgの鉄の棒があります。鉄の棒の長さを $x$ m, 重さを $y$ kg として, $x$ と $y$ の関係をグラフに表しましょう。

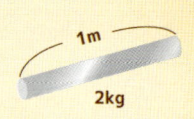

### 解き方

**ステップ1** $x$ と $y$ の関係を式に表す

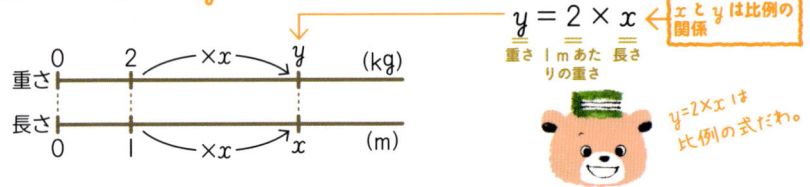

$$y = 2 \times x$$

重さ　1mあたりの重さ　長さ

$x$ と $y$ は比例の関係

$y=2 \times x$ は比例の式だね。

**ステップ2** $x$ と $y$ の関係を表にまとめる

$y=2 \times x$ の $x$ に数をあてはめ, 対応する $y$ の値を求めて, 表に書きます。

| 長さ $x$(m) | 0 | 1 | 2 | 3 | 4 | 5 |
|---|---|---|---|---|---|---|
| 重さ $y$(kg) | 0 | 2 | 4 | 6 | 8 | 10 |

　　　　　　 2×0　2×1　2×2　2×3　2×4　2×5
　　　　　　 ⑦　　⑦　　⑦　　⑦　　⑦　　⑦

**ステップ3** グラフに表す

❶ 横軸 ➡ $x$ の値(長さ)
　縦軸 ➡ $y$ の値(重さ)
　をとります。

❷ $x$ と $y$ の値の組を表す点を方眼上にとります。

❸ 点を順に直線でつなぎます。

鉄の棒の長さと重さ

$x$ の値 2, $y$ の値 4
$x$ の値 1, $y$ の値 2

**比例のグラフ**
➡ 0 の点を通る直線になる。

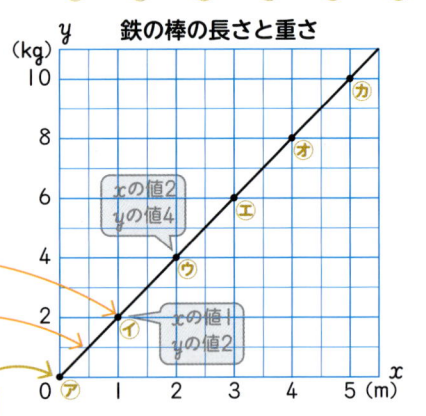

**答** 上のグラフ

## 84 比例のグラフの読み方

難易度 ★★☆

右のグラフは，バスの走る時間 $x$ 時間と進む道のり $y$ km の関係を表したものです。
(1) グラフから，次のことを読み取りましょう。
　㋐　2時間走って進む道のり
　㋑　90km 進むのにかかる時間
(2) $x$ と $y$ の関係を式に表しましょう。

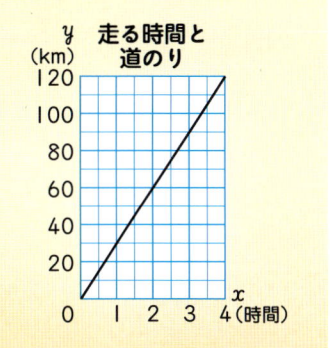

### 解き方

(1) **ステップ1** グラフのどのめもりを読むかを考える
　㋐　$x$ の値が2のときの $y$ の値を読みます。
　㋑　$y$ の値が90のときの $x$ の値を読みます。

**ステップ2** グラフのめもりを読む
　㋐　横軸の2のめもりとグラフとが交わった点の縦軸のめもりを読むと，60
　　➡ 進む道のりは **60km** …答
　㋑　縦軸の90のめもりとグラフとが交わった点の横軸のめもりを読むと，3
　　➡ かかる時間は **3時間** …答

(2) **ステップ1** 決まった数を求める
　グラフは0の点を通る直線なので，$y$ は $x$ に比例している ➡ グラフの $x$ の値が2のときの $y$ の値は60だから，決まった数は，$\underset{y の値}{60} \div \underset{x の値}{2} = 30$

**ステップ2** $y=$ 決まった数 $\times x$ の式に表す
　決まった数は30だから，$y=30 \times x$ …答

※ 30は，バスの時速が30kmであることを表している。

類題を解こう ➡ 別冊67ページ 問題84

# 第6章 2つの量の変わり方 [2] 比例と反比例

**6年**
難易度 ★★☆

## 85 比例の利用（本数から重さを求める）

同じ種類のくぎ20本の重さをはかったら、36gでした。くぎの重さは本数に比例するとみて、このくぎを150本用意するには、何g分のくぎを用意すればよいか求めましょう。

| 本数 $x$(本) | 20 | 150 |
|---|---|---|
| 重さ $y$(g) | 36 | □ |

### 解き方

**ステップ1　くぎ1本の重さを求める**

くぎの本数と重さは比例していることを使って求めます。

| 本数 $x$(本) | 20 | 150 |
|---|---|---|
| 重さ $y$(g) | 36 | □ |

くぎ20本の重さが36gだから、くぎ1本の重さは、

$$36 \div 20 = 1.8 \text{(g)}$$
　重さ　本数

← 表を縦に見ている

**ステップ2　くぎ150本の重さを求める**

くぎ150本の重さは、くぎ1本の重さ1.8gの150倍だから、

$$1.8 \times 150 = 270 \text{(g)}$$

**答　270g**

**参考**　1.8は比例の式の決まった数になるから、比例の式は、
$y = 1.8 \times x$
この式で、$x$ の値が150のときの $y$ の値を求めると、
$y = 1.8 \times 150$
$y = 270$

### 別の解き方

7.5倍

| 本数 $x$(本) | 20 | 150 |
|---|---|---|
| 重さ $y$(g) | 36 | □ |

7.5倍

くぎ150本は20本の
$150 \div 20 = 7.5$(倍)
重さも36gの7.5倍になるから、
くぎ150本の重さは、
$36 \times 7.5 = 270$(g)

← 表を横に見ている

くぎを打つのは苦手だなあ。

類題を解こう → 別冊68ページ 問題85　つまずいたら → 339ページ 例題82　レベルアップ → 348ページ 例題91

## 86 比例の利用（重さから枚数を求める）

6年　難易度 ★★☆

画用紙10枚の重さをはかったら，45gでした。画用紙の重さは枚数に比例するとみて，この画用紙の束の重さが1170gのとき，画用紙が何枚あるか求めましょう。

| 枚数 $x$(枚) | 10 | □ |
|---|---|---|
| 重さ $y$(g) | 45 | 1170 |

### 解き方

**ステップ1　画用紙1枚の重さを求める**

画用紙の枚数と重さは比例していることを使って求めます。

| 枚数 $x$(枚) | 10 | □ |
|---|---|---|
| 重さ $y$(g) | 45 | 1170 |

画用紙10枚の重さが45gだから，画用紙1枚の重さは，

45÷10＝4.5(g)
（重さ）（枚数）

←表を縦に見ている

**ステップ2　画用紙1170gの枚数を求める**

画用紙の枚数は，**全体の重さ÷1枚の重さ**で求められるから，画用紙1170gの枚数は，

1170÷4.5＝260(枚)

**答** 260枚

枚数を数えなくてもわかるのはラクね！

**参考**
4.5は比例の式の決まった数になるから，式は，$y=4.5×x$
この式で，$y$の値が1170のときの$x$の値を求めると，
$1170=4.5×x$
　$x=1170÷4.5$
　$x=260$

### 別の解き方

26倍
| 枚数 $x$(枚) | 10 | □ |
|---|---|---|
| 重さ $y$(g) | 45 | 1170 |
26倍

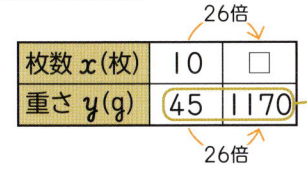

重さ1170gは45gの
1170÷45＝26(倍)　←表を横に見ている
枚数も10枚の26倍になるから，画用紙1170gの枚数は，
10×26＝260(枚)

類題を解こう → 別冊68ページ 問題86　　つまずいたら → 339ページ 例題82

# 第6章 2つの量の変わり方 [2] 比例と反比例

6年

## 87 反比例の関係と式

難易度 ★☆☆

右の表は，面積が36cm²の長方形の縦の長さ $x$ cm と横の長さ $y$ cm の関係を表したものです。

| 縦の長さ $x$ (cm) | 1 | 2 | 3 | 4 |
|---|---|---|---|---|
| 横の長さ $y$ (cm) | 36 | 18 | 12 | 9 |

(1) $y$ は $x$ に反比例していますか。
(2) $x$ と $y$ の関係を式に表しましょう。

### 解き方

(1) **ステップ1** $x$ の値が2倍，3倍のところを見つける

右の表では，⌢のところで2倍，3倍になっています。

| 縦の長さ $x$ (cm) | 1 | 2 | 3 | 4 |
|---|---|---|---|---|
| 横の長さ $y$ (cm) | 36 | 18 | 12 | 9 |

**ステップ2** $y$ の値の変わり方を調べる

右上の表の⌢のように，$x$ の値が2倍，3倍，…になると，$y$ の値は $\frac{1}{2}$ 倍，$\frac{1}{3}$ 倍，…になっているので，$y$ は $x$ に反比例しています。…**答**

(2) **ステップ1** $x \times y$ の積を求める

$x$ の値と，対応する $y$ の値の積はどれも36になっています。

| 縦の長さ $x$ (cm) | 1 | 2 | 3 | 4 |
|---|---|---|---|---|
| 横の長さ $y$ (cm) | 36 | 18 | 12 | 9 |

$1 \times 36 = 36$　　$2 \times 18 = 36$　　$3 \times 12 = 36$　　$4 \times 9 = 36$

**ステップ2** $y$ を $x$ の式で表す

$x \times y = 36$ であるから，$y = 36 \div x$ …**答**
（決まった数）

**参考** 決まった数の36は，長方形の面積が36cm²であることを表している。

**ポイント** 反比例の式　$y =$ 決まった数 $\div\, x$

類題を解こう → 別冊68ページ　問題87

344

# 88 反比例の見分け方

難易度 ★★☆

次のうち, $y$ が $x$ に反比例するものを選んで, 記号で答えましょう。
- ㋐ $x$ 円の品物を買って100円を出したときのおつり $y$ 円
- ㋑ 底辺の長さが 4cm の平行四辺形の高さ $x$ cm と面積 $y$ cm²
- ㋒ 600m の道のりを歩くときの分速 $x$ m とかかる時間 $y$ 分

## 解き方

### ステップ1 $y=\sim$ の式に表す

㋐ おつり ＝ 出したお金 － 代金 だから,
$$y = 100 - x$$

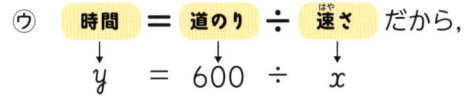

㋑ 平行四辺形の面積 ＝ 底辺 × 高さ だから,
$$y = 4 \times x$$

㋒ 時間 ＝ 道のり ÷ 速さ だから,
$$y = 600 \div x$$

㋑は比例の関係ね。

### ステップ2 式から反比例の関係であるか調べる

㋐～㋒のうち, 反比例の式 $y=$決まった数$\div x$ になっているのは,
㋒の $y=600\div x$ だけ ➡ $y$ が $x$ に反比例しているのは, ㋒。

**答 ㋒**

## 別の解き方

$x$ の値が 2倍, 3倍, …になると, $y$ の値が $\frac{1}{2}$ 倍, $\frac{1}{3}$ 倍, …になるかで調べると, $y$ が $x$ に反比例しているのは㋒であることがわかります。

㋒

| 分速 $x$ (m) | 10 | 20 | 30 |
|---|---|---|---|
| 時間 $y$ (分) | 60 | 30 | 20 |

2倍, 3倍 / $\frac{1}{2}$倍, $\frac{1}{3}$倍

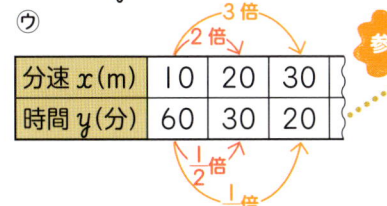

**参考** $x\times y$ の積が, $10\times 60=600$, $20\times 30=600$, $30\times 20=600$, …と決まった数になることで, $y$ が $x$ に反比例すると判断してもよい。

類題を解こう ➡ 別冊68ページ 問題88　つまずいたら ➡ 344ページ 例題87

# 第6章 2つの量の変わり方 [2] 比例と反比例

6年

難易度 ★★☆

## 89 反比例の表

右の表は，プールがいっぱいになるまで水を入れたときの，1時間に入れる水の量 $x\,\mathrm{m}^3$ とかかる時間 $y$ 時間の関係を表したものです。
$y$ は $x$ に反比例するとみて，㋐，㋑にあてはまる数を答えましょう。

| 水の量 $x\,(\mathrm{m}^3)$ | 10 | 20 | ㋑ |
|---|---|---|---|
| 時間 $y$ (時間) | ㋐ | 18 | 6 |

### 解き方

**ステップ1　反比例の式に表す**

$y$ が $x$ に反比例するとき，**$x \times y$ の積は決まった数になる**から，決まった数は，$x \times y = 20 \times 18 = 360$

| 水の量 $x\,(\mathrm{m}^3)$ | 10 | 20 | ㋑ |
|---|---|---|---|
| 時間 $y$ (時間) | ㋐ | 18 | 6 |

反比例の式は，**$y=$ 決まった数 $\div x$** より，$y = 360 \div x$ … ①

決まった数

**ステップ2　反比例の式に $x$ や $y$ の値をあてはめる**

㋐…①の式の $x$ に10をあてはめて，$y = 360 \div 10$
　　　　　　　　　　　　　　　　　$y = 36$

㋑…①の式の $y$ に6をあてはめて，$6 = 360 \div x$
　　　　　　　　　　　　　　　　　$x = 360 \div 6$
　　　　　　　　　　　　　　　　　$x = 60$

> **参考**
> 決まった数の360は，プールの容積が $360\,\mathrm{m}^3$ であることを表している。

**答** ㋐ 36　㋑ 60

### 別の解き方

表を横に見て，水の量や時間が何倍になっているかを調べます。

| 水の量 $x\,(\mathrm{m}^3)$ | 10 | 20 | ㋑ |
|---|---|---|---|
| 時間 $y$ (時間) | ㋐ | 18 | 6 |

（上：$\frac{1}{2}$倍，3倍／下：2倍，$\frac{1}{3}$倍）

㋐…$10 \div 20 = \frac{1}{2}$（倍）だから，
　　18の2倍で，$18 \times 2 = \underline{36}$

㋑…$6 \div 18 = \frac{1}{3}$（倍）だから，
　　20の3倍で，$20 \times 3 = \underline{60}$

## 90 反比例のグラフ

難易度 ★★☆

面積が12cm²の長方形の,縦の長さ $x$ cmと横の長さ $y$ cmの関係について,$x$ と $y$ の対応する値を下の表に書き,グラフに表しましょう。

| 縦の長さ $x$ (cm) | 1 | 2 | 3 | 4 | 5 | 6 | 8 | 12 |
|---|---|---|---|---|---|---|---|---|
| 横の長さ $y$ (cm) | | | | | | | | |

### 解き方

**ステップ1** $x$ と $y$ の関係を式に表す

長方形の面積=縦×横より,$x × y = 12$ → $y = 12 ÷ x$ …①

（$x$ と $y$ は反比例の関係）

**ステップ2** $y$ の値を求める

①の式に $x$ の値をあてはめて,$y$ の値を求め,下の表に書き入れます。

| 縦の長さ $x$ (cm) | 1 | 2 | 3 | 4 | 5 | 6 | 8 | 12 |
|---|---|---|---|---|---|---|---|---|
| 横の長さ $y$ (cm) | 12 | 6 | 4 | 3 | 2.4 | 2 | 1.5 | 1 |

…答

⑦12÷1 ⑦12÷2 ⑦12÷3 ⑦12÷4 ⑦12÷5 ⑦12÷6 ⑦12÷8 ⑦12÷12

**ステップ3** グラフをかく

$x$ と $y$ の値の組を表す点を方眼上にとる。

点を順につなぐ。

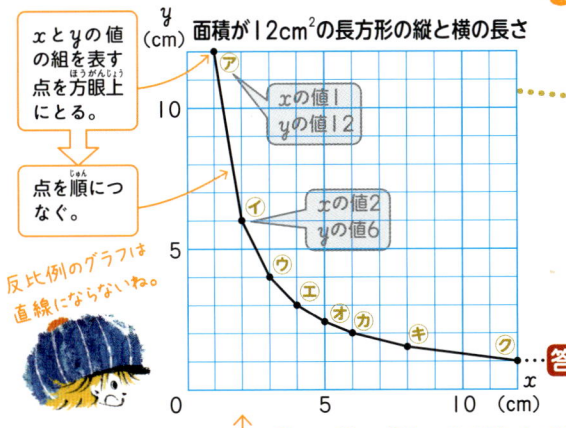

反比例のグラフは直線にならないね。

面積が12cm²の長方形の縦と横の長さ

$x$ の値1 $y$ の値12
$x$ の値2 $y$ の値6

…答

グラフは,点をつながなくても正解とする。

**参考** 反比例のグラフは,点をさらに細かくとると,なめらかな曲線になる。

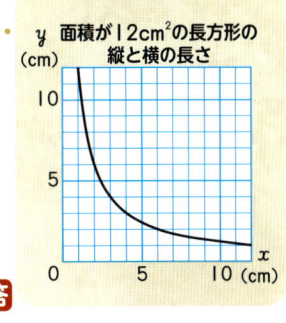

面積が12cm²の長方形の縦と横の長さ

# 第6章 2つの量の変わり方 [2] 比例と反比例

**入試**
難易度 ★★★

## 91 時計の進みやおくれ

1日に3分進む時計があります。
この時計を午前9時の時報で合わせると、翌日の午後7時に、この時計の針は何時何分何秒を指していますか。 〈桐光学園中〉

### 解き方

**ステップ1** 時間と時計の進みの関係を確認する

時計の進みやおくれは、**時間に比例**します。

**ステップ2** 1時間に何秒進むかを求める

この時計は1日に3分進む ➡ 24時間に60×3＝180(秒)進むから、
1時間では、180÷24＝7.5(秒)進みます。

**ステップ3** 翌日の午後7時までに何秒進むかを求める

午前9時から翌日の午後7時までの時間は34時間
➡ 時計の針は、34時間で
　　7.5×34＝255(秒)進みます。
　　　↑　　↑
　1時間に　時間
　進む時間

**ステップ4** 時計の針が指す時刻を求める

255秒は、255÷60＝4 あまり15 より、
4分15秒だから、翌日の午後7時にこの時計の針が指している時刻は、
　　7時＋4分15秒＝7時4分15秒

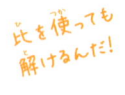

**答** 7時4分15秒

### 別の解き方

24時間に180秒進む時計が、34時間に□秒進むとすると、次の比例式が成り立ちます。

24：180＝34：□

24×□＝180×34
24×□＝6120
　　□＝6120÷24
　　□＝255

※比例式の確認➡324ページ例題69

## 92 歯車の回転

歯車Ａと歯数36枚の歯車Ｂは，かみ合っています。歯車Ａは5秒間で90回転し，歯車Ｂは3秒間で24回転します。
歯車Ａの歯数は，全部で何枚ですか。
〈横浜共立学園中〉

### 解き方

**ステップ1　歯車ＡとＢの1秒間の回転数を求める**

1秒間の回転数は，**回転数÷時間**で求められるので，
歯車Ａ ➡ 90÷5＝18（回転）
　　　　　（回転数）（時間）
歯車Ｂ ➡ 24÷3＝8（回転）
　　　　　（回転数）（時間）

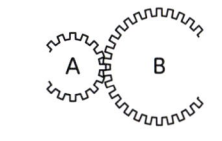

**ステップ2　歯数と回転数の関係を確認する**

かみ合う歯の数は，**歯数×回転数**で求められます。
➡ 1秒間にかみ合う歯の数は，歯車ＡとＢで等しいので，回転数は，歯数に反比例します。

**参考**
歯数を $x$ 枚，回転数を $y$ 回転として，反比例の式に表すと，
$x \times y = 288$
➡
$y = 288 \div x$

**ステップ3　1秒間にかみ合う歯の数を求める**

歯数36枚の歯車Ｂは，1秒間に8回転するので，
歯車ＡとＢが1秒間にかみ合う歯の数は，36×8＝288（枚）
　　　　　　　　　　　　　　　　　　　　（歯数）（回転数）

**ステップ4　歯車Ａの歯数を求める**

歯車Ａの歯数は，**1秒間にかみ合う歯の数÷回転数**で求められるので，
288÷18＝16（枚）

**答　16枚**

### 別の解き方

歯数と回転数が反比例の関係のとき，歯車ＡとＢの歯数の比は，歯車ＡとＢの回転数の比18：8の逆比になるから，$\frac{1}{18} : \frac{1}{8} = 4 : 9$

歯車Ａの歯数は，$36 \times \frac{4}{9} = 16$（枚）
　　　　　　　　（歯車Ｂの歯数）

※逆比の確認 ➡ 326ページ 例題71

類題を解こう ➡ 別冊69ページ 問題92
つまずいたら ➡ 346ページ 例題89

# 第7章 場合の数 [1] 場合の数

## 01 場合の数

### ここのポイント

#### 並べ方の数の求め方 → 例題 93, 94

まず，1番めを決めて，2番め，3番め，…の順に，図や表を使って並べ方を決めていきます。

例　①，②，③の3枚の数字カードを並べてできる3けたの整数は，まず，百の位の数字を決めて，十の位，一の位の順に右の図（**樹形図**という）のように決めていくと，全部で6通り。

```
百  十  一
   ┌ 2 ─ 3 …123
 1 ┤
   └ 3 ─ 2 …132
   ┌ 1 ─ 3 …213
 2 ┤
   └ 3 ─ 1 …231
   ┌ 1 ─ 2 …312
 3 ┤
   └ 2 ─ 1 …321
```

### 組み合わせの数の求め方

**2つ選ぶ組み合わせ**…右のような組み合わせの表をつくって調べることができます。 → 例題 96

例　A，B，C，D，Eの5人から2人選ぶ組み合わせを，右の表のように○をかいて調べると，全部で10通り。

**3つ以上を選ぶ組み合わせ**…右のような表をつくって，調べることができます。 → 例題 97

例　A，B，C，D，Eの5人から4人選ぶ組み合わせを，右の表のように○をかいて調べると，全部で5通り。
また，5人から残す1人を選ぶと考えても，選び方は5通りになります。

### 条件つきの数字カードの並べ方　入試対策 → 例題 99

**数字カードに0がある場合**…いちばん大きい位に0のカードは選べません。
**偶数をつくる場合**…一の位の数字カードが偶数になります。
**奇数をつくる場合**…一の位の数字カードが奇数になります。

## 93 並べ方の数の求め方

3人の子どもが横1列に並んで、ベンチにすわります。
並び方は全部で何通りありますか。

### 解き方

**ステップ1　左はしの子を決めて並び方を図に表す**

3人の子どもをA、B、Cとします。
左はしの子どもをAと決めて、順に並び方を決めていくと、右の図のように2通りあります。

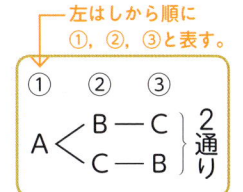

左はしから順に①、②、③と表す。

```
①   ②   ③
    B — C  ┐
A <         │2通り
    C — B  ┘
```

**ステップ2　左はしがB、Cの場合を考える**

左はしの子どもがB、Cの場合も、並び方は右の図のように、それぞれ2通りあります。

```
①   ②   ③
    A — C  ┐
B <         │2通り
    C — A  ┘

    A — B  ┐
C <         │2通り
    B — A  ┘
```

**ステップ3　全部で何通りあるか求める**

並び方は全部で、
2+2+2=6(通り)

**答　6通り**

**参考**　あることがらの起こり得る場合を、枝分かれする木のように表した図を「樹形図」という。

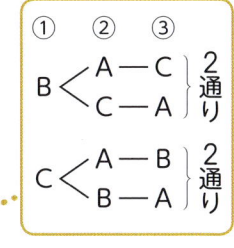

### 別の解き方　入試対策

左はしから①、②、③の順に、選び方が何通りあるかを考えて求めます。
① ➡ A、B、Cの3人から選ぶので、3通り。
② ➡ ①で選んだ残りの2人から選ぶので、2通り。
③ ➡ ①、②で選んだ残りの1人から選ぶので、1通り。
となるので、選び方は全部で、3×2×1=6(通り)

# 第7章 場合の数 [1]場合の数

6年
難易度 ★★☆

## 94 カードの並べ方

右の4枚の数字カードから3枚選んで並べ、3けたの整数をつくります。全部で何通りの整数ができますか。

[2] [4] [6] [8]

### 解き方

**ステップ1　百の位の数字を決めて樹形図に表す**

百の位が[2]、[4]、[6]、[8]のときの3けたの整数のでき方を樹形図に表すと、下の図のようにそれぞれ**6通り**の整数ができます。

←百の位を⑤のように簡単な書き方にする。

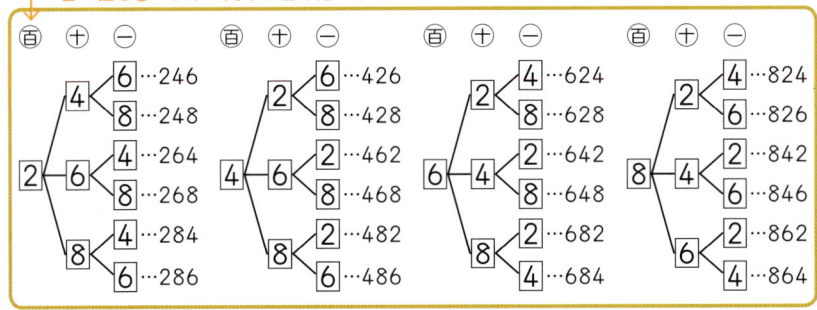

（樹形図）
- 百の位が2: 246, 248, 264, 268, 284, 286
- 百の位が4: 426, 428, 462, 468, 482, 486
- 百の位が6: 624, 628, 642, 648, 682, 684
- 百の位が8: 824, 826, 842, 846, 862, 864

**ステップ2　全部で何通りできるか求める**

できる3けたの整数は、全部で 6+6+6+6=24（通り）

**答 24通り**

### 別の解き方　入試対策

百の位から順に数字の選び方が何通りあるかを考えて求めます。

- 百の位 ➡ [2]、[4]、[6]、[8]の4枚から選ぶので **4通り**。
- 十の位 ➡ 残りの3枚から選ぶので **3通り**。
- 一の位 ➡ 残りの2枚から選ぶので **2通り**。

となるので、できる3けたの整数は、全部で、
4×3×2=24（通り）

カードゲームは得意！

## 95 コインの表裏の出方

難易度 ★★★

1枚のコインを続けて3回投げます。このとき、コインの表と裏の出方は何通りありますか。

### 解き方

**ステップ1** 1回めが表のときの出方を図に表す

コインの ⟨ 表 ➡ ○
　　　　　 裏 ➡ ●  とします

1回めが表のときの2回め、3回めの表と裏の出方を樹形図に表すと、右の図のように **4通り** あります。

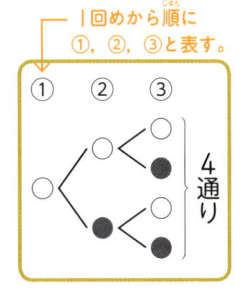

1回めから順に①、②、③と表す。

**ステップ2** 1回めが裏のときの出方を図に表す

1回めが裏のときの表と裏の出方も、**ステップ1** の1回めが裏に変わるだけなので、右の図のように **4通り** あります。

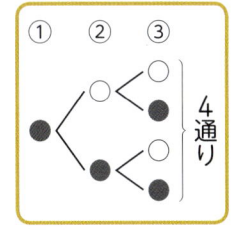

**ステップ3** 全部で何通りあるか求める

コインの表と裏の出方は、全部で、4+4=8（通り）

**答 8通り**

### 別の解き方　入試対策

1〜3回のそれぞれで、表と裏の出方が何通りあるかを考えて求めます。

1回めの出方 ➡ 表と裏の **2通り**。
2回めの出方 ➡ 表と裏の **2通り**。
3回めの出方 ➡ 表と裏の **2通り**。

となるので、表と裏の出方は、全部で、
　2×2×2=8（通り）
　1回め 2回め 3回め

**参考** Aの起こり方が○通りあり、それぞれについてBの起こり方が△通りあるとき、A、Bが続けて起こる場合の数は全部で、(○×△)通りある。

問題を解こう　別冊70ページ　問題95
レベルアップ ➡ 361ページ 例題103

# 第7章 場合の数 [1]場合の数

6年
難易度 ★☆☆

## 96 組み合わせの数の求め方

A，B，C，Dの4人の中から給食当番を2人決めます。
当番の組み合わせは何通りありますか。

### 解き方

**ステップ1** 組み合わせの表をつくる

2つを選ぶ組み合わせは，下のような表をつくって調べることができます。

|   | A | B | C | D |
|---|---|---|---|---|
| A | ／ | ○ | ○ | ○ |
| B | ／ | ／ | ○ | ○ |
| C | ／ | ／ | ／ | ○ |
| D | ／ | ／ | ／ | ／ |

AとBの組み合わせ
AとCの組み合わせ

**ステップ2** 組み合わせる2人に○をかく

AとAのような，同じ人どうしの組み合わせはないので，斜線で消します。
**BとAの組み合わせは，AとBの組み合わせと同じなので，○はかきません。**

**ステップ3** 何通りの組み合わせがあるか求める

表の○の数から，組み合わせは全部で6通りあります。

**答 6通り**

### 別の解き方

● 多角形の辺と対角線を使って解きます。

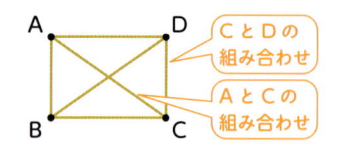

CとDの組み合わせ
AとCの組み合わせ

4つの辺と2つの対角線で，組み合わせは6通り

● **入試対策** 並べ方の考え方を使って選ぶと，1人めは4人から選ぶので，4通り，2人めは残りの3人から選ぶので，3通り。選び方は全部で，(4×3)通りですが，AとB，BとAの組み合わせは同じなので，**2でわって**，選び方は全部で，
4×3÷2=6(通り)

類題を解こう 別冊70ページ 問題96　レベルアップ→355ページ 例題97

## 97 4個から3個選ぶ問題

りんご，みかん，もも，ぶどうから3種類選んで買います。
組み合わせは何通りありますか。

### 解き方

**ステップ1　組み合わせの表をつくる**

りんごを⑰，みかんを㋯，ももを㋲，ぶどうを㋱として，右のような表をつくり，組み合わせる3種類に○をかいていきます。

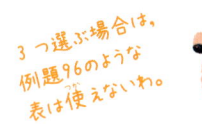

| ⑰ | ㋯ | ㋲ | ㋱ |
|---|---|---|---|
| ○ | ○ | ○ |   | ←⑰㋯㋲ |
| ○ | ○ |   | ○ | ←⑰㋯㋱ |
| ○ |   | ○ | ○ | ←⑰㋲㋱ |
|   | ○ | ○ | ○ | ←㋯㋲㋱ |

3つ選ぶ場合は，例題96のような表は使えないわ。

**ステップ2　何通りの組み合わせがあるか求める**

表から，組み合わせは全部で4通りあります。

**答　4通り**

### 別の解き方

組み合わせでは，「選ぶ場合の数」と「選ばない場合の数」が等しいことを利用して解きます。
「4種類から3種類選ぶ」を，「4種類から1種類選ばない」と考えます。
残す1種類の選び方は，りんごか，みかんか，ももか，ぶどうの4通りなので，選ぶ3種類の組み合わせも4通り。

逆転の発想だ！

残す1種類を選んで×をかく。

| ⑰ | ㋯ | ㋲ | ㋱ |
|---|---|---|---|
|   |   |   | × |
|   |   | × |   |
|   | × |   |   |
| × |   |   |   |

選び方は4通り

# 第7章 場合の数 ［1］場合の数

**入試**

難易度 ★★☆

## 98 試合数の求め方

(1) 5チームのリーグ戦（総当たり戦）で、サッカーの試合をします。全部で何試合になりますか。

(2) 8チームのトーナメント戦（勝ち抜き戦）で、野球の試合をします。優勝チームが決まるまでに、全部で何試合行いますか。

### 解き方

(1) **ステップ1　組み合わせの考え方を確認する**

総当たり戦なので、5チームから2チームを選ぶときの組み合わせの数と同じです。

**ステップ2　組み合わせの表をつくって調べる**

5チームをA、B、C、D、Eとして組み合わせの表をつくると、右のようになります。
○の数から、試合数は全部で10試合。

|   | A | B | C | D | E |
|---|---|---|---|---|---|
| A |   | ○ | ○ | ○ | ○ |
| B |   |   | ○ | ○ | ○ |
| C |   |   |   | ○ | ○ |
| D |   |   |   |   | ○ |
| E |   |   |   |   |   |

**答　10試合**

#### 別の解き方

並べ方と同じように考えて解きます。
試合をする2チームの選び方は、1チームめがA〜Eの<u>5通り</u>、2チームめが残りの4チームから選ぶので<u>4通り</u>。
ただし、AとB、BとAの試合は同じなので、試合数は全部で、
<u>5×4÷2＝10（試合）</u>

(2) **ステップ1　負けるチームに注目する**

勝ち抜き戦では、1試合ごとに1チームずつ負けます。

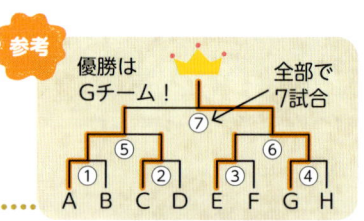

**参考**

優勝はGチーム！　全部で7試合

**ステップ2　全試合数を求める**

8チームのうち、優勝チームだけが負けないので、全試合数は、
**参加チーム数－1**で、8－1＝7（試合）
（優勝チーム）

**答　7試合**

類題を解こう → 別冊70ページ 問題98　　組み合わせの数の求め方の確認 → 354ページ 例題96

## 99 条件つきのカードの並べ方

難易度 ★★★

〔入試〕

⓪, ①, ②, ③ の4枚のカードから3枚を使って3けたの整数をつくります。
偶数は何通りできますか。 〈星野学園中〉

### 解き方

**ステップ1** 一の位の数字の選び方を考える

偶数になるのは，**一の位が⓪か②のとき**です。

**ステップ2** 一の位の数字で分けて調べる

百の位から順に選び方が何通りか調べると，

● 一の位が ⓪ のとき
　百の位 ➡ ①, ②, ③ から選ぶので3通り。
　十の位 ➡ ①, ②, ③ のうち百の位で選んだ残りの2枚から選ぶので2通り。
　⇨ 選び方は全部で，3×2＝6（通り）…①

● 一の位が ② のとき
　百の位 ➡ ①, ③ から選ぶので2通り。
　十の位 ➡ ⓪, ①, ③ のうち百の位で選んだ1枚
　　　　　を除く2枚から選ぶので2通り。
　⇨ 選び方は全部で，2×2＝4（通り）…②

**注意** ⓪は，百の位には選べない。

**ステップ3** 全部で何通りできるか求める

①，②より，できる偶数は，全部で，6＋4＝10（通り）

**答** 10通り

### 別の解き方

樹形図を一の位から順にかいて調べます。

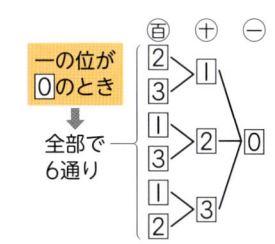

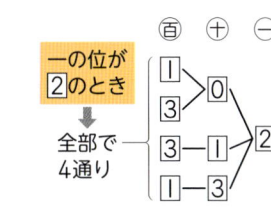

一の位が⓪のとき　全部で6通り

一の位が②のとき　全部で4通り

類題を解こう ➡ 別冊70ページ 問題99
つまずいたら ➡ 352ページ 例題94

# 第7章 場合の数 ［1］場合の数

## 100 同じ数字があるカードの並べ方

難易度 ★★★ 入試

1, 1, 2, 2, 3 の5枚のカードを使って3けたの整数をつくるとき，全部で何通りできますか。

〈共立女子第二中〉

### 解き方

**ステップ1** 同じ数字を2枚選ぶ組み合わせを考える

同じ数字を2枚選ぶ組み合わせは，
(1, 1, 2), (1, 1, 3), (2, 2, 1), (2, 2, 3) の**4種類**。

**ステップ2** 同じ数字が2枚のときの整数のでき方を調べる

1, 1, 2 のときは，2を百の位，十の位，一の位のどこに置くかで**3通り**。（211, 121, 112）
ほかの組み合わせでも，それぞれ3通りあるので，同じ数字が2枚のときにできる整数は，全部で，**3×4＝12（通り）**…①

**ステップ3** 3つの数字がちがうときの整数のでき方を調べる

1, 2, 3 のカードでできる整数は，
百の位 ➡ 1, 2, 3 の**3通り**，十の位 ➡ 残りの2枚から選ぶので**2通り**，
一の位 ➡ 残りの1枚から選ぶので**1通り**。となるので，3つの数字がちがうときにできる整数は，全部で，**3×2×1＝6（通り）**…②

**ステップ4** 全部で何通りできるか求める

①，②より，3けたの整数は，全部で，12＋6＝18（通り）　**答 18通り**

### 別の解き方

樹形図をかいて調べると，右のようになります。

**同じ数字が2枚のとき**（1, 1, 2の場合）

百 十 一
1 — 1 — 2
1 — 2 — 1
2 — 1 — 1

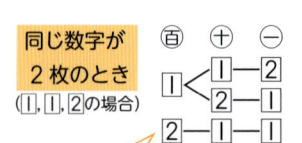

ほかの組み合わせでもそれぞれ3通り ➡ 3×4＝12（通り）

**3つの数字がちがうとき**（百の位が1の場合）

百 十 一
1 — 2 — 3
1 — 3 — 2

百の位が2, 3の場合もそれぞれ2通り ➡ 2×3＝6（通り）

類題を解こう ➡ 別冊71ページ 問題100　つまずいたら ➡ 352ページ 例題94

## 101 硬貨の選び方

Aさんの財布には100円玉が2枚，50円玉が3枚，10円玉が2枚入っています。
Aさんがおつりのないように支払える金額は全部で何通りありますか。
〈明治大学付属中野八王子中〉

### 解き方

**ステップ1　100円玉と50円玉で支払える金額を調べる**

100円玉2枚と50円玉3枚で支払える金額は50円単位で，最高金額は，
100×2+50×3＝350（円）だから，支払える金額は，
350÷50＝7（通り）…①　　50円，100円，150円，200円，250円，300円，350円

**ステップ2　10円玉を加えると何通りになるか求める**

①の7通りの金額のそれぞれについて，10円玉が0枚，1枚，2枚の3通りの組み合わせがあると考えると，支払える金額は，全部で，7×3＝21（通り）…②

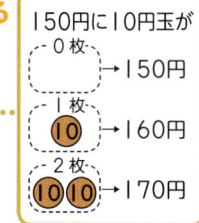

150円に10円玉が
0枚 → 150円
1枚 → 160円
2枚 → 170円

**ステップ3　10円玉だけで支払える金額を加える**

10円玉2枚だけで支払える金額は，10円，20円の2通りだから，
②の21通りに加えて，支払える金額は，全部で21+2＝23（通り）

**答　23通り**

### 別の解き方

持っているお金は，100×2+50×3+10×2＝370（円）
370円までの10円単位の金額は，370÷10＝37（通り）
このうち，10円玉は2枚しかないので，支払えない金額は，
30円，40円，80円，90円，130円，140円，180円，190円，
230円，240円，280円，290円，330円，340円の14通りだから，
支払える金額は，37－14＝23（通り）

類題を解こう → 別冊71ページ　問題101

# 第7章 場合の数 ［1］場合の数

## 102 色のぬり分け

難易度 ★★★ 〈入試〉

右の図のア，イ，ウの部分を｛赤，青，黄，緑｝の色でぬり，いろいろな旗をつくろうと思います。同じ色を使ってもよく，また，となり合った部分には異なる色をぬることにすると，全部で何通りの旗をつくることができますか。

〈専修大学松戸中〉

### 解き方

**ステップ1　アにぬる色を決めて樹形図に表す**

アにぬる色を赤と決めて，イ，ウの順にぬる色を決めて樹形図に表すと，右の図のように，**9通り**のぬり方があります。

**注意**　アとウには同じ色をぬってもよいことに注意する。

```
ア    イ    ウ
          ┌赤
      青─┼黄
      │  └緑
          ┌赤
赤─┼黄─┼青     9通り
      │  └緑
          ┌赤
      緑─┼青
          └黄
```

**ステップ2　全部で何通りあるか求める**

アにぬる色が青，黄，緑でも，**それぞれ9通りのぬり方がある**ので，色のぬり方は，全部で，
9×4＝36（通り）

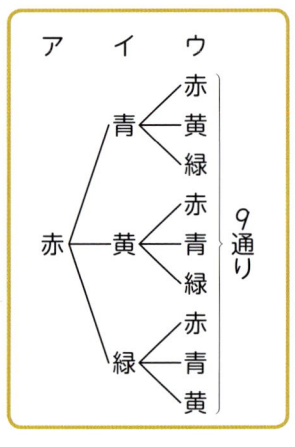

**答　36通り**

### 別の解き方

アから順にぬる色の選び方が何通りあるかを考えて求めます。
- ア ➡ 赤，青，黄，緑の4色から選ぶので <u>4通り</u>。
- イ ➡ アにぬった残りの3色から選ぶので <u>3通り</u>。
- ウ ➡ イにぬった残りの3色から選ぶので <u>3通り</u>。

となるので，色のぬり方は，全部で，<u>4</u>×<u>3</u>×<u>3</u>＝<u>36（通り）</u>

類題を解こう　別冊71ページ　問題102　　つまずいたら ➡ 351ページ　例題93

# 103 じゃんけん

難易度 ★★★

(1) 3人が、グー、チョキ、パーでじゃんけんをするときの手の出方は全部で何通りですか。　〈筑波大学附属中〉

(2) A君、B君、C君の3人で1回じゃんけんをします。あいこになるのは全部で何通りありますか。　〈春日部共栄中〉

## 解き方

(1) **ステップ1　3人それぞれの手の出し方を考える**

1人の手の出し方は、グー、チョキ、パーの 3通り。
残る2人の手の出し方も、それぞれグー、チョキ、パーの 3通り。

**ステップ2　全部で何通りあるか求める**

3人の手の出し方がそれぞれ3通りなので、手の出し方は全部で、
3×3×3＝27(通り)

**答 27通り**

353ページ例題95の「別の解き方」と同じだね。

(2) **ステップ1　あいこになる場合を確認する**

あいこになるのは、次の2つの場合です。
㋐　3人の出した手がすべて同じ場合
㋑　3人の出した手がすべてちがう場合

**ステップ2　それぞれの場合で何通りあるか調べる**

㋐の場合 ➡ 3人すべてがグーかチョキかパーの 3通り…①
㋑の場合 ➡ A君の出し方が3通りで、B君の出し方はA君の出した手以外の2通り、C君の出し方はA君、B君が出した手以外の1通りと考えると、3×2×1＝6(通り)…②

**ステップ3　全部で何通りあるか求める**

①、②より、あいこになるのは全部で、3＋6＝9(通り)

**答 9通り**

問題を解こう → 別冊71ページ 問題103
つまずいたら → 353ページ 例題95

# 第7章 場合の数 [1]場合の数

## 104 ごばんの目の道順

**入試** 難易度 ★★★

(1) 右の図において、学校(★)から家(○)に遠回りせずに帰宅する方法は全部で何通りありますか。

(2) 右の図において、学校(★)から途中の本屋さん(◎)に寄ってから家(○)に遠回りせずに帰宅する方法は全部で何通りありますか。

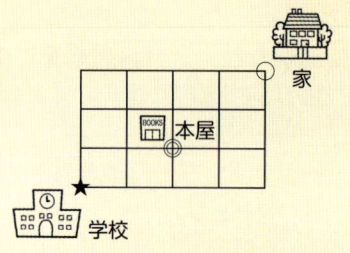

〈多摩大学目黒中〉

### 解き方

(1) **ステップ1** 進み方の数の調べ方を確認する

各交差点までの進み方の数は、右の図のように計算しながら調べることができます。

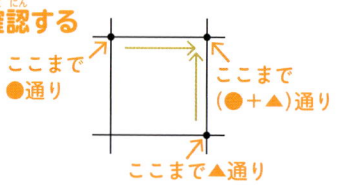

ここまで●通り
ここまで▲通り
ここまで(●+▲)通り

**ステップ2** ★から○までの進み方を調べる

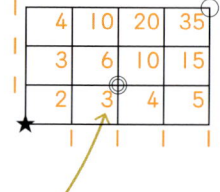

右の図のように進み方の数を書きこんでいくと、進み方は全部で35通りになります。 **答** 35通り

|   | 4 | 10 | 20 | 35 |
|---|---|----|----|----|
|   | 3 | 6  | 10 | 15 |
|   | 2 | 3  | 4  | 5  |
| ★ | 1 | 1  | 1  | 1  |

(2) **ステップ1** ★から◎までの進み方を調べる

★から◎までの進み方は、(1)の**ステップ2**の図より3通り。

**ステップ2** ◎から○までの進み方を調べる

◎から○までの進み方は、右の図のようになり、6通り。

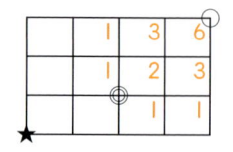

|   |   | 1 | 3 | 6 |
|---|---|---|---|---|
|   |   | ◎ | 2 | 3 |
|   |   |   | 1 | 1 |
| ★ |   |   |   |   |

**ステップ3** 全部で何通りあるか求める

★から◎までの3通りの進み方のそれぞれについて、◎から○までの6通りの進み方があるから、全部で、3×6=18(通り) **答** 18通り

類題を解こう → 別冊71ページ 問題104

## 105 さいころの目の出方

難易度 ★★★　〈入試〉

(1) 大小2つのさいころを投げます。このとき、大きいさいころの目の数が小さいさいころの目の数の約数となるような目の出方は、全部で何通りありますか。〈横浜共立学園中〉

(2) 大、中、小の3個のさいころを同時に投げるとき、出た目の数の和が16以上になる場合は何通りありますか。〈星野学園中〉

### 解き方

**(1) ステップ1　約数と倍数の関係を確認する**

■は●の約数 ➡ ●は■の倍数 と考えて、小さいさいころの目の数が大きいさいころの目の数の倍数になる組み合わせを調べます。

**ステップ2　組み合わせの表をつくる**

大きいさいころの目の数の1から6までについて、それぞれ倍数になっている小さいさいころの目の数のらんに○をかいていくと、右の表のように14通りあります。

1の倍数は6通り　2の倍数は3通り

| 大＼小 | 1 | 2 | 3 | 4 | 5 | 6 |
|---|---|---|---|---|---|---|
| 1 | ○ | ○ | ○ | ○ | ○ | ○ |
| 2 |   | ○ |   | ○ |   | ○ |
| 3 |   |   | ○ |   |   | ○ |
| 4 |   |   |   | ○ |   |   |
| 5 |   |   |   |   | ○ |   |
| 6 |   |   |   |   |   | ○ |

**答　14通り**

**(2) ステップ1　大のさいころの目の出方を考える**

中、小のさいころの目の数の和は、最大で6+6=12だから、3個のさいころの目の数の和が16以上になるときの大のさいころの目の数は4以上。
（16-12）

**ステップ2　大のさいころの目の数を決めて組み合わせを調べる**

大のさいころの目が4、5、6のときの(大、中、小)のさいころの目の数の和が16以上になる組み合わせは、

大4 ➡ (4, 6, 6)
大5 ➡ (5, 5, 6)(5, 6, 5)(5, 6, 6)
大6 ➡ (6, 4, 6)(6, 5, 5)(6, 5, 6)(6, 6, 4)(6, 6, 5)(6, 6, 6)

だから、全部で、1+3+6=10(通り)

**答　10通り**

## COLUMN こんなとこにも！便利な算数

# ギガって何？ マイクロって何？

「デジタルカメラで使うSDカードのGB（ギガバイト）って，どういう意味かしら。」

「1ギガバイトは，1バイトの10億倍のことだよ。バイトとは，写真などのデータの大きさを表す単位のこと。たとえば32ギガバイトをバイトで表すと，32000000000バイトになるけど，0が多すぎてわかりにくいね。そこでギガバイトを使うと，32ギガバイトと簡単に表せるんだ。」

大きな数に使う！

| 大きさを表すことば | 大きさ |
| --- | --- |
| T（テラ） | 1000000000000（1兆）倍 |
| G（ギガ） | 1000000000（10億）倍 |
| M（メガ） | 1000000（100万）倍 |
| K（キロ） | 1000（千）倍 |

「この前学校で，ミカヅキモという生物の大きさが200μm（マイクロメートル）くらいと聞いたけど，どのくらいの大きさなの？」

「1μmは，1mの100万分の1のことだよ。」

「あまりピンとこないなあ。」

ミカヅキモ
写真：アフロ

「1mの1000分の1が1mm。その1000分の1が1μm。$\frac{1}{1000000}$mというより1μmのほうがわかりやすいよね。ミカヅキモの大きさの200μmは，$\frac{200}{1000}=\frac{2}{10}$で，$\frac{2}{10}$mmのことだね。もっと小さな大きさには，10億分の1を表すn（ナノ）を使うよ。」

| 大きさを表すことば | 大きさ |
| --- | --- |
| μ（マイクロ） | 0.000001（$\frac{1}{100万}$）倍 |
| n（ナノ） | 0.000000001（$\frac{1}{10億}$）倍 |

# 入試・文章題編

第1章 和と差に関する問題 ………… 368
第2章 割合と比に関する問題 ……… 392
第3章 速さに関する問題 …………… 428
第4章 いろいろな問題 ……………… 446

入試・文章題編

# 入試の文章

時計算

植木算

ニュートン算

旅人算

# 題の世界

この絵は，入試の文章題の様子を表しているよ。
文章題の勉強のなかで，この絵に出てきたような場面をいくつ思いうかべられるかな。

濃度算

流水算

想像力をふくらませて，文章題に挑戦してみよう！

# 第1章 和と差に関する問題

# 和と差に関する問題  入試対策

## ここのポイント

### 和差算 → 例題 1～3

大小2つの数量について、その和と差の関係がわかっているとき、和と差から、それぞれの数量を求めるような問題を、**和差算**といいます。

**重要**
- 大＝（和＋差）÷2
- 小＝（和－差）÷2

**例** 大小2つの整数があり、和が30、差が6であるとき、
大きいほうの整数は、(30＋6)÷2＝18
小さいほうの整数は、(30－6)÷2＝12

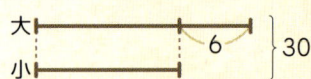

### つるかめ算 → 例題 4～9

ツルとカメの足の数のように異なる2つの数量があるとき、頭の数と足の数から、それぞれの数を求めるような問題を、**つるかめ算**といいます。

**例** ツルとカメがいて、頭の数が10、足の数が28本のとき、ツルの数は何わですか。

→ ［解き方1］**全部がカメだと考え、実際の数量との差を利用する**

10ぴき全部がカメだとすると、
足の数は、4×10＝40(本)
実際の足の数との差は、
40－28＝12(本)

| カメ(ひき) | 10 | 9 | 8 | … |
| ツル(わ) | 0 | 1 | 2 | … |
| 足の数(本) | 40 | 38 | 36 | … |

カメ1ぴきをツル1わにとりかえるごとに、
足の数は、4－2＝2(本)ずつ減っていくから、
ツルの数は、12÷2＝6(わ)
カメの数から求めることもできます。

［解き方2］**面積図を使って求める**
縦を足の数、横を頭の数として面積図に表すと、右の図のようになります。
斜線部分の面積は、4×10－28＝12(本)
ツルの数は、12÷(4－2)＝6(わ)

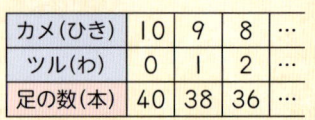

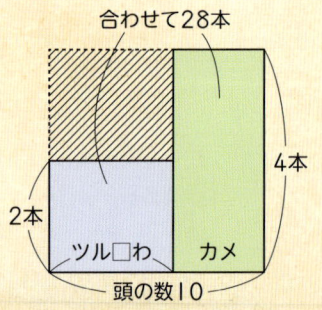

## 差集め算 → 例題 10～13

ひとつひとつの差が集まって全体の差ができているような数量の関係があり，その差を使って数量を求めるような問題を，**差集め算**といいます。

**例** 100円玉と500円玉が同じ数ずつあります。それぞれの合計金額の差が2800円のとき，100円玉は何枚ありますか。

➡ 1枚1枚の金額の差 500－100＝400（円）が集まって2800円になるから，100円玉の枚数は，2800÷400＝7（枚）

## 過不足算 → 例題 14～17

ある数量について，2通り以上の配り方をしたとき，その差を使って数量を求めるような問題を，**過不足算**といいます。

**例** 色紙を何人かの子どもに分けるのに，1人に10枚ずつ分けると18枚あまり，1人に13枚ずつ分けると6枚不足します。子どもの人数は何人ですか。

➡ 縦を1人分の枚数，横を人数□人として面積図に表すと，右の図のようになります。斜線部分の面積は6＋18＝24（枚）だから，子どもの人数は，
24÷（13－10）＝8（人）
（斜線部分の縦の長さ）

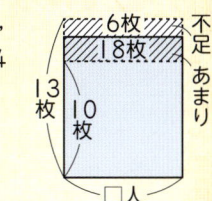

## 平均算 → 例題 18～19

合計と個数から平均を求めたり，平均と個数から合計を求めたりするような問題を，**平均算**といいます。

**例** 20人の生徒でテストをしたところ，男子の平均点は50点，女子の平均点は60点，クラスの平均点は54.5点でした。女子の人数は何人ですか。

➡ 右の面積図で，長方形 GAHI と長方形 EFHD の面積は等しいから，
（54.5－50）×20＝（60－50）×□
女子の人数は，4.5×20÷10＝9（人）

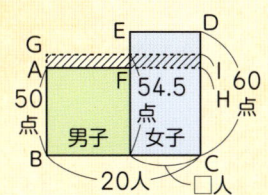

## 消去算 → 例題 20～22

2つの数量の関係を2つの式に表し，一方の数量を消去して解くような問題を，**消去算**といいます。式を何倍かして一方を消去する解き方を**加減法**，一方の式をもう一方の式に代入して一方を消去する解き方を**代入法**といいます。

# 第1章 和と差に関する問題

和差算 　入試

難易度 ★★☆

## 1 2つの数量の和差算

長さ1.5mのひもを2つに切ります。長さが16cmちがうように切るとき、長いほうのひもの長さは何cmですか。　〈日本大学第一中〉

### 解き方

**ステップ1　和と差の関係を線分図に表す**

ひもの長さ1.5m＝150cm（和）と16cm（差）の関係を線分図に表すと、右の図のようになります。

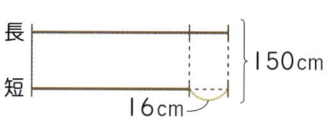

**ステップ2　長いほうのひもの長さ（大きいほうの数量）の2倍を求める**

長いほうのひもの長さの2倍は、
150＋16＝166（cm）

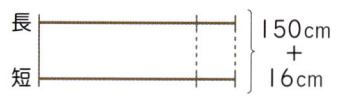

**ステップ3　長いほうのひもの長さを求める**

長いほうのひもの長さは、
166÷2＝83（cm）　← 大＝（和＋差）÷2

右上のような図を線分図というよ。

**答 83cm**

### 別の解き方

短いほうのひもの長さ（**小さいほうの数量**）を先に求めることもできます。
短いほうのひもの長さの2倍は、
150－16＝134（cm）
短いほうのひもの長さは、134÷2＝67（cm）　← 小＝（和－差）÷2
長いほうのひもの長さは、67＋16＝83（cm）

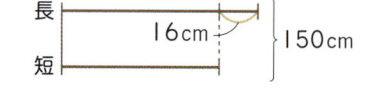

### ポイント

大＝（和＋差）÷2
小＝（和－差）÷2

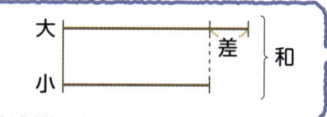

類題を解こう → 別冊72ページ 問題1　　レベルアップ → 371ページ 例題2

| 3年 | 4年 | 5年 | 6年 | 入試 |

### 和差算　入試

難易度 ★★★

## 2　3つの数量の和差算

おこづかい2400円をAさん，Bさん，Cさんの3人で分けます。AさんはBさんより200円少なくBさんはCさんより200円少なく分けたとき，Cさんがもらえるおこづかいはいくらですか。

〈共立女子中〉

### 解き方

**ステップ1　和と差の関係を線分図に表す**

3人の金額の数量の関係を線分図に表すと，右の図のようになります。

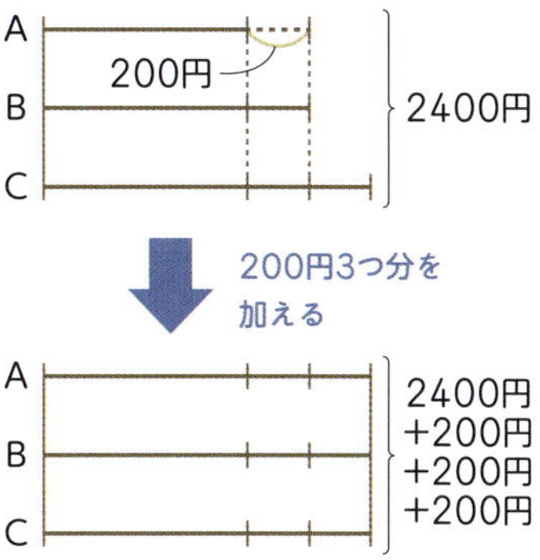

**ステップ2　Cさんの金額の3倍を求める**

Cさんの金額（いちばん大きい数量）の3倍は，
2400+200+200+200=3000（円）

**ステップ3　Cさんの金額を求める**

Cさんの金額は，3000÷3=1000（円）

**答　1000円**

### 別の解き方

●Aさんから求める

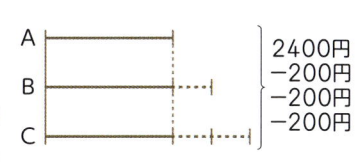

Aさんの金額の3倍は，
2400−(200+200+200)=1800（円）
Aさんの金額は，1800÷3=600（円）
Cさんの金額は，600+200×2=1000（円）

●Bさんから求める

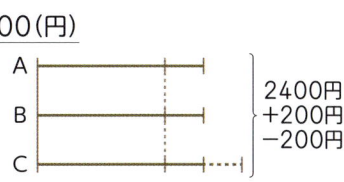

Bさんの金額の3倍は，
2400−200+200=2400（円）
Bさんの金額は，2400÷3=800（円）
Cさんの金額は，800+200=1000（円）

類題を解こう → 別冊72ページ 問題2　　つまずいたら → 370ページ 例題1

# 第1章 和と差に関する問題

**和差算** 入試
難易度 ★★☆

## 3 カレンダーと和差算

ある月の土曜日は4日あり、その日付の数をすべて加えると58になるとき、その月の最初の土曜日は何日ですか。

〈東京都市大学等々力中〉

### 解き方

**ステップ1** 日付の増え方を使って、和と差の関係を線分図に表す

土曜日の日付は、最初の土曜日の日付から7(日)ずつ増えていくから、線分図に表すと右の図のようになります。

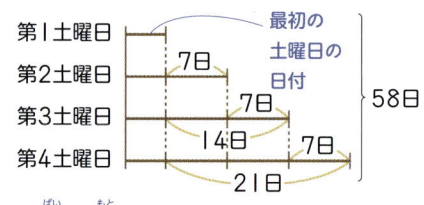

```
第1土曜日 ├─────┤          最初の
第2土曜日 ├─────┼─7日─┤    土曜日の
第3土曜日 ├─────┼────┼─7日─┤  日付     ┃58日
第4土曜日 ├─────┼────┼─14日─┼─7日─┤
                      21日
```

**ステップ2** 最初の土曜日の日付の4倍を求める

最初の土曜日の日付の4倍は、
$58-(7+14+21)=16$(日)

**参考** 線分の本数が何本になっても、1本分の○倍になるようにそろえます。

**ステップ3** 最初の土曜日の日付を求める

最初の土曜日の日付は、
$16÷4=4$(日)

**答** 4日

**参考** 最初の土曜日が1日とすると、土曜日は5回あり、日付の和は、
$1+8+15+22+29=75$(日)

**ポイント** 同じ曜日の日付は**7ずつ大きくなっていく**ことに注目して、**線分図**に表します。

類題を解こう → 別冊72ページ 問題3  つまずいたら → 370ページ 例題1、371ページ 例題2

## 4 2つの数量のつるかめ算（少ないほうを求める）

**つるかめ算　入試**
難易度 ★★☆

二輪車と三輪車が全部で25台あります。車輪は全部で70個あります。このとき二輪車は何台ありますか。〈浦和実業学園中〉

### 解き方

**ステップ1　実際の車輪との差を求める**

25台全部三輪車とすると，実際の車輪との差は，3×25−70=5（個）

三輪車1台を二輪車1台にとりかえる

| 三輪車（台） | 25 | 24 | 23 | 22 | … |
|---|---|---|---|---|---|
| 二輪車（台） | 0 | 1 | 2 | 3 | … |
| 車輪の個数（個） | 75 | 74 | 73 | 72 | … |

1個ずつ減っていく

**ステップ2　変わり方を見つける**

三輪車1台を二輪車1台にとりかえるごとに，3−2=1（個）ずつ減っていくことがわかります。
（三輪車と二輪車の車輪の個数の差）

**ステップ3　二輪車の台数を求める**

二輪車の台数は，5÷1=5（台）

表に整理するとわかりやすいね。

**答　5台**

### 別の解き方

●**三輪車の台数を先に求める**

25台全部二輪車とすると，実際の車輪との差は，70−2×25=20（個）
二輪車1台を三輪車1台にとりかえるごとに，3−2=1（個）ずつ増えていくから，三輪車の台数は，20÷1=20（台）
二輪車の台数は，25−20=5（台）

二輪車1台を三輪車1台にとりかえる

| 三輪車（台） | 0 | 1 | 2 | 3 | … |
|---|---|---|---|---|---|
| 二輪車（台） | 25 | 24 | 23 | 22 | … |
| 車輪の個数（個） | 50 | 51 | 52 | 53 | … |

1個ずつ増えていく

●**面積図を使って求める**

面積図に表すと，右の図のようになります。
斜線部分の面積は，3×25−70=5（個）
二輪車の台数は，
5÷(3−2)=5（台）

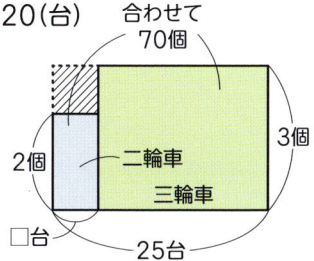

# 第1章 和と差に関する問題

つるかめ算　入試

## 5　2つの数量のつるかめ算（多いほうを求める）

難易度 ★★☆

1個80円のアメと1個50円のガムを合わせて20個買ったところ，代金の合計が1360円になりました。このとき，買ったアメは何個ですか。
〈かえつ有明中〉

### 解き方

**ステップ1**　ガムを20個買ったとして，実際の代金との差を求める

20個全部ガムを買ったとすると，実際の代金との差は，
　　1360−50×20=360(円)
　　　　　　1000円

**ステップ2**　変わり方を見つける

ガム1個をアメ1個にとりかえるごとに，代金の合計は，80−50=30(円)ずつ増えていくことがわかります。
　　　　アメとガムの値段の差

ガム1個をアメ1個にとりかえる

| 50円のガム (個) | 20 | 19 | 18 | 17 | … |
| 80円のアメ (個) | 0 | 1 | 2 | 3 | … |
| 代金の合計 (円) | 1000 | 1030 | 1060 | 1090 | … |

30円ずつ増えていく

**ステップ3**　アメの個数を求める

アメの個数は，360÷30=12(個)

差に注目しよう！

**答　12個**

### 別の解き方

●ガムの個数を先に求める

20個全部アメを買ったとすると，実際の代金との差は，80×20−1360=240(円)で，アメ1個をガム1個にとりかえるごとに，代金の合計は，80−50=30(円)ずつ減っていくから，ガムの個数は，240÷30=8(個)　アメの個数は，20−8=12(個)

アメ1個をガム1個にとりかえる

| 50円のガム (個) | 0 | 1 | 2 | 3 | … |
| 80円のアメ (個) | 20 | 19 | 18 | 17 | … |
| 代金の合計 (円) | 1600 | 1570 | 1540 | 1510 | … |

30円ずつ減っていく

●面積図を使って求める

右の面積図で，斜線部分の面積は，1360−50×20=360(円)だから，アメの個数は，360÷(80−50)=12(個)

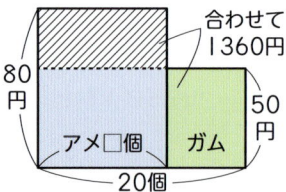

類題を解こう　別冊72ページ 問題5　レベルアップ → 375ページ 例題6

| 3年 | 4年 | 5年 | 6年 | 入試 |

**つるかめ算** 入試

難易度 ★★★

## ⑥ 速さのつるかめ算

P地点からQ地点までは20kmの道のりです。Aさんは P地点を出発し、分速150mで進み、途中から分速200mに変えたところ、Q地点に到達するまでに120分かかりました。Aさんが分速200mで進んだ距離は何kmですか。

〈帝京大学中・改〉

### 解き方

**ステップ1 速さと時間の関係を面積図に表す**

右の面積図で、図形全体の面積は、P地点からQ地点の距離20kmを表します。

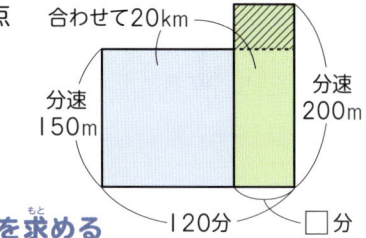

面積図って便利だね。

合わせて20km
分速150m
分速200m
120分　□分

**ステップ2 分速200mで進んだ時間を求める**

斜線部分の面積は、20000−150×120=2000(m)
　　　　　　　　　　20km　　PQ間全体を分速150mで120分進んだときの距離

分速200mで進んだ時間□分は、
　2000÷(200−150)=40(分)
　　　　　速さの差ずつ縮まっていく

**ステップ3 分速200mで進んだ距離を求める**

分速200mで進んだ距離は、200×40=8000(m) ➡ 8km　**答** 8km

### 別の解き方

20km全体を分速150mで進んだとすると、実際に進んだ距離との差は、
20000−150×120=2000(m)
分速200mで進んだ時間は、
2000÷(200−150)=40(分)
分速200mで進んだ距離は、200×40=8000(m) ➡ 8km

分速150mを分速200mにとりかえる

| 分速150m (分) | 120 | 119 | 118 | 117 | … |
|---|---|---|---|---|---|
| 分速200m (分) | 0 | 1 | 2 | 3 | … |
| 距離 (m) | 18000 | 18050 | 18100 | 18150 | … |

50mずつ増えていく

**入試・文章題編**

第1章 和と差に関する問題

第2章 割合と比に関する問題

第3章 速さに関する問題

第4章 いろいろな問題

# 第1章 和と差に関する問題

## つるかめ算 　入試

難易度 ★★☆

### 7 合計量の差から考えるつるかめ算

1個40円のりんごと1個70円のなしを全部で55個買いました。りんごの合計金額が，なしの合計金額より990円少ないとき，買ったりんごの数は何個ですか。　〈法政大学中〉

### 解き方

**ステップ1　全部りんごを買ったとして，実際の差とのちがいを求める**

55個全部りんごを買ったとすると，
りんごとなしの金額の差は，
　40×55−70×0＝2200（円）
実際の差とのちがいは，
　2200＋990＝3190（円）

りんご1個をなし1個にとりかえる

| りんご 40円 | 個数（個） | 55 | 54 | 53 | 52 | … |
|---|---|---|---|---|---|---|
| | 金額（円） | 2200 | 2160 | 2120 | 2080 | … |
| なし 70円 | 個数（個） | 0 | 1 | 2 | 3 | … |
| | 金額（円） | 0 | 70 | 140 | 210 | … |
| 合計金額の差（円） | | 2200 | 2090 | 1980 | 1870 | … |

110円ずつ減っていく

**ステップ2　変わり方を見つける**

りんご1個をなし1個にとりかえるごとに，金額の差は，
　40＋70＝110（円）ずつ
縮まります。

**参考**　りんごの合計金額となしの合計金額の差は
70×29−40×26
＝990（円）

**ステップ3　なし→りんごの順に個数を求める**

なしの個数は，3190÷110＝29（個）
りんごの個数は，55−29＝26（個）　**答** 26個

### 別の解き方

55個全部なしを買ったとすると，
なしとりんごの金額の差は，
　70×55−40×0＝3850（円）
実際の差とのちがいは，
　3850−990＝2860（円）
りんごの個数は，
　2860÷（40＋70）＝26（個）

なし1個をりんご1個にとりかえる

| なし 70円 | 個数（個） | 55 | 54 | 53 | 52 | … |
|---|---|---|---|---|---|---|
| | 金額（円） | 3850 | 3780 | 3710 | 3640 | … |
| りんご 40円 | 個数（個） | 0 | 1 | 2 | 3 | … |
| | 金額（円） | 0 | 40 | 80 | 120 | … |
| 合計金額の差（円） | | 3850 | 3740 | 3630 | 3520 | … |

110円ずつ減っていく

類題を解こう → 別冊73ページ 問題7　　つまずいたら → 373ページ 例題4，374ページ 例題5

| 3年 | 4年 | 5年 | 6年 | 入試 |

## つるかめ算　入試

難易度 ★★★

## 8 損失のあるつるかめ算

あるガラス製品を作る工場では，製品1個につき12円の利益がありますが，その製品が割れてしまうと10円の損失になります。300個の製品を作りましたが，そのうち何個か割れてしまったので，利益は3336円でした。割れた製品は何個でしたか。

〈日本女子大学附属中〉

### 解き方

**ステップ1** 300個分の利益と実際の利益との差を求める

製品300個分の利益は，
　12×300＝3600（円）
実際の利益との差は，
　3600－3336＝264（円）

1個ずつ割れていく

| 利益 | 個数（個） | 300 | 299 | 298 | 297 | … |
|---|---|---|---|---|---|---|
| 12円 | 金額（円） | 3600 | 3588 | 3576 | 3564 | … |
| 損失 | 個数（個） | 0 | 1 | 2 | 3 | … |
| 10円 | 金額（円） | 0 | 10 | 20 | 30 | … |
| 利益の合計（円） | | 3600 | 3578 | 3556 | 3534 | … |

22円ずつ減っていく

**ステップ2** 変わり方を見つける

製品が1個割れるごとに，
利益の合計が，
　12＋10＝22（円）ずつ
減っていくことがわかります。

**注意** 10円の損になるだけでなく，12円の利益も得ることができません。1個割れるごとに，12＋10＝22（円）ずつ利益が減ることがわかります。

**ステップ3** 割れた製品の個数を求める

割れた製品の個数は，
　264÷22＝12（個）
**答** 12個

10円損をするだけではないね。

### ポイント

・製品が1個割れるごとに減る金額は，
　**利益＋損失（円）**

類題を解こう　別冊73ページ 問題8　レベルアップ→378ページ 例題9

# 第1章 和と差に関する問題

## 9 3つの数量のつるかめ算

つるかめ算　入試
難易度 ★★★

1冊の値段が100円、120円、150円のノートを合わせて22冊買って、代金を2820円支払いました。100円と120円のノートの冊数は同じでした。150円のノートは何冊買いましたか。

### 解き方

**ステップ1　平均を使って、2つの数量のつるかめ算と考える**

100円と120円のノートの冊数は同じだから、値段の平均は、
　(100+120)÷2=110(円)　←平均＝合計÷個数

「110円のノートと150円のノートを合わせて22冊買って、代金を2820円支払いました」
という**2つの数量のつるかめ算**と考えます。

**ステップ2　全部110円として、実際の金額との差を求める**

22冊全部110円のノートを買ったとすると、実際の代金との差は、
　2820−110×22=400(円)

**ステップ3　150円のノートの冊数を求める**

150円のノートの冊数は、400÷(150−110)=10(冊)

**答　10冊**

### 別の解き方

面積図の欠けた部分で考えることもできます。

右の面積図で、斜線部分の面積の和は、150×22−2820=480(円)
　22冊全部150円のノートを買ったときの金額

100円と120円の冊数を□冊とすると、斜線部分の面積の和は、
50×□+30×□=80×□だから、
80×□=480 ➡ □=6(冊)

150円のノートの冊数は、22−6×2=10(冊)

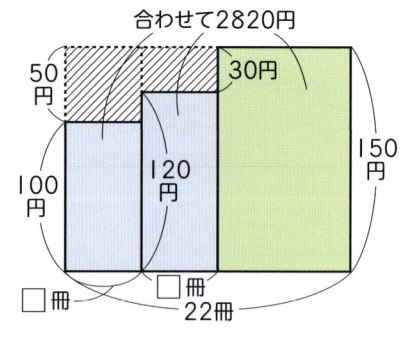

類題を解こう　➡　別冊73ページ 問題9　｜　平均の確認　➡　255ページ 例題9　｜　つまずいたら　➡　373ページ 例題4

| 3年 | 4年 | 5年 | 6年 | 入試 |

## 差集め算 　入試

難易度 ★★★

# 10 差集め算の基本

1箱750円のお菓子を何箱か買う予定で，おつりがないようにお金を持っていきました。ところが，売り切れていたので1箱500円のお菓子に変えたところ，予定よりも4箱多く買え，用意したお金を使い切りました。何箱買う予定でしたか。〈法政大学中・改〉

### 解き方

**ステップ1　2つの買い方の代金の差を求める**

1箱500円のお菓子を買ったときと1箱750円のお菓子を買ったときの代金の差は，

500×4＝2000（円）

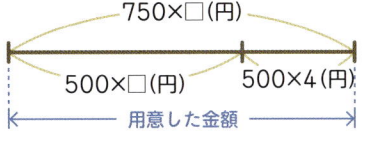

図：
- 750×□（円）
- 500×□（円）　500×4（円）
- 用意した金額

**ステップ2　予定していた箱の数を求める**

この代金の差は，750－500＝250（円）（お菓子代1箱あたりの差）が集まったものだから，予定した箱の数は，

2000÷250＝8（箱）　　**答 8箱**

**参考**：「全体の差」は，「ひとつひとつの差」が集まってできます。

### 別の解き方

1箱500円で□箱（予定していた箱の数）だけ買ったとすると，

あまる金額は，500×4＝2000（円）

右の面積図で，長方形全体の面積は，1箱750円で□箱買う予定だった金額を表しているから，

(750－500)×□＝2000　➡　□＝8（箱）

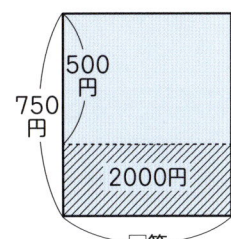

面積図：500円 / 750円 / 2000円 / □箱

### ポイント

ひとつひとつの差が集まって，全体の差ができているから，

**個数＝全体の差÷ひとつひとつの差**

類題を解こう：別冊73ページ 問題10　　レベルアップ→380ページ 例題11

# 第1章 和と差に関する問題

**差集め算　入試**

難易度 ★★☆

## 11 差集め算（面積図の利用）

きみ子さんが，今日から毎日400円ずつ貯金していくと，毎日300円ずつ貯金していくより15日早く目標の金額に達します。目標の金額はいくらですか。

### 解き方

**ステップ1　1日の貯金額と日数の関係を面積図に表す**

縦を1日の貯金額，横を日数，毎日400円ずつ□日間貯金したとして面積図に表すと，右の図のようになります。
長方形ABCDと長方形EBFGの面積は，それぞれ目標の金額を表しています。
　　　1日の貯金額×日数（縦×横）

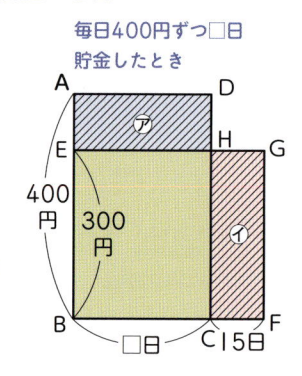

**ステップ2　等しい部分を見つけ，□を求める**

長方形EBCHは同じ金額を表すから，毎日400円ずつ貯金したときにかかる日数は，
$$(400-300) \times \square = 300 \times 15 \Rightarrow \square = 45(日)$$
　　　　⑦の面積　　　　⑦の面積

**ステップ3　目標の金額を求める**

目標の金額は，
$400 \times 45 = 18000$（円）　← または，$300 \times (45+15) = 18000$（円）

**答　18000円**

### 別の解き方

毎日400円ずつ貯金したときと毎日300円ずつ貯金したときの差が□日分集まって全体の差ができたと考えることもできます。
毎日400円ずつ□日間貯金したとすると，
$400 \times \square - 300 \times \square = 300 \times 15$
毎日400円ずつ貯金したときにかかる日数は，$\square = 4500 \div 100 = 45$（日）
目標の金額は，$400 \times 45 = 18000$（円）

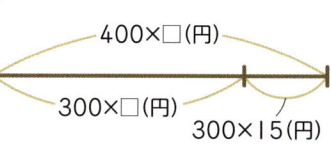

類題を解こう → 別冊73ページ 問題11　　つまずいたら → 379ページ 例題10

## 12 池のまわりの木の本数の差

**差集め算** 入試
難易度 ★★☆

池のふちに沿って木を1周植えていきます。どの木の間も6mで植えるときと，どの木の間も9mで植えるときでは，植える木の本数に16本の差ができます。池の周囲は何mですか。〈品川女子学院中等部〉

### 解き方

**ステップ1** 間かくと木の本数の関係を，面積図に表す

池の周囲に木を植えるとき，木の本数と間の数は等しくなります。縦を間かく，横を木の本数として面積図に表すと，右の図のようになります。
長方形ABCDと長方形EBFGの面積は，それぞれ池の周囲の長さを表しています。

間かく×木の本数（縦×横）

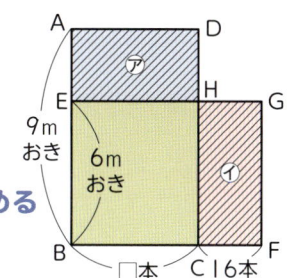

**ステップ2** 等しい部分を見つけ，□を求める

長方形EBCHは同じ長さを表すから，9mおきに植えたときの木の本数は，

(9−6)×□ = 6×16 → □=32（本）
　⎿アの面積　⎿イの面積

**ステップ3** 池の周囲の長さを求める

池の周囲の長さは，
9×32=288(m)　←または，6×(32+16)=288(m)

**答** 288m

### 別の解き方

6mおきと9mおきに植えたときの木の本数の差は，18mおきに，
　　　　　　　　　　　　　　　　　　⎿6と9の最小公倍数
18÷6−18÷9=1(本)ずつ
増えていきます。
池の周囲の長さは，
18×16=288(m)

9mおきに□本植えたとき
　6mおき□+16(本)
　9mおき□本　　16本

# 第1章 和と差に関する問題

差集め算 　入試　
難易度 ★★★

## 13　個数をとりちがえた買い物

1冊100円のノートと，1冊120円のノートを合わせて10冊買おうと思い，その分のお金を持って店に行きました。しかし，2種類のノートの冊数をまちがえて反対にしてしまったので40円たりませんでした。はじめに持って行ったお金はいくらですか。

〈近畿大学附属中〉

### 解き方

**ステップ1**　値段と冊数の関係を面積図に表す

「40円たりなかった」ことから，100円のノート（安いほう）を多く買う予定だったことがわかります。面積図に表すと，右の図1のようになります。

**ステップ2**　冊数を逆にして面積図にかき加える

冊数を逆にして，たりなかった40円をかき加えると，右の図2のようになります。

**ステップ3**　冊数を求める

斜線部分の長方形の縦の長さは，120−100＝20（円）で，横の長さは，40÷20＝2（冊）
だから，□＝（10−2）÷2＝4（冊）　←和差算

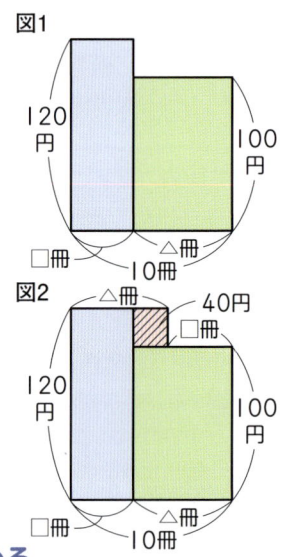

**ステップ4**　はじめに持って行った金額を求める

はじめに持って行った金額は，120×4＋100×(10−4)＝1080（円）

**答　1080円**

### 別の解き方

120円のノート1冊を100円のノート1冊にかえるごとに，代金は，120−100＝20（円）ずつ安くなります。100円のノートは，40÷20＝2（冊）多く買う予定だったから，(10+2)÷2＝6（冊）
求める金額は，100×6＋120×(10−6)＝1080（円）

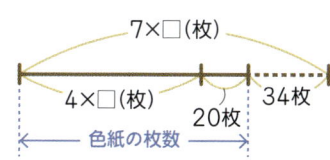

## 過不足算 入試

## 14 あまりと不足

難易度 ★★☆

色紙を何人かの子どもに分けるのに，1人に7枚ずつ分けると34枚不足し，4枚ずつ分けると20枚あまります。子どもの人数は何人ですか。

〈女子美術大学付属中〉

### 解き方

**ステップ1** あまりと不足の関係を面積図に表す

縦を1人分の枚数，横を人数□人として，面積図に表すと，右の図のようになります。

**ステップ2** 子どもの人数を求める

斜線部分で表した長方形の面積は，
　34+20=54（枚）
　　不足＋あまり

縦の長さは，
　7－4=3（枚）

子どもの人数は，
　　横の長さ
　54÷3=18（人）

**答 18人**

「長方形の面積＝縦×横」だね。

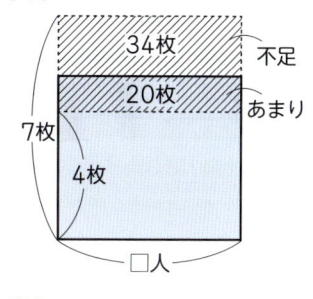

**参考** 実線で囲まれた面積は，実際の色紙の枚数を表しています。子どもの人数が18人だから，色紙の枚数は，
4×18+20=92（枚）

### 別の解き方

あまりと不足の和は，1人に分ける枚数の差が集まったものとして考えることができます。

色紙を1人に7枚ずつ分けるときと，4枚ずつ分けるときに出る枚数の差は，
　34+20=54（枚）

子どもの人数は，
　54÷(7－4)=18（人）
　　　1人に分ける枚数の差

# 第1章 和と差に関する問題

過不足算　入試
難易度 ★★★

## 15 あまりとあまり

子どもに折り紙を配ります。1人5枚ずつ配ると20枚あまり、3枚ずつ配ると84枚あまります。子どもは何人いますか。

〈足立学園中〉

### 解き方

**ステップ1　あまりとあまりの関係を面積図に表す**

縦を1人分の枚数、横を人数□人として、面積図に表すと、右の図のようになります。

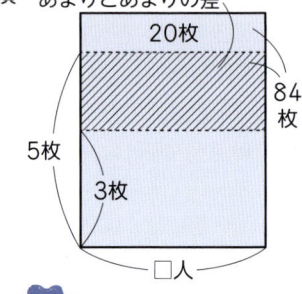

**ステップ2　子どもの人数を求める**

斜線部分で表した長方形の面積は、
84−20=64(枚)
　あまり−あまり

斜線部分の長方形の縦の長さは、
5−3=2(枚)

子どもの人数は、
　横の長さ
64÷2=32(人)

答　32人

例題14 あまりと不足の図と比べてみると…

**参考**　実線で囲まれた面積は実際の折り紙の枚数を表しています。子どもの人数が32人だから、折り紙の枚数は、
5×32+20=180(枚)

### 別の解き方

あまりとあまりの差は、1人に配る枚数の差が集まったものとして考えることができます。

折り紙を1人に5枚ずつ配るとき、3枚ずつ配るときに出る枚数の差は、
84−20=64(枚)

子どもの人数は、64÷(5−3)=32(人)
　　　　　　　　　　1人に配る枚数の差

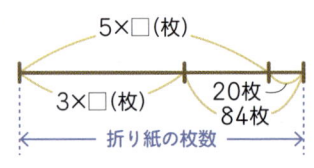

類題を解こう　別冊74ページ 問題15　レベルアップ→385ページ 例題16

384

| 3年 | 4年 | 5年 | 6年 | 入試 |

## 過不足算　入試

難易度 ★★★

# 16 長いすの数と座席数

ある会場の長いすに4人ずつすわると14人がすわれません。また、5人ずつすわると、だれもすわらない長いすが9脚残り、3人だけすわる長いすが1脚できます。会場に集まった人は何人ですか。

〈関西大学第一中〉

### 解き方

**ステップ1**　1脚にすわる人数と長いすの数の関係を面積図に表す

長いすに5人ずつすわると、
　5×9+(5−3)=47(人分)の席があまります。
　　5人ずつ9脚分　3人だけすわる長いす分
縦を1脚にすわる人数、横を長いすの数□脚として面積図に表すと、右の図のようになります。

**ステップ2**　長いすの数を求める

斜線部分で表した長方形の面積は、
　47+14=61(人)
　　あまり+不足
斜線部分の長方形の縦の長さは、
　5−4=1(人)
長いすの数は、
　　横の長さ
　61÷1=61(脚)

**注意**　求める数量は、脚数ではなく会場にきた人数です。

**参考**　実線で囲まれた長方形の面積は、人数を表します。

**ステップ3**　人数を求める

会場にきた人数は、
　4×61+14=258(人)

**答** 258人

### ポイント

長いす1脚に○人ずつすわるとき、△人すわり、□脚あまっているとき、「何人分」の席があまるかを考えます。

類題を解こう → 別冊74ページ 問題16
つまずいたら → 383ページ 例題14、384ページ 例題15

# 第1章 和と差に関する問題

**過不足算** 〈入試〉

難易度 ★★★

## 17 速さの過不足算

家から駅まで毎分60mの速さで歩くと予定よりも4分遅れ、毎分80mで歩くと予定よりも2分早く着きます。家から駅までは何mですか。

〈足立学園中〉

### 解き方

**ステップ1　速さと時間の関係を面積図に表す**

縦を速さ、横を時間、分速80mで□分進んだとして面積図に表すと右の図のようになります。長方形ABCDと長方形EBFGの面積は、それぞれ家から駅までの道のりを表します。

道のり＝速さ×時間（縦×横）

**ステップ2　等しい部分を見つけ、□を求める**

長方形EBCHは同じ道のりを表し、㋐と㋑の面積は等しいから、分速80mで歩いた時間は、

$(80-60) \times \square = 60 \times (2+4)$ ➡ $\square = 18$（分）

㋐の面積　　　㋑の面積

**ステップ3　家から駅までの道のりを求める**

家から駅までの道のりは、$80 \times 18 = 1440$（m）

または、$60 \times (18+2+4) = 1440$（m）

**答 1440m**

> **注意**
> 分速80mと分速60mで歩くのにかかる時間の差は、$2+4$（分）
> ㋑の面積は、
> $60 \times (2+4) = 360$（m）
> あまる時間＋遅れる時間

### 別の解き方

時間の比の差を利用して考えることもできます。

分速80mと分速60mで進んだときにかかる時間の比は、

$\dfrac{1}{80} : \dfrac{1}{60} = 3 : 4$ ← 道のりが一定のとき、かかる時間の比は、速さの逆比になります

右の線分図で、$4-3=1$ にあたる時間は、
$2+4=6$（分）

分速60mで歩いたときにかかる時間は、
$6 \times 4 = 24$（分）

家から駅までの道のりは、$60 \times 24 = 1440$（m）

> **確認**
> ・逆比の確認
> ➡281ページ 例題33
> ➡326ページ 例題71

類題を解こう　別冊74ページ 問題17　速さの確認 ➡271ページ 例題23　つまずいたら ➡385ページ 例題16　レベルアップ ➡430ページ 例題55

## 18 平均算の基本（面積図の利用）

**平均算　入試**
難易度 ★★☆

生徒数40人のクラスのテストの平均点は63.1点です。このうち，男子の平均点は61点，女子の平均点は65点でした。このクラスの女子は何人ですか。

〈春日部共栄中〉

### 解き方

**ステップ1　平均点と人数の関係を面積図に表す**

縦を平均点，横を人数，女子の人数を□人として面積図に表すと右の図のようになります。
図形 ABCDEF と長方形 GBCI の面積は，それぞれ（太線で囲まれた面積）クラス全体の合計点を表します。

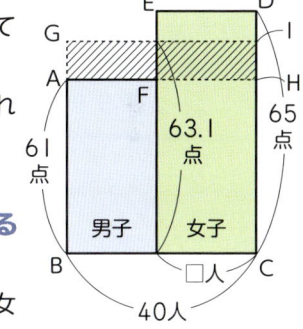

**ステップ2　等しい部分を見つけ，□を求める**

長方形 ABCH は同じ合計点を表し，長方形 GAHI と長方形 EFHD の面積は等しいから，女子の人数は，

$(63.1-61) \times 40 = (65-61) \times \square \Rightarrow \square = 21$（人）
　長方形 GAHI 部分の面積　　長方形 EFHD 部分の面積

**答　21人**

### 別の解き方

右の面積図で，長方形 GAFJ と長方形 EJID は等しいから，逆比の考え方を使って求めることもできます。

男子を△人，女子を□人とすると，

$(63.1-61) \times \triangle = (65-63.1) \times \square$
　　㋐の面積　　　　　㋑の面積

$2.1 \times \triangle = 1.9 \times \square$

$\triangle : \square = 19 : 21$

$\triangle + \square = 40$（人）より，女子の人数は，

$\square = 40 \times \dfrac{21}{19+21} = 21$（人）

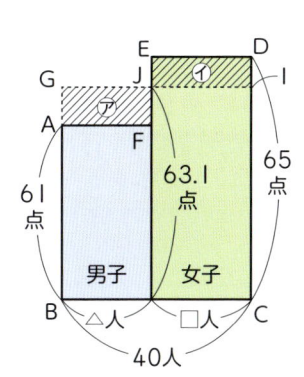

# 第1章 和と差に関する問題

**平均算** 〈入試〉
難易度 ★★★

## 19 テストの回数

Aさんの前回までの算数のテストの平均点は60点でしたが今回81点を取ったので、平均点が63点に上がりました。算数のテストは、今回のテストをふくめて、合計何回受けましたか。

〈森村学園中等部〉

### 解き方

**ステップ1　平均点と回数の関係を面積図に表す**

縦を点数、横を回数、前回までのテストの回数を□回として面積図に表すと、右の図のようになります。

図形 ABCDEF と長方形 GBCI の面積は、
（太線で囲まれた面積）
それぞれ今回までのテストの合計点を表します。

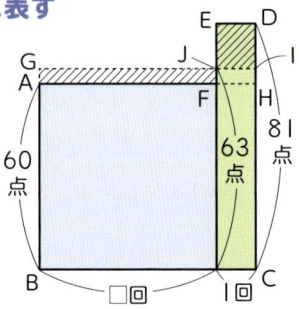

**ステップ2　等しい部分を見つけ、□を求める**

長方形 ABCH は同じ合計点を表し、長方形 GAFJ と長方形 EJID の面積は等しいから、前回までのテストの回数は、

$(63-60) \times \square = (81-63) \times 1$ ➡ $\square = 6$（回）

**ステップ3　今回をふくめて何回分かを求める**

今回をふくめて行われたテストの回数は、
$6+1=7$（回）

**答　7回**

> 数量の関係を面積図に正確に表せるようにしておこう！

### ポイント

全部の回のテストの平均点をさかいにして、上と下で、**面積の等しい部分**を見つけます。

類題を解こう → 別冊74ページ 問題19
つまずいたら → 387ページ 例題18

## 20 加減法

**消去算** 入試
難易度 ★★★

ノート4冊とえん筆6本を買うと840円で，ノート3冊とえん筆2本を買うと480円になります。えん筆1本はいくらですか。

〈聖セシリア女子中〉

### 解き方

**ステップ1　値段と数量の関係を式に表す**

ノート1冊の値段を⊘，えん筆1本の値段を㋓として式に表すと，

$\begin{cases} ⊘×4+㋓×6=840 & \cdots ① \\ ⊘×3+㋓×2=480 & \cdots ② \end{cases}$

**ステップ2　①の式を3倍，②の式を4倍して，冊数をそろえる**

①の式を3倍，②の式を4倍して，ノートの冊数を12冊にそろえると，
4（冊）と3（冊）の最小公倍数12

$\begin{cases} ⊘×12+㋓×18=2520 & \cdots ③ \end{cases}$ ← (⊘×4+㋓×6)×3=840×3
$\begin{cases} ⊘×12+㋓×8=1920 & \cdots ④ \end{cases}$ ← (⊘×3+㋓×2)×4=480×4

**ステップ3　③の式から④の式をひき，えん筆1本の値段を求める**

③の式から④の式をひくと，

㋓×10=2520−1920=600（円） ← ⊘×12−⊘×12より，ノートが消えて，えん筆だけの式になります

えん筆1本の値段は，㋓×1=600÷10=60（円）

**答　60円**

### 別の解き方

①の式を2倍，②の式を6倍して，えん筆の本数を12本にそろえてから求めることもできます。

$\begin{cases} ⊘×8+㋓×12=1680 & \cdots ⑤ \end{cases}$ ← (⊘×4+㋓×6)×2=840×2
$\begin{cases} ⊘×18+㋓×12=2880 & \cdots ⑥ \end{cases}$ ← (⊘×3+㋓×2)×6=480×6

⑥の式から⑤の式をひくと，⊘×10=1200（円）

ノート1冊の値段は，⊘×1=1200÷10=120（円）

②の式に⊘=120円を代入すると，120×3+㋓×2=480

えん筆1本の値段は，㋓×1=(480−360)÷2=60（円）

えん筆を6本にそろえてもよいね。

類題を解こう　別冊75ページ　問題20
レベルアップ　→　390ページ　例題21

# 第1章 和と差に関する問題

## 21 代入法

消去算 入試
難易度 ★★★

ある水族館の入館料は，大人2人と子ども5人のときの総額が5600円です。大人1人の入館料は子ども1人の入館料より700円高いです。子ども1人の入館料はいくらですか。

〈品川女子学院中等部・改〉

### 解き方

**ステップ1** 1人分の入館料と総額の関係を式に表す

大人1人の入館料を㊛，子ども1人の入館料を㊟として式に表すと，

$\begin{cases} ㊛×2+㊟×5=5600 & \cdots ① \\ ㊛=㊟+700 & \cdots ② \end{cases}$

**ステップ2** ②の式を①の式に代入し，子どもだけの式で表す

②の式を①の式に代入すると，
 (㊟+700)×2+㊟×5=5600
 ㊟×2+700×2+㊟×5=5600
子ども7人分の入館料は，
 ㊟×7=5600−1400=4200（円）

┌ 大人が消えて
  子どもだけの式になります

**ステップ3** 子ども1人の入館料を求める

子ども1人の入館料は，
 ㊟=4200÷7=600（円）  **答** 600円

**参考** 大人の代金は，㊟=600円を②の式に代入して求めることができます。
㊛=600+700
 =1300（円）

**ポイント** 一方の式を他方の式に代入して，一方を消去する解き方を**代入法**といいます。

類題を解こう → 別冊75ページ 問題21　レベルアップ → 391ページ 例題22

390

消去算 　入試

## 22 3つの数量の消去算

難易度 ★★★

3つの数A、B、Cがあり、A+B=29、B+C=22、C+A=27です。このとき、Aはいくつですか。
〈帝塚山中〉

**解き方**

**ステップ1** 3つの式を合わせて、A+B+C を求める

$$\begin{cases} A+B=29 & \cdots ① \\ B+C=22 & \cdots ② \\ C+A=27 & \cdots ③ \end{cases}$$

①の式と②の式と③の式の和は、
(A+B+C)×2=29+22+27=78 だから、← A+B+C の2倍
A+B+C=78÷2=39 …④

A+B+C から B+C をひくんだね！

**ステップ2** A を求める

④の式から②の式をひくと、
(A+B+C)−(B+C)=39−22=17

**答 17**

### 別の解き方

● C から求める

④の式から①の式をひいて、先に C を求めると、
(A+B+C)−(A+B)=39−29=10
C=10 を③の式に代入すると、C+A=27、10+A=27、
A=27−10=17

● B から求める

④の式から③の式をひいて、先に B を求めると、
(A+B+C)−(C+A)=39−27=12
B=12 を①の式に代入すると、A+B=29、A+12=29、
A=29−12=17

類題を解こう → 別冊75ページ 問題22　　つまずいたら → 389ページ 例題20

# 第2章 割合と比に関する問題

# 割合と比に関する問題 〔入試対策〕

## ここのポイント

### 分配算 → 例題 23, 24

数量の間に倍の関係があるとき，いちばん小さい量を①として式に表し，①にあたる量を求めるような問題を，**分配算**といいます。

**例** 5000円をAとBの2人で分けたら，AはBの3倍より200円多くなりました。Aが受け取った金額は何円ですか。

→ Bが受け取った金額を①とすると，
Aが受け取った金額は，①×3+200=③+200(円)
③+200+①=5000 より，
③+①=5000−200，④=4800，①=4800÷4=1200(円)
Aが受け取った金額は，1200×3+200=3800(円)

### 濃度算 → 例題 25〜30

水，食塩，食塩水を混ぜたときの，濃度や食塩水の重さ，食塩の重さなどを求めるような問題を，**濃度算**といいます。濃度とは，こさのことです。

**重要**
食塩水の濃度＝食塩の重さ÷食塩水の重さ
食塩の重さ＝食塩水の重さ×食塩水の濃度
食塩水の重さ＝食塩の重さ÷食塩水の濃度

**例** 水400gに食塩を100g混ぜたとき，この食塩水の濃度は，
100÷(400+100)=0.2 → 20%
  　　(食塩水の重さ)

**例** 6%の食塩水300gにふくまれている食塩の重さは，300×0.06=18(g)

**例** 水に食塩を40g混ぜて8%の食塩水をつくったとき，
できた食塩水の重さは，40÷0.08=500(g)

**例** 3%の食塩水400gと8%の食塩水600gを混ぜてできる食塩水の濃度は何%ですか。

→ できる食塩水の重さが，400+600=1000(g)
それにふくまれている食塩の重さが，400×0.03+600×0.08=60(g)
したがって，60÷1000=0.06 → 6%

## 損益算 → 例題 31～35

原価(仕入れ値)や定価，利益や損失などを求めるような問題を，**損益算**といいます。**売買算**や**売買損益算**ともいいます。

**重要**
定価＝原価＋利益
　　＝原価×(1＋利益率)
原価＝定価÷(1＋利益率)

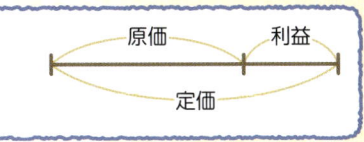

例 原価600円の品物に，2割の利益を見込んでつけた定価は，
600×(1＋0.2)＝720(円)

例 原価の25％の利益を見込んで，1000円の定価をつけた商品の原価は，
1000÷(1＋0.25)＝800(円)

**重要**
売り値＝定価－値引き額
　　　＝定価×(1－値引き率)
定価＝売り値÷(1－値引き率)

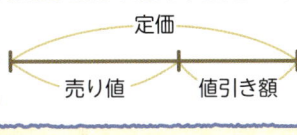

例 定価1500円の3割引きの売り値は，
1500×(1－0.3)＝1050(円)

例 定価の15％引きの2040円の売り値で売った商品の定価は，
2040÷(1－0.15)＝2400(円)

## 相当算 → 例題 36～40

全体の量を1や①として，使った量や残りの量，その割合などから，1や①にあたる量を求めるような問題を，**相当算**といいます。

**重要** 全体の量＝残りの量÷残りの量にあたる割合

例 グラスの中のジュースを60％飲んだら，100mL 残りました。はじめ，グラスの中には何 mL のジュースが入っていましたか。
→ はじめにグラスに入っていたジュースの量を1とすると，
残った量は1－0.6＝0.4 で，これが100mL にあたるから，
1にあたるはじめのジュースの量は，100÷0.4＝250(mL)

# 第2章 割合と比に関する問題

## 倍数算 → 例題 41, 42

2つの数量の比の変化に着目して，それぞれの数量を求めるような問題を，**倍数算**といいます。**やり取りの前後で，変わらないものに目をつけます。**

**例** はじめ，兄と弟の所持金の比は 7 : 3 でしたが，兄が弟に100円あげたので，兄と弟の所持金の比は 3 : 2 になりました。はじめの兄の所持金は何円でしたか。

→ 兄が弟に100円あげても，2人の所持金の和は変わらないから，比の和を，(7+3=)10と(3+2=)5の最小公倍数10にそろえると，

はじめ　7 : 3 = ⑦ : ③
あとで　3 : 2 = 6 : 4 = ⑥ : ④
⑦−⑥=①が100円にあたるから，
⑦にあたるはじめの兄の所持金は，100×7=700(円)

〈別の解き方〉比例式に表して解くこともできます。

はじめの兄の所持金を⑦，弟の所持金を③とすると，
(⑦−100) : (③+100) = 3 : 2，(⑦−100)×2 = (③+100)×3，
⑭−200 = ⑨+300，⑭−⑨ = 300+200，⑤ = 500，
① = 500÷5 = 100(円)

したがって，⑦にあたるはじめの兄の所持金は，100×7=700(円)

*比の和をそろえる！*

## 年令算 → 例題 43〜45

年令の関係を問われるような問題を，**年令算**といいます。**2人の年令の差は，何年前も何年後も変わらないことを利用します。**

**例** 現在，母は33才，子どもは7才です。母の年令が子どもの年令の3倍になるのは，今から何年後ですか。

→ 今から□年後の子どもの年令を①とすると，母の年令は③です。
右の線分図より，
③−①=②が，
33−7=26(才)にあたるから，
①=26÷2=13(才)
子どもの年令より，
□=13−7=6(年後)

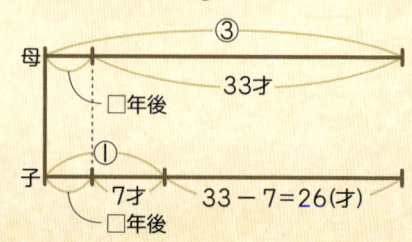

## 仕事算 → 例題 46～51

全体の仕事量とそれぞれの仕事量から，その仕事を終えるのにどれだけかかるかを求めるような問題を，**仕事算**といいます。

**例** Aが1人ですると20日，Bが1人ですると30日かかる仕事があります。この仕事を2人が協力してすると，仕事が終わるまでに何日かかりますか。

→ 全体の仕事量を，かかる日数20と30の最小公倍数60とすると，
　Aの1日あたりの仕事量は，60÷20＝3
　Bの1日あたりの仕事量は，60÷30＝2
　2人の1日あたりの仕事量の和は，3＋2＝5 だから，
　2人が協力したときにかかる日数は，60÷5＝12（日）

**例** ある仕事をするのに，A1人では9時間かかり，B1人では6時間かかります。この仕事を，AとBが2時間したあと，残りをAが1人ですると，何時間で終わりますか。

→ 全体の仕事量を，かかる時間9と6の最小公倍数18とすると，
　Aの1時間あたりの仕事量は，18÷9＝2
　Bの1時間あたりの仕事量は，18÷6＝3
　2人の1時間あたりの仕事量の和は，2＋3＝5
　AとBが2時間した仕事量は，5×2＝10 だから，
　残りの仕事量は，18－10＝8
　これをA1人で終わらせるのにかかる時間は，8÷2＝4（時間）

## のべ算 → 例題 52～54

1人が1日でする仕事量はみな同じと考えて，全体の仕事量をのべで考えるような問題を，**のべ算**といいます。

**例** 4人ですると9日で終わる仕事があります。この仕事を6人ですると，何日で終わりますか。

→ 1人が1日でする仕事量を1とすると，
　全体の仕事量は，1×4×9＝36
　この仕事を6人でしたときにかかる日数は，
　36÷（1×6）＝36÷6＝6（日）

全体の仕事量はのべ36人分。

# 第2章 割合と比に関する問題

**分配算** 入試

難易度 ★★☆

## 23 分配算の基本

2人の兄弟に2500円のお金を，兄のほうが弟の3倍より300円少なくなるように分けます。このとき，兄は何円受け取りますか。

〈智辯学園中〉

### 解き方

**ステップ1** 弟の金額を①として，兄の金額を①を使って表す

弟が受け取る金額を①とすると，
兄が受け取る金額は，①×3−300=③−300（円）

**ステップ2** ①にあたる金額（弟が受け取る金額）を求める

兄と弟が受け取る金額の合計は
2500円だから，
　③−300+①=2500
右の線分図より，
③+①=④にあたる金額は，
　　　弟の 4 倍の金額
2500+300=2800（円）だから，
①にあたる弟が受け取る金額は，
　2800÷4=700（円）

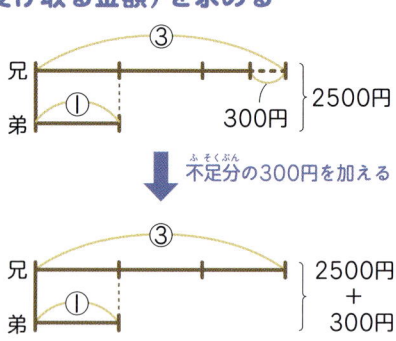

不足分の300円を加える

**ステップ3** 兄が受け取る金額を求める

兄が受け取る金額は，← 弟の3倍より300円少ない
　700×3−300=1800（円）

**答** 1800円

### ポイント

倍の関係のもとになるものを①としよう！

求める兄の金額を①とするのではなく，倍の関係のもとになる弟の金額を①としよう。

類題を解こう → 別冊75ページ 問題23　レベルアップ → 397ページ 例題24

396

## 24 3つの数量の分配算

分配算　入試
難易度 ★★★

A，B，Cの3人のおこづかいの合計は6000円です。BはCの3倍より700円少なく，AはBの2倍より100円多くもらっているとき，Aはいくらおこづかいをもらっていますか。

〈中央大学附属中〉

### 解き方

**ステップ1** 倍の関係のもとになっているものを見つける

Bのもとになっているのは C，
Aのもとになっているのは B だから，
**C をもとにして**，B，A を表します。

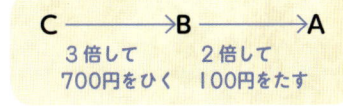

C →(3倍して 700円をひく)→ B →(2倍して 100円をたす)→ A

**ステップ2** C の金額を①として，B，A の金額を①を使って表す

Cのおこづかいを①とすると，
Bのおこづかいは，①×3−700＝③−700（円）
Aのおこづかいは，（③−700）×2+100＝⑥−1300（円）

**ステップ3** ①にあたる金額（C のおこづかい）を求める

3人のおこづかいの合計は
6000円だから，
　⑥−1300+③−700+①＝6000
右の線分図より，
⑥+③+①＝⑩にあたる金額は，
（Cのおこづかいの10倍）
　6000+1300+700＝8000（円）
①にあたる C のおこづかいは，
　8000÷10＝800（円）

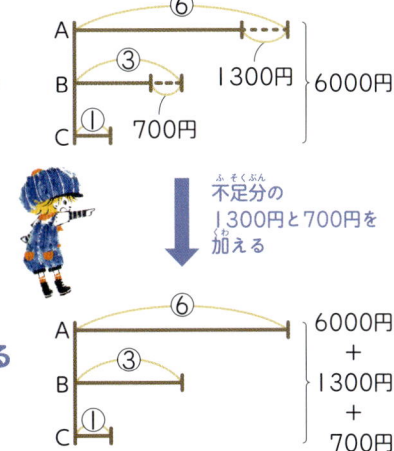

不足分の
1300円と700円を
加える

**ステップ4** A のおこづかいを求める

Aのおこづかいは，
　800×6−1300＝3500（円）

**答** 3500円

類題を解こう → 別冊75ページ 問題 24
つまずいたら → 396ページ 例題 23

# 第2章 割合と比に関する問題

**濃度算** 入試
難易度 ★★☆

## 25 濃度算の基本

8%の食塩水を200gつくるには、水は何g必要ですか。

〈甲南中〉

### 解き方

**ステップ1　問題の意味をつかむ**

8%を小数になおすと、0.08　← 1%は0.01

8%の食塩水とは、食塩水の重さを1としたとき、その中にふくまれている食塩の重さの割合が0.08である食塩水のことです。
この0.08（8%）を、その食塩水の**濃度（こさ）**といいます。

**ステップ2　食塩の重さを求める**

8%の食塩水200gにふくまれている食塩の重さは、

200×0.08＝16(g)
（食塩水の重さ）（食塩水の濃度）（食塩の重さ）

**ステップ3　水の重さを求める**

**水の重さ＝食塩水の重さ－食塩の重さ**

だから、8%の食塩水を200gつくるのに必要な水は、

200－16＝184(g)

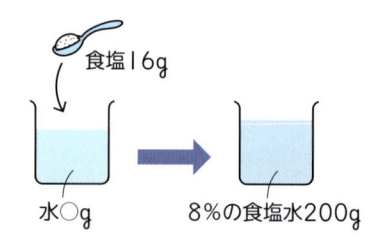

**答 184g**

### ポイント　公式を覚えよう！

食塩水の濃度＝食塩の重さ÷食塩水の重さ
食塩の重さ＝食塩水の重さ×食塩水の濃度
食塩水の重さ＝食塩の重さ÷食塩水の濃度

## 26 2種類の食塩水を混ぜ合わせる

濃度算　入試
難易度 ★★☆

4％の食塩水200gと，7％の食塩水400gを混ぜると，何％の食塩水になりますか。
〈埼玉栄中〉

### 解き方

**ステップ1** できる食塩水の重さを求める

できる食塩水の重さは，
200＋400＝600(g)

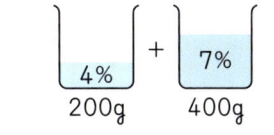

**ステップ2** できる食塩水にふくまれている食塩の重さを求める

4％は0.04，7％は0.07だから，
できる食塩水にふくまれている食塩の重さは，
200×0.04＋400×0.07＝8＋28＝36(g)
　↑　　　　　↑
食塩の重さ＝食塩水の重さ×食塩水の濃度

**ステップ3** できる食塩水の濃度を求める

できる食塩水の濃度は，
36÷600＝0.06 → 6％
食塩水の濃度＝食塩の重さ÷食塩水の重さ

**答** 6％

### 別の解き方

濃度算は，混ぜる前の2種類の食塩水の重さと濃度をてんびんの左右にとり，支点を混ぜたあとの食塩水の濃度として，つり合ったてんびんの性質を利用して解くことができます。
右のてんびん図で，
㋐：㋑＝400：200＝2：1
㋐＝(7－4)×$\frac{2}{2+1}$＝2(％)
□＝4＋2＝6(％)

**参考** つり合ったてんびんの性質
1 支点の左右で，（おもりの重さ×棒の長さ）は等しい。
2 重さの比と棒の長さの比は逆比になる。

# 第2章 割合と比に関する問題

**濃度算** 〈入試〉
難易度 ★★☆

## 27 食塩水から水を蒸発させる

8％の食塩水400gから何gの水を蒸発させると10％の食塩水になりますか。
〈開智中（埼玉）〉

### 解き方

**ステップ1** 食塩の重さを求める

8％の食塩水400gにふくまれている食塩の重さは，400×0.08＝32(g)

食塩の重さ＝食塩水の重さ×食塩水の濃度

**ステップ2** 水を蒸発させたあとの食塩水の重さを求める

32gの食塩がふくまれている10％の食塩水の重さは，32÷0.1＝320(g)

食塩水の重さ＝食塩の重さ÷食塩水の濃度

**ステップ3** 蒸発させた水の重さを求める

蒸発させた水の重さは，400－320＝80(g)

**答** 80g

### 別の解き方

**水を蒸発させても食塩水にふくまれている食塩の重さは変わらない**ことと，**食塩の重さは（食塩水の重さ×食塩水の濃度）**で求められることから，

この問題は，右の図のように，縦を食塩水の濃度，横を食塩水の重さとした**面積図**に表して解くことができます。

□gの水を蒸発させるとすると，右の図で，(ア＋ウ)の長方形の面積と(イ＋ウ)の長方形の面積は，どちらも食塩水にふくまれている食塩の重さを表していて，面積は同じです。

したがって，
(400－□)×10＝400×8，
400－□＝3200÷10＝320，
□＝400－320＝80(g)

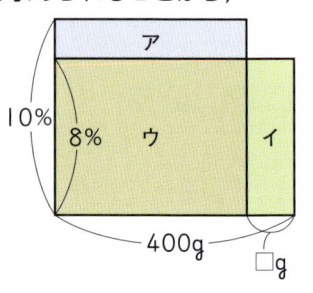

面積を使って考えることもできるんだね。

## 濃度算 入試

難易度 ★★☆

### 28 食塩水に水を加える

12%の濃度の食塩水200gに水を何g加えると10%の濃度になりますか。
〈田園調布学園中等部〉

**解き方**

**ステップ1　食塩の重さを求める**

12%の食塩水200gにふくまれている食塩の重さは，200×0.12＝24（g）

食塩の重さ＝食塩水の重さ×食塩水の濃度

**ステップ2　水を加えたあとの食塩水の重さを求める**

24gの食塩がふくまれている10%の食塩水の重さは，24÷0.1＝240（g）

食塩水の重さ＝食塩の重さ÷食塩水の濃度

**ステップ3　加えた水の重さを求める**

加えた水の重さは，240－200＝40（g）

**答 40g**

### 別の解き方

● **面積図で解く** ←水を加えても，食塩水にふくまれている食塩の重さは変わらない。

右の図で，（ア＋ウ）の長方形の面積と（イ＋ウ）の長方形の面積は，どちらも食塩水にふくまれている食塩の重さを表していて，面積は同じです。
したがって，アとイの面積も等しいから，
200×(12－10)＝□×10，
□＝200×2÷10＝40（g）

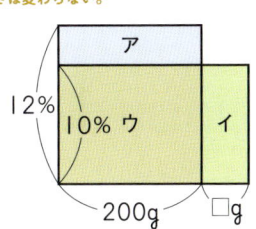

● **てんびん図で解く**

水を0%の食塩水と考えててんびん図に表すと，右のようになります。
支点の左右で，（重さ×棒の長さ）は等しいから，
200×(12－10)＝□×(10－0)，
□＝200×2÷10＝40（g）

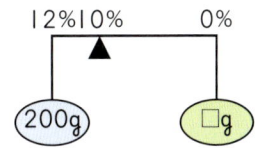

# 第2章 割合と比に関する問題

**濃度算** 入試

難易度 ★★☆

## 29 食塩水に食塩を加える

10%の食塩水が180gあります。これに何gの食塩を加えると19%の食塩水になりますか。　〈京都聖母学院中〉

### 解き方

**ステップ1** 10%の食塩水の食塩の重さを求める

10%の食塩水180gにふくまれている食塩の重さは、$180×0.1=18$(g)

食塩の重さ＝食塩水の重さ×食塩水の濃度

**ステップ2** 水の重さを求める

10%の食塩水180gにふくまれている水の重さは、$180-18=162$(g)

**ステップ3** 19%の食塩水の重さを求める

水の重さ162gは、19%の食塩水の $1-0.19=0.81$ にあたるから、
19%の食塩水の重さは、$162÷0.81=200$(g)

**ステップ4** 加える食塩の重さを求める

加える食塩の重さは、$200-180=20$(g)

**答 20g**

### 別の解き方

**食塩は100%の食塩水と考えることができます。**

食塩を□g加えるとしててんびん図に表すと、右のようになります。 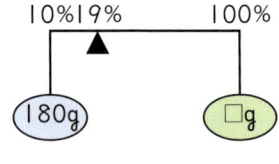
支点の左右で、(重さ×棒の長さ)は等しいから、
$180×(19-10)=□×(100-19)$,
$□=180×9÷81=20$(g)

こっちのほうが簡単だね！

類題を解こう → 別冊76ページ 問題29　つまずいたら → 398ページ 例題25

## 30 混ぜた食塩水の重さ

濃度算 　入試

難易度 ★★★

濃度が9％の食塩水と5％の食塩水があります。この2種類の食塩水を混ぜて6％の食塩水を100gつくります。9％の食塩水を何g混ぜればよいですか。　〈市川中〉

### 解き方

**ステップ1　てんびん図をかく**

9％の食塩水を□g, 5％の食塩水を△g混ぜるとしててんびん図に表すと, 右のようになります。

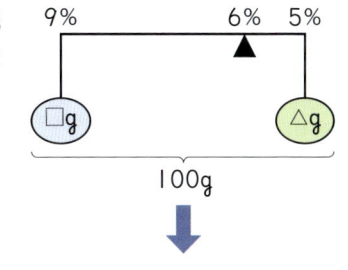

**ステップ2　重さの比を求める**

重さの比は, 棒の長さの比の逆比になるから,
□：△=(6−5)：(9−6)=1：3

**ステップ3　9％の食塩水の重さを求める**

□+△=100(g), □：△=1：3 より,

□=100×$\frac{1}{1+3}$=100×$\frac{1}{4}$=25(g)

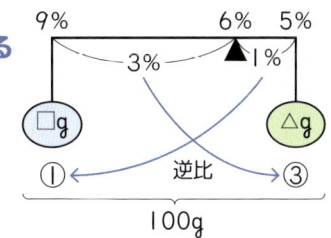

**答 25g**

### 別の解き方

濃度算は, 濃度をならす問題だから, 平均算の面積図を使って解くこともできます。
右の図で, 斜線部分の2つの長方形の面積は等しいから,

□×(9−6)=△×(6−5),
□×3=△×1 より, □：△=1：3
□=100×$\frac{1}{1+3}$=25(g)

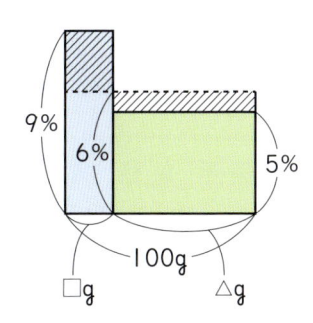

---

類題を解こう → 別冊76ページ 問題30　つまずいたら → 399ページ 例題26　平均算の確認 → 387ページ 例題18

# 第2章 割合と比に関する問題

損益算　**入試**

難易度 ★★☆

## 31 原価（仕入れ値）と定価

ある商品に15％の利益を見込んでつけた定価は2760円です。この商品の原価は何円ですか。ただし、消費税は考えません。

〈関東学院六浦中・改〉

### 解き方

**ステップ1　原価，利益，定価の関係を確認する**

原価，利益，定価の関係は，
**原価＋利益＝定価**

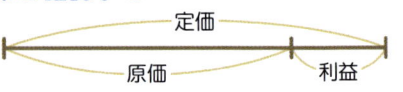

**ステップ2　原価を1とすると，定価はいくつにあたるかを考える**

原価を1とすると，
利益の15％は0.15だから，
定価は，1＋0.15＝1.15

参考：原価を1としたときの利益の0.15を利益率という。

**ステップ3　原価を求める**

定価2760円は，
原価の1.15倍にあたるから，
原価は，2760÷1.15＝2400（円）
　　　　原価＝定価÷（1＋利益率）

**答 2400円**

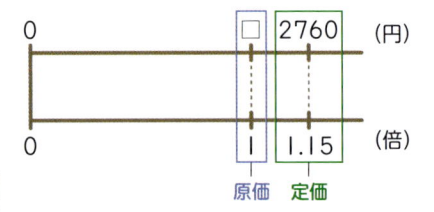

### ポイント

原価，利益，定価の関係を覚えよう！

定価＝原価＋利益＝原価×（1＋利益率）
原価＝定価－利益＝定価÷（1＋利益率）

類題を解こう　別冊76ページ 問題31　レベルアップ→406ページ 例題33

## 32 定価と売り値

**損益算　入試**

難易度 ★★★

定価の2割5分引きは420円です。定価は何円ですか。

〈東海大学付属仰星高等学校中等部・改〉

### 解き方

**ステップ1　定価，値引き額，売り値の関係を確認する**

定価，値引き額，売り値の関係は，
**定価－値引き額＝売り値**

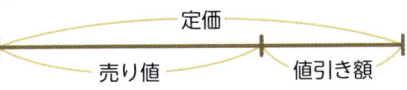

**ステップ2　定価を1とすると，売り値はいくつにあたるかを考える**

定価を1とすると，
値引いた2割5分は0.25だから，
売り値は，1－0.25＝0.75

参考：定価を1としたときの値引いた0.25を値引き率という。

**ステップ3　定価を求める**

420円(売り値)は，
定価の0.75倍にあたるから，
定価は，420÷0.75＝560(円)
　　　　定価＝売り値÷(1－値引き率)

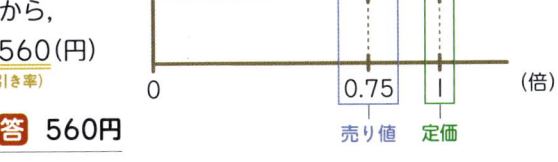

**答　560円**

### ポイント

**定価，値引き額，売り値の関係を覚えよう！**

売り値＝定価－値引き額＝定価×(1－値引き率)

定価＝売り値＋値引き額＝売り値÷(1－値引き率)

# 第2章 割合と比に関する問題

**損益算** 入試

難易度 ★★★

## 33 利益を求める

原価4500円の品物に4割5分の利益を見込んで定価をつけましたが、バーゲンセールで定価の2割引きで売りました。このとき、利益はいくらですか。

〈日本大学第一中〉

### 解き方

**ステップ1　定価を求める**

原価4500円を1とすると、
見込んだ利益の4割5分は0.45だから、
定価は、4500×(1+0.45)=6525(円)
　　　　　定価=原価×(1+利益率)

**ステップ2　売り値を求める**

定価6525円を1とすると、
値引いた2割は0.2だから、
売り値は、6525×(1−0.2)=5220(円)
　　　　　売り値=定価×(1−値引き率)

※ステップ1とステップ2から、売り値は、次のように、1つの式で求めることもできます。

4500×(1+0.45)×(1−0.2)=5220(円)
原価　　(1+利益率)　(1−値引き率)

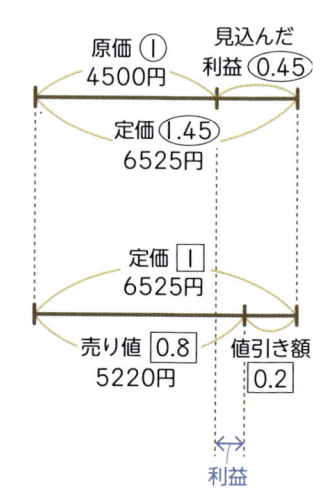

**ステップ3　利益を求める**

売り値が5220円で、原価が4500円だから、
利益は、5220−4500=720(円)
　　　　　利益=売り値−原価

**答** 720円

原価 ① 4500円　見込んだ利益 0.45
定価 1.45 6525円

定価 1 6525円
売り値 0.8 5220円　値引き額 0.2
利益

### ポイント

**利益=売り値−原価** を覚えよう！

類題を解こう → 別冊77ページ 問題33
つまずいたら → 404ページ 例題31, 405ページ 例題32

| 3年 | 4年 | 5年 | 6年 | 入試 |

**損益算** 入試

難易度 ★★★

## 34 値引きしたときの原価を求める

原価の2割増しの定価をつけた品物があります。定価の5％引きで売ると70円の利益が得られます。この品物の原価を求めなさい。

〈日本大学豊山中〉

### 解き方

**ステップ1** 原価を1としたときの，定価の割合を求める

原価を1とすると，
原価の2割は0.2だから，
原価の2割増しの定価は，
  1＋0.2＝1.2
  （原価を1としたときの定価）

**ステップ2** 売り値の割合を求める

5％は0.05だから，定価の5％引きの売り値は，
  1.2×(1－0.05)＝1.14
  （原価を1としたときの売り値）

**ステップ3** 利益の割合（利益率）を求める

売り値が1.14，原価が1だから，利益は，
  1.14－1＝0.14
  （原価を1としたときの利益）

**ステップ4** 原価を求める

原価を1としたときの利益は0.14で，
これが70円にあたるから，原価は，
  70÷0.14＝500（円）
  （原価＝利益÷利益率）

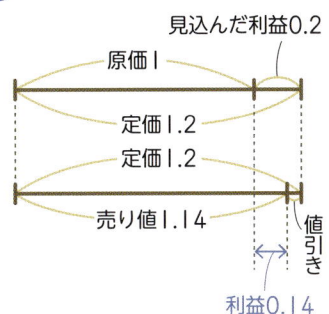

見込んだ利益0.2
原価1
定価1.2
定価1.2
売り値1.14
値引き
利益0.14

**答** 500円

**ポイント** 原価＝利益÷利益率 を覚えよう！

類題を解こう → 別冊77ページ 問題34
つまずいたら → 404ページ 例題31，405ページ 例題32

入試・文章題編

第1章 和と差に関する問題

第2章 割合と比に関する問題

第3章 速さに関する問題

第4章 いろいろな問題

# 第2章 割合と比に関する問題

## 35 値引きしたときの利益と損失

**損益算** 入試
難易度 ★★★

ある品物を定価の2割引きで売ると80円の利益があり、3割引きで売ると40円の損失になります。この品物の原価はいくらですか。

〈桜美林中〉

### 解き方

**ステップ1　値引き率の差は何円にあたるか考えよう**

定価を1とすると、右の図より、値引き率の差 $0.3-0.2=0.1$ は、損失と利益の和 $40+80=120$（円）にあたることがわかります。

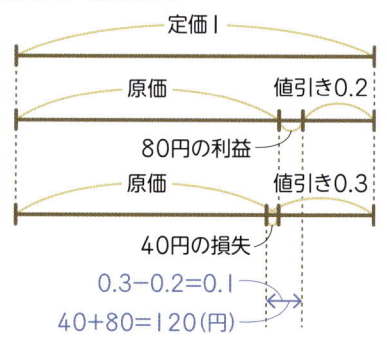

図に表すとわかりやすいね！

```
           定価1
      原価        値引き0.2
            80円の利益
      原価          値引き0.3
            40円の損失
       0.3-0.2=0.1
       40+80=120(円)
```

**ステップ2　定価を求める**

定価の0.1が120円にあたるから、1にあたる定価は、$120÷0.1=1200$（円）

**ステップ3　原価を求める**

定価の2割引きの売り値は、
　$1200×(1-0.2)=960$（円）
このときの利益が80円だから、
**原価＝売り値－利益** より、
原価は、$960-80=880$（円）

**答 880円**

---

**別の解き方**

定価の3割引きの売り値は、
　$1200×(1-0.3)=840$（円）
このときの損失が40円だから、
**原価＝売り値＋損失** より、
原価は、$840+40=880$（円）

---

類題を解こう → 別冊77ページ 問題35　　つまずいたら → 404ページ 例題31、405ページ 例題32

相当算 　入試

難易度 ★★☆

## 36 相当算の基本

はじめの所持金の72%を使ったら残りは1680円です。はじめの所持金は何円ですか。
〈東海大学付属仰星高等学校中等部・改〉

**解き方**

### ステップ1　はじめの所持金，使った金額，残金の関係を確認する

はじめの所持金，使った金額，残金の関係は
**はじめの所持金－使った金額＝残金**

### ステップ2　はじめの所持金を1として，残金の割合を求める

はじめの所持金を1とすると，
使った金額72%は0.72だから，
残金は，1－0.72＝0.28

ここまではいいね？

### ステップ3　はじめの所持金を求める

残金1680円は，
はじめの所持金の0.28にあたるから，
はじめの所持金は，
　1680÷0.28＝6000（円）

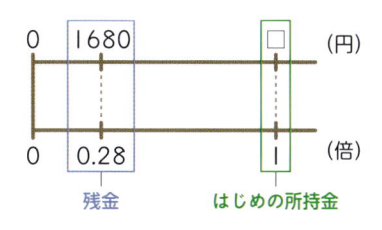

**答　6000円**

※ステップ2，ステップ3より，この問題を1つの式に表して解くと，
はじめの所持金は，1680÷(1－0.72)＝6000（円）
　　　　　　　　　はじめの所持金＝残金÷残金の割合

**ポイント**
**全体の量＝残りの量÷残りの量の割合** を覚えよう！

類題を解こう　別冊77ページ　問題36　　レベルアップ → 410ページ　例題37

# 第2章 割合と比に関する問題

**相当算** 〔入試〕
難易度 ★★★

## 37 残りの量と全体の量

花子さんはお年玉の $\frac{5}{6}$ を貯金し，残りの $\frac{2}{3}$ で本を買ったところ，250円残りました。花子さんのお年玉は何円でしたか。〈十文字中・改〉

### 解き方

**ステップ1** 貯金したあとの残金の割合を求める

お年玉を1とすると，
貯金したあとの残金の割合は，
$1-\frac{5}{6}=\frac{1}{6}$

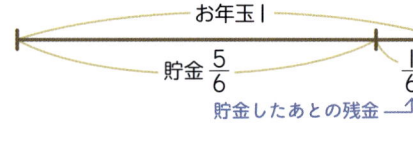

**ステップ2** 本を買ったあとの残金の割合を求める

本を買ったあとの残金の割合は，
$\frac{1}{6}\times\left(1-\frac{2}{3}\right)=\frac{1}{18}$

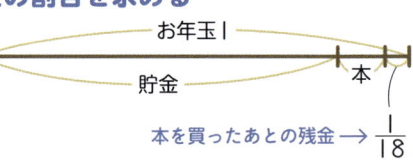

※ステップ1，ステップ2より，
本を買ったあとの残金の割合を1つの式で表すと，
$1\times\left(1-\frac{5}{6}\right)\times\left(1-\frac{2}{3}\right)=\frac{1}{18}$

**ステップ3** お年玉を求める

お年玉の $\frac{1}{18}$ が250円にあたるから，
お年玉は，$250\div\frac{1}{18}=4500$（円）

**答 4500円**

### 別の解き方

貯金したあとの残金は，$250\div\left(1-\frac{2}{3}\right)=750$（円）

お年玉は，$750\div\left(1-\frac{5}{6}\right)=4500$（円）

類題を解こう → 別冊77ページ 問題37　つまずいたら → 409ページ 例題36

## 相当算 入試

難易度 ★★★

# 38 ボールのはね上がり

花子さんが持っているスーパーボールは、落とした高さの70%だけはね上がります。このスーパーボールをある高さから落として2回目にはね上がった高さが186.2cmでした。ある高さを求めなさい。

〈東京女学館中〉

### 解き方

**ステップ1** 1回目にはね上がった高さの割合を求める

はじめの高さを1とすると、
70%は0.7だから、
1回目にはね上がった高さの割合は、
1×0.7=0.7

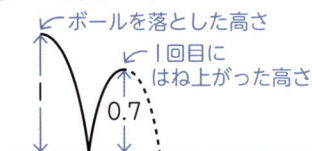

**ステップ2** 2回目にはね上がった高さの割合を求める

2回目にはね上がった高さの割合は、
1回目にはね上がった高さの0.7で、
0.7×0.7=0.49

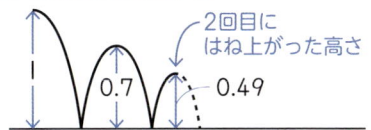

**ステップ3** ボールを落とした高さを求める

ボールを落とした高さの0.49が186.2cmにあたるから、
ボールを落とした高さは、186.2÷0.49=380(cm)

**答** 380cm

### 別の解き方

ボールを落とした高さを□cmとすると、
□×0.7×0.7=186.2、
□=186.2÷0.7÷0.7=380(cm)

□を使って、かけ算の式に表してもいいね。

# 第2章 割合と比に関する問題

## 39 容器の重さ

相当算　入試
難易度 ★★★

ある容器に水が $\frac{1}{3}$ だけ入っているときの全体の重さは300gです。また、この容器に水が $\frac{7}{15}$ だけ入っているときの全体の重さは400gです。容器だけの重さは何gですか。　〈関西大学第一中〉

### 解き方

**ステップ1　全体の重さの差は、何からきているかを考える**

**全体の重さ＝容器の重さ＋入っている水の重さ**で、
容器の重さは変わらないから、
全体の重さの差は、入っている水の重さの差からきています。

**ステップ2　容器いっぱいに入る水の重さを求める**

容器いっぱいに入っている水の重さを1とすると、
水の重さの差 $\frac{7}{15} - \frac{1}{3} = \frac{2}{15}$ が、
400−300＝100(g)にあたるから、
容器いっぱいに入る水の重さは、
$100 \div \frac{2}{15} = 750$(g)

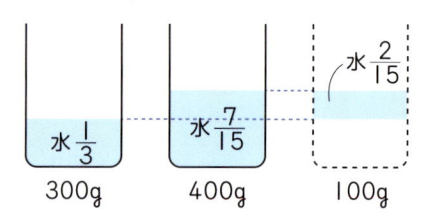

**ステップ3　容器の重さを求める**

容器の $\frac{1}{3}$ に入る水の重さは、
$750 \times \frac{1}{3} = 250$(g)だから、
容器だけの重さは、
300−250＝50(g)

**答 50g**

> **別の解き方**
>
> 容器の $\frac{7}{15}$ に入る水の重さは、
> $750 \times \frac{7}{15} = 350$(g)だから、
> 容器だけの重さは、
> 400−350＝50(g)

| | 3年 | 4年 | 5年 | 6年 | 入試 |

## 相当算  入試

# 40 1本の線分図に整理する

難易度 ★★★

箱の中に，赤い紙と青い紙が何枚か入っています。赤い紙の枚数は全体の $\frac{4}{9}$ より3枚多く，青い紙の枚数は全体の $\frac{5}{12}$ より7枚多いです。箱の中に，赤い紙と青い紙は合わせて何枚入っていますか。

〈専修大学松戸中・改〉

### 解き方

**ステップ1** 全体の枚数を①として，それぞれの枚数を表す

箱の中に入っている紙の枚数を①とすると，

赤い紙の枚数は， $\left(\frac{4}{9}\right)+3$ (枚)

青い紙の枚数は， $\left(\frac{5}{12}\right)+7$ (枚)

**ステップ2** 1本の線分図に整理する

全体の枚数，赤の紙の枚数，青い紙の枚数を1本の線分図に整理すると，右のようになります。

**ステップ3** 全体の枚数を求める

図より，

$① - \left(\left(\frac{4}{9}\right)+\left(\frac{5}{12}\right)\right) = \left(\frac{5}{36}\right)$ が，

3+7=10(枚)にあたるから，

①にあたる全体の枚数は，

$10 \div \frac{5}{36} = 72$ (枚)

**答 72枚**

類題を解こう → 別冊78ページ 問題40  つまずいたら → 409ページ 例題36

第2章　割合と比に関する問題

倍数算　入試

難易度 ★★★

## 41 和が一定

和子さんと洋子さんの所持金の比は5：7でした。和子さんが洋子さんに1200円あげたところ，和子さんと洋子さんの所持金の比は1：3になりました。和子さんのはじめの所持金はいくらですか。

〈和洋九段女子中〉

**解き方**

**ステップ1** やりとりの前後で，変わらないものは何かを考える

和子さんが洋子さんに1200円あげても，2人の所持金の和は変わりません。

**ステップ2** 所持金の比の和をそろえる

比の和を，(5+7=)12と(1+3=)4の最小公倍数12にそろえると，
はじめ　（和子）：（洋子）＝5：7＝⑤：⑦
あとで　（和子）：（洋子）＝1：3＝3：9＝③：⑨
　　　　　　　　　　　　　　　└─×3─┘

比の和をそろえる。

**ステップ3** 比の①にあたる金額を求める

⑤－③＝②が1200円にあたるから，①＝1200÷2＝600（円）

**ステップ4** 和子さんのはじめの所持金を求める

⑤にあたる和子さんのはじめの所持金は，600×5＝3000（円）

**答** 3000円

**別の解き方**

和子さんと洋子さんのはじめの所持金をそれぞれ⑤，⑦とすると，
（⑤－1200）：（⑦＋1200）＝1：3，
（⑤－1200）×3＝（⑦＋1200）×1，⑮－3600＝⑦＋1200，
⑮－⑦＝1200＋3600，⑧＝4800，①＝4800÷8＝600（円）
和子さんのはじめの所持金⑤は，600×5＝<u>3000</u>（円）

類題を解こう → 別冊78ページ 問題41　　比の確認 → 320ページ 例題65　　レベルアップ → 415ページ 例題42

## 42 差が一定

倍数算　入試
難易度 ★★★

AさんとBさんの所持金の比は1:2です。2人とも700円を使ったところ、AさんとBさんの所持金の比は4:15になりました。Aさんは、はじめはいくら持っていましたか。〈共立女子第二中〉

### 解き方

**ステップ1　お金を使う前後で、変わらないものは何かを考える**

2人とも700円を使っても、2人の所持金の差は変わりません。

**ステップ2　所持金の比の差をそろえる**

比の差を、(2−1=)1と(15−4=)11の最小公倍数11にそろえると、
はじめ　A:B=1:2=11:22=⑪:㉒
　　　　　　　　　└─×11─┘
あとで　A:B=4:15=④:⑮

比の差をそろえる。

**ステップ3　比の①にあたる金額を求める**

⑪−④=⑦が700円にあたるから、①=700÷7=100(円)

**ステップ4　Aさんのはじめの所持金を求める**

⑪にあたるAさんのはじめの所持金は、100×11=1100(円)

**答 1100円**

### 別の解き方

AさんとBさんのはじめの所持金をそれぞれ①、②とすると、
(①−700):(②−700)=4:15、(①−700)×15=(②−700)×4、
⑮−10500=⑧−2800、⑮−⑧=10500−2800、⑦=7700、
①=7700÷7=1100(円)

したがって、Aさんのはじめの所持金は1100円です。

# 第2章 割合と比に関する問題

**年令算** 入試

## 43 □年後

難易度 ★★★

現在，父は37才，子どもは9才です。父の年令が子どもの年令の2倍になるのは何年後ですか。 〈吉祥女子中〉

### 解き方

**ステップ1** □年後の子どもの年令を①とする

□年後に，父の年令が子どもの年令の2倍になるとします。このときの子どもの年令を①とすると，父の年令は②。

**ステップ2** 線分図に表す

□年後の子どもと父の年令の関係を線分図に表すと，右のようになります。

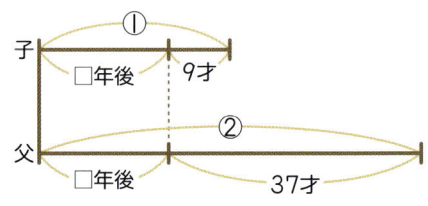

**ステップ3** ①にあたる年令を求める

右の図より，
②-①=①は，
37-9=28(才)にあたります。

□年後が28才…

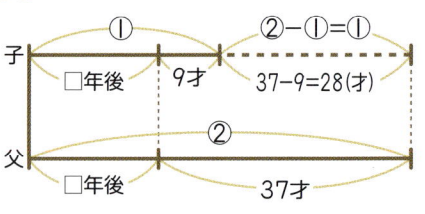

**ステップ4** □を求める

□年後の子どもの年令は28才だから，父の年令が子どもの年令の2倍になるのは，

　□=28-9=19(年後)
　　　現在の子どもの年令

**答** 19年後

確かめてみよう！
19年後，父は56才，子どもは28才で，56÷28=2(倍)

類題を解こう → 別冊78ページ 問題43
レベルアップ → 418ページ 例題45

# 44 倍数算の利用

年令算 　入試

難易度 ★★★

Aさんの現在の年令はBさんの現在の年令の5倍です。6年後に，Aさんの年令がBさんの年令の3倍になります。Bさんの現在の年令は何才ですか。

〈帝塚山中〉

## 解き方

**ステップ1** 変わらないものに目をつけて，倍数算の利用を考える

現在も6年後も，**2人の年令の差は変わらない**から，差が一定の倍数算の考え方を利用して解きます。

**ステップ2** 2人の年令を比で表す

2人の年令を比で表すと，
現在　　A：B＝5：1　←AはBの5倍
6年後　A：B＝3：1　←AはBの3倍

差が一定の倍数算。覚えているかな？

**ステップ3** 比の差をそろえる

比の差を，(5−1＝)4と(3−1＝)2の最小公倍数4にそろえると，
現在　　A：B＝5：1＝⑤：①
6年後　A：B＝3：1＝6：2＝⑥：②
　　　　　　　　　　└─×2─┘

**ステップ4** 比の①は何年にあたるかを求める

⑥−⑤＝①は，現在から6年後までの6年にあたります。

**ステップ5** Bさんの現在の年令を求める

①にあたるBさんの現在の年令は6才です。

**答** 6才

確かめてみよう！

現在，Bさんは6才だから，Aさんは30才。
6年後，Aさんは36才，Bさんは12才で，
36÷12＝3(倍)

# 第2章 割合と比に関する問題

**年令算** 〔入試〕
難易度 ★★★

## 45 旅人算の利用

母親の年令は32才で，兄と弟の年令の合計は14才です。兄弟の年令の合計が母親の年令と同じになるのは何年後ですか。 〈聖学院中〉

### 解き方

**ステップ1 現在の年令の差を求める**

現在，母親の年令は32才，兄弟の年令の合計は14才だから，
その差は，32−14＝18(才)

**ステップ2 年令の差は，1年に何才ずつ縮まっていくかを考える**

1年に，母親は1才ずつ，兄弟は合わせて2才ずつ増えていくから，
年令の差は，1年に，2−1＝1(才)ずつ縮まっていきます。

**ステップ3 何年後か求める**

現在の18才の差が，1年で1才ずつ縮まっていくから，
兄弟の年令の合計が母親の年令と同じになるのは，
　18÷1＝18(年後)

**答 18年後**

### 別の解き方

□年後に，兄弟の年令の合計が母親の年令と同じになるとすると，
□年後の母親の年令は，32＋□(才)
□年後の兄弟の年令の合計は，14＋□×2(才)
右の図より，
□×2−□＝□(才)は，
32−14＝18(才)にあたるから，
兄弟の年令の合計が母親の年令と
同じになるのは，18年後です。

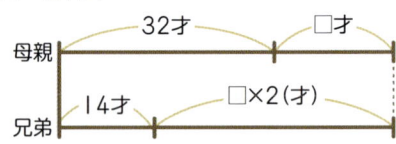

仕事算　入試

難易度 ★★☆

## 46 仕事算の基本（2人の仕事算）

ある仕事を仕上げるのに，A君1人では28日かかり，B君1人では21日かかります。この仕事を仕上げるのに，A君とB君の2人では何日かかりますか。

〈桐朋中〉

### 解き方

**ステップ1　全体の仕事量を決める**

全体の仕事量を，かかる日数28と21の最小公倍数84とします。

**ステップ2　それぞれの1日あたりの仕事量を求める**

A君の1日あたりの仕事量は，$84÷28=3$　←84の仕事に28日かかる
B君の1日あたりの仕事量は，$84÷21=4$　←84の仕事に21日かかる

**ステップ3　2人の1日あたりの仕事量の和を求める**

A君とB君2人の1日あたりの仕事量の和は，$3+4=7$

**ステップ4　2人でしたときにかかる日数を求める**

この仕事を仕上げるのに，A君とB君の2人でかかる日数は，
$84÷7=12$（日）　←84の仕事を1日に7ずつする

答　12日

### 別の解き方

全体の仕事量を1とすると，2人の1日あたりの仕事量は，
A君が $1÷28=\frac{1}{28}$，B君が $1÷21=\frac{1}{21}$

2人の1日あたりの仕事量の和は，$\frac{1}{28}+\frac{1}{21}=\frac{7}{84}=\frac{1}{12}$ だから，
この仕事を仕上げるのに，A君とB君の2人でかかる日数は，
$1÷\frac{1}{12}=12$（日）

第2章 割合と比に関する問題

仕事算 　入試　
難易度 ★★★

## 47 仕事算の基本（3人の仕事算）

ある仕事をするのにAが1人ですると15日間，Bが1人ですると20日間，Cが1人ですると12日間かかります。A，B，Cの3人ですると何日間かかりますか。
〈大妻嵐山中〉

### 解き方

**ステップ1　全体の仕事量を決める**

全体の仕事量を，かかる日数15，20，12の最小公倍数60とします。

**ステップ2　それぞれの1日あたりの仕事量を求める**

Aの1日あたりの仕事量は，60÷15＝4
Bの1日あたりの仕事量は，60÷20＝3
Cの1日あたりの仕事量は，60÷12＝5

> 2人のときと同じように考えればいいね。

**ステップ3　3人の1日あたりの仕事量の和を求める**

3人の1日あたりの仕事量の和は，4＋3＋5＝12

**ステップ4　3人でしたときにかかる日数を求める**

この仕事をA，B，Cの3人でしたときにかかる日数は，60÷12＝5（日）

**答　5日**

### 別の解き方

全体の仕事量を1とすると，3人の1日あたりの仕事量は，

Aが $1 \div 15 = \frac{1}{15}$，Bが $1 \div 20 = \frac{1}{20}$，Cが $1 \div 12 = \frac{1}{12}$

3人の1日あたりの仕事量の和は，$\frac{1}{15} + \frac{1}{20} + \frac{1}{12} = \frac{12}{60} = \frac{1}{5}$ だから，

この仕事をA，B，Cの3人でしたときにかかる日数は，$1 \div \frac{1}{5} = 5$（日）

類題を解こう → 別冊79ページ 問題47　　つまずいたら → 419ページ 例題46　　レベルアップ → 423ページ 例題50

## 48 残りの仕事量

仕事算　入試

難易度 ★★★

ある仕事をするのに，Aさんは12時間かかり，Bさんは9時間かかります。その仕事をはじめの4時間は2人でした後，残りをAさんだけですると，何時間何分かかりますか。

〈淑徳与野中〉

### 解き方

**ステップ1　全体の仕事量を決める**

全体の仕事量を，かかる時間12と9の最小公倍数36とします。

**ステップ2　それぞれの1時間あたりの仕事量を求める**

Aさんの1時間あたりの仕事量は，36÷12＝3
Bさんの1時間あたりの仕事量は，36÷9＝4
AさんとBさんの1時間あたりの仕事量の和は，3＋4＝7

**ステップ3　残りの仕事量を求める**

はじめの4時間を2人でした仕事量は，
7×4＝28だから，
残りの仕事量は，36−28＝8

**ステップ4　残りをAさんだけでしたときにかかる時間を求める**

残りをAさんだけでしたときにかかる時間は，

$8 \div 3 = \frac{8}{3} = 2\frac{2}{3}$（時間）➡ 2時間40分

1時間は60分だから，$\frac{2}{3}$時間は，$60 \times \frac{2}{3} = 40$（分）

**ステップ5　全体でかかる時間を求める**

この仕事を，はじめの4時間は2人でした後，残りをAさんだけですると，かかる時間は，4時間＋2時間40分＝6時間40分

**答　6時間40分**

# 第2章 割合と比に関する問題

**仕事算** 〈入試〉

## 49 1日の仕事量が途中で変わる（つるかめ算の利用）

難易度 ★★★

Aさん1人でするると20日，Bさん1人でするると15日で終わる仕事があります。この仕事をAさんとBさんの2人で始めましたが，途中からAさん1人で仕事をしたため，全部で12日間かかりました。Aさんは何日目から1人で仕事をしましたか。

〈日本大学第二中〉

### 解き方

**ステップ1　全体の仕事量を決める**

全体の仕事量を，かかる日数20と15の最小公倍数60とします。

**ステップ2　それぞれ1日あたりの仕事量を求める**

Aさんの1日あたりの仕事量は，60÷20＝3
Bさんの1日あたりの仕事量は，60÷15＝4
AさんとBさんの1日あたりの仕事量の和は，3＋4＝7

**ステップ3　Bさんが仕事をした日数を求める**

途中で1日あたりの仕事量が変わるので，**つるかめ算**で考えます。
AさんとBさんが2人で仕事をした日数を□日として面積図に表すと，右のようになります。
右の図で，斜線部分の長方形の面積は，
　60－3×12＝60－36＝24
縦の長さは，7－3＝4 だから，
　□＝24÷4＝6（日）

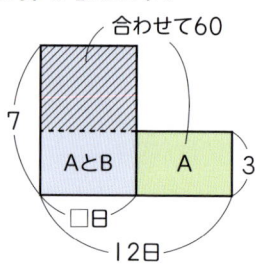

**ステップ4　Aさんが1人で仕事をしたのは何日目からかを求める**

AさんとBさんが2人で仕事をしたのは6日間だから，
Aさんが1人で仕事をしたのは，
6＋1＝7 より，7日目からです。

**答　7日目**

仕事算 入試

難易度 ★★★

## 50 2人ずつ仕事をする

ある作業をするのに，一郎さんと二郎さんの2人ですると3時間かかり，一郎さんと三郎さんの2人ですると6時間かかり，二郎さんと三郎さんの2人ですると4時間かかります。この作業を3人ですると何時間かかりますか。

〈四天王寺中・改〉

### 解き方

**ステップ1　全体の作業量を決める**

全体の作業量を，かかる時間3，6，4の最小公倍数12とします。

**ステップ2　それぞれの組の1時間あたりの作業量を求める**

一郎さん，二郎さん，三郎さんの1時間あたりの作業量を，それぞれ㊀，㊁，㊂とすると，

㊀＋㊁＝12÷3＝4
㊀＋㊂＝12÷6＝2
㊁＋㊂＝12÷4＝3

まずは2人ずつ…

**ステップ3　3人の1時間あたりの仕事量の和を求める**

ステップ2の3つの式を全部たすと，

㊀＋㊁＋㊀＋㊂＋㊁＋㊂＝4＋2＋3
㊀×2＋㊁×2＋㊂×2＝9
(㊀＋㊁＋㊂)×2＝9
㊀＋㊁＋㊂＝$\frac{9}{2}$

そして3人…

**ステップ4　3人でしたときにかかる時間を求める**

全体の作業量が12で，3人の1時間あたりの作業量が$\frac{9}{2}$だから，この作業を3人でしたときにかかる時間は，

$12÷\frac{9}{2}=12×\frac{2}{9}=\frac{8}{3}=2\frac{2}{3}$（時間）

答　$2\frac{2}{3}$時間

類題を解こう → 別冊79ページ 問題50　　つまずいたら → 420ページ 例題47

# 第2章 割合と比に関する問題

**仕事算** 〈入試〉
難易度 ★★★

## 51 2通りの方法で仕事をする

A, B 2つの給水管がついているプールがあります。このプールは, A管を3時間とB管を6時間使うと満水にできます。また, A管を4時間とB管を1時間使っても満水にできます。A管だけを使うとき, 何時間何分でプールを満水にできますか。 〈星野学園中・改〉

### 解き方

**ステップ1** プールを満水にする量を式で表す

A管, B管の1時間あたりの給水量をそれぞれA, Bとすると, プールを満水にする水の量より, A×3+B×6=A×4+B×1

**ステップ2** A管とB管の1時間あたりの給水量の比を求める

A×3+B×6=A×4+B×1 より,
A×1=B×5 だから,
1時間あたりの給水量の比は,
　A：B＝5：1

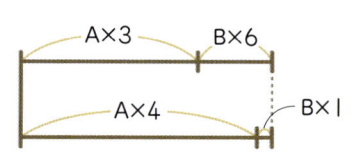

**ステップ3** A管だけで満水にする時間を求める

A管とB管の1時間あたりの給水量の比は5：1で,
A管を4時間とB管を1時間使って満水にできることから,
A管だけで満水にできる時間は, $4+1×\frac{1}{5}=4\frac{1}{5}$（時間）➡ 4時間12分

**答** 4時間12分

### 別の解き方 （ステップ2までは同じ）

A管とB管の1時間あたりの給水量をそれぞれ5, 1とすると,
プールを満水にする水の量は, 5×4+1×1=21
これをA管だけで満水にする時間は,
$21÷5=\frac{21}{5}=4\frac{1}{5}$（時間）➡ 4時間12分

類題を解こう ➡ 別冊79ページ 問題51　　つまずいたら ➡ 419ページ 例題46

## 52 のべ算の基本

のべ算 　入試
難易度 ★★☆

10人で15日かかる仕事を6人ですると何日かかるか求めなさい。
〈プール学院中〉

### 解き方

**ステップ1　全体の仕事量を決める**

1人が1日にする仕事量を1とすると，
全体の仕事量は，
$1 \times 10 \times 15 = 150$

**ステップ2　6人の1日の仕事量を求める**

6人の1日の仕事量は，
$1 \times 6 \times 1 = 6$

**ステップ3　6人でしたときにかかる日数を求める**

この仕事を6人でしたときにかかる日数は，
$150 \div 6 = 25$（日）
かかる日数＝全体の仕事量÷6人の1日の仕事量

**答　25日**

### 別の解き方

全体の仕事量を1とすると，1人が1日にする仕事量は，
$1 \div 10 \div 15 = 1 \times \dfrac{1}{10} \times \dfrac{1}{15} = \dfrac{1}{150}$

6人の1日の仕事量は，
$\dfrac{1}{150} \times 6 \times 1 = \dfrac{1}{25}$

したがって，この仕事を6人でしたときにかかる日数は，
$1 \div \dfrac{1}{25} = 1 \times 25 = 25$（日）

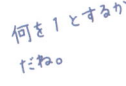

第2章 割合と比に関する問題

のべ算　入試
難易度 ★★★

## 53 仕事量がちがうときののべ算

ある仕事をするのに，大人5人なら3日間かかり，子ども10人なら6日間かかります。この仕事を大人2人と子ども4人ですると何日間かかりますか。

〈国府台女子学院中学部〉

### 解き方

**ステップ1　全体の仕事量を決める**

大人1人の1日の仕事量を1とすると，
全体の仕事量は，大人5人で3日間かかるから，
$1×5×3=15$

**ステップ2　子ども1人の1日の仕事量を求める**

この仕事を子ども10人ですると6日間かかるから，
子ども1人の1日の仕事量は，
$15÷10÷6=15×\dfrac{1}{10}×\dfrac{1}{6}=\dfrac{1}{4}$

**ステップ3　大人2人と子ども4人の1日の仕事量の和を求める**

大人2人の1日の仕事量の和は，
$1×2×1=2$
子ども4人の1日の仕事量の和は，
$\dfrac{1}{4}×4×1=1$
大人2人と子ども4人の1日の仕事量の和は，
$2+1=3$

合わせた仕事量は…

**ステップ4　大人2人と子ども4人でしたときにかかる日数を求める**

この仕事を大人2人と子ども4人でしたときにかかる日数は，
$15÷3=5（日）$
かかる日数＝全体の仕事量÷1日の仕事量

**答　5日間**

類題を解こう → 別冊80ページ　問題53
つまずいたら → 425ページ　例題52

## 54 のべ時間

のべ算　入試
難易度 ★★★

20人の生徒がキャッチボールをして遊びます。ただし、グローブが8つしかないので一度に8人しか遊べません。90分間で1人何分ずつ遊ぶことができますか。
〈獨協埼玉中〉

### 解き方

**ステップ1** グローブを使えるのべ時間を求める

1つのグローブは、90分ずつ使えます。
グローブは8つあるから、グローブが使える時間は、のべで、
90×8＝720(分)
のべ時間＝1つのグローブの使える時間×グローブの個数

**ステップ2** 1人が遊べる時間を求める

720分を20人の生徒が同じ時間ずつ使うから、
1人が遊ぶことができる時間は、
720÷20＝36(分)
1人が遊べる時間＝のべ時間÷人数

**答** 36分(ずつ)

### くわしく

8つのグローブをA～H、20人の生徒を①～⑳とすると、例えば、右の図のような使い方ができます。

| | 90分 |
|---|---|
| | ←18分→←18分→←18分→←18分→←18分→ |

A：① ② ③
B：③ ④ ⑤
C：⑥ ⑦ ⑧
D：⑧ ⑨ ⑩
E：⑪ ⑫ ⑬
F：⑬ ⑭ ⑮
G：⑯ ⑰ ⑱
H：⑱ ⑲ ⑳

類題を解こう → 別冊80ページ 問題54
つまずいたら → 425ページ 例題52

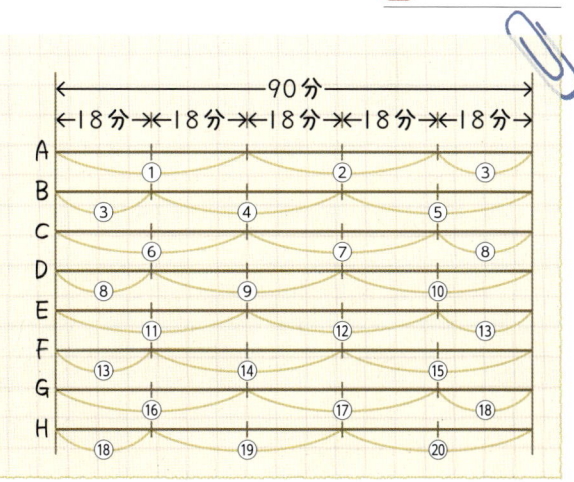

# 第3章 速さに関する問題

# 速さに関する問題

**入試対策**

## ここのポイント

### 旅人算 → 例題 55〜59

速さのちがう2人が出会ったり，一方がもう一方を追いかけたりするような問題を，**旅人算**といいます。

> **重要**
> 出会うまでの時間＝2人の間の道のり÷速さの和
> 追いつくまでの時間＝2人の間の道のり÷速さの差

> **例** 800mはなれているAとBが，Aは分速90mで，Bは分速70mで，向かい合って同時に出発したとき，2人が出会うのは，出発してから，
> 800÷(90+70)=5(分後)

### 通過算 → 例題 60〜64

電車が橋やトンネルを通過したり，電車どうしがすれちがったり追いこしたりするような問題を，**通過算**といいます。

> **重要**
> 橋を渡り切るのにかかる時間
> ＝(橋の長さ＋電車の長さ)÷電車の速さ
> トンネルに完全にかくれている時間
> ＝(トンネルの長さ－電車の長さ)÷電車の速さ

> **例** 秒速30mで走る長さ180mの列車が，
> 長さ1200mの鉄橋を渡り始めてから渡り終わるまでにかかる時間は，
> (1200+180)÷30=46(秒)

> **重要**
> すれちがいにかかる時間＝電車の長さの和÷電車の速さの和
> 追いこしにかかる時間＝電車の長さの和÷電車の速さの差

> **例** 秒速25mで走る長さ175mの電車が，
> 秒速20mで走る長さ225mの電車を追いこすのにかかる時間は，
> (175+225)÷(25-20)=80(秒)

## 時計算 → 例題65～67

時計の両針がつくる角度を求めたり，ある角度をつくる時刻を求めたりするような問題を，**時計算**といいます。

**重要**
長針が1分間に進む角度は，360°÷60=6°
短針が1分間に進む角度は，360°÷12÷60=0.5°

**例** 8時20分に，時計の両針がつくる角のうち，小さいほうの角度は何度ですか。

→ 8時に，短針は長針より，360°÷12×8=240°先にあります。
20分間で，長針は6°×20=120°，短針は0.5°×20=10°進むから，
8時20分に両針がつくる角のうち，小さいほうの角度は，
(240°+10°)−120°=130°

## 流水算 → 例題68～70

流れのある川を，船が上ったり，下ったりするような問題を，**流水算**といいます。動く歩道の問題は，動く歩道を流れのある川と考えます。

**重要**
船の上りの速さ
＝船の静水時の速さ−川の流れの速さ
船の下りの速さ
＝船の静水時の速さ＋川の流れの速さ
船の静水時の速さ＝(上りの速さ＋下りの速さ)÷2
川の流れの速さ＝(下りの速さ−上りの速さ)÷2

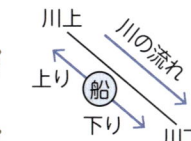

**例** 30kmはなれた川上のP地点と川下のQ地点の間を船が往復するとき，上りに5時間，下りに3時間かかります。

(1) この船の静水時の速さは時速何kmですか。

→ この船の下りの速さは，30÷3=10より，時速10km
この船の上りの速さは，30÷5=6より，時速6km
この船の静水時の速さは，(10+6)÷2=8より，時速8km

(2) この川の流れの速さは時速何kmですか。

→ この川の流れの速さは，(10−6)÷2=2より，時速2km

# 第3章 速さに関する問題

**旅人算** 〈入試〉

難易度 ★★☆

## 55 2人が出会う

1680m はなれた A 町と B 町を,たろうさんは分速100m で A 町から,じろうさんは分速110m で B 町から同時に向かい合って出発しました。2人が出会うのは出発してから何分後ですか。〈佼成学園中〉

### 解き方

**ステップ1　状況をつかむ**

2人ははじめに1680m はなれていて,
たろうさんは分速100m でじろうさんに近づき,
じろうさんは分速110m でたろうさんに近づきます。

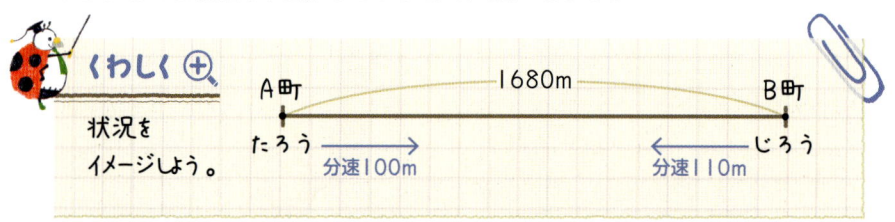

**くわしく⊕**　状況をイメージしよう。

A町　　　　1680m　　　　B町
たろう　　　　　　　　　　じろう
　→分速100m　　　分速110m←

**ステップ2　2人は1分間に何 m ずつ近づくかを求める**

1分間に進む道のりは,たろうさんが100m,じろうさんが110m だから,
2人は1分間に,100+110=210(m) ずつ近づきます。

**ステップ3　2人が出会うのは,出発してから何分後かを求める**

2人ははじめに1680m はなれていて,1分間に210m ずつ近づくから,
2人が出会うのは,出発してから,
1680÷210=8(分後)

出会うまでの時間=2人の間の道のり÷速さの和

**答　8分後**

### ポイント

**出会うまでの時間＝2人の間の道のり÷速さの和**

類題を解こう → 別冊80ページ 問題55　｜ 速さの確認 → 271ページ 例題23　｜ レベルアップ → 432ページ 例題57

| 3年 | 4年 | 5年 | 6年 | 入試 |

## 旅人算 [入試]

難易度 ★★☆

# 56 一方がもう一方に追いつく

今日子さんは家を出発し，時速4kmの速さで駅へ向かいました。10分後，お母さんが忘れ物に気づき，自転車で時速12kmの速さで今日子さんを追いかけました。お母さんが家を出発してから今日子さんに追いついたのは何分後ですか。

〈埼玉栄中・改〉

### 解き方

**ステップ1　時速を分速になおす**

時速4kmを分速になおすと，$4×1000÷60=\frac{200}{3}$(m) ➡ 分速$\frac{200}{3}$m

時速12kmを分速になおすと，$12×1000÷60=200$(m) ➡ 分速200m

**ステップ2　状況をつかむ**

お母さんが家を出発するとき，

2人は，$\frac{200}{3}×10=\frac{2000}{3}$(m) はなれていて， ←今日子さんが10分間に進んだ道のり

お母さんは分速200mで今日子さんに近づき，

今日子さんは分速$\frac{200}{3}$m でお母さんから遠ざかります。

**ステップ3　2人は1分間に何mずつ近づくかを求める**

1分間に進む道のりは，お母さんが200m，今日子さんが$\frac{200}{3}$mだから，

2人は1分間に，$200-\frac{200}{3}=\frac{400}{3}$(m) ずつ近づきます。

**ステップ4　お母さんが今日子さんに追いついたのは何分後か求める**

お母さんが今日子さんに追いついたのは，家を出発してから，

$\underline{\frac{2000}{3}÷\frac{400}{3}=5}$(分後)

追いつくまでの時間＝2人の間の道のり÷速さの差

**答　5分後**

### ポイント

**追いつくまでの時間＝2人の間の道のり÷速さの差**

類題を解こう → 別冊80ページ 問題56　　レベルアップ → 433ページ 例題58

## 第3章 速さに関する問題

**旅人算** 入試
難易度 ★★★

# 57 旅人算のグラフ（出会いのグラフ）

家から学校までは1080mあります。妹は家から学校に向かって，その6分後に姉は学校から家に向かって，同じ道を歩きました。右のグラフは，そのときのようすを表したものです。2人が出会ったのは，姉が学校を出発してから何分何秒後ですか。また，家から何mのところですか。

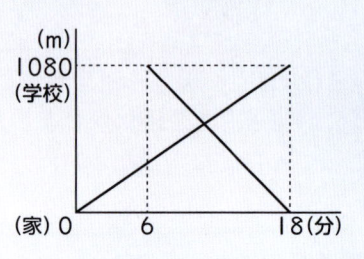

## 解き方

### ステップ1 2人の速さを求める

グラフより，妹は，1080m進むのに18分かかっているから，
妹の速さは，1080÷18＝60(m) ➡ 分速60m
また，姉は，1080m進むのに，18－6＝12(分) かかっているから，
姉の速さは，1080÷12＝90(m) ➡ 分速90m

### ステップ2 姉が出発するときの2人の間の道のりを求める

姉が学校を出発するとき，妹は，分速60mで6分歩いているから，
2人の間の道のりは，1080－60×6＝720(m)

### ステップ3 何分後に，どこで出会ったかを求める

2人が出会ったのは，姉が学校を出発してから，

$720 \div (60+90) = \dfrac{24}{5} = 4\dfrac{4}{5}$ (分後)

出会うまでの時間＝2人の間の道のり÷速さの和

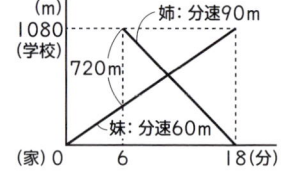

$\dfrac{4}{5}$ 分は，$60 \times \dfrac{4}{5} = 48$(秒) だから，4分48秒後。

出会った場所は，家から，$1080 - 90 \times \dfrac{24}{5} = 648$(m) のところです。

**答** 4分48秒後，家から648mのところ

類題を解こう ➡ 別冊80ページ 問題57　つまずいたら ➡ 430ページ 例題55

## 58 旅人算のグラフ（追いつきのグラフ）

**旅人算　入試**
難易度 ★★★

家から1800mはなれたところに公園があります。弟は歩いて公園に向かい、その後に兄は弟の2.5倍の速さで同じ道を自転車で公園に向かいました。右のグラフは、兄と弟が家を出てからの時間と道のりの関係を表したものです。兄が弟に追いついたのは、兄が家を出発してから何分何秒後か求めなさい。

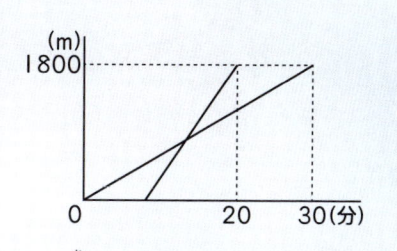

〈日本大学第一中・改〉

### 解き方

**ステップ1　2人の速さを求める**

グラフより、弟は、1800m進むのに30分かかっているから、
弟の速さは、1800÷30＝60(m) ➡ 分速60m
兄の速さは弟の速さの2.5倍だから、60×2.5＝150(m) ➡ 分速150m

**ステップ2　兄は弟が出発してから何分後に出発したかを求める**

兄が1800m進むのにかかる時間は、1800÷150＝12(分) だから、
グラフより、兄が出発したのは、弟が出発してから、20－12＝8(分後)

**ステップ3　兄が弟に追いついたのは何分何秒後かを求める**

兄が家を出発するとき、
弟は、60×8＝480(m) 先にいるから、
兄が弟に追いついたのは、
兄が家を出発してから、
$480÷(150-60)=\dfrac{16}{3}=5\dfrac{1}{3}$(分後)

追いつくまでの時間＝2人の間の道のり÷速さの差

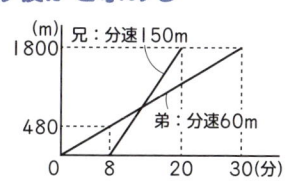

$\dfrac{1}{3}$分は、$60×\dfrac{1}{3}=20$(秒)だから、5分20秒後。

**答　5分20秒後**

# 第3章 速さに関する問題

旅人算 　入試
★★★

## 59 旅人算と和差算

池のまわりの1周800mの道をA, Bの2人が同じ地点を同時に出発し, それぞれ一定の速さで歩きます。2人が反対方向に歩く場合は5分後にはじめて出会います。2人が同じ方向に歩く場合は40分後にはじめてAがBを追いこします。Aの歩く速さは毎分何mですか。

〈國學院大學久我山中〉

### 解き方

**ステップ1　2人の速さの和を求める**

2人が反対方向に歩く場合, 池のまわりの長さだけはなれた2人が, 向かい合って進むと考えます。

2人の速さの和は,
800÷5＝160(m) ➡ 毎分160m
速さの和＝2人の間の道のり÷出会うまでの時間

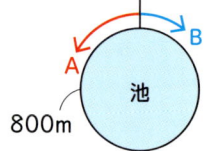

**ステップ2　2人の速さの差を求める**

2人が同じ方向に歩く場合は, 池のまわりの長さだけ先にいるBを, Aが追いかけると考えます。

2人の速さの差は,
800÷40＝20(m) ➡ 毎分20m
速さの差＝2人の間の道のり÷追いつくまでの時間

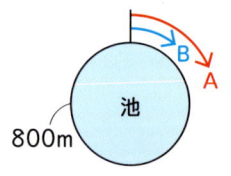

**ステップ3　和差算を使って, Aの歩く速さを求める**

2人の速さの和は毎分160m, 速さの差は毎分20mだから, 速いほうのAの歩く速さは,
(160＋20)÷2＝90(m) ➡ 毎分90m
大＝(和＋差)÷2

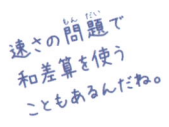

速さの問題で和差算を使うこともあるんだね。

**答 毎分90m**

類題を解こう　別冊81ページ 問題59　つまずいたら→430ページ 例題55, 431ページ 例題56　和差算の確認→370ページ 例題1

通過算 　入試

難易度 ★★★

## 60 通過算の基本

長さ180mの電車が，1本の電柱の前を通り過ぎるのに9秒かかりました。この電車の速さは時速何kmですか。ただし，電柱の太さは考えないものとします。

### 解き方

**ステップ1　状況をつかむ**

長さ180mの電車が，
1本の電柱の前を通り過ぎるのに9秒かかったということは，
180m進むのに9秒かかったということです。

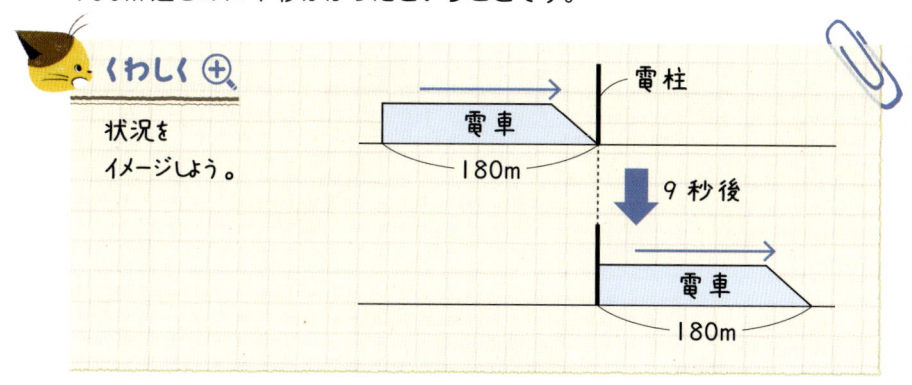

くわしく

状況をイメージしよう。

電柱
電車
180m
9秒後
電車
180m

**ステップ2　この電車の秒速を求める**

この電車は，180m進むのに9秒かかったから，速さは，
180÷9＝20(m) ➡ 秒速20m
（速さ＝道のり÷時間）

注意　これが答えではない。求めるのは，時速□km

**ステップ3　秒速○mを時速□kmになおす**

秒速20mを時速□kmになおすと，
20×60×60÷1000＝72(km) ➡ 時速72km

**答　時速72km**

類題を解こう ➡ 別冊81ページ 問題60　　レベルアップ ➡ 436ページ 例題61

# 第3章 速さに関する問題

通過算　入試
難易度 ★★★

## 61 鉄橋を渡り切る

長さ500mの鉄橋を，長さ130mの電車が渡り始めてから渡り終わるまでに45秒かかりました。この電車は時速何kmで走りましたか。

〈聖セシリア中〉

### 解き方

**ステップ1** 鉄橋を渡り切るのに進んだ道のりを求める

この電車が鉄橋を渡り始めてから渡り終わるまでに進んだ道のりは，
500+130=630(m)

鉄橋を渡り切るのに進む道のり＝鉄橋の長さ＋電車の長さ

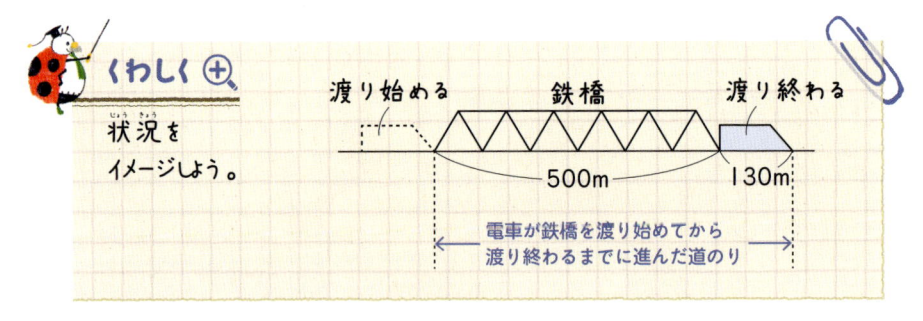

**くわしく ⊕**
状況をイメージしよう。

（渡り始める　鉄橋　渡り終わる　500m　130m　電車が鉄橋を渡り始めてから渡り終わるまでに進んだ道のり）

**ステップ2** この電車の速さを求める

この電車は，630m進むのに45秒かかったから，速さは，
630÷45=14(m) ➡ 秒速14m

秒速14mを時速□kmになおすと，
14×60×60÷1000=50.4(km) ➡ 時速50.4km

**答** 時速50.4km

### ポイント

鉄橋を渡り切るのに進む道のり
＝鉄橋の長さ＋電車の長さ

類題を解こう → 別冊81ページ 問題61　レベルアップ → 437ページ 例題62

## 通過算 入試

難易度 ★★★

### 62 トンネルに完全にかくれている

時速81kmの列車が1280mのトンネルに入り終わってから出始めるまでに44秒かかりました。列車の長さは何mですか。

〈甲南女子中・改〉

### 解き方

**ステップ1** トンネルにかくれている間に進んだ道のりを求める

時速81kmを秒速□mになおすと，
　81×1000÷60÷60＝22.5(m) ➡ 秒速22.5m
この列車がトンネルに入り終わってから出始めるまでに進んだ道のりは，
　22.5×44＝990(m)

**くわしく** 状況をイメージしよう。

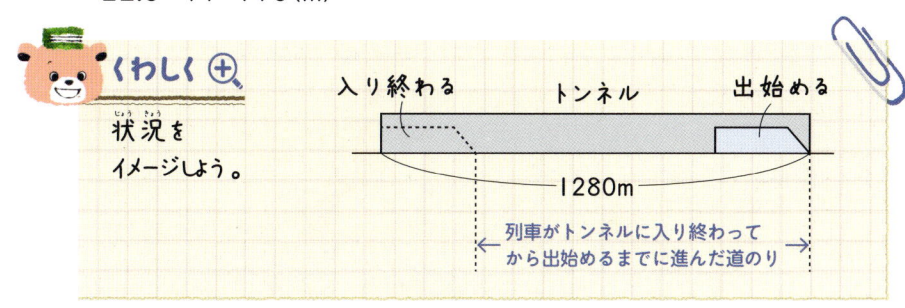

入り終わる　トンネル　出始める

1280m

列車がトンネルに入り終わってから出始めるまでに進んだ道のり

**ステップ2** 列車の長さを求める

トンネルの長さが1280mで，列車がトンネルに入り終わってから出始めるまでに進んだ道のりが990mだから，この列車の長さは，
　1280－990＝290(m)
列車の長さ＝トンネルの長さ－トンネルにかくれている間に進んだ道のり

**答 290m**

### ポイント

トンネルにかくれている間に進む道のり
＝トンネルの長さ－列車の長さ

類題を解こう ➡ 別冊81ページ 問題62
レベルアップ ➡ 438ページ 例題63

# 第3章 速さに関する問題

通過算 　入試

## 63 列車のすれちがい

難易度 ★★★

長さ240m, 秒速20mの普通電車と, 長さ260m, 秒速30mの特急電車が, たがいに反対方向にすれちがって, はなれるまでに何秒かかりますか。

〈カリタス女子中〉

### 解き方

**ステップ1** すれちがいにかかる道のりを求める

すれちがいにかかる道のりは, 260+240=500(m)
　　　　　　　　　　　　　　　2つの電車の長さの和

> **くわしく**
> 一方の電車は止まっていると考えてみよう。
>
> 秒速20m → 普通電車　特急電車 ← 秒速30m
> ↓
> 特急電車 260m｜普通電車 240m
> ←──── すれちがいにかかる道のり ────→

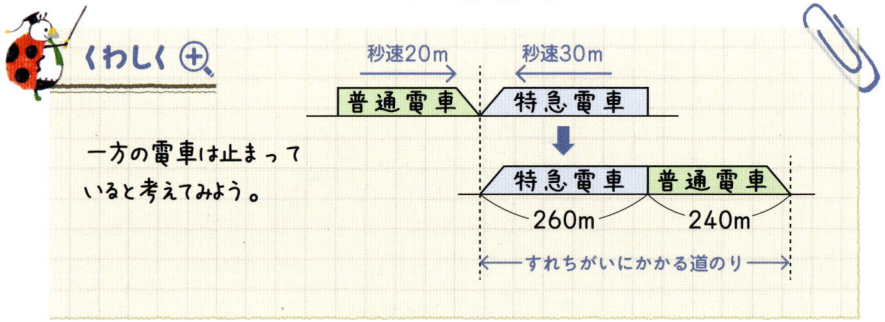

**ステップ2** すれちがう速さを求める

すれちがう速さは, 20+30=50(m) ➡ 秒速50m
　　　　　　　　　2つの電車の速さの和

**ステップ3** すれちがいにかかる時間を求める

2つの電車がすれちがって, はなれるまでにかかる時間は,
500÷50=10(秒)
すれちがいにかかる時間＝2つの電車の長さの和÷2つの電車の速さの和

**答** 10秒

### ポイント

すれちがいにかかる時間
＝2つの電車の長さの和÷2つの電車の速さの和

類題を解こう → 別冊81ページ 問題63　　つまずいたら → 435ページ 例題60

| 3年 | 4年 | 5年 | 6年 | **入試** |

## 通過算　入試

難易度 ★★★

# 64 列車の追いこし

長さ236mの急行電車が毎時108kmの速さで走っています。この急行電車が，前を走っている長さ184mの普通電車に追いついてから追いこすまでに42秒かかりました。普通電車の速さは毎時何kmですか。ただし，急行電車と普通電車の速さはそれぞれ一定とします。

〈大妻中〉

### 解き方

**ステップ1　追いこしにかかる道のりを求める**

追いこしにかかる道のりは，
2つの電車が進む道のりの和で，184+236=420(m)
　　　　　　　　　　　　　　　2つの電車の長さの和

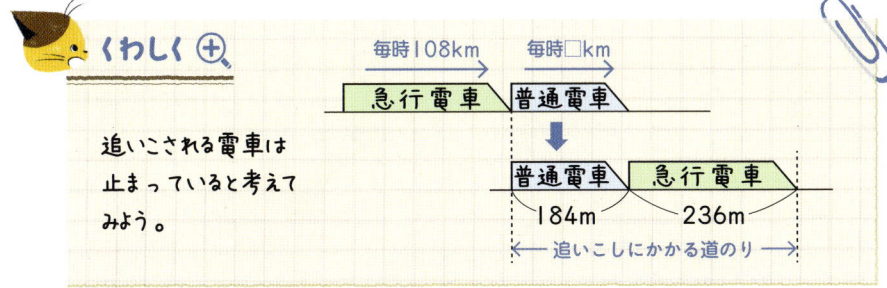

**くわしく**　追いこされる電車は止まっていると考えてみよう。

毎時108km　毎時□km
急行電車　普通電車
↓
普通電車　急行電車
184m　　236m
← 追いこしにかかる道のり →

**ステップ2　追いこす速さ（2つの電車の速さの差）を求める**

急行電車は普通電車を，2つの電車の速さの差で追いこします。
2つの電車の速さの差は，420÷42=10(m) ➡ 毎秒10m
　　　　　　　　　2つの電車の速さの差＝追いこしにかかる道のり÷追いこしにかかる時間

毎秒10mを毎時□kmになおすと，
10×60×60÷1000=36(km) ➡ 毎時36km

**ステップ3　普通電車の速さを求める**

普通電車の速さは，108-36=72(km) ➡ 毎時72km
　　　　　　　　急行電車の速さ－2つの電車の速さの差

**答　毎時72km**

類題を解こう → 別冊82ページ 問題64　　つまずいたら → 435ページ 例題60

# 第3章 速さに関する問題

## 65 両針がつくる角度

**時計算** 〈入試〉
難易度 ★★☆

時計が1時40分をさしているとき，長針と短針のつくる角のうち，小さいほうの大きさは何度ですか。 〈甲南女子中〉

### 解き方

**ステップ1** 1時に両針がつくる角度を求める

1時に，短針は長針より，360°÷12×1＝30°先にあります。
　　　　　　　　　　　　短針が1時間に進む角度は30°

**ステップ2** 40分間に両針が進む角度を求める

40分間に両針が進む角度は，
長針が，360°÷60×40＝240°
　　　　長針が1分間に進む角度は6°
短針が，360°÷12÷60×40＝20°
　　　　短針が1分間に進む角度は0.5°

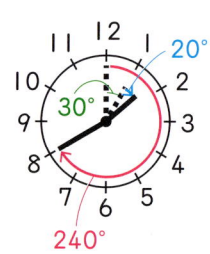

**ステップ3** 1時40分に両針がつくる角度を求める

1時40分に，長針と短針のつくる角度は，
　240°−(30°＋20°)＝190°
求めるのは，小さいほうの角度だから，
　360°−190°＝170°

**注意** 求めるのは小さいほうの角度だから，これを答えとしないように。

**答** 170°

### 別の解き方

1時40分に，長針と短針がつくる小さいほうの角度は，
(360°−240°)＋(30°＋20°)＝170°

### ポイント

長針が1分間に進む角度は，360°÷60＝6°
短針が1分間に進む角度は，360°÷12÷60＝0.5°

3年 4年 5年 6年 入試

時計算 入試

難易度 ★★★

## 66 両針が重なる時刻

5時から6時までの間で，時計の長針と短針が重なるのは5時何分何秒ですか。

〈芝浦工業大学柏中〉

### 解き方

**ステップ1** 5時に両針がつくる角度を求める

5時に，短針は長針より，$360° \div 12 \times 5 = 150°$ 先にあります。

**ステップ2** 1分間に，長針は短針に何度ずつ近づくかを求める

150°先にある短針を，長針が追いかける**旅人算**と考えます。
1分間に両針が進む角度は，
長針が，$360° \div 60 = 6°$
短針が，$360° \div 12 \div 60 = 0.5°$
だから，長針は短針に1分間に，
$6° - 0.5° = 5.5°$ ずつ近づきます。

**ステップ3** 両針が重なる時刻を求める

150°先にある短針に長針が追いつくのは，
$150° \div 5.5° = \dfrac{150}{5.5} = \dfrac{300}{11} = 27\dfrac{3}{11}$（分後）

$\dfrac{3}{11}$分を秒になおすと，$60 \times \dfrac{3}{11} = \dfrac{180}{11} = 16\dfrac{4}{11}$（秒）

したがって，5時と6時の間で，時計の長針と短針が重なるのは，
5時27分$16\dfrac{4}{11}$秒。

> **注意** 秒の単位まで求めることに注意。

**答** 5時27分$16\dfrac{4}{11}$秒

**ポイント** 両針が重なる時刻は旅人算で考えよう！

類題を解こう → 別冊82ページ 問題66　つまずいたら → 440ページ 例題65　旅人算の確認 → 431ページ 例題56

# 第3章 速さに関する問題

**時計算** 入試

難易度 ★★★

## 67 両針が一直線になる時刻

午前9時から午前10時の間に，時計の長針と短針がつくる角度が180°になるのは何時何分ですか。わり切れないときは分の単位を帯分数で表しなさい。

〈森村学園中等部〉

### 解き方

**ステップ1** 9時に両針がつくる角度を求める

9時に，短針は長針より，360°÷12×9＝270°先にあります。

**ステップ2** 両針のつくる角度が180°になる条件を考える

長針と短針のつくる角度が180°になるのは，270°−180°＝90°より，9時の位置から，長針が短針より90°多く進めばよいことになります。

**ステップ3** 両針のつくる角度が180°になる時刻を求める

1分間に進む角度は，
長針が360°÷60＝6°，短針が360°÷12÷60＝0.5°で，
1分間に，長針は短針より，6°−0.5°＝5.5°多く進むから，
9時から10時の間で，長針と短針のつくる角度が180°になるのは，

$$90° \div 5.5° = \frac{90}{5.5} = \frac{180}{11} = 16\frac{4}{11}(分) \Rightarrow 9時16\frac{4}{11}分$$

**答** （午前）9時 $16\frac{4}{11}$ 分

### 別の解き方

9時に両針がつくる小さいほうの角度は90°で，ここから，
長針は短針より，180°−90°＝90°多く進めばよいことになります。
1分間に，長針は短針より，6°−0.5°＝5.5°多く進むから，
9時から10時の間で，長針と短針のつくる角度が180°になるのは，

$$90° \div 5.5° = \frac{90}{5.5} = \frac{180}{11} = 16\frac{4}{11}(分) \Rightarrow 9時16\frac{4}{11}分$$

類題を解こう → 別冊82ページ 問題67　つまずいたら → 440ページ 例題65

流水算 入試

難易度 ★★☆

## 68 流水算の基本

ある船が川を36km上るには6時間，下るには2時間かかります。静水時にこの船が進む速さは時速何kmですか。また，川の流れの速さは時速何kmですか。
〈京都聖母学院中〉

### 解き方

**ステップ1** 船の速さと川の流れの速さの関係を確認する

船の上りの速さ＝船の静水時の速さ－川の流れの速さ ← 流れに逆らって進む
船の下りの速さ＝船の静水時の速さ＋川の流れの速さ ← 流れにのって進む

線分図に表すと，右のようになるね。

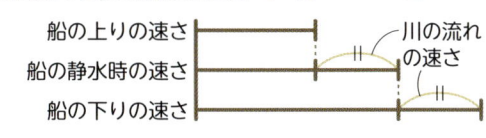

**ステップ2** 船の上りの速さと下りの速さを求める

この船の上りの速さは，36÷6＝6(km) ➡ 時速6km
この船の下りの速さは，36÷2＝18(km) ➡ 時速18km

**ステップ3** 船の静水時の速さと川の流れの速さを求める

この船の静水時の速さは，
(6+18)÷2＝12(km) ➡ 時速12km
　船の静水時の速さ＝(上りの速さ+下りの速さ)÷2
川の流れの速さは，
(18-6)÷2＝6(km) ➡ 時速6km
　川の流れの速さ＝(下りの速さ-上りの速さ)÷2

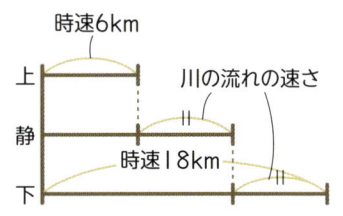

**答** 船の静水時の速さ…時速12km，川の流れの速さ…時速6km

### ポイント

船の静水時の速さ＝(上りの速さ+下りの速さ)÷2
川の流れの速さ＝(下りの速さ-上りの速さ)÷2

類題を解こう → 別冊82ページ 問題68　レベルアップ → 444ページ 例題69

# 第3章 速さに関する問題

**流水算** 入試

難易度 ★★☆

## 69 流水算のグラフ

川にそって A 町と B 町があり，その2つの町の間を船が往復しています。右のグラフはそのようすを表したものです。次の問いに答えなさい。ただし，船の速さは一定とします。

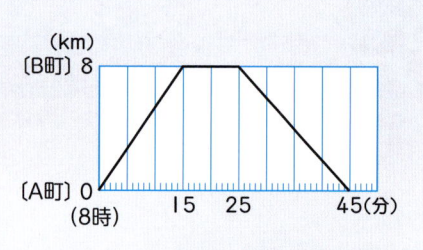

〈日本女子大学附属中・改〉

(1) 上流にあるのは A 町，B 町のどちらですか。
(2) 川の流れの速さは，毎時何 km ですか。

### 解き方

(1) **ステップ1** かかる時間を求める

A 町→B 町には 15 分，B 町→A 町には 45−25＝20（分）かかっています。

**ステップ2** どちらが上流かを求める

流れにのって進む**速いほうが下り**だから，下りは，A 町→B 町
したがって，上流にあるのは，A 町です。

**答 A 町**

(2) **ステップ1** 上りと下りの速さを求める

上り（B 町→A 町）の速さは，$8 \div \dfrac{20}{60} = 24$（km）➡ 毎時 24 km

下り（A 町→B 町）の速さは，$8 \div \dfrac{15}{60} = 32$（km）➡ 毎時 32 km

**ステップ2** 川の流れの速さを求める

この川の流れの速さは，
$(32 - 24) \div 2 = 4$（km）➡ 毎時 4 km

川の流れの速さ＝（下りの速さ−上りの速さ）÷2

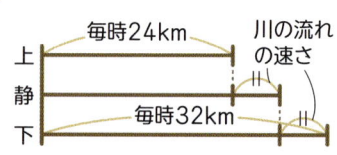

**答 毎時 4 km**

## 70 動く歩道

**流水算** 入試
難易度 ★★★

P地点からQ地点まで、一定の速さで進む「動く歩道」があります。AさんはPから「動く歩道」に乗り、はじめの1分間は立ったまま乗っていましたが、PからQまでの距離のちょうど $\frac{3}{4}$ 進んだ地点からQまで歩きました。Aさんが「動く歩道」の上を歩く速さは秒速1.2mで、PからQまで1分8秒かかりました。このとき、「動く歩道」の進む速さは秒速何mですか。

〈城北中〉

### 解き方

**ステップ1** 立ったまま進んだ距離と歩いて進んだ距離の比を求める

歩き始めた地点をRとすると、

PR:RQ $= \frac{3}{4} : \left(1 - \frac{3}{4}\right) = \frac{3}{4} : \frac{1}{4} = 3 : 1$

**ステップ2** PR間とRQ間にかかった時間の比を求める

PR間にかかった時間は、1分=60秒
RQ間にかかった時間は、1分8秒－1分=8秒 だから、
PR間とRQ間にかかった時間の比は、60:8=15:2

**ステップ3** PR間とRQ間の速さの比を求める

PR間とRQ間の速さの比は、$(3 \div 15) : (1 \div 2) = \frac{1}{5} : \frac{1}{2} =$ ② : ⑤

速さの比＝(距離÷時間)の比

**ステップ4** 動く歩道の進む速さを求める

⑤－②＝③ が、動く歩道の上を歩いた速さの秒速1.2mにあたるから、
①＝1.2÷3＝0.4(m) ➡ 秒速0.4m
②にあたるPR間の速さ、
すなわち、動く歩道の進む速さは、
　0.4×2＝0.8(m) ➡ 秒速0.8m

**答** 秒速0.8m

PR間は立ったままで、これが動く歩道の進む速さだね。

# 第4章 いろいろな問題

# いろいろな問題

　　　　　　　　　　　　　　　　　　　　　　**入試対策**

## ここのポイント

### 植木算 → 例題 71, 72

道沿いや池のまわりなどに等しい間かくで木を植えるとき，木の本数を求めるような問題を，植木算といいます。

**重要**
- 道の両はしに木を植えるとき，木の本数＝間の数＋1
- 一方のはしにしか木を植えないとき，木の本数＝間の数
- 道の両はしには木を植えないとき，木の本数＝間の数－1
- 池のまわりなどに木を植えるとき，木の本数＝間の数

例　長さ240mの道の片側に，はしからはしまで8m間かくで木を植えるとき，間の数は，240÷8=30だから，必要な木の本数は，30+1=31（本）

### 日暦算 → 例題 73, 74

日付や曜日を求めるような問題を，日暦算といいます。

例　ある年の6月20日は金曜日です。この年の10月20日は何曜日ですか。
→ 6月20日から10月20日までの日数は，6月20日をふくめると，
(30−20+1)+31+31+30+20=123（日）
123÷7=17あまり4より，123日は17週間と4日だから，
10月20日は，金曜日から始まる1週間（金土日月火水木）の4日目で，月曜日。

### 方陣算 → 例題 75, 76

ご石を正方形の形に並べたとき，ご石の個数を求めるような問題を，方陣算といいます。

例　ご石を正方形の形にしきつめたら，いちばん外側のまわりの個数が80個になりました。このとき，ご石は全部で何個ありますか。
→ 正方形の1辺のご石の個数は，80÷4+1=21（個）
ご石の個数は，全部で，21×21=441（個）

## 集合算 → 例題 77, 78

ある集団をあることがらで分類するとき，重なっている人数やどちらでもない人数を求めるような問題を，**集合算**といいます。

**例** あるクラスの生徒36人のうち，通学に電車を利用する人は22人，バスを利用する人は19人，両方利用する人は11人います。両方利用しない人は何人いますか。

➡ ベン図に表すと，右のようになります。
両方利用しない人を□人とすると，
22+19−11+□=36,
30+□=36,
□=36−30=6（人）

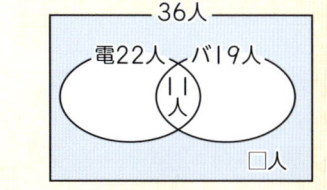

## ニュートン算 → 例題 79 ～ 81

ある量から一定の割合で増える量を，一定の割合で減らしていくと，なくなるのにどれだけかかるかを求めるような問題を，**ニュートン算**といいます。

**例** 遊園地の開園前に300人の行列ができていて，開園後も毎分15人ずつ行列に加わります。開園後，入場口を1つだけ開けると，行列は10分でなくなります。入場口を3つ開けると，行列は何分何秒でなくなりますか。

➡ 開園後，1つの入場口から10分間に入る人数は，300+15×10=450（人）
1つの入場口から1分間に入る人数は，450÷10=45（人）
入場口を3つにすると，行列は1分間に，
45×3−15=120（人）ずつ減っていくから，
行列がなくなるのにかかる時間は，300÷120=2.5（分） ➡ 2分30秒

## 規則性の問題 → 例題 82 ～ 86

周期や増え方，減り方のきまりなど，規則性を見つけて解きます。

## 推理 → 例題 87 ～ 90

ひらめきや直感ではなく，論理的に考えて解きます。

*条件を整理することが大事だよ。*

# 第4章 いろいろな問題

植木算 　入試

## 71 植木算の基本

難易度 ★★☆

まっすぐな道の片側に12m間隔で旗が15本立っています。両はしの旗をそのままにして、8m間隔で旗が並ぶように、旗を追加して立て直しました。追加した旗は何本ですか。〈桐朋中〉

### 解き方

**ステップ1** 旗の本数と間の数の関係を確認する

道の両はしにも旗を立てるとき、
**旗の本数＝間の数＋1**
**間の数＝旗の本数−1**

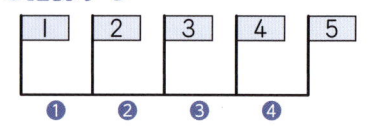

**ステップ2** 道の長さを求める

この道の長さは、12×(15−1)＝168(m)
　道の長さ＝間隔×間の数

旗は15本。

**ステップ3** 8m間隔にしたときに必要な旗の本数を求める

8m間隔にしたときに必要な旗の本数は、168÷8＋1＝21＋1＝22(本)
　　　　　　　　　　　　　　　　　　旗の本数＝間の数＋1

**ステップ4** 追加した旗の本数を求める

追加した旗の本数は、22−15＝7(本)

**答** 7本

### ポイント

- 両はしに旗を立てるとき、**旗の本数＝間の数＋1**
- 両はしに旗を立てないとき、**旗の本数＝間の数−1**
- 一方のはしだけに旗を立てるとき、**旗の本数＝間の数**
- 池のまわりなどに旗を立てるとき、**旗の本数＝間の数**

類題を解こう → 別冊83ページ 問題71　　レベルアップ → 449ページ 例題72

## 72 テープをつなげる

植木算 **入試**
難易度 ★★☆

1本の長さが30cmの紙テープが26本あります。のりしろをすべて何cmとしてこの紙テープを全部つなぐと，7.2mの紙テープができますか。〈智辯学園中〉

### 解き方

**ステップ1** のりしろの数を求める

テープを何本かつなげたときの，のりしろの数を考えます。

> **くわしく**
> テープの数とのりしろの数の関係を見つけよう！
>
> テープが2本のとき，のりしろの数は，1つ。
> テープが3本のとき，のりしろの数は，2つ。
> テープが4本のとき，のりしろの数は，3つ。
> ⋮

**のりしろの数は，つなげたテープの数より1小さい数になる**から，
テープを26本つなげたときののりしろの数は，26−1=25

**ステップ2** のりしろの長さの和を求める

7.2m=720cmだから，のりしろに使った部分の長さの和は，
30×26−720=780−720=60(cm)

**ステップ3** のりしろ1つ分の長さを求める

のりしろの数は25で，その長さの和は60cmだから，
のりしろ1つ分の長さは，60÷25=2.4(cm)

**答** 2.4cm

類題を解こう → 別冊83ページ 問題72
つまずいたら → 448ページ 例題71

# 第4章 いろいろな問題

**日暦算** 入試

## 73 曜日の計算

難易度 ★★☆

ある年の3月3日が火曜日のとき、その年の12月31日は何曜日ですか。
〈茗溪学園中〉

### 解き方

**ステップ1** 3月3日から12月31日までの全日数を求める

3月3日から12月31日までの日数は、
3月3日もふくめると、

(31−3+1)+30+31+30+31+31+30+31+30+31＝304(日)
　3月　　4月　5月　6月　7月　8月　9月　10月 11月 12月

**くわしく**

各月の日数を確認しよう。

- ●大の月…31日まである月
  → 1月, 3月, 5月, 7月, 8月, 10月, 12月
- ●小の月…31日まで ない月
  → 2月, 4月, 6月, 9月, 11月
  ↑平年は28日, うるう年は29日

「西向く士
 24 6 9 11
 と覚えよう!」

**ステップ2** 全日数は何週間と何日かを求める

304日は、
304÷7＝43 あまり 3 より、
43週間と3日。

1週間は7日間だから…

**ステップ3** あまりに着目して、12月31日は何曜日かを求める

3月3日は火曜日で、
3月3日から12月31日までは43週間と3日だから、
12月31日は、火曜日から始まる1週間(火水木金土日月)の3日目で、
木曜日。

**答** 木曜日

## 74 1年後の曜日

日暦算 入試
難易度 ★★☆

2013年2月1日は金曜日です。2019年2月1日は何曜日ですか。

〈田園調布学園中等部〉

### 解き方

**ステップ1** 1年後の曜日は，何日ずれるかを考える

平年は365日だから，途中に2月29日をふくまないとき，
1年後の曜日は，365÷7=52あまり1より，1日先へずれます。
また，うるう年は366日だから，途中に2月29日をふくむとき，
1年後の曜日は，366÷7=52あまり2より，2日先へずれます。

**ステップ2** 2月29日が何回あるかを調べる

西暦の年数を4でわったとき，わりきれる年がうるう年だから，
2013年2月1日から2019年2月1日まで，2月が29日まであるのは，
2016年2月29日の1回だけです。

**ステップ3** 何日ずれるかを調べる

2013年2月1日から2019年2月1日までは，2019−2013=6(年間)
この6年間で，2月29日は1回しかないから，
ずれる日数は，1×(6−1)+2×1=7(日)

**ステップ4** 2019年2月1日は何曜日か求める

2013年2月1日は金曜日で，
2019年2月1日は，金曜日から7日(1週間)ずれるから，金曜日です。

**答 金曜日**

**確認**
2月1日の曜日を，2013年から2019年まで順に求めると，
金曜日，土曜日，日曜日，月曜日，水曜日，木曜日，金曜日
2013　2014　2015　2016　2017　2018　2019

# 第4章 いろいろな問題

**方陣算** 入試

難易度 ★★☆

## 75 方陣算の基本

おはじきを使い，1辺が4個の正方形をつくります。その外側に図のように何重にも正方形をつくっていきます。

〈埼玉栄中〉

(1) 内側から3番目の正方形にはおはじきが何個必要ですか。
(2) 内側から5番目の正方形までつくるとするとおはじきは全部で何個必要ですか。

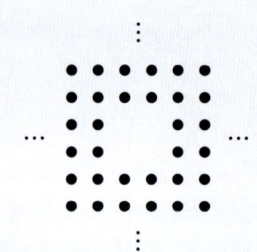

### 解き方

(1) **ステップ1** 内側から3番目の正方形の1辺の個数を求める

内側から1番目の正方形の1辺の個数は，4個。
内側から2番目の正方形の1辺の個数は，4+2=6(個)
内側から3番目の正方形の1辺の個数は，6+2=8(個)

〉2個ずつ増える

**ステップ2** 必要なおはじきの個数を求める

右の図のように考えると，
1辺の個数が8個の内側から3番目の正方形に必要なおはじきの個数は，

(8−1)×4=28(個)

まわりの個数=(1辺の個数−1)×4

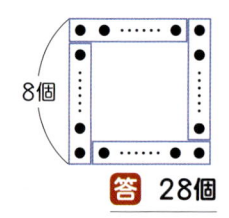

8個

**答** 28個

(2) **ステップ1** 内側から5番目の正方形の1辺の個数を求める

内側から5番目の正方形の1辺の個数は，8+2+2=12(個)

内側から3番目の正方形の1辺の個数

**ステップ2** 必要なおはじきの個数を求める

内側から5番目の正方形をつくるとき，必要なおはじきの個数は，

12×12−2×2=144−4=140(個)

空いている1辺が2個の正方形の分をひく

**答** 140個

類題を解こう → 別冊84ページ 問題75　レベルアップ → 453ページ 例題76

## 76 列の追加

方陣算 　入試

難易度 ★★★

図のように，何個かのご石を，縦・横が同じになるように並べると，10個あまりました。さらに，縦・横1列ずつ増やすには，あと21個足りません。ご石は全部で何個ですか。　〈森村学園中等部〉

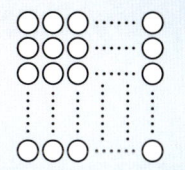

### 解き方

**ステップ1** 列を増やすのに必要なご石の個数を求める

縦・横1列ずつ増やすのに必要なご石の個数は，あまりと不足の和で，
10+21=31（個）

あまりの10個
不足の21個

**参考** あまりと不足の和は，必ず奇数になる。

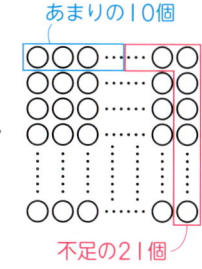

**ステップ2** もとの正方形の1辺の個数を求める

もとの正方形の1辺の個数は，
(31-1)÷2=15（個）

ステップ1で求めた個数を利用すると…

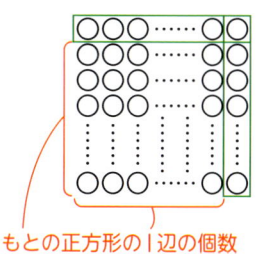

もとの正方形の1辺の個数

**ステップ3** ご石の個数を求める

ご石の個数は，全部で，
15×15+10=225+10=235（個）
　もとの正方形の個数＋あまり

**答** 235個

# 第4章 いろいろな問題

集合算 　入試

難易度 ★★☆

## 77 集合算の基本（ベン図の利用）

35人の生徒に聞いてみたところ，初詣に行った生徒が19人，初日の出を見に行った生徒が15人で，両方に行った生徒が7人いました。どちらにも行かなかった生徒は何人いましたか。

〈多摩大学附属聖ヶ丘中〉

### 解き方

**ステップ1　ベン図に整理する**

どちらにも行かなかった生徒を□人として図に整理すると，右のようになります。

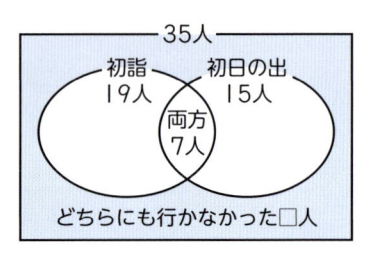

たまに見かける図だけど，これをベン図っていうんだ。

**ステップ2　どちらにも行かなかった生徒の人数を求める**

図より，19＋15－7＋□＝35，27＋□＝35，□＝35－27＝8（人）
　　　　2回数えている両方に行った生徒の人数をひく

**答　8人**

### 別の解き方

● 線分図に整理する

どちらにも行かなかった生徒を□人とすると，右の線分図より，
19＋15－7＋□＝35，
27＋□＝35，□＝35－27＝8（人）

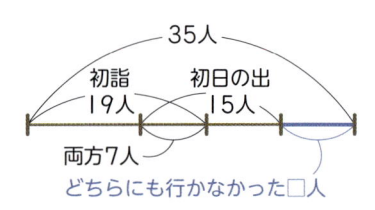

● 表に整理する

右の表で，
ア＝19－7＝12（人）
イ＝35－15＝20（人）
どちらにも行かなかった生徒は，
ウ＝20－12＝8（人）

|  |  | 初日の出 | | 合計 |
|---|---|---|---|---|
|  |  | ○ | × |  |
| 初詣 | ○ | 7 | ア | 19 |
|  | × |  | ウ |  |
| 合計 |  | 15 | イ | 35 |

○…行った，×…行かなかった

類題を解こう → 別冊84ページ 問題77　　レベルアップ → 455ページ 例題78

## 78 集合と範囲

集合算　入試
難易度 ★★★

40人のクラスで，電車を利用して通学している人が33人，バスを利用して通学している人が13人でした。電車，バス両方を利用して通学している人は，何人以上何人以下であると考えられますか。

〈大谷中(大阪)・改〉

### 解き方

**ステップ 1　最少の人数を求める**

電車，バス両方を利用して通学している人が最少となるのは，右の図のように，どちらも利用していない人がいないときで，
33＋13－40＝6(人)

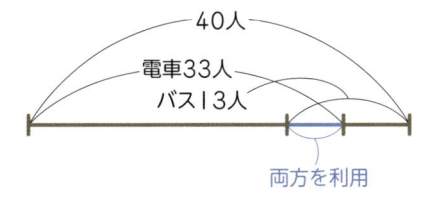

40人
電車33人
バス13人
両方を利用

**ステップ 2　最多の人数を求める**

電車，バス両方を利用して通学している人が最多となるのは，右の図のように，バスを利用している人すべてが電車を利用しているときで，13人。

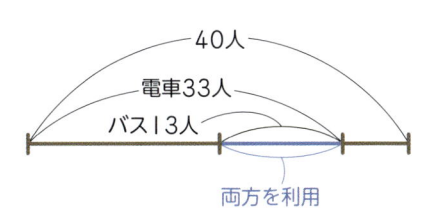

40人
電車33人
バス13人
両方を利用

**ステップ 3　問題に合わせて答える**

電車，バス両方を利用して通学している人は，最少で6人，最多で13人だから，
6人以上13人以下です。

**答　6人以上13人以下**

最少の人数と最多の人数を別々に考えるんだね。

類題を解こう → 別冊84ページ 問題78
つまずいたら → 454ページ 例題77

# 第4章 いろいろな問題

**ニュートン算** 入試

難易度 ★★★

## 79 行列がなくなる時間

野球場の入り口で入場を開始したとき，すでに2400人の行列ができていて，それから後も毎分20人の割合で行列に人が加わっていきます。入り口を1つにすると，入場を開始して行列がなくなるのに80分かかります。入り口を2つにすると行列がなくなるのに何分かかりますか。

〈智辯学園中〉

### 解き方

**ステップ1** 1つの入り口から80分間に入場する人数を求める

入り口を1つにすると，入場を開始して行列がなくなるのに80分かかるから，1つの入り口から80分間に入場する人数は，

2400+20×80=2400+1600=4000(人)

<u>はじめの行列の人数＋80分間に行列に加わった人数</u>

**ステップ2** 1つの入り口から1分間に入場できる人数を求める

80分で4000人入場するから，1つの入り口から1分間に入場できる人数は，

4000÷80=50(人)

**ステップ3** 入り口を2つにしたとき，1分間に減る人数を求める

行列には，1分間に20人ずつ人が加わっていきますが，
入り口を2つにすると，1分間に，50×2=100(人)ずつ入場するから，
1分間に減る行列の人数は，100−20=80(人)

**ステップ4** 行列がなくなるのにかかる時間を求める

入場を開始したときの2400人の行列が，
1分間に80人ずつ減っていくから，
行列がなくなるのにかかる時間は，
2400÷80=30(分)

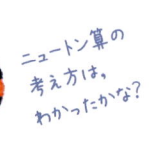

**答** 30分

ニュートン算の考え方は，わかったかな？

類題を解こう → 別冊84ページ 問題79　レベルアップ → 457ページ 例題80

## 80 牧草と羊の数

**ニュートン算** 入試

難易度 ★★★

ある牧場では，羊は一定の割合で草を食べています。その草は毎日一定の割合で生えます。この牧場で羊が草を食べつくすのに，10頭では28日，15頭では14日かかります。1頭の羊が1日に食べる草の量を1とします。次の問いに答えなさい。〈世田谷学園中〉

(1) 1日に生える草の量を求めなさい。
(2) 9頭では，草を食べつくすのに何日かかりますか。

### 解き方

(1) **ステップ1** 2通りの食べ方を線分図に表す

牧場の草がなくなる2通りの食べ方を線分図に表すと，右のようになります。

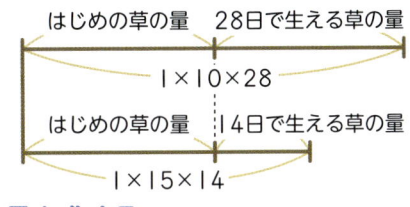

|はじめの草の量 | 28日で生える草の量|
1×10×28
|はじめの草の量 | 14日で生える草の量|
1×15×14

**ステップ2** 1日に生える草の量を求める

図より，28−14=14(日)で生える草の量は，
　1×10×28−1×15×14=280−210=70 だから，
1日に生える草の量は，70÷14=5　　**答 5**

(2) **ステップ1** はじめの草の量を求める

牧場のはじめの草の量は，1×10×28−5×28=280−140=140

**ステップ2** 9頭で草を食べつくす日数を求める

羊9頭が1日に食べる草の量は，1×9=9
1日に生える草の量は5だから，
牧場の草は，1日に，9−5=4 ずつ減っていきます。
はじめの草の量は140だから，9頭で草を食べつくすのにかかる日数は，
　140÷4=35(日)　　**答 35日**

# 第4章 いろいろな問題

## 81 わき出る水とポンプ

**ニュートン算** 入試
難易度 ★★★

一定の割合で水がわき出る池があります。この池の水を排水ポンプを使って毎分60Lの割合で排水すると1時間45分で水はすべてなくなり，毎分72Lで排水すると1時間15分で水はすべてなくなります。次の問いに答えなさい。〈西武学園文理中〉

(1) はじめに池には何Lの水がありましたか。
(2) 毎分80Lの割合で排水すると，何時間何分で水はなくなりますか。

### 解き方

(1) **ステップ1** 1分間にわき出る水の量を求める

1時間45分は105分，
1時間15分は75分だから，
池の水がなくなる2通りの
排水のしかたを図に表すと，
右のようになります。

はじめの水の量 ┊ 105分間にわき出る水の量
　　　　　　60×105(L)
はじめの水の量 ┊ 75分間にわき出る水の量
　　　　　　72×75(L)

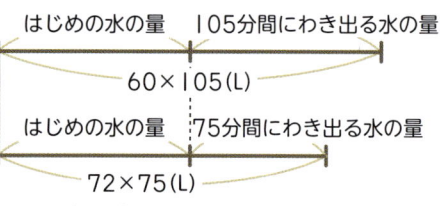

図より，105−75=30(分間)にわき出る水の量は，
60×105−72×75=6300−5400=900(L)だから，
1分間にわき出る水の量は，900÷30=30(L)

**ステップ2** はじめの池の水の量を求める

はじめの池の水の量は，
　60×105−30×105=(60−30)×105=30×105=3150(L)

**答 3150L**

(2) **ステップ1** 1分間に減る水の量を求める

毎分80Lの割合で排水したとき，1分間に減る池の水の量は，
　80−30=50(L)

**ステップ2** 水がなくなる時間を求める

3150Lの水が毎分50Lずつ減っていくから，水がなくなる時間は，
　3150÷50=63(分) ➡ 1時間3分

**答 1時間3分**

## 規則性の問題　入試

難易度 ★★★

## 82 記号の周期

次のように○，□，△が規則的に並んでいるとき，83個目の○が出てくるのは，はじめから数えて何番目ですか。　〈清泉女学院中〉

○□△○○□○□△○○□○□△○○□○□△…

### 解き方

**ステップ1　記号の周期を見つける**

この記号の列は，○□△○○□の6個の記号を周期としたくり返しです。

**くわしく**　周期の見つけ方を考えよう。

周期を見つけるときは，はじめの記号に着目し，順に個数を増やして調べていきます。

はじめの記号は○

● 次の○が出てくる前の3個ずつで区切ると，
○□△｜○○□｜……となり，
くり返しにならないので，これはちがいます。

● 次の○が出てくる前の4個ずつで区切ると，
○□△○｜○□○□｜……となり，
くり返しにならないので，これもちがいます。

● 次の○が出てくる前の6個ずつで区切ると，
○□△○○□｜○□△○○□｜……となり，
くり返しになるので，これが周期です。

**ステップ2　83個目の○は，はじめから数えて何番目か求める**

1つの周期の中に，○は3個ずつあるから，83÷3＝27あまり2より，
83個目の○は，6個の周期を27回くり返したあとの2個目の○です。
この2個目の○は，1つの周期の中で4個目だから，
83個目の○が出てくるのは，はじめから数えて，
6×27＋4＝162＋4＝166（番目）

**答　166番目**

類題を解こう　→ 別冊85ページ 問題82　　規則性の確認 → 53ページ 例題31　　レベルアップ → 460ページ 例題83

# 第4章 いろいろな問題

規則性の問題　入試

難易度 ★★☆

## 83 数表①

右のような規則で並べた数の列があります。
〈神奈川学園中・改〉

```
                    1              …1段目
                  2 3 4            …2段目
                5 6 7 8 9          …3段目
            10 11 12 13 14 15 16   …4段目
        17 18 19 20 21 22 23 24 25 …5段目
```

(1) 8段目の一番右の数は何ですか。

(2) ある段の一番左の数と一番右の数をたすと222になりました。それは上から何段目ですか。

## 解き方

(1) **ステップ1　一番右の数の規則性を見つける**

一番右の数は，1段目から順に，
1＝1×1，4＝2×2，9＝3×3，16＝4×4，25＝5×5 と，
**段の数を2回かけた数**になっています。

**ステップ2　8段目の一番右の数を求める**

8段目の一番右の数は，8×8＝64

**答 64**

(2) **ステップ1　どんな数を見つければよいかを考える**

各段の一番左の数は，前の段の一番右の数より1大きい数だから，
ある段の一番左の数と一番右の数の和が222になるということは，
その段と前の段の一番右の数の和が 222－1＝221 になるということです。

**ステップ2　各段の一番右の数を調べて，答えを求める**

| 段目 | 1 | 2 | … | 8 | 9 | 10 | 11 | 12 | … |
|---|---|---|---|---|---|---|---|---|---|
| 一番右の数 | 1 | 4 | … | 64 | 81 | 100 | 121 | 144 | … |

（10段目と11段目：和が221）

上の表より，一番左の数と一番右の数の和が222になるのは，上から11段目です。

**答 11段目**

## 84 数表②

規則性の問題　入試
難易度 ★★★

右の図のように，左下からある規則にしたがって，番号がついている正方形が並んでいます。また，左から○個，下から□個のところにある正方形を（○，□）と表します。例えば8番の正方形は（3，2）と表します。〈共立女子中〉

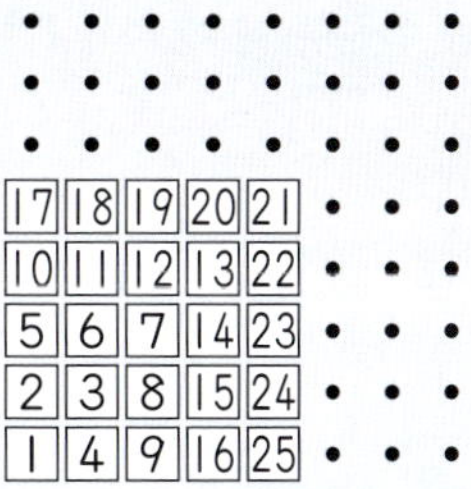

(1) （6，3）は何番の正方形ですか。
(2) 111番の正方形はどのように表せますか。

### 解き方

(1) **ステップ1　下から1個の正方形の番号の規則性を見つける**

下から1個のところにある正方形の番号は，左から順に，
1＝1×1，4＝2×2，9＝3×3，16＝4×4，25＝5×5 だから，
（○，1）の正方形の番号は，○×○

**ステップ2　（6，3）は何番の正方形か求める**

（6，1）は，6×6＝36（番）だから，
（6，3）は，その 3−1＝2（つ）上で，36−2＝34（番）

**答　34番**

(2) **ステップ1　グループ分けする**

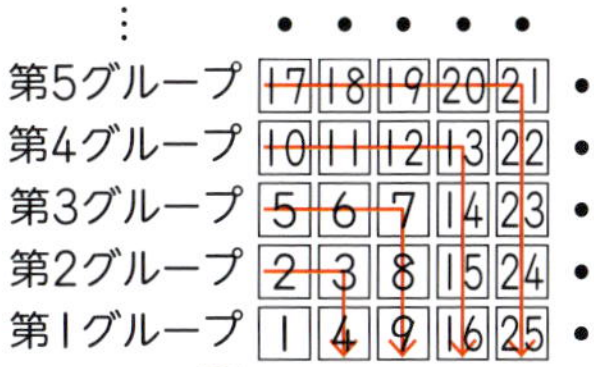

右の図の矢印のようにグループ分けすると，
第△グループの最後の番号は，△×△
第△グループの最初の番号は，
（△−1）×（△−1）＋1

**ステップ2　111番の正方形を（○，□）の形で表す**

111は，10×10＋1＝101 と 11×11＝121 の間にあるから，
111番の正方形は第11グループで，
左から，111−101＋1＝11（個目）
したがって，111番の正方形は，
（11，11）

**答　（11，11）**

> **注意**　第Nグループの左からN個目は，ちょうど角にあたる。左から（N+1）個以降は，ちがうグループになることに注意。

# 第4章 いろいろな問題

規則性の問題　入試
難易度 ★★★

## 85 図形の規則性①

右の図のように，1辺の長さが2cmの小さな正三角形を使って大きな正三角形をつくります。〈聖学院中〉

(1) まわりの長さが18cmの大きな正三角形をつくるとき，小さな正三角形は何個必要ですか。

(2) 小さな正三角形を25個使ってできる大きな正三角形の1辺の長さは何cmですか。

**解き方**

(1) **ステップ1** 大きな正三角形の1辺の長さを求める

まわりの長さが18cmの大きな正三角形の1辺の長さは，
18÷3＝6(cm)

**ステップ2** 段の数を求める

1辺が2cmの正三角形で1辺が6cmの正三角形をつくるとき，段の数は，6÷2＝3(段)

**ステップ3** 小さな正三角形の個数を求める

3段の大きな正三角形をつくるとき，必要な小さな正三角形の個数は，
1＋3＋5＝9(個)
　1段 2段 3段

**答** 9個

段を1段増やすには，前の段の個数＋2(個)の正三角形が必要。

(2) **ステップ1** 段の数を求める

25＝1＋3＋5＋7＋9より，段の数は5段。
　　　1段 2段 3段 4段 5段

**ステップ2** 大きな正三角形の1辺の長さを求める

5段の正三角形の1辺の長さは，2×5＝10(cm)

**答** 10cm

## 86 図形の規則性②

**規則性の問題** 入試
難易度 ★★★

下の図のように，1辺が1cmの立方体を順に積んでいきます。
〈上宮中・改〉

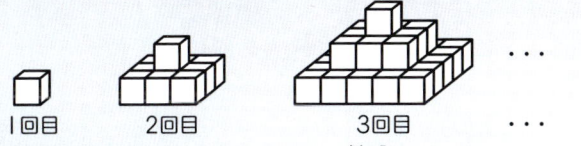

1回目　2回目　3回目　…

(1) 5回目まで積むと立方体は何個ありますか。
(2) 立方体の数がはじめて300個よりも大きくなるのは，何回目まで積んだときですか。

### 解き方

(1) **ステップ1** 1辺の長さの増え方の規則性を見つける

1回増えるごとに，追加した段の1辺の長さは，
1cm，3cm，5cm，……と，2cmずつ増えていきます。

**ステップ2** 5回目まで積んだときの立方体の個数を求める

5回目まで積んだときの立方体の個数は，
1＋3×3＋5×5＋7×7＋9×9＝1＋9＋25＋49＋81＝165（個）
　1回目　2回目　3回目　4回目　5回目

**答 165個**

(2) **ステップ1** 順に調べる

6回目まで積んだときの立方体の個数は，
165＋11×11＝165＋121＝286（個）
7回目まで積んだときの立方体の個数は，
286＋13×13＝286＋169＝455（個）

(1)の結果が利用できそうだね。

**ステップ2** 調べた結果を答えにする

したがって，立方体の数がはじめて300個よりも大きくなるのは，7回目まで積んだときです。

**答 7回目**

# 第4章 いろいろな問題

推理 　入試

## 87 順番整理

難易度 ★★☆

Aさん，Bさん，Cさん，Dさん，Eさんの5人で50m競走をしました。Aさん，Bさん，Cさんの3人に，順位について聞いたところ，それぞれ次のように答えました。5人の順位を1位から順に書き並べなさい。ただし，同じ順位の人はいません。

Aさん「私はEさんに負けたが，5位ではない。」
Bさん「私の前に3人いた。」
Cさん「私はEさんに勝った。」

〈共立女子中〉

### 解き方

**ステップ1** Bの順位を決める

Bの発言より，Bの前には3人いたから，
Bの順位は4位。……①

○○○ B ○
前に3人　4位

**ステップ2** A，C，Eの順番を決める

AとCの発言より，AはEに負け，CはEに勝ったから，
A，C，Eの3人の順番は，C，E，A……②

**ステップ3** Aの順位を決める

②より，Aは最高でも3位。
Aの発言より，Aは5位ではありません。
また，Bが4位だから，Aは4位でもありません。
したがって，Aは3位。……③

**ステップ4** 5人の順位を決める

①，②，③より，
1位はC，2位はE，3位はA，4位はBで，5位は残りのDになります。
1位から順に書き並べると，C，E，A，B，D。

**答** C，E，A，B，D

## 88 うその証言

**推理** 入試
難易度 ★★☆

Aさん，Bさん，Cさんが算数のテストを受けました。その3人が次のように答えました。
A「私よりCの方が点数が高かった」
B「Aは，3番目の点数だった」
C「Bは，1番点数が高かった」
3人のうち，1人だけがうそを言っています。2番目に点数の高かった人は，だれですか。ただし，同じ点数の人は，いなかったものとします。

〈城北埼玉中〉

### 解き方

**ステップ1　Aがうそを言っていると仮定する**

Aがうそを言っているとすると，B，Cは本当のことを言っているから，1番点数が高かったのはB，3番目はAで，2番目は残りのC。
（Cの発言）（Bの発言）
これだと，Aはうそを言っていることにならないので，おかしい。

**ステップ2　Bがうそを言っていると仮定する**

Bがうそを言っているとすると，A，Cは本当のことを言っているから，1番点数が高かったのはB，2番目はCで，3番目はA。
（Cの発言）（Aの発言）
これだと，Bはうそを言っていることにならないので，おかしい。

**ステップ3　Cがうそを言っていると仮定する**

Cがうそを言っているとすると，A，Bは本当のことを言っているから，3番目はAで，Cは1番目か2番目。
（Bの発言）（Aの発言）
Cのうその発言より，1番点数が高かったのはCで，2番目はB。
これは，問題に合います。
したがって，2番目に点数の高かった人は，Bです。

**答　B(さん)**

# 第4章 いろいろな問題

**推理** 入試

難易度 ★★☆

## 89 選挙

ある中学校の生徒541人が1人1票ずつ投票して、4人の役員を選ぶ選挙をします。立候補者が10人いるとき、必ず当選するためには最低何票とる必要がありますか。

〈昭和学院秀英中〉

### 解き方

**ステップ1　競う相手は何人かを考える**

当選者が4人のとき、
必ず当選するためには、
次点の、4+1=5(位)より、
1票でも多くとればよいことになります。

**ステップ2　次点の最高得票数を考える**

次点の5位の最高得票数は、
10人の立候補者のうち5人は0票と考えて、
541÷5=108あまり1より、108票。
投票数÷(当選者数+1)

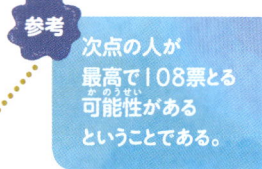

**参考** 次点の人が最高で108票とる可能性があるということである。

**ステップ3　必ず当選するために必要な最低票数を求める**

必ず当選するためには、
次点の最高票数108票より、1票でも多くとればよいから、
最低、108+1=109(票)とる必要があります。

**答** 109票

**ポイント**

当選に必要な票数
={投票数÷(当選者数+1)}の商+1

| 3年 | 4年 | 5年 | 6年 | 入試 |

推理　入試

難易度 ★★★

## 90 おまけの問題

ある店では，ビンのジュースを売っています。飲み終わった空きビンを4本持っていくと，新しいビンのジュース1本と代えてくれるとき，60本ジュースを飲むためには最低何本のジュースを買う必要がありますか。　〈栄東中〉

**解き方**

### ステップ1　図に表して，問題の意味をつかむ

買う分のジュースを○，空きビン4本と交換してもらえるジュースを●として図に表すと，次のようになります。

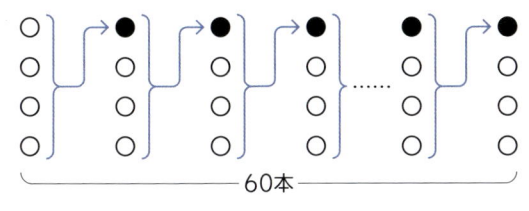

（図：○が60本，4本ずつのグループごとに●と交換される様子）

4本の組は何組できるかな？

### ステップ2　交換してもらえるジュースの本数を求める

上の図より，交換してもらえるジュースの本数は，

60÷4－1＝15－1＝14（本）
　└4本の組の数

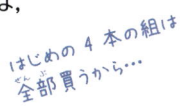

はじめの4本の組は全部買うから…

### ステップ3　買う分のジュースの本数を求める

60本のジュースを飲むために，買う必要があるジュースの本数は，
最低，60－14＝46（本）

**答　46本**

**ポイント**

空きビン○本で新しいジュース1本と交換してくれるとき，全部で□本飲むとすると，交換してもらえるジュースの本数は，

□÷○－1（本）

類題を解こう → 別冊87ページ 問題90

**COLUMN こんなとこにも！便利な算数**

# 東京スカイツリー®や，各地の

●東京スカイツリー®
（東京都墨田区）

世界一高い自立式電波塔，東京スカイツリー。

よく見ると，いろいろな形が組み合わさっているね。どんな形があるか，見てみよう。

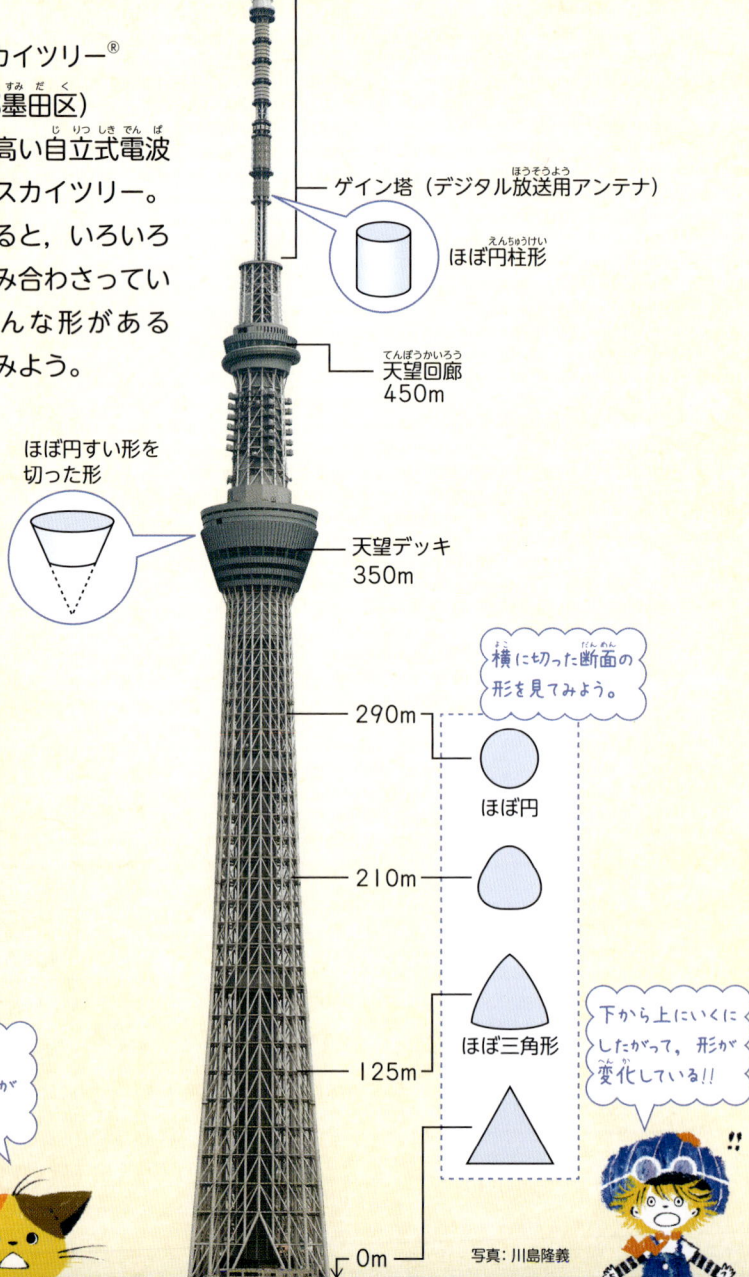

- 634m
- ゲイン塔（デジタル放送用アンテナ） ほぼ円柱形
- 天望回廊 450m
- ほぼ円すい形を切った形
- 天望デッキ 350m

横に切った断面の形を見てみよう。

- 290m ほぼ円
- 210m
- 125m ほぼ三角形
- 0m

下から上にいくにしたがって，形が変化している！！

長方形と，直角三角形がたくさん！

写真：川島隆義

# タワーで形さがし！

気になったら行ってみよう！

- 五稜郭タワー　高さ107m
  （北海道函館市）
  星形の塔に五角形の展望台

- クロスランドタワー　高さ118m
  （富山県小矢部市）
  正三角形の塔に円形の展望台

- 通天閣　高さ103m
  （大阪府大阪市）
  下は四角形で，展望台は八角形

- 神戸ポートタワー　高さ108m
  （兵庫県神戸市）
  円柱形の塔に，外側は「つづみ」の形

どれも個性的♪

# 例題さくいん

## 使い方

- 例題の名前，例題の問題文に出てくる言葉が50音順に並べてあり，のっている項目とページがわかります。
- 項目は編ごとに色分けしています。赤は数と計算編，緑は図形編，オレンジは数量関係編，青は入試・文章題編です。
- 教科書や問題集などで，解き方がわからない問題があったとき，問題文の中の言葉から，同じように解ける例題の候補をさがすこともできます。

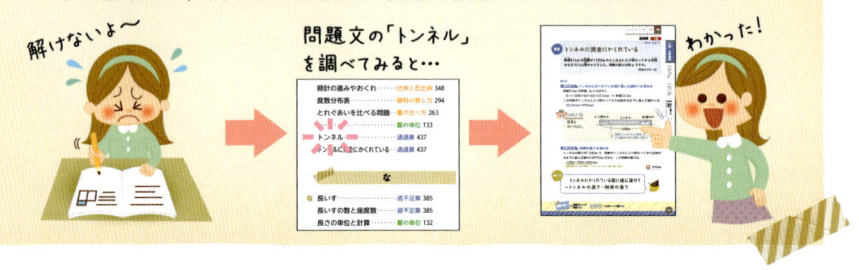

## あ

- あ　a（アール）・・・・・・・量の単位 134
- あいこ・・・・・・・・・・・・場合の数 361
- 空きビン・・・・・・・・・・・推理 467
- 握力の記録・・・・・・・・・資料の表し方 294
- あまり・・・・・・・・・・・・整数の性質 41,42
  - 小数の計算 69
  - 過不足算 383
- あまりとあまり・・・・・・・過不足算 384
- あまりと不足・・・・・・・・過不足算 383
- あまりのある小数のわり算・・小数の計算 69
- あまりのあるわり算・・・・・整数の計算 25
- アメ・・・・・・・・・・・・・つるかめ算 374
- い　以下・・・・・・・・・・・整数の性質 47
- 池・・・・・・・・・・・・・・ニュートン算 458
- 池の周囲・・・・・・・・・・差集め算 381
- 池のまわり・・・・・・・・・速さ 281
  - 旅人算 434
- 池のまわりの木の本数の差・・差集め算 381
- 石の体積・・・・・・・・・・容積 233
- 以上・・・・・・・・・・・・・整数の性質 47
- 位置・・・・・・・・・・・・・立体図形 204
- 1日の仕事量が途中で変わる（つるかめ算の利用）
  ・・・・・・・・・・・・・・仕事算 422
- 1年後の曜日・・・・・・・・日暦算 451
- 1mあたりの重さ・・・・・・比例と反比例 340
- 1Lあたりに走る道のり・・・量の比べ方 265
- 1回転・・・・・・・・・・・・図形の移動 190
  - 体積と表面積 227,228
- 1回転させてできる立体の体積・体積と表面積 227,228
- 1点の移動・・・・・・・・・図形の移動 193
- 一方がもう一方に追いつく・・旅人算 431
- 1本あたりの値段・・・・・・量の比べ方 264
- 1本の線分図に整理する・・・相当算 413
- いろいろな形の面積・・・・・長さと面積 146
- いろいろな計算・・・・・・・分数の計算 98
- いろいろな数列・・・・・・・整数の性質 54

# 例題さくいん

## あ

| | | |
|---|---|---|
| いろいろな立体の体積 | 体積と表面積 | 224 |
| 色紙 | 整数の性質 | 36 |
| | 過不足算 | 383 |
| 色のぬられた立方体 | 立体図形 | 210 |
| 色のぬり分け | 場合の数 | 360 |

**う**
| | | |
|---|---|---|
| 上から2けたのがい数 | 整数の性質 | 46 |
| 植木算の基本 | 植木算 | 448 |
| 動く歩道 | 流水算 | 445 |
| うそ | 推理 | 465 |
| うその証言 | 推理 | 465 |

**え**
| | | |
|---|---|---|
| $x$と$y$の関係 | 文字と式 | 249 |
| | 比例と反比例 | 336,340,341,344 |
| $x$の値の求め方 | 文字と式 | 250 |
| $x$の表す数 | 文字と式 | 250 |
| | 比 | 320 |
| $n$進法 | 整数の性質 | 57 |
| 円 | 平面図形 | 113 |
| | 長さと面積 | 163,165 |
| | 図形の移動 | 191 |
| 円グラフの読み方 | 割合 | 312 |
| 円周 | 長さと面積 | 156,158 |
| 円周の長さと直径 | 長さと面積 | 156 |
| 円すい | 立体図形 | 211,222 |
| 円すいの展開図 | 立体図形 | 206 |
| 円すいの表面上の最短の長さ | 立体図形 | 211 |
| 円すいの表面積と体積 | 体積と表面積 | 222 |
| 円柱 | 体積と表面積 | 216,224,229 |
| | 容積 | 237 |
| 円柱の展開図 | 立体図形 | 202 |
| 円柱の表面積 | 体積と表面積 | 220 |
| 円柱を切断した立体の体積 | 体積と表面積 | 226 |
| 円柱をななめに切断したときの体積 | 体積と表面積 | 229 |
| 円のころがり移動 | 図形の移動 | 191 |
| 円の直径と半径 | 平面図形 | 113 |
| 円の面積 | 長さと面積 | 158 |
| えん筆 | 量の比べ方 | 264 |
| | 消去算 | 389 |
| 円を組み合わせた図形の周の長さ | 長さと面積 | 163 |
| 円を半径で区切った図形の面積 | 長さと面積 | 159 |

**お**
| | | |
|---|---|---|
| 追いこし | 旅人算 | 434 |
| 追いこす | 図形の移動 | 194 |
| | 通過算 | 439 |
| 追いついた | 速さ | 284 |
| | 旅人算 | 431,433 |
| おうぎ形 | 長さと面積 | 162 |
| おうぎ形と半円を組み合わせた図形の面積 | 長さと面積 | 164 |
| おうぎ形の周の長さ | 長さと面積 | 162 |
| 往復するときの平均の速さ | 速さ | 279 |
| 大きさの等しい分数 | 分数のしくみ | 76 |
| オートバイ | 速さ | 275 |
| 置きなおす | 容積 | 234 |
| 億 | 整数のしくみ | 20 |
| おこづかい | 和差算 | 371 |
| | 分配算 | 397 |
| おつり | 文字と式 | 249 |
| | 差集め算 | 379 |
| 同じ大きさの正方形 | 整数の性質 | 39 |
| 同じ数字があるカードの並べ方 | 場合の数 | 358 |
| おはじき | 方陣算 | 452 |
| 帯グラフの読み方 | 割合 | 311 |
| 帯グラフや円グラフのかき方 | 割合 | 313 |
| おまけの問題 | 推理 | 467 |
| 重さの単位と計算 | 量の単位 | 133 |
| 表と裏の出方 | 場合の数 | 353 |
| およその体積 | 体積と表面積 | 217 |
| およその面積 | 長さと面積 | 161 |
| 折り曲げ | 平面図形 | 128 |
| 折れ線グラフ | 資料の表し方 | 290 |

## か

| | | |
|---|---|---|
| カード | 場合の数 | 352,357,358 |
| カードの並べ方 | 場合の数 | 352 |
| がい数 | 整数の性質 | 46,47,50,51 |
| | 小数の計算 | 70 |
| | 平均 | 259 |
| がい数の表すはんい | 整数の性質 | 47 |
| 階段グラフ | 資料の表し方 | 299 |
| 階段の形 | 変わり方 | 333 |
| 回転 | 図形の移動 | 189 |

## か

| | | |
|---|---|---|
| 街灯 | 拡大と縮小 | 185,186 |
| 街灯によるかげの長さ | 拡大と縮小 | 185 |
| 角 | 平面図形 | 127〜129 |
| 角すい | 立体図形 | 205 |
| 拡大図 | 拡大と縮小 | 180 |
| 拡大図，縮図 | 拡大と縮小 | 180 |
| 拡大図，縮図のかき方 | 拡大と縮小 | 181 |
| 角柱 | 立体図形 | 201,216 |
| 角柱，円柱の体積 | 体積と表面積 | 216 |
| 角柱の展開図 | 立体図形 | 201 |
| 角度 | 平面図形 | 125 |
| 角の大きさ | 平面図形 | 116〜122,124,126,130 |
| 角の二等分線がつくる角 | 平面図形 | 125 |
| かげ | 拡大と縮小 | 185 |
| 加減法 | 消去算 | 389 |
| 重なった直角三角形 | 拡大と縮小 | 184 |
| ガソリン | 量の比べ方 | 265,268 |
| ガソリン代を求める問題 | 量の比べ方 | 268 |
| かたむける | 容積 | 235 |
| (　)のある式 | 整数の計算 | 26 |
| 仮分数と帯分数 | 分数のしくみ | 75 |
| 紙テープ | 植木算 | 449 |
| ガム | つるかめ算 | 374 |
| 画用紙 | 比例と反比例 | 343 |
| カレンダーと和差算 | 和差算 | 372 |
| 川の流れ | 流水算 | 443 |
| 間隔 | 植木算 | 448 |
| 簡単な整数の比 | 比 | 325,326 |

## き

| | | |
|---|---|---|
| 気温 | 資料の表し方 | 291 |
| 記号 | 整数の計算 | 32 |
| 記号の周期 | 規則性 | 459 |
| 奇数 | 整数の性質 | 34 |
| 規則 | 整数の性質 | 54〜56 |
| | 規則性 | 460,461 |
| 規則的 | 規則性 | 459 |
| 木の間 | 差集め算 | 381 |
| 木の高さ | 拡大と縮小 | 183 |
| きまりを見つける問題 | 変わり方 | 334 |
| 逆数 | 分数の計算 | 90 |

| | | |
|---|---|---|
| 逆比 | 比 | 326 |
| 球 | 立体図形 | 203 |
| 給水管 | 仕事算 | 424 |
| 兄弟の年令 | 変わり方 | 332 |
| 行列 | ニュートン算 | 456 |
| 行列がなくなる時間 | ニュートン算 | 456 |
| 切り口 | 立体図形 | 209 |
| kg | 量の単位 | 133 |
| km | 量の単位 | 132 |
| kL | 量の単位 | 135 |
| 金額 | 場合の数 | 359 |
| | つるかめ算 | 376 |

## く

| | | |
|---|---|---|
| 空間にある点の位置の表し方 | 立体図形 | 204 |
| 偶数 | 整数の性質 | 34 |
| | 場合の数 | 357 |
| 偶数と奇数 | 整数の性質 | 34 |
| くぎ | 比例と反比例 | 342 |
| 下る | 流水算 | 443 |
| 組み合わせ | 場合の数 | 354,355 |
| 組み合わせの数の求め方 | 場合の数 | 354 |
| グラフ | 図形の移動 | 193 |
| | 容積 | 238,239 |
| | 比例と反比例 | 341 |
| 比べられる量の求め方 | 割合 | 306 |
| g(グラム) | 量の単位 | 133 |
| くり返しを利用する問題 | 整数の性質 | 53 |
| くりぬいた立体の体積と表面積 | 体積と表面積 | 225 |

## け

| | | |
|---|---|---|
| 計算のきまり | 整数の計算 | 28,29 |
| 計算のきまりを使う小数の計算 | 小数の計算 | 71 |
| 計算のきまりを使う分数の計算 | 分数の計算 | 97 |
| 計算のくふう | 整数の計算 | 31 |
| 計算の順序 | 整数の計算 | 27 |
| 計算の単純化 | 分数の計算 | 101 |
| 原価 | 損益算 | 404,406〜408 |
| 原価(仕入れ値)と定価 | 損益算 | 404 |

## こ

| | | |
|---|---|---|
| ご石 | 方陣算 | 453 |
| コイン | 場合の数 | 353 |
| コインの表裏の出方 | 場合の数 | 353 |
| 硬貨の選び方 | 場合の数 | 359 |
| 合計量の差から考えるつるかめ算 | つるかめ算 | 376 |

## 例題さくいん

合同 ················· 合同 168～171
合同な三角形のかき方 ····· 合同 170
合同な図形 ··········· 合同 168
合同な図形の対応する頂点,辺,角 ·· 合同 169
公倍数 ··············· 整数の性質 35
公倍数の応用(除夜の鐘) ··· 整数の性質 44
公倍数の利用 ········· 整数の性質 36
公約数 ··············· 整数の性質 38
公約数の利用 ········· 整数の性質 39
五角形 ··············· 平面図形 122
50m走の記録 ········· 資料の表し方 295
個数をとりちがえた買い物 ··· 差集め算 382
ごばんの目の道順 ······ 場合の数 362
こみぐあいの比べ方 ···· 量の比べ方 261

## さ

さ 差集め算(面積図の利用) ··· 差集め算 380
差集め算の基本 ······· 差集め算 379
さいころの目の出方 ···· 場合の数 363
最小公倍数 ··········· 整数の性質 35,43
最大公約数 ··········· 整数の性質 38,43
最大公約数と最小公倍数からある数を求める
 ··············· 整数の性質 43
最短の線 ············· 立体図形 211
差が一定 ············· 倍数算 415
作業 ················· 仕事算 423
サッカーの試合 ······· 場合の数 356
差の見積もり ········· 整数の性質 49
三角形 ··············· 平面図形 109
 長さと面積 144
三角形の外角の利用 ···· 平面図形 124
三角形のかき方と名前 ·· 平面図形 109
三角形の角 ··········· 平面図形 119
三角形の外側の角 ····· 平面図形 120
三角形の面積 ········· 長さと面積 144
 文字と式 248
三角形の面積の利用 ···· 長さと面積 148
三角定規 ············· 平面図形 123
三角定規のつくる角 ···· 平面図形 123

し 試合数の求め方 ······· 場合の数 356
四角形 ··············· 平面図形 111
四角形と対角線 ······· 平面図形 111
四角形の角 ··········· 平面図形 121
四角形を対角線で切った形 ·· 合同 171
四角すい ············· 体積と表面積 221
四角すいの表面積と体積 ·· 体積と表面積 221
四角柱 ··············· 体積と表面積 219,225
四角柱の表面積 ······· 体積と表面積 219
□にあてはまる数を求める(逆算) ··· 整数の計算 30
□年後 ··············· 年令算 416
□を使ったかけ算の式 ·· 文字と式 246
□を使った式 ········· 文字と式 245
□を使ったたし算・ひき算の式 ·· 文字と式 245
時間 ················· 量の単位 136
時間の単位と計算 ····· 量の単位 136
時間の単位をそろえて求める問題 ·· 速さ 275
時間の求め方 ········· 速さ 274
しきりのある容器 ····· 容積 239
軸 ··················· 体積と表面積 227
仕事 ················· 仕事算 419～422,425,426
仕事算の基本(3人の仕事算) ·· 仕事算 420
仕事算の基本(2人の仕事算) ·· 仕事算 419
仕事の速さ ··········· 速さ 276
仕事量がちがうときののべ算 ·· のべ算 426
四捨五入 ············· 整数の性質 46,47
時速 ················· 速さ 271～273
時速・分速・秒速の関係 ·· 速さ 272
実際の長さ ··········· 拡大と縮小 182
自転車 ··············· 速さ 271,275,284
自動車 ··············· 量の比べ方 265,268
 速さ 271
品物 ················· 損益算 406～408
地面の温度 ··········· 資料の表し方 291
じゃんけん ··········· 場合の数 361
集合算の基本(ベン図の利用) ·· 集合算 454
集合と範囲 ··········· 集合算 455
ジュース ············· 分数のしくみ 77
 平均 255
10でわった数 ········ 整数のしくみ 21

473

## さ

| 項目 | 参照 |
|---|---|
| 周の長さ | 長さと面積 162 |
|  | 図形の移動 189 |
| 10倍した数 | 整数のしくみ 21 |
| 縮尺 | 拡大と縮小 182 |
| 縮小 | 拡大と縮小 181 |
| 縮図と縮尺 | 拡大と縮小 182 |
| 縮図の利用 | 拡大と縮小 183 |
| 順位 | 推理 464 |
| 循環小数の小数第n位の数 | 小数のしくみ 72 |
| 順番整理 | 推理 464 |
| 条件つきのカードの並べ方 | 場合の数 357 |
| 小数×小数 | 小数の計算 66 |
| 小数×整数 | 小数の計算 65 |
| 小数と百分率 | 割合 303 |
| 小数と歩合 | 割合 304 |
| 小数の表し方 | 小数のしくみ 60 |
| 小数のしくみ | 小数のしくみ 61 |
| 小数のたし算 | 小数の計算 62 |
| 小数のひき算 | 小数の計算 63 |
| 小数÷小数 | 小数の計算 68 |
| 小数÷整数 | 小数の計算 67 |
| 商の見積もり | 整数の性質 51 |
| 蒸発 | 濃度算 400 |
| 商品 | 損益算 404 |
| 商をがい数で求めるわり算 | 小数の計算 70 |
| 食塩 | 濃度算 402 |
| 食塩水 | 濃度算 398〜403 |
| 食塩水から水を蒸発させる | 濃度算 400 |
| 食塩水に食塩を加える | 濃度算 402 |
| 食塩水に水を加える | 濃度算 401 |
| 所持金 | 相当算 409 |
|  | 倍数算 414,415 |
| 人口統計のグラフ | 資料の表し方 297 |
| 人口の割合 | 資料の表し方 297 |
| 人口密度 | 量の比べ方 262 |

## す

| 項目 | 参照 |
|---|---|
| 水そう | 容積 235,239 |
| 垂直 | 平面図形 108,111 |
|  | 立体図形 200 |
| 垂直,平行な直線のひき方 | 平面図形 108 |
| 数直線 | 小数のしくみ 60 |
| 数表 | 規則性 460,461 |
| 図形にまいたロープが動いたあと | 図形の移動 192 |
| 図形の回転移動 | 図形の移動 189 |
| 図形の規則性 | 規則性 462,463 |
| 図形の平行移動 | 図形の移動 188 |
| すれちがって | 通過算 438 |

## せ

| 項目 | 参照 |
|---|---|
| 正三角形 | 図形の移動 190 |
| 正三角形のころがり移動 | 図形の移動 190 |
| 静水時 | 流水算 443 |
| 整数の表し方 | 整数のしくみ 20 |
| 整数のかけ算 | 整数の計算 23 |
| 整数のしくみ | 整数のしくみ 21 |
| 整数のたし算とひき算 | 整数の計算 22 |
| 整数のわり算 | 整数の計算 24 |
| 正多角形 | 平面図形 112 |
| 正八角形 | 平面図形 122 |
| 正方形 | 長さと面積 140,143,165 |
| 正六角形 | 平面図形 112,126 |
| 積の見積もり | 整数の性質 50 |
| 選挙 | 推理 466 |
| 線対称 | 対称 173,174,177 |
| 線対称な図形のかき方 | 対称 174 |
| 線対称な図形の性質 | 対称 173 |
| 全体の重さ | 平均 257 |
| 全体を比で分ける問題 | 比 322 |
| cm | 量の単位 132 |

## そ

| 項目 | 参照 |
|---|---|
| 相関表 | 資料の表し方 300 |
| 相当算の基本 | 相当算 409 |
| 側面 | 立体図形 202 |
| 側面の数 | 立体図形 205 |
| 損失 | つるかめ算 377 |
|  | 損益算 408 |
| 損失のあるつるかめ算 | つるかめ算 377 |

## た

| 項目 | 参照 |
|---|---|
| 対応する点 | 対称 173,175 |
| 対応する辺 | 対称 173,175 |
| 体温 | 資料の表し方 290 |
| 対角線 | 平面図形 111,128 |

# 例題さくいん

| | | |
|---|---|---|
| | | 合同 171 |
| 代金 | ………………… | 文字と式 248,251,253 |
| | | 割合 308 |
| | | つるかめ算 374,378 |
| 台形 | ………………… | 長さと面積 142 |
| 台形の面積 | …………… | 長さと面積 142 |
| 体重の記録 | …………… | 資料の表し方 296 |
| 対称の軸 | ……………… | 対称 173,174,177 |
| 対称の中心 | …………… | 対称 175,176 |
| 体積 | …… 体積と表面積 214～216,221～230 |
| 体積の単位と計算 | ……… | 量の単位 135 |
| 代入法 | ………………… | 消去算 390 |
| 帯分数のかけ算 | ……… | 分数の計算 93 |
| 帯分数のたし算 | ……… | 分数の計算 84 |
| 帯分数のひき算 | ……… | 分数の計算 85 |
| 帯分数のわり算 | ……… | 分数の計算 94 |
| ダイヤグラム | ………… | 資料の表し方 298 |
| 多角形 | ………………… | 平面図形 122 |
| 多角形と対称 | ………… | 対称 177 |
| 多角形の角 | …………… | 平面図形 122 |
| 多角形の角の利用 | …… | 平面図形 126 |
| 多角形を組み合わせた角 | ・ | 平面図形 130 |
| 高さが等しい三角形の面積の比 | ・ | 長さと面積 152 |
| たし算・かけ算の計算のきまり | ・ | 整数の計算 29 |
| 旅人算と和差算 | ……… | 旅人算 434 |
| 旅人算のグラフ(追いつきのグラフ) | ・ | 旅人算 433 |
| 旅人算のグラフ(出会いのグラフ) | ・ | 旅人算 432 |
| 旅人算の利用 | ………… | 年令算 418 |
| 食べつくす | …………… | ニュートン算 457 |
| 単位のちがう比 | ……… | 比 325 |
| 単位分数の和 | ………… | 分数の計算 100 |
| 単位量あたりの大きさの利用 | ・・ | 量の比べ方 266 |
| 短針 | …………………… | 時計算 440～442 |
| 段の数とまわりの長さ | ・・・ | 変わり方 333 |
| ち 柱状グラフ | …………… | 資料の表し方 295 |
| 柱状グラフのかき方 | … | 資料の表し方 295 |
| 柱状グラフの読み方 | … | 資料の表し方 296 |
| 兆 | ……………………… | 整数のしくみ 20 |
| 長針 | …………………… | 時計算 440～442 |
| 長方形 | ………………… | 長さと面積 140 |

| | | |
|---|---|---|
| | | 比例と反比例 347 |
| 長方形，正方形の面積 | ・・・・ | 長さと面積 140 |
| 長方形の折り返し | ……・ | 平面図形 128 |
| 長方形の縦と横の長さ | ・・・ | 変わり方 331 |
| 貯金 | …………………… | 差集め算 380 |
| 直線の交わりと角 | ……・ | 平面図形 117 |
| 直方体 | ………………… | 立体図形 198～200 |
| | | 体積と表面積 214,215,218 |
| | | 容積 232 |
| 直方体と立方体の表面積 | ・・ | 体積と表面積 218 |
| 直方体の容器の容積 | …… | 容積 232 |
| 直方体や立方体の体積 | ・・・ | 体積と表面積 214 |
| 直方体を組み合わせた立体の体積 | ・ | 体積と表面積 215 |
| つ 通過算の基本 | …………… | 通過算 435 |
| 通貨の換算 | …………… | 量の比べ方 269 |
| 積み重ねた立方体の体積と表面積 | ・ | 体積と表面積 223 |
| 積み立て金 | …………… | 整数の性質 49 |
| て 出会い | ………………… | 旅人算 434 |
| 出会う | ………………… | 旅人算 430 |
| 出会った | ……………… | 旅人算 432 |
| 定員 | …………………… | 割合 305,306 |
| 定価 | …………………… | 割合 308 |
| | | 損益算 404～408 |
| 定価と売り値 | ………… | 損益算 405 |
| 底辺や高さがわからない三角形 | ・ | 長さと面積 150 |
| 底面 | …………………… | 立体図形 206 |
| 底面積が変わる水そう | ・・・・ | 容積 238 |
| 底面積と高さの比 | …… | 容積 237 |
| テープ | ………………… | 分数のしくみ 77 |
| テープをつなげる | ……・ | 植木算 449 |
| できるだけ大きな正方形 | ・ | 整数の性質 39 |
| できるだけ小さい正方形 | ・ | 整数の性質 36 |
| dL | ……………………… | 量の単位 135 |
| テスト | ………………… | 平均 258 |
| | | 資料の表し方 300 |
| テストの回数 | ………… | 平均算 388 |
| 鉄橋 | …………………… | 通過算 436 |
| 鉄橋を渡り切る | ……… | 通過算 436 |
| 鉄の棒 | ………………… | 比例と反比例 340 |
| 展開図 | …… 立体図形 199,201,202,206,208,209 |

た

475

|   |   |   |   |   |
|---|---|---|---|---|
| | | 体積と表面積 220,222,226 | 値引きしたときの原価を求める | 損益算 407 |
| | 電車 | 速さ 273 | 値引きしたときの利益と損失 | 損益算 408 |
| | | 通過算 435,436 | 年令 | 変わり方 332 |
| | 点数の平均 | 平均 258 | | 年令算 416〜418 |
| | 点対称 | 対称 175〜177 | の 濃度 | 濃度算 401,403 |
| | 点対称な図形のかき方 | 対称 176 | 濃度算の基本 | 濃度算 398 |
| | 点対称な図形の性質 | 対称 175 | ノート | つるかめ算 378 |
| た | 電柱 | 通過算 435 | | 差集め算 382 |
| な | と 投影図 | 立体図形 207 | | 消去算 389 |
| は | 等差数列とその和 | 整数の性質 55 | 残り | 相当算 409,410 |
| | 投票 | 推理 466 | | 仕事算 421 |
| | トーナメント戦(勝ち抜き戦) | 場合の数 356 | 残りの仕事量 | 仕事算 421 |
| | 通り過ぎる | 通過算 435 | 残りの量と全体の量 | 相当算 410 |
| | 特別なきまりにしたがう計算(演算記号) | | のべ算の基本 | のべ算 425 |
| | | 整数の計算 32 | のべ時間 | のべ算 427 |
| | 時計 | 比例と反比例 348 | 上る | 流水算 443 |
| | | 時計算 440〜442 | のりしろ | 植木算 449 |
| | 時計の進みやおくれ | 比例と反比例 348 | | |
| | 度数分布表 | 資料の表し方 294 | | |

## は

|   |   |   |
|---|---|---|
| は | %(パーセント) | 割合 305〜307,311 |
| | %増量 | 割合 309 |
| | %引き | 割合 308 |
| | 倍数 | 整数の性質 35 |
| | 倍数算の利用 | 年令算 417 |
| | 倍数と公倍数 | 整数の性質 35 |
| | 倍数の個数 | 整数の性質 40 |
| | 配達料金 | 資料の表し方 299 |
| | 歯車の回転 | 比例と反比例 349 |
| | 走りはばとびの記録 | 資料の表し方 293 |
| | バス | 整数の性質 36 |
| | | 速さ 272 |
| | バスの運行 | 資料の表し方 298 |
| | 旗 | 比 321 |
| | | 場合の数 360 |
| | | 植木算 448 |
| | 畑 | 量の比べ方 263 |
| | 速さ | 図形の移動 193〜195 |
| | | 速さ 271,277 |
| | 速さの過不足算 | 過不足算 386 |

|   |   |   |   |
|---|---|---|---|
| | とれぐあいを比べる問題 | 量の比べ方 263 | |
| | t(トン) | 量の単位 133 | |
| | トンネル | 通過算 437 | |
| | トンネルに完全にかくれている | 通過算 437 | |

## な

|   |   |   |
|---|---|---|
| な | 長いす | 過不足算 385 |
| | 長いすの数と座席数 | 過不足算 385 |
| | 長さの単位と計算 | 量の単位 132 |
| | なし | つるかめ算 376 |
| | 並び方 | 場合の数 351 |
| | 並べ方の数の求め方 | 場合の数 351 |
| | 何曜日 | 日暦算 450,451 |
| に | 2種類の食塩水を混ぜ合わせる | 濃度算 399 |
| | 2点の移動 | 図形の移動 194,195 |
| | 2通りの方法で仕事をする | 仕事算 424 |
| | 入館料 | 消去算 390 |
| | 入場者数 | 比 323 |
| ね | 値段 | 文字と式 251 |
| | | つるかめ算 378 |

# 例題さくいん

- 速さのグラフ……………速さ 284
- 速さの3公式の利用(とちゅうで立ち寄る)
  ……………………………速さ 277
- 速さの3公式の利用(速さが変わる)……速さ 278
- 速さのつるかめ算………つるかめ算 375
- 速さの比…………………速さ 281
- 速さの比と時間の比……速さ 281
- 速さの比と道のりの比……速さ 282
- 速さの求め方……………速さ 271
- 針金………………………量の比べ方 266
  比例と反比例 336
- はんい……………………整数の性質 47
- 半円………………………長さと面積 157,164,166
- 半円を組み合わせた図形の周の長さ……長さと面積 157
- 半円を組み合わせた図形の面積……長さと面積 166
- 半径………………………平面図形 113
  長さと面積 156,159
  立体図形 203,206
- 半径の長さがわからない円の面積……長さと面積 165
- 反比例……………………比例と反比例 344〜346
- 反比例の関係と式………比例と反比例 344
- 反比例のグラフ…………比例と反比例 347
- 反比例の表………………比例と反比例 346
- 反比例の見分け方………比例と反比例 345

**ひ**
- 比……………………………比 316,321〜323
- 飛行機……………………速さ 274
- ひし形……………………長さと面積 143
- ひし形の面積……………長さと面積 143
- 日付………………………和差算 372
- 筆算………………………整数の計算 22〜25
  小数の計算 62,63,65〜68
- 等しい比の性質…………比 318
- 1つの角が等しい三角形の面積の比……長さと面積 153
- 比の値……………………比 317
- 比の表し方………………比 316
- 比の一方の数を求める……比 320
- 比の一方の数量を求める問題……比 321
- 比のかけ算・わり算でつくる比……比 329
- 比の差の利用……………比 328
- ひも………………………和差算 370

- 百分率……………………割合 303
- 百分率の利用(増量の問題)……割合 309
- 百分率の利用(割引きの問題)……割合 308
- 百分率や歩合の求め方……割合 305
- 100m競走のスタートの位置……速さ 280
- 秒…………………………量の単位 136
- 秒速………………………図形の移動 194
  速さ 271,272,275
- 表面積……………………体積と表面積 218〜223,225
- 比例………………………比例と反比例 336〜339
- 比例式の□を求める問題……比 324
- 比例の関係と式…………比例と反比例 336
- 比例のグラフのかき方……比例と反比例 340
- 比例のグラフの読み方……比例と反比例 341
- 比例の性質………………比例と反比例 337
- 比例の表…………………比例と反比例 339
- 比例の見分け方…………比例と反比例 338
- 比例の利用(重さから枚数を求める)……比例と反比例 343
- 比例の利用(本数から重さを求める)……比例と反比例 342
- 比を簡単にする…………比 319

**ふ**
- 歩合………………………割合 304,305
- プール……………………比例と反比例 346
  仕事算 424
- 深さ………………………容積 234,236〜239
- 不足………………………過不足算 383
- 2つの折れ線グラフ……資料の表し方 291
- 2つのことを整理した表……資料の表し方 287
- 2つの数量の関係を表す式……文字と式 249
- 2つの数量のつるかめ算(多いほうを求める)
  ……………………………つるかめ算 374
- 2つの数量のつるかめ算(少ないほうを求める)
  ……………………………つるかめ算 373
- 2つの数量の和差算……和差算 370
- 2つの分数の間にある分数……分数の計算 99
- 2つの町の人口…………整数の性質 49
- 2人が出会う……………旅人算 430
- 2人ずつ仕事をする……仕事算 423
- 船…………………………流水算 443,444
- 部分の平均から全体の平均を求める……平均 258
- プリンター………………速さ 276

| | | | | |
|---|---|---|---|---|
| | 分 ······· | 量の単位 136 | 方眼上の図形の面積 ····· | 長さと面積 145 |
| | 分数×整数 ······· | 分数の計算 88 | 棒グラフ ······· | 資料の表し方 289 |
| | 分数×分数 ······· | 分数の計算 89 | 方陣算の基本 ······· | 方陣算 452 |
| | 分数と小数・整数の関係 | 分数のしくみ 78 | 棒を水に入れたときの水の深さ | 容積 236 |
| | 分数と小数のかけ算・わり算 | 分数の計算 96 | ボールのはね上がり | 相当算 411 |
| | 分数と小数のたし算・ひき算 | 分数の計算 86 | 牧場 ······· | ニュートン算 457 |
| | 分数の数列 ······· | 整数の性質 56 | 牧草と羊の数 ······· | ニュートン算 457 |
| | 分数の大小 ······· | 分数のしくみ 75,81 | 星形の角 ······· | 平面図形 129 |
| | 分数÷整数 ······· | 分数の計算 91 | 母線 ······· | 立体図形 211 |
| | 分数÷分数 ······· | 分数の計算 92 | 歩はば ······· | 平均 259 |
| | 分速 ······· | 速さ 271,272,274,275 | 歩はばから道のりを求める問題 | 平均 259 |
| | | つるかめ算 375 | 歩はばと歩数 ······· | 速さ 283 |
| | 分配算の基本 ······· | 分配算 396 | 本 ······· | 割合 307 |
| | 分母が同じ分数のたし算・ひき算 | 分数の計算 82 | | 相当算 410 |
| | 分母がちがう分数のたし算・ひき算 | | | |
| | | 分数の計算 83 | | **ま** |
| へ | 平均 ······· | 平均 255〜257 | | |
| | | 資料の表し方 300 | ま 混ぜた食塩水の重さ ····· | 濃度算 403 |
| | 平均算の基本(面積図の利用) | 平均算 387 | マッチ棒 ······· | 変わり方 334 |
| | 平均点 ······· | 平均算 387,388 | まわりの長さ ······· | 長さと面積 157 |
| | 平均と記録の比べ方 ····· | 資料の表し方 293 | み 水 ······· | 濃度算 398,400,401 |
| | 平均の求め方 ······· | 平均 255 | | 相当算 412 |
| | 平均を使った個数の求め方 | 平均 257 | 道のり ······· | 平均 259 |
| | 平均を使った全体の量の求め方 | 平均 256 | | 速さ 278,279,282,283 |
| | 平行 ······· | 平面図形 108,111,118 | | 比例と反比例 339,341 |
| | | 立体図形 200 | 道のりの求め方 ······· | 速さ 273 |
| | 平行四辺形 ······· | 平面図形 110 | 道を除いた土地の面積 ···· | 長さと面積 147 |
| | | 長さと面積 141 | 3つの数の比 ······· | 比 323 |
| | | 文字と式 252 | 3つの数量の消去算 ····· | 消去算 391 |
| | 平行四辺形の面積 ······· | 長さと面積 141 | 3つの数量のつるかめ算 | つるかめ算 378 |
| | 平行線と角 ······· | 平面図形 127 | 3つの数量の分配算 ····· | 分配算 397 |
| | 平行な直線と角 ······· | 平面図形 118 | 3つの数量の和差算 ····· | 和差算 371 |
| | へいのかげの長さと面積 | 拡大と縮小 186 | 3つの分数の計算 ······· | 分数の計算 95 |
| | $km^2$ ······· | 量の単位 134 | 密度 ······· | 量の比べ方 267 |
| | $m^2$ ······· | 量の単位 134 | 見積もり ······· | 整数の性質 50,51 |
| | ha(ヘクタール) ······· | 量の単位 134 | 見取図 ······· | 立体図形 198 |
| | 辺の数 ······· | 立体図形 205 | 未満 ······· | 整数の性質 47 |
| | 辺や面の垂直と平行 ····· | 立体図形 200 | mg ······· | 量の単位 133 |
| ほ | 棒 ······· | 拡大と縮小 185 | mm ······· | 量の単位 132 |
| | | 容積 236 | め m(メートル) ······· | 量の単位 132 |

# 例題さくいん

| | | |
|---|---|---|
| 目の数の和 | 場合の数 | 363 |
| 面積 | 長さと面積 | 140〜146,148〜153,<br>159,160,164〜166 |
| | 拡大と縮小 | 186 |
| | 図形の移動 | 188,189,192,193,195 |
| | 立体図形 | 211 |
| | 体積と表面積 | 224 |
| 面積の単位と計算 | 量の単位 | 134 |
| 面積の比 | 長さと面積 | 153 |
| 面積の等しい三角形 | 長さと面積 | 149 |
| 面積の等しい長方形と平行四辺形 | 長さと面積 | 151 |
| 面積の求め方のくふう | 長さと面積 | 147 |
| 面の数 | 立体図形 | 205 |

**も**
- 文字と式の利用(かけ算とたし算)・・・文字と式 253
- 文字と式の利用(かけ算・わり算)・・・文字と式 252
- 文字と式の利用(たし算・ひき算)・・・文字と式 251
- 文字を使った式・・・文字と式 248
- もとにする量の求め方・・・割合 307

## や

**や**
- 野球の試合・・・場合の数 356
- 約数・・・整数の性質 37
- ・・・場合の数 363
- 約数と素数・・・整数の性質 37
- 約分と通分・・・分数のしくみ 80

**よ**
- 容器・・・容積 234,236〜238
- ・・・相当算 412
- 容器と水の深さ・・・容積 234
- 容器の重さ・・・相当算 412
- 容器をかたむけて残った水の体積・容積 235
- 容積・・・容積 232
- 曜日の計算・・・日暦算 450
- 4つのなかまに分けて整理した表・資料の表し方 288
- 4個から3個選ぶ問題・・・場合の数 355
- $\frac{1}{4}$の円・・・長さと面積 164

## ら

**り** リーグ戦(総当たり戦)・・・場合の数 356

| | | |
|---|---|---|
| 利益 | つるかめ算 | 377 |
| | 損益算 | 404,406〜408 |
| 利益を求める | 損益算 | 406 |
| L（リットル） | 量の単位 | 135 |
| cm³ | 量の単位 | 135 |
| 立方体 | 立体図形 | 208〜210 |
| | 体積と表面積 | 214,218,223,230 |
| 立方体の切断と展開図 | 立体図形 | 209 |
| 立方体の展開図 | 立体図形 | 208 |
| 立方体を切断したときの体積 | 体積と表面積 | 230 |
| m³ | 量の単位 | 135 |
| リボン | 文字と式 | 252 |
| | 比 | 322,328 |
| 流水算の基本 | 流水算 | 443 |
| 流水算のグラフ | 流水算 | 444 |
| 両針が一直線になる時刻 | 時計算 | 442 |
| 両針が重なる時刻 | 時計算 | 441 |
| 両針がつくる角度 | 時計算 | 440 |
| 量の単位のしくみ | 量の単位 | 137 |
| りんご | つるかめ算 | 376 |

**れ**
- 列車・・・通過算 437
- 列車の追いこし・・・通過算 439
- 列車のすれちがい・・・通過算 438
- 列の追加・・・方陣算 453
- レンズ形の面積・・・長さと面積 160
- 連比・・・比 327

**ろ** ロープ・・・図形の移動 192

## わ

**わ**
- 和が一定・・・倍数算 414
- わき出る水とポンプ・・・ニュートン算 458
- 和の見積もり・・・整数の性質 48
- 割合・・・割合 302〜304,311,312
- ・・・比 316
- 割合の求め方・・・割合 302
- わり算と分数・・・分数のしくみ 77
- わる数とあまりから整数を求める・整数の性質 41
- わる数を求める・・・整数の性質 42

# 算数用語さくいん

## あ

**あまり**…P.25
例 17÷⑤=3 あまり ②
　　　　わる数　　あまり
わり算のあまりは，わる数より小さくなるようにする。

**以下**…P.47
例 5以下…5と等しいか，それより小さい数。
■は●以下→■≦●
➡未満

**以上**…P.47
例 5以上…5と等しいか，それより大きい数。
■は●以上→■≧●

**植木算** [入試対策] …P.446, 448, 449
道沿いや池のまわりなどに等しい間かくで木を植えるとき，木の本数を求めるような問題を，植木算という。

**内のり**…P.231, 232
容器の内側の長さ。
➡容積

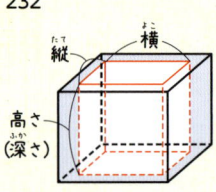

**売り値**…P.393, 405〜407
売っている値段。

**n進法** [入試対策] …P.52, 57
n個集まるごとに，1つ上の位へ進むしくみで，n進法で表された数をn進数という。

**円**…P.107, 113
1つの点から同じ長さになるようにかいたまるい形。

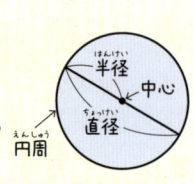

**円グラフ**…P.310, 312, 313
全体を1つの円で表し，半径で区切って各部分の割合を表したグラフ。

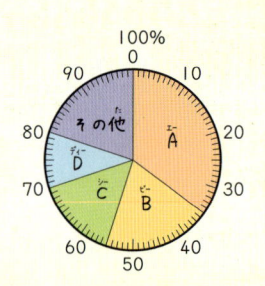

**演算記号** [入試対策] …P.19, 32
数を処理するときのきまりを表す記号。

**円周**…P.154, 156
円のまわり。
円周＝直径×円周率(3.14)
円周＝半径×2×円周率
➡円

## 算数用語さくいん

**円周率**…P.154
円周の長さが、直径の長さの何倍になっているかを表す数。**円周率は約3.14**
円周率＝円周÷直径

円周率は、3.141592…とどこまでも続く数だ。

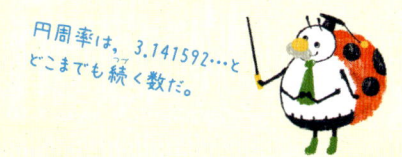

**円すい** [入試対策]…P.197, 206
底面は円で、側面は曲面。

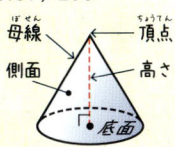

**円すいの体積** [入試対策]…P.213, 222
円すいの体積＝底面積×高さ×$\frac{1}{3}$

円すいの体積は、同じ底面、高さの円柱の体積の$\frac{1}{3}$

**円すいの表面積** [入試対策]…P.213, 222
円すいの表面積＝側面積＋底面積

**円柱**…P.197, 202
- 2つの底面は平行で、合同な円。
- 側面は曲面。

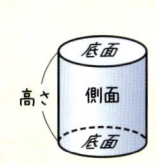

**円柱の体積**…P.212, 216
円柱の体積＝底面積×高さ

**円柱の表面積** [入試対策]…P.213, 220
円柱の表面積＝側面積＋底面積×2

**円の中心**…P.107
円のまん中の点。
➡円

**円の面積**…P.154, 158
円の面積＝半径×半径×円周率(3.14)

**おうぎ形** [入試対策]…P.155, 159
2本の半径で分けられた円の一部分の形。
おうぎ形で、2つの半径がつくる角を中心角、曲線になっている円周の部分を弧という。

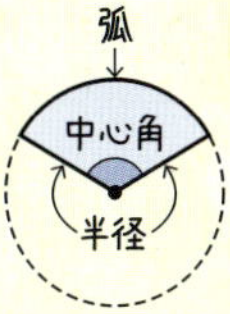

**おうぎ形の弧の長さ** [入試対策]
…P.155, 162
おうぎ形の弧の長さ
＝半径×2×円周率×$\frac{中心角}{360}$
おうぎ形の周の長さ
＝弧の長さ＋半径×2

**おうぎ形の面積** [入試対策]
…P.155, 159, 164
おうぎ形の面積
＝半径×半径×円周率×$\frac{中心角}{360}$

例 右の図のおうぎ形の面積は、
$3×3×3.14×\frac{60}{360}$
$=4.71(cm^2)$

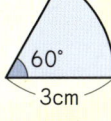

**大きさの等しい分数**…P.74, 76
分母と分子に同じ数をかけても、分母と分子を同じ数でわっても、分数の大きさは変わらない。

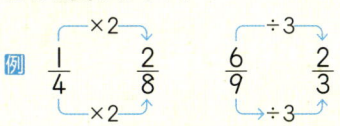

例 $\frac{1}{4}\xrightarrow{×2}\frac{2}{8}$　$\frac{6}{9}\xrightarrow{÷3}\frac{2}{3}$

## あ

**億**…P.18, 20, 21
一万の10000倍を一億という。

**帯グラフ**…P.310, 311, 313
全体を長方形で表し，各部分の割合にしたがって区切ったグラフ。

**重さの単位**…P.131, 133
重さの単位には，mg, g, kg, tがある。それぞれの単位の関係は，次のようになっている。

最大の動物シロナガスクジラの体重は，重いものでは200tもあるんだよ。

**およその体積**…P.212, 217
きちんとした形をしていないものの体積は，体積の公式が使える形と見て，その体積を求めることができる。このようにして求めた体積を，およその体積という。

**およその面積**…P.155, 161
きちんとした形をしていないものの面積は，面積の公式が使える形と見て，その面積を求めることができる。このようにして求めた面積を，およその面積という。

**折れ線グラフ**…P.286, 290, 291
変わっていくもののようすを折れ線で表したグラフ。折れ線グラフに表すと，数量の増減のようすがわかりやすい。

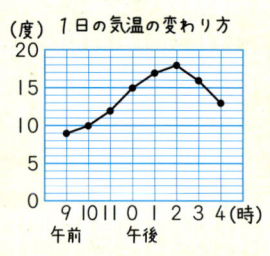

1日の気温の変わり方

## か

**外角** 入試対策 …P.115, 124
多角形の外側の角。
➡内角

**がい数**…P.45〜51
およその数のこと。およそ1000人のことを，約1000人ともいう。

**階段グラフ** 入試対策 …P.299
下のように，階段の形になるグラフ。

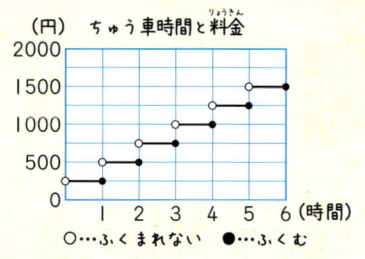

ちゅう車時間と料金

○…ふくまれない　●…ふくむ

**回転移動** 入試対策 …P.187, 189
1つの点を中心として，一定の角度だけ回転させる移動。

## 回転体 入試対策 …P.213, 227, 228

平面図形を，1つの直線を軸として1回転させてできる立体。

例：長方形 → 円柱（回転の軸）

回転体は，円柱や円すい，または，円柱や円すいを組み合わせた立体になるよ。

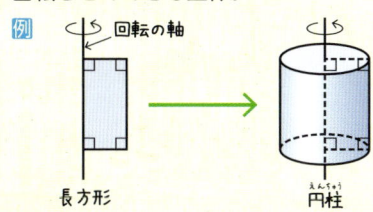

## 角 …P.114, 116

1つの頂点から出ている2つの辺がつくる形。

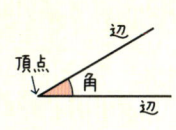

### 角度 …p.114, 116

角の大きさのこと。
直角を90に等分した1つ分を1度といい，1°と書く。
半回転の角の大きさ→180°
1回転の角の大きさ→360°

## 角すい 入試対策 …P.197, 205

- 底面は多角形で，側面は三角形。
- 側面の数は底面の辺の数と同じ。
  底面が三角形，四角形，五角形，…の角すいを，それぞれ三角すい，四角すい，五角すい，…という。

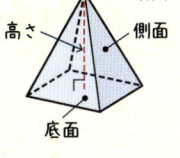

## 角すいの体積 入試対策 …P.213, 221

角すいの体積＝底面積×高さ×$\frac{1}{3}$

角すいの体積は，同じ底面，高さの角柱の体積の$\frac{1}{3}$

## 角すいの表面積 入試対策 …p.213, 221

角すいの表面積＝側面積＋底面積

## 拡大図 …P.178

もとの図を，形を変えずに大きくした図。

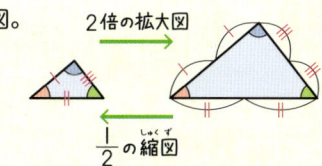

2倍の拡大図 ／ $\frac{1}{2}$の縮図

## 拡大図・縮図の性質 …P.178, 180, 181

- 対応する辺の長さの比はどれも等しい。
- 対応する角の大きさはそれぞれ等しい。

## 角柱 …P.196, 201

- 2つの底面は平行で，合同な多角形。
- 底面と側面は垂直。
- 側面の形は長方形か正方形。 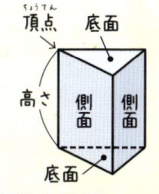
- 側面の数は底面の辺の数と同じ。
  底面が三角形，四角形，五角形，…の角柱を，それぞれ三角柱，四角柱，五角柱，…という。

## 角柱の体積 …P.212, 216

角柱の体積＝底面積×高さ

## 角柱の表面積 入試対策 …P.213, 219

角柱の表面積＝側面積＋底面積×2

## か

**下底**…P.138, 142
→上底・下底

**過不足算** [入試対策] …P.369, 383〜386
ある数量について，2通り以上の配り方をしたとき，その差を使って数量を求めるような問題を，過不足算という。

**仮分数**…P.74, 75
分子と分母が等しいか，分子が分母より大きい分数。 例 $\frac{7}{3}, \frac{6}{6}$

**仮分数を帯分数になおす**…P.74
例 $\frac{5}{3} = 1\frac{2}{3}$
5÷3＝1あまり2

**仮の平均**…P.255
平均を求めるときに，最も小さい数量などを仮の平均とし，仮の平均との差の平均から平均を求めることができる。

**奇数**…P.33, 34
2でわりきれない整数。
→偶数

**規則性の問題** [入試対策] …P.447, 459〜463
周期や増え方，減り方のきまりなど，規則性を見つけて解く問題。

**逆算**…P.19, 30
もとの計算の順序の逆の順に計算すること。
例 (□×4＋2)÷6＝5
　　↓逆算で□にあてはまる数を求める
　　□×4＋2＝5×6＝30
　→□×4＝30－2＝28
　→□＝28÷4＝7

**逆数**…P.87, 90
2つの数の積が1になるとき，一方の数をもう一方の数の逆数という。
真分数や仮分数の逆数は，分子と分母を入れかえた分数になる。
例 $\frac{3}{5} \xleftrightarrow{逆数} \frac{5}{3}$

帯分数の逆数を求めるときは，まず帯分数を仮分数になおそう。

**逆比** [入試対策] …P.326
A×a＝B×bのとき，A：Bはaとbの逆数の比になる。
逆比の比を逆比という。

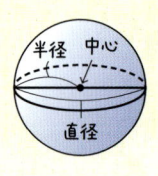

**球**…P.197, 203
どこから見ても円に見える立体。
球を半分に切ったとき，その切り口の円の中心，半径，直径を，球の中心，半径，直径という。

**曲面**…P.202
円柱の側面のように，平らでない面。
一方，平らな面を平面という。

**偶数**…P.33, 34
2でわりきれる整数。0は偶数とする。
→奇数

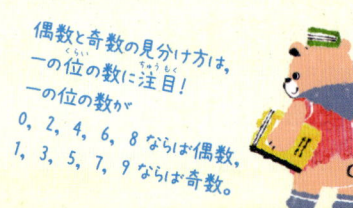

偶数と奇数の見分け方は，一の位の数に注目！
一の位の数が
0，2，4，6，8 ならば偶数，
1，3，5，7，9 ならば奇数。

## 算数用語さくいん

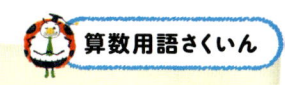

**組み合わせ**…P.350, 354, 355
いくつかのものの中から、並べ方を考えないで何個かを選ぶときの選び方。

例 A, B, C, Dの4人から2人を選ぶ組み合わせは、右の表の○の数で、全部で6通り。

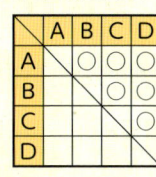

|   | A | B | C | D |
|---|---|---|---|---|
| A | \ | ○ | ○ | ○ |
| B |   | \ | ○ | ○ |
| C |   |   | \ | ○ |
| D |   |   |   | \ |

→並べ方

**比べられる量**…P.301, 302, 306
→割合

**計算のきまり**…P.19, 28, 29, 31, 71, 97
計算のきまりを使うと、計算を簡単にすることができる。

- たし算のきまり
  ■＋●＝●＋■
  (■＋●)＋▲＝■＋(●＋▲)
- かけ算のきまり
  ■×●＝●×■
  (■×●)×▲＝■×(●×▲)
- かっこのある計算のきまり
  (■＋●)×▲＝■×▲＋●×▲
  (■－●)×▲＝■×▲－●×▲
  (■＋●)÷▲＝■÷▲＋●÷▲
  (■－●)÷▲＝■÷▲－●÷▲

**計算の順序**…P.19, 27
- ふつうは、左から順に計算する。
- (　)のある式は、(　)の中を先に計算する。
- ×や÷は、＋や－より先に計算する。

例 9－(7＋2×4)÷3＝9－(7＋8)÷3
　　　　　　　　　　＝9－15÷3
　　　　　　　　　　＝9－5
　　　　　　　　　　＝4

**原価**…P.393, 404, 406〜408
仕入れた値段。仕入れ値のこと。

**検算**…P.25, 69
答えをたしかめる計算。
- わり算の検算
  **わる数×商＋あまり＝わられる数**

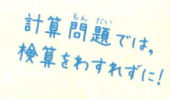

例 50÷3＝16あまり2
　　↓
　3×16＋2＝50

計算問題では、検算をわすれずに!

**弧** [入試対策] …P.155
おうぎ形で、曲線になっている円周の部分を弧という。
→おうぎ形

**合同**…P.167〜170
形も大きさも同じで、ぴったり重ね合わすことのできる2つの図形を合同であるという。
合同な図形で、重なり合う頂点、辺、角を、それぞれ対応する頂点、対応する辺、対応する角という。

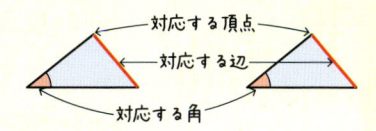

**合同な図形の性質**…P.167, 169
- 対応する辺の長さは等しい。
- 対応する角の大きさは等しい。

## か

### 合同な三角形のかき方 …P.167, 170
次の❶～❸のどれかがわかれば，合同な三角形をかくことができる。
❶ 3つの辺の長さ
❷ 2つの辺の長さとその間の角の大きさ
❸ 1つの辺の長さとその両はしの角の大きさ

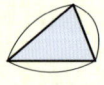

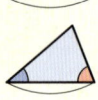

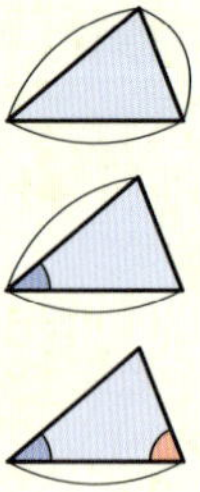

### 公倍数 …P.33, 35, 36
いくつかの整数に共通な倍数。
公倍数は，最小公倍数の倍数である。
例 3と4の公倍数は12, 24, 36, …
↑
最小公倍数

### 公約数 …P.33, 38, 39
いくつかの整数に共通な約数。
公約数は，最大公約数の約数である。
例 12と18の公約数は1, 2, 3, 6
↑
最大公約数

### ことばの式 …P.26
ことばを使った式。
例 出したお金－代金の合計＝おつり

文章題では，数量の関係をことばの式に表せるかがポイント！

### ころがり移動 入試対策
…P.187, 190, 191
図形がある線にそって，すべらずにころがる移動。

## さ

### 差 …P.45, 49
ひき算の答え。

### 差集め算 入試対策 …P.369, 379～382
ひとつひとつの差が集まって全体の差ができているような数量の関係があり，その差を使って数量を求めるような問題を，差集め算という。

### 最小公倍数 …P.33, 35, 36, 394, 395
公倍数のうちで，いちばん小さい公倍数。
➡公倍数

### 最大公約数 …P.33, 38, 39
公約数のうちで，いちばん大きい公約数。
➡公約数

### 錯角 入試対策 …P.115, 118, 127
右の図で，角$a$と角$b$のような位置の角。
2つの直線が平行ならば，錯角は等しい。 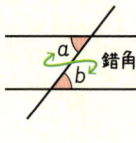
➡同位角

### 三角形の角 …P.114, 119, 120, 125
三角形の3つの角の大きさの和は180°

### 三角形の内角と外角の関係
入試対策 …P.115, 120, 124
三角形の外角の大きさは，それととなり合わない2つの内角の大きさの和に等しい。

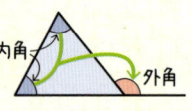

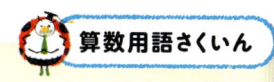

## 三角形の高さ …P.139, 144
三角形の1つの辺を底辺としたとき，それに垂直な直線で，底辺から向かい合った頂点までの長さ。

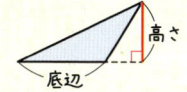

台形の高さ ➡ 台形
平行四辺形の高さ ➡ 平行四辺形

どの辺を底辺とみるかによって，高さも変わるなぁ～。

## 三角形の面積 …P.139, 144
**三角形の面積＝底辺×高さ÷2**

## 三角定規の角 …P.115, 123

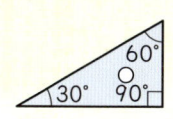

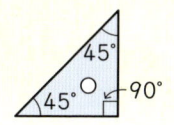

## 仕入れ値 …P.393, 404
店が問屋などから仕入れたときにはらった金額。原価ともいう。

## 四角形の角 …P.115, 121
四角形の4つの角の大きさの和は**360°**

## □を使った式 …P.244
ことばの式を使い，わからない数を□として式に表す。

## 時間の単位 …P.131, 136
時間の単位の関係は次のようになっている。

1日＝24時間　1時間＝60分
1分＝60秒

## 仕事算 [入試対策] …P.395, 419～424
全体の仕事量とそれぞれの仕事量から，その仕事を終えるのにどれだけかかるかを求めるような問題を，仕事算という。

## 四捨五入 …P.45～47
四捨五入してある位までのがい数にするとき，その位の1つ下の位の数字に目をつけて，その数字が，
0，1，2，3，4ならば，切り捨てる。
5，6，7，8，9ならば，切り上げる。

## 時速 …P.270～272
1時間に進む道のりで表した速さ。
**例** 1時間に30km進む速さを時速30kmという。
➡秒速，分速

## 集合算 [入試対策] …P.447, 454, 455
ある集団をあることがらで分類するとき，重なっている人数やどちらでもない人数を求めるような問題を，集合算という。

## 縮尺 …P.179, 182
実際の長さを縮めた割合。
縮尺＝縮図(地図)上の長さ÷実際の長さ
**例** 20mを1cmで表した地図の縮尺
20m＝2000cmより，縮尺は$\frac{1}{2000}$
この縮尺を比で表すと，1：2000

## 縮図 …P.178
もとの図を，形を変えずに小さくした図。
➡拡大図
**縮図の性質** ➡拡大図・縮図の性質

## さ

### 縮図の利用…P.183
木や建物の高さ、川はばなど、実際にはかりにくいものの長さは、縮図をかいて、その縮図上の長さをはかることによって、実際の長さを求めることができる。

### 樹形図…P.350, 351
あることがらの起こり得る場合を、枝分かれした木のようにかいた図。

例 右の図は、3枚のコインの表と裏の出方を、表を○、裏を●として表したもの。

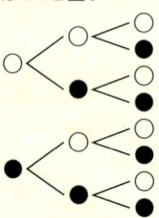

樹形図を利用すると、もれなく、重なりなく数え上げることができるよ。

### 循環小数 入試対策 …P.72
$\frac{1}{3}$ を小数で表すと、$1 \div 3 = 0.333\ldots$ と表される。このように、同じ数字がくり返しあらわれる小数を循環小数という。

### 商…P.45, 51
わり算の答え。あまりがあるときは、商とあまりがわり算の答えになる。

### 消去算 入試対策 …P.369, 389～391
2つの数量の関係を2つの式に表し、一方の数量を消去して解くような問題を、消去算という。

### 小数…P.59～72

1.234

一の位 / 小数点 / $\frac{1}{10}$ の位 / $\frac{1}{100}$ の位 / $\frac{1}{1000}$ の位

$\frac{1}{10}$ の位を小数第一位、$\frac{1}{100}$ の位を小数第二位、$\frac{1}{1000}$ の位を小数第三位という。

### 小数のかけ算…P.64～66
❶小数点がないものとして計算する。
❷積の小数点は、かけられる数とかける数の小数点の右にあるけた数の和だけ、右から数えてうつ。

例
```
   2.39      2.39 →右へ 2 けた
 × 3.7   → × 3.7  →右へ 1 けた
          ─────
           1673        2+1
            717
          ─────
           8.843 ←左へ 3 けた
```

### 小数のたし算…P.59, 62
❶筆算では、位をそろえて書く。
❷整数のたし算と同じように計算する。
❸上の小数点にそろえて、和の小数点をうつ。

例
```
  3.45       3.45
 +2.87  →  +2.87
 ─────     ─────
  632       6.32
```

### 小数のひき算…P.59, 63
❶筆算では、位をそろえて書く。
❷整数のひき算と同じように計算する。
❸上の小数点にそろえて、差の小数点をうつ。

例
```
  3.45       3.45
 -2.87  →  -2.87
 ─────     ─────
   58       0.58
```
↑一の位に0を書く

## 算数用語さくいん

### 小数のわり算 …P.64, 67〜69
❶わる数の小数点を右にうつして，整数にする。
❷わられる数の小数点も，わる数の小数点をうつした数だけ右にうつす。
❸わる数が整数のときと同じように計算し，商の小数点は，わられる数の右にうつした小数点にそろえてうつ。

例
$$1.8\overline{)9.7.2} \rightarrow 1.8\overline{)9.7.2}^{\,5.4}$$
（筆算：90／72／72／0）

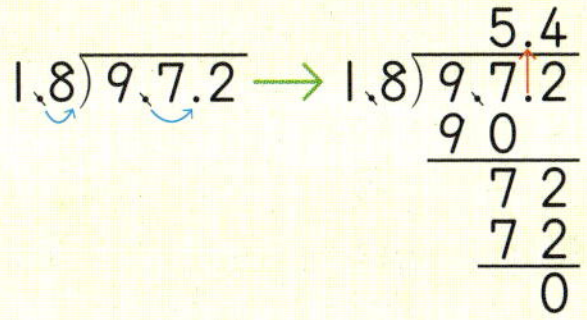

● あまりのある小数のわり算

例
$$2.6\overline{)8.4.3} \rightarrow 2.6\overline{)8.4.3}^{\,3}$$
（筆算：78／0.63）

あまりの小数点は，わられる数のもとの小数点にそろえてうつ。

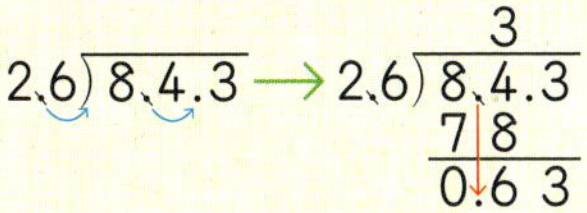

### 上底・下底 …P.138, 142
台形で，平行な2つの辺を，上底，下底という。
➡台形

### 人口密度 …p.260, 262
1km²あたりの人口。
人口密度＝人口÷面積(km²)

### 真分数 …P.74
分子が分母より小さい分数。
例 $\dfrac{1}{5}$, $\dfrac{7}{8}$

### 垂直 …P.106, 108, 196, 200
直角に交わる2本の直線は，垂直であるという。 
直方体では，
● となり合う2つの辺は垂直。
● となり合う2つの面は垂直。
● 1つの面に垂直な辺は4つ。

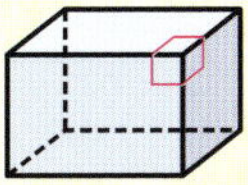

### 推理 入試対策 …P.447, 464〜467
ひらめきや直感ではなく，論理的に考えて解くような問題。

### 数直線 …P.75, 76
下のような数の線。

0　　　　10000　　　　20000

### 数列 入試対策 …P.52, 54〜56
ある規則にしたがって並んでいる数の列。

### 正三角形 …P.106, 109, 114
3つの辺の長さが等しい三角形。
正三角形の3つの角の大きさはみんな等しく，1つの角の大きさは60°である。

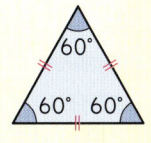

### 静水時の速さ 入試対策 …P.429
流水算で，川の流れがないときの船の速さ。

### 整数 …P.18, 20〜24, 33
3，27のように，0から9までの数字を使って表した数。0は整数である。

489

### 正多角形 …P.107, 112
辺の長さがみんな等しく,角の大きさもみんな等しい多角形。

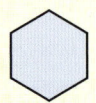

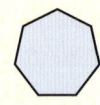

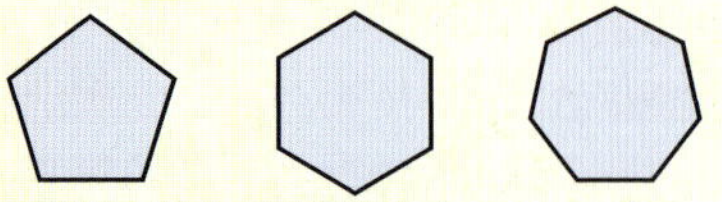

正五角形　　正六角形　　正七角形

### 正多角形と対称 …P.172, 177
正多角形は,すべて線対称な図形であり,対称の軸の数はその頂点の数と同じである。
また,頂点の数が偶数の正多角形は,点対称な図形でもある。

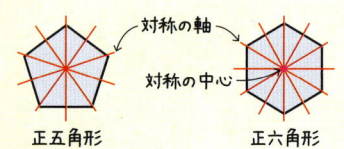

正五角形　　正六角形

### 正方形 …P.107
4つの辺の長さがみんな等しく,4つの角の大きさがみんな等しい四角形。

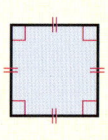

### 正方形の対角線 …P.107, 111
正方形の2本の対角線の長さは等しく,それぞれのまん中の点で垂直に交わる。

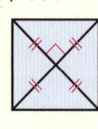

### 正方形の面積 …P.138, 140
**正方形の面積＝1辺×1辺**

形も大きさも同じならば合同,形が同じで大きさがちがえば相似だね!

### 積 …P.45, 50
かけ算の答え。

### 積・商の見積もり …P.45, 50, 51
積や商をがい数で求めるときは,ふつうそれぞれの数を,上から1けたのがい数にして計算する。
また,商を見積もるときは,わられる数を上から2けた,わる数を上から1けたのがい数にして計算し,商を上から1けただけ求める方法もある。

### 線対称な図形 …P.172
1本の直線を折り目にして2つに折ったとき,その両側の部分がぴったり重なる図形。 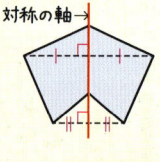
重なる点,辺,角を,それぞれ対応する点,対応する辺,対応する角という。
➡点対称な図形

### 線対称な図形の性質 …P.172〜174
● 対応する点を結ぶ直線は対称の軸と垂直に交わる。
● この交わる点から対応する点までの長さは等しい。

### 相関表 入試対策 …P.300
2種類のちらばりのようすを,1つにまとめて表した表を相関表という。

### 相似 入試対策 …P.179
1つの図形を,形を変えずに同じ割合で拡大,または縮小したとき,これらの図形はもとの図形と相似であるという。
➡拡大図,縮図

# 算数用語さくいん

## さ

**相似比** 入試対策 …P.179, 184, 185
相似な図形の対応する辺の長さの比。

**相当算** 入試対策 …P.393, 409〜413
全体の量を1や①として，使った量や残りの量，その割合などから，1や①にあたる数を求めるような問題を，相当算という。

**側面** …P.196, 197
→底面と側面

**素数** …P.33, 37
1とその数自身しか約数がない数。1は素数にふくまない。

素数は順に，
2，3，5，7，
11，13，17，19，…

**損益算** 入試対策 …P.393, 404〜408
原価(仕入れ値)や定価，利益や損失などを求めるような問題を，損益算という。売買算や売買損益算ともいう。

## た

**対角線** …P.107, 111
多角形のとなり合わない2つの頂点を結んだ直線。

**代金** …P.26
代金＝1個の値段×個数

**台形** …P.107, 111
向かい合った1組の辺が平行な四角形。

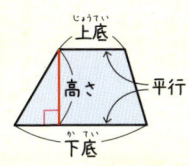

**台形の面積** …P.138, 142
台形の面積＝(上底＋下底)×高さ÷2

**対称の軸** …P.172
線対称な図形で，折り目にした直線。
→線対称な図形

**対称の中心** …P.172
点対称な図形で，回転の中心となる点。
→点対称な図形

**体積** …P.212, 213
もののかさのこと。1辺が1cmの立方体の体積を1立方センチメートルといい，1cm$^3$と書く。

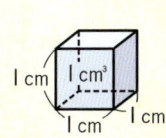

**体積の単位** …P.131, 135
立方体の1辺の長さとその体積

| 1辺の長さ | 1cm | 10cm | 1m |
|---|---|---|---|
| 立方体の体積 | 1cm$^3$ / 1mL | 100cm$^3$ / 1dL | 1000cm$^3$ / 1L | 1m$^3$ / 1kL |

**対頂角** 入試対策 …P.115, 117
2つの直線が交わってできる角のうち，向かい合う角。対頂角は等しい。

**帯分数** …P.74, 75, 79, 84, 85, 87, 93, 94
整数と真分数の和の形で表した分数。
例 $1\frac{1}{4}$，$4\frac{5}{6}$

**帯分数を仮分数になおす** …P.74
例 $1\frac{3}{5} = \frac{8}{5}$
5×1＋3＝8

## ダイヤグラム …P.298
縦の軸に道のりと駅，横の軸に時刻をとり，列車やバスの運行のようすを表したグラフ。

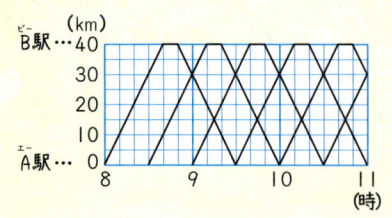

> グラフが交わったところが，列車やバスがすれちがったり，追いこしたりすることを表しているよ。

## 多角形 …P.107
三角形，四角形，五角形，六角形，…のように，直線で囲まれた図形。
5本の直線で囲まれた図形を五角形，6本の直線で囲まれた図形を六角形，7本の直線で囲まれた図形を七角形という。

五角形　六角形　七角形

## 多角形の角 …P.115, 122, 126
多角形の角の大きさの和は，1つの頂点からひける対角線によって分けられる三角形の数から求められる。

### 多角形の対角線 …P.115, 122
○角形は，1つの頂点からひける(○-3)本の対角線で，(○-2)個の三角形に分けられる。

### 多角形の内角の和 …P.115, 122
○角形の内角の和は，180°×(○-2)

## 旅人算 入試対策 …P.428, 430〜434
速さのちがう2人が出会ったり，一方がもう一方を追いかけたりするような問題を，旅人算という。

## 単位量あたりの大きさ …P.260, 266
こみぐあいは，1m²あたりの人数(個数)や1人(1個)あたりの面積などで比べる。このようにして表した大きさを，単位量あたりの大きさという。

## 柱状グラフ …P.292, 295, 296
記録のちらばりのようすを表したグラフ。ヒストグラムともいう。
➡度数分布表

> 棒グラフは，棒どうしがはなれているけど，柱状グラフは，棒どうしがくっついているんだね。

## 中心角 …P.155
おうぎ形の2つの半径がつくる角。
➡おうぎ形

## 兆 …P.18, 20, 21
一億の10000倍を一兆という。

## 長方形 …P.107, 111
4つの角がみんな直角の四角形。

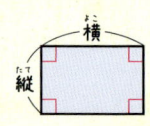

**算数用語さくいん**

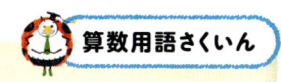

**長方形の対角線**…P.107, 111
長方形の2本の対角線の長さは等しく，それぞれのまん中の点で交わる。

**長方形のまわりの長さ**…P.140
長方形のまわりの長さ＝(縦＋横)×2

**長方形の面積**…P.138, 140
長方形の面積＝縦×横

**直方体**…P.196
長方形や，長方形と正方形で囲まれた立体。

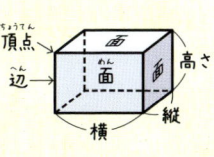

**直方体の体積**…P.212, 214
直方体の体積＝縦×横×高さ

**直方体の表面積** 入試対策 …P.212, 218
表面積は，大きさのちがう3つの面の面積の2倍。

**直角三角形**…P.106
直角のある三角形。

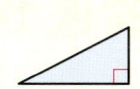

**直角二等辺三角形**…P.106
直角のある二等辺三角形。

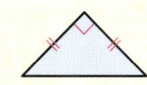

**直径**…P.107, 113
円の中心を通り，円周から円周までひいた直線。
直径＝半径×2
球の直径➡球

**通過算** 入試対策 …P.428, 435〜439
電車が橋やトンネルを通過したり，電車どうしがすれちがったり追いこしたりする問題を，通過算という。

**通分**…P.79〜81, 83
いくつかの分母がちがう分数を，それぞれの大きさを変えないで，共通な分母の分数になおすこと。
通分するときは，ふつう分母の最小公倍数を共通の分母とする。
例　$\frac{2}{3}$と$\frac{3}{4}$を通分。
$\frac{2}{3}=\frac{2\times 4}{3\times 4}=\frac{8}{12}$
$\frac{3}{4}=\frac{3\times 3}{4\times 3}=\frac{9}{12}$

**つるかめ算** 入試対策 …P.368, 373〜378
ツルやカメの足の数のように異なる2つの数量があるとき，頭の数と足の数から，それぞれの数を求めるような問題を，つるかめ算という。

**定価**…p.308, 393, 404〜408
店が利益を見こんで，商品に前もってつけた値段。

**底面積**…P.212, 213
角柱や円柱の1つの底面の面積。

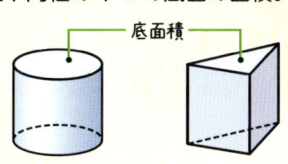

**底面と側面**…P.196, 197
角柱や円柱の上下に向かい合った2つの面を底面，まわりの面を側面という。
➡角柱，円柱

## 展開図 …P.196, 199, 201, 202
立体を切り開いて、平面の上に広げた図。

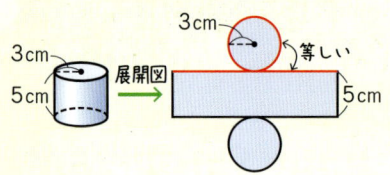

**例** 円柱の展開図は、側面は長方形で、底面は2つの円。側面の長方形の横の長さは、底面の円周の長さに等しい。

展開図は、1つだけとはかぎらないよ。
たとえば、立方体の展開図には、次のようなものがあるよ。

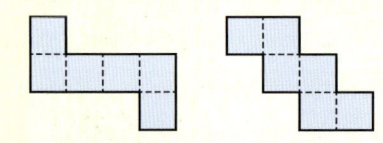

## 点対称な図形 …P.172
1つの点のまわりに180°回転させたとき、もとの図形とぴったり重なる図形で、重なる点、辺、角を、それぞれ対応する点、対応する辺、対応する角という。
➡線対称な図形

**点対称な図形の性質** …P.172, 175, 176
- 対応する点を結ぶ直線は対称の中心を通る。
- 対称の中心から対応する2点までの長さは等しい。

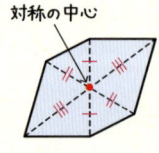

## 点の位置の表し方 …P.204
空間にある点の位置は、ある点をもとにして、その点から横の方向、縦の方向、高さの方向にそれぞれ何cm進んだ位置にあるかで表すことができる。

## てんびん図 入試対策 …P.399, 401〜403
下のようなてんびんの形をした図。

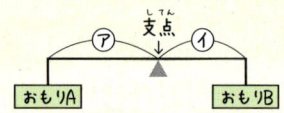

- **つり合ったてんびんの性質**
Aの重さ×㋐の長さ=Bの重さ×㋑の長さ

## 同位角 入試対策 …P.115, 118
右の図で、角$a$と角$b$のような位置の角。2つの直線が平行ならば、同位角は等しい。
➡錯角

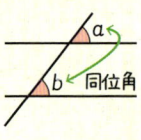

## 投影図 入試対策 …P.197, 207
立体を真正面と真上から見た図を組み合わせて表した図。

## 等号 …P.81
数や式が等しいことを表す記号「=」
➡不等号

## 等差数列 入試対策 …P.52, 55
となり合う2つの数の差が一定である数列。
➡数列

**例** 2, 5, 8, 11, 14, 17, 20, …
となり合う2つの数の差が3の数列

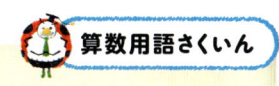

## トーナメント戦（勝ち抜き戦）
入試対策 …P.356
順に勝ち抜いていき，優勝を決める試合方式。
全試合数＝参加チーム数－1
➡リーグ戦

1試合ごとに，負けた1チームが消えて，最後に一度も負けなかった1チームが残ると考えると，全試合数は，負けたチームの数と同じになるね。

## 時計算 入試対策 …P.429, 440〜442
時計の両針がつくる角度を求めたり，ある角度をつくる時刻を求めたりする問題を，時計算という。

## 度数分布表
…P.292, 294
資料をいくつかの区間に分けて表した右のような表。
➡柱状グラフ

ソフトボール投げの記録

| きょり(m) 以上〜未満 | 人数(人) |
|---|---|
| 10〜15 | 3 |
| 15〜20 | 5 |
| 20〜25 | 6 |
| 25〜30 | 4 |
| 30〜35 | 2 |
| 合計 | 20 |

## な

### 内角 …P.115, 124
多角形の内側の角。
➡外角

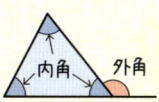

### 長さの単位 …P.131, 132
長さの単位には，mm，cm，m，kmがある。それぞれの単位の関係は，次のようになっている。

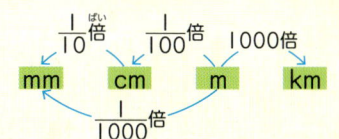

mm →($\frac{1}{10}$倍)→ cm →($\frac{1}{100}$倍)→ m →(1000倍)→ km
（$\frac{1}{1000}$倍）

### 並べ方 …P.350〜352
いくつかのものの中から，何個かを選び並べる並べ方。

例 1, 2, 3の3枚のカードの並べ方は，右の樹形図より，全部で6通り。
➡組み合わせ

### 二等辺三角形 …P.106, 109, 114, 119
2つの辺の長さが等しい三角形。
二等辺三角形の2つの角の大きさは等しい。

### ニュートン算 入試対策 …P.447, 456〜458
ある量から一定の割合で増える量を，一定の割合で減らしていくと，なくなるのにどれだけかかるかを求めるような問題を，ニュートン算という。

## な
### 年令算 入試対策 …P.394, 416〜418
年令の関係を問われるような問題を，年令算という。

### 濃度算 入試対策 …P.392, 398〜403
水，食塩，食塩水を混ぜたときの，濃度や食塩水の重さ，食塩の重さなどを求めるような問題を，濃度算という。

### のべ算 入試対策 …P.395, 425〜427
1人が1日でする仕事量はみな同じと考えて，全体の仕事量をのべで考えるような問題を，のべ算という。

## は

### 場合の数 …P.350
あることがらAの起こり方が全部でn通りあるとき，Aの起こる場合の数はn通りあるという。

### 倍数 …P.33, 35, 40
ある整数に整数をかけてできる数。倍数に0は入れない。また，0の倍数も考えない。

例 6の倍数は，6, 12, 18, 24, …

- 倍数の見つけ方
  - 2の倍数→偶数。
  - 3の倍数→それぞれの位の数の和が3の倍数。
  - 5の倍数→一の位が0または5

### 倍数算 入試対策 …P.394, 414, 415
2つの数量の比の変化に着目して，それぞれの数量を求めるような問題を，倍数算という。

### 速さ …P.270, 271
単位時間あたりに進む道のり。

**速さ＝道のり÷時間**
**道のり＝速さ×時間**
**時間＝道のり÷速さ**

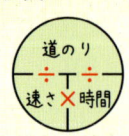

例 140kmの道のりを4時間で進む自動車の速さは，140÷4＝35より，時速35km

➡道のり，時速，分速，秒速

速さ，時間，道のりの関係はチョーだいじ！

### 半円 …P.154, 157, 159, 166
右の図のような円の $\frac{1}{2}$ の形。

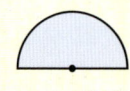

- 半円の周の長さ＝円周の長さ÷2＋直径
- 半円の面積＝円の面積÷2

### 半径 …P.107, 113
円の中心から円周までひいた直線。
**半径＝直径÷2**
1つの円で，半径はみんな同じ長さである。
球の半径➡球

**反比例**…P.335, 344〜347
2つの量 $x$, $y$ があり, $x$ の値が2倍, 3倍, …になると, それにともなって $y$ の値が $\frac{1}{2}$ 倍, $\frac{1}{3}$ 倍, …になるとき, **$y$ は $x$ に反比例する**という。

**反比例のグラフ**…P.335, 347
反比例の関係を表すグラフは直線にならない。

**反比例の式**…P.335, 344
$y$ が $x$ に反比例するとき, $x×y$ の積はいつも決まった数になり, **$y$=決まった数÷$x$** が成り立つ。

**比**…P.315, 316
数量の割合を, 記号「：」を使って表したもの。
2つの量の割合が2と3のとき, 2：3と表し, 「2対3」と読む。
例 男子19人, 女子17人のクラスの男子と女子の人数の比は, 19：17
➡比の値

**ひし形**…P.107, 111
4つの辺の長さがみんな等しい四角形。

**ひし形の性質**…P.107
●向かい合った辺は平行である。
●向かい合った角の大きさは等しい。

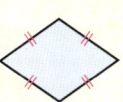

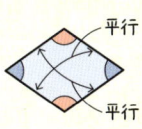

**ひし形の対角線**…P.107, 111
ひし形の2本の対角線はそれぞれのまん中の点で垂直に交わる。

**ひし形の面積**…P.139, 143
**ひし形の面積＝対角線×対角線÷2**

**ヒストグラム**…P.292
柱状グラフのこと。
➡柱状グラフ

**等しい比の性質**…P.315, 318
$a:b$ で,
$a$ と $b$ に同じ数をかけても, 比はみんな等しい。
例 2：3＝4：6 （×2）

$a$ と $b$ を同じ数でわっても, 比はみんな等しい。
例 15：6＝5：2 （÷3）

**比の値**…P.315, 317
$a:b$ の比で, $a$ を $b$ でわった商。
例 2：3の比の値は $\frac{2}{3}$

**百分率**…P.301, 303, 305
％で表した割合。割合を表す0.01を1パーセントといい, 1％と書く。

**秒速**…P.270〜272
1秒間に進む道のりで表した速さ。
例 1秒間に5m進む速さを秒速5mという。
➡時速, 分速

## 表面積 …P.212, 213, 218
立体の底面積と側面積（側面全体の面積）を合わせた，立体のすべての面の面積の和。

## 比例 …P.335〜343
2つの量 $x$，$y$ があり，$x$ の値が2倍，3倍，…になると，それにともなって $y$ の値も2倍，3倍，…になるとき，**$y$ は $x$ に比例する**という。

### 比例のグラフ …P.335, 340, 341
比例の関係を表すグラフは，直線になり，0の点を通る。

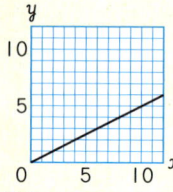

### 比例の式 …P.335, 336
$y$ が $x$ に比例するとき，$y \div x$ の商はいつも決まった数になり，**$y = $ 決まった数 $\times x$** が成り立つ。

比例と反比例の式のちがい，グラフのちがいはわかるかな？

## 比例式 …P.324
$A:B=C:D$ のように，等しい比を等号で結んだ式。
- 比例式の性質
  $A:B=C:D$ ならば $A\times D=B\times C$

## 日暦算 入試対策 …P.446, 450, 451
日付や曜日を求めるような問題を，日暦算という。

## 比を簡単にする …P.315, 319
比を，それと等しい比で，できるだけ小さい整数の比になおすこと。

例 15:25の比を簡単にすると，
15:25=(15÷5):(25÷5)=3:5

それぞれの数を最大公約数でわればよい。

例 $\frac{2}{3} : \frac{4}{5}$ の比を簡単にすると，
$\frac{2}{3} : \frac{4}{5} = \left(\frac{2}{3} \times 15\right) : \left(\frac{4}{5} \times 15\right)$
$=10:12$ 比の両方の数に15をかける。
10:12=(10÷2):(12÷2)=5:6

## 歩合 …P.301, 304, 305
割合を表す0.1を1割，0.01を1分，0.001を1厘という。割，分，厘で表した割合を歩合という。

例 0.234を歩合で表すと，
0.234＝0.2＋0.03＋0.004
　　　　2割　3分　4厘

## 不等号 …P.75, 81
数や式の大小を表す記号「＞，＜」
■＜●→■は●より小さい
■＞●→■は●より大きい
➡等号

## 分数 …P.74〜78
$\frac{2}{3}$ …分子 ／ …分母　「三分の二」と読む

**算数用語さくいん**

### 分数のかけ算…P.87〜89, 93
**分数×整数**…P.87, 88
分母はそのままにして，分子にその整数をかける。

$$\frac{\bullet}{\blacksquare} \times \blacktriangle = \frac{\bullet \times \blacktriangle}{\blacksquare}$$

例 $\dfrac{2}{5} \times 3 = \dfrac{2 \times 3}{5} = \dfrac{6}{5}$

**分数×分数**…P.87, 89, 93
分母どうし，分子どうしをかける。

$$\frac{b}{a} \times \frac{d}{c} = \frac{b \times d}{a \times c}$$

例 $\dfrac{3}{4} \times \dfrac{5}{6} = \dfrac{\overset{1}{3} \times 5}{4 \times \underset{2}{6}} = \dfrac{5}{8}$

### 分数のたし算とひき算…P.79, 82〜85
**分母が同じ**…P.79, 82, 84, 85
分母はそのままにして，分子をたしたりひいたりする。

例 $\dfrac{2}{5} + \dfrac{4}{5} = \dfrac{6}{5}$

$\dfrac{6}{7} - \dfrac{2}{7} = \dfrac{4}{7}$

**分母がちがう**…P.79, 83, 84, 85
通分して同じ分母の分数になおして計算する。

例 $\dfrac{1}{2} + \dfrac{2}{3} = \dfrac{3}{6} + \dfrac{4}{6} = \dfrac{7}{6}$

$\dfrac{5}{6} - \dfrac{3}{4} = \dfrac{10}{12} - \dfrac{9}{12} = \dfrac{1}{12}$

### 分数のわり算…P.87, 91, 92, 94
**分数÷整数**…P.91
分子はそのままにして，分母にその整数をかける。

$$\frac{\bullet}{\blacksquare} \div \blacktriangle = \frac{\bullet}{\blacksquare \times \blacktriangle}$$

例 $\dfrac{2}{5} \div 3 = \dfrac{2}{5 \times 3} = \dfrac{2}{15}$

**分数÷分数**…P.92, 94
わる数の逆数をかける。

$$\frac{b}{a} \div \frac{d}{c} = \frac{b}{a} \times \frac{c}{d} = \frac{b \times c}{a \times d}$$

例 $\dfrac{4}{7} \div \dfrac{2}{3} = \dfrac{4}{7} \times \dfrac{3}{2} = \dfrac{\overset{2}{4} \times 3}{7 \times \underset{1}{2}} = \dfrac{6}{7}$

### 分速…P.270〜272
1分間に進む道のりで表した速さ。

例 1分間に60m進む速さを分速60mという。

➡時速，秒速

### 分配算 〈入試対策〉…P.392, 396, 397
数量の間に倍の関係があるとき，いちばん小さい数量を①として式に表し，①にあたる量を求めるような問題を，分配算という。

### 平均…P.254〜258, 292, 293, 369
いくつかの数量を，等しい大きさになるようにならしたもの。

**平均＝合計÷個数**

合計＝平均×個数

個数＝合計÷平均

例 5回の計算テストの得点が，
7点, 5点, 8点, 6点, 10点
のとき，得点の平均は，
(7＋5＋8＋6＋10)÷5＝7.2(点)

### 平均算 入試対策 …P.369, 387, 388
合計と個数から平均を求めたり，平均と個数から合計を求めたりするような問題を，平均算という。

### 平行 …P.106, 108, 196, 200
1本の直線に垂直な2本の直線は，平行であるという。

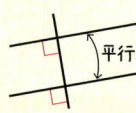

平行な直線のはばは，どこも等しく，平行な直線は，どこまでのばしても交わらない。

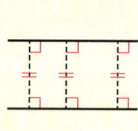

直方体では，
- 向かい合う2つの辺は平行。
- 向かい合う2つの面は平行。
- 1つの面に平行な辺は4つ。

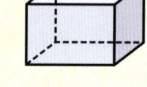

### 平行移動 入試対策 …P.187, 188
一定の方向に一定の長さだけずらす移動。

### 平行四辺形 …P.107, 110, 111
向かい合った2組の辺が平行な四角形。

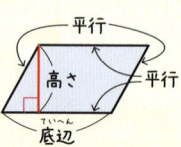

### 平行四辺形の性質 …P.107, 110, 121
- 向かい合った辺の長さは等しい。
- 向かい合った角の大きさは等しい。

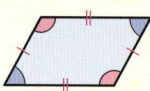

### 平行四辺形の対角線 …P.107, 111
平行四辺形の2本の対角線はそれぞれのまん中の点で交わる。

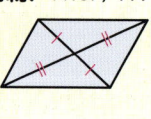

### 平行四辺形の面積 …P.138, 141
**平行四辺形の面積＝底辺×高さ**

### 平行な直線と角 …P.114, 118
平行な直線は，ほかの直線と等しい角度で交わる。 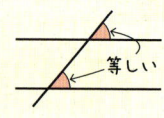
➡ 同位角

### ベン図 …P.454
人数などの関係を表した図。

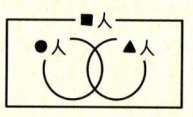

### 棒グラフ …P.286, 289
棒の長さで数の大きさを表したグラフ。

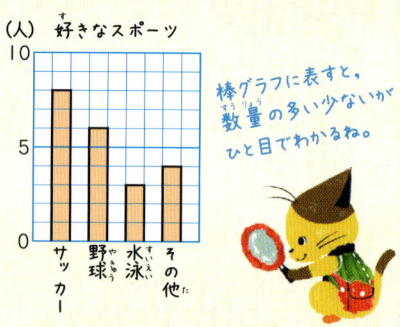

棒グラフに表すと，数量の多い少ないがひと目でわかるね。

### 方陣算 入試対策 …P.446, 452, 453
ご石を正方形の形に並べたとき，ご石の個数を求めるような問題を，方陣算という。

## 歩はば…P.254, 259, 283
歩はばの平均を求めれば，歩はばと歩数から，次の式でおよその長さが求められる。
長さ＝歩はば×歩数

---
## ま
---

## 万…P.18, 20, 21
千の10倍を一万という。

## 水の体積と重さ…P.131
水1L（1000cm³）の重さは1kgと決められている。

| 水の体積 | 1mL (1cm³) | 1dL (100cm³) | 1L (1000cm³) | 1kL (1m³) |
|---|---|---|---|---|
| 水の重さ | 1g | 100g | 1kg | 1t |

## 道のり…P.270
道にそってはかった長さを道のり，これに対して，まっすぐにはかった長さをきょりという。
→速さ

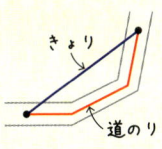

きょりは，2地点を結ぶ最短の長さになるんだよ。

## 見取図…P.196, 198
立体の全体の形がわかるようにかいた図。

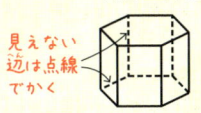

六角柱の見取図
見えない辺は点線でかく

## 未満…P.47
例 5未満…5より小さい数。5は入らない。
■は●未満→■＜●
→以下

## メートル法…P.137
わたしたちが使っている単位のしくみ。メートル法では，基本単位として，長さはm（メートル），重さはkgを用いる。

メートル法の単位のしくみ

| | m (ミリ) | c (センチ) | d (デシ) | | h (ヘクト) | k (キロ) |
|---|---|---|---|---|---|---|
| 倍 | $\frac{1}{1000}$倍 | $\frac{1}{100}$倍 | $\frac{1}{10}$倍 | 1 | 100倍 | 1000倍 |
| 長さ | mm | cm | | m | | km |
| 面積 | | | | | a | ha |
| 体積 | mL | cL | dL | L | | kL |
| 重さ | mg | | | g | | kg |

## 面積…P.138, 139
広さのこと。
1辺が1cmの正方形の面積を1平方センチメートルといい，1cm²と書く。

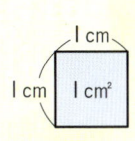

## 面積図 入試対策
…P.368, 373～375, 378～388, 403, 422
文章題の数量の関係を長方形の面積を使って表した図。

## 面積の単位 …P.131, 134
正方形の1辺の長さとその面積

| 1辺の長さ | 1cm | 1m | 10m | 100m | 1km |
|---|---|---|---|---|---|
| 正方形の面積 | 1cm² | 1m² | 1a (100m²) | 1ha (10000m²) | 1km² |

## 面積の比 [入試対策] …P.139, 152, 153
高さが等しい三角形の面積の比は，底辺の比に等しい。

## 文字を使った式 …P.247〜249
数量の大きさを，いろいろと変わる数のかわりに文字 $x, y, a, b$ などを使って表した式。

例 1本 $a$ 円のえん筆を6本買ったときの代金→ $a×6$（円）
底辺が $x$ cm，高さが $y$ cmの三角形の面積→ $x×y÷2$（cm²）

## もとにする量 …P.301, 302, 307
➡割合

## や

## 約数 …P.33, 37〜39
ある整数をわりきることができる整数。どんな整数でも，1とその数自身が約数である。

例 6の約数は，1, 2, 3, 6

## 約分 …P.79, 80
分母と分子を，それらの公約数でわって，分母の小さい分数にすること。約分するときは，ふつう分母をできるだけ小さくする。

例 $\frac{18}{24}=\frac{3}{4}$　18と24の最大公約数6でわる

## 容積 …P.231, 232
容器いっぱいに入る水などの体積。
　直方体の容器の容積
＝（内のりの）縦×横×高さ（深さ）
➡内のり

## ら

## リーグ戦 [入試対策] …P.356
すべての相手と対戦し，その結果から順位を決める試合方式。
リーグ戦の試合数は，参加チームの数から2チームを選ぶ組み合わせの数。
➡トーナメント戦

## 利益 …P.393, 404, 406〜408
店のもうけとなる金額。
利益＝売り値－仕入れ値

## 立体 …P.196
面で囲まれた図形。角柱や円柱は立体である。

## 立方体 …P.196
正方形だけで囲まれた立体。

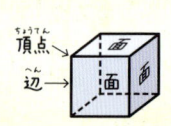

## 立方体の体積 …P.212, 214
**立方体の体積＝1辺×1辺×1辺**

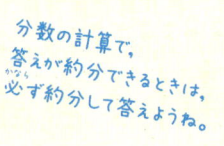

分数の計算で，答えが約分できるときは，必ず約分して答えようね。

## 算数用語さくいん

### 立方体の表面積 入試対策 …P.212, 218
表面積は，1つの正方形の面の面積の6倍。

### 流水算 入試対策 …P.429, 443～445
流れのある川を，船が上ったり，下ったりするような問題を，流水算という。

### 連比 入試対策 …P.327
3：4：5のように，3つ以上の数を並べて表した比。

## わ

### 和 …P.45, 48
たし算の答え。

### 和差算 入試対策 …P.368, 370～372
大小2つの数量について，その和と差の関係がわかっているとき，和と差から，それぞれの数量を求めるような問題を，和差算という。

### 和・差の見積もり …P.45, 48, 49
和や差をある位までのがい数で求めるときは，それぞれの数を，求めようとする位までのがい数にして計算する。

### わられる数，わる数 …P.18, 24, 25
12÷3の式で，12をわられる数，3をわる数という。

$$12 \div 3$$
↑　　↑
わられる数　わる数

### 割合 …P.301, 302
比べられる量が，もとにする量のどれだけにあたるかを表した数。

**割合＝比べられる量÷もとにする量**

**比べられる量＝もとにする量×割合**

**もとにする量＝比べられる量÷割合**

このさくいんは，用語の意味を調べたり，その用語が使われている問題をさがしたりするのに役立つよ！

## 監修 高濱 正伸

　数理的思考力，国語力，野外体験を三本柱として，将来「メシを食える人」そして「魅力的な大人」を育てる学習塾「花まる学習会」代表。考える力，自ら学ぶ力を身につける独自の指導を行う。同会の野外体験サマースクールや雪国スクールは大変好評で，過去18年で約22,000人を引率した（2014年現在）。

　「考える力がつく算数脳パズル　なぞペー」シリーズ（草思社），「東大脳ドリル」（学研教育出版）などの学習教材の執筆を手がけるとともに，「高濱正伸の10歳からの子育て」（総合法令出版）など，教育・育児に関する著書も多数執筆している。

© 澤谷写真事務所

| | |
|---|---|
| 編集協力 | 花まる学習会（竹谷和），斉藤文雄，(有)アルファ企画，(有)オフサイド，佐々木豊，伊藤裕子，(有)アズ，森一郎 |
| キャライラスト | すがわらあい |
| 本文・カバーデザイン | ライカンスロープ デザインラボ（武本勝利，峠之内綾） |
| 図版 | 塚越勉，(有)アズ，(株)明昌堂 |
| イラスト | fukkie.，碇優子，aque，はっとりななみ |
| 写真 | 無印：編集部，その他の出典は写真そばに記載 |
| DTP | (株)明昌堂　データ管理コード 17-1772-3041 (CS6) |

◎この本は，下記のように環境に配慮して制作しました。
　・製版フィルムを使用しないCTP方式で印刷しました。　・環境に配慮した紙を使用しています。

---

**?に答える！ 小学算数**

©Gakken Plus 2014　　Printed in Japan
本書の無断転載，複製，複写（コピー），翻訳を禁じます。
本書を代行業者等の第三者に依頼してスキャンやデジタル化することは，たとえ個人や家庭内の利用であっても，著作権法上，認められておりません。

小学パーフェクトコース
はてな？に答える！
小学算数

Gakken

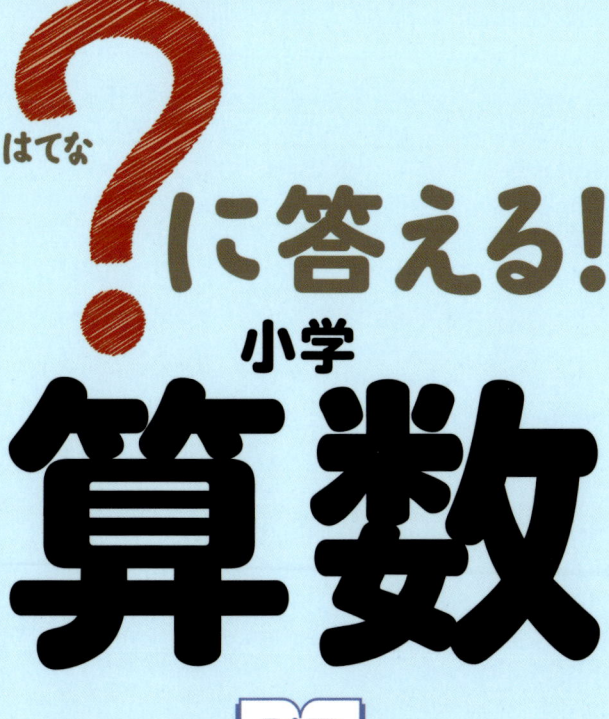

小学パーフェクトコース

# ？に答える！
はてな

## 小学 算数

別冊
**チカラをつける！問題集**
参考書に完全対応

監修
花まる学習会代表 高濱正伸

Gakken

小学パーフェクトコース

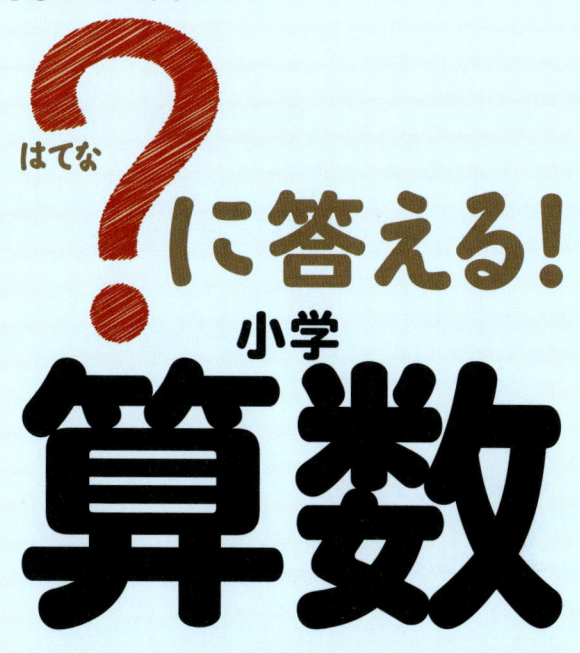

# ？に答える！
はてな

## 小学 算数

📖 別冊

### チカラをつける！問題集

- 数と計算編………… 2ページ
- 図形編……………… 18ページ
- 数量関係編………… 48ページ
- 入試・文章題編…… 72ページ
- 答えと解説………… 88ページ

問題はすべて，「参考書」の例題と対応しています。
くわしい解き方が知りたいときは，「参考書」を見ましょう。

Gakken

# 数と計算編

## 第1章 整数のしくみと計算

## 01 整数のしくみと計算 （答え88ページ）

**1** 次の数を数字で書きましょう。
(1) 七百二十億五千一万
(2) 四千九十兆百六億三百八十万

参考書 20ページ

**2** 次の数を10倍した数，10でわった数はそれぞれいくつですか。
(1) 60億3000万
(2) 5兆8000億

参考書 21ページ

**3** 次の計算を筆算でしましょう。
(1) 385+427
(2) 539+68
(3) 4056+2974
(4) 625−463
(5) 1302−507
(6) 4500−2594

参考書 22ページ

**4** 次の計算を筆算でしましょう。
(1) 324×215
(2) 562×473
(3) 746×308
(4) 407×509

参考書 23ページ

数と計算編　練習問題

**5** 次の計算を筆算でしましょう。
(1) 744÷4　　(2) 627÷3
(3) 315÷5　　(4) 406÷7
(5) 288÷36　　(6) 432÷16

参考書　24ページ

**6** 次の計算を筆算して、商とあまりを求めましょう。
(1) 887÷3　　(2) 903÷6
(3) 540÷8　　(4) 73÷13
(5) 234÷32　　(6) 743÷26

参考書　25ページ

**7** 1つの式に表し、答えを求めましょう。
(1) 180円のノートと570円の絵の具を買って、1000円を出しました。おつりはいくらですか。
(2) 2000円のTシャツが400円安くなって売っています。このTシャツを買って、5000円を出しました。おつりはいくらですか。
(3) 108円のおかしと92円のジュースを組にして、13人の子どもに配ります。全部でいくらかかりますか。
(4) 男子が23人、女子が27人います。400枚の画用紙を同じ枚数ずつ配ると、1人分は何枚になりますか。

参考書　26ページ

**8** 次の計算をしましょう。
(1) 5×9−4×7　　(2) 8×6+12÷3
(3) 10+5×5−20　　(4) 32−24÷4×2
(5) 25+(20−5×3)　　(6) 45−30÷(2×5)

参考書　27ページ

**9** 次の計算をくふうしてしましょう。
(1) 29×7+71×7　　(2) 570÷15−510÷15
(3) 101×36　　(4) 499×9

参考書　28ページ

003

# 第1章 整数のしくみと計算

**10** 次の計算をくふうしてしましょう。
(1) 58+76+24
(2) 39×25×4
(3) 38+49+62
(4) 125×7×8

〈参考書 29ページ〉

**11** 〈入試〉 次の□にあてはまる数を求めましょう。
(1) 62−(18−30÷□)×7=6 〈開明中〉
(2) 4÷{9−(15−□÷2)}=1 〈関西大学北陽中〉

〈参考書 30ページ〉

**12** 次の計算をしましょう。
(1) 24×10−48×2+24×2
(2) 〈入試〉 11×363−121×22+1331 〈帝塚山中〉

〈参考書 31ページ〉

**13** 〈入試〉
(1) 次のような計算式をつくります。
 (○, △)∗(□, ☆)=(○+☆)×(△+□)
 ただし、○, △, □, ☆は1以上の整数とします。たとえば、
 (2, 5)∗(3, 7)=(2+7)×(5+3)=9×8=72
 と計算します。
 (9, 4)∗(1, 8)を計算しましょう。 〈大阪女学院中〉

(2) $[x]$は$x$をこえない最大の整数を表すとします。
 たとえば、$\left[\dfrac{2}{3}\right]=0$, $\left[\dfrac{7}{5}\right]=1$, $[4]=4$ です。
 このとき、□にあてはまる適切な整数を答えましょう。
 $\left[\dfrac{9}{□}\right]+[1.25]+\left[1\dfrac{7}{3}\right]=6$ 〈田園調布学園中等部〉

〈参考書 32ページ〉

# 第2章 整数の性質

## 01 整数の性質 （答え89ページ）

**14** 次の整数を，偶数と奇数に分けましょう。
0　7　21　58　403　756　1290　8325

参考書 **34ページ**

**15**
(1) 8の倍数を，小さいほうから順に5つ答えましょう。
(2) 3と5の公倍数を小さいほうから順に3つ答えましょう。また，3と5の最小公倍数を答えましょう。

参考書 **35ページ**

**16**
(1) 右の図のように，縦10cm，横16cmの長方形の紙をすき間なく並べて，できるだけ小さい正方形をつくります。いちばん小さい正方形の1辺の長さは何cmになりますか。

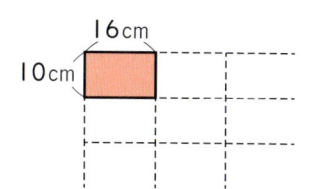

(2) ある駅では，ふつう電車は8分おきに，急行電車は14分おきに発車しています。午前8時30分に，ふつう電車と急行電車が同時に出発しました。次にふつう電車と急行電車が同時に出発するのは，午前何時何分ですか。

参考書 **36ページ**

**17**
(1) 12の約数を全部答えましょう。
(2) 50以下の素数は全部でいくつありますか。

参考書 **37ページ**

**18**
(1) 16と24の公約数を全部答えましょう。また，最大公約数を答えましょう。
(2) 18と30と42の公約数を全部答えましょう。

参考書 **38ページ**

# 第2章 整数の性質

**19** (1) 縦12cm，横20cmの長方形の紙から同じ大きさの正方形を，あまりが出ないように切り取ります。できるだけ大きな正方形に分けるには，正方形の1辺の長さは何cmにすればよいですか。

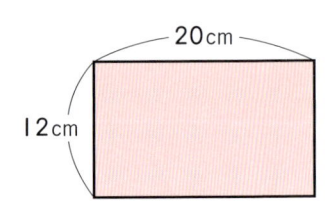

(2) キャンディーが45個，キャラメルが72個あります。キャンディーとキャラメルをそれぞれ同じ数ずつ1つのふくろに入れ，あまりが出ないように分けます。できるだけ多くのふくろをつくるとき，ふくろはいくつになりますか。

参考書 39ページ

**20** 入試 1から500までの整数の中で，2の倍数であり，3の倍数ではない整数は全部で何個ありますか。 〈帝塚山中〉

参考書 40ページ

**21** 入試 (1) 18でわると5あまり，15でわると2あまる数のうち，1000に最も近いものを求めましょう。 〈開明中〉

(2) 1から60までの整数のうち，3でわったときは2あまり，5でわったときは3あまる数をすべて加えるといくつになりますか。 〈森村学園中〉

参考書 41ページ

**22** 入試 (1) ある数で，74をわると2あまり，93をわると5あまります。ある数はいくつですか。 〈大谷中（大阪）〉

(2) 28をわっても，40をわっても，64をわっても4あまるような最大の数を求めましょう。 〈立命館中〉

参考書 42ページ

**23** 入試 (1) 105とある数の最大公約数は15で，最小公倍数は210です。ある数はいくつですか。

(2) 最大公約数が18で，積が1620になる2つの整数はいくつですか。

参考書 43ページ

**24** 青と赤の2つの電球があります。青の電球は1秒間点灯してから1秒間消えて，また1秒間点灯してから1秒間消えるということをくり返します。赤の電球は，1秒間点灯してから2秒間消えて，また1秒間点灯してから2秒間消えるということをくり返します。青と赤の電球が同時に点灯してから1分間計測するとき，次の問いに答えましょう。
(1) 2つの電球が同時に点灯するのは全部で何秒間ありますか。
(2) 2つの電球のどちらか1つだけが点灯しているのは全部で何秒間ありますか。

参考書 44ページ

# 02 がい数 （答え90ページ）

**25** (1) 次の数を四捨五入して，（ ）の中の位までのがい数にしましょう。
① 5362（百の位）　　② 17283（千の位）
③ 609581（千の位）　④ 384957（一万の位）
(2) 次の数を四捨五入して，上から2けたのがい数にしましょう。
① 97450　　② 298146

参考書 46ページ

**26** (1) 四捨五入して，百の位までのがい数にしたとき，300になる整数のはんいは，いくつからいくつまでですか。
(2) 四捨五入して，上から2けたのがい数にしたとき，7000になる数のはんいを，以上，未満を使って表しましょう。

参考書 47ページ

**27** (1) 右の表は，ある日の東駅と西駅の利用者数を調べたものです。2つの駅の利用者数の合計は，約何万何千人ですか。

| 駅 | 人数(人) |
|---|---|
| 東駅 | 37290 |
| 西駅 | 14638 |

(2) 右の4つの品物を買おうと思います。代金の合計は約何千何百円になりますか。

ペンキ 1480円　板 835円　カッター 370円　くぎ 95円

参考書 48ページ

第2章 整数の性質

**28**
(1) 右の表は、3つの町の人口を調べたものです。

| 町 | 人口(人) |
|---|---|
| A | 40736 |
| B | 23485 |
| C | 14950 |

① A町とB町の人口のちがいは、約何万何千人ですか。
② B町とC町の人口のちがいは、約何千何百人ですか。

(2) ゆうきさんの家では、毎月5000円ずつ1年間積み立てをしました。積み立てたお金で、29470円のデジタルカメラと13520円のプリンターを買いました。積み立て金の残高は、約何万何千円ですか。

参考書 **49ページ**

**29**
(1) 子ども会の43人で遠足に行きます。1人分の交通費は570円です。交通費の合計は、およそいくらになりますか。上から1けたのがい数にして計算し、答えを見積もりましょう。

(2) ひろしさんは、1周850mのジョギングコースを、毎日1周ずつ走っています。これまでに54日間走りました。およそ何m走ったことになりますか。上から1けたのがい数にして計算し、答えを見積もりましょう。

参考書 **50ページ**

**30**
(1) ある店で、1個573円の品物の1か月間の売り上げが278478円でした。1か月間に、この品物はおよそ何個売れましたか。上から1けたのがい数にして計算し、答えを見積もりましょう。

(2) 1本の重さが23gのくぎがたくさんあります。このくぎの重さをはかったら、全部で43930gありました。くぎはおよそ何本ありますか。上から1けたのがい数にして計算し、答えを見積もりましょう。

参考書 **51ページ**

## 03 規則性と数列　答え91ページ

**31** 入試
「8×8」のことを「8を2回かける」といいます。8を2014回かけると、積の一の位の数はいくつになりますか。

参考書 **53ページ**

**32** 入試
次のように、ある規則にしたがって数が並んでいます。□にあてはまる数を求めましょう。

(1) 2, 3, 6, 11, □, 27, …　　(2) 1, 2, 4, □, 16, 32, …
(3) 1, 4, 9, 16, □, 36, …

参考書 **54ページ**

## 数と計算編　練習問題

**33 入試**
(1) 3, 5, 7, 9, 11, 13, …のように，ある規則にしたがって数が並んでいます。はじめから数えて38番目の数はいくつですか。　〈浦和実業学園中〉

(2) 2+5+8+11+…+293+296+299を計算しましょう。　〈逗子開成中〉

参考書 **55ページ**

**34 入試**
(1) 1より小さい分数が，$\frac{1}{2}$から$\frac{19}{20}$まで次のように並んでいます。52番目の分数はいくつですか。

$\frac{1}{2}, \frac{1}{3}, \frac{2}{3}, \frac{1}{4}, \frac{2}{4}, \frac{3}{4}, \frac{1}{5}, \frac{2}{5}, \frac{3}{5}, \frac{4}{5}, \frac{1}{6}, \frac{2}{6}, \frac{3}{6}, \frac{4}{6}, \frac{5}{6}, \frac{1}{7}, \frac{2}{7}, …, \frac{19}{20}$

〈筑波大学附属中〉

(2) ある規則にしたがって次のように数が並んでいます。$\frac{15}{23}$は左から数えて何番目の数ですか。

$\frac{1}{3}, \frac{1}{5}, \frac{3}{5}, \frac{3}{7}, \frac{5}{7}, \frac{1}{9}, \frac{3}{9}, \frac{5}{9}, \frac{7}{9}, \frac{1}{11}, \frac{3}{11}, \frac{5}{11}, \frac{7}{11}, \frac{9}{11}, …$

〈かえつ有明中〉

参考書 **56ページ**

**35 入試**
〈図1〉のように，4つのコップに入った水の入れ方でそれぞれの数字を表すこととします。しゃ線は水が入っている状態を表しています。このとき，次の問いに答えましょう。

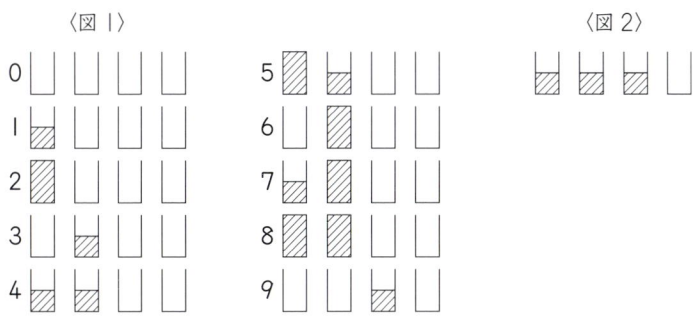

(1) 〈図2〉は何の数字を表していますか。

(2) 〈図1〉からわかるように，1の数字を表すのにコップ0.5はい分の水，4の数字を表すのにコップ1ぱい分の水，7の数字を表すのにコップ1.5はい分の水が必要です。では，27の数字を表すのにはコップ何はい分の水が必要になりますか。　〈大谷中（京都）〉

参考書 **57ページ**

# 第3章 小数のしくみと計算

## 01 小数のしくみとたし算・ひき算　答え92ページ

**36**
(1) 下の数直線で、ア、イ、ウのめもりが表す長さは何mですか。また、4.89m、5.03mを表すめもりに↑をかきましょう。

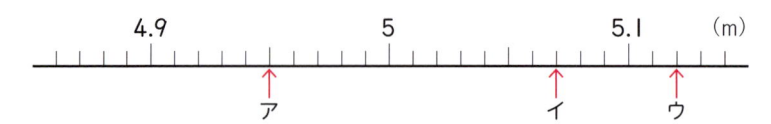

(2) 次の長さや重さを、〔 〕の中の単位で表しましょう。
① 3kg275g〔kg〕　② 650g〔kg〕
③ 1407m〔km〕　④ 83m〔km〕

参考書 60ページ

**37**
(1) 5.037は、0.001を何個集めた数ですか。
(2) 2.5は、0.01を何個集めた数ですか。
(3) 0.001を60個集めた数はいくつですか。
(4) 8.4を10倍した数、10でわった数はそれぞれいくつですか。

参考書 61ページ

**38** 次の計算を筆算でしましょう。
(1) 2.72+3.85　(2) 14.06+0.97
(3) 4.83+2.17　(4) 5.7+6.59
(5) 3.904+4.527　(6) 6.8+2.815

参考書 62ページ

**39** 次の計算を筆算でしましょう。
(1) 5.28−1.63　(2) 1.34−0.75
(3) 2.3−0.35　(4) 8−5.91
(5) 6.052−3.486　(6) 4.5−2.527

参考書 63ページ

数と計算編　練習問題

# 02 小数のかけ算とわり算  答え93ページ

**40** 次の計算を筆算でしましょう。
(1) 7.6×4
(2) 26.5×8
(3) 3.9×63
(4) 17.4×56
(5) 2.39×3
(6) 4.36×29
(7) 0.158×6
(8) 0.384×275

参考書 **65ページ**

**41** 次の計算を筆算でしましょう。
(1) 2.7×3.6
(2) 19.4×5.7
(3) 2.5×4.8
(4) 3.82×6.3
(5) 6.24×4.5
(6) 0.23×3.4
(7) 0.74×0.68
(8) 32.8×1.75

参考書 **66ページ**

**42** 次の計算を筆算でしましょう。
(1) 7.6÷4
(2) 80.1÷3
(3) 72.8÷26
(4) 6.76÷4
(5) 4.34÷7
(6) 3.84÷48
(7) 8.46÷18
(8) 0.978÷163

参考書 **67ページ**

**43** 次の計算を筆算でしましょう。
(1) 5.92÷1.6
(2) 37.8÷8.4
(3) 75.6÷2.7
(4) 5.85÷2.34
(5) 52.2÷1.45
(6) 4.44÷7.4
(7) 3.6÷4.5
(8) 4.35÷5.8

参考書 **68ページ**

# 第3章 小数のしくみと計算

**44** 商は一の位まで求めて,あまりも出しましょう。
(1) 50.8÷3
(2) 67.8÷9
(3) 80.5÷24
(4) 9.1÷1.7
(5) 86.5÷4.6
(6) 500÷7.3
(7) 6.27÷2.6
(8) 7.56÷1.8

参考書 **69ページ**

**45** (1) 1.5Lの食塩の重さをはかったら,3.2kgありました。この食塩1Lの重さは約何kgですか。四捨五入して,上から2けたのがい数で求めましょう。
(2) 面積が28m²になるように,長方形の形をした花だんをつくります。長方形の縦の長さを3.6mとすると,横の長さは約何mになりますか。四捨五入して,$\frac{1}{10}$の位までのがい数で求めましょう。

参考書 **70ページ**

**46** 次の計算をくふうしてしましょう。
(1) 6.8+4.7+5.3
(2) 2.5×7.9×4
(3) 2.8×0.84+7.2×0.84
(4) 99.8×5

参考書 **71ページ**

**47** (入試)
(1) $\frac{6}{11}$を小数第80位まで表すと,5は何回出てきますか。
(2) $\frac{8}{37}$を小数で表したとき,小数第2012位の数はいくつですか。

〈大阪教育大学附属平野中〉

参考書 **72ページ**

数と計算編　練習問題

# 第4章 分数のしくみと計算

## 01 分数　答え94ページ

**48**
(1) 右の数直線で，ア，イのめもりが表す数を，仮分数と帯分数で書きましょう。

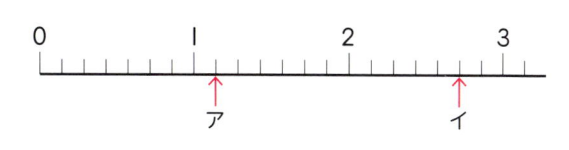

(2) 次の分数の大小を，不等号を使って表しましょう。
① $\left(\dfrac{7}{5}, 1\dfrac{3}{5}\right)$　② $\left(\dfrac{23}{8}, 2\dfrac{5}{8}\right)$

参考書　75ページ

**49**
(1) 右の数直線を見て，次の問いに答えましょう。
① $\dfrac{2}{3}$ と大きさの等しい分数はどれですか。
② $\dfrac{4}{8}$ と大きさの等しい分数はどれですか。

(2) 次の分数を小さい順に書きましょう。
$\dfrac{1}{3}, \dfrac{1}{9}, \dfrac{1}{6}$

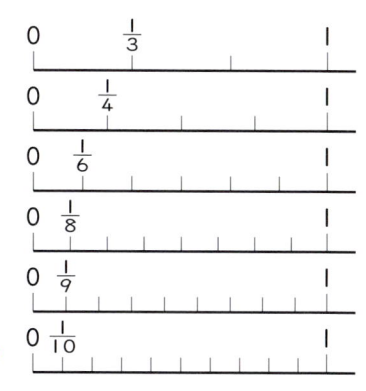

参考書　76ページ

**50**
(1) 5Lのジュースを6人で等分すると，1人分は何Lになりますか。
(2) 右の表は，A，B，Cの3つの荷物の重さを表しています。
① Bの重さは，Aの重さの何倍ですか。
② Cの重さは，Bの重さの何倍ですか。

| 荷物 | 重さ(kg) |
|---|---|
| A | 7 |
| B | 4 |
| C | 9 |

参考書　77ページ

# 第4章 分数のしくみと計算

**51**
(1) 次の分数を小数や整数になおしましょう。小数で正確に表せないときは、四捨五入して、$\frac{1}{100}$の位までの小数で表しましょう。
  ① $\frac{3}{4}$　　② $\frac{9}{5}$　　③ $\frac{18}{3}$　　④ $\frac{2}{7}$

(2) 次の小数や整数を分数になおしましょう。
  ① 0.3　　② 0.57　　③ 2.7　　④ 6

(3) 0.75, $\frac{5}{8}$, $\frac{7}{9}$ を大きい順に書きましょう。

参考書 **78ページ**

## 02 分数のたし算とひき算　答え94ページ

**52**
(1) 次の分数を約分しましょう。
  ① $\frac{6}{8}$　　② $\frac{15}{40}$　　③ $\frac{28}{20}$　　④ $\frac{42}{6}$

(2) 次の( )の中の分数を通分しましょう。
  ① $\left(\frac{2}{3}, \frac{1}{5}\right)$　　② $\left(\frac{4}{9}, \frac{5}{6}\right)$

参考書 **80ページ**

**53**
(1) 次の□にあてはまる不等号を書きましょう。
  ① $\frac{5}{8}$ □ $\frac{13}{20}$　　② $\frac{11}{6}$ □ $\frac{7}{4}$　　③ $3\frac{7}{12}$ □ $3\frac{5}{9}$

(2) $\frac{2}{3}$, $\frac{5}{9}$, $\frac{7}{12}$ を小さい順に書きましょう。

参考書 **81ページ**

**54** 次の計算をしましょう。
(1) $\frac{3}{7} + \frac{6}{7}$　　(2) $\frac{5}{4} + \frac{7}{4}$
(3) $\frac{4}{5} - \frac{3}{5}$　　(4) $\frac{11}{3} - \frac{5}{3}$

参考書 **82ページ**

数と計算編　練習問題

**55** 次の計算をしましょう。
(1) $\dfrac{1}{2}+\dfrac{4}{5}$　　(2) $\dfrac{5}{6}+\dfrac{4}{9}$　　(3) $\dfrac{3}{4}+\dfrac{11}{12}$
(4) $\dfrac{2}{3}-\dfrac{3}{7}$　　(5) $\dfrac{7}{12}-\dfrac{4}{9}$　　(6) $\dfrac{16}{15}-\dfrac{2}{5}$
(7) $\dfrac{1}{3}+\dfrac{1}{4}-\dfrac{1}{6}$　　(8) $\dfrac{5}{8}-\dfrac{1}{2}+\dfrac{2}{5}$　　参考書 **83ページ**

**56** 次の計算をしましょう。
(1) $3\dfrac{5}{7}+1\dfrac{4}{7}$　　(2) $2\dfrac{1}{6}+2\dfrac{5}{6}$
(3) $1\dfrac{2}{3}+1\dfrac{3}{4}$　　(4) $4\dfrac{3}{5}+\dfrac{3}{20}$　　参考書 **84ページ**

**57** 次の計算をしましょう。
(1) $3\dfrac{1}{5}-\dfrac{4}{5}$　　(2) $2\dfrac{3}{8}-1\dfrac{5}{8}$
(3) $4\dfrac{1}{6}-1\dfrac{3}{4}$　　(4) $3\dfrac{1}{3}-2\dfrac{8}{15}$　　参考書 **85ページ**

**58** 次の計算をしましょう。
(1) $\dfrac{1}{5}+0.3$　　(2) $0.25+\dfrac{5}{6}$
(3) $0.9-\dfrac{3}{5}$　　(4) $\dfrac{7}{9}-0.75$　　参考書 **86ページ**

## 03 分数のかけ算とわり算　答え95ページ

**59** 次の計算をしましょう。
(1) $\dfrac{3}{7}\times 4$　　(2) $\dfrac{5}{9}\times 6$
(3) $\dfrac{9}{4}\times 8$　　(4) $\dfrac{10}{9}\times 12$　　参考書 **88ページ**

**60** 次の計算をしましょう。
(1) $\dfrac{2}{3}\times\dfrac{4}{5}$　　(2) $\dfrac{5}{9}\times\dfrac{6}{7}$
(3) $\dfrac{3}{8}\times\dfrac{20}{9}$　　(4) $\dfrac{15}{14}\times\dfrac{7}{10}$　　参考書 **89ページ**

# 第4章 分数のしくみと計算

**61** 次の数の逆数を求めましょう。
(1) $\frac{3}{4}$
(2) $2\frac{1}{4}$
(3) $7$
(4) $0.6$

> 参考書 90ページ

**62** 次の計算をしましょう。
(1) $\frac{2}{3} \div 5$
(2) $\frac{4}{7} \div 8$
(3) $\frac{10}{3} \div 15$
(4) $2\frac{2}{5} \div 9$

> 参考書 91ページ

**63** 次の計算をしましょう。
(1) $\frac{2}{5} \div \frac{3}{7}$
(2) $\frac{3}{8} \div \frac{5}{6}$
(3) $\frac{5}{12} \div \frac{10}{9}$
(4) $30 \div \frac{3}{5}$

> 参考書 92ページ

**64** 次の計算をしましょう。
(1) $1\frac{5}{9} \times \frac{4}{7}$
(2) $\frac{5}{8} \times 2\frac{2}{5}$
(3) $3\frac{1}{3} \times 2\frac{1}{4}$
(4) $1\frac{7}{8} \times 1\frac{7}{9}$

> 参考書 93ページ

**65** 次の計算をしましょう。
(1) $1\frac{3}{4} \div \frac{5}{8}$
(2) $\frac{5}{6} \div 2\frac{2}{9}$
(3) $4\frac{2}{3} \div 1\frac{2}{5}$
(4) $2\frac{1}{4} \div 1\frac{7}{8}$

> 参考書 94ページ

**66** 次の計算をしましょう。
(1) $\frac{2}{3} \times \frac{9}{10} \times \frac{5}{8}$
(2) $\frac{1}{4} \times 21 \times 1\frac{5}{7}$
(3) $\frac{1}{8} \times \frac{6}{7} \div \frac{3}{4}$
(4) $\frac{9}{20} \div \frac{2}{5} \div \frac{3}{8}$

> 参考書 95ページ

**67** 次の計算をしましょう。
(1) $\frac{5}{6} \times 0.4$
(2) $1.4 \div \frac{7}{15}$
(3) $\frac{2}{5} \div 0.6 \times 0.25$
(4) $2\frac{2}{9} \div 0.8 \div \frac{5}{12}$

> 参考書 96ページ

## 数と計算編　練習問題

**68** 次の計算をくふうしてしましょう。
(1) $\left(\dfrac{2}{7} \times 1\dfrac{3}{18}\right) \times \dfrac{9}{13}$
(2) $\left(\dfrac{5}{8} + \dfrac{7}{12}\right) \times 24$
(3) $\dfrac{7}{9} \times \dfrac{3}{4} + 1\dfrac{2}{9} \times \dfrac{3}{4}$
(4) $\dfrac{2}{3} \times 8\dfrac{4}{7} - \dfrac{2}{3} \times 2\dfrac{4}{7}$

参考書 **97ページ**

**69 入試** 次の計算をしましょう。
(1) $\dfrac{1}{6} + 4 \times \left(\dfrac{1}{18} + \dfrac{1}{10}\right) + 6 \times \left(\dfrac{1}{14} + \dfrac{1}{10}\right) + 8 \times \left(\dfrac{1}{18} + \dfrac{1}{14}\right) + \dfrac{1}{6}$
(2) $12 \times 3.14 \times \dfrac{4}{7} - 3 \times 3.14 \times \dfrac{2}{7} + 8 \times 1.57$

〈千葉日本大学第一中〉　参考書 **98ページ**

**70 入試**
(1) $\dfrac{5}{8}$ より大きく，$\dfrac{3}{4}$ より小さい分数で，分母が25であるものをすべて求めましょう。
〈江戸川学園取手中〉
(2) $\dfrac{3}{7}$ より大きく，$\dfrac{4}{9}$ より小さい分数で，分子が24である分数を求めましょう。
〈立命館中〉

参考書 **99ページ**

**71 入試**
(1) 次の あ, い にあてはまる数を求めましょう。ただし，同じ文字は同じ数を表します。
$\dfrac{5}{8} = \dfrac{1}{\text{あ}} + \dfrac{1}{\text{い}}$, $\dfrac{3}{8} = \dfrac{1}{\text{あ}} - \dfrac{1}{\text{い}}$
(2) 次の ア～ウ には異なる1けたの整数が入ります。ア～ウは小さい順に答えましょう。
$\dfrac{33}{40} = \dfrac{1}{\text{ア}} + \dfrac{1}{\text{イ}} + \dfrac{1}{\text{ウ}}$

〈関西大学第一中〉　参考書 **100ページ**

**72 入試** 次の計算をしましょう。
(1) $\dfrac{1}{6} + \dfrac{1}{12} + \dfrac{1}{20} + \dfrac{1}{30} + \dfrac{1}{42}$
〈金蘭千里中〉
(2) $\dfrac{1}{2 \times 5} + \dfrac{1}{5 \times 8} + \dfrac{1}{8 \times 11} + \dfrac{1}{11 \times 14} + \dfrac{1}{14 \times 17}$
〈山手学院中〉

参考書 **101ページ**

# 第1章 平面図形

## 図形編

### 第1章 平面図形

## 01 平面図形の性質　答え97ページ

**1** 右の図に，次の直線をかきましょう。
(1) 点Aを通り，直線㋐に垂直な直線
(2) 点Bを通り，直線㋐に平行な直線

参考書 108ページ

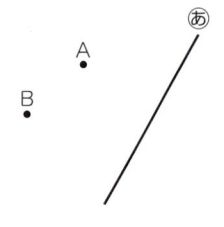

**2** 次の三角形をかき，できた三角形の名前を答えましょう。
(1) 辺の長さが 3cm，3cm，4cm の三角形
(2) 3つの辺の長さがどれも 5cm の三角形

参考書 109ページ

**3** 右の図の平行四辺形 ABCD について，次の問いに答えましょう。
(1) 角Bの大きさは何度ですか。
(2) まわりの長さは何 cm ですか。

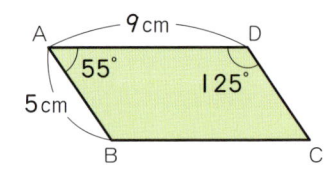

参考書 110ページ

**4** 次の㋐〜㋺の四角形は，何という四角形ですか。また，下の(1)〜(3)にあてはまるものをすべて選んで，記号で答えましょう。

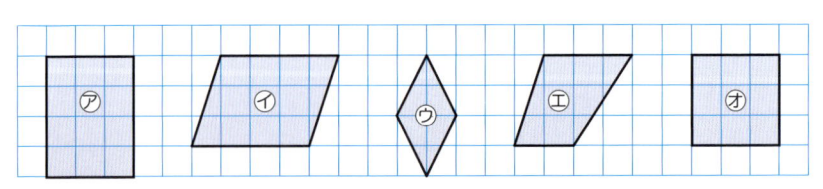

(1) 向かい合った角の大きさが等しい。
(2) 4つの辺の長さが等しい。
(3) 対角線の長さが等しい。

参考書 111ページ

**5** 右の図のように，円をもとにして正五角形をかきました。
(1) ㋐の角の大きさは何度ですか。
(2) ㋑の角の大きさは何度ですか。
(3) ㋒の角の大きさは何度ですか。

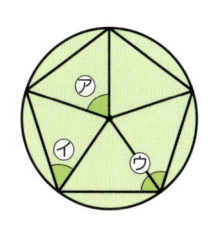

参考書112ページ

**6** 右の図のように，点アを中心とする大きい円と，点イを中心とする小さい円があります。
(1) 小さい円の直径は何cmですか。
(2) 大きい円の直径は何cmですか。

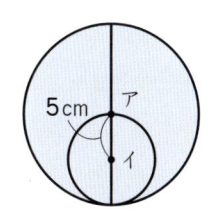

参考書113ページ

# 02 角の大きさ　答え97ページ

**7** 次の図の㋐〜㋒の角の大きさをはかりましょう。
(1)　(2) 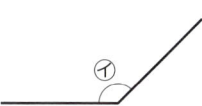　(3)

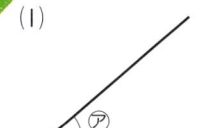

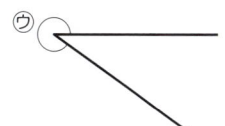

参考書116ページ

**8** 右の図のように，2本の直線が交わっています。㋐，㋑の角の大きさは，それぞれ何度ですか。

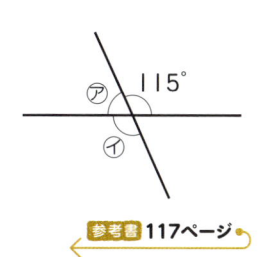

参考書117ページ

# 第1章 平面図形

**9** 右の図で，あといの直線，うとえの直線はそれぞれ平行です。
(1) ㋐の角の大きさは何度ですか。
(2) ㋑の角の大きさは何度ですか。

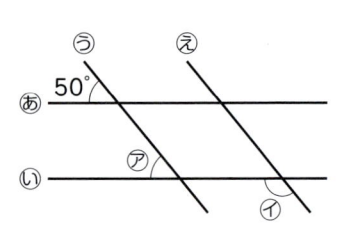

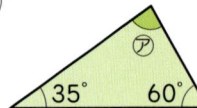

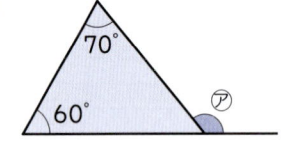

参考書 118ページ

**10** 次の図で，㋐～㋒の角の大きさを求めましょう。
(1) 35°, 60°, ㋐
(2) 40°, ㋑ （二等辺三角形）
(3) 108°, ㋒ （二等辺三角形）

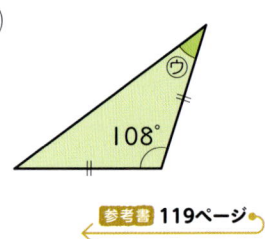

参考書 119ページ

**11** 次の図で，㋐，㋑の角の大きさを求めましょう。
(1) 70°, 60°, ㋐
(2) 32°, 75°, ㋑

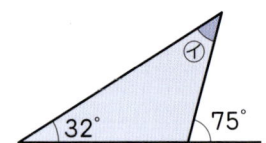

参考書 120ページ

**12** 次の図で，㋐，㋑の角の大きさを求めましょう。
(1) ㋐, 120°, 65°, 80°
(2) 平行四辺形　123°, ㋑

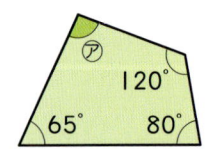

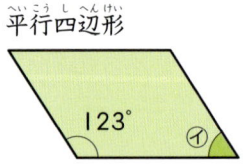

参考書 121ページ

# 図形編　練習問題

**13** 次の多角形の角の大きさについて答えましょう。
(1) 六角形の6つの角の大きさの和は何度ですか。
(2) 右の図は正六角形です。㋐，㋑の角の大きさはそれぞれ何度ですか。

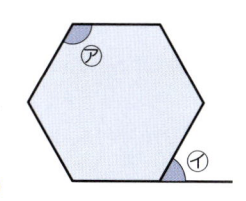

参考書 122ページ

**14** 1組の三角定規を次のように重ねたとき，㋐，㋑の角の大きさはそれぞれ何度ですか。
(1) 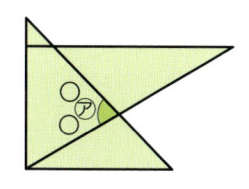
(2)

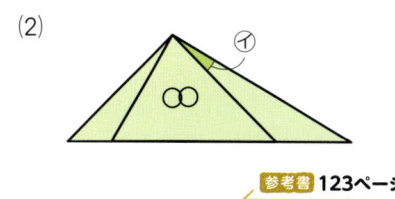

参考書 123ページ

**15** 〈入試〉 右の図の㊂の角度は何度ですか。
〈同志社中〉　参考書 124ページ

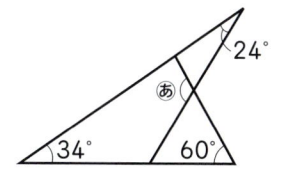

**16** 〈入試〉 右の図において，同じ印は同じ大きさの角度を表します。このとき，アは何度ですか。
〈大阪学芸中等教育学校〉　参考書 125ページ

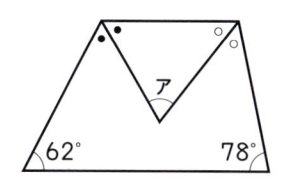

**17** 〈入試〉 右の図の正六角形の，㋐，㋑の角の大きさを求めましょう。
〈金蘭会中〉　参考書 126ページ

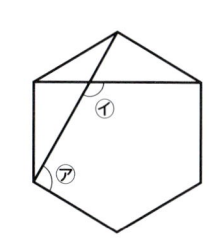

# 第1章 平面図形

**18** 〔入試〕 右の図で，直線 $a$ と直線 $b$ は平行です。このとき，アの角の大きさは何度ですか。
〈近畿大学附属中〉 参考書 127ページ

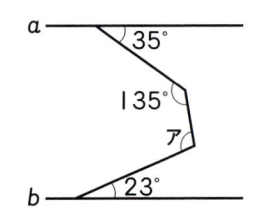

**19** 〔入試〕 右の図は，長方形 ABCD の紙を，EF を折り目として折り返したものです。⑦，⑦の角の大きさを求めましょう。
〈明星中〉 参考書 128ページ

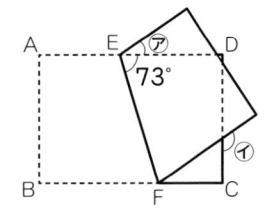

**20** 〔入試〕 右の図で，印をつけた部分の角の和は何度ですか。
〈大阪桐蔭中〉 参考書 129ページ

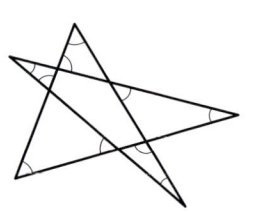

**21** 〔入試〕 右の図で三角形 ABC は正三角形，四角形 ACDE はひし形です。このとき，⑦，⑦の角の大きさを求めましょう。
〈明星中〉 参考書 130ページ

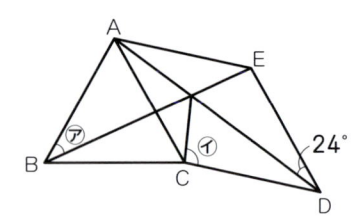

# 第2章 量の単位

## 01 量の単位  答え99ページ

**22**
次の□にあてはまる数を求めましょう。
(1) 0.03km=□m=□cm=□mm
(2) 0.2km+50m−6000cm−40000mm=□m

参考書 132ページ

**23**
次の□にあてはまる数を求めましょう。
(1) 0.007t=□kg=□g
(2) 0.08t−30kg−5000g+10000000mg=□kg

参考書 133ページ

**24**
次の□にあてはまる数を求めましょう。
(1) 0.4km$^2$=□ha=□a=□m$^2$
(2) 0.05km$^2$+0.3ha−400a+2000m$^2$=□ha

参考書 134ページ

**25**
次の□にあてはまる数を求めましょう。
(1) 0.06m$^3$=□L=□dL=□cm$^3$
(2) 0.1kL−50L+5dL−5000cm$^3$=□L

参考書 135ページ

**26**
次の□にあてはまる数を求めましょう。
(1) 0.25時間=□分=□秒
(2) 1時間50分30秒+2時間30分45秒=□時間□分□秒
(3) 2時間15分×1.3=□時間□分□秒

参考書 136ページ

**27**
次の量を,〔 〕の中の単位で表しましょう。
(1) 0.002km〔cm〕
(2) 0.9ha〔a〕
(3) 50mL〔L〕
(4) 60000mg〔kg〕

参考書 137ページ

# 第3章 平面図形の長さと面積

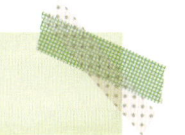

※円周率は3.14とします。

## 01 三角形・四角形　答え99ページ

**28** 次の長方形や正方形の面積を求めましょう。

(1) 9cm × 6cm の長方形

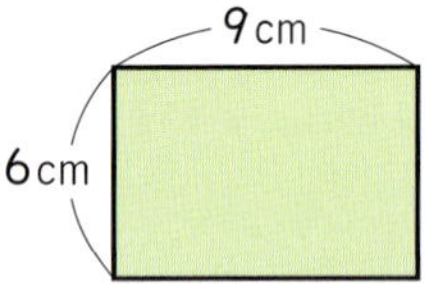

(2) 15cm × 15cm の正方形

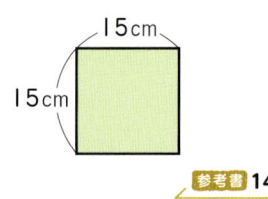

参考書140ページ

**29** 次の平行四辺形の面積を求めましょう。

(1) 平行四辺形（斜辺10cm、底辺12cm、高さ8cm）

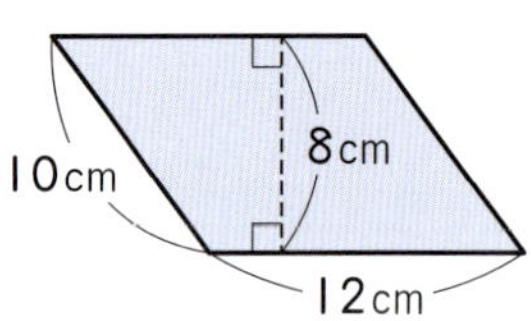

(2) 平行四辺形（上辺15cm、斜辺17cm、高さ6cm）

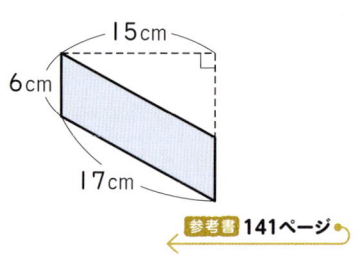

参考書141ページ

**30** 次の台形の面積を求めましょう。

(1) 台形（上底6cm、下底20cm、斜辺15cmと13cm、高さ12cm）

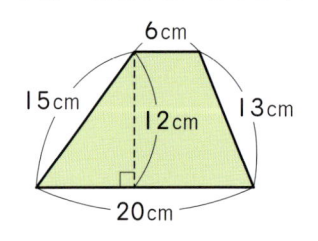

(2) 台形（上辺10cm、左辺7cm、右辺13cm、下辺8cm）

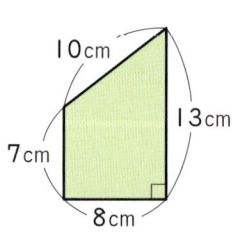

参考書142ページ

**図形編　練習問題**

**31** 次のひし形や正方形の面積を求めましょう。
(1) 10cm、18cm のひし形
(2) 16cm、16cm の正方形

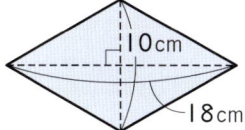

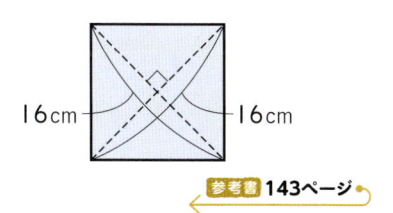

**32** 次の三角形の面積を求めましょう。
(1) 底辺 8cm、高さ 6cm（7cm の辺あり）
(2) 9cm、6cm、10cm、8cm の三角形

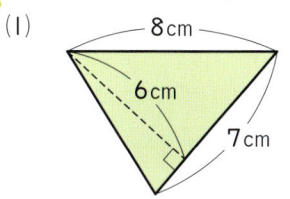

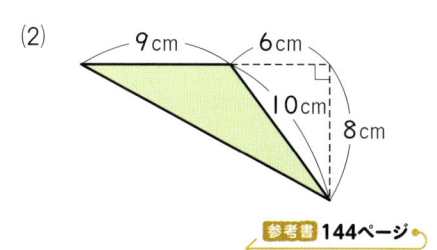

**33** 次の図形の面積を求めましょう。（1cm方眼）
(1) 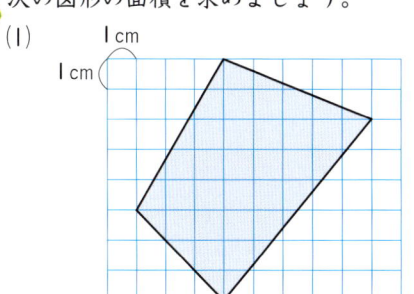
(2)

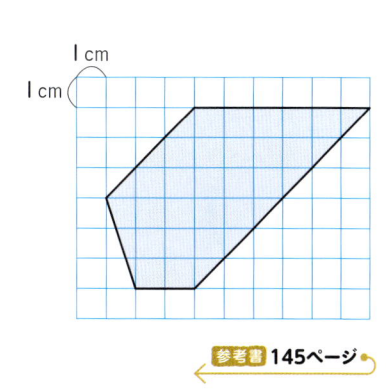

**34** 次の図形の面積を求めましょう。
(1) 6cm、20cm、9cm のひし形
(2) 4cm、7cm、5cm、6cm の図形

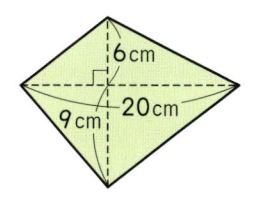

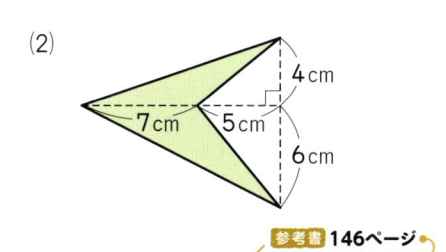

# 第3章 平面図形の長さと面積

**35** 右の図のように、縦20m、横30mの長方形の形をした土地に、はばが一定の道を2本つくりました。道を除いた土地の面積は何m²ですか。

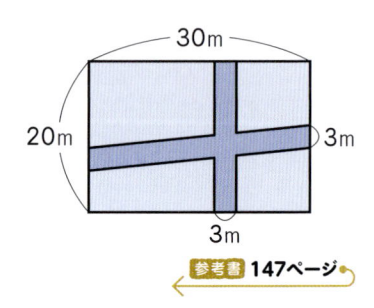

参考書 147ページ

**36** 〔入試〕 右の図のしゃ線部分の面積は何cm²ですか。

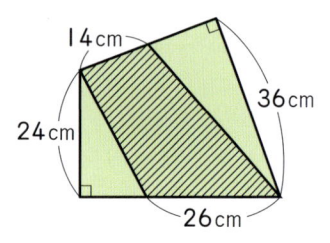

参考書 148ページ

**37** 〔入試〕 右の図の長方形ABCDの中にあるしゃ線部分の三角形の底辺は、すべてEF上にあり、EFは辺AD、BCに平行です。しゃ線部分の三角形の面積の合計を求めましょう。

〈田園調布学園中等部〉

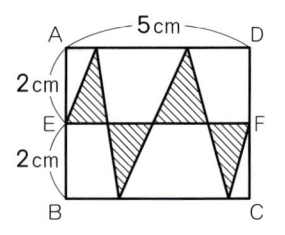

参考書 149ページ

**38** 〔入試〕 右の図の四角形ABCDは台形です。これについて、次の問いに答えましょう。
(1) 台形ABCDの高さは何cmですか。
(2) 台形ABCDの面積が72cm²のとき、BCの長さは何cmですか。

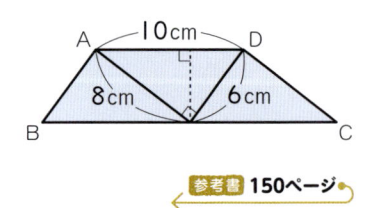

参考書 150ページ

**39** 右の図のような AD＝12cm，AB＝24cm の台形 ABCD があります。辺 BC に垂直な直線 DE と AC との交点を F とします。三角形 CDF の面積が 86.4cm² のとき，次の問いに答えましょう。
(1) DF：FE を最も簡単な整数の比で表しましょう。
(2) 台形 ABCD の面積を求めましょう。

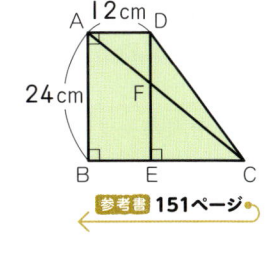

**40** 右の図で，しゃ線部分の面積を求めましょう。

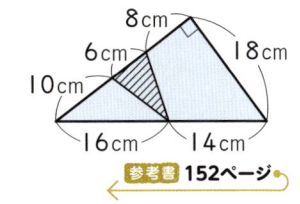

**41** 右の図の三角形 ABC で，AD：DB＝7：4，AE：EC＝2：3 です。四角形 DBCE の面積が 123cm² であるとき，三角形 ADE の面積は何 cm² ですか。
〈横浜雙葉中〉

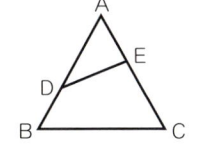

## 02 円，およその面積　答え101ページ

**42** 次の長さを求めましょう。
(1) 右の図の円の円周
(2) 半径10cm の円の円周
(3) 円周の長さが43.96cm の円の半径

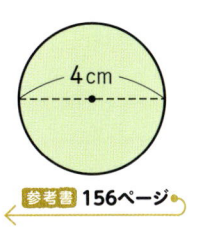

**43** 右の図で，色のついた図形のまわりの長さを求めましょう。

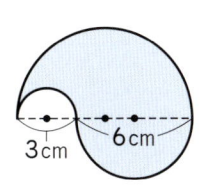

# 第3章 平面図形の長さと面積

**44** 次の円の面積を求めましょう。
(1) 右の図の円
(2) 直径12cmの円
(3) 円周の長さが62.8cmの円

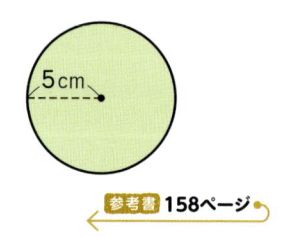

**45** 次のような図形の面積を求めましょう。
(1) （半円、直径8cm）
(2) （四分円、10cm × 10cm）

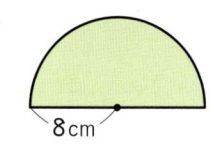

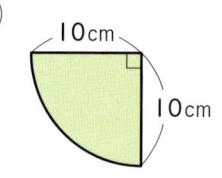

**46** 右の図の色のついた部分の面積を求めましょう。
（10cm × 10cmの正方形）

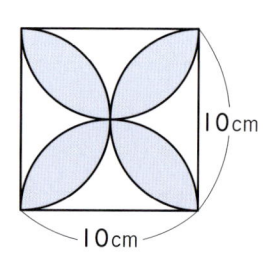

**47** 次の図のような形をした池の面積は、およそ何m²ですか。求めた値が小数になった場合は、四捨五入して整数で答えましょう。
(1) （1マス1m × 1m）
(2) （1マス1m × 1m）

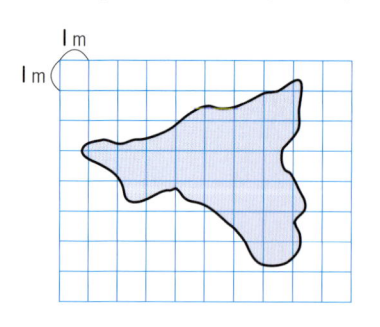

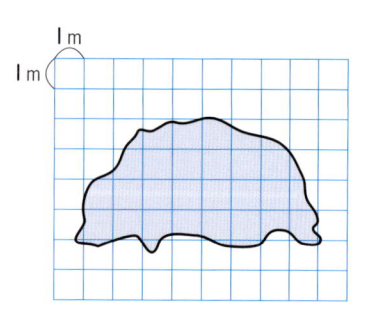

**図形編　練習問題**

**48** 次の図のようなおうぎ形の周の長さを求めましょう。
(1) 12cm, 60°
(2) 240°, 9cm

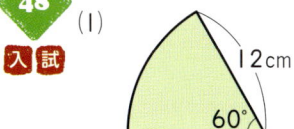

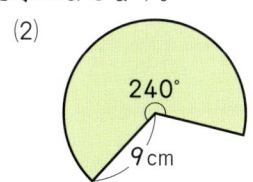

参考書 162ページ

**49** 右の図のように、半径1cmの円が7個くっついています。太線部分の長さは何cmですか。

参考書 163ページ

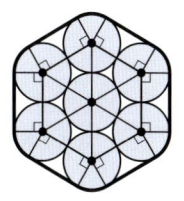

**50** 右の図は、正方形と半円とおうぎ形を組み合わせてできた図形です。しゃ線部分の面積の和を求めましょう。
〈明星中〉　4cm

参考書 164ページ

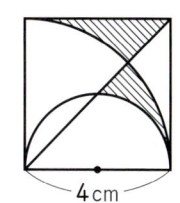

**51** 右の図は、円の中に1辺が4cmの正方形がぴったりと入ったものです。しゃ線の部分の面積を求めましょう。
〈江戸川学園取手中〉　4cm

参考書 165ページ

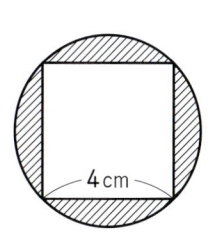

**52** 右の図は、半径6cmの半円を2つ重ねたものです。しゃ線部分の周の長さと面積をそれぞれ求めましょう。
45°, A, 6cm, B

参考書 166ページ

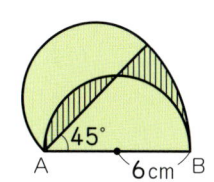

# 第4章 合同，対称，拡大と縮小

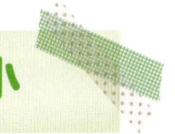

※円周率は3.14とします。

## 01 合同な図形　答え102ページ

**53** 下の図で，合同な図形はどれとどれですか。すべて選んで記号で答えましょう。

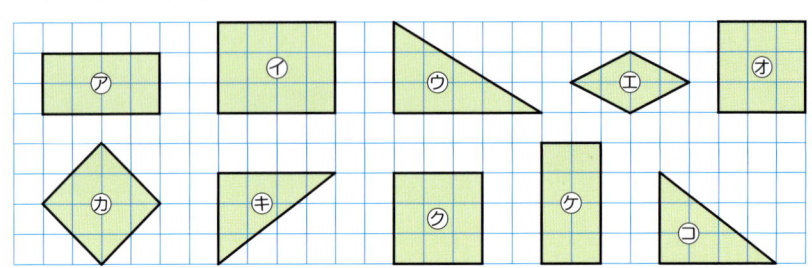

参考書168ページ

**54** 右の2つの四角形は合同です。
(1) 辺GHの長さは何cmですか。
(2) 角Fの大きさは何度ですか。

参考書169ページ

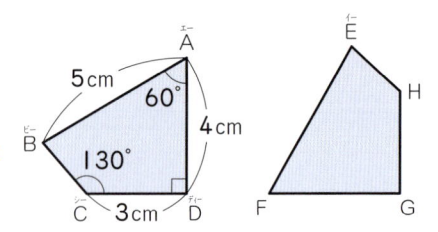

**55** 次の三角形ABCと合同な三角形をかきましょう。

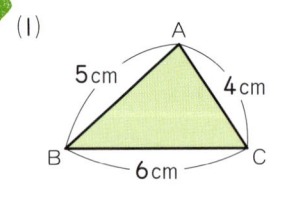

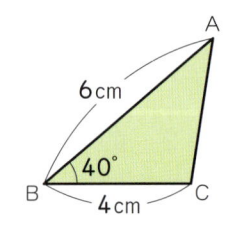

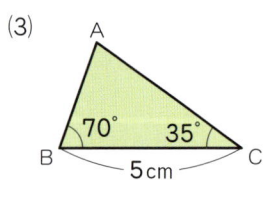

(1) 5cm, 6cm, 4cm
(2) 6cm, 4cm, 40°
(3) 5cm, 70°, 35°

参考書170ページ

**56** 次の㋐～㋔の四角形について、下の(1)、(2)にあてはまるものをすべて選んで、記号で答えましょう。

　　㋐ 台形　　㋑ 長方形　　㋒ ひし形　　㋓ 正方形　　㋔ 平行四辺形

(1) １本の対角線で切ったとき、分けられる２つの三角形が合同になるもの。
(2) ２本の対角線で切ったとき、分けられる４つの三角形がすべて合同になるもの。

参考書 171ページ

## 02 対称な図形　答え103ページ

**57** 右の図は、直線アイを対称の軸とする線対称な図形です。
(1) 辺BCに対応する辺はどれですか。
(2) 角㋐の大きさは何度ですか。
(3) 直線GHの長さは何cmですか。
(4) 点Pに対応する点Qを、図にかき入れましょう。

参考書 173ページ

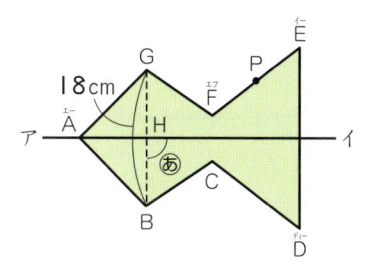

**58** 右の図は、直線アイを対称の軸とする線対称な図形の半分です。残りの半分をかいて、線対称な図形を完成させましょう。

参考書 174ページ

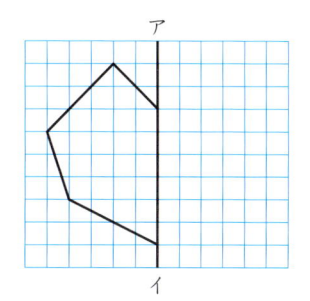

**59** 右の図は、点Oを対称の中心とする点対称な図形です。
(1) 辺DEに対応する辺はどれですか。
(2) 直線COの長さは何cmですか。
(3) 辺FGの長さは何cmですか。
(4) 点Pに対応する点Qを、図にかき入れましょう。

参考書 175ページ

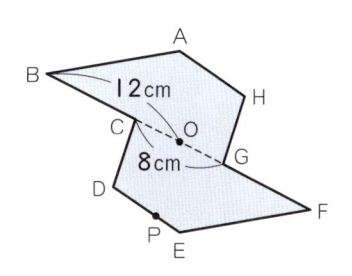

# 第4章 合同，対称，拡大と縮小

**60** 右の図は，点Oを対称の中心とする点対称な図形の半分です。残りの半分をかいて，点対称な図形を完成させましょう。

参考書 176ページ

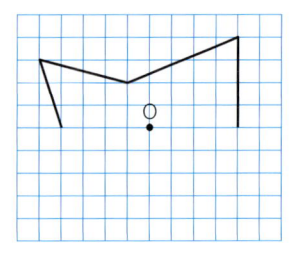

**61** 下の⑦〜㋺の図形について，次の問いに答えましょう。

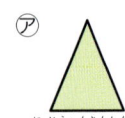

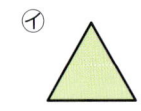

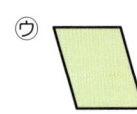

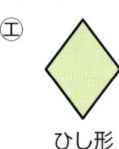

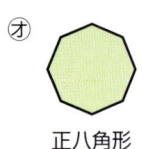

⑦ 二等辺三角形　　④ 正三角形　　⑦ 平行四辺形　　㋓ ひし形　　㋺ 正八角形

(1) 線対称な図形をすべて選んで，記号で答えましょう。また，その図形には対称の軸は何本ありますか。

(2) 点対称な図形をすべて選んで，記号で答えましょう。

参考書 177ページ

## 03 拡大図と縮図　答え103ページ

**62** 右の図で，四角形 ABCD は四角形 EFGH の縮図です。

(1) 四角形 ABCD は，四角形 EFGH の何分の一の縮図ですか。
(2) 角 C の大きさは何度ですか。
(3) 辺 BC の長さは何 cm ですか。
(4) 辺 HG の長さは何 cm ですか。

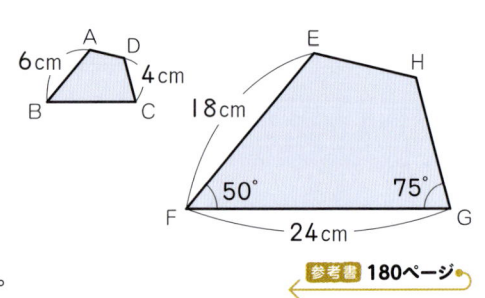

参考書 180ページ

**63** 次の三角形 ABC を拡大，縮小した三角形 DEF をかきましょう。

(1) 2倍の拡大図

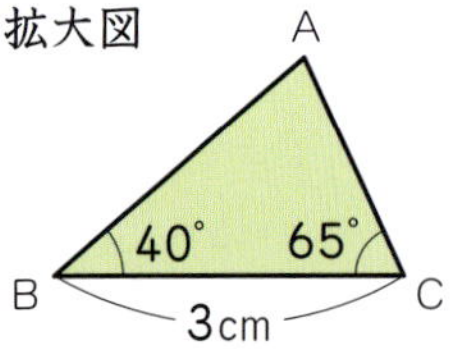

(2) $\frac{1}{3}$ の縮図

参考書 181ページ

**図形編　練習問題**

**64**
(1) 実際の長さが100m ある道を，5cm に縮めてかいた地図があります。この地図上で，1.5cm で表されている橋の実際の長さは何 m ですか。
(2) 縮尺 $\frac{1}{2500}$ の地図では，300m あるトンネルは何 cm で表されていますか。
(3) 縮尺 1：50000 の地図では，20km ある道は何 cm で表されていますか。

参考書 182ページ

**65**
右の図のように，建物から25m はなれたところに立って，建物を見上げた角度をはかったら40°でした。目の高さは1.5m です。このとき，建物の高さはおよそ何 m ですか。

参考書 183ページ

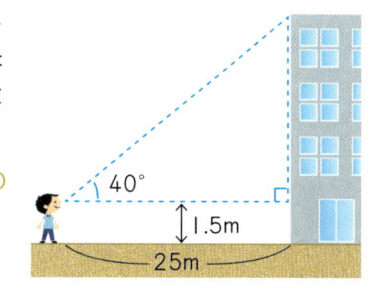

**66 入試**
右の図で，三角形 ABC と三角形 DEF はそれぞれ直角三角形です。AB=4cm，BC=8cm，EF=4cm，DF=6cm，EC=6cm です。
(1) EI，CI の長さはそれぞれ GI の長さの何倍ですか。
(2) 三角形 GEC の面積を求めましょう。

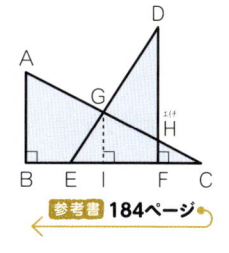

参考書 184ページ

**67 入試**
高さ10m の木があります。太陽光でできたこの木のかげの長さが12m のとき，身長150cm の人のかげの長さは何 cm ですか。また，図のように，10m はなれて立っているあかりでできたかげの長さが等しくなるとき，かげの長さの合計は何 m ですか。ただし，あかりの高さは4m と3m，人の身長は1m とします。

〈公文国際学園中等部〉　参考書 185ページ

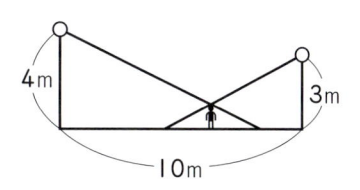

033

# 第4章 合同，対称，拡大と縮小

**68 入試**
右の図のように，高さ1m，長さ6mの長方形のかべが立っています。その前方4mのところに，高さ3mの電柱が立っています。その電柱の先たんについている光で，かべのかげABCDができ，ABとBCの角は90°になりました。 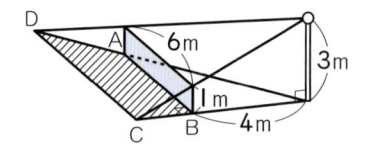
(1) CDの長さは何mですか。
(2) かげABCDの部分の面積は何m²ですか。

参考書186ページ

## 04 図形の移動　答え104ページ

**69 入試**
右の図のような直角三角形と長方形があり，直角三角形は毎秒1cmの速さで矢印の方向へ動きます。

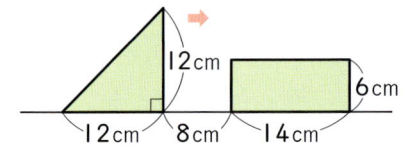

(1) 次の□にあてはまる図形の名前を入れましょう。
　2つの図形が重なる部分の形は，
　① → ② →五角形→台形→ ③
のように変化していきます。
(2) 重なる部分の形が台形になっているのは，直角三角形が動き始めてから何秒後から何秒後までの間ですか。

参考書188ページ

**70 入試**
AB=5cm，AC=12cm，BC=13cmの直角三角形ABCがあります。右の図のように，この三角形を点Bを中心に120°回転させて，直角三角形A'BC'にしました。図のしゃ線部分の面積は何cm²となりますか。

〈大阪女学院中〉　参考書189ページ

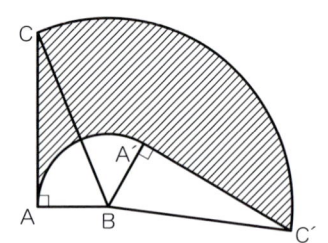

図形編　練習問題

**71** 右の図のようなおうぎ形を，すべることなく直線 $\ell$ 上を矢印の方向にころがします。点Ａがふたたび直線 $\ell$ 上にきたとき，点Ａが動いてできた線と直線 $\ell$ で囲まれた図形の面積を求めましょう。　〈東海大学付属仰星高等学校中等部〉　参考書190ページ

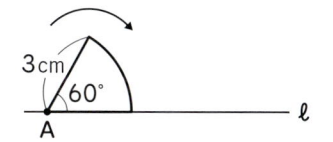

**72** 右の図のように，半径 2 cm の円が，正五角形のまわりをはなれないように１周します。円の中心Ｏが動いた長さは何 cm ですか。　〈共立女子中〉　参考書191ページ

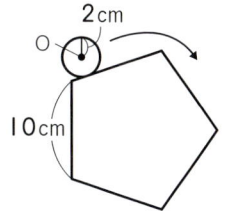

**73** １辺が 3 cm の正六角形の１つの頂点Ａに長さ 18 cm の糸のはしが止められています。糸の止められていない方のはしの点をＰとします。図の状態から，糸がたるまないようにして，糸を正六角形のまわりを時計回りに１周させたとき，Ｐが動いた道のりと，糸が通過した部分の面積を求めましょう。ただし，図のＢ，Ａ，Ｐは一直線上にあるとします。　〈洛星中〉　参考書192ページ

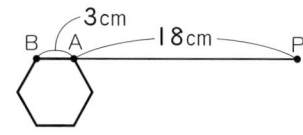

**74** 図１のような台形ＡＢＣＤがあります。点Ｐは頂点Ａを出発して，辺上を毎秒 2 cm の速さで，Ａ→Ｄ→Ｃ→Ｂの順に動きます。図２は，点Ｐが頂点Ａを出発してからの時間と，三角形ＡＢＰの面積の関係を表したものです。このとき，次の問いに答えましょう。　〈和洋九段女子中〉　参考書193ページ

(1) 図１の㋐にあてはまる数はいくつですか。
(2) 図２の㋑にあてはまる数はいくつですか。
(3) 三角形ＡＢＰの面積がはじめて 90 cm² になるのは，点Ｐが頂点Ａを出発してから何秒後ですか。

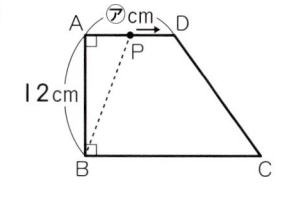

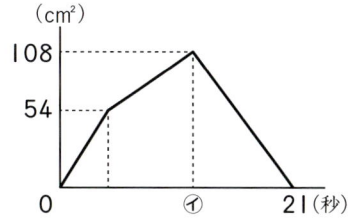

# 第4章 合同，対称，拡大と縮小

**75** 入試

右の図のような，台形ABCDがあります。その周上を点Pは点A→B→C→Dの順に毎秒2cmの速さで動き，点Qは点A→D→Cの順に毎秒1cmの速さで動きます。点Pと点Qは同時に点Aを出発します。このとき，次の問いに答えましょう。

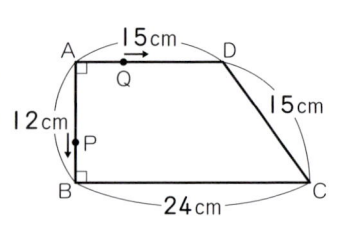

(1) 点Pと点Qが出会うのは，出発してから何秒後ですか。
(2) 出発してから24秒後の三角形APQの面積は何cm²ですか。

〈桜美林中〉　参考書 **194ページ**

**76** 入試

次の図のように，長方形の辺にそって，2点P，Qが動きます。点Pは点Aを，点Qは点Dを同時に出発します。点Pは毎秒1cmの速さで点Bを通って点Cまで動き，点Qは毎秒2cmの速さで点Cを通って点Bまで動き，点Bで止まっています。グラフは，2点P，Qが出発してからの時間と，三角形APDと三角形AQDの面積の和の関係を表したものです。次の問いに答えましょう。

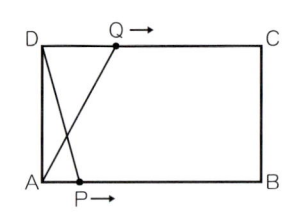

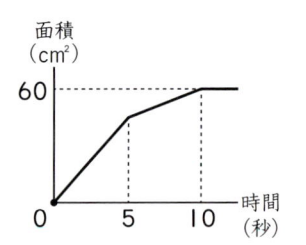

(1) 長方形の横の長さは何cmですか。
(2) 長方形の縦の長さは何cmですか。

〈十文字中〉　参考書 **195ページ**

図形編　練習問題

# 第5章 立体図形

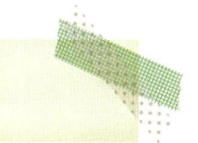

※円周率は3.14とします。

## 01 立体図形の形と表し方　答え106ページ

**77** 次の図は，直方体と立方体の見取図をとちゅうまでかいたものです。続きをかいて，見取図を完成させましょう。

(1)　　　　　　　　　　　　(2)

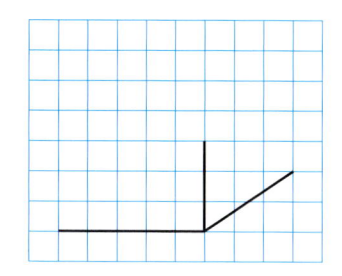

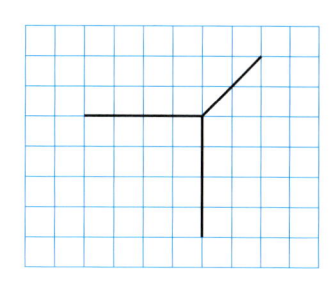

参考書 198ページ

**78** 下の直方体の展開図を完成させましょう。

2cm　3cm　4cm

1cm　1cm

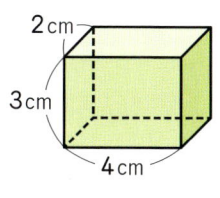

参考書 199ページ

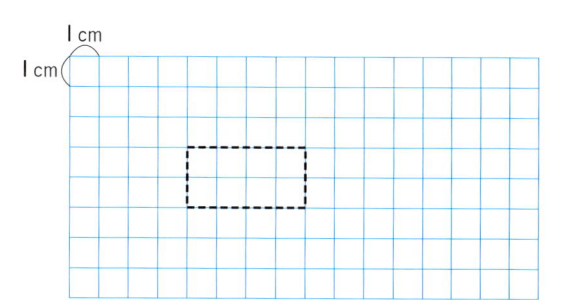

**79** 右の直方体について，次の問いに答えましょう。
(1) 辺ABに平行な辺をすべて答えましょう。
(2) 頂点Bを通って，辺ABに垂直な辺をすべて答えましょう。
(3) 面○いに垂直な面をすべて答えましょう。
(4) 面○あに平行な辺をすべて答えましょう。

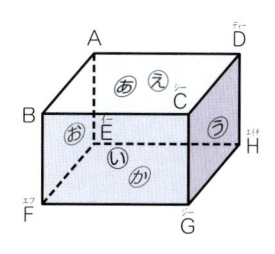

参考書 200ページ

037

# 第5章 立体図形

**80** 右の図は、ある角柱の展開図です。組み立ててできる角柱について、次の問いに答えましょう。
(1) 高さは何 cm ですか。
(2) 底面のまわりの長さは何 cm ですか。
(3) 底面に垂直な面はいくつありますか。

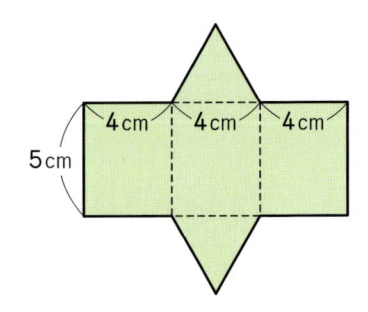

**81** 右の図は、円柱の展開図です。組み立ててできる円柱について、次の問いに答えましょう。
(1) 側面はどのような面になりますか。
(2) 高さは何 cm ですか。
(3) 辺 AB の長さは何 cm ですか。

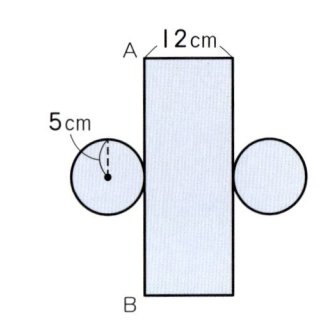

**82** 右の図のように、同じ大きさの12個のボールが箱にすき間なくきちんと入っています。
(1) ボールの半径の長さは何 cm ですか。
(2) 箱の㋐の長さは何 cm ですか。

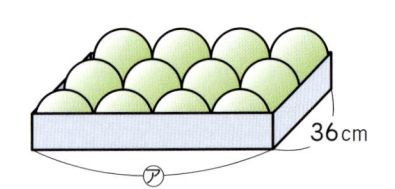

**83** 右の直方体で、頂点 E をもとにすると、頂点 B の位置は、
　(横10cm, 縦0cm, 高さ6cm)
と表すことができます。
次の点の位置を、頂点 E をもとにして表しましょう。
(1) 頂点 D の位置
(2) 頂点 G の位置
(3) 頂点 C の位置

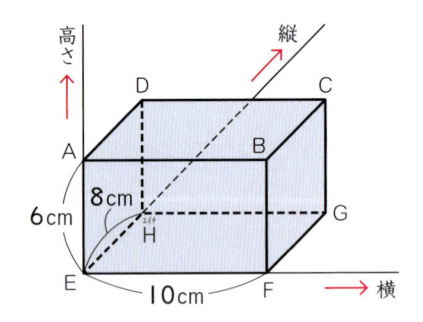

**84** 右の展開図を組み立ててできる立体は何といいますか。また，その立体の辺の数，面の数，側面の数を答えましょう。

参考書 205ページ

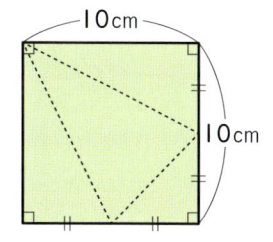

**85** 右の図は，ある立体の展開図です。次の問いに答えましょう。
(1) この立体を何といいますか。
(2) この立体の底面の半径は何 cm ですか。

参考書 206ページ

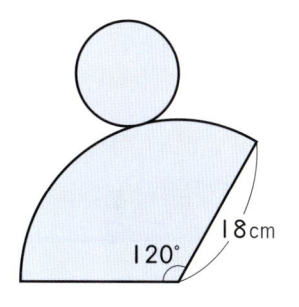

**86** 次の図は，ある立体を真正面と真上から見た投影図です。それぞれ何という立体か答えましょう。
(1) （真正面）（真上）
(2) （真正面）（真上）

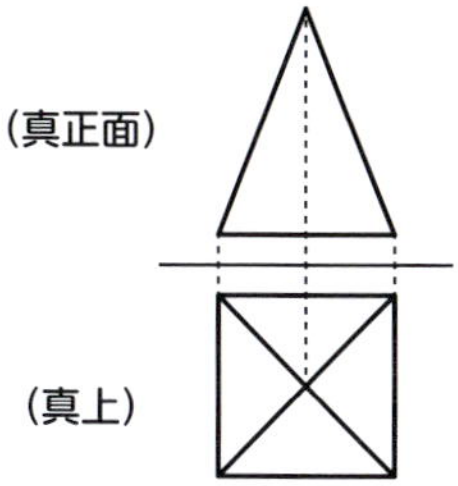

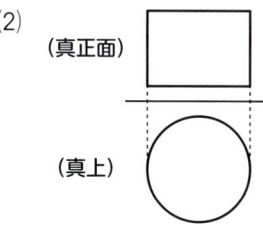

参考書 207ページ

**87** 右の図1は，さいころの見取図です。3と5の位置と向きは図のようになっています。このさいころの目に書かれている数は 1，3，5，9，11，13 であり，向かい合う2面の数の和はどれをとってもすべて等しくなります。
(1) 図1の見取図を展開すると，図2のようになります。向きも考えて5を書き入れましょう。
(2) 図2の展開図の A と B に入る数をかけるといくつになりますか。

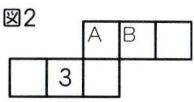

参考書 208ページ

# 第5章 立体図形

**88** 入試 図1のような展開図を組み立てたとき、図2のような立方体ができました。
(1) 点A, B, Cをふくむ面で切断するとき、切断面の形を答えましょう。
(2) AB, BC, ACの線を図1の中にかきこみましょう。

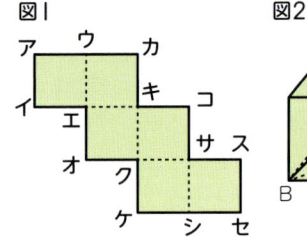

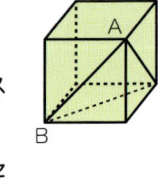

参考書 209ページ

**89** 入試 1辺が1cmの立方体を積み重ねてつくった、右の図のような立方体があります。この表面全体に赤色のペンキをぬり、右の図のように各辺を1cmずつに切って、1辺が1cmの立方体をつくりました。
(1) 1つの面のみ赤くぬられている立方体は何個ありますか。
(2) どの面も赤くぬられていない立方体は何個ありますか。

参考書 210ページ

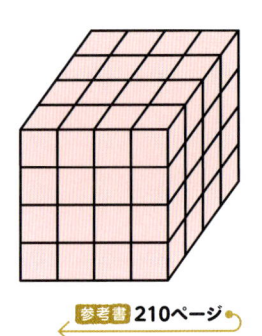

**90** 入試 図1のような母線の長さが12cm、底面の半径が5cmである円すいがあります。また、図2は、この円すいの底面の円周上の点Aから、長さが最も短くなるように糸をまきつけたようすです。次の問いに答えましょう。
(1) 円すいの展開図をかいたときにできるおうぎ形の中心角は何度ですか。
(2) 図2において、円すいの側面のうち糸より下の部分の面積は何cm²ですか。

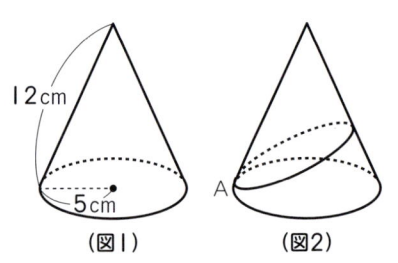

〈同志社香里中〉 参考書 211ページ

図形編　練習問題

# 02 立体図形の体積と表面積　答え108ページ

**91** 次の直方体や立方体の体積は何 cm³ ですか。
(1) 6cm、9cm、5cm
(2) 4cm、4cm、4cm
(3) 縦60cm，横80cm，高さ1.5m の直方体

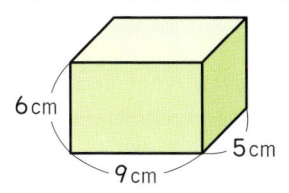

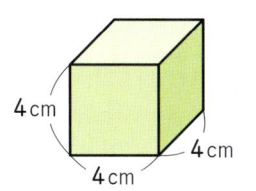

参考書 214ページ

**92** 次の直方体を組み合わせた立体の体積を求めましょう。
(1) 5cm、7cm、3cm、4cm、8cm
(2) 3cm、4cm、5cm、5cm、9cm、6cm、10cm

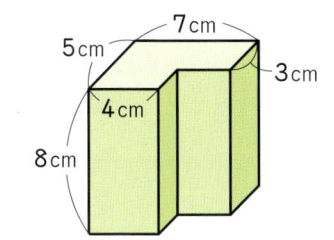

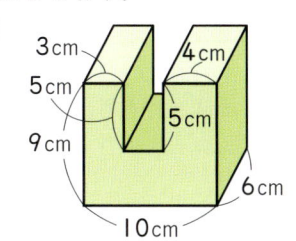

参考書 215ページ

**93** 次の角柱や円柱の体積を求めましょう。
(1) 6cm、8cm、10cm
(2) 12cm、15cm

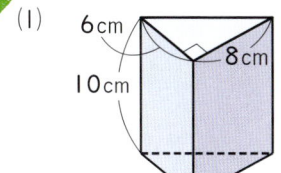

参考書 216ページ

**94** 下の形をした容器の体積は，およそ何 cm³ ですか。
(1) 6cm、15cm、25cm
(2) 10cm、16cm

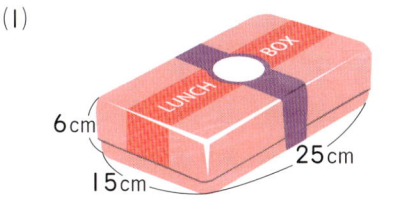

参考書 217ページ

# 第5章 立体図形

**95** 入試 次の直方体や立方体の表面積を求めましょう。
(1) 7cm, 5cm, 2cm の直方体
(2) 4cm, 4cm, 4cm の立方体

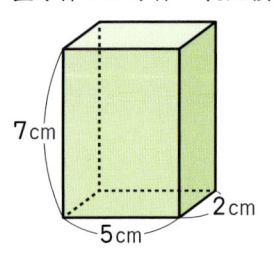

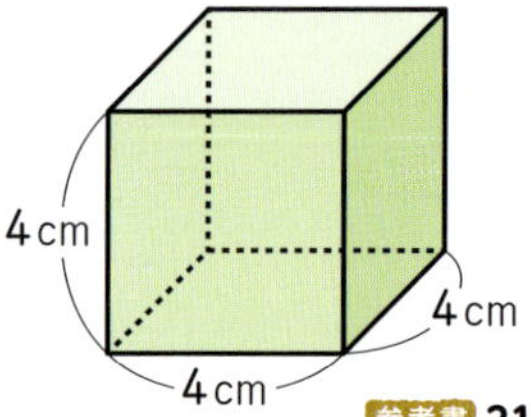

参考書 218ページ

**96** 入試 右の図は直方体から三角柱を切り取った立体です。この立体の表面積を求めましょう。

20cm, 12cm, 48cm, 60cm, 48cm

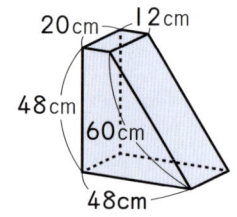

参考書 219ページ

**97** 入試 次の見取図や展開図で表される立体の表面積を求めましょう。
(1) 半径3cm, 高さ4cm の円柱
(2) 長方形の両端に半円がついた展開図(18cm, 5cm)

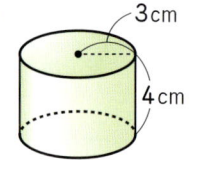

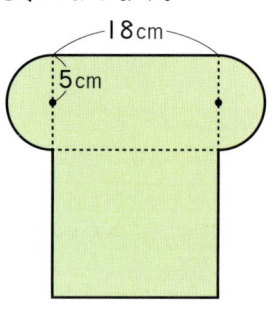

参考書 220ページ

**98** 入試 次の四角すいの, (1)は表面積を, (2)は体積を求めましょう。
(1) 底面が5cm×5cm, 側面の高さ8cm
(2) 底面が9cm×9cm, 高さ4cm

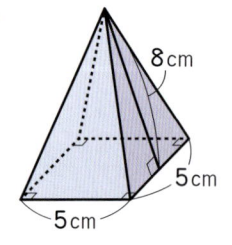

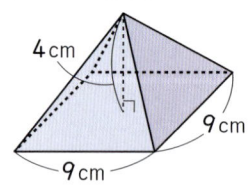

参考書 221ページ

**図形編　練習問題**

**99** 右の図は，高さが16cmの円すいとその展開図です。
入試 (1) この円すいの表面積を求めましょう。
(2) この円すいの体積を求めましょう。
参考書 222ページ

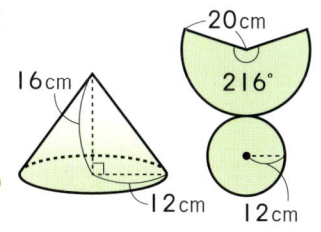

**100** 1辺が3cmの立方体をピラミッド状に6段に積み重ねて，右の図のような立体をつくりました。
入試 (1) この立体の体積を求めましょう。
(2) この立体の表面積を求めましょう。
参考書 223ページ

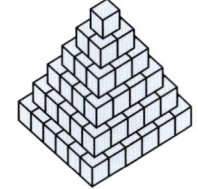

**101** 底面の半径が4cm，高さが10cmの円柱の一部を右の図のように底面に平行および垂直に切り取った立体があります。
入試 (1) 立体の体積を求めましょう。
(2) 立体の表面積を求めましょう。
〈奈良学園中・改〉
参考書 224ページ

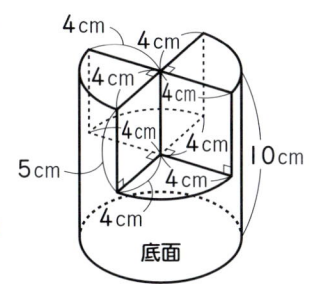

**102** 右の図は，大きい円柱から小さい円柱をくりぬいてできた立体です。この立体の体積と表面積をそれぞれ求めましょう。
入試
〈同志社女子中〉
参考書 225ページ

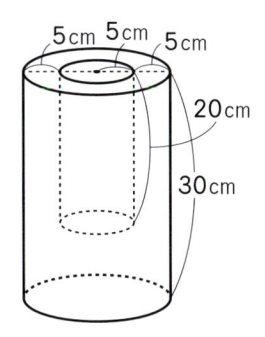

第5章 立体図形

**103** 右の図は、ある立体の展開図です。この立体の体積を求めましょう。

参考書 226ページ

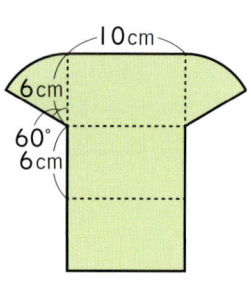

**104** 次のような図形を、直線 $\ell$ を軸として1回転させてできる立体の体積を求めましょう。

(1)　　　(2)

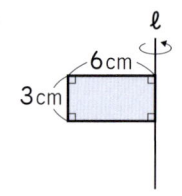

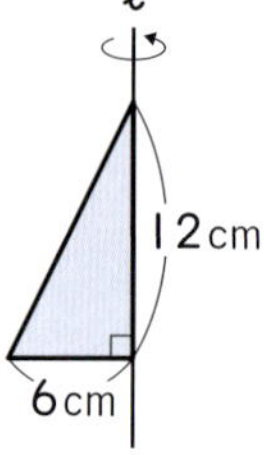

参考書 227ページ

**105** 右の図の四角形 ABCD で、AB と CD は平行で、角B＝90°、AB＝8cm、BC＝6cm、CD＝4cm、AC＝10cm です。この四角形を、次の直線のまわりに1回転させてできる立体の体積を求めましょう。

(1) 直線 AB
(2) 直線 AC　　　〈金蘭千里中〉

参考書 228ページ

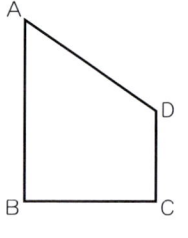

**106** 右の図のように、底面の半径が2cm、高さが15cmの円柱を、ななめに大小2つの立体に切りました。大きいほうの立体の体積を求めましょう。

〈頌栄女子学院中〉　参考書 229ページ

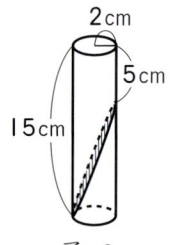

**107** 右の図のような1辺が2cmの立方体で、4つの頂点ア、イ、ウ、エを結んでできる立体の体積を求めましょう。

参考書 230ページ

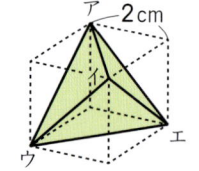

## 03 容積 （答え110ページ）

**108** 厚さ2cmの板でつくった，右の図のような直方体の容器があります。この容器の容積は何Lですか。
参考書 232ページ

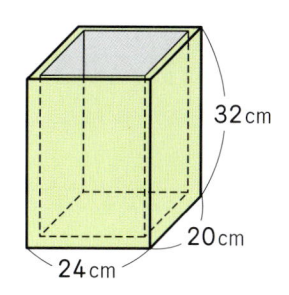

**109** 内のりの縦が15cm，横が20cmの直方体の水そうに，深さ10cmまで水が入っています。この中に石をしずめたら，水の深さが12cmになりました。この石の体積は何cm³ですか。
参考書 233ページ 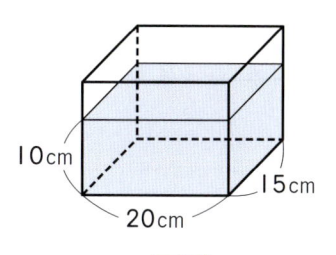

**110** 右の図のような三角柱の容器に高さ12cmのところまで水が入っています。
入試
(1) 水の体積を求めましょう。
(2) 三角形ABCの面を下にして，三角柱を立てたとき，水の高さは何cmになりますか。 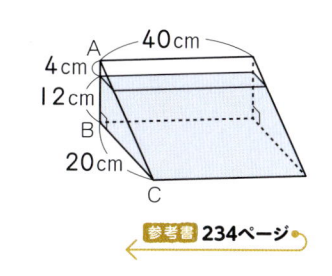
参考書 234ページ

**111** 内のりが1辺10cmの立方体の容器に水をいっぱいに入れ，図のように底面の辺の1つを
入試 平らな面につけたまま静かにかたむけたとき，こぼれた水の量をはかったら225cm³でした。ABの長さを求めましょう。 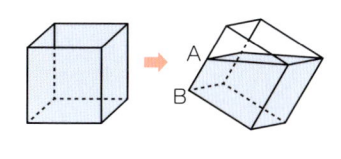
参考書 235ページ

# 第5章 立体図形

**112 入試** 底面が1辺100cmの正方形の直方体の水そうに水を入れ，その中に底面が1辺40cmの正方形で高さが100cmより低い四角柱を図1のようにまっすぐに底まで入れました。このとき，容器の水の深さは40cmでした。

(1) 図2のように四角柱を底から16.8cm持ち上げたとき，水面は何cm下がりますか。

(2) 図3のように四角柱をたおしてすっかり水の中にしずめたところ，水の深さは48cmになりました。この四角柱の高さは何cmですか。

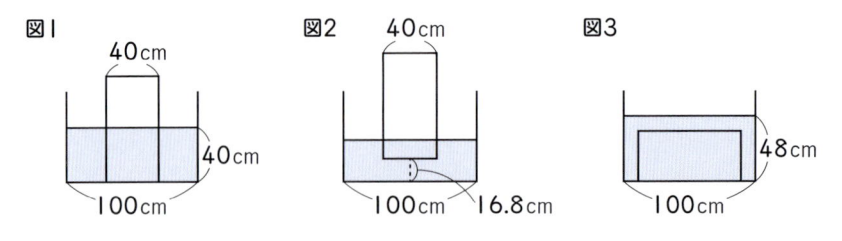

図1　図2　図3

参考書 236ページ

**113 入試** 下の図のような直方体の形をした入れものA，B，Cがあり，深さはすべて60cmです。底面の面積は，BはAの$\frac{3}{5}$，CはBの$\frac{2}{3}$です。Aの入れものには24cmの深さまで水が入っていて，BとCは空になっています。

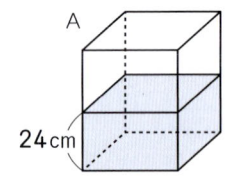

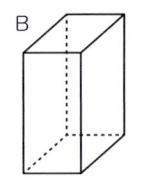

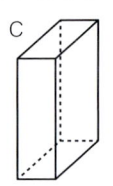

(1) Aに入っている全部の水をBとCに同じ高さになるように分けて入れます。そのときのBとCの水の量の比を最も簡単な整数の比で表しましょう。

(2) Aに入っている全部の水をBとCに同じ量ずつ分けて入れると，BとCの水の深さのちがいは何cmになりますか。

参考書 237ページ

## 図形編　練習問題

**114** 【入試】
次の図1のような水そうに，一定の割合で水を入れたところ，21分でいっぱいになりました。図2は，水を入れ始めてからの時間と水の深さの関係を表したものです。
(1) 水は毎分何 cm³ ずつ入りましたか。
(2) 図1の $x$ の値を求めましょう。

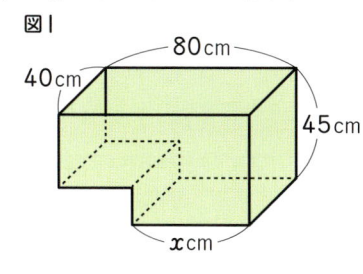

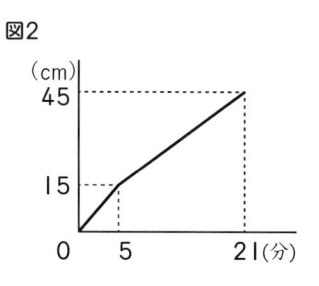

図1
80cm, 40cm, 45cm, $x$cm

図2
(cm) 45, 15, 0, 5, 21(分)

> 参考書 238ページ

**115** 【入試】
右の図1のような，深さ50cmの水そうに，いっぱいになるまで水を入れます。水そうの中にはしきりがあり，水そうをあといの部分に，横の長さの比が2：1になるように分けています。給水管は図のようにA，Bの2つがあり，それぞれ一定の割合で水が出ます。今，Aからあの部分に毎分4Lずつ水を入れ，いの部分の水の深さが8cmになったとき，Bも開いていの部分に水を入れていきます。図2のグラフは，Aで水を入れ始めてからの時間とあの部分の水の深さの関係を表したものです。ただし，しきりは長方形で，その厚さは考えないことにします。

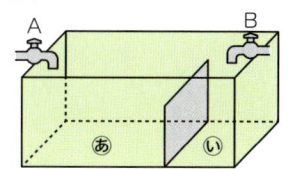

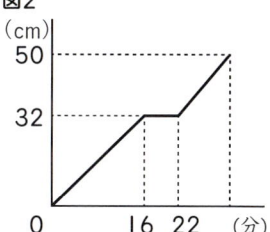

図1
A, B, あ, い

図2
(cm) 50, 32, 0, 16, 22 (分)

(1) あの部分の面積は何 cm² ですか。
(2) 給水管Bからは，毎分何Lずつ水を入れましたか。
(3) この水そうがいっぱいになるのは，給水管Aで水を入れ始めてから何分後ですか。

> 参考書 239ページ

047

# 数量関係編

## 第1章 文字と式

### 01 □を使った式 （答え112ページ）

**1** 次の問題を、□を使った式に表して解きましょう。
(1) 学級文庫に本が36冊あります。新しい本を何冊か買ったので、本は全部で45冊になりました。買った本は何冊ですか。
(2) 姉は折り紙を60枚持っています。妹に何枚かあげたので、残りが42枚になりました。妹にあげたのは何枚ですか。
(3) まゆみさんは、ある本を読み始めました。28ページ読んだので、残りが68ページになりました。この本は全部で何ページですか。　参考書 245ページ

**2** 次の問題を、□を使ったかけ算の式に表して解きましょう。
(1) 5そうのボートがあります。それぞれのボートに子どもを同じ人数ずつ乗せたら全部で30人乗ることができました。1そうに何人ずつ乗りましたか。
(2) チューリップが8本ずつ束になっている花束が何束かあります。チューリップの花は全部で72本です。花束はいくつありますか。　参考書 246ページ

### 02 文字を使った式 （答え112ページ）

**3** 次のことがらを、文字を使った式で表しましょう。
(1) 1mの重さが25gの針金 $a$ mの重さ
(2) 1個80円のみかん $x$ 個を、120円のかごにつめたときの代金の合計
(3) 40人のクラスで、男子が $x$ 人のときの女子の人数
(4) 底辺が18cm、高さが $b$ cmの平行四辺形の面積
(5) 1辺の長さが $y$ cmのひし形のまわりの長さ　参考書 248ページ

数量関係編　練習問題

**4**
(1) 75cmのテープから $x$ cm 切り取ったときの，残りのテープの長さを $y$ cm とします。
　① $x$ と $y$ の関係を式に表しましょう。
　② $x$ の値が27のときの $y$ の値を求めましょう。
(2) 48個のクッキーを $x$ 人で等分したら，1人分は $y$ 個になります。
　① $x$ と $y$ の関係を式に表しましょう。
　② $x$ の値が6のときの $y$ の値を求めましょう。

参考書 **249ページ**

**5** 次の式で，$x$ の表す数を求めましょう。
(1) $x+25=60$
(2) $38+x=56$
(3) $x-17=45$
(4) $x\times6=84$
(5) $4\times x=148$
(6) $x\div9=25$

参考書 **250ページ**

**6** 求める数を $x$ として式に表し，答えを求めましょう。
(1) 270円のざっしと物語の本を買ったら，代金は918円でした。物語の本はいくらですか。
(2) お米を750g使ったら，残りの量が1750gになりました。はじめに，お米は何gありましたか。

参考書 **251ページ**

**7** 求める数を $x$ として式に表し，答えを求めましょう。
(1) 縦の長さが15cm，面積が360cm² の長方形の横の長さは何cmですか。
(2) ジュースを8人で等分したら，1人分の量が0.5Lになりました。はじめに，ジュースは何Lありましたか。

参考書 **252ページ**

**8**
(1) 1本70円のえん筆を5本とノートを買ったら，代金は全部で630円でした。ノートはいくらですか。
(2) 同じケーキを8個買い，50円の箱につめてもらったら，代金は全部で1970円でした。ケーキ1個の値段はいくらですか。

参考書 **253ページ**

# 第2章 量の比べ方

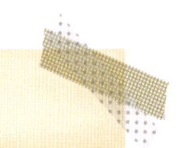

## 01 平均 （答え112ページ）

**9**
(1) 5個のたまごの重さをはかったら，右のようになりました。1個平均何gですか。

| 57g | 58g | 52g | 59g | 54g |

(2) 右の点数は，ある野球チームの最近8試合の得点を表したものです。1試合に平均何点とったことになりますか。

| 4点 | 1点 | 3点 | 6点 |
| 0点 | 2点 | 7点 | 5点 |

参考書 255ページ

**10**
りんご1個の重さの平均は375gです。りんご12個の重さは，およそ何gになりますか。

参考書 256ページ

**11**
(1) 箱の中に入っているみかん全体の重さは，3.4kgです。みかん1個の重さの平均は85gです。箱の中にみかんはおよそ何個入っていますか。

(2) さおりさんは，1日に本を平均24ページ読むことにしました。408ページの本を読むには，およそ何日かかりますか。

参考書 257ページ

**12**
右の表は，あるグループの男子，女子の人数と，先月読んだ本の冊数の平均をまとめたものです。グループ全体では，1人平均何冊読みましたか。

参考書 258ページ

読んだ本の冊数

|   | 人数（人） | 冊数の平均（冊） |
|---|---|---|
| 男子 | 8 | 2.5 |
| 女子 | 12 | 4.5 |

**13**
こうたさんが10歩歩いた長さを3回はかったら，6m20cm，6m70cm，6m50cmでした。

(1) こうたさんの歩はばは約何cmですか。上から2けたのがい数で答えましょう。

(2) こうたさんが家から学校まで歩いたら，840歩ありました。家から学校までの道のりは約何mですか。

参考書 259ページ

# 02 単位量あたりの大きさ 答え112ページ

**14** 右の表は、プールAとBの面積とプールに入っている人数を表したものです。どちらのプールがこんでいますか。 参考書261ページ

プールの面積と人数

| | 面積(m²) | 人数(人) |
|---|---|---|
| A | 600 | 90 |
| B | 500 | 80 |

**15** 右の表は、北市と南市の面積と人口を表したものです。それぞれの市の人口密度を、上から2けたのがい数で求めましょう。また、どちらの市の人口密度が高いですか。 参考書262ページ

北市と南市の面積と人口

| | 面積(km²) | 人口(万人) |
|---|---|---|
| 北市 | 247 | 48 |
| 南市 | 425 | 75 |

**16** 右の表は、AとBの畑の面積ととれたさつまいもの重さを表したものです。どちらの畑のほうがよくとれたといえますか。 参考書263ページ

畑の面積ととれたさつまいもの重さ

| | 面積(m²) | とれた重さ(kg) |
|---|---|---|
| A | 250 | 570 |
| B | 160 | 360 |

**17** シャープペンシルのしんで、20本入り260円のものと、25本入り300円のものがあります。1本あたりの値段はどちらが安いですか。 参考書264ページ

**18** 15Lのガソリンで270km走る自動車があります。
(1) 1Lあたり何km走れますか。
(2) 35Lのガソリンでは何km走れますか。 参考書265ページ

**19** 学級園に、肥料を1m²あたり75gまきます。
(1) 12m²の学級園に、この肥料をまきます。肥料は何gいりますか。
(2) この肥料が3kgあります。肥料をまくことができる面積は何m²ですか。 参考書266ページ

第2章 量の比べ方

**20 入試** 銅のかたまりが2つあります。一方のかたまりの体積は6cm³で、重さは53.64gです。もう一方のかたまりの体積が11cm³のとき、重さは何gですか。
〈同志社中〉 参考書 267ページ

**21 入試** 12Lのガソリンで150km進む自動車があります。ガソリンの値段は32Lで4224円です。この自動車で、350km進むにはガソリン代が何円かかりますか。
参考書 268ページ

**22 入試** 2012年にオリンピックが行われたイギリスの通貨はポンドといい、アメリカ合衆国の通貨はドルといいます。今、1ドルは80円、1ポンドは125円とするとき、50ドルは何ポンドになるか答えましょう。
〈関西大学北陽中〉 参考書 269ページ

## 03 速さ  答え113ページ

**23** 次の速さを求めましょう。
(1) 360kmの道のりを5時間で進む電車の時速
(2) 2700mの道のりを15分間で進む自転車の分速
(3) 750mの道のりを25秒間で進むチーターの秒速
参考書 271ページ

**24** 分速900mで走っている自動車があります。
(1) 時速何kmですか。
(2) 秒速何mですか。
参考書 272ページ

**25** (1) 時速35kmで走るオートバイが、4時間に進む道のりは何kmですか。
(2) 分速60mで歩く人が、45分間に進む道のりは何mですか。
参考書 273ページ

**26**
(1) 高速道路を時速80kmで走る自動車があります。この自動車が480km進むのに何時間かかりますか。
(2) まいさんの家から図書館までの道のりは1200mです。家から図書館まで，分速50mの速さで歩くと，何分かかりますか。

参考書 274ページ

**27**
(1) 秒速15mで泳ぐイルカは，4分間に何m進みますか。
(2) 分速1200mで飛ぶツバメが360km進むのに，何時間かかりますか。

参考書 275ページ

**28**
ある工場で，Aの機械は12分間で部品を300個，Bの機械は35分間で部品を840個生産します。部品を生産する速さは，どちらの機械が速いでしょうか。

参考書 276ページ

**29 入試**
るみさんは午後1時50分に家を出て，分速250mの自転車で進み，家から3kmはなれた公園に向かいました。とちゅうで書店に寄り，公園に着いたのは午後2時10分でした。書店に寄っていたのは何分間ですか。

参考書 277ページ

**30 入試**
なおきさんはジョギングコースで，スタート地点から3.5kmまでの道のりは分速100mで走り，残りは分速60mで歩いたら，ゴール地点まで50分かかりました。分速60mで歩いた道のりは何mですか。

参考書 278ページ

**31 入試**
片道3kmの道のりを，行きは毎分60m，帰りは毎分50mで歩きました。かかった時間は全体で何時間ですか。また，往復の平均の速さは毎分何mですか。

〈帝塚山中〉 参考書 279ページ

# 第2章 量の比べ方

**32** [入試] 兄と弟が同じスタート地点に立ち，100m先のゴールに向かって競走しました。兄がゴールしたときに弟は15m後ろにいました。弟のスタート地点を変えずにもう一度競走するとき，2人が一緒にゴールするためには，兄は弟の何m後ろからスタートすればよいですか。ただし，2人は同時にスタートし，2人の走る速さはそれぞれ一定とします。
〈春日部共栄中〉 参考書 280ページ

**33** [入試] あるトラックのまわりを走って1周するのに，青木さんは5分，石田さんは6分15秒かかります。2人の走る速さの比を，最も簡単な整数の比で表しましょう。 〈同志社中・改〉 参考書 281ページ

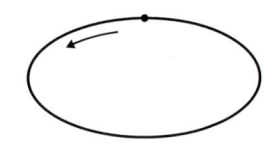

**34** [入試] Aさんは家から学校に向けて分速80mで，Bさんは学校から家に向けて分速60mで同時に出発しました。2人は，家と学校の真ん中より400mはなれた地点で出会いました。家から学校までの道のりは何kmですか。
参考書 282ページ

**35** [入試] 姉が6歩進む間に妹は7歩進みます。また，姉が3歩で進むきょりを，妹は5歩で進みます。妹が30分間に歩く道のりを姉が歩くと，何分かかりますか。
参考書 283ページ

**36** [入試] 2400mはなれたP町とQ町の間を，兄はQ町からP町へ，弟はP町からQ町へそれぞれ一定の速さで走ります。弟がP町を出発してから8分後に，兄はQ町を出発しました。右のグラフは，兄と弟の時間と道のりとの関係を表したものです。
(1) 兄の速さは，分速何mですか。
(2) 兄と弟がすれちがったのは，Q町から何mはなれたところですか。

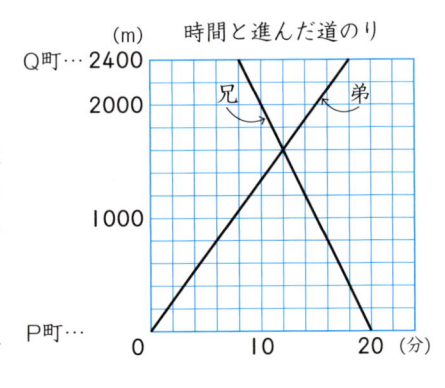

参考書 284ページ

数量関係編　練習問題

# 第3章 資料の表し方

## 01 いろいろなグラフと表 （答え114ページ）

**37** 右の表は，けがの種類とけがをした場所について調べ，整理しているところです。

けがの種類とけがをした場所　（人）

| 種類＼場所 | 校庭 | 体育館 | 教室 | ろう下 | 合計 |
|---|---|---|---|---|---|
| すりきず | 正一 | 下 | 丁 | 下 | |
| 切りきず | 正 | 下 | 下 | 一 | |
| 打ぼく | 正 | 正下 | 一 | 丁 | |
| ねんざ | 下 | 正 | | | |
| 合計 | | | | | |

(1) 表を完成させましょう。
(2) 体育館でねんざをした人は何人ですか。
(3) 校庭でけがをした人は何人ですか。
(4) 打ぼくをした人は何人ですか。
(5) けがをした人は，全部で何人ですか。

参考書 **287ページ**

**38** 下の表は，15人の子どもについてイヌとネコが好きかきらいかを調べたものです。

| 番号 | 1 | 2 | 3 | 4 | 5 | 6 | 7 | 8 | 9 | 10 | 11 | 12 | 13 | 14 | 15 |
|---|---|---|---|---|---|---|---|---|---|---|---|---|---|---|---|
| イヌ | × | ○ | ○ | × | ○ | ○ | × | × | ○ | × | ○ | × | × | ○ | ○ |
| ネコ | ○ | × | ○ | ○ | ○ | × | ○ | × | ○ | ○ | × | ○ | ○ | × | × |

(1) 右の表のあ〜えにあてはまる数を書きましょう。
(2) ネコが好きな人は何人ですか。
(3) イヌがきらいな人は何人ですか。

イヌとネコの好ききらい調べ（人）

| | | ネコ | | 合計 |
|---|---|---|---|---|
| | | 好き | きらい | |
| イヌ | 好き | あ | い | |
| | きらい | う | え | |
| 合計 | | | | |

参考書 **288ページ**

055

第3章　資料の表し方

**39** 下の表は、3組の子どもが先週図書館で借りた本の種類と冊数を調べたものです。この表を棒グラフに表しましょう。　参考書 289ページ

借りた本の種類と数

| 種類 | 冊数(冊) |
|---|---|
| 物語 | 12 |
| 伝記 | 9 |
| 科学 | 7 |
| 図かん | 3 |
| その他 | 5 |

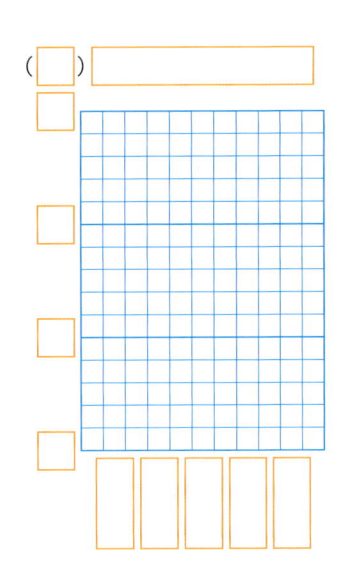

**40** 下の表は、1日の気温の変わり方を調べたものです。これを折れ線グラフに表しましょう。　参考書 290ページ

1日の気温の変わり方

| 時刻(時) | 午前 8 | 9 | 10 | 11 | 午後 0 | 1 | 2 | 3 | 4 | 5 |
|---|---|---|---|---|---|---|---|---|---|---|
| 気温(度) | 20 | 21 | 23 | 25 | 28 | 30 | 32 | 32 | 29 | 26 |

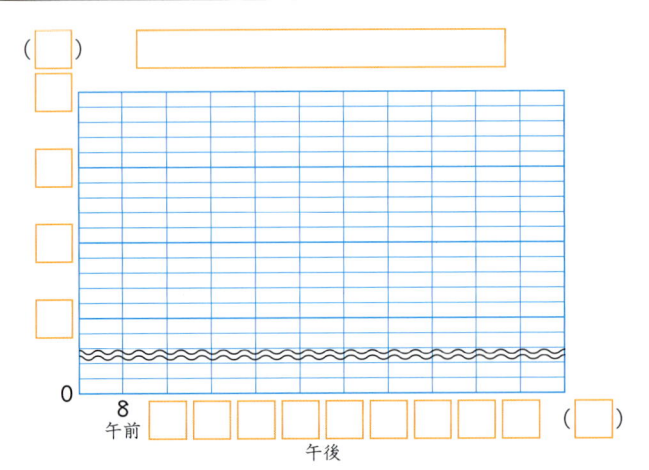

**41** 右のグラフは、姉と妹の1年間の貯金の変わり方を表したものです。

(1) 2人の貯金が同じになったのは何月ですか。また、そのときの貯金は何円ですか。

(2) 2人の貯金のちがいがいちばん大きかったのは何月ですか。また、そのときの貯金のちがいは何円ですか。

1年間の貯金の変わり方

参考書 291ページ

## 02 資料の調べ方　答え115ページ

**42** 右の表は、A班とB班の50m走の記録です。記録がよいといえるのはどちらの班ですか。

50m走の記録　（秒）

| A班 | | B班 | |
|---|---|---|---|
| ①9.4 | ⑤9.3 | ①8.9 | ⑤9.8 |
| ②9.0 | ⑥9.5 | ②9.7 | ⑥9.1 |
| ③9.2 | ⑦8.5 | ③9.3 | |
| ④8.7 | ⑧9.2 | ④8.4 | |

参考書 293ページ

**43** 下の表は、男子20人のソフトボール投げの記録です。

ソフトボール投げの記録（m）

| ① 32 | ⑥ 23 | ⑪ 31 | ⑯ 26 |
|---|---|---|---|
| ② 25 | ⑦ 34 | ⑫ 38 | ⑰ 43 |
| ③ 37 | ⑧ 30 | ⑬ 27 | ⑱ 24 |
| ④ 28 | ⑨ 40 | ⑭ 21 | ⑲ 30 |
| ⑤ 39 | ⑩ 26 | ⑮ 32 | ⑳ 35 |

ソフトボール投げの記録

| きょり(m) | 人数(人) |
|---|---|
| 以上　未満 | |
| 20～25 | |
| 25～30 | |
| 30～35 | |
| 35～40 | |
| 40～45 | |
| 合計 | |

(1) この記録を度数分布表に表しましょう。

(2) 記録がよいほうから7番めの人は、何m以上何m未満の区間に入っていますか。

(3) 記録が30m以上の人は、全体の何%ですか。

参考書 294ページ

# 第3章 資料の表し方

**44** 下の表は、女子35人の走りはばとびの記録を整理したものです。これを柱状グラフに表しましょう。

走りはばとびの記録

| きょり(cm) 以上 未満 | 人数(人) |
|---|---|
| 200～220 | 3 |
| 220～240 | 6 |
| 240～260 | 9 |
| 260～280 | 8 |
| 280～300 | 5 |
| 300～320 | 4 |
| 合計 | 35 |

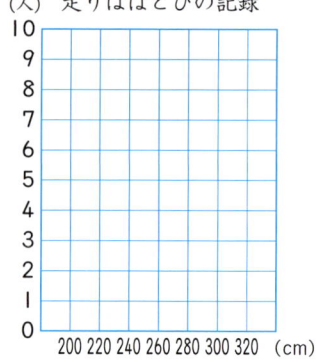

参考書 295ページ

**45** 右のグラフは、3組40人の通学時間を表したものです。

(1) 人数がいちばん多いのは、何分以上何分未満の区間ですか。

(2) 通学時間が長いほうから10番めの人は、何分以上何分未満の区間に入っていますか。

(3) 通学時間が15分未満の人は何人ですか。

(4) 通学時間が10分以上15分未満の人は、全体の何％ですか。

(5) 通学時間が20分以上の人は、全体の何％ですか。

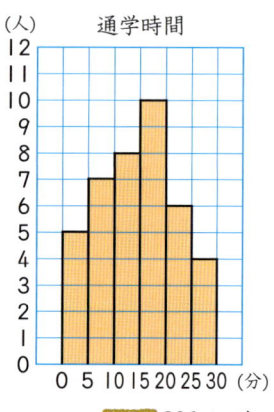

参考書 296ページ

**46** 右のグラフは、2010年の日本の総人口の男女別、年令別の割合を表したものです。

(1) 人数がいちばん多いのは、何才から何才までの区間ですか。

(2) 20才から29才までの人口は、総人口のおよそ何％ですか。

(3) 60才以上の人口は、総人口のおよそ何％ですか。

日本の総人口の男女別、年令別人口の割合（2010年）

| 男(%) | 年令(才) | 女(%) |
|---|---|---|
| 2.1 | 80～ | 4.1 |
| 5.0 | 70～79 | 5.5 |
| 6.7 | 60～69 | 7.1 |
| 6.5 | 50～59 | 6.6 |
| 6.5 | 40～49 | 6.4 |
| 7.2 | 30～39 | 7.0 |
| 5.8 | 20～29 | 5.5 |
| 4.8 | 10～19 | 4.6 |
| 4.4 | 0～9 | 4.2 |

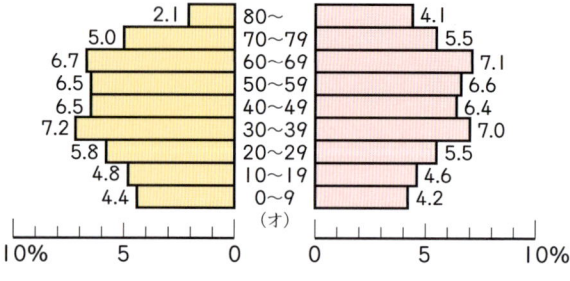

参考書 297ページ

**数量関係編　練習問題**

**47** 入試
右のグラフは，列車の運行のようすを表したものです。
(1) 下りふつう列車は，B駅で何分間停車しますか。
(2) 上り急行列車と下り急行列車は，何時何分にA駅から何kmのところですれちがいますか。
(3) 下り急行列車は，下りふつう列車を何時何分にA駅から何kmのところで追いこしますか。

列車の運行のようす

参考書 298ページ

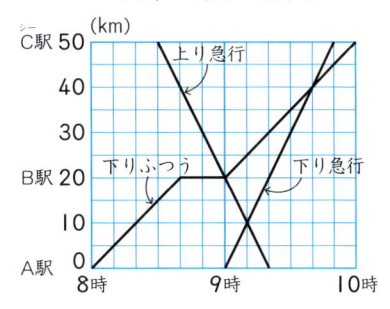

**48** 入試
右のグラフは，あるちゅう車場のちゅう車時間と料金を表したものです。
(1) 15分，1時間30分ちゅう車したときの料金は，それぞれ何円ですか。
(2) 料金が1000円のとき，ちゅう車した時間はどんなはん囲に入っていますか。

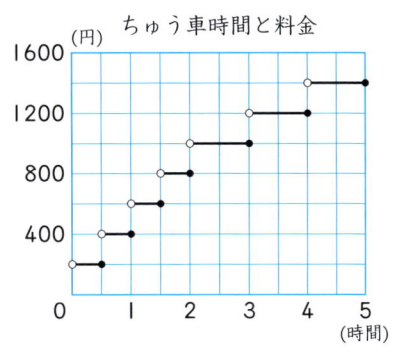

参考書 299ページ

ちゅう車時間と料金

●…ふくまれる　○…ふくまれない

**49** 入試
あるクラス40人の生徒が10点満点の計算テストを2回受けました。右の表は2回のテストの点数と人数の関係を表したものです。たとえば，1回目が4点，2回目が7点の人は2人いるということを表しています。
(1) 表の中の(ア)と(イ)を合わせると何人ですか。
(2) 1回目の平均点と2回目の平均点ではどちらが何点高いですか。

1回目の点数

| 2回目の点数 | 0 | 1 | 2 | 3 | 4 | 5 | 6 | 7 | 8 | 9 | 10 |
|---|---|---|---|---|---|---|---|---|---|---|---|
| 0 | | | | | | | | | | | |
| 1 | | | | | | | | | | | |
| 2 | | | | | | | | | | | | 
| 3 | | | | | | | | | | | |
| 4 | | | | | 2 | 1 | | | | | |
| 5 | | | | | 1 | 3 | 1 | | | | |
| 6 | | | | 1 | 1 | 1 | 4 | 2 | | 1 | |
| 7 | | | | | 2 | 1 | 2 | (ア) | | | |
| 8 | | | | | | 1 | | 2 | 3 | 1 | 1 |
| 9 | | | | | | | | | 1 | (イ) | |
| 10 | | | | | | | | | 1 | | 2 |

〈品川女子学院中等部・改〉

参考書 300ページ

# 第4章 割合とグラフ

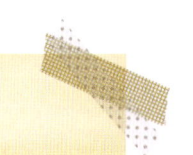

## 01 割合　答え116ページ

**50** 右の表は，1組，2組，3組の学級園の面積を表したものです。次の割合を小数で求めましょう。

| 組 | 面積(m²) |
|---|---|
| 1組 | 40 |
| 2組 | 32 |
| 3組 | 50 |

(1) 1組の学級園の面積をもとにしたときの，2組の学級園の面積の割合。

(2) 1組の学級園の面積をもとにしたときの，3組の学級園の面積の割合。

参考書302ページ

**51** (1) 次の小数で表した割合を，百分率で表しましょう。
① 0.37　② 7.2　③ 0.04　④ 0.705

(2) 次の百分率で表した割合を，小数で表しましょう。
① 60%　② 8%　③ 250%　④ 0.9%

参考書303ページ

**52** 次の小数で表した割合を歩合で，歩合で表した割合を小数で表しましょう。
(1) 0.258　(2) 0.84　(3) 0.603
(4) 7割1分4厘　(5) 3割9厘　(6) 5厘

参考書304ページ

**53** (1) 定員40人の水泳クラブに，34人の入会希望者がありました。入会希望者は定員の何%ですか。

(2) バスケットボールの試合で，ある選手は25回シュートをして，9回入りました。シュートが入った割合を歩合で求めましょう。

参考書305ページ

**54** 定員300人の劇場で，土曜日と日曜日に公演がありました。
(1) 土曜日には，定員の86%の観客が入りました。観客は何人でしたか。

(2) 日曜日には，定員の125%の観客が入りました。観客は何人でしたか。

参考書306ページ

**55** 
(1) ある小学校の今年度の児童数は630人です。これは10年前の児童数の75％にあたります。この小学校の10年前の児童数は何人でしたか。

(2) 子ども会で，アルミかんを集めています。今月は551個集まりました。これは先月に集めた数の116％にあたります。先月集めたアルミかんは何個でしたか。　　参考書 **307ページ**

**56**
(1) 定価4500円のサッカーボールを，定価の20％引きで買いました。代金は何円ですか。

(2) ある映画館の昨日の入場者数は825人でした。今日の入場者数は，昨日より8％減りました。今日の入場者数は何人ですか。　　参考書 **308ページ**

**57** ある工場では，今月の製品の出荷個数は，先月よりも25％増えて，6000個でした。先月の出荷個数は何個でしたか。　　参考書 **309ページ**

# 02 帯グラフと円グラフ　答え116ページ

**58** 下のグラフは，ある小学校の5年生について，好きなスポーツを調べて，人数の割合を表したものです。

好きなスポーツ別の人数の割合

| サッカー | ドッジボール | 野球 | 水泳 | その他 |

(1) サッカーが好きな人，野球が好きな人の割合は，それぞれ全体の何％ですか。

(2) ドッジボールが好きな人の数は，水泳が好きな人の数の何倍ですか。　　参考書 **311ページ**

# 第4章 割合とグラフ

**59** 右のグラフは、ある市の土地の利用について調べ、面積の割合を表したものです。
(1) 住宅地の面積、山林の面積の割合は、それぞれ全体の何%ですか。
(2) この市の面積は400km²です。工業地、商業地の面積は、それぞれ何km²ですか。

参考書 312ページ

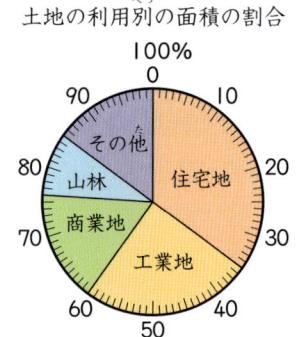

土地の利用別の面積の割合

**60** 右の表は、まりこさんの家のある1か月の生活費の支出の割合を表したものです。それぞれの項目の支出の割合を求め、表に書き入れましょう。また、帯グラフと円グラフに表しましょう。

参考書 313ページ

| 項目 | 支出(円) | 割合(%) |
|---|---|---|
| 住居費 | 90000 | |
| 食費 | 72000 | |
| 光熱・通信費 | 54000 | |
| 教育費 | 36000 | |
| その他 | 48000 | |
| 合計 | 300000 | |

ある1か月の生活費の支出の割合

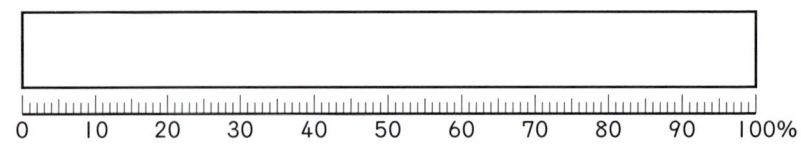

ある1か月の生活費の支出の割合

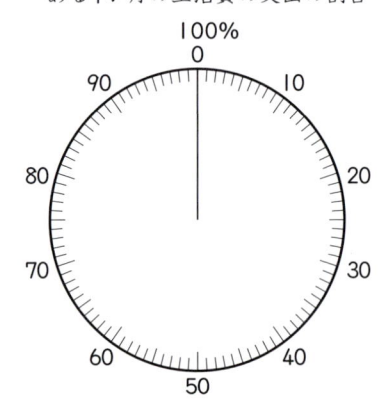

# 第5章 比

## 01 比 （答え117ページ）

**61** 牛乳を300mL，コーヒーを500mL混ぜて，コーヒー牛乳をつくります。
(1) 牛乳を300とみたとき，牛乳とコーヒーの量の割合を比を使って表しましょう。
(2) 牛乳を3とみたとき，牛乳とコーヒーの量の割合を比を使って表しましょう。

参考書316ページ

**62** 次の比の値を求めましょう。
(1) $4:12$
(2) $75:15$
(3) $4.2:2.4$
(4) $\dfrac{4}{9}:\dfrac{5}{6}$

参考書317ページ

**63** 
(1) 次の㋐〜㋓で，$3:4$ と等しい比はどれですか。すべて選び，記号で答えましょう。
　㋐ $12:18$　㋑ $18:24$　㋒ $2.4:4$　㋓ $\dfrac{2}{3}:\dfrac{8}{9}$
(2) $6:9$ と等しい比を2つ答えましょう。

参考書318ページ

**64** 次の比を簡単にしましょう。
(1) $14:35$
(2) $42:18$
(3) $7.2:3.2$
(4) $\dfrac{3}{8}:\dfrac{3}{5}$

参考書319ページ

**65** 次の式で，$x$ の表す数を求めましょう。
(1) $3:2=x:10$
(2) $4:9=28:x$
(3) $32:56=4:x$
(4) $20:7.5=x:3$

参考書320ページ

**66** めんつゆと水の量の比が $3:5$ になるように混ぜます。めんつゆを150mL使うとき，水は何mL必要ですか。

参考書321ページ

# 第5章 比

**67** 姉と妹がお金を出し合って，母にプレゼントをしたいと思います。出し合うお金の合計は2000円で，姉と妹が出し合うお金の比を7：3にします。2人が出し合うお金はそれぞれいくらですか。
参考書 322ページ

**68** 〔入試〕 Aさん，Bさん，Cさんの所持金の比は6：5：4です。3人の所持金の合計が2100円のとき，Bさんの所持金は何円ですか。
参考書 323ページ

**69** 〔入試〕 次の□にあてはまる数を答えましょう。
(1) $1.8 : 2\frac{1}{3} = \square : 35$ 〈甲南中〉
(2) $\left(6 - \frac{3}{5}\right) : 3 = \frac{3}{2} : \left(\frac{7}{4} - \square\right)$
参考書 324ページ

**70** 〔入試〕 次の□にあてはまる数を答えましょう。
(1) 3時間20分：135分を最も簡単な整数の比で表すと□：□です。 〈京都学園中〉
(2) $30\text{mL} : 0.4\text{L} = \square : \frac{1}{5}$
参考書 325ページ

**71** 〔入試〕 Aの8倍がBの$\frac{6}{7}$倍と等しいとき，A：Bをできるだけ簡単な整数の比で求めましょう。
参考書 326ページ

**72** 〔入試〕 三角形ABCの3つの角の大きさの比が角A：角B＝1：4，角B：角C＝2：5のとき，いちばん大きい角の大きさは何度ですか。
参考書 327ページ

**73** 〔入試〕 兄と弟と妹はカードを持っています。兄と弟のカードの枚数の差は14枚で，兄と妹のカードの枚数の比は3：4，妹と弟のカードの枚数の比は5：2です。妹のカードの枚数は何枚ですか。
参考書 328ページ

**74** 〔入試〕 10円玉，50円玉，100円玉が合わせて36枚あります。それぞれの合計金額の比が2：15：40のとき，10円玉は何枚ありますか。
参考書 329ページ

数量関係編　練習問題

# 第6章 2つの量の変わり方

## 01 2つの量の変わり方　答え118ページ

**75** 長さが15cmのろうそくがあります。燃えた長さと残りの長さの変わり方について、次の問いに答えましょう。

(1) 右の表にあてはまる数を書きましょう。

| 燃えた長さ(cm) | 1 | 2 | 3 | 4 | 5 |
|---|---|---|---|---|---|
| 残りの長さ(cm) | | | | | |

(2) 燃えた長さを□cm、残りの長さを○cmとして、□と○の関係を式に表しましょう。

(3) 燃えた長さが9cmのとき、残りの長さは何cmですか。

参考書 331ページ

**76** ひとみさんとお母さんは、たん生日が同じ日です。2人の年令の関係について、次の問いに答えましょう。

(1) 右の表にあてはまる数を書きましょう。

| ひとみさん(才) | 10 | 11 | 12 | 13 | 14 |
|---|---|---|---|---|---|
| お母さん　(才) | 38 | | | | |

(2) ひとみさんの年令を□才、お母さんの年令を○才として、□と○の関係を式に表しましょう。

(3) ひとみさんが生まれたのは、お母さんが何才のときですか。

参考書 332ページ

**77** 右の図のように、1辺が1cmの正三角形を並べて、大きな正三角形をつくっていきます。

(1) 段の数を□段、正三角形のまわりの長さを○cmとして、□と○の関係を式に表しましょう。

(2) 12段のとき、大きな正三角形のまわりの長さは何cmですか。

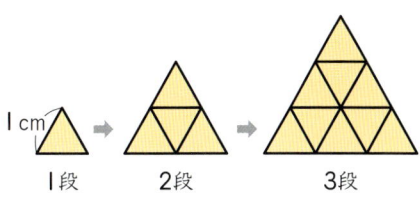

参考書 333ページ

065

# 第6章 2つの量の変わり方

**78** 右の図のように，マッチ棒を並べて正方形をつくっていきます。正方形を15個つくるとき，マッチ棒は何本いりますか。

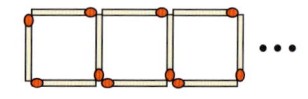

> 参考書 334ページ

## 02 比例と反比例　答え118ページ

**79** 右の表は，ひろしさんの歩いた時間 $x$ 分と進む道のり $y$ m の関係を表したものです。

| 時間 $x$ (分) | 1 | 2 | 3 | 4 | 5 |
|---|---|---|---|---|---|
| 道のり $y$ (m) | 60 | 120 | 180 | 240 | 300 |

(1) $x$ と $y$ の関係を式で表しましょう。
(2) 15分間歩いたとき，進む道のりは何 m ですか。

> 参考書 336ページ

**80** 右の表は，同じ針金の長さ $x$ m と重さ $y$ g の関係を表したもので，$y$ は $x$ に比例します。次の □ にあてはまる数を求めましょう。

| 長さ $x$ (m) | 1 | 2 | 3 | 4 | 5 |
|---|---|---|---|---|---|
| 重さ $y$ (g) | 20 | 40 | 60 | 80 | 100 |

　$x$ の値が1.5倍になると $y$ の値は ㋐ 倍になり，$x$ の値が $\frac{1}{4}$ 倍になると $y$ の値は ㋑ 倍になります。

> 参考書 337ページ

**81** 次の㋐〜㋓のうち，$y$ が $x$ に比例するものはどれですか。すべて選び，記号で答えましょう。
　㋐ 時速40kmの自動車で，$x$ 時間走ったときに進む道のり $y$ km
　㋑ 500mLのジュースを，$x$ 等分したときの1つ分の量 $y$ mL
　㋒ 縦の長さが6cm，横の長さが $x$ cm の長方形の面積 $y$ cm$^2$
　㋓ 半径が $x$ cm の円の面積 $y$ cm$^2$

> 参考書 338ページ

**82** 右の表は，同じくぎの本数 $x$ 本と重さ $y$ g が比例する関係を表したものです。㋐，㋑にあてはまる数を求めましょう。

| 本数 $x$(本) | 8 | 36 | ㋑ |
|---|---|---|---|
| 重さ $y$(g) | 60 | ㋐ | 900 |

参考書 339ページ

**83** 直方体の形をした空の水そうがあります。この水そうに，1分間に水の深さが5cmずつ増えていくように水を入れるときの，水を入れる時間を $x$ 分，水の深さを $y$ cm とします。

(1) 下の表にあてはまる数を書きましょう。

| 時間 $x$(分) | 0 | 1 | 2 | 3 | 4 | 5 | 6 | 7 | 8 |
|---|---|---|---|---|---|---|---|---|---|
| 深さ $y$(cm) | 0 | | | | | | | | |

(2) $x$ と $y$ の関係をグラフに表しましょう。

参考書 340ページ

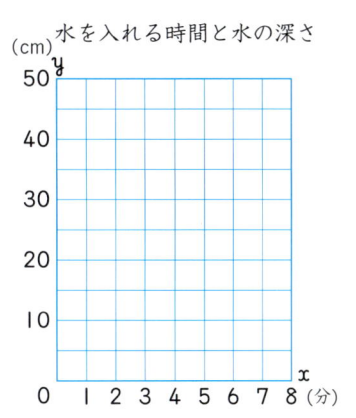

**84** 右のグラフは，電車の走る時間 $x$ 時間と進む道のり $y$ km の関係を表したものです。

(1) 3時間走ると，何km進みますか。
(2) 225km進むには，何時間何分かかりますか。
(3) $x$ と $y$ の関係を式に表しましょう。

参考書 341ページ

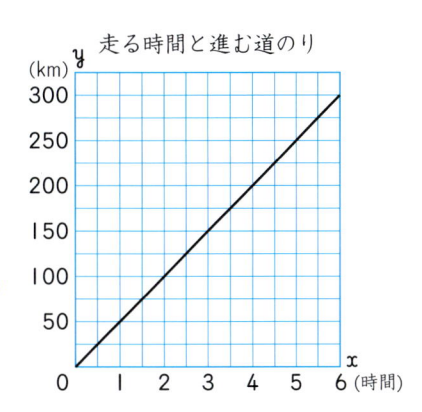

# 第6章 2つの量の変わり方

**85** 針金3mの重さをはかったら，72gでした。この針金を60m使いたいと思います。針金の重さは長さに比例するとみると，何gの針金を用意すればよいですか。

| 長さ $x$(m) | 3 | 60 |
|---|---|---|
| 重さ $y$(g) | 72 | □ |

参考書 342ページ

**86** コピー用紙20枚の重さをはかったら，70gでした。コピー用紙の重さが枚数に比例するとみると，このコピー用紙の束の重さが4200gのとき，コピー用紙は何枚ありますか。

| 枚数 $x$(枚) | 20 | □ |
|---|---|---|
| 重さ $y$(g) | 70 | 4200 |

参考書 343ページ

**87** 下の表は，18L入る水そうにいっぱいに水を入れるときの，1分間に入れる水の量 $x$L とかかる時間 $y$ 分の関係を表したものです。

| 1分間に入れる水の量 $x$(L) | 1 | 2 | 3 | 4 | 5 |
|---|---|---|---|---|---|
| かかる時間 $y$(分) | 18 | 9 | 6 | 4.5 | 3.6 |

(1) $x$ と $y$ の関係を式に表しましょう。
(2) 1分間に12Lの水を入れると，何分間で水そうがいっぱいになりますか。

参考書 344ページ

**88** 次の㋐～㋓のうち，$y$ が $x$ に反比例するものはどれですか。すべて選び，記号で答えましょう。
㋐ 50円のえん筆を $x$ 本買ったときの代金 $y$ 円
㋑ 20kmの道のりを，時速 $x$km で走ったときにかかる時間 $y$ 時間
㋒ まわりの長さが40cmの長方形の縦の長さ $x$cm と横の長さ $y$cm
㋓ 面積が30cm² の長方形の縦の長さ $x$cm と横の長さ $y$cm

参考書 345ページ

**89** 右の表は，ある長さのテープを等分するときの，分ける本数 $x$ 本と1本分の長さ $y$cm が反比例する関係を表したものです。㋐，㋑にあてはまる数を求めましょう。

| 本数 $x$(本) | 6 | 8 | ㋑ |
|---|---|---|---|
| 長さ $y$(cm) | ㋐ | 15 | 10 |

参考書 346ページ

## 数量関係編　練習問題

**90** 面積が24cm²の平行四辺形の，底辺を $x$ cm，高さを $y$ cmとします。

(1) 下の表にあてはまる数を書きましょう。

| 底辺 $x$(cm) | 1 | 2 | 3 | 4 | 6 | 8 | 12 | 24 |
|---|---|---|---|---|---|---|---|---|
| 高さ $y$(cm) |  |  |  |  |  |  |  |  |

(2) $x$ と $y$ の関係をグラフに表しましょう。

参考書 347ページ

面積が24cm²の平行四辺形の底辺と高さ

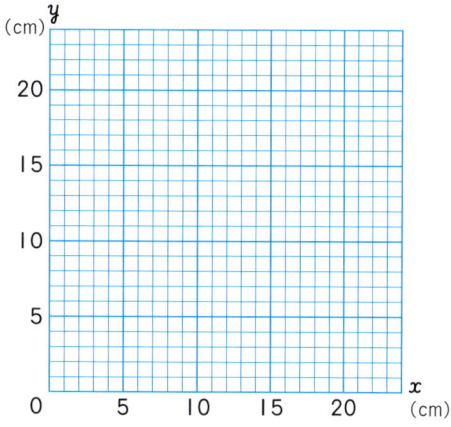

**91** 1日に2分おくれる時計を，ある日の正午の時報に合わせました。この日の午後8時に，この時計は何時何分何秒を指していますか。

入試　　参考書 348ページ

**92** 歯数32の歯車Aと歯車Bがかみ合っています。歯車Aが6分間で180回転するとき，歯車Bは8分間で320回転します。歯車Bの歯数を求めましょう。

入試　　〈鎌倉女学院中〉　参考書 349ページ

069

# 第7章 場合の数

## 01 場合の数  答え120ページ

**93** ゆうたさん，たくやさん，かけるさん，はやとさんの4人でリレーのチームをつくって走ります。4人の走る順番の決め方は，全部で何通りありますか。
参考書 351ページ

**94** ⓪，①，②，③の4枚の数字カードがあります。この数字カードから3枚を選んで並べ，3けたの整数をつくります。全部で何通りの整数ができますか。
参考書 352ページ

**95** 1枚のコインを続けて4回投げます。このとき，コインの表と裏の出方は全部で何通りありますか。
参考書 353ページ

**96** A，B，C，D，Eの5人の中から日直当番を2人決めます。当番の決め方は，全部で何通りありますか。
参考書 354ページ

**97** 赤，青，黄，緑，白の5枚の色紙から4枚選びます。色紙の組み合わせは，全部で何通りありますか。
参考書 355ページ

**98** 入試
(1) 6チームのリーグ戦（総当たり戦）で，バスケットボールの試合をします。試合は全部で何試合になりますか。
(2) 16チームでサッカーのトーナメント戦（勝ち抜き戦）を行います。全部で何試合行われますか。
参考書 356ページ

**99** 入試 0，2，4，5の数が1つずつ書いてあるカードが4枚あります。この4枚から3枚選んで並べ，3けたの数をつくります。5の倍数になる3けたの数は全部で何個できますか。

〈甲南中〉 参考書 357ページ

## 数量関係編　練習問題

**100** 〈入試〉 数字の 0, 0, 1, 1, 2 が書かれたカードがあります。この 5 枚のカードを並べてできる 5 けたの整数のうち奇数は何個ですか。
〈大阪学芸中〉　参考書 358 ページ

**101** 〈入試〉 10 円玉を 3 枚, 50 円玉を 2 枚, 100 円玉を 2 枚持っています。ちょうど支払える金額は何通りありますか。
〈桐光学園中〉　参考書 359 ページ

**102** 〈入試〉 ①〜④の番号をつけた正三角形を組み合わせて, 右の図のように平行四辺形をつくります。この平行四辺形について, となりあう正三角形を異なる色でぬり分けるとき, 赤, 黄, 青の 3 色でのぬり分け方は, 何通りありますか。ただし, 3 色を必ず使い, 使わない色があってはいけないものとします。 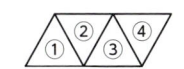
〈京都教育大学附属桃山中・改〉　参考書 360 ページ

**103** 〈入試〉
(1) A, B, C, D の 4 人が 1 回だけじゃんけんをするとき, 全部で出し方は何通りありますか。
(2) A, B, C の 3 人が 1 回だけじゃんけんをするとき, A が負ける出し方は何通りありますか。
参考書 361 ページ

**104** 〈入試〉 右の図のような道があります。次の問いに答えましょう。 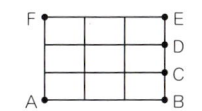
(1) A を出発して E まで行くときの最短経路は何通りありますか。
(2) A を出発し, C を通って F まで行くときの最短経路は何通りありますか。
〈足立学園中・改〉　参考書 362 ページ

**105** 〈入試〉 2 個のさいころをふって大きい目を分母, 小さい目を分子とする分数をつくります。同じ目が出たらやり直します。約分しないとすると全部で何通りの分数がありますか。
〈金蘭千里中〉　参考書 363 ページ

# 入試・文章題編

## 第1章 入試 和と差に関する問題

答え122ページ

**1** たまおさんとめぐ子さんは合わせて1500円持っています。たまおさんはめぐ子さんより400円多く持っています。たまおさんが持っているのは何円ですか。
〈多摩大学目黒中〉 参考書370ページ

**2** 95個のアメをA，B，Cの3つの袋に分けるのに，AはBより6個少なく，BはCより10個多く入れました。Aの袋にはいくつのアメが入っていますか。
〈帝京大学中〉 参考書371ページ

**3** ある月で，水曜日の日にちをすべてたすと62でした。この月の7日は何曜日ですか。
〈甲南中〉 参考書372ページ

**4** 1個63円のりんごと1個84円のなしを合わせて10個買ったところ，代金は777円でした。りんごは何個買いましたか。
〈実践女子学園中〉 参考書373ページ

**5** 150円のかごに，1個80円のりんごと1個70円のなしを合わせて20個入れて買ったときの代金は1610円でした。りんごを何個買いましたか。
〈國學院大學久我山中〉 参考書374ページ

**6** 家から駐輪場を通って目的地までは8kmの道のりです。家から駐輪場まで自転車で分速200mで走り，残りを分速50mで歩いたら目的地まで1時間10分かかりました。駐輪場から目的地までは何mですか。
〈法政大学第二中〉 参考書375ページ

**入試・文章題編　練習問題**

**7** 1本100円のえん筆と1本160円のボールペンを合わせて60本買いました。ボールペンの代金のほうが，えん筆の代金よりも3100円高くなりました。ボールペンは何本買いましたか。
〈参考書376ページ〉

**8** 的に当てると8点もらえ，はずれると5点ひかれるゲームをします。はじめの持ち点を100点として，ゲームを20回したら，得点は156点でした。的に何回当てましたか。
〈開智中（埼玉）・改〉〈参考書377ページ〉

**9** つるとかめとカブトムシが合わせて35匹います。足の数の合計は146本で，かめはつるの2倍います。かめは何匹いますか。
〈西武学園文理中〉〈参考書378ページ〉

**10** 1個200円のリンゴをちょうど何個か買えるお金を持って出かけました。ところが，リンゴは1個170円に値下がりしていたので，予定より3個多く買えて，90円あまりました。持っていったお金は何円でしたか。
〈神奈川学園中〉〈参考書379ページ〉

**11** ともやさんが，これから毎日30題ずつ計算問題を解いていくと，24題ずつ解いていくよりも5日早く全部の問題を解き終えるそうです。問題は全部で何題ありますか。
〈参考書380ページ〉

**12** 池のふちにそって同じ間隔で木を植えるのに，間隔を4mにするのと，間隔を5mにするのとでは25本の差ができるとすると，池のまわりは何mありますか。
〈中央大学附属横浜中〉〈参考書381ページ〉

**13** のぞみさんは1個60円のガムと1個45円のあめをそれぞれ何個か買うつもりで，1100円を持って店に行きました。おつりが20円返ってくると考えていたのに，個数をまちがえて反対に買ってしまったので，80円返ってきました。はじめにガムとあめをそれぞれ何個買うつもりでしたか。
〈同志社女子中〉〈参考書382ページ〉

073

# 第1章 和と差に関する問題

**14** 生徒たちにえんぴつを配ります。1人12本ずつ配ろうとすると75本不足するので、10本ずつ配ることにしたら7本あまりました。えんぴつは何本ありますか。　〈西武学園文理中〉　参考書 383ページ

**15** 何人かの子どもに1枚ずつ画用紙を配るのに、1枚24円の画用紙を買うと予定していたお金では96円不足し、1枚22円の画用紙を買うと18円不足します。子どもの人数は何人ですか。　参考書 384ページ

**16** 何人かの子どもが長いすにすわるのに、1脚に5人ずつすわると12人がすわれず、1脚に7人ずつすわると4人がすわる長いすが1脚でき、さらに長いすが1脚あまりました。子どもの人数は何人ですか。　〈東京都市大学付属中・改〉　参考書 385ページ

**17** 毎時40kmでAからBに移動すると予定より3時間おくれ、毎時48kmでAからBに移動すると予定より1時間40分おくれます。予定の時刻通りにBに着くためには、Aから毎時何kmでBに移動しなければなりませんか。　〈東京都市大学付属中〉　参考書 386ページ

**18** 180人の生徒で算数のテストを行ったところ、男子の平均点は59点、女子の平均点は53点、全体の平均点は55.8点でした。このとき、女子の人数は何人ですか。　参考書 387ページ

**19** Aさんの今までの算数のテストの平均点は88点でしたが、今回のテストで100点をとったので、すべての平均点が90点になりました。今回のテストをふくめて、テストは合計何回受けましたか。　〈法政大学第二中〉　参考書 388ページ

**20** ケーキ4個とプリン3個の値段は1410円で，ケーキ3個とプリン5個の値段は1470円です。ケーキ1個の値段は何円ですか。　参考書389ページ

**21** もものかんづめ1個の重さはみかんのかんづめ1個の重さより50g重く，もものかんづめ6個の重さとみかんのかんづめ2個の重さを合わせると2.1kgになります。もものかんづめ1個とみかんのかんづめ1個の重さは，それぞれ何gか求めなさい。　〈東京女学館中〉　参考書390ページ

**22** AさんとBさんの体重の合計は78kg，BさんとCさんの体重の合計は83kg，AさんとCさんの体重の合計は85kgです。3人の体重はそれぞれ何kgですか。　〈淑徳与野中〉　参考書391ページ

## 第2章 入試　割合と比に関する問題

答え126ページ

**23** 父と母はそれぞれ毎月一定の額を貯金していくことに決めました。父は母の2.5倍より100円少ない額を毎月貯金していきます。2人が5年後までに貯金した額の合計は利息を除いて145200円になりました。父の毎月の貯金額は何円ですか。　〈関東学院中〉　参考書396ページ

**24** 154個のみかんをAさん，Bさん，Cさんの3人で分けました。Bさんの個数はAさんの1.5倍より7個多く，Cさんの個数はBさんの2倍より10個少なくなりました。Bさんに分けられたみかんの個数は何個でしたか。　〈大妻中〉　参考書397ページ

## 第2章 割合と比に関する問題

**25** 何gの水に9gの食塩を溶かすと5％の食塩水になりますか。
〈國學院大學久我山中〉 参考書 398ページ

**26** 6％の食塩水200gと3％の食塩水400gを混ぜると何％になりますか。
〈関東学院六浦中〉 参考書 399ページ

**27** 濃度が6％の食塩水120gから何gの水を蒸発させると濃度が9％の食塩水になりますか。
〈学習院中等科〉 参考書 400ページ

**28** 3％の食塩水180gに水を何g入れると，2％の食塩水になりますか。
〈開智中（埼玉）〉 参考書 401ページ

**29** ある濃さの食塩水が何gかあります。この食塩水に食塩を40g加えると，10％の食塩水が540gできました。このときはじめの食塩水の濃さは何％だったか求めなさい。
〈神奈川学園中〉 参考書 402ページ

**30** 6％の食塩水と10％の食塩水を混ぜて，7.5％の食塩水を200gつくります。6％の食塩水と10％の食塩水は，それぞれ何gずつ混ぜればよいですか。
参考書 403ページ

**31** 原価1750円の商品に2割の利益を見込んでつけた定価は何円ですか。ただし，消費税は考えません。
〈関東学院六浦中〉 参考書 404ページ

**32** ある品物を定価の3割引きで買ったところ1260円でした。この品物の定価はいくらですか。
参考書 405ページ

**入試・文章題編　練習問題**

**33** 原価1800円の商品に30％の利益を見込んで定価をつけました。その後，定価の20％引きで売りました。利益は何円ですか。
〈大妻嵐山中〉　参考書 406ページ

**34** 仕入れ値の2割増しの定価の商品を，定価の1割5分引きで売ったら50円の利益がありました。この商品の仕入れ値は何円ですか。
〈頌栄女子学院中〉　参考書 407ページ

**35** ある品物を定価の3割引きで売ると32円の利益がありますが，4割引きで売ると64円の損になります。この品物の仕入れ値は何円ですか。
〈星野学園中〉　参考書 408ページ

**36** ある日のコンサートの入場者数は，その前日の入場者数より14％減って1075人でした。前日の入場者数は何人でしたか。
〈清風中〉　参考書 409ページ

**37** あるテープを，まず全体の長さの $\frac{1}{3}$ を使い，次に残りの $\frac{3}{5}$ を使うと，32cm残りました。はじめのテープの長さは何cmですか。
〈上宮中〉　参考書 410ページ

**38** ある高さから水平なゆかに落下させると，もとの高さの $\frac{2}{3}$ の高さまではずむボールがあります。ある高さから水平なゆかにボールを落下させたところ，3回目にはずんだボールの高さは16cmでした。何cmの高さから落下させましたか。
〈東京都市大学付属中・改〉　参考書 411ページ

**39** ある容器に水を入れて重さを量りました。水を $\frac{3}{5}$ 入れると572gになり，水を $\frac{4}{9}$ 入れると460gになりました。この容器が空のときの重さは何gですか。
〈日本女子大学附属中〉　参考書 412ページ

# 第2章 割合と比に関する問題

**40** Aさんの学校の男子の生徒数は全体の生徒数の $\frac{2}{5}$ より85人多く，女子の生徒数は全体の生徒数の $\frac{2}{3}$ より128人少ないそうです。全体の生徒数と男子の生徒数を求めなさい。
〈城北埼玉中〉 参考書 413ページ

**41** 兄と弟はゲーム用のカードを持っています。枚数の比は5：2でしたが，兄は弟に17枚のカードをあげたので，2人の持っているカードの枚数は2：1になりました。兄がはじめに持っていたカードの枚数は何枚ですか。
〈青山学院中等部〉 参考書 414ページ

**42** 兄と弟の所持金の比は10：7でしたが，2人とも800円の買い物をしたので所持金の比は2：1になりました。はじめの弟の所持金は何円でしたか。
〈國學院大學久我山中〉 参考書 415ページ

**43** 現在，まなぶさんの年令は8才で，お父さんの年令は38才です。お父さんの年令が，まなぶさんの年令の3倍になるのは，今から何年後ですか。
〈聖望学園中〉 参考書 416ページ

**44** 現在，太郎さんと花子さんの年令の比は4：5です。6年後，2人の年令の比は6：7になります。現在，太郎さんは何才ですか。
〈森村学園中等部〉 参考書 417ページ

**45** 現在，姉，妹，弟の3人の年令の合計は21才で，3人のお母さんの年令は37才です。3人の年令の合計とお母さんの年令が同じになるのは今から何年後ですか。
〈共立女子中〉 参考書 418ページ

**46** AさんとBさんの2人ですると6時間かかり，Aさん1人だけですると24時間かかる仕事があります。この仕事をBさん1人だけですると，何時間かかりますか。
〈関西大倉中〉 参考書 419ページ

# 入試・文章題編　練習問題

**47** 花子さんが1人ですると20日，香さんが1人ですると12日，花子さん，香さん，蘭子さんの3人ですると5日かかる仕事があります。この仕事を蘭子さんが1人ですると何日かかりますか。
〈香蘭女学校中等科・改〉　参考書 **420ページ**

**48** ある仕事は，Aさんが1人でするとが6日間，Bさんが1人でするとが8日間かかります。この仕事をするのに，Bさんが1人で1日仕事をした後，2人で残りの仕事をしました。このとき，Aさんが仕事をした日数を答えなさい。
〈自修館中〉　参考書 **421ページ**

**49** あるかべにペンキをぬるのにAさんだけだと6時間，Bさんだけだと10時間かかります。2人でぬり始めましたが，途中からBさんだけぬることにしたので，最初にぬり始めてから4時間30分でぬり終えました。Bさんだけでぬったのは何分間ですか。
〈関西学院中・改〉　参考書 **422ページ**

**50** ある山の土を3台のトラックA，B，Cですべて運び出します。AとBで運ぶと40日，AとCで運ぶと72日，BとCで運ぶと45日かかります。この土をAとBとCで運び出すと，運び始めてから何日目にすべて運び出せますか。
〈立教池袋中・改〉　参考書 **423ページ**

**51** A，B2つの水道管がついている水そうがあります。この水そうは，Aを3分とBを1分開くと満水にできます。また，Aを2分とBを4分開いても満水にできます。この水そうをAだけを開いて満水にすると，何分何秒かかりますか。
参考書 **424ページ**

**52** 21機のロボットで12日間かかる仕事があります。この仕事を9日間で終わらせるには，何機のロボットが必要ですか。〈多摩大学目黒中〉　参考書 **425ページ**

# 第2章 割合と比に関する問題

**53** トマトを収かくするのに、男性5人だけでは6日間、女性6人だけでは8日間かかります。男性1人と女性8人ですると、すべて収かくするのに何日間かかりますか。
参考書 426ページ

**54** 5人で30分バスに乗ります。空席が3つあるとき、5人が平等に同じ時間ずつ席に座るとすると、1人あたり何分間座れますか。
参考書 427ページ

# 第3章 入試 速さに関する問題

答え130ページ

**55** 1900mはなれたAとBの2地点があります。太郎さんは分速80m、次郎さんは分速70mで歩くものとします。太郎さんはA地点からB地点に向かって出発し、その5分後に次郎さんはB地点からA地点に向かって出発します。2人は次郎さんが出発して何分後に出会いますか。
〈桐光学園中〉
参考書 430ページ

**56** 弟が家を出発してから15分後に、兄が弟を追いかけました。弟は分速60mで歩き、兄は自転車に乗って分速210mで走りました。兄が弟に追いつくのは、兄が家を出発してから何分後ですか。また、家から何mのところですか。
参考書 431ページ

**57** 2210mはなれた2地点P、Qがあります。弟はQから、兄はPから、向かい合って同じ道を進みました。右のグラフは、そのときのようすを表したものです。2人が出会ったのは、弟がQを出発してから何分何秒後ですか。
参考書 432ページ

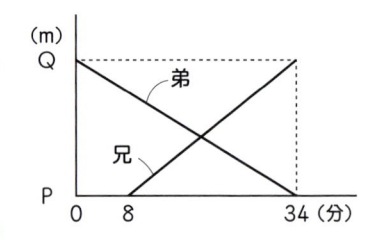

**58** 右のグラフは，先に家を出発した妹を，あとから姉が追いかけたようすを表したものです。姉が妹に追いついたのは，姉が家を出発してから何分何秒後で，家から何mのところですか。
参考書 433ページ

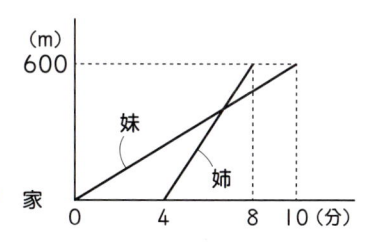

**59** AさんとBさんは1周910mのグラウンドのまわりを回ります。2人が同じ場所から同時に反対の方向に回り始めると，7分後にはじめて出会いました。また，同じ方向に回り始めると35分後にAさんはBさんより1周多く回って，Bさんに追いつきました。AさんとBさんの速さは，それぞれ分速何mですか。
〈湘南白百合学園中〉 参考書 434ページ

**60** ある駅のホームにAさんが立っています。今，Aさんの前を長さ400mの列車が，時速300kmの速さで通過していきました。Aさんの前に差しかかってから通り過ぎるまで何秒かかりましたか。
〈田園調布学園中等部〉 参考書 435ページ

**61** 毎時90kmの速さで走っている電車が，長さ1050mの鉄橋を通過するのに48秒かかりました。この電車の長さは何mですか。
〈法政大学中〉 参考書 436ページ

**62** 長さ180mの列車が一定の速さで走っています。この列車が長さ740mのトンネルに入ったとき，完全にかくれていたのは35秒間でした。この列車の速さは，秒速何mですか。
参考書 437ページ

**63** 秒速20mで走っている長さ200mの電車Aと秒速30mで走っている長さ300mの電車Bがすれちがうのに何秒かかるか求めなさい。
〈東京女学館中〉 参考書 438ページ

# 第3章 速さに関する問題

**64** 長さ228mで時速126kmの列車Aが、時速90kmの列車Bに追いついてから追いこすまでに48秒かかります。列車Bの長さは何mですか。

〈頌栄女子学院中・改〉 参考書 439ページ

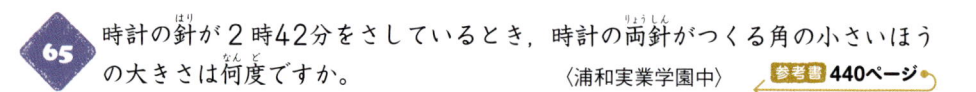

**65** 時計の針が2時42分をさしているとき、時計の両針がつくる角の小さいほうの大きさは何度ですか。

〈浦和実業学園中〉 参考書 440ページ

**66** 10時と11時の間で、時計の長針と短針が重なるのは、10時何分ですか。

〈大妻嵐山中〉 参考書 441ページ

**67** 3時と4時の間で、長針と短針が重ならないで一直線になるのは、3時何分か求めなさい。

〈東京女学館中〉 参考書 442ページ

**68** 一定の速さで流れている川を一定の速さの船で6km進みました。上流から下流に向けて進んだら24分かかり、下流から上流に向けて進んだら40分かかりました。この船の静水時の速さは時速何kmですか。

〈森村学園中等部〉 参考書 443ページ

**69** 川に沿って8km離れたA町とB町があります。グラフは、2つの町をくり返し往復する遊覧船の時刻と距離のようすを表しています。次の問いに答えなさい。ただし、川の流れと静水での遊覧船の速さは一定とします。

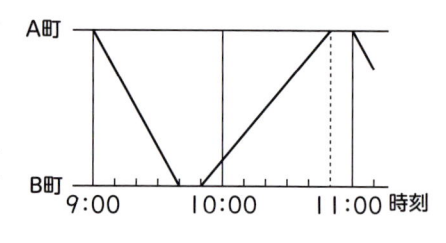

(1) A町とB町ではどちらが上流にありますか。
(2) 遊覧船の静水での速さは、毎時何kmですか。

〈東京電機大学中・改〉 参考書 444ページ

**入試・文章題編　練習問題**

**70** A地点からB地点までの動く歩道があります。進さんはA地点から動く歩道に乗り，60秒後ちょうど真ん中の地点で動く歩道の上を歩き始めたら，乗ってから84秒でB地点に着きました。進さんの歩く速さを毎秒1.2mとすると，動く歩道の速さは毎秒何mですか。〈日本女子大学附属中〉　参考書445ページ

## 第4章　入試　いろいろな問題

答え133ページ

**71** 直線上に旗が等しい間隔をあけて，17本立っています。1本目の旗と17本目の旗は8m離れています。この続きに同じ間隔をあけて，あと8本立てます。このとき，1本目から25本目までは何m離れていますか。〈桜美林中〉　参考書448ページ

**72** 長さ5cmの紙テープが21本あります。のりしろを何mmにしてつなげると，全体の長さがちょうど1mになりますか。〈足立学園中〉　参考書449ページ

**73** ある年の7月24日は月曜日です。同じ年の3月28日は何曜日ですか。〈中央大学附属中〉　参考書450ページ

**74** 西暦2011年の1月1日は土曜日です。これ以降で，次のうるう年は2012年ですが，この日から次に1月1日が土曜日になるのは，西暦何年ですか。〈国府台女子学院中学部〉　参考書451ページ

# 第4章 いろいろな問題

**75** 右の図のように、ご石を並べて正方形をつくるとき、次の問いに答えなさい。
(1) 正方形の1辺にご石を7個並べました。ご石は全部で何個ありますか。
(2) ご石を100個使って正方形をつくったとき、1辺のご石の数は何個ですか。

参考書 452ページ

**76** いくつかのおはじきをたてと横に等しい数だけ並べて中のつまった正方形をつくるのに、おはじきが6個不足しました。そこで、たて、横ともに1列ずつ少なくして正方形をつくると9個あまりました。おはじきは何個ありますか。

〈甲南女子中〉 参考書 453ページ

**77** 520世帯ある町で、A新聞を購読しているのは255世帯、B新聞を購読しているのは249世帯、どちらも購読していないのは78世帯です。A新聞とB新聞を両方購読しているのは何世帯ですか。 〈関東学院六浦中〉 参考書 454ページ

**78** 42人のクラスで通学方法のアンケートを行ったところ、通学にバスを使っている人は23人、電車を使っている人は25人でした。通学にバスと電車の両方を使っている人は、最も少なくて何人だと考えられますか。

〈東京都市大学等々力中〉 参考書 455ページ

**79** 遊園地の入り口に開場する前に1500人が並んで入場を待っています。開場してから毎分10人の割合で増えます。はじめから入り口を2つ使うと、50分で列がなくなりました。では、はじめから入り口を3つ使うと、列は何分でなくなりますか。 〈大妻嵐山中〉 参考書 456ページ

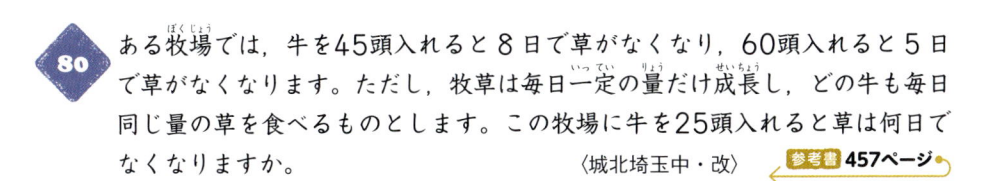

**80** ある牧場では，牛を45頭入れると8日で草がなくなり，60頭入れると5日で草がなくなります。ただし，牧草は毎日一定の量だけ成長し，どの牛も毎日同じ量の草を食べるものとします。この牧場に牛を25頭入れると草は何日でなくなりますか。〈城北埼玉中・改〉

**81** ある池では，一定の割合で水がわき出ています。この池の水をポンプを使ってくみ出すと，8台では15分，10台では10分で水がなくなります。ポンプ14台では何分で水はなくなりますか。〈法政大学中〉

**82** 次の図のように白と黒のご石が規則正しく並んでいます。あとの問いに答えなさい。

○●●○○●●●○○○●●●●○○○○●●●●●○…

(1) 左から50番目のご石の色は白ですか，黒ですか。
(2) 左から229番目までに，白いご石は何個ありますか。
(3) 左から黒いご石だけを数えたとき，127番目の黒いご石は白と黒を合わせて左から何番目にありますか。〈多摩大学附属聖ヶ丘中〉

**83** 右のように，偶数が上から順に並んでいます。次の問いに答えなさい。

| | | | | | | |
|---|---|---|---|---|---|---|
| 1段目 | | | 2 | | | |
| 2段目 | | 4 | 6 | 8 | | |
| 3段目 | 10 | 12 | 14 | 16 | 18 | |
| 4段目 | 20 | 22 | 24 | 26 | 28 | 30 | 32 |

(1) 60は何段目の左から何番目にありますか。
(2) 8段目のいちばん左にある数は何ですか。
(3) 10段目にある数の総和を求めなさい。
〈江戸川学園取手中〉

# 第4章 いろいろな問題

**84** 右の図のようなます目の中に，規則的に数字を入れていきます。数字の入れ方の規則性をよく見ながら，次の問いに答えなさい。

(1) 5行4列目にはどんな数が入りますか。
(2) 10行9列目にはどんな数が入りますか。
(3) 165は何行何列目のます目に入りますか。

〈神奈川学園中〉　参考書 461ページ

|  | 1列目 | 2列目 | 3列目 | 4列目 | 5列目 | ・ | ・ |
|---|---|---|---|---|---|---|---|
| 1行目 | 1 | 4 | 5 | 16 | ・ | ・ | |
| 2行目 | 2 | 3 | 6 | 15 | ・ | ・ | |
| 3行目 | 9 | 8 | 7 | 14 | ・ | ・ | |
| 4行目 | 10 | 11 | 12 | 13 | ・ | ・ | |
| 5行目 | ・ | ・ | ・ | ・ | | | |
| ・ | ・ | | | | | | |
| ・ | | | | | | | |

**85** 右の図のように，1辺が2cmの正方形を規則的に重ねていくとき，次の問いに答えなさい。

(1) 5番目の図形のまわりの長さは何cmですか。
(2) まわりの長さが80cmとなるのは，何番目の図形ですか。また，その図形は1辺が2cmの正方形何個でできていますか。

参考書 462ページ

**86** 次の図のように，立方体を順に積んでいくとき，下の問いに答えなさい。

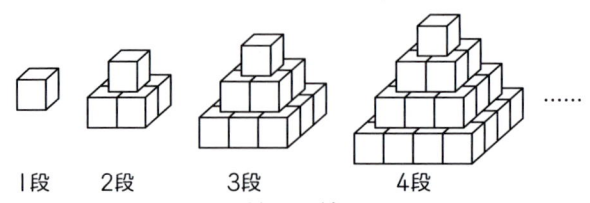

1段　2段　3段　4段

(1) 6段まで積むには，立方体は何個必要ですか。
(2) 立方体の数がはじめて500個をこえるのは，何段まで積んだときですか。

参考書 463ページ

**87** A，B，C，D，Eの5人が校内マラソンをして，その結果について次のように言っています。

A「ぼくはCさんのすぐあとにゴールしました。」
B「ぼくは4位ではありませんでした。」
C「ぼくも4位ではありませんでした。」
D「ぼくはBさんより早くゴールしました。」
E「ぼくはBさんよりあとにゴールしました。」

同じ順位の人はいませんでした。5人を1位から5位まで左から順に並べなさい。〈成蹊中〉 参考書 464ページ

**88** Aさん，Bさん，Cさんがテストをうけ，それぞれちがう点数になりました。その結果について1人だけがうそをついています。3人の点数を高い順に並べなさい。

A「ぼくがいちばん点数が高かった」
B「ぼくはC君よりも点数が高かった」
C「ぼくがいちばん点数が高かった」

〈開明中〉 参考書 465ページ

**89** ある中学校で，生徒会役員5名を決める選挙を行いました。生徒の人数は全員で480人です。生徒会役員にはEさんをふくめ10人の生徒が立候補しました。立候補者をふくめて全員の生徒が10人の立候補者のいずれか1人に投票します。Eさんが他の候補者の得票数にかかわらず当選するには何票以上得票すればよいですか。〈神戸海星女子学院中・改〉 参考書 466ページ

**90** あるお店では，牛乳の空きビン7本をビンの牛乳1本と交換してもらえます。ビンの牛乳を2012本買うとき，最大で何本の牛乳を飲むことができますか。

〈芝浦工業大学柏中〉 参考書 467ページ

# 答えと解説

## 数と計算編

### 第1章 整数のしくみと計算

## 01 整数のしくみと計算
2〜4ページ

**1**
(1) 72050010000
(2) 40900010603800000

**2**
(1) 10倍…60300000000
　　（603億）
　　10でわった…603000000
　　（6億300万）
(2) 10倍…58000000000000
　　（58兆）
　　10でわった…580000000000
　　（5800億）

**3**
(1) 812　　(2) 607
(3) 7030　 (4) 162
(5) 795　　(6) 1906

【解説】
(3)
```
   1 1 1
   4 0 5 6
 + 2 9 7 4
 ─────────
   7 0 3 0
```
(6)
```
   3 4 ⁹10
   4 5 0 0
 − 2 5 9 4
 ─────────
   1 9 0 6
```

**4**
(1) 69660　　(2) 265826
(3) 229768　 (4) 207163

【解説】
(2)
```
       5 6 2
   ×   4 7 3
   ─────────
     1 6 8 6
     3 9 3 4
   2 2 4 8
   ─────────
   2 6 5 8 2 6
```
(3)
```
       7 4 6
   ×   3 0 8
   ─────────
     5 9 6 8
   2 2 3 8
   ─────────
   2 2 9 7 6 8
```

**5**
(1) 186　　(2) 209
(3) 63　　 (4) 58
(5) 8　　　(6) 27

【解説】
(2)
```
       2 0 9
   3 ) 6 2 7
       6
       ─
         2 7
         2 7
         ──
           0
```
(6)
```
         2 7
  1 6 ) 4 3 2
         3 2
         ──
         1 1 2
         1 1 2
         ─────
             0
```

**6**
(1) 295あまり2　 (2) 150あまり3
(3) 67あまり4　　(4) 5あまり8
(5) 7あまり10　　(6) 28あまり15

【解説】
(1)
```
       2 9 5
   3 ) 8 8 7
       6
       ─
       2 8
       2 7
       ──
         1 7
         1 5
         ──
           2
```
(6)
```
          2 8
  2 6 ) 7 4 3
         5 2
         ──
         2 2 3
         2 0 8
         ─────
            1 5
```

**7**
(1) 1000−(180+570)=250
　　　　　　　　　　　250円
(2) 5000−(2000−400)
　 =3400　　　　　　3400円
(3) (108+92)×13=2600
　　　　　　　　　　 2600円
(4) 400÷(23+27)=8
　　　　　　　　　　　 8枚

**8**
(1) 17　　(2) 52
(3) 15　　(4) 20
(5) 30　　(6) 42

【解説】(1) 5×9−4×7=45−28
　　　　　　　　　　　　=17

(5) $25+(20-5\times3)=25+(20-15)$
  　　　　　　　　　　$=25+5=30$
(6) $45-30\div(2\times5)=45-30\div10$
  　　　　　　　　　　　$=45-3=42$

**9** (1) 700　(2) 4
　　(3) 3636　(4) 4491

【解説】(1) $29\times7+71\times7$
$=(29+71)\times7=100\times7=700$
(3) $101\times36=(100+1)\times36$
$=3600+36=3636$
(4) $499\times9=(500-1)\times9$
$=4500-9=4491$

**10** (1) 158　(2) 3900
　　(3) 149　(4) 7000

【解説】(2) $39\times25\times4$
$=39\times(25\times4)=39\times100=3900$
(3) $38+49+62=38+62+49$
$=100+49=149$
(4) $125\times7\times8=125\times8\times7$
$=1000\times7=7000$

**11** (1) 3　(2) 20

【解説】逆の順に計算する。
(1) $62-(18-30\div\square)\times7=6$,
$(18-30\div\square)\times7=62-6=56$,
$18-30\div\square=56\div7=8$,
$30\div\square=18-8=10$,
$\square=30\div10=3$
(2) $4\div\{9-(15-\square\div2)\}=1$,
$9-(15-\square\div2)=4\div1=4$,
$15-\square\div2=9-4=5$,
$\square\div2=15-5=10$,
$\square=10\times2=20$

**12** (1) 192　(2) 2662

【解説】(1) $24\times10-48\times2+24\times2$
$=24\times10-24\times4+24\times2$
$=24\times(10-4+2)$
$=24\times8=192$
(2) $11\times363-121\times22+1331$
$=3\times(11\times11\times11)-2\times(11\times11\times11)+1\times(11\times11\times11)$
$=(3-2+1)\times(11\times11\times11)$
$=2\times1331=2662$

**13** (1) 85　(2) 4

【解説】(1) $(9, 4)*(1, 8)$
$=(9+8)\times(4+1)=17\times5=85$
(2) $\left[\dfrac{9}{\square}\right]+1+3=6$, $\left[\dfrac{9}{\square}\right]=2$
$\dfrac{9}{\square}$ が2以上3未満だから，$\square=4$

## 第2章 整数の性質

### 01 整数の性質
5〜7ページ

**14** 偶数…0, 58, 756, 1290
　　奇数…7, 21, 403, 8325

**15** (1) 8, 16, 24, 32, 40
　　(2) 公倍数…15, 30, 45
　　　最小公倍数…15

**16** (1) 80cm　(2) 午前9時26分

【解説】(2) ふつう電車と急行電車が同時に発車する時間の間隔は，8と14の最小公倍数56(分)になる。午前8時30分の56分後より，午前9時26分。

**数と計算編　答えと解説**

**17** (1) 1, 2, 3, 4, 6, 12
　　(2) 15個

**18** (1) 公約数…1, 2, 4, 8
　　　　最大公約数…8
　　(2) 1, 2, 3, 6

**19** (1) 4cm　(2) 9つ

【解説】(2) ふくろの数は，キャンディーの数45個とキャラメルの数72個の最大公約数になる。

**20** 167個

【解説】1から500までの整数のうち，2の倍数は，500÷2=250(個)
2と3の公倍数(6の倍数)は，
500÷6=83あまり2より，83個。
求める個数は，250−83=167(個)

**21** (1) 977　(2) 122

【解説】(1) 18と15の公倍数から，18−5=13(15−2=13)をひいた数だから，90×1−13=77，
90×2−13=167，…，90×11−13=977，90×12−13=1067
したがって，977
(2) 8+23+38+53=122

**22** (1) 8　(2) 12

【解説】(1) 74−2=72，93−5=88より，72と88の公約数で，あまりの5より大きい数だから8
(2) 28−4=24，40−4=36，64−4=60より，24と36と60の最大公約数だから12

**23** (1) 30　(2) 18と90

【解説】(1) ある整数をAとすると，右のようになる。
15×7×□=210, □=2
ある整数は，15×2=30

15) 105　A
　　　7　□

(2) 2つの整数をA，B，18でわった商を$a$，$b$とすると，A×B=(18×$a$)×(18×$b$)=324×$a$×$b$=1620，
$a$×$b$=5，$a$=1，$b$=5
A=18×1=18, B=18×5=90

18) A　B
　　$a$　$b$

**24** (1) 10秒間　(2) 30秒間

【解説】電球が点灯するようすは，次の図のようになる。

0 1 2 3 4 5 6 7 8 9 10 11 12 13 14 15(秒)
青
赤

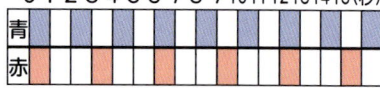

(1) 2つの電球が同時に点灯するのは，青1+1=2(秒)と赤1+2=3(秒)の最小公倍数6(秒)おきになる。
2つの電球が同時に点灯するのは，
　60÷6=10(秒間)
(2) 2つの電球のどちらか1つだけが点灯しているのは，6秒間のうち3秒間あるから，1分間では，
　60÷6×3=30(秒間)

## 02 がい数

7〜8ページ

**25** (1)① 5400　② 17000
　　　③ 610000　④ 380000
　　(2)① 97000　② 300000

数と計算編　答えと解説

**26** (1) 250から349まで
(2) 6950以上7050未満

【解説】(2)

| 6900 | 6950 | 7000 | 7050 | 7100 |
|---|---|---|---|---|
| 6900になる | 7000になるはんい | | 7100になる | |

**27** (1) 約52000人
(2) 約2800円

【解説】(2) 1500+800+400+100=2800(円)

**28** (1)① 約18000人
② 約8500人
(2) 約17000円

【解説】(2) 5000×12=60000(円)
60000−(29000+14000)
=17000(円)

**29** (1) 約24000円
(2) 約45000m

【解説】(1) 600×40=24000(円)
(2) 900×50=45000(m)

**30** (1) 約500個 (2) 約2000本

【解説】(1) 300000÷600
=500(個)
(2) 40000÷20=2000(本)

## 03 規則性と数列
8～9ページ

**31** 4

【解説】8, 64, 512, 4096, 32768, …より, 一の位の数字は, (8, 4, 2, 6)がくり返される。
2014÷4=503 あまり 2 より, 503 回くり返したあとの 2 番目で 4

**32** (1) 18 (2) 8 (3) 25

【解説】並び方の規則性を見つける。
(1) 2, 3, 6, 11, □, 27, …
　　　1　3　5　7　11
□=11+7=18

(2) 1, 2, 4, □, 16, 32, …
　　×2 ×2 ×2 ×2 ×2
□=4×2=8

(3) 1, 4, 9, 16, □, 36, …
　1×1 2×2 3×3 4×4　　6×6
□=5×5=25

**33** (1) 77　(2) 15050

【解説】(1) この数列は, となりあう 2 数の差が 2 で一定。
38番目の数は,
　3+2×(38−1)=77
(2) この数列は, となりあう 2 数の差が 3 で一定。
299 を $n$ 番目の数とすると,
2+3×($n$−1)=299 より,
$n$=100(番目)
数列の和は,
　(2+299)×100÷2=15050

**34** (1) $\dfrac{7}{11}$　(2) 63番目

【解説】(1) この数列の分母と分子は, 次のように並んでいる。

分子はとなりあう 2 数の差が 1 で一定

$\dfrac{1}{2}, \dfrac{1}{3}, \dfrac{2}{3}, \dfrac{1}{4}, \dfrac{2}{4}, \dfrac{3}{4}, \dfrac{1}{5}, …$
1個　　2個　　　3個

分母は，1+2+3+…+9=45
より，(9+1=)10組目の左から，
52−45=7(番目)
分母は2から始まるから，1+10=11
で，分子は7

(2) この数列の分母と分子は，次のように並んでいる。

となりあう2数の差が2で一定

$\frac{1}{3}, \frac{1}{5}, \frac{3}{5}, \frac{1}{7}, \frac{3}{7}, \frac{5}{7}, \frac{1}{9}, \cdots$

1個　2個　　3個

15=1+2×(8−1)，
23=3+2×(11−1)

だから，$\frac{15}{23}$は11組目の左から8番目である。10組目までに，1+2+…+9+10=55(個)の数があるから，55+8=63(番目)

**35** (1) 13　　(2) 0.5はい分

【解説】この位取りのしくみは，3倍するごとに位が1つ上がっていく3進法である。それぞれの位のコップに対して，何も入っていなければ0，0.5はいならば1，1ぱいならば2を示す。

(1) 左のコップから，1の位，3の位，9の位，27の位を表すから，求める答えは，
1×1+3×1+9×1+27×0=13

(2) 27=1×0+3×0+9×0+27×1
だから，問題のコップで表すと下のようになる。これより，必要な水は0.5はい分。

## 第3章 小数のしくみと計算

### 01 小数のしくみとたし算・ひき算
10ページ

**36** (1) ア 4.95m　イ 5.07m
　　　ウ 5.12m

(2)① 3.275kg　② 0.65kg
　③ 1.407km　④ 0.083km

**37** (1) 5037個　(2) 250個
(3) 0.06
(4) 10倍した数…84
　　10でわった数…0.84

**38** (1) 6.57　(2) 15.03
(3) 7　　(4) 12.29
(5) 8.431　(6) 9.615

【解説】
(3)　4.83
　　+2.17
　　7.00

(5)　3.904
　　+4.527
　　8.431

**39** (1) 3.65　(2) 0.59
(3) 1.95　(4) 2.09
(5) 2.566　(6) 1.973

【解説】
(2)　1.34
　　−0.75
　　0.59

(4)　8.00
　　−5.91
　　2.09

(5)　6.052
　　−3.486
　　2.566

(6)　4.500
　　−2.527
　　1.973

## 02 小数のかけ算とわり算
**11〜12ページ**

**40**
(1) 30.4　(2) 212
(3) 245.7　(4) 974.4
(5) 7.17　(6) 126.44
(7) 0.948　(8) 105.6

【解説】
(4)
```
   17.4
 ×  56
  1044
  870
  974.4
```
(8)
```
   0.384
 ×  275
   1920
   2688
   768
   105.600
```

**41**
(1) 9.72　(2) 110.58
(3) 12　(4) 24.066
(5) 28.08　(6) 0.782
(7) 0.5032　(8) 57.4

【解説】
(7)
```
   0.74
 ×0.68
   592
   444
  0.5032
```
(8)
```
   32.8
 ×1.75
   1640
   2296
   328
  57.400
```

**42**
(1) 1.9　(2) 26.7
(3) 2.8　(4) 1.69
(5) 0.62　(6) 0.08
(7) 0.47　(8) 0.006

【解説】
(4)
```
       1.69
   4)6.76
     4
     27
     24
      36
      36
       0
```
(7)
```
       0.47
  18)8.46
      72
      126
      126
        0
```

**43**
(1) 3.7　(2) 4.5
(3) 28　(4) 2.5
(5) 36　(6) 0.6
(7) 0.8　(8) 0.75

【解説】
(5)
```
           36
  1.45)52.20
        435
         870
         870
           0
```
(8)
```
           0.75
   5.8)4.3.5
        406
         290
         290
           0
```

**44**
(1) 16あまり2.8　(2) 7あまり4.8
(3) 3あまり8.5　(4) 5あまり0.6
(5) 18あまり3.7　(6) 68あまり3.6
(7) 2あまり1.07　(8) 4あまり0.36

【解説】
(5)
```
          18
  4.6)86.5
       46
       405
       368
        3.7
```
(6)
```
          68
  7.3)500.0
       438
        620
        584
         3.6
```

**45**
(1) 約2.1kg　(2) 約7.8m

【解説】
(1) $3.2 \div 1.5 = 2.1\dot{3}\cdots$(kg)
(2) $28 \div 3.6 = 7.7\overset{8}{7}\cdots$(m)

**46**
(1) 16.8　(2) 79
(3) 8.4　(4) 499

【解説】
(2) $2.5 \times 7.9 \times 4$
　　$= 2.5 \times 4 \times 7.9 = 10 \times 7.9 = 79$
(3) $2.8 \times 0.84 + 7.2 \times 0.84$
　　$= (2.8 + 7.2) \times 0.84 = 10 \times 0.84 = 8.4$
(4) $99.8 \times 5 = (100 - 0.2) \times 5$
　　$= 100 \times 5 - 0.2 \times 5 = 500 - 1 = 499$

**47** (1) 40回　(2) 1

【解説】(1) 6÷11=0.54545…
5と4の2個の数字をくり返すから，80÷2=40(回)より，小数第80位までに5が40回出てくる。
(2) 8÷37=0.216216216…
より，2と1と6の3個の数字をくり返す。
2012÷3=670あまり2
より，3個の数字を670回くり返したあとの2個目で1

## 第4章 分数のしくみと計算

### 01 分数
13〜14ページ

**48** (1) ア 仮分数 $\frac{8}{7}$　帯分数 $1\frac{1}{7}$
　　　イ 仮分数 $\frac{19}{7}$　帯分数 $2\frac{5}{7}$
(2)① $\frac{7}{5} < 1\frac{3}{5}$　② $\frac{23}{8} > 2\frac{5}{8}$

**49** (1)① $\frac{4}{6}, \frac{6}{9}$　② $\frac{2}{4}, \frac{3}{6}, \frac{5}{10}$
(2) $\frac{1}{9}, \frac{1}{6}, \frac{1}{3}$

**50** (1) $\frac{5}{6}$ L
(2)① $\frac{4}{7}$ 倍　② $\frac{9}{4}$ 倍 $\left(2\frac{1}{4}\text{倍}\right)$

**51** (1)① 0.75　② 1.8
　　③ 6　④ 約0.29
(2)① $\frac{3}{10}$　② $\frac{57}{100}$
　　③ $\frac{27}{10}\left(2\frac{7}{10}\right)$　④ $\frac{6}{1}$

(3) $\frac{7}{9}$, 0.75, $\frac{5}{8}$

### 02 分数のたし算とひき算
14〜15ページ

**52** (1)① $\frac{3}{4}$　② $\frac{3}{8}$　③ $\frac{7}{5}$　④ 7
(2)① $\left(\frac{10}{15}, \frac{3}{15}\right)$　② $\left(\frac{8}{18}, \frac{15}{18}\right)$

**53** (1)① <　② >　③ >
(2) $\frac{5}{9}, \frac{7}{12}, \frac{2}{3}$

**54** (1) $\frac{9}{7}\left(1\frac{2}{7}\right)$　(2) 3
(3) $\frac{1}{5}$　(4) 2

**55** (1) $\frac{13}{10}\left(1\frac{3}{10}\right)$　(2) $\frac{23}{18}\left(1\frac{5}{18}\right)$
(3) $\frac{5}{3}\left(1\frac{2}{3}\right)$　(4) $\frac{5}{21}$
(5) $\frac{5}{36}$　(6) $\frac{2}{3}$
(7) $\frac{5}{12}$　(8) $\frac{21}{40}$

**56** (1) $5\frac{2}{7}$　(2) 5
(3) $3\frac{5}{12}$　(4) $4\frac{3}{4}$

【解説】(3) $1\frac{2}{3}+1\frac{3}{4}=1\frac{8}{12}+1\frac{9}{12}$
$=2\frac{17}{12}=3\frac{5}{12}$

**57** (1) $2\frac{2}{5}$　(2) $\frac{3}{4}$
(3) $2\frac{5}{12}$　(4) $\frac{4}{5}$

【解説】(2) $2\frac{3}{8}-1\frac{5}{8}=1\frac{11}{8}-1\frac{5}{8}$
$=\frac{6}{8}=\frac{3}{4}$

**数と計算編　答えと解説**

**58** (1) $\dfrac{1}{2}$　(2) $\dfrac{13}{12}\left(1\dfrac{1}{12}\right)$
(3) $\dfrac{3}{10}$　(4) $\dfrac{1}{36}$

【解説】(2) $0.25+\dfrac{5}{6}=\dfrac{25}{100}+\dfrac{5}{6}$
$=\dfrac{1}{4}+\dfrac{5}{6}=\dfrac{3}{12}+\dfrac{10}{12}=\dfrac{13}{12}\left(1\dfrac{1}{12}\right)$
(4) $\dfrac{7}{9}-0.75=\dfrac{7}{9}-\dfrac{75}{100}=\dfrac{7}{9}-\dfrac{3}{4}$
$=\dfrac{28}{36}-\dfrac{27}{36}=\dfrac{1}{36}$

## 03 分数のかけ算とわり算
15〜17ページ

**59** (1) $\dfrac{12}{7}\left(1\dfrac{5}{7}\right)$　(2) $\dfrac{10}{3}\left(3\dfrac{1}{3}\right)$
(3) 18　(4) $\dfrac{40}{3}\left(13\dfrac{1}{3}\right)$

**60** (1) $\dfrac{8}{15}$　(2) $\dfrac{10}{21}$
(3) $\dfrac{5}{6}$　(4) $\dfrac{3}{4}$

【解説】(3) $\dfrac{3}{8}\times\dfrac{20}{9}=\dfrac{\overset{1}{\cancel{3}}\times\overset{5}{\cancel{20}}}{\underset{2}{\cancel{8}}\times\underset{3}{\cancel{9}}}=\dfrac{5}{6}$

**61** (1) $\dfrac{4}{3}$　(2) $\dfrac{4}{9}$
(3) $\dfrac{1}{7}$　(4) $\dfrac{5}{3}$

**62** (1) $\dfrac{2}{15}$　(2) $\dfrac{1}{14}$
(3) $\dfrac{2}{9}$　(4) $\dfrac{4}{15}$

**63** (1) $\dfrac{14}{15}$　(2) $\dfrac{9}{20}$
(3) $\dfrac{3}{8}$　(4) 50

**64** (1) $\dfrac{8}{9}$　(2) $\dfrac{3}{2}\left(1\dfrac{1}{2}\right)$
(3) $\dfrac{15}{2}\left(7\dfrac{1}{2}\right)$　(4) $\dfrac{10}{3}\left(3\dfrac{1}{3}\right)$

**65** (1) $\dfrac{14}{5}\left(2\dfrac{4}{5}\right)$　(2) $\dfrac{3}{8}$
(3) $\dfrac{10}{3}\left(3\dfrac{1}{3}\right)$　(4) $\dfrac{6}{5}\left(1\dfrac{1}{5}\right)$

【解説】(4) $2\dfrac{1}{4}\div 1\dfrac{7}{8}=\dfrac{9}{4}\div\dfrac{15}{8}$
$=\dfrac{9}{4}\times\dfrac{8}{15}=\dfrac{\overset{3}{\cancel{9}}\times\overset{2}{\cancel{8}}}{\underset{1}{\cancel{4}}\times\underset{5}{\cancel{15}}}=\dfrac{6}{5}\left(1\dfrac{1}{5}\right)$

**66** (1) $\dfrac{3}{8}$　(2) 9
(3) $\dfrac{1}{7}$　(4) 3

【解説】(4) $\dfrac{9}{20}\div\dfrac{2}{5}\div\dfrac{3}{8}$
$=\dfrac{9}{20}\times\dfrac{5}{2}\times\dfrac{8}{3}=\dfrac{\overset{3}{\cancel{9}}\times\overset{1}{\cancel{5}}\times\overset{4}{\cancel{8}}}{\underset{\cancel{4}}{\cancel{20}}\times\underset{1}{\cancel{2}}\times\underset{1}{\cancel{3}}}=3$

**67** (1) $\dfrac{1}{3}$　(2) 3
(3) $\dfrac{1}{6}$　(4) $\dfrac{20}{3}\left(6\dfrac{2}{3}\right)$

【解説】(3) $\dfrac{2}{5}\div 0.6\times 0.25$
$=\dfrac{2}{5}\div\dfrac{6}{10}\times\dfrac{25}{100}=\dfrac{2}{5}\times\dfrac{10}{6}\times\dfrac{25}{100}$
$=\dfrac{\overset{1}{\cancel{2}}\times\overset{1}{\cancel{10}}\times\overset{1}{\cancel{25}}}{\underset{1}{\cancel{5}}\times\underset{3}{\cancel{6}}\times\underset{2}{\cancel{100}}}=\dfrac{1}{6}$
(4) $2\dfrac{2}{9}\div 0.8\div\dfrac{5}{12}=\dfrac{20}{9}\div\dfrac{8}{10}\div\dfrac{5}{12}$
$=\dfrac{20}{9}\times\dfrac{10}{8}\times\dfrac{12}{5}=\dfrac{\overset{5}{\cancel{20}}\times\overset{5}{\cancel{10}}\times\overset{4}{\cancel{12}}}{\underset{3}{\cancel{9}}\times\underset{\cancel{2}}{\cancel{8}}\times\underset{1}{\cancel{5}}}$
$=\dfrac{20}{3}\left(6\dfrac{2}{3}\right)$

**数と計算編　答えと解説**

**68** (1) $\dfrac{1}{7}$　(2) 29　(3) $\dfrac{3}{2}\left(1\dfrac{1}{2}\right)$　(4) 4

【解説】(1) $\left(\dfrac{2}{7}\times\dfrac{13}{18}\right)\times\dfrac{9}{13}$
$=\dfrac{2}{7}\times\left(\dfrac{13\times9}{18\times13}\right)=\dfrac{2}{7}\times\dfrac{1}{2}=\dfrac{1}{7}$

(2) $\left(\dfrac{5}{8}+\dfrac{7}{12}\right)\times24$
$=\dfrac{5}{8}\times24+\dfrac{7}{12}\times24$
$=15+14=29$

(3) $\dfrac{7}{9}\times\dfrac{3}{4}+1\dfrac{2}{9}\times\dfrac{3}{4}$
$=\left(\dfrac{7}{9}+1\dfrac{2}{9}\right)\times\dfrac{3}{4}=1\dfrac{9}{9}\times\dfrac{3}{4}$
$=2\times\dfrac{3}{4}=\dfrac{3}{2}\left(1\dfrac{1}{2}\right)$

**69** (1) 3　(2) 31.4

【解説】(1) $\dfrac{1}{6}+4\times\left(\dfrac{1}{18}+\dfrac{1}{10}\right)+6$
$\times\left(\dfrac{1}{14}+\dfrac{1}{10}\right)+8\times\left(\dfrac{1}{18}+\dfrac{1}{14}\right)+\dfrac{1}{6}$
$=\dfrac{1}{6}+4\times\dfrac{1}{18}+4\times\dfrac{1}{10}+6\times\dfrac{1}{14}$
$+6\times\dfrac{1}{10}+8\times\dfrac{1}{18}+8\times\dfrac{1}{14}+\dfrac{1}{6}$
$=\dfrac{1}{6}+(4+6)\times\dfrac{1}{10}+(6+8)\times\dfrac{1}{14}$
$+(4+8)\times\dfrac{1}{18}+\dfrac{1}{6}$
$=\dfrac{1}{6}+1+1+\dfrac{4}{6}+\dfrac{1}{6}=3$

(2) $12\times3.14\times\dfrac{4}{7}-3\times3.14\times\dfrac{2}{7}$
$\quad+8\times1.57$
$=\left(12\times\dfrac{4}{7}-3\times\dfrac{2}{7}+4\right)\times3.14$
$=10\times3.14=31.4$

**70** (1) $\dfrac{16}{25},\dfrac{17}{25},\dfrac{18}{25}$　(2) $\dfrac{24}{55}$

【解説】(1) $\dfrac{5}{8}<\dfrac{\square}{25}<\dfrac{3}{4}$ で, $\dfrac{5}{8}=\dfrac{○}{25}$
$8\times○=5\times25$, $○=15.625$
$\dfrac{3}{4}=\dfrac{△}{25}$, $4\times△=3\times25$, $△=18.75$
$\dfrac{15.625}{25}<\dfrac{\square}{25}<\dfrac{18.75}{25}$ より,
$\square=16, 17, 18$

(2) $\dfrac{3}{7}<\dfrac{24}{\square}<\dfrac{4}{9}$ で, $\dfrac{24}{56}<\dfrac{24}{\square}<\dfrac{24}{54}$
より, $\square=55$

**71** (1) あ…2, い…8
　　(2) ア…2, イ…5, ウ…8

【解説】(1) $\dfrac{5}{8}-\dfrac{1}{2}=\dfrac{1}{8}$ より,
$\dfrac{5}{8}=\dfrac{1}{2}+\dfrac{1}{8}$　また, $\dfrac{3}{8}=\dfrac{1}{2}-\dfrac{1}{8}$

(2) $\dfrac{33}{40}-\dfrac{1}{2}=\dfrac{33}{40}-\dfrac{20}{40}=\dfrac{13}{40}$,
$\dfrac{13}{40}-\dfrac{1}{5}=\dfrac{13}{40}-\dfrac{8}{40}=\dfrac{5}{40}=\dfrac{1}{8}$
これより, $\dfrac{33}{40}=\dfrac{1}{2}+\dfrac{1}{5}+\dfrac{1}{8}$

**72** (1) $\dfrac{5}{14}$　(2) $\dfrac{5}{34}$

【解説】(1) $\dfrac{1}{6}+\dfrac{1}{12}+\dfrac{1}{20}+\dfrac{1}{30}+\dfrac{1}{42}$
$=\left(\dfrac{1}{2}-\dfrac{1}{3}\right)+\left(\dfrac{1}{3}-\dfrac{1}{4}\right)+\left(\dfrac{1}{4}-\dfrac{1}{5}\right)+$
$\left(\dfrac{1}{5}-\dfrac{1}{6}\right)+\left(\dfrac{1}{6}-\dfrac{1}{7}\right)=\dfrac{1}{2}-\dfrac{1}{7}=\dfrac{5}{14}$

(2) $\dfrac{1}{2\times5}+\dfrac{1}{5\times8}+\dfrac{1}{8\times11}$
$\quad+\dfrac{1}{11\times14}+\dfrac{1}{14\times17}$
$=\dfrac{1}{3}\times\left\{\left(\dfrac{1}{2}-\dfrac{1}{5}\right)+\left(\dfrac{1}{5}-\dfrac{1}{8}\right)+\left(\dfrac{1}{8}-\dfrac{1}{11}\right)\right.$
$\left.+\left(\dfrac{1}{11}-\dfrac{1}{14}\right)+\left(\dfrac{1}{14}-\dfrac{1}{17}\right)\right\}$
$=\dfrac{1}{3}\times\left(\dfrac{1}{2}-\dfrac{1}{17}\right)=\dfrac{5}{34}$

# 図形編　答えと解説

## 第1章　平面図形

### 01 平面図形の性質
18〜19ページ

**1** (1)(2) 作図

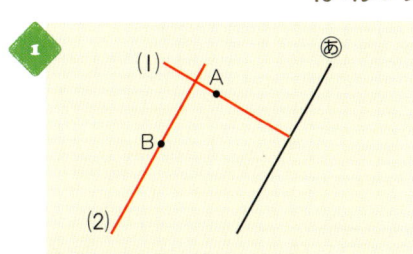

**2** (1) できた三角形…二等辺三角形
(2) できた三角形…正三角形

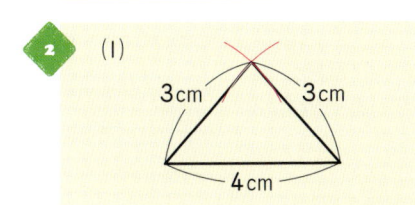

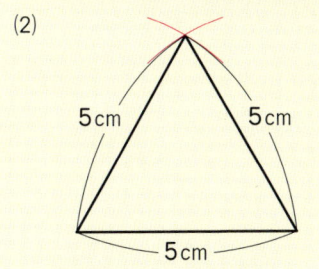

**3** (1) 125°　(2) 28cm

**4**
㋐ 長方形　㋑ 平行四辺形
㋒ ひし形　㋓ 台形
㋔ 正方形
(1) ㋐, ㋑, ㋒, ㋔
(2) ㋒, ㋔　(3) ㋐, ㋔

**5** (1) 72°　(2) 54°
(3) 108°

【解説】(2) 右の図で、三角形OABは二等辺三角形である。三角形の3つの角の大きさの和は180°だから、㋑の角の大きさは、 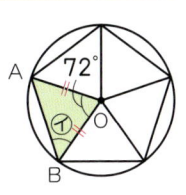
(180°−72°)÷2=54°

**6** (1) 10cm　(2) 20cm

### 02 角の大きさ
19〜22ページ

**7** (1) 40°　(2) 135°
(3) 325°

**8** ㋐ 65°　㋑ 115°

**9** (1) 50°　(2) 130°

**10** (1) 85°　(2) 100°
(3) 36°

【解説】(2) 二等辺三角形の2つの角の大きさは等しいので、㋓の角の大きさは40°だから、 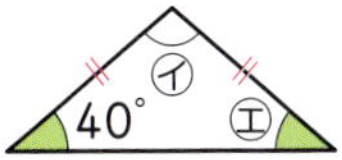
180°−40°×2=100°

**11** (1) 130°　(2) 43°

【解説】(1) ㋒の角の大きさは、
180°−(70°+60°)=50°
㋐の角の大きさは、
180°−50°
=130°

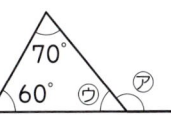

097

# 図形編　答えと解説

### 12
(1) **95°**　(2) **57°**

【解説】(2) 平行四辺形の向かい合った角の大きさは等しいから、㋒の角の大きさは123° 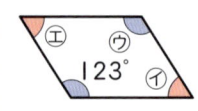
また、㋑と㋓の角の大きさは等しい。
㋑と㋓の角の大きさの和は、
　360°−123°×2＝114°
㋑の角の大きさは、114°÷2＝57°

### 13
(1) **720°**
(2) ㋐ **120°**　㋑ **60°**

### 14
(1) **75°**　(2) **15°**

【解説】(2) ㋒の角の大きさは、 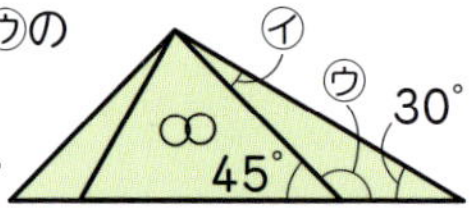
180°−45°
＝135°
㋑の角の大きさは、
180°−(135°+30°)＝15°

### 15
**118°**

【解説】右の図で、㋑の角の大きさは、 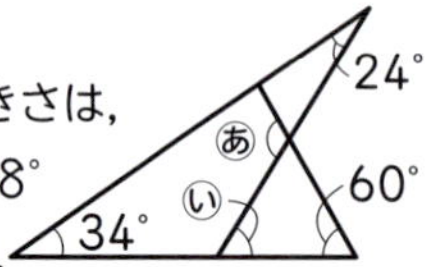
34°+24°＝58°
㋐の角の大きさは、
58°+60°＝118°

### 16
**70°**

【解説】●●+○○＝360°−(62°+78°)
　　　　　　＝220°
●+○＝220°÷2＝110°
ア＝180°−110°＝70°

### 17
㋐ **90°**　㋑ **120°**

【解説】正六角形の1つの角の大きさは、180°×(6−2)÷6＝120°
右の図で、三角形ABDは二等辺三角形だから、㋒の角の大きさは、 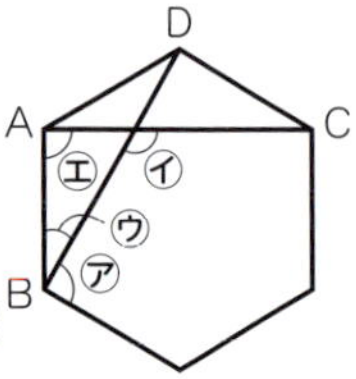
　(180°−120°)÷2
＝30°
㋐の角の大きさは、120°−30°＝90°
㋓の角の大きさも90°だから、㋑の角の大きさは、90°+30°＝120°

### 18
**103°**

【解説】右の図のように、直線a、bに平行な直線をひくと、 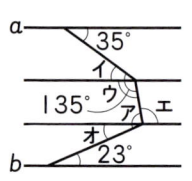
イ＝35°
ウ＝135°−35°＝100°
エ＝100°、オ＝23°
アの角の大きさは、
　23°+(180°−100°)＝103°

### 19
㋐ **34°**　㋑ **124°**

【解説】㋐+73°+73°＝180°
㋐＝180°−146°＝34°
折り返して、Bに対応する頂点をB'とすると、角B'FC＝34°
㋑の角の大きさは、34°+90°＝124°

### 20
**540°**

【解説】印をつけた部分の角は、五角形の内角に集められるから、和は、
　180°×(5−2)＝540°

### 21
㋐ **36°**　㋑ **96°**

【解説】

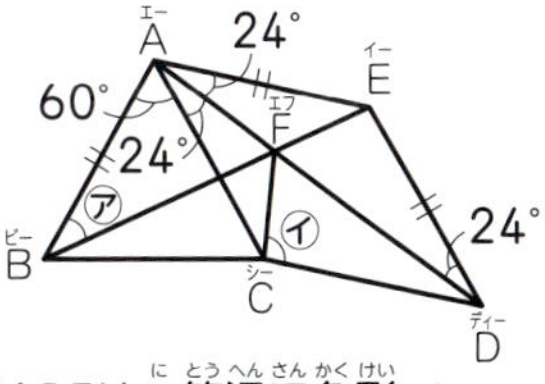

三角形ABEは二等辺三角形で，
角BAE＝60°＋24°＋24°＝108°
だから，㋐の角の大きさは，
　（180°－108°）÷2＝36°
三角形EADは二等辺三角形で，
角AED＝180°－24°×2＝132°
角AEB＝36°だから，
角FED＝132°－36°＝96°
三角形EFDと三角形CFDは合同だから，㋑＝角FED＝96°

## 第2章　量の単位

### 01 量の単位

23ページ

**22** (1) 30, 3000, 30000
(2) 150

**23** (1) 7, 7000　(2) 55

**24** (1) 40, 4000, 400000
(2) 1.5

**25** (1) 60, 600, 60000
(2) 45.5

**26** (1) 15, 900
(2) 4, 21, 15
(3) 2, 55, 30

**27** (1) 200cm　(2) 90a
(3) 0.05L　(4) 0.06kg

## 第3章　平面図形の長さと面積

### 01 三角形・四角形

24～27ページ

**28** (1) 54cm²　(2) 225cm²

**29** (1) 96cm²　(2) 90cm²

**30** (1) 156cm²　(2) 80cm²

**31** (1) 90cm²　(2) 128cm²

**32** (1) 21cm²　(2) 36cm²

**33** (1) 32cm²　(2) 30cm²

【解説】(2) 右の図のように，平行四辺形と台形に分けるとよい。

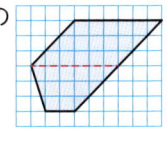

**34** (1) 150cm²　(2) 35cm²

【解説】(2)
三角形ABDの面積は，
　7×4÷2
　＝14（cm²）
三角形BCDの面積は，
　7×6÷2＝21（cm²）
全体の面積は，14＋21＝35（cm²）

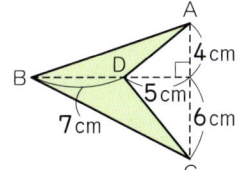

**35** 459m²

図形編　答えと解説

【解説】右の図のように，2本の道をはしに寄せても，道を除いた土地の面積は変わらないから， 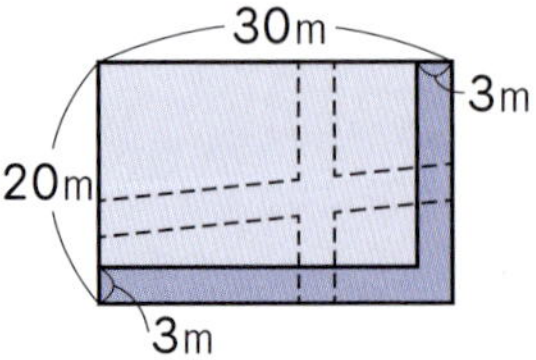
(20−3)×(30−3)=17×27=459(m²)

**36** 564cm²

【解説】右の図のように2つの三角形に分けると， 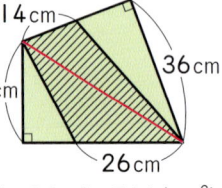
14×36÷2+26×24÷2=564(cm²)

**37** 5cm²

【解説】右の図のように，しゃ線部分の面積は長方形 AEFD の面積の半分になる。

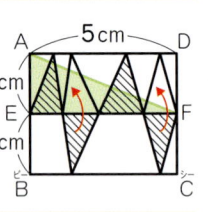

**38** (1) 4.8cm　(2) 20cm

【解説】
(1) 右の図で，三角形 AFD の面積は，
6×8÷2=24(cm²)
底辺を AD とすると，高さは EF だから，10×EF÷2=24
EF=24÷5=4.8(cm)
(2) (10+BC)×4.8÷2=72
10+BC=72÷2.4
BC=30−10=20(cm)

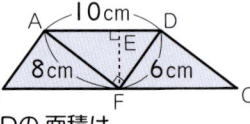

**39** (1) 2:3　(2) 504cm²

【解説】(1) 右の図で，三角形 CDA と三角形 EDA の面積は等しく，三角形 FDA は共通だから，三角形 EFA の面積は三角形 CDF と等しく，86.4cm² 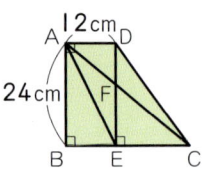
FE×12÷2=86.4 より，
FE=86.4÷6=14.4(cm)
DF=24−14.4=9.6(cm)
DF:FE=9.6:14.4=2:3
(2) DF:FE=2:3 より，三角形 CDF と三角形 CFE の面積の比は，2:3
三角形 CFE の面積を $x$ cm² とすると，
2:3=86.4:$x$
$x$=3×86.4÷2=129.6
台形 ABCD の面積は，
24×12+86.4+129.6=504(cm²)

**40** $\dfrac{144}{5}$cm²(28.8cm²)

【解説】右の図で，三角形 ABC の面積は， 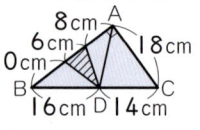
18×(8+6+10)÷2=216(cm²)
三角形 ABD の面積は三角形 ABC の面積の，$\dfrac{16}{16+14}=\dfrac{8}{15}$
しゃ線部分の三角形の面積は三角形 ABD の面積の，$\dfrac{6}{8+6+10}=\dfrac{1}{4}$
しゃ線部分の三角形の面積は，三角形 ABC の面積の，$\dfrac{8}{15}×\dfrac{1}{4}=\dfrac{2}{15}$
よって，216×$\dfrac{2}{15}=\dfrac{144}{5}$(cm²)

## 図形編　答えと解説

**41** $42\text{cm}^2$

【解説】 右の図で三角形 ADE と三角形 ABE の面積の比は， 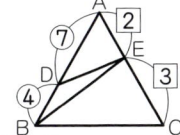
⑦：(⑦＋④)＝⑦：⑪…①
三角形 ABE と三角形 ABC の面積の比は，②：(②＋③)＝②：⑤…②
ADE：ABE＝⑦：⑪＝14：22
ABE：ABC＝②：⑤＝22：55
これより，三角形 ADE と三角形 ABC の面積の比は 14：55 だから，
三角形 ADE と四角形 DBCE の面積の比は，14：(55－14)＝14：41
三角形 ADE の面積を $x \text{cm}^2$ とすると，
14：41＝$x$：123
$x$＝14×123÷41＝42

## 02 円，およその面積
27〜29ページ

**42** (1) $12.56\text{cm}$　(2) $62.8\text{cm}$
(3) $7\text{cm}$

**43** $28.26\text{cm}$

**44** (1) $78.5\text{cm}^2$　(2) $113.04\text{cm}^2$
(3) $314\text{cm}^2$

**45** (1) $100.48\text{cm}^2$
(2) $78.5\text{cm}^2$

**46** $57\text{cm}^2$

【解説】 1 つのレンズ形の面積は，
5×5×3.14÷4×2－5×5
＝14.25($\text{cm}^2$)
色のついた部分の面積は，
14.25×4＝57($\text{cm}^2$)

**47** (1) 約$21\text{m}^2$　(2) 約$25\text{m}^2$

【解説】 (2) 池の形を，右の図のような半径 4 m の円の半分と考える。

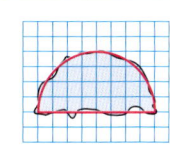

**48** (1) $36.56\text{cm}$　(2) $55.68\text{cm}$

【解説】 (1) 弧の長さは，
$12 \times 2 \times 3.14 \times \dfrac{60}{360} = 12.56 (\text{cm})$
したがって，周の長さは，
12.56＋12×2＝36.56(cm)
(2) 弧の長さは，
$9 \times 2 \times 3.14 \times \dfrac{240}{360} = 37.68 (\text{cm})$
したがって，周の長さは，
37.68＋9×2＝55.68(cm)

**49** $18.28\text{cm}$

【解説】 直線部分の長さの和は，
1×2×6＝12(cm)
おうぎ形の弧の部分の長さの和は，
1×2×3.14＝6.28(cm)
よって，12＋6.28＝18.28(cm)

**50** $2.86\text{cm}^2$

【解説】 右の図のように，しゃ線部分を移すと，しゃ線部分の面積は，台形 ABCD の面積から，半径 2 cm，中心角 90° のおうぎ形の面積を除いたものになる。

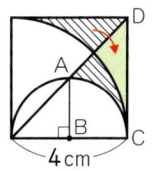

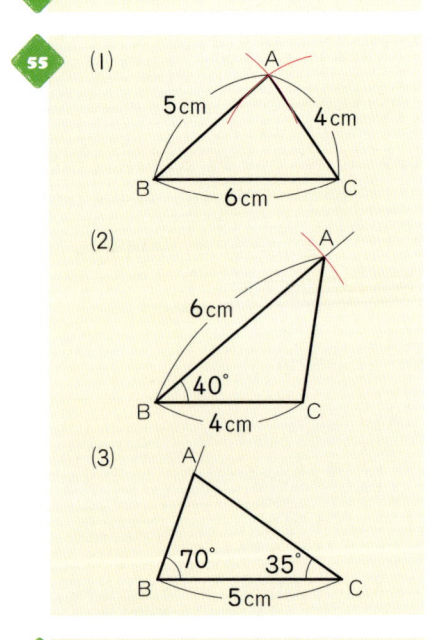

# 図形編　答えと解説

台形 ABCD の面積は，
　(2+4)×2÷2=6(cm²)
おうぎ形の面積は，
　2×2×3.14÷4=3.14(cm²)
したがって，しゃ線部分の面積は，
　6−3.14=2.86(cm²)

**51** 9.12cm²

【解説】　正方形の面積は，
　4×4=16(cm²)
正方形の対角線は円の直径と等しいから，ひし形の面積の公式を使うと，
　直径×直径÷2=16
　直径×直径=16×2=32
よって，半径×半径=32÷4=8
これより，円の面積は，
　8×3.14=25.12(cm²)
したがって，しゃ線部分の面積は，
　25.12−16=9.12(cm²)

**52** 周の長さ…40.26cm
　　面積…20.52cm²

【解説】　曲線部分は，半径6cmの半円の弧の長さと，半径12cm，中心角45°のおうぎ形の弧の長さの和だから，
　6×2×3.14×$\frac{1}{2}$+12×2×3.14×$\frac{45}{360}$
　=28.26(cm)
直線部分は半円の直径だから，周の長さは，28.26+12=40.26(cm)
右の図のようにしゃ線部分を移すと，しゃ線部分の面積は，半径12cm，中心角45°のおうぎ形の面積から三角形 ABC の面積を除いたものになる。

おうぎ形の面積は，
　12×12×3.14×$\frac{45}{360}$=56.52(cm²)
三角形 ABC の面積は，
　12×6÷2=36(cm²)
したがって，しゃ線部分の面積は，
　56.52−36=20.52(cm²)

## 第4章　合同，対称，拡大と縮小

### 01 合同な図形
30〜31ページ

**53** ⑦と⑦，⑦と⑦，⑦と⑦

**54** (1) 3cm　　(2) 60°

**55** (1)

(2)

(3)

**56** (1) ⑦，⑦，⑦，⑦
　　(2) ⑦，⑦

## 02 対称な図形
31〜32ページ

**57** (1) 辺GF　(2) 90°
(3) 9cm
(4) [図]

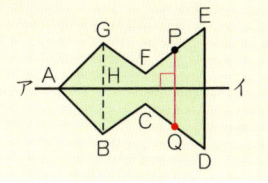

【解説】(3) GH=BHだから，
GH=18÷2=9(cm)

**58** [図]

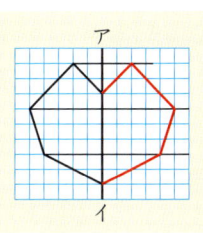

**59** (1) 辺HA　(2) 4cm
(3) 8cm
(4) [図]

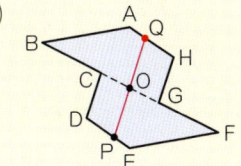

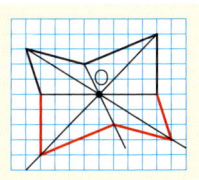

**60** [図]

**61** (1) ㋐…1本，㋑…3本，
㋓…2本，㋔…8本
(2) ㋒，㋓，㋔

## 03 拡大図と縮図
32〜34ページ

**62** (1) $\frac{1}{3}$　(2) 75°
(3) 8cm　(4) 12cm

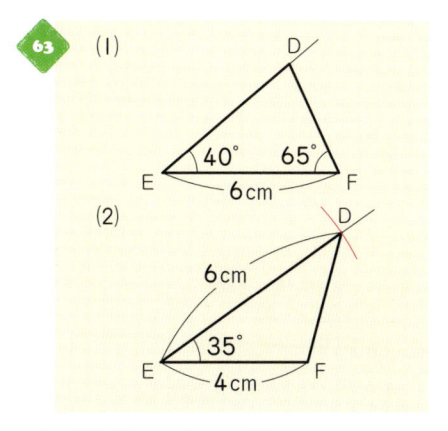

**63** (1) [図]
(2) [図]

**64** (1) 30m　(2) 12m
(3) 40cm

**65** 約22.5m

【解説】縮尺を $\frac{1}{500}$ として，縮図をかく。
縮図で，辺ACの長さをはかると，約4.2cm
これより，
辺ACの実際の長さは，
4.2×500=2100(cm)
2100cm=21m
建物の高さは，21+1.5=22.5(m)

**66** (1) EI…$\frac{2}{3}$倍，CI…2倍
(2) $\frac{27}{4}$cm²

**図形編　答えと解説**

【解説】(1) 三角形 DEF と三角形 GEI は相似だから，EI：GI＝4：6
これより，EI は GI の，$\frac{4}{6}=\frac{2}{3}$（倍）
三角形 ABC と三角形 GIC は相似だから，CI：GI＝8：4
これより，CI は GI の，$\frac{8}{4}=2$（倍）

(2) EC は GI の，$\frac{2}{3}+2=\frac{8}{3}$（倍）で6cmだから，
GI×$\frac{8}{3}$＝6，GI＝6÷$\frac{8}{3}$＝$\frac{9}{4}$（cm）
したがって，三角形 GEC の面積は，
6×$\frac{9}{4}$÷2＝$\frac{27}{4}$（cm²）

**67** 身長150cmの人のかげ…180cm
かげの長さの合計…4m

【解説】木とかげ，人とかげによってできる三角形は相似だから，人のかげの長さを $x$ cmとすると，
10：12＝150：$x$
$x$＝12×150÷10＝180（cm）
右の図で，三角形 ABC と GHC は相似で，相似比は4：1だから， 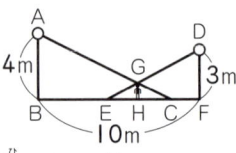
BH：HC＝(4－1)：1＝3：1
三角形 DEF と三角形 GEH は相似で，相似比は3：1だから，
FH：HE＝(3－1)：1＝2：1
これより，BH：FH＝3：2だから，
BH の長さは，10×$\frac{3}{3+2}$＝6（m）
HC の長さは，6：HC＝3：1より，
HC＝6÷3＝2（m）
EC の長さは，2×2＝4（m）

**68** (1) 9m　　(2) 15m²

【解説】(1) 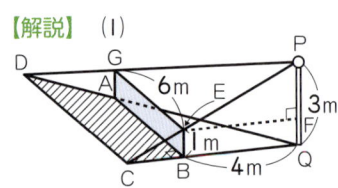 
上の図で，三角形 PEF と三角形 ECB は相似だから，(3－1)：4＝1：CB
　CB＝4÷2＝2（m）
三角形 QDC と三角形 QAB は相似だから，(4＋2)：4＝DC：6
　DC＝6×6÷4＝9（m）

(2) かげ ABCD は台形だから，面積は，
(6＋9)×2÷2＝15（m²）

## 04 図形の移動

34〜36ページ

**69** (1) ① 長方形　② 正方形
　　③ 直角三角形（三角形）
(2) 20秒後から28秒後までの間

【解説】(2) 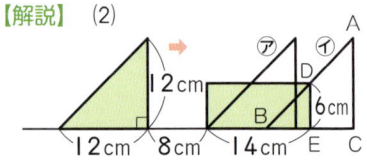 
台形になるのは，直角三角形が上の図の㋐の位置にきたときだから，出発してからの時間は，(8＋12)÷1＝20（秒）
台形でなくなるのは，直角三角形が上の図の㋑の位置にきたときである。
三角形 ABC と三角形 DBE は相似だから，BE：12＝6：12
　BE＝6cm，EC＝6cm
したがって，出発してからの時間は，
(8＋14＋6)÷1＝28（秒）

**図形編　答えと解説**

**70**　150.72cm²

【解説】
しゃ線部分の一部を，右の図のように移動する。

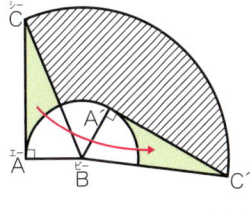

$13 \times 13 \times 3.14 \times \dfrac{120}{360} - 5 \times 5 \times 3.14 \times \dfrac{120}{360}$
$= 150.72 (\text{cm}^2)$

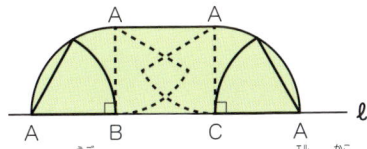

**71**　23.55cm²

【解説】
点Aが動いてできた線と直線ℓで囲まれた図形は色をつけた部分で，2つのおうぎ形と長方形の面積の和になる。
2つのおうぎ形の面積の和は，
$3 \times 3 \times 3.14 \times \dfrac{90}{360} \times 2 = 14.13 (\text{cm}^2)$
長方形の部分の面積は，
$3 \times 3 \times 2 \times 3.14 \times \dfrac{60}{360} = 9.42 (\text{cm}^2)$
したがって，全体の面積は，
$14.13 + 9.42 = 23.55 (\text{cm}^2)$

**72**　62.56cm

【解説】　円の中心Oが動いたあとは，直線部分とおうぎ形の弧の部分。
直線部分の長さは，正五角形の周の長さと等しいから，$10 \times 5 = 50 (\text{cm})$
おうぎ形を合わせると，半径2cmの円になるから，その円周の長さは，
$2 \times 2 \times 3.14 = 12.56 (\text{cm})$
したがって，中心Oが動いた長さは，
$50 + 12.56 = 62.56 (\text{cm})$

**73**　道のり…65.94cm
　　　面積…428.61cm²

【解説】　Pが動いたあとは，下の図のようになる。

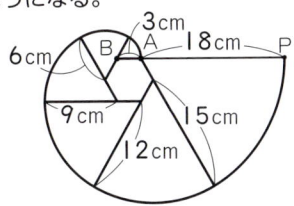

正六角形の1つの角は120°なので，それぞれのおうぎ形の中心角は60°である。
したがって，Pが動いた道のりは，
$(18 \times 2 + 15 \times 2 + 12 \times 2 + 9 \times 2 + 6 \times 2 + 3 \times 2) \times 3.14 \times \dfrac{60}{360} = 65.94 (\text{cm})$
面積は，
$(18 \times 18 + 15 \times 15 + 12 \times 12 + 9 \times 9 + 6 \times 6 + 3 \times 3) \times 3.14 \times \dfrac{60}{360}$
$= 428.61 (\text{cm}^2)$

**74**　(1) 9　　(2) 12
　　　(3) 9.5秒後

【解説】　(1)　点PがDにきたときの面積は54cm²だから，
　$12 \times AD \div 2 = 54$，$AD = 9\text{cm}$
(2)　㋐のとき，点PはCにあり，面積は108cm²だから，
　$12 \times BC \div 2 = 108$，$BC = 18\text{cm}$
点Pが18cm移動するのにかかる時間は，$18 \div 2 = 9$（秒）
したがって，Cにきた時間は，21秒の9秒前だから，$21 - 9 = 12$（秒）

105

# 図形編　答えと解説

(3) 面積がはじめて90cm²になるのは，点PがDC上にあるときである。点PがDにくるまでにかかる時間は，
　9÷2=4.5（秒）
グラフから，4.5秒から12秒までの間に，面積は54cm²から108cm²まで増えているから，1秒間に増える面積は，
　(108−54)÷(12−4.5)=7.2（cm²）
面積が，90−54=36（cm²）増えるのにかかる時間は，36÷7.2=5（秒）
したがって，点Pが出発してからの時間は，4.5+5=9.5（秒）

**75** (1) 22秒後　(2) 36cm²

【解説】(1) 点P，Qが進んだ長さの和（台形のまわりの長さ）を，速さの和でわって，
　(12+24+15+15)÷(2+1)
　=22（秒）
(2) 点Pと点Qの位置は，下の図のようになる。

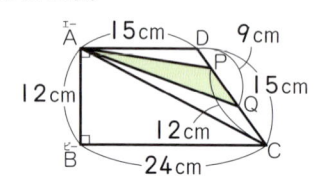

三角形ACDの面積は，
　15×12÷2=90（cm²）
PQの長さは，9−(15−12)=6（cm）
三角形ACDと三角形APQは高さが等しいから，面積の比は底辺の比に等しい。三角形APQの面積は，
　$90 \times \frac{6}{15} = 36$（cm²）

**76** (1) 10cm　(2) 6 cm

【解説】(1) グラフより点Qは出発してから5秒後に点Cに着くから，長方形の横の長さは，
　2×5=10（cm）
(2) 点Pと点QがBC上にあるとき，三角形APDと三角形AQDの面積は等しく，2つの三角形の面積の和は，60cm²だから，1つの三角形の面積は，
　60÷2=30（cm²）
したがって，長方形の縦の長さDAは，
　DA×10÷2=30，DA=6cm

## 第5章　立体図形

### 01 立体図形の形と表し方

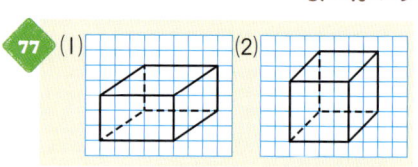

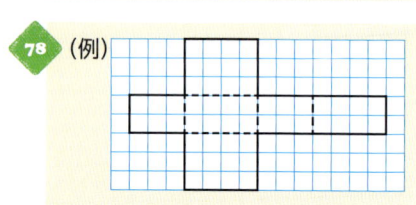

37〜40ページ

**77** (1) (2)

**78** (例)

**79** (1) 辺DC，辺EF，辺HG
　(2) 辺BC，辺BF
　(3) 面あ，面う，面お，面か
　(4) 辺EF，辺FG，辺GH，辺EH

**80** (1) 5cm　(2) 12cm
　(3) 3つ

**図形編　答えと解説**

**81** (1) 曲面　(2) 12cm
(3) 31.4cm

【解説】(3) 辺ABの長さは，底面の円の円周の長さに等しいから，
5×2×3.14=31.4(cm)

**82** (1) 6cm　(2) 48cm

**83** (1) (横0cm, 縦8cm, 高さ6cm)
(2) (横10cm, 縦8cm, 高さ0cm)
(3) (横10cm, 縦8cm, 高さ6cm)

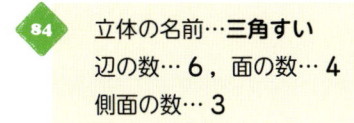

**84** 立体の名前…三角すい
辺の数…6，面の数…4
側面の数…3

【解説】右の図のような三角すいができる。

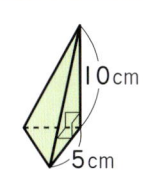

**85** (1) 円すい　(2) 6cm

【解説】(2) 側面のおうぎ形の弧の長さは，
$18×2×3.14×\frac{120}{360}=37.68$(cm)
底面の半径は，
37.68÷3.14÷2=6(cm)

**86** (1) 四角すい　(2) 円柱

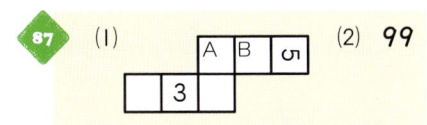

**87** (1) （図：A, B, 5, 3）　(2) 99

【解説】(2) 向かい合う2面の数の和は14で，Aは5の面と向かい合うから9，Bは3の面と向かい合うから11
2つの数の積は，9×11=99

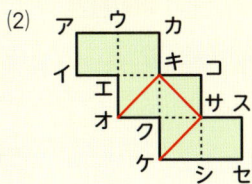

**88** (1) 正三角形
(2) （展開図：ア ウ カ／イ エ キ コ／オ ク サ／ケ シ セ）

【解説】(2) 展開図の頂点をかき入れると，右の図のようになる。

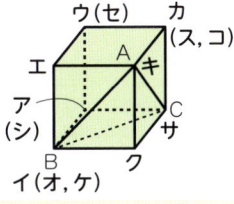

**89** (1) 24個　(2) 8個

【解説】(1) 1つの面では中央の4個で，立方体の面の数は6つだから，
4×6=24(個)

**90** (1) 150°　(2) 152.4cm²

【解説】(1) 側面のおうぎ形の弧の長さは，半径12cmの円の円周の，
$(5×2×3.14)÷(12×2×3.14)=\frac{5}{12}$
だから，中心角は，$360°×\frac{5}{12}=150°$
(2) 側面のおうぎ形は，下の図のようになり，糸より下の部分は色をつけた部分になる。

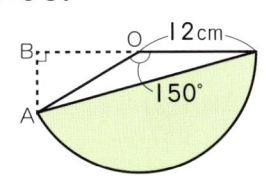

107

角AOB＝180°−150°＝30°だから，三角形ABOは正三角形を2等分した形。ABの長さは，12÷2＝6(cm)
これより，糸より上の部分の三角形の面積は，12×6÷2＝36(cm²)
側面のおうぎ形の面積は，
$12×12×3.14×\frac{150}{360}＝188.4(cm²)$
したがって，糸より下の部分の面積は，
188.4−36＝152.4(cm²)

## 02 立体図形の体積と表面積
41〜44ページ

**91** (1) 270cm³ (2) 64cm³
(3) 720000cm³

**92** (1) 232cm³ (2) 450cm³

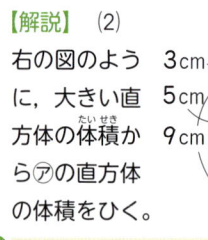

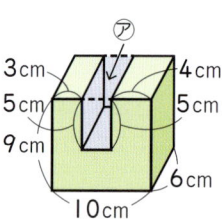

【解説】(2)
右の図のように，大きい直方体の体積から㋐の直方体の体積をひく。

**93** (1) 240cm³ (2) 1695.6cm³

**94** (1) 約2250cm³
(2) 約1256cm³

**95** (1) 118cm² (2) 96cm²

【解説】(1) 側面積
…(7×5+7×2)×2＝98(cm²)
底面積…5×2＝10(cm²)
表面積…98+10×2＝118(cm²)
(2) 4×4×6＝96(cm²)

**96** 6240cm²

【解説】
側面積…(12+48+48+60)×20
　　　＝3360(cm²)
底面積…(12+48)×48÷2＝1440(cm²)
表面積…3360+1440×2＝6240(cm²)

**97** (1) 131.88cm² (2) 541.1cm²

【解説】(1) 側面積
…3×2×3.14×4＝75.36(cm²)
底面積…3×3×3.14＝28.26(cm²)
表面積…75.36+28.26×2＝131.88(cm²)
(2) 底面の周の長さは，
5×2×3.14÷2+5×2＝25.7(cm)
側面積…25.7×18＝462.6(cm²)
表面積…462.6+5×5×3.14÷2×2
　　　＝541.1(cm²)

**98** (1) 105cm² (2) 108cm³

【解説】(1)
側面積…5×8÷2×4＝80(cm²)
底面積…5×5＝25(cm²)
表面積…80+25＝105(cm²)
(2) $9×9×4×\frac{1}{3}＝108(cm³)$

**99** (1) 1205.76cm²
(2) 2411.52cm³

【解説】(1)
側面積…$20×20×3.14×\frac{216}{360}$
　　　＝753.6(cm²)
底面積…12×12×3.14＝452.16(cm²)
表面積…753.6+452.16＝1205.76(cm²)
(2) $12×12×3.14×16×\frac{1}{3}$
　　＝2411.52(cm³)

図形編　答えと解説

**100** (1) 2457cm³　(2) 1404cm²

【解説】(1) 立方体の数は，
1+4+9+16+25+36=91(個)
体積は，3×3×3×91=2457(cm³)
(2) 上下から見える正方形の面の数は，
6×6×2=72(個)
前後左右から見える正方形の面の数は，
(1+2+3+4+5+6)×4=84(個)
よって，見える正方形の面の数は全部で，
72+84=156(個)
表面積は，3×3×156=1404(cm²)

**101** (1) 376.8cm³
　　　(2) 368.88cm²

【解説】(1) もとの円柱の体積は，
4×4×3.14×10=502.4(cm³)
切り取った部分の体積は，
$4×4×3.14×\frac{90}{360}×5×2$
=125.6(cm³)
したがって，立体の体積は，
502.4−125.6=376.8(cm³)
(2) 側面の曲面部分の面積は，
$4×2×3.14×10−4×2×3.14×\frac{90}{360}$
×5×2=188.4(cm²)
長方形の面の面積の和は，
4×5×4=80(cm²)
底面と，底面に平行な面の面積を合わせると，底面積の2倍だから，
4×4×3.14×2=100.48(cm²)
したがって，表面積は，
188.4+80+100.48=368.88(cm²)

**102** 体積…7850cm³
　　　表面積…3140cm²

【解説】体積は，10×10×3.14×30
−5×5×3.14×20=7850(cm³)
側面積は，10×2×3.14×30+5×2
×3.14×20=2512(cm²)
底面積は，
10×10×3.14=314(cm²)
大きい円柱の上の面と小さい円柱の底面を合わせると，大きい円柱の底面と等しくなるから，表面積は，
2512+314×2=3140(cm²)

**103** 188.4cm³

【解説】
$6×6×3.14×\frac{60}{360}×10=188.4$(cm³)

**104** (1) 339.12cm³
　　　(2) 452.16cm³

【解説】(1) 底面の半径が6cm，高さが3cmの円柱ができるから，
6×6×3.14×3=339.12(cm³)
(2) 底面の半径が6cm，高さが12cmの円すいができるから，
$6×6×3.14×12×\frac{1}{3}=452.16$(cm³)

**105** (1) 602.88cm³
　　　(2) 241.152cm³

【解説】(1) 右の図のように，円柱と円すいを合わせた立体になる。 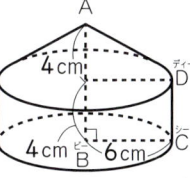
$6×6×3.14×4+6×6×3.14×4×\frac{1}{3}$
=602.88(cm³)

**図形編　答えと解説**

(2) 回転させると，三角形ACDの部分は，三角形ABCの部分にふくまれるので，右の三角形ABCをACを軸として1回転させた形になる。BEの長さは，三角形ABCで底辺をACとしたときの高さだから，

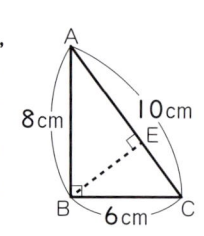

　　$10 \times BE \div 2 = 24$, $BE = 4.8$ cm

できる立体は，底面の半径が4.8cm，高さの合計が10cmの2つの円すいを合わせた立体だから，

　　$4.8 \times 4.8 \times 3.14 \times 10 \times \dfrac{1}{3}$
　　$= 241.152$ (cm$^3$)

**106** $125.6$ cm$^3$

【解説】右の図のように，大きいほうの立体を2つ合わせると，高さが

　　$15 + 5 = 20$ (cm)

の円柱になる。大きいほうの立体の体積は，この円柱の体積の半分だから，

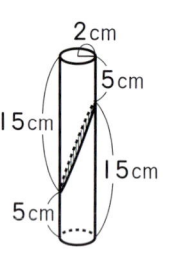

　　$2 \times 2 \times 3.14 \times 20 \div 2 = 125.6$ (cm$^3$)

**107** $\dfrac{8}{3}$ cm$^3$

【解説】立方体から4つの三角すいを切り取った立体の体積を考える。
立方体の体積は，$2 \times 2 \times 2 = 8$ (cm$^3$)
三角すいの体積は，

　　$2 \times 2 \div 2 \times 2 \times \dfrac{1}{3} = \dfrac{4}{3}$ (cm$^3$)

立体の体積は，$8 - \dfrac{4}{3} \times 4 = \dfrac{8}{3}$ (cm$^3$)

## 03 容積

45〜47ページ

**108** $9.6$ L

**109** $600$ cm$^3$

【解説】石の体積は，増えた水の体積と等しい。増えた水の体積は，縦15cm，横20cm，高さ$12 - 10 = 2$ (cm) の直方体の体積だから，

　　$15 \times 20 \times 2 = 600$ (cm$^3$)

**110** (1) $6000$ cm$^3$　(2) $37.5$ cm

【解説】(1) 右の図で，三角形ADEと三角形ABCは相似だから，

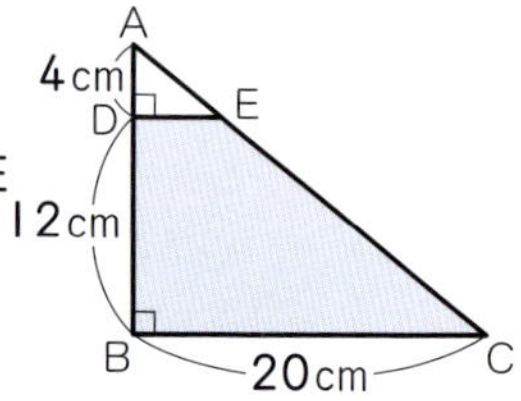

　　$4 : (4+12) = DE : 20$
　　$DE = 4 \times 20 \div 16 = 5$ (cm)

したがって，水の体積は，
$(5 + 20) \times 12 \div 2 \times 40 = 6000$ (cm$^3$)

(2) 底面の三角形ABCの面積は，

　　$20 \times 16 \div 2 = 160$ (cm$^2$)

したがって，水の高さは，
　　$6000 \div 160 = 37.5$ (cm)

**111** $5.5$ cm

【解説】こぼれた水の体積を三角柱の体積と考えて，底面の三角形の短いほうの辺を$x$ cmとすると，

　　$x \times 10 \div 2 \times 10 = 225$, $x = 4.5$

ABの長さは，$10 - 4.5 = 5.5$ (cm)

**112** (1) $3.2$ cm　(2) $90$ cm

【解説】 (1) 図1のときの底面積は，
100×100−40×40=8400(cm²)
水の体積は，
　8400×40=336000(cm³)
はじめの水の深さは，
　336000÷10000=33.6(cm)
16.8cmより上の部分の深さは，
　33.6−16.8=16.8(cm)
16.8cmより上の部分の水の体積は，
　10000×16.8=168000(cm³)
図2のとき，16.8cmより上の部分の水の深さは，168000÷8400=20(cm)
したがって，下がった水面の高さは，
　40−(16.8+20)=3.2(cm)
(2) 図3のように，四角柱をすっかりしずめたとき，水の体積は四角柱の体積の分だけ増える。
増えた水の体積(四角柱の体積)は，
　100×100×(48−33.6)
　=144000(cm³)
四角柱の高さを $x$ cmとすると，
　40×40×$x$=144000，$x$=90

**113** (1) 3：2　(2) 10cm

【解説】 (1) 水の高さが等しいとき，体積の比は底面積の比に等しいから，
　B：C=1：$\frac{2}{3}$=3：2
(2) Aの底面積を1とすると，Cの底面積は，$\frac{3}{5}×\frac{2}{3}=\frac{2}{5}$ にあたる。
BとCに入れる水の体積は，
24÷2=12だから，BとCの水の深さの差は，12÷$\frac{2}{5}$−12÷$\frac{3}{5}$=10(cm)

**114** (1) 6000cm³　(2) 50

【解説】 (1) 水を入れ始めて5分から21分までの16分間に，深さが30cm増えているから，毎分入る水の体積は，
　40×80×30÷16=6000(cm³)
(2) 5分間に入る水の体積は，
6000×5=30000(cm³)より，$x$の値は，
　40×$x$×15=30000，$x$=50

**115** (1) 2000cm²　(2) 2L
(3) 31分後

【解説】 (1) グラフから，しきりの高さは32cmとわかる。
16分間に入る水の体積は，
　4000×16=64000(cm³)
したがって，㋐の部分の面積は，
　64000÷32=2000(cm²)
(2) ㋑の部分の面積は1000cm²
㋑の部分に8cmまで水が入るのにかかる時間は，1000×8÷4000=2(分)
8cmからしきりの高さまで入るのにかかる時間は，22−16−2=4(分)
8cmからしきりの高さまでの水の体積は，1000×(32−8)=24000(cm³)
この部分に，4分間に給水管Bから入った水の体積は，
　24000−4000×4=8000(cm³)
給水管Bから入る毎分の水の体積は，
　8000÷4=2000(cm³)→2L
(3) しきりより上の部分の水の体積は，
　(2000+1000)×(50−32)
　=54000(cm³)
この部分に水が入るのにかかる時間は，
　54000÷(4000+2000)=9(分)
水そうがいっぱいになるのにかかる時間は，22+9=31(分)

# 数量関係編

## 第1章 文字と式

### 01 □を使った式
48ページ

**1**
(1) 36+□=45　　9冊
(2) 60-□=42　　18枚
(3) □-28=68　　96ページ

**2**
(1) □×5=30　　6人
(2) 8×□=72　　9つ

### 02 文字を使った式
48〜49ページ

**3**
(1) 25×a(g)
(2) 80×x+120(円)
(3) 40-x(人)
(4) 18×b(cm²)
(5) y×4(cm)

**4**
(1)① 75-x=y　② 48
(2)① 48÷x=y　② 8

**5**
(1) 35　(2) 18
(3) 62　(4) 14
(5) 37　(6) 225

**6**
(1) 270+x=918　　648円
(2) x-750=1750　　2500g

**7**
(1) 15×x=360　　24cm
(2) x÷8=0.5　　4L

**8**
(1) 280円　(2) 240円

【解説】(2) $x×8+50=1970$,
$x×8=1970-50$, $x×8=1920$,
$x=1920÷8$, $x=240$

## 第2章 量の比べ方

### 01 平均
50ページ

**9**
(1) 56g　(2) 3.5点

【解説】(1) (57+58+52+59+54)÷5=280÷5=56(g)
(2) (4+1+3+6+0+2+7+5)÷8
=28÷8
=3.5(点)
↑この0点を除いて7でわってはダメ

**10** 約4500g

**11** (1) 約40個　(2) 約17日

**12** 3.7冊

【解説】 読んだ本の冊数の合計は，
2.5×8+4.5×12=74(冊)
平均は，74÷20=3.7(冊)

**13** (1) 約65cm　(2) 約550m

### 02 単位量あたりの大きさ
51〜52ページ

**14** プールB

**15** 北市…1900人，南市…1800人
北市の人口密度が高い

【解説】人口密度=人口÷面積(km²)
北市…480000÷247=1943.3…(人)
南市…750000÷425=1764.7…(人)

## 16 Aの畑

【解説】 1m²あたりのとれたさつまいもの重さは，
A…570÷250=2.28(kg)
B…360÷160=2.25(kg)

## 17 25本入り300円のもの

## 18 (1) 18km　(2) 630km

## 19 (1) 900g　(2) 40m²

## 20 98.34g

【解説】 銅1cm³あたりの重さは，
53.64÷6=8.94(g)
体積が11cm³の銅の重さは，
8.94×11=98.34(g)

## 21 3696円

【解説】 ガソリン1Lあたりで進む道のりは，150÷12=12.5(km)
350km進むときのガソリンの使用量を□Lとすると，
12.5×□=350，□=28
ガソリン1Lあたりの値段は，
4224÷32=132(円)
これより，132×28=3696(円)

## 22 32ポンド

【解説】 50ドルを円の単位になおすと，80×50=4000(円)
4000円をポンドの単位になおしたときの値を□ポンドとすると，
125×□=4000，□=32

# 03 速さ

52～54ページ

## 23 (1) 時速72km　(2) 分速180m
(3) 秒速30m

## 24 (1) 時速54km　(2) 秒速15m

## 25 (1) 140km　(2) 2700m

## 26 (1) 6時間　(2) 24分

## 27 (1) 3600m　(2) 5時間

## 28 Aの機械

【解説】 1分間あたりに生産する部品の個数は，
A…300÷12=25(個)
B…840÷35=24(個)

## 29 8分間

【解説】 書店に寄らない場合，家を出てから公園に着くまでの時間は，
3000÷250=12(分)
実際にかかった時間は，
2時10分－1時50分=20分
書店に寄っていた時間は，
20－12=8(分間)

## 30 900m

【解説】 分速100mで走った時間は，
3500÷100=35(分)
分速60mで歩いた時間は，
50－35=15(分)
分速60mで歩いた道のりは，
60×15=900(m)

**数量関係編　答えと解説**

**31** かかった時間
　…$\frac{11}{6}$時間$\left(1\frac{5}{6}\text{時間}\right)$
　平均の速さ
　…毎分$\frac{600}{11}$m$\left(\text{毎分}54\frac{6}{11}\text{m}\right)$

【解説】　$3000÷60=50$（分），
$3000÷50=60$（分）より，かかった
時間は全体で，
　　$50+60=110$（分）　➡　$\frac{11}{6}$時間
往復の平均の速さは，
　　$6000÷110=\frac{600}{11}$（m）

**32**　$17\frac{11}{17}$m後ろ

【解説】　兄と弟の進む道のりの比は，
　　$100:(100-15)=100:85$
　　　　　　　　　　　　$=20:17$
弟が100m走る間に兄が走る道のり
を$x$mとすると，$20:17=x:100$
$x=\frac{2000}{17}=117\frac{11}{17}$（m）

**33**　5:4

【解説】　青木さんと石田さんがトラック
を1周するのにかかった時間の比は，
5分$=300$秒，6分15秒$=375$秒よ
り，$300:375=4:5$
青木さんと石田さんの速さの比は，
　　$\frac{1}{4}:\frac{1}{5}=5:4$

**34**　5.6km

【解説】　AさんとBさんの速さの比は，
　　$80:60=4:3$
2人が出会うまでに進んだ道のりの

比は4:3だから，2人が進んだ道の
りをそれぞれ4，3とすると，400
$×2=800$（m）は$4-3=1$にあたる。
家から学校までの道のりは，
　　$800×(4+3)=5600$（m）

**35**　21分

【解説】　姉と妹の歩はばの比は歩数の
逆比に等しいから，$\frac{1}{3}:\frac{1}{5}=5:3$
姉と妹の速さの比は，道のりの比に等
しく，道のり＝歩はば×歩数　より，
$(5×6):(3×7)=30:21=10:7$
妹が30分間に歩く道のりを姉が歩く
ときにかかる時間を$x$分とすると，
　　$7×30=10×x$，$x=21$

**36**　(1)　分速200m　(2)　800m

【解説】　(1)　グラフより，兄は2400m
の道のりを$20-8=12$（分）で進ん
でいるから，兄の速さは，
　　$2400÷12=200$（m）

---

## 第3章　資料の表し方

### 01 いろいろなグラフと表

**37**　(1)

| 種類＼場所 | 校庭 | 体育館 | 教室 | ろう下 | 合計 |
|---|---|---|---|---|---|
| すりきず | 6 | 3 | 2 | 3 | 14 |
| 切りきず | 4 | 3 | 3 | 1 | 11 |
| 打ぼく | 5 | 8 | 1 | 2 | 16 |
| ねんざ | 3 | 5 | 0 | 1 | 9 |
| 合計 | 18 | 19 | 6 | 7 | 50 |

※正の字は省略しています。

(2)　5人　　(3)　18人
(4)　16人　　(5)　50人

## 数量関係編　答えと解説

**38** (1) あ 4　い 3　う 6　え 2
(2) 10人　(3) 8人

**39** 借りた本の種類と数（冊）

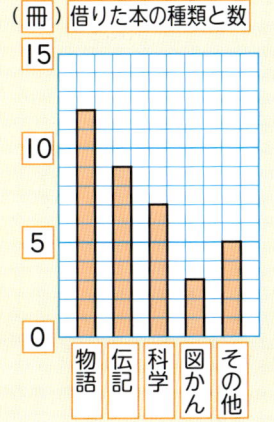

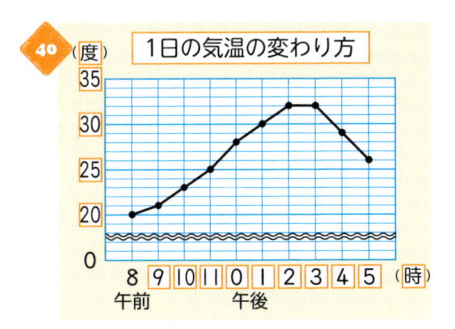

（棒グラフ：物語 約12、伝記 約9、科学 約7、図かん 約2、その他 約5）

**40** 1日の気温の変わり方（度）

（折れ線グラフ：午前8時〜午後5時）

**41** (1) 6月，2000円
(2) 10月，1400円

## 02 資料の調べ方
**57〜59ページ**

**42** A班

【解説】　それぞれの班の記録の平均は，
A…(9.4＋9.0＋9.2＋8.7＋9.3＋9.5＋8.5＋9.2)÷8＝72.8÷8＝9.1（秒）
B…(8.9＋9.7＋9.3＋8.4＋9.8＋9.1)÷6＝55.2÷6＝9.2（秒）

**43** (1)

| きょり(m) 以上　未満 | 人数(人) |
|---|---|
| 20 〜 25 | 3 |
| 25 〜 30 | 5 |
| 30 〜 35 | 6 |
| 35 〜 40 | 4 |
| 40 〜 45 | 2 |
| 合計 | 20 |

(2) 30m以上35m未満の区間
(3) 60％

【解説】　(3) 記録が30m以上の人数は，
6＋4＋2＝12（人）だから，
12÷20×100＝60（％）

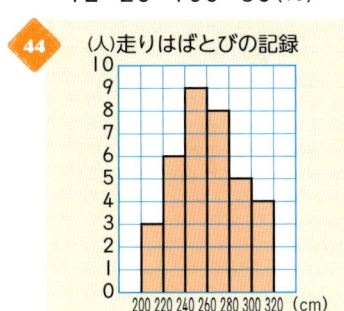

**44** 走りはばとびの記録（人）

（ヒストグラム：200〜320cm）

**45** (1) 15分以上20分未満の区間
(2) 20分以上25分未満の区間
(3) 20人　(4) 20％
(5) 25％

**46** (1) 30才から39才までの区間
(2) 約11.3％　(3) 約30.5％

**47** (1) 20分間
(2) 9時10分に，A駅から10kmのところですれちがう。
(3) 9時40分に，A駅から40kmのところで追いこす。

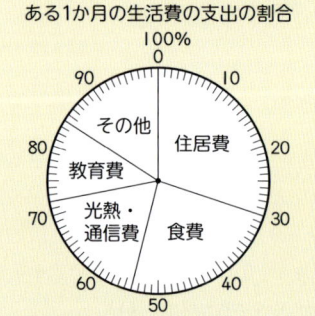

# 数量関係編　答えと解説

**48** (1) 15分…200円
1時間30分…600円
(2) 2時間より長く3時間以下

**49** (1) 5人
(2) 2回目の平均点が0.4点高い

【解説】(1) アとイ以外の数値を合計すると35。35＋ア＋イ＝40より，ア＋イ＝40－35＝5(人)
(2) 2回目の合計点と1回目の合計点の差は，235＋(7×ア)＋(9×イ)－{219＋(7×ア)＋(9×イ)}＝235－219＝16になるから，2回目の平均点が，16÷40＝0.4(点)高い。

## 第4章　割合とグラフ

### 01 割合
60～61ページ

**50** (1) 0.8　(2) 1.25

**51** (1)① 37%　② 720%
③ 4%　④ 70.5%
(2)① 0.6　② 0.08
③ 2.5　④ 0.009

**52** (1) 2割5分8厘　(2) 8割4分
(3) 6割3厘　(4) 0.714
(5) 0.309　(6) 0.005

**53** (1) 85%　(2) 3割6分

**54** (1) 258人　(2) 375人

【解説】(1) 300×0.86＝258(人)

**55** (1) 840人　(2) 475個

**56** (1) 3600円　(2) 759人

【解説】(1) 4500×(1－0.2)
＝4500×0.8＝3600(円)

**57** 4800個

【解説】先月の出荷個数を□個とすると，□×(1＋0.25)＝6000,
□×1.25＝6000,
□＝6000÷1.25, □＝4800

### 02 帯グラフと円グラフ
61～62ページ

**58** (1) サッカー…40%，野球…17%
(2) 3倍

**59** (1) 住宅地…35%，山林…9%
(2) 工業地…100km²
商業地…64km²

**60** (表の割合は上から) 30, 24, 18, 12, 16, 100

ある1か月の生活費の支出の割合

| 住居費 | 食費 | 光熱・通信費 | 教育費 | その他 |

ある1か月の生活費の支出の割合

## 第5章 比

### 01 比
63〜64ページ

**61** (1) 300:500  (2) 3:5

**62** (1) $\dfrac{1}{3}$  (2) 5  (3) $\dfrac{7}{4}$  (4) $\dfrac{8}{15}$

**63** (1) ㋑, ㋓
(2)(例) 2:3, 12:18

**64** (1) 2:5  (2) 7:3
(3) 9:4  (4) 5:8

**65** (1) 15  (2) 63
(3) 7  (4) 8

**66** 250mL

【解説】 水の量はめんつゆの量の
$5÷3=\dfrac{5}{3}$(倍)より, $150×\dfrac{5}{3}=250$(mL)

**67** 姉…1400円, 妹…600円

【解説】 姉が出す金額と合計の金額の比は, 7:(7+3)=7:10
姉が出す金額は,
$2000×\dfrac{7}{10}=1400$(円)

**68** 700円

【解説】 Bさんの所持金と3人の所持金の合計の比は,
5:(6+5+4)=5:15=1:3
Bさんの所持金は, 3人の所持金の合計の, $1÷3=\dfrac{1}{3}$(倍)だから,

Bさんの所持金は,
$2100×\dfrac{1}{3}=700$(円)

**69** (1) 27  (2) $\dfrac{11}{12}$

【解説】 比例式の性質を利用する。
(1) $1.8:2\dfrac{1}{3}=\square:35$
$2\dfrac{1}{3}×\square=1.8×35$
$2\dfrac{1}{3}×\square=63$
$\square=63÷2\dfrac{1}{3}=63×\dfrac{3}{7}=27$

(2) $\left(6-\dfrac{3}{5}\right):3=\dfrac{3}{2}:\left(\dfrac{7}{4}-\square\right)$
$\dfrac{27}{5}:3=\dfrac{3}{2}:\left(\dfrac{7}{4}-\square\right)$
$\dfrac{27}{5}×\left(\dfrac{7}{4}-\square\right)=3×\dfrac{3}{2}$
$\dfrac{7}{4}-\square=\dfrac{9}{2}÷\dfrac{27}{5}$
$\square=\dfrac{7}{4}-\dfrac{5}{6}=\dfrac{11}{12}$

**70** (1) 40:27  (2) $\dfrac{3}{200}$

【解説】 (1) 3時間20分=200分だから, 200:135=40:27
(2) 0.4L=400mLだから,
$30mL:400mL=\square:\dfrac{1}{5}$
$400×\square=30×\dfrac{1}{5}$, $400×\square=6$
$\square=\dfrac{3}{200}$

**71** 3:28

【解説】 $A×8=B×\dfrac{6}{7}$ のとき,
$A:B=\dfrac{1}{8}:\dfrac{7}{6}$
$=\left(\dfrac{1}{8}×24\right):\left(\dfrac{7}{6}×24\right)=3:28$

# 数量関係編　答えと解説

**72**　120°

【解説】　角Aと角Bと角Cの比を，角Bの値4と2の最小公倍数4にそろえると，

$$\begin{array}{c}A : B : C \\ 1 : 4 \\ 2 : 5 \\ \hline 1 : 4 : 10\end{array} \Big) \times 2$$

いちばん大きい角の大きさは，

$$180° \times \frac{10}{1+4+10} = 120°$$

**73**　40枚

【解説】　兄と妹と弟のカードの枚数の比を，妹の値4と5の最小公倍数20にそろえると，

$$\times 5 \Big( \begin{array}{c}兄 : 妹 : 弟 \\ 3 : 4 \\ 5 : 2 \\ \hline 15 : 20 : 8\end{array} \Big) \times 4$$

これより，兄と妹と弟のカードの枚数の比は，15：20：8
15−8＝7にあたる枚数が14枚だから，妹のカードの枚数は，

$$14 \times \frac{20}{7} = 40(枚)$$

**74**　8枚

【解説】　10円玉と50円玉と100円玉の枚数の比は，
(2÷10)：(15÷50)：(40÷100)
＝2：3：4
10円玉の枚数は合計枚数36枚の
$2÷(2+3+4)=\frac{2}{9}$(倍)だから，10円玉の枚数は，$36 \times \frac{2}{9} = 8$(枚)

## 第6章　2つの量の変わり方

### 01　2つの量の変わり方
65〜66ページ

**75**　(1)(左から)14, 13, 12, 11, 10
(2)　□＋○＝15
　　（15−□＝○，15−○＝□）
(3)　6cm

**76**　(1)(左から)39, 40, 41, 42
(2)　□＋28＝○
　　（○−□＝28，○−28＝□）
(3)　28才

**77**　(1)　□×3＝○　(2)　36cm

【解説】

| 段の数(段) | 1 | 2 | 3 | 4 | 5 |
|---|---|---|---|---|---|
| まわりの長さ(cm) | 3 | 6 | 9 | 12 | 15 |

**78**　46本

【解説】

| 正方形の数(個) | 1 | 2 | 3 | 4 | 5 |
|---|---|---|---|---|---|
| マッチ棒の数(本) | 4 | 7 | 10 | 13 | 16 |

マッチ棒の数は，4＋3×(正方形の数−1)だから，正方形が15個のマッチ棒の数は，4＋3×(15−1)＝46(本)

### 02　比例と反比例
66〜69ページ

**79**　(1)　$y=60 \times x$　(2)　900m

**80**　㋐　1.5　　㋑　$\frac{1}{4}$

**81**　㋐，㋒

**【解説】** $y$ を $x$ の式で表すと，
㋐ $y=40\times x$　㋑ $y=500\div x$
㋒ $y=6\times x$　㋓ $y=x\times x\times 3.14$

**82** ㋐ 270　㋑ 120

**83** (1)（左から）5，10，15，20，25，30，35，40

(2) 水を入れる時間と水の深さ

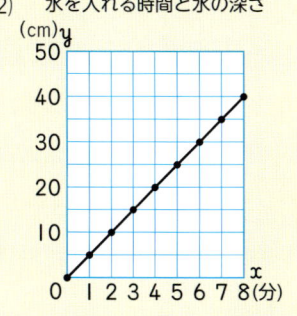

※グラフは、点をつながなくても正解とする。

**84** (1) 150km　(2) 4時間30分
(3) $y=50\times x$

**85** 1440g

**86** 1200枚

**87** (1) $y=18\div x$　(2) 1.5分間

**88** ㋑，㋓

**【解説】** $y$ を $x$ の式で表すと，
㋐ $y=50\times x$　㋑ $y=20\div x$
㋒ $y=20-x$　㋓ $y=30\div x$

**89** ㋐ 20　㋑ 12

**【解説】** きまった数は，$8\times 15=120$ より，反比例の式は，$y=120\div x$

**90** (1)（左から）24，12，8，6，4，3，2，1

(2) 面積が24cm²の平行四辺形の底辺と高さ

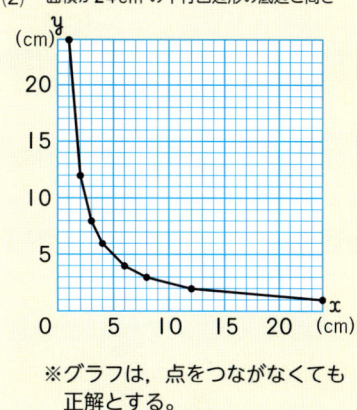

※グラフは，点をつながなくても正解とする。

**91** 7時59分20秒

**【解説】** この時計は，1時間では，
$120\div 24=5$（秒）おくれるから，正午から午後8時までの8時間で，
$5\times 8=40$（秒）おくれる。
これより，この日の午後8時にこの時計が指す時刻は，
　8時－40秒＝7時59分20秒

**92** 24

**【解説】** 歯車Aと歯車Bの1分間の回転数は，
歯車Aが，$180\div 6=30$（回転），
歯車Bが，$320\div 8=40$（回転）
歯車Aと歯車Bが1分間にかみ合う歯の数は，
　$32\times 30=960$
これより，歯車Bの歯数は，
　$960\div 40=24$

# 第7章 場合の数

## 01 場合の数
70〜71ページ

### 93 24通り

【解説】 1番めがゆうたさんの並び方は，右の図のように6通り。1番めがほかの3人のときの並び方も，それぞれ6通りずつある。

### 94 18通り

【解説】 百の位が①の並べ方は，右の図のように6通り。百の位が②，③のときの並べ方も，それぞれ6通りずつある。百の位が⓪のときは，3けたの整数にならない。

### 95 16通り

【解説】 1回めが表（○）の出方は，右の図のように8通り。同じように，1回めが裏（●）の出方も8通りある。

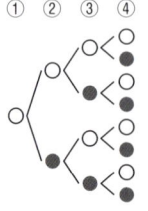

### 96 10通り

【解説】 2人の当番の決め方は，右の表の○の数になる。

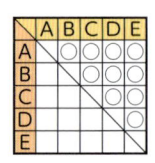

### 97 5通り

【解説】 右の表で，○のついた4枚を選ぶ組み合わせになる。

《別の解き方》選ばない1枚を決めると考える。選ばない1枚の決め方は5通り。

### 98 (1) 15試合 (2) 15試合

【解説】 (1) 6チームをA，B，C，D，E，Fとすると，試合数は，右の表の○の数になる。

### 99 10個

【解説】 5の倍数になるのは，一の位が0か5のときである。
- 一の位が0のとき，百の位は2，4，5の3通り。十の位は百の位で選んだ数を除いた2枚から選ぶので2通り。選び方は全部で，3×2=6(通り)
- 一の位が5のとき，百の位は2，4の2通り。十の位は0，2，4のうち百の位で選んだ数を除いた2枚から選ぶので，2通りだから，選び方は全部で，2×2=4(通り)

これより，全部で，6+4=10(通り)

### 100 6個

【解説】 ●一万の位が1，一の位が1のとき

1□□□1で，十の位，百の位，千の位は0，0，2。並べ方は3通り。

● 一万の位が2，一の位が1のとき ②□□□①で，十の位，百の位，千の位は0, 0, 1。並べ方は3通り。これより，全部で，3+3=6(通り)

### 101　27通り

【解説】 100円玉2枚と50円玉2枚で支払える金額は50円単位で，最高金額は，100×2+50×2=300(円) 支払える金額は，300÷50=6(通り) 10円玉は0枚，1枚，2枚，3枚の4通りあるから，10円玉を加えたときの組み合わせは，6×4=24(通り) 10円玉3枚だけで支払える金額は，3通りだから，24+3=27(通り)

### 102　18通り

【解説】 同じ色をぬる正三角形の組み合わせは，①と③，①と④，②と④の3通り。
①にぬる色を赤として樹形図に表すと，右の図のように6通り。①にぬる色が黄，青のときもそれぞれ6通りずつある。

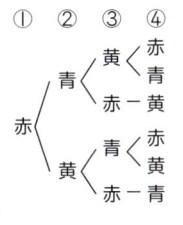

### 103　(1) 81通り　(2) 9通り

【解説】 (1) 4人の手の出し方は，それぞれ3通りなので，全部で，3×3×3×3=81(通り)
(2) A1人が負ける出し方は，グー，チョキ，パーの3通り。
AとB，AとCが負ける出し方も3通りずつあるから，Aが負ける出し方は，全部で，3+3+3=9(通り)

### 104　(1) 20通り　(2) 40通り

【解説】 (1) 右の図より，Aを出発してEまで行くときの最短経路は，全部で，20通り。
(2) 図1で，Aを出発してCまで行くときの最短経路は，全部で4通り。図2で，Cを出発してFまで行くときの最短経路は10通りだから，求める径路は，4×10=40(通り)

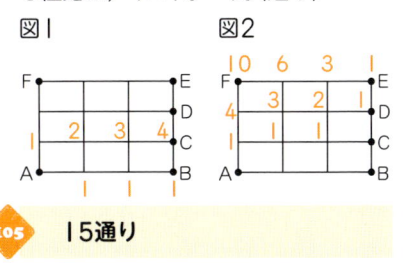

図1　　　　　図2

### 105　15通り

【解説】 大きい目が1になることはない。
(大きい目，小さい目)と表すと，大きい目が2のとき，(2, 1)の1通り。
大きい目が3のとき，(3, 1), (3, 2)の2通り。
大きい目が4のとき，(4, 1), (4, 2), (4, 3)の3通り。
大きい目が5のとき，(5, 1), (5, 2), (5, 3), (5, 4)の4通り。
大きい目が6のとき，(6, 1), (6, 2), (6, 3), (6, 4), (6, 5)の5通り。
これより，全部で，
　1+2+3+4+5=15(通り)

# 入試・文章題編

## 第1章 和と差に関する問題

問題 72～75ページ

### 1 950円

【解説】 たまおさんのお金は，
(1500+400)÷2＝950(円)

### 2 31個

【解説】 Aの3倍は，
95－6+(10－6)＝93(個)
Aは，93÷3＝31(個)

### 3 金曜日

【解説】 ひと月に水曜日は，4日か5日ある。この月の水曜日が5日あったとすると，その日付の和は，最小で，
1+8+15+22+29＝75(日)
これは問題にあわないから，この月の水曜日は4日あることがわかる。
第1水曜日の日付の4倍は，
62－(7+14+21)＝20(日)
第1水曜日は，20÷4＝5(日)
この月の7日は，5日の水曜日の2日後で，金曜日。

### 4 3個

【解説】 10個全部なしを買ったとすると，実際の代金との差は，
84×10－777＝63(円)
なし1個をりんご1個にとりかえるごとに，その差は，84－63＝21(円)
ずつ縮まっていくから，りんごの個数は，63÷21＝3(個)

### 5 6個

【解説】 りんごとなしの代金の合計は，
1610－150＝1460(円)
20個全部なしを買ったとすると，実際の代金との差は，
1460－70×20＝60(円)
なし1個をりんご1個にとりかえるごとに，その差は，80－70＝10(円)
ずつ縮まっていくから，りんごの個数は，60÷10＝6(個)

### 6 2000m

【解説】 8km＝8000m
1時間10分＝70分

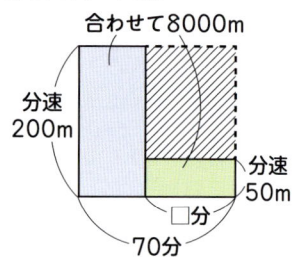

上の図で斜線部分の長方形の面積は，
200×70－8000＝6000(m)
分速50mで歩いた時間□分は，
6000÷(200－50)＝40(分)
駐輪場から目的地までの道のりは，
50×40＝2000(m)

### 7 35本

【解説】 60本全部えん筆を買ったとすると，えん筆の代金とボールペンの代金の差は，
100×60－160×0＝6000(円)
実際の代金の差との差は，
6000+3100＝9100(円)

入試・文章題編　答えと解説

えん筆１本をボールペン１本にとりかえるごとに，その差は，
100＋160＝260（円）ずつ縮まっていくから，ボールペンの本数は，
9100÷260＝35（本）

**8** 12回

【解説】　20回全部はずれたとすると，得点は，100－5×20＝0（点）
実際の得点との差は，156点。
１回的に当てるごとに，その差は，
8＋5＝13（点）ずつ縮まっていくから，的に当てた回数は，
156÷13＝12（回）

**9** 16匹

【解説】　かめはつるの２倍いるから，つる１匹とかめ２匹の足の数の平均を求めると，
$(2×1+4×2)÷(1+2)=\frac{10}{3}$（本）
「足の数が$\frac{10}{3}$本の動物Ａとカブトムシが合わせて35匹いて，足の数の合計は146本である」と考える。
35匹全部カブトムシだとすると，実際の足の数との差は，
6×35－146＝64（本）
カブトムシ１匹を動物Ａ１匹にとりかえるごとに，その差は，
$6-\frac{10}{3}=\frac{8}{3}$（本）ずつ縮まっていくから，動物Ａの数は，$64÷\frac{8}{3}=24$（匹）
これがつるとかめを合わせた数で，つるとかめの数の比は１：２だから，かめの数は，$24×\frac{2}{1+2}=16$（匹）

**10** 4000円

【解説】　１個200円のリンゴと１個170円のリンゴを買ったときの代金の差は，170×3＋90＝600（円）
この差は，200－170＝30（円）がリンゴの個数分集まったものだから，予定していた個数は，
600÷30＝20（個）
持っていったお金は，
200×20＝4000（円）

**11** 600題

【解説】　下の図で，斜線部分の２つの長方形の面積は等しいから，
(30－24)×□＝24×5，
□＝24×5÷6＝20（日）

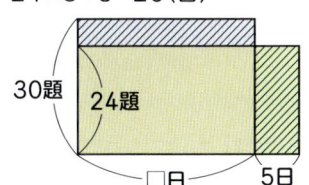

30題　24題
□日　5日

問題は全部で，30×20＝600（題）

**12** 500m

【解説】　下の図で，斜線部分の２つの長方形の面積は等しいから，
(5－4)×□＝4×25，
□＝4×25÷1＝100（本）

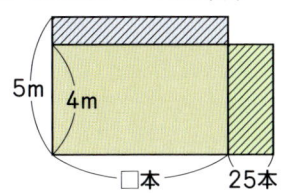

5m　4m
□本　25本

池のまわりの長さは，
5×100＝500（m）

# 入試・文章題編　答えと解説

### 13　ガム…12個，あめ…8個

【解説】　予定通り買ったときの代金は，
1100−20=1080（円）
個数を反対にして買ったときの代金は，
1100−80=1020（円）
個数を反対にして代金が安くなったのだから，高いほうのガムを多く買う予定だったことがわかる。
下の図で，斜線部分の長方形の面積は，代金の差（おつりの差）で，60円。
横の長さ（個数の差）は，
60÷(60−45)=4（個）

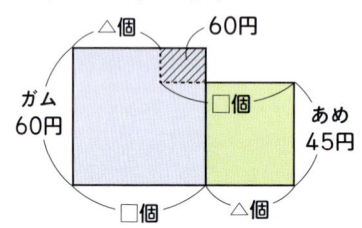

はじめ（予定）のあめの個数△個は，
(1080−60×4)÷(60+45)=8（個）
はじめのガムの個数□個は，
8+4=12（個）

### 14　417本

【解説】　下の図より，生徒の人数□人は，(75+7)÷(12−10)=41（人）

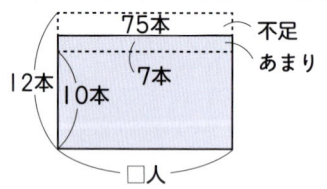

えんぴつの本数は，
10×41+7=417（本）

### 15　39人

【解説】　下の図より，子どもの人数□人は，
(96−18)÷(24−22)=39（人）

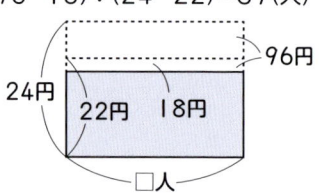

### 16　67人

【解説】　1脚に7人ずつすわったときにあまる席の数は，
(7−4)+7=10（人分）
下の図より，長いすの数□脚は，
(10+12)÷(7−5)=11（脚）

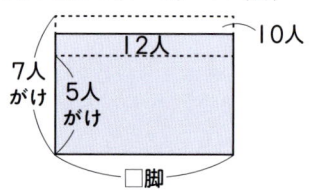

子どもの人数は，
5×11+12=67（人）

### 17　毎時64km

【解説】　1時間40分=$\frac{5}{3}$時間
下の図で，斜線部分の2つの長方形の面積は等しいから，
$(48−40)×□=40×\left(3−\frac{5}{3}\right)$
$□=40×\frac{4}{3}÷8=\frac{20}{3}$（時間）

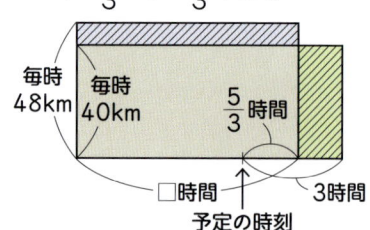

入試・文章題編　答えと解説

A, B間の道のりは,
$48 \times \dfrac{20}{3} = 320$ (km)
予定の時刻通りに着く速さは,
$320 \div \left(\dfrac{20}{3} - \dfrac{5}{3}\right) = 320 \div 5 = 64$
➡ 毎時64km

**18** 96人

【解説】　下の図で, 長方形 AHEF と長方形 GHDI の面積は等しいから,
$(59-53) \times \square = (55.8-53) \times 180$,
$\square = 2.8 \times 180 \div 6 = 84$(人)

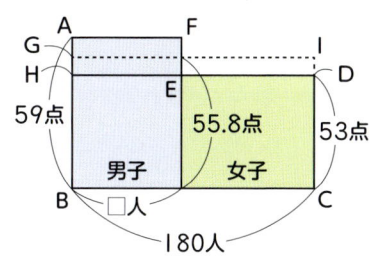

女子の人数は, $180 - 84 = 96$(人)

**19** 6回

【解説】　下の図で, 長方形 GAFH と長方形 EHID の面積は等しいから,
$(90-88) \times \square = (100-90) \times 1$,
$\square = 10 \times 1 \div 2 = 5$(回)

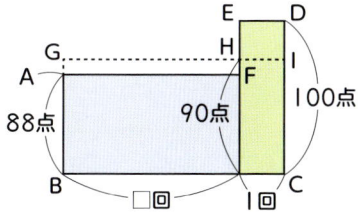

テストを受けた回数は, 今回もふくめて, $5+1=6$(回)

**20** 240円

【解説】　ケーキ1個の値段を㋚, プリン1個の値段を㋐とすると,
$\begin{cases} ㋚ \times 4 + ㋐ \times 3 = 1410 \cdots ① \\ ㋚ \times 3 + ㋐ \times 5 = 1470 \cdots ② \end{cases}$
①の式を5倍, ②の式を3倍すると,
$\begin{cases} ㋚ \times 20 + ㋐ \times 15 = 7050 \cdots ③ \\ ㋚ \times 9 + ㋐ \times 15 = 4410 \cdots ④ \end{cases}$
③の式から④の式をひくと,
$㋚ \times 11 = 2640$,
$㋚ = 2640 \div 11 = 240$(円)

**21** もものかんづめ…275g,
　　みかんのかんづめ…225g

【解説】　もものかんづめ1個の重さを㊲, みかんのかんづめ1個の重さを㊚とすると,
$\begin{cases} ㊲ = ㊚ + 50 \cdots ① \\ ㊲ \times 6 + ㊚ \times 2 = 2100 \cdots ② \end{cases}$
①の式を②の式に代入すると,
$(㊚+50) \times 6 + ㊚ \times 2 = 2100$,
$㊚ \times 6 + 300 + ㊚ \times 2 = 2100$,
$㊚ \times 8 = 1800$,
$㊚ = 1800 \div 8 = 225$(g)
これを①の式に代入して,
$㊲ = 225 + 50 = 275$(g)

**22** A…40kg, B…38kg,
　　C…45kg

【解説】　$\begin{cases} A+B=78 \cdots ① \\ B+C=83 \cdots ② \\ A+C=85 \cdots ③ \end{cases}$
3つの式を全部たすと,
$(A+B+C) \times 2 = 78+83+85 = 246$
$A+B+C = 246 \div 2 = 123 \cdots ④$
④の式から②の式をひくと,
$A = 123 - 83 = 40$(kg)

入試・文章題編　答えと解説

④の式から③の式をひくと，
B＝123−85＝38（kg）
④の式から①の式をひくと，
C＝123−78＝45（kg）

## 第2章　割合と比に関する問題

問題75〜80ページ

### 23　1700円

【解説】　5年は，12×5＝60（か月）だから，父と母の1か月の貯金額の和は，145200÷60＝2420（円）
母の毎月の貯金額を①とすると，父の毎月の貯金額は，②.5−100（円）
①＋②.5−100＝2420 より，
③.5＝2520，
①＝2520÷3.5＝720（円）
父の毎月の貯金額は，
720×2.5−100＝1700（円）

### 24　46個

【解説】　Aさんの個数を①とすると，
Bさんの個数は，①.5＋7（個）
Cさんの個数は，
（①.5＋7）×2−10＝③＋4（個）
①＋（①.5＋7）＋（③＋4）＝154 より，
⑤.5＝154−7−4＝143，
①＝143÷5.5＝26（個）
Bさんの個数は，
26×1.5＋7＝46（個）

### 25　171g

【解説】　食塩水の重さは，
9÷0.05＝180（g）
水の重さは，180−9＝171（g）

### 26　4％

【解説】　できる食塩水の重さは，
200＋400＝600（g）
できる食塩水にふくまれている食塩の重さは，200×0.06＋400×0.03
＝24（g）
できる食塩水の濃度は，
24÷600＝0.04 ➡ 4％

### 27　40g

【解説】　6％の食塩水120gにふくまれている食塩の重さは，
120×0.06＝7.2（g）
7.2gの食塩がふくまれている9％の食塩水の重さは，7.2÷0.09＝80（g）
蒸発させた水の重さは，
120−80＝40（g）

### 28　90g

【解説】　3％の食塩水180gにふくまれている食塩の重さは，
180×0.03＝5.4（g）
5.4gの食塩がふくまれている2％の食塩水の重さは，
5.4÷0.02＝270（g）
加えた水の重さは，
270−180＝90（g）

### 29　2.8％

【解説】　10％の食塩水540gにふくまれている食塩の重さは，
540×0.1＝54（g）
はじめの食塩水にふくまれていた食塩の重さは，54−40＝14（g）
はじめの食塩水の重さは，

540−40=500(g)
はじめの食塩水の濃さは,
14÷500=0.028 ➡ 2.8%

**30** 6%…125g, 10%…75g

【解説】 下の図で,
□：△=(10−7.5)：(7.5−6)
=2.5：1.5=5：3

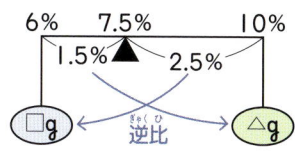

6%　7.5%　　　10%
　　1.5%▲2.5%
　　□g　逆比　△g

□+△=200(g)より,
□=200×$\frac{5}{5+3}$=125(g)
△=200×$\frac{3}{5+3}$=75(g)

**31** 2100円

【解説】 この商品の定価は,
1750×(1+0.2)=2100(円)

**32** 1800円

【解説】 この品物の定価は,
1260÷(1−0.3)=1800(円)

**33** 72円

【解説】 この商品の定価は,
1800×(1+0.3)=2340(円)
この商品の売り値は,
2340×(1−0.2)=1872(円)
利益は, 1872−1800=72(円)

**34** 2500円

【解説】 この商品の仕入れ値を1とすると, 定価は, 1+0.2=1.2
売り値は, 1.2×(1−0.15)=1.02
利益は, 1.02−1=0.02
これが50円にあたるから,
仕入れ値は, 50÷0.02=2500(円)

**35** 640円

【解説】 定価を1とすると,
値引き率の差 0.4−0.3=0.1 が,
損失と利益の和 64+32=96(円)
にあたるから, 1にあたる定価は,
96÷0.1=960(円)
定価の3割引きの売り値は,
960×(1−0.3)=672(円)
このときの利益が32円だから,
仕入れ値は, 672−32=640(円)

**36** 1250人

【解説】 前日の入場者数は,
1075÷(1−0.14)=1250(人)

**37** 120cm

【解説】 はじめのテープの長さを1とすると,
1×$\left(1-\frac{1}{3}\right)$×$\left(1-\frac{3}{5}\right)$=$\frac{4}{15}$ が
32cmにあたるから, はじめのテープの長さは, 32÷$\frac{4}{15}$=120(cm)

**38** 54cm

【解説】 落下させた高さを1とすると,
1×$\frac{2}{3}$×$\frac{2}{3}$×$\frac{2}{3}$=$\frac{8}{27}$ が16cmにあたるから, 落下させた高さは,
16÷$\frac{8}{27}$=54(cm)

**39** 140g

【解説】 容器いっぱいに入る水の重さ

入試・文章題編　答えと解説

を1とすると，$\frac{3}{5}-\frac{4}{9}=\frac{7}{45}$ が
572−460=112(g)にあたるから，
容器いっぱいに入る水の重さは，
$112÷\frac{7}{45}=720(g)$
容器が空のときの重さは，
$572−720×\frac{3}{5}=140(g)$

**㊵ 全体の生徒数…645人，男子の生徒数…343人**

【解説】 全体の生徒数を①とすると，

男子の生徒数は，$\frac{②}{5}+85(人)$

女子の生徒数は，$\frac{②}{3}−128(人)$

次の図より，$\frac{②}{5}+\frac{②}{3}−①=\frac{①}{15}$ が

128−85=43(人)にあたるから，
①にあたる全体の生徒数は，
$43÷\frac{1}{15}=645(人)$
男子の生徒数は，
$645×\frac{2}{5}+85=343(人)$

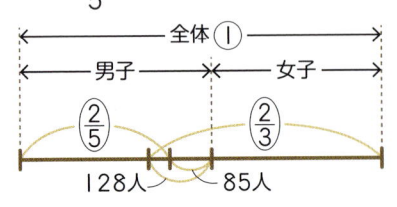

**㊶ 255枚**

【解説】 兄が弟に17枚あげても，
2人の枚数の和は変わらないから，
枚数の比の和をそろえる。
はじめ　兄：弟=5：2=⑮：⑥
あとで　兄：弟=2：1=⑭：⑦

⑮−⑭=①が17枚にあたるから，
⑮にあたるはじめの兄の枚数は，
17×15=255(枚)

**㊷ 1400円**

【解説】 2人とも800円の買い物を
しても，2人の所持金の差は変わらな
いから，所持金の比の差をそろえる。
はじめ　兄：弟=10：7=⑩：⑦
あとで　兄：弟=2：1=⑥：③
⑩−⑥=④が800円にあたるから，
①=800÷4=200(円)
⑦にあたるはじめの弟の所持金は，
200×7=1400(円)

**㊸ 7年後**

【解説】 今から□年後にお父さんの年
令がまなぶさんの年令の3倍になる
とする。このときのまなぶさんの年令
を①とすると，お父さんの年令は③。
下の図より，③−①=②にあたる年
令は，38−8=30(才)だから，
①=30÷2=15(才)

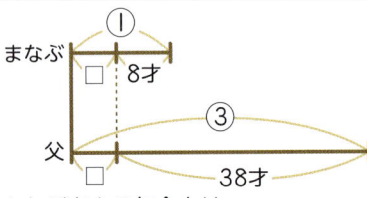

まなぶさんの年令より，
□=15−8=7(年後)

**㊹ 12才**

【解説】 2人の年令の差は，現在も6
年後も変わらないから，年令の比の差
をそろえる。
現在　太郎：花子=4：5=④：⑤

128

入試・文章題編　答えと解説

6年後　太郎：花子＝6：7＝⑥：⑦
⑥－④＝② が6才にあたるから，
①＝6÷2＝3(才)
④にあたる現在の太郎さんの年令は，
3×4＝12(才)

**45**　8年後

【解説】　現在，姉，妹，弟の3人の年令の合計とお母さんの年令の差は，
37－21＝16(才)
1年に，お母さんは1才ずつ，3人の年令の合計は3才ずつ増えていくから，3人の年令の合計とお母さんの年令が同じになるのは，旅人算を使って，
16÷(3－1)＝8(年後)

**46**　8時間

【解説】　全体の仕事量を6と24の最小公倍数24とする。
AさんとBさんの1時間あたりの仕事量の和は，24÷6＝4
1時間あたりの仕事量は，
Aさんが，24÷24＝1
Bさんが，4－1＝3
この仕事をBさん1人だけでしたときにかかる時間は，24÷3＝8(時間)

**47**　15日

【解説】　全体の仕事量を20と12と5の最小公倍数60とする。
1日あたりの仕事量は，
花子さんが，60÷20＝3
香さんが，60÷12＝5
3人の1日あたりの仕事量の和は，
60÷5＝12
蘭子さんの1日あたりの仕事量は，

12－(3+5)＝4
この仕事を蘭子さんが1人でしたときにかかる日数は，60÷4＝15(日)

**48**　3日

【解説】　全体の仕事量を6と8の最小公倍数24とする。
1日あたりの仕事量は，
Aさんが，24÷6＝4
Bさんが，24÷8＝3
Bさんが1人で1日仕事をした後の残った仕事量は，24－3×1＝21
これを2人でしたときにかかる日数は，
21÷(4+3)＝3(日)だから，
Aさんが仕事をした日数は，3日。

**49**　72分間

【解説】　全体の作業量を6と10の最小公倍数30とする。
1時間あたりの作業量は，
Aさんが，30÷6＝5
Bさんが，30÷10＝3
2人の1時間あたりの作業量の和は，
5+3＝8

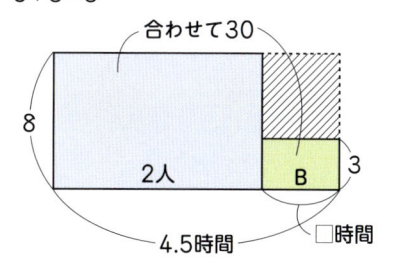

上の図で，斜線部分の長方形の面積は，
8×4.5－30＝6
Bさんだけでぬった時間□時間は，
6÷(8－3)＝1.2(時間)
➡ 60×1.2＝72(分間)

入試・文章題編　答えと解説

### 50　33日目

【解説】　全体の土の量を40と72と45の最小公倍数360とする。
1日に運び出す土の量は，
AとBが，360÷40=9
AとCが，360÷72=5
BとCが，360÷45=8
A，B，C 3台が1日に運び出す土の量は，(9+5+8)÷2=11
360÷11=32 あまり 8 より，
3台で運び出すと，すべて運び出せるのは，運び始めてから，
32+1=33(日目)

### 51　3分20秒

【解説】　A×3+B=A×2+B×4 より，
A×1=B×3 だから，1分間あたりの給水量の比は，A：B=3：1
Aだけを開いて満水にできる時間は，
$3+1×\frac{1}{3}=3\frac{1}{3}$(分) ➡ 3分20秒

### 52　28機

【解説】　ロボット1機が1日にする仕事量を1とすると，全体の仕事量は，
1×21×12=252
この仕事を9日間で終わらせるのに必要なロボットの数は，
252÷(1×9)=28(機)

### 53　5日間

【解説】　男性1人の1日の仕事量を1とすると，全体の仕事量は，
1×5×6=30
女性1人の1日の仕事量は，
$30÷6÷8=\frac{5}{8}$
男性1人と女性8人で，すべて収かくするのにかかる日数は，
$30÷(1×1+\frac{5}{8}×8)=5$(日間)

### 54　18分間

【解説】　座れる時間は，のべで，
30×3=90(分)
5人が平等に座るから，1人あたりの座れる時間は，90÷5=18(分間)

## 第3章　速さに関する問題

問題80～83ページ

### 55　10分後

【解説】　次郎さんが出発するとき，2人の間の道のりは，
1900−80×5=1500(m)
2人が出会うのは，次郎さんが出発してから，
1500÷(80+70)=10(分後)

### 56　6分後，1260m

【解説】　兄が出発するとき，2人の間の道のりは，60×15=900(m)
兄が弟に追いつくのは，兄が家を出発してから，
900÷(210−60)=6(分後)
追いつく場所は，家から，
210×6=1260(m)のところである。

### 57　19分16秒後

【解説】　弟の速さは，分速
2210÷34=65(m)

兄の速さは，分速
$2210÷(34-8)=85$(m)
兄がPを出発するとき，2人の間の道のりは，$2210-65×8=1690$(m)
2人が出会うのは，兄がPを出発してから，
$1690÷(65+85)=11\frac{4}{15}$(分後)
➡ 11分16秒後
これは，弟がQを出発してから，
8分+11分16秒=19分16秒(後)

**58** **2分40秒後，400m**

【解説】 妹の速さは，分速
$600÷10=60$(m)
姉の速さは，分速
$600÷(8-4)=150$(m)
姉が家を出発するとき，2人の間の道のりは，$60×4=240$(m)
姉が妹に追いついたのは，姉が家を出発してから，
$240÷(150-60)=2\frac{2}{3}$(分後)
➡ 2分40秒後
追いついた場所は，家から，
$150×2\frac{2}{3}=400$(m)のところである。

**59** **Aさん…分速78m，Bさん…分速52m**

【解説】 2人の速さの和は，分速
$910÷7=130$(m)
2人の速さの差は，分速
$910÷35=26$(m)
速いほうのAさんの速さは，分速
$(130+26)÷2=78$(m)
おそいほうのBさんの速さは，分速

$(130-26)÷2=52$(m)

**60** **4.8秒**

【解説】 時速300kmは，秒速
$300×1000÷60÷60=\frac{250}{3}$(m)
Aさんの前を通過するのにかかる時間は，$400÷\frac{250}{3}=\frac{24}{5}=4.8$(秒)

**61** **150m**

【解説】 毎時90kmは，毎秒
$90×1000÷60÷60=25$(m)
鉄橋を通過するのに進んだ道のりは，
$25×48=1200$(m)
この電車の長さは，
$1200-1050=150$(m)

**62** **秒速16m**

【解説】 この列車が，トンネルに完全にかくれている間に進んだ道のりは，
$740-180=560$(m)
この列車の速さは，秒速
$560÷35=16$(m)

**63** **10秒**

【解説】 すれちがいにかかる時間は，
$(200+300)÷(20+30)=10$(秒)

**64** **252m**

【解説】 時速126kmは，秒速
$126×1000÷60÷60=35$(m)
時速90kmは，秒速
$90×1000÷60÷60=25$(m)
2つの列車の長さの和は，
$(35-25)×48=480$(m)
列車Bの長さは，

480−228=252(m)

### 65  171°

【解説】 2時に，短針は長針より，
360°÷12×2=60°先にある。
42分間に両針が進む角度は，
長針が，360°÷60×42=252°
短針が，360°÷12÷60×42=21°
2時42分に両針がつくる角度は，
252°−(60°+21°)=171°
これが小さいほうの角度である。

### 66  (10時)$54\frac{6}{11}$分

【解説】 10時に，短針は長針より，
360°÷12×10=300°先にある。
1分間に両針が進む角度は，
長針が，360°÷60=6°
短針が，360°÷12÷60=0.5°
10時と11時の間で，長針と短針が重なるのは，10時
$300°÷(6°−0.5°)=\frac{300}{5.5}=\frac{600}{11}$
$=54\frac{6}{11}$(分)

### 67  (3時)$49\frac{1}{11}$分

【解説】 3時に，短針は長針より，
360°÷12×3=90°先にある。
長針と短針が一直線になるには，
90°+180°=270° より，3時の位置から，長針が短針より270°多く進めばよいことになる。
1分間に進む角度は，長針が6°，短針が0.5°だから，3時と4時の間で，長針と短針が一直線になるのは，3時
$270°÷(6°−0.5°)=\frac{270}{5.5}=\frac{540}{11}$
$=49\frac{1}{11}$(分)

### 68  時速12km

【解説】 この船の下りの速さは，時速
$6÷\frac{24}{60}=15$(km)
この船の上りの速さは，時速
$6÷\frac{40}{60}=9$(km)
この船の静水時の速さは，時速
$(15+9)÷2=12$(km)

### 69  (1) A町  (2) 毎時10km

【解説】 (1) A町→B町にかかった時間は40分，B町→A町にかかった時間は60分で，流れにのって進む速いほうが下りだから，下りは，A町→B町。
したがって，上流にあるのは，A町。

(2) 下りの速さは，毎時
$8÷\frac{40}{60}=12$(km)
上りの速さは，毎時
$8÷\frac{60}{60}=8$(km)
遊覧船の静水での速さは，毎時
$(12+8)÷2=10$(km)

### 70  毎秒0.8m

【解説】 A地点とB地点の真ん中の地点をM地点とすると，AM間とMB間にかかった時間の比は，
60:(84−60)=60:24=5:2
道のりが同じとき，速さの比は，かかった時間の逆比になるから，AM間とMB間の速さの比は，2:5
AM間の速さを②，MB間の速さを

⑤とすると，⑤-②=③が，歩く速さの毎秒1.2mにあたるから，①にあたる速さは，毎秒1.2÷3=0.4(m)
②にあたる動く歩道の速さは，毎秒0.4×2=0.8(m)

## 第4章 いろいろな問題

問題83〜87ページ

### 71  12m

【解説】 1本目と17本目の間の数は，17-1=16だから，旗と旗の間隔は，8÷16=0.5(m)
続けてあと8本立てたときの新しくできた間の数は8だから，1本目から25本目までは，8+0.5×8=12(m)離れている。

### 72  2.5mm

【解説】 紙テープを21本つなげたときののりしろの数は，21-1=20
1m=100cmだから，のりしろに使った部分の長さの和は，
5×21-100=5(cm)
のりしろ1つ分の長さは，
5÷20=0.25(cm) ➡ 2.5mm

### 73  火曜日

【解説】 3月28日から7月24日までの日数は，3月28日もふくめると，
(31-28+1)+30+31+30+24=119(日)
119÷7=17あまり0より，119日は，ちょうど17週間。
7月24日は月曜日だから，3月28日は月曜日からさかのぼる1週間(月日土金木水火)の7日目で，火曜日。

### 74  西暦2022年

【解説】 1年後の曜日は，途中に2月29日をふくまないときは1日先へ，途中に2月29日をふくむときは2日先へずれるから，2011年1月1日以降の1月1日の曜日を調べていくと，
2011年は土曜日。
2012年は日曜日。
2013年は火曜日。 ⤺ 2月29日をふくむ
2014年は水曜日。
2015年は木曜日。
2016年は金曜日。
2017年は日曜日。 ⤺ 2月29日をふくむ
2018年は月曜日。
2019年は火曜日。
2020年は水曜日。
2021年は金曜日。 ⤺ 2月29日をふくむ
2022年は土曜日。
したがって，西暦2022年。

### 75  (1) 24個  (2) 26個

【解説】 (1) (7-1)×4=24(個)
(2) 100÷4+1=26(個)

### 76  58個

【解説】 たて，横とも1列ずつ少なくしてつくった正方形の1辺の個数は，
(6+9-1)÷2=7(個)
おはじきの個数は，7×7+9=58(個)

### 77  62世帯

【解説】 □世帯がA新聞とB新聞を両方購読しているとすると，

## 入試・文章題編　答えと解説

255+249−□+78=520,
582−□=520,
□=582−520=62(世帯)

### 78　6人

【解説】　通学にバスと電車の両方を使っている人が最少となるのは，どちらも使っていない人がいないときで，
23+25−42=6(人)

### 79　30分

【解説】　入り口を2つ使うと，50分で列がなくなるから，1つの入り口から50分間に入場する人数は，
(1500+10×50)÷2=1000(人)
1つの入り口から1分間に入場できる人数は，1000÷50=20(人)
入り口を3つ使うと，1分間に減る列の人数は，20×3−10=50(人)
列がなくなるのにかかる時間は，
1500÷50=30(分)

### 80　40日

【解説】　牛1頭が1日に食べる草の量を1とすると，下の図より，
8−5=3(日)で生える草の量は，
1×45×8−1×60×5=60だから，
1日で生える草の量は，60÷3=20

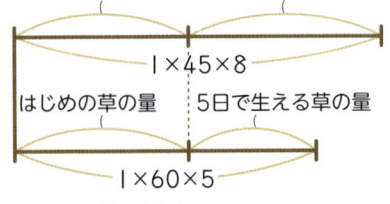

はじめの草の量　　8日で生える草の量

1×45×8

はじめの草の量　　5日で生える草の量

1×60×5

はじめの草の量は，
1×60×5−20×5=200

牛を25頭入れたとき，1日で減る草の量は，1×25−20=5だから，草がなくなるのにかかる日数は，
200÷5=40(日)

### 81　6分

【解説】　ポンプ1台が1分間にくみ出す水の量を1とすると，下の図より，15−10=5(分間)にわき出る水の量は，1×8×15−1×10×10=20だから，1分間にわき出る水の量は，
20÷5=4

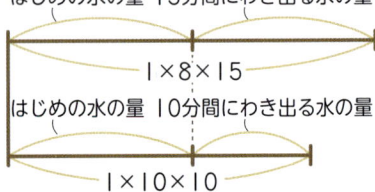

はじめの水の量　15分間にわき出る水の量

1×8×15

はじめの水の量　10分間にわき出る水の量

1×10×10

はじめの水の量は，
1×10×10−4×10=60
ポンプ14台を使ったとき，1分間に減る水の量は，1×14−4=10だから，水がなくなるのにかかる時間は，
60÷10=6(分)

### 82　(1) 黒　(2) 115個
### 　　(3) 255番目

【解説】　○●●○○○●●の8個のご石を周期としたくり返しです。

(1) 50÷8=6 あまり2 より，左から50番目のご石の色は，8個のご石の2番目で，黒。

(2) 229÷8=28 あまり5
1つの周期の中に白いご石は4個ずつあり，あまりの5個の中に白いご石は3個あるから，左から

134

入試・文章題編　答えと解説

229番目までに，白いご石は，
4×28+3=115(個)ある。
(3) 1つの周期の中に黒いご石は4個ずつある。
127÷4=31 あまり 3 より，127番目の黒いご石は，8個の周期を31回くり返したあとの3番目の黒いご石で，白と黒を合わせて左から，
8×31+7=255(番目)

**83** (1) **6段目の左から5番目**
(2) **100**　(3) **3458**

【解説】　各段のいちばん右にある数は，
1段目が，2=2×1×1
2段目が，8=2×2×2
3段目が，18=2×3×3
4段目が，32=2×4×4
となっている。
(1) 5段目のいちばん右にある数は，
2×5×5=50
6段目の数は，左から順に，52，54，56，58，60，……だから，60は，6段目の左から5番目。
(2) 7段目のいちばん右にある数は，
2×7×7=98 だから，8段目のいちばん左にある数は，100。
(3) 9段目のいちばん右にある数は，
2×9×9=162 だから，10段目のいちばん左にある数は，164。
10段目のいちばん右にある数は，
2×10×10=200
10段目の数の個数は，
10×2−1=19(個)だから，
10段目にある数の総和は，
(164+200)×19÷2=3458

**84** (1) **22**　(2) **90**
(3) **13行5列目**

【解説】　□行1列目の数は，□が奇数のとき，□×□になる。
また，1行△列目の数は，△が偶数のとき，△×△となる。
(1) 5行1列目の数は，5×5=25
5行目は，1列目から5列目まで，1ずつ減っていくから，5行4列目の数は，25−(4−1)=22
(2) 9行1列目の数は，9×9=81
10行1列目の数は，81+1=82
10行目は，1列目から10列目まで，1ずつ増えていくから，10行9列目の数は，82+(9−1)=90
(3) 13行1列目の数は，
13×13=169
13行目は，1列目から13列目まで1ずつ減っていくから，165は13行の，169−165+1=5(列目)

**85** (1) **40cm**
(2) **10番目，55個**

【解説】　(1) 右の図のように考えると，□番目の図形のまわりの長さは，1辺が2×□(cm)の正方形のまわりの長さと等しいから，5番目の図形のまわりの長さは，
(2×5)×4=40(cm)
(2) (2×□)×4=80 より，
□=80÷4÷2=10(番目)
正方形の個数は，1から10までの和で，(1+10)×10÷2=55(個)

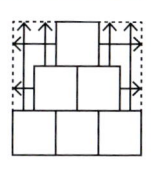

# 入試・文章題編　答えと解説

### 86　(1) 91個　(2) 11段

【解説】(1) 1+2×2+3×3+4×4+5×5+6×6=91(個)
(2) 7段まで積むと，
91+7×7=140(個)
8段まで積むと，
140+8×8=204(個)
9段まで積むと，
204+9×9=285(個)
10段まで積むと，
285+10×10=385(個)
11段まで積むと，
385+11×11=506(個)
で，はじめて500個をこえる。

### 87　D, B, C, A, E

【解説】AとCの発言より，
Cは1位か2位か3位。
Aは2位か3位か4位。
BとDとEの発言より，
Bは2位か3位。
Dは1位か2位。
Eは3位か4位か5位。
これより，5位となりうるのはEだけで，Eが5位。
Eが消えて，4位となりうるのはAだけで，Aが4位。
Aの発言より，Cが3位。
Cが消えて，1位となりうるのはDだけで，Dが1位。
残ったBが2位。

### 88　A, B, C

【解説】AとCは両立しないことを言っているから，うそをついているのは，AかCである。
Aがうそをついているとすると，BとCは本当のことを言っていることになるが，BとCの言っていることは食いちがうのでおかしい。
Cがうそをついているとすると，AとBは本当のことを言っていることになり，Aが1番，Bが2番，Cが3番で，おかしいところはない。

### 89　81票

【解説】Eが当選するためには，次点の5+1=6(位)より，1票でも多くとればよい。
次点で考えられる最高得票数は，
480÷6=80(票)だから，Eが当選するのに必要な得票数は，
80+1=81(票)

### 90　2347本

【解説】2012本買うと，
2012÷7=287あまり3
より，まず，287本もらえる。
この287本とあまりの3本で，
(287+3)÷7=41あまり3
より，41本もらえる。
この41本とあまりの3本で，
(41+3)÷7=6あまり2
より，6本もらえる。
この6本とあまりの2本で，
(6+2)÷7=1あまり1
より，1本もらえる。
したがって，飲むことができるのは，最大で，2012+287+41+6+1
=2347(本)